新一代通信技术
新兴领域"十四五"
高等教育教材

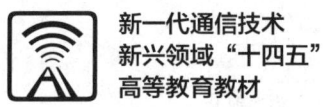

U0771885

电子电路基础

（第 3 版）

主编 邓　钢　刘宝玲

编著 邓　钢　刘宝玲　胡春静

　　　孙文生　王　莹

Fundamentals
of Electronic
Circuits

中国教育出版传媒集团

高等教育出版社 · 北京

内容简介

本书由北京市高等教育精品教材建设项目资助,是中国大学 MOOC"电子电路基础"配套教材。根据近年来电子技术的发展和教学改革实践成果,第3版教材在第2版的基础上,对原教材的部分章节进行了修订。第3版教材保持了原有章节的结构特征,在保证基本教学内容和基本知识点的前提下,增强了教材的可读性,同时对原教材进行了总结提高、修改增删。增加部分重难点视频二维码资源,供读者扫码观看。

本书主要内容包括:半导体基础知识及二极管电路、双极型晶体管及其放大电路、场效应晶体管及其放大电路、小信号放大电路的频率特性、反馈放大电路、模拟集成电路及其应用、脉冲信号的产生与处理电路。

本书着重物理概念和基础理论阐述,加强了集成电路原理与应用方面的内容,重点突出,简明扼要,适于作为高等院校电子信息类各专业的"电子电路基础""模拟电子技术基础"等课程的教材和教学参考书,也可供其他相关专业、有关工程技术人员选用。

图书在版编目(CIP)数据

电子电路基础/邓钢,刘宝玲主编.--3 版.--北京:高等教育出版社,2024.4

ISBN 978-7-04-061721-4

Ⅰ.①电… Ⅱ.①邓…②刘… Ⅲ.①电子电路-高等学校-教材 Ⅳ.①TN710

中国国家版本馆 CIP 数据核字(2024)第 039121 号

Dianzi Dianlu Jichu

策划编辑	黄涵玥	责任编辑	孙 琳	封面设计	王 琰	版式设计	杜微言
责任绘图	于 博	责任校对	刘丽娴	责任印制	存 怡		

出版发行	高等教育出版社	网 址	http://www.hep.edu.cn
社 址	北京市西城区德外大街 4 号		http://www.hep.com.cn
邮政编码	100120	网上订购	http://www.hepmall.com.cn
印 刷	河北宝昌佳彩印刷有限公司		http://www.hepmall.com
开 本	787mm×1092mm 1/16		http://www.hepmall.cn
印 张	29.75	版 次	2006 年 9 月第 1 版
			2024 年 4 月第 3 版
字 数	700 千字	印 次	2024 年 4 月第 1 次印刷
购书热线	010-58581118	定 价	62.00 元
咨询电话	400-810-0598		

本书如有缺页、倒页、脱页等质量问题,请到所购图书销售部门联系调换

版权所有 侵权必究

物 料 号 61721-00

前言

"电子电路基础"是电子信息类专业的技术基础课,主要讲述作为各种电子及信息系统物理载体的电路原理,为后续相关课程提供技术基础及实践训练的支撑。

本教材第 2 版于 2013 年正式出版,多年来受到了众多师生和读者的广泛关注。本版在前版的基础上修订而成。在修订过程中,结合读者对教材使用的反馈情况以及近年来课程组在教学改革和教学实践方面所积累的经验,制定了如下原则:

1. 注重内容的系统性与完整性;

2. 在强调基础性的同时,在深度和广度上进行一定的拓展;

3. 保持教材循序渐进、可读性强的特征,争取好教好学;

4. 适当引入新形态教材形式,帮助读者在各种场合下开展学习;

在以上原则的指导下,本次修订工作主要涉及以下几个方面:

1. 增加第 8 章直流稳压电源,介绍了小功率直流稳压电源的结构及各主要构成模块的工作原理。

2. 调整第 4 章的结构,将使用密勒定理对晶体管进行单向化处理的部分移至相应的电路分析小节中。

3. 考虑到当前高校教学的实际情况,删去附录"电子电路的计算机辅助分析与设计"。将全书各章最后一节的示例软件改为 Multisim,并再次完成了示例的全部仿真。

4. 添加了若干新媒体资源,包括 1~7 章中若干重难点的讲解视频、Multisim 仿真软件使用操作演示以及各章仿真示例的源文件等,读者可扫码浏览。

5. 在本次修订过程中,一并修订了若干错误之处。

参加第 3 版修订工作的有邓钢(第 1、6、8 章、各章仿真例题)、胡春静(第 2 章)、王莹(第 3 章)、刘宝玲(第 4 章)、孙文生(第 5、7 章),邓钢负责全书的组织和定稿。在修订过程中,课程组其他老师和热心读者提出了许多宝贵意见和建议,编者谨在此一并表示感谢。

本书是中国大学 MOOC"电子电路基础"配套教材,由北京邮电大学刘培植教授审阅,他提出了很多改进建议,并提供了第 1、2 章的讲解视频,在此谨致以衷心的感谢!

本次修订虽然有了许多改进,但由于编者水平有限,书中难免存在错误和不足之处,敬请读者批评指正。编者邮箱为 denggang@ bupt. edu. cn。

编者

于北京邮电大学

2023 年 11 月

第2版前言

本教材第 1 版自 2006 年正式出版以来,受到了众多师生和读者的关注。通过几年来的教学改革和教学实践经验,课程组认真收集了许多读者对本教材的意见和建议,在第 1 版的基础上,对原教材的部分章节进行了修订。

在本次修订工作中,为了适应电子技术的飞速发展和培养高质量人才的需要,依照教育部高等学校电子电气基础课程教学指导分委员会 2011 年制定的高等学校"电子电气基础课程教学基本要求",在保证基本教学内容和基本知识点的前提下,注重了因材施教和循序渐进、由浅及深的表述方式,增强了教材的可读性;同时对原有教材进行了总结提高、修改增删。考虑到保持教材的连贯性和与教材相配套的《电子电路基础及通信电子电路学习指导书》的使用,新版教材保持了原有章节的结构特征,对部分章节的具体内容做了一些修订。

与第 1 版相比,本次修订工作主要涉及以下几个方面。

1. 对于第 3 章"场效应晶体管及其放大电路",为了突出对工作原理和应用分析的理解,适当降低教学和学习的难度,进行了如下修订:(1) 鉴于通常场效应晶体管工作时的漏源电压不是很大,忽略沟道长度调制效应对静态工作点、跨导的影响,但在交流分析时强调漏源动态电阻 r_{ds} 的作用和影响;(2) 强调交流分析中微变模型的应用,删除了 MOS 管的瞬态模型,以适当降低难度;(3) 对各种场效应晶体管使用统一的电流、电压方向和特性图的表示方式,便于学习和理解。

2. 对于第 4 章"小信号放大电路的频率特性",考虑到分析放大电路频率特性时要引入较多的新概念和新内容,并且这部分内容与前面章节的内容和分析思路区别比较大,对于初学者来说,确实是教学过程中的一个难点;另一方面,在集成电路已经得到广泛应用的今天,电子电路频率特性的变化主要体现在高频段,低频特性已经越来越接近理想化。因此,为了分散难点,加强基础概念,突出学习重点,新版教材降低了难度,突出了频率特性分析方法以及针对工程中常用电路的介绍,力图使读者更加清晰易懂。(1) 重新梳理了本章文字和每小节内容,更加适用于读者阅读理解。(2) 增大了绘制波特图的基本原理和应用例题的篇幅,分散了难点。(3) 重点突出了共射和共源放大电路密勒效应以及放大电路高频响应特性的分析方法和介绍,在此基础上,讨论了共基与共集放大电路的高频特性。(4) 精减了放大电路低频特性的介绍内容,重点讨论了共射放大电路低频响应特性分析方法。

3. 为了与其他章节内容安排相一致,在第 2、3 章中,均增加了"计算机仿真例题"一节,介绍了使用仿真软件对电路进行精确定量计算的分析方法。

为方便读者学习,书后给出了部分习题的参考答案。并且,课程组已经于 2009 年编写出版了《电子电路基础及通信电子电路学习指导书》。

参加再版修订工作的有刘宝玲(第1、4章)、胡春静(第2章)、刘培植(第3、6章)、孙文生(第5、7章)和邓钢(附录、各章仿真例题),刘宝玲负责全书的组织和定稿。课程组其他同志和热心读者对改编工作提供了不少宝贵意见和建议,编者谨在此一并表示感谢!

本书由北京邮电大学张春茂教授审阅,他提出了很多改进建议,在此谨致衷心的感谢!

本次改编虽然有了许多改进,但由于编者水平有限,书中难免存在错误和不足之处,敬请读者批评指正。编者邮箱为 blliu@ bupt.edu.cn。

编者
于北京邮电大学
2012 年 5 月

第1版前言

本书是电子信息类专业大学本科学生的必修专业基础课教材。

为了适应电子信息技术迅猛发展的形势,按照教育部加强素质教育对本课程的要求,结合本课程是专业基础课的特点,本书精选了教学内容,拓宽了知识面,增强了教材的通用性。本课程的基本任务是使学生通过学习常用半导体器件的外部特性,掌握放大、波形变换等单元电路的工作原理、性能特点、基本分析方法,培养对集成电路的运用能力和基本的工程估算能力。

本教材是编者在吸取国内外同类教材优点的基础之上,考虑到应用型工程技术人才培养的特点,结合自己多年的教学经验编写完成的。编写中遵循的原则是:保证基础,突出重点,强调集成,注重应用,联系实际,利于自学。在内容的编排和选取上,具有以下特点:

(1)以电子电路的基本原理和分析方法为主,精简器件内部结构。为了方便教学,将器件分散在各章中进行介绍,有助于初学者根据器件的特性理解电路的工作原理,掌握电子电路的分析方法。

(2)增加了常用的模拟乘法器和有源滤波器部分内容。在对电路原理、分析方法进行介绍的基础之上,还给出了典型电路,可以作为实际工作中电路设计、分析的参考。

(3)随着半导体技术的发展,MOS 器件已成为集成电路的主流。本书适当加强了对 MOS 器件和电路的介绍。在第 3 章中集中论述了 MOS 器件和基本放大电路的知识,MOS 电路的频率特性在第 4 章中介绍。考虑到教学中的实际需要,本书重点介绍的是 MOS 器件及其电路的基础内容。

(4)重视与数字电路内容的衔接。在脉冲信号的产生与处理一章中,从波形基本知识入手,分析晶体管的开关特性以及由其构成的门电路、由门电路构成的双稳和单稳态触发器、施密特触发器、多谐振荡器、555 定时器等。简洁实用,使波形产生电路的内容更加完整。

(5)在当前的电子技术发展中,计算机辅助分析已经成为电路分析与设计的重要工具。本书附录中介绍了电路分析与设计软件——OrCAD,各章在对主要概念做出理论论述后也介绍了计算机辅助分析的方法。对定量计算相对较为庞杂的内容,例如第 4 章中,本书用工程简化的方法突出概念和结论,而精确的定量计算和定量结果的比较均通过计算机辅助分析给出。

(6)从基本概念入手,由浅入深,精选了一些有助于理解电路特点的例题和习题。通过对例题的讲解,使学生加深对电路分析、设计理论的理解,也有助于对不同类型的电路特性、功能差异、优缺点的理解。

本书各章节之间既有联系又有一定的独立性,可供教师在教学实践中取舍。本教材适合于 50~60 学时课程,书中某些内容打有星号,可供选用。

为方便读者学习,书后给出了部分习题的参考答案。同时,编者编写了与本教材相配套的解题指南,不久也将正式出版。

本书由刘宝玲主编,各章编写工作安排为:刘宝玲编写第 1 章,胡春静编写第 2 章,郭琳编写第 3、4 章,孙文生编写第 5、7 章,刘培植编写第 6 章,邓钢编写附录和各章的仿真例题。

本书由北京邮电大学宋亚民教授主审,北京邮电大学张春茂教授审阅,他们提出了很多改进建议,在此一并表示衷心的感谢。

由于我们的水平有限,加之时间比较仓促,书中错误和不足之处在所难免,敬请使用本教材的师生及其他读者给予批评指正。

编者

于北京邮电大学

2006 年 5 月

目录

半导体基础知识及二极管电路

半导体器件是指采用半导体材料制成的电子器件,它是构成各种电子电路的基础。常用的半导体器件包括:半导体二极管、双极型晶体管、场效应晶体管、半导体光电器件以及集成电路组件等。

本章首先介绍半导体的基本知识和 PN 结的单向导电性,然后讨论半导体二极管的物理结构、伏安特性、主要特性与参数,并简要介绍了几种特殊二极管。在此基础上,结合实例介绍了二极管的基本应用电路及其分析方法。

1.1
半导体的基本特性

自然界中的物质,按其导电的性能来划分,可以分为导体、绝缘体和半导体三类。其中,导电性能良好的物质称为导体,如金、银、铜、铝等金属物质;几乎不导电的物质称为绝缘体,如陶瓷、云母、塑料等;导电能力介于导体和绝缘体之间的一类物质称为半导体。自然界中属于半导体的物质很多,而用于制造半导体器件的材料主要有硅(Si)、锗(Ge)和砷化镓(GaAs)[①]等,其中硅是目前最常用的半导体材料。导体、半导体和绝缘体的划分,严格来说是以物质的电阻率 ρ 的大小来确定的。电阻率小于 10^{-3} $\Omega \cdot$ cm 的称为导体;电阻率大于 10^{9} $\Omega \cdot$ cm的称为绝缘体;电阻率介于 10^{-3} $\Omega \cdot$ cm 与 10^{9} $\Omega \cdot$ cm 之间的称为半导体。

半导体之所以受到人们的高度重视,获得广泛的应用,并不是因为它的导电性能介于导体和绝缘体之间,而是由于它的电阻率可因某些外界因素的改变而明显变化,从而具有不同于导体和绝缘体的独特性质。主要表现为以下三个方面:

(1)掺杂特性:在半导体材料中掺入其他极微量的元素就会使其电阻率大大下降,从而改变和控制半导体的导电能力。例如,在纯锗中掺入 10^{-8} cm^{-3} 杂质元素(如磷元素),则其电阻率可以下降至原先的十几分之一。正因为掺杂可以改变和控制半导体的导电特性,所以利用掺杂的方法可以制成各种半导体元器件。

---

① 一般将半导体材料分成三代。第一代以硅(Si)、锗(Ge)为代表,其技术成熟、质量好、成本低廉、应用广泛,它们将人类带入信息时代,目前仍然在半导体材料中占据主要地位。第二代以砷化镓(GaAs)、磷化铟(InP)为代表,适用于光通信、微波通信、雷达等领域。第三代以氮化镓(GaN)、碳化硅(SiC)为代表,主要面向电力电子、微波射频(如第五代移动通信)和光电子等应用,由于工艺、成本等方面的劣势,多年来仅在小范围应用,但近年来若干关键技术问题得到了突破性进展,成为当今电子产业发展的新型动力。

本小节简要说明 Si、Ge 材料的特性,对第二、三代材料原理及特性感兴趣的同学可进一步自学半导体物理相关知识。

（2）热敏特性：温度可以改变半导体的导电特性，半导体的电阻率随着温度的上升而急剧下降。利用半导体的这一性质可以制成热敏电阻、热敏传感器等器件。

（3）光敏特性：光照可以使半导体产生光电效应，不仅半导体的电阻率随着光照的加强而显著下降，而且还会产生电动势，这就是半导体的光电效应。利用这种效应，可以制成光敏电阻和光电池。

上述三种特性是制作各种半导体器件的物理基础。

物质导电性能的优劣，取决于它的原子内部结构和原子之间的结合方式。金属导体在常温下，其内部存在大量的自由电子，因而容易导电；绝缘体内部几乎不存在自由电子，所以几乎没有电流；而半导体的导电性能介于导体和绝缘体之间，这是由半导体的原子结构决定的。

1.1.1　本征半导体

原子排列整齐、晶格无缺陷、纯净的半导体，称为本征半导体。

一、共价键结构

半导体的导电方式与它的原子结构有关。任何元素的原子都是由原子核和围绕原子核运动的电子组成的。不同的原子，主要表现为原子核的质量和电子数量也不同。

由于电子带负电荷，原子核带正电荷，正、负电荷相互之间存在着吸引力。距离原子核较远的外层电子受原子核的吸引力较小，最外层的电子称为价电子。有几个价电子就称为几价元素。

硅原子有 14 个电子，锗原子有 32 个电子，它们的原子结构分别如图 1.1.1（a）、（b）所示。由图可见，硅和锗都属于四价元素。由于元素的许多物理、化学性质以及导电性能都与价电子有关，为了简化，常用惯性核简化模型来表示，如图 1.1.1（c）所示。

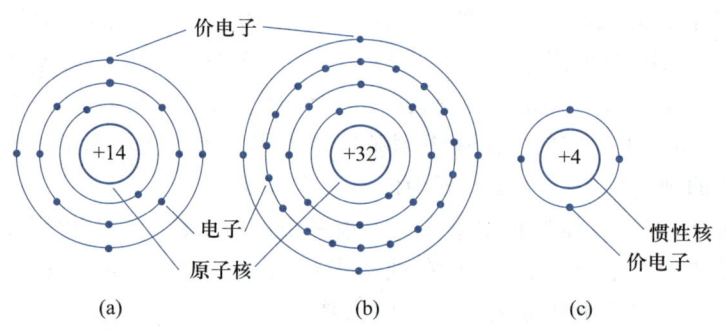

图 1.1.1　硅和锗原子结构模型

纯净的半导体经过一定的工艺提炼成单晶体后，即为本征半导体。它们的原子在空间排列成具有周期性和对称性的点阵，称为晶格。半导体一般都具有这种晶体结构，所以半导体器件又称为晶体管。

在晶格结构中，如图 1.1.2（a）所示，由于原子间的距离很近，价电子不仅受到自己原子核的吸引，而且还受到相邻原子核的作用，这就产生了电子运动轨道的交叉重叠。相邻的两个原子的一对最外层电子(价电子)不但各自围绕自身所属的原子核运动,而且出现在相邻原子所属的轨道上,成为共用电子,这样的组合称为共价键结构,如图1.1.2(b)所示。

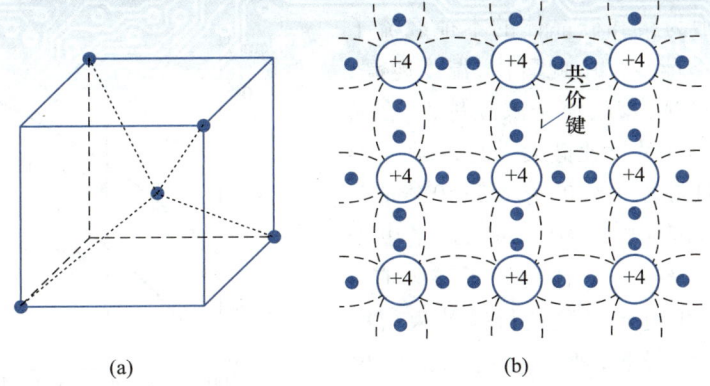

(a)   (b)

图 1.1.2   硅晶体结构和共价键结构示意图

在热力学温度零度(即 $T=0$ K,相当于-273 ℃)时,由于共价键的束缚,价电子的能量无法挣脱共价键的这种束缚,所以晶体中没有自由电子,此时半导体相当于绝缘体。

二、本征激发产生两种载流子

当温度高于 0 K 时,共价键中的某些电子吸收到足够的能量,挣脱共价键的束缚成为自由电子,如图 1.1.3 所示。由于这些价电子离开了电中性区域,在原来的共价键中留下一个空位,称为空穴。自由电子带负电荷$-q$,空穴带正电荷$+q$ ($q=1.6\times10^{-19}$ C)。

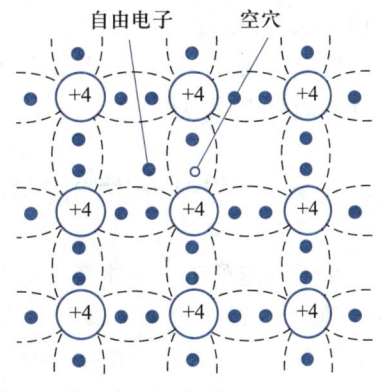

图 1.1.3   本征半导体中的自由电子和空穴

空穴一旦出现,则其他共价键上的电子不需要增加多少能量,就很容易来填补这个空位,这时空穴就转移到另一个位置,其他地方的电子又有可能来填补后一个空位。因此,在晶体中,价电子的移动导致了带正电荷的空穴移动。

可见,在一定的温度下,由于热能的作用,半导体中总有一定数量的价电子要挣脱共价键的束缚,而产生自由电子和相等数量的空穴。自由电子和空穴总是成对产生的,称为电子-空穴对。这种由热能产生电子-空穴对的现象,称为本征激发或热激发。此外,由于光照、辐射、场强等作用都会产生电子的激发现象。

另一方面,自由电子和空穴在运动中又可能释放能量,重新结合而同时消失,这种现象称为复合。在一定温度下,电子-空穴对的热激发和复合达到动态平衡。这时半导体中热激发和复合虽然在不断进行,但电子和空穴的数目却保持不变,这种状态就称为动态平衡。

运载电荷的粒子称为载流子。在本征半导体中,本征激发产生两种载流子——自由电子和空穴,并且成对出现。在一定温度下,本征半导体中载流子的浓度(单位体积内的自由电子或空穴数)是一定的,即自由电子和空穴的浓度相等。分别用 n 和 p 表示自由电子和空穴的浓度,并用 n_i 和 p_i 表示本征半导体中自由电子和空穴的浓度,则 $n_i = p_i$。

由以上分析可见,半导体中存在两种载流子,因此是双极性导电,而且随着温度升高,载流子浓度增加,其电阻率的温度系数是负的,这是半导体导电与金属导电的根本不同点。

图 1.1.4 所示为锗和硅晶体的本征载流子浓度与温度的关系曲线。由此看出,温度越高,价电子获得的能量越大,载流子浓度越大;在同一温度时,锗的载流子浓度比硅大。例如,在室温 300 K 时,锗的本征载流子浓度为 2.5×10^{13} cm^{-3},硅的本征载流子浓度为 1.5×10^{10} cm^{-3},这是由于硅的原子核外有 3 层电子,锗的原子核外有 4 层电子,因此硅中价电子挣脱共价键的束缚所需要的能量比锗大得多,所以在相同的温度时,锗晶体中有更多的价电子能激发为自由电子。因此,锗的本征载流子的浓度比硅大。

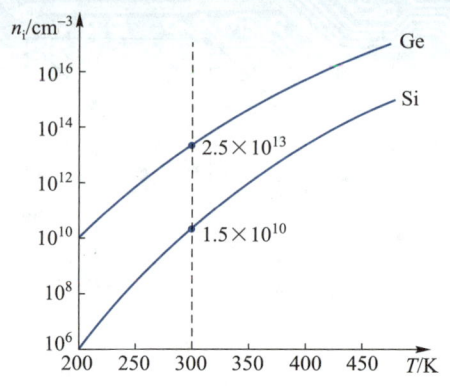

图 1.1.4 本征载流子浓度与温度的关系曲线

可见,本征半导体中载流子的浓度除与半导体材料本身的性质有关以外,还与温度密切相关,而且随着温度的升高,基本上按照指数规律增加,因此本征半导体载流子的浓度对温度十分敏感。半导体中载流子的数量强烈地依赖环境温度,这是半导体器件工作时热不稳定性的根本原因。

应当指出,常温下,由热激发产生的电子-空穴数量与原子密度相比是很少的,所以本征半导体的导电能力很差。

1.1.2 掺杂产生的两种半导体

采用一定的工艺在本征半导体中掺入微量元素杂质后,可以大大改善半导体的导电性能。例如,在硅半导体中掺入三价的硼元素,室温下,其电阻率与本征半导体相比,将下降到五十万分之一。掺杂后的半导体称为杂质半导体,半导体器件都是采用杂质半导体制成的。因掺入的杂质不同,杂质半导体可以分为 N 型半导体和 P 型半导体两大类。

一、N 型半导体

在本征半导体中,掺入少量的五价元素,例如,在纯度很高的硅单晶中掺入少量的磷(P)元素,即成为 N 型半导体。由于磷原子的数目比硅原子的数目少得多,所以整个晶体结构基本不变。掺入的磷原子取代了晶体中的某些硅原子,如图 1.1.5 所示。由于磷元素是五价元素,它有 5 个价电子,其中 4 个价电子与相邻的 4 个硅原子构成共价键,余下一个则不受共价键的束缚,因此当 $T > 50$ K 时,这个价电子很容易激发而成为自由电子;而磷原子失去一个电子后,成为带正电荷的正离子,它在半导体中是不能移动的,这就是杂质的电离过程。在

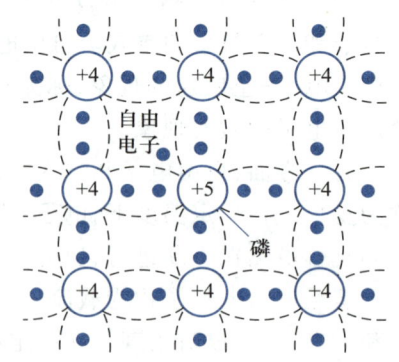

图 1.1.5 N 型半导体原子结构示意图

常温下,杂质原子一般都能电离,这样,每个磷原子都可能给出一个自由电子,使半导体中的电子载流子数目大大增加,导电能力大大增强。磷离子与其他的硅原子一样,被束缚在固定的晶格中。由于磷一类五价元素释放出电子,所以这类杂质称为施主杂质,电离后不可移动的正离子称为施主离子。

在上述掺杂半导体中,除了杂质电离产生大量的自由电子外,还会由于热(或光等)激发产生少量电子-空穴对,而存在少量的空穴。需要指出的是,杂质电离与热激发不同,热激发致使自由电子和空穴成对产生,而杂质电离只产生一种载流子,对于磷一类的施主杂质,它只产生自由电子。与本征半导体相比,掺杂半导体中的自由电子浓度大大增加,而空穴由于被复合的机会增多,其浓度反而减少。因此,掺杂半导体中自由电子的数量远大于空穴的数量,从而使自由电子成为多数载流子(简称多子),空穴则成为少数载流子(简称少子)。通过控制掺入杂质的多少,便可以控制多子的数量。将这种掺有施主杂质、以电子导电为主的半导体,称为 N 型半导体,其简图见图 1.1.6(a)。

(a)   (b)

图 1.1.6　N 型半导体和 P 型半导体简图

二、P 型半导体

在本征半导体中掺入少量的三价元素,例如,在硅晶体中掺入少量硼(B)元素后,可构成 P 型半导体。同样,掺入的硼原子取代了晶体中的某些硅原子,如图 1.1.7 所示。由于硼元素是三价元素,有 3 个价电子,它只能和 3 个相邻的硅原子构成共价键,而与第四个相邻的硅原子组成的共价键就不完整,在共价键中产生了一个空位,即形成了一个带正电荷的空穴。为了满足结成四对共价键形成稳定状态的需要,这个空位很容易接受一个外来电子的填补,而附近硅原子的价电子在热激发下,也很容易跃入到这个空位上来,使硼原子成为带负电荷的硼离子(杂质电离),而填

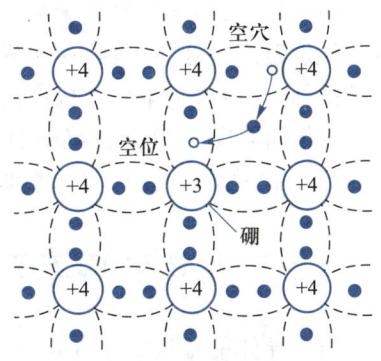

图 1.1.7　P 型半导体原子结构示意图

补这个空位的价电子则在它原来的共价键中留下一个新的空位形成空穴。由于硼一类的三价元素起着接受电子的作用,故称为受主杂质,电离后不可移动的负离子则称为受主离子。掺有受主杂质的半导体中,空穴的浓度远大于自由电子的浓度,故空穴成为多子,而自由电子则成为少子,这种掺有受主杂质的半导体称为 P 型半导体,其简图见图 1.1.6(b)。

综上所述,杂质半导体中存在自由电子、空穴和杂质离子三种带电粒子,其中,自由电子和空穴是载流子,杂质离子不能移动,不是载流子。多子浓度由杂质决定,少子浓度则由本征激发决定。由于多子浓度远大于少子浓度,故杂质半导体的导电性能主要取决于多子浓度。一般在 $T>50$ K 时,所有杂质元素就已经全部电离,其值较大并且稳定,因此杂质半导体的导电性能得到显著改善。少子浓度虽然很小,但其强烈地依赖环境温度的变化,从而导致半导体器件工作的不稳定性,在应用中要注意温度对半导体器件及其电路性能的影响。

实际上,在本征半导体中很可能同时掺进施主杂质和受主杂质,此时半导体的类型则取决于浓度较大的杂质。假如受主杂质多于施主杂质,空穴抵消一部分电子后仍为多子,则可

得到 P 型半导体;反之,当施主杂质的浓度大于受主杂质的浓度时,则可得到 N 型半导体。

应该指出,N 型和 P 型半导体对外都呈现电中性,这是因为在本征半导体中掺入的杂质都是电中性的,半导体中出现的大量可以运动的电子或空穴并未破坏整个半导体内正负电荷的平衡状态。

在掺杂半导体中,通过理论分析可以证明,当半导体处于平衡状态时,即当半导体不受外加电场或高能辐射等因素的影响时,其自由电子浓度 n_0 和空穴浓度 p_0(均称为平衡载流子浓度)满足以下关系式:

$$p_0 n_0 = n_i^2 \qquad\qquad (1.1.1)$$

即无论掺杂程度如何,在一定温度的平衡状态下,平衡载流子浓度的乘积保持一定,它等于该温度下本征载流子浓度 n_i 的平方。

例 如果有一锗片,在 $T = 300$ K 时,$n_i = 2.5 \times 10^{13}$ cm^{-3},掺入的施主杂质浓度为 $N_D = 1 \times 10^{17}$ cm^{-3}。假设所有施主原子都电离,试求锗片中的自由电子和空穴浓度。

解: 自由电子浓度 $\qquad n_0 = N_D + p_0 \approx N_D = 1 \times 10^{17}$ cm^{-3}

由式(1.1.1),得空穴浓度为

$$p_0 = \frac{n_i^2}{n_0} = \frac{(2.5 \times 10^{13})^2}{1 \times 10^{17}} \text{ cm}^{-3} = 6.25 \times 10^9 \text{ cm}^{-3}$$

必须指出,掺杂半导体中的少子是本征激发形成的,尽管其浓度很低,却对温度十分敏感。如果温度足够高,以致使半导体的本征载流子占主导地位,则半导体又将近似为本征型半导体,此时由掺杂半导体构成的半导体器件将不能正常工作。

在相同温度下,由于硅晶体的本征载流子浓度比锗小,所以半导体硅器件的稳定性比锗器件好,允许的最高工作温度也比锗器件高。一般硅管的最高工作温度为 150 ℃,锗管的为 75 ℃。

1.1.3 半导体中载流子两种运动产生的两种电流

当半导体的温度大于 0 K 时,载流子就会在半导体内做不规则的热运动,温度越高,这种运动越剧烈。在平衡状态下,并且当载流子为均匀分布时,由于这种不规则运动向各个方向运动的几率都相等,所以半导体中不呈现电流。但是当半导体中的载流子受到外加电场作用时,空穴将沿电场方向运动,自由电子将逆电场方向运动,这种运动称为载流子在外加电场作用下的漂移运动;而当半导体中载流子的浓度不均匀时,高浓度处的载流子将向低浓度处方向移动,这种载流子在浓度梯度作用下产生的定向运动称为扩散运动。扩散和漂移都使载流子产生定向运动,从而在半导体中产生电流。由载流子的扩散运动形成的电流称为扩散电流,由载流子的漂移运动形成的电流则称为漂移电流。

一、扩散电流

图 1.1.8 中,一块载流子浓度在 x 方向不均匀的半导体材料,设空穴浓度 $p(x)$ 随 x 增大的方向逐渐减小,如图中曲线所示,则空穴将由高浓度处向低浓度处扩散,即空穴将沿 x 方向移动,从而产生扩散电流,扩散电流的大小与载流子的浓度梯度成比例。

二、漂移电流

图 1.1.9 所示为一截面均匀的半导体材料,在半导体两端加上直流电压 V 后,半导体内

将产生电场,电场强度 E 的方向如图所示。在电场的作用下,半导体中的两种载流子将同时产生漂移运动,其中空穴将沿电场的方向漂移,而自由电子将逆电场的方向漂移。由于自由电子和空穴所带电荷极性相反,空穴和电子数量相等,所以流过外电路的总的电流等于空穴漂移电流与电子漂移电流之和。

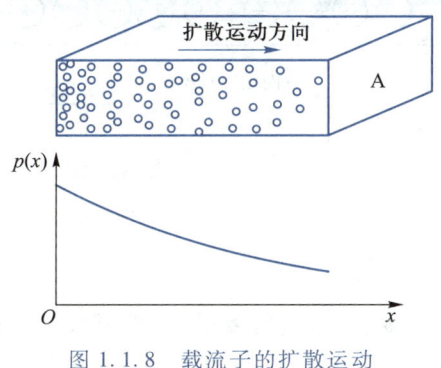

图 1.1.8　载流子的扩散运动

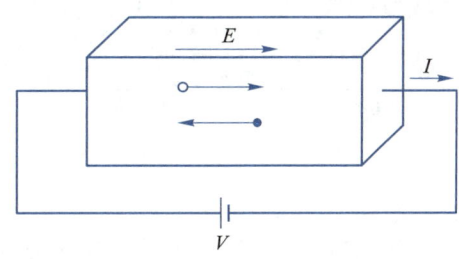

图 1.1.9　载流子的漂移运动

复习思考题

试分别对比本征半导体、掺杂半导体与纯净水、酸碱溶液的导电能力。

1.2
半导体二极管的工作原理及特性

半导体二极管是利用杂质半导体制成的,构成它的核心器件是 PN 结。本节将介绍二极管的结构、特性、主要参数以及特殊二极管的功能。

1.2.1　PN 结及其单向导电性

把 P 型半导体和 N 型半导体通过一定的工艺处理结合在一起时,在两种半导体的交界面上,将会形成一个 PN 结。

一、PN 结的形成——动态平衡下的 PN 结

如图 1.2.1(a)所示的两种不同类型的半导体,在交界面的左侧为 P 型半导体,右侧为 N 型半导体。在浓度差的作用下,P 区的多子(空穴)必然要向空穴浓度很低的 N 区扩散,同样在界面附近 N 区的多子(电子)也必然要向 P 区中扩散,扩散到对方成为少子,会很快被复合掉。这样,在靠近交界面的 P 区中只剩下不可移动的带负电荷的受主离子,在交界面附近的 N 区中只剩下不可移动的带正电荷的施主离子,这些正、负离子都被束缚在晶体的晶格上,不能参与导电。于是,在紧靠交界面的两侧,形成了一个电荷数目相等、极性相反的空间电荷区,如图 1.2.1(b)所示。

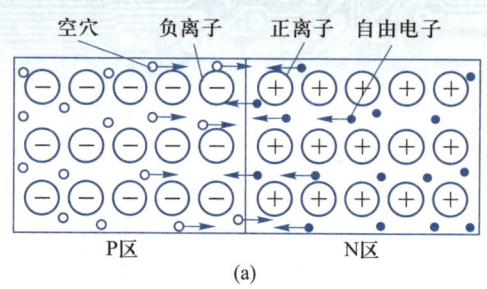

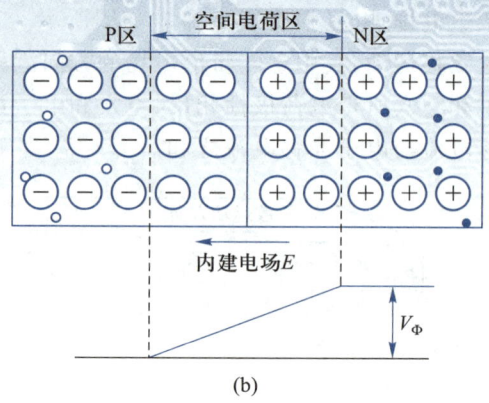

图 1.2.1　PN 结的形成

　　在空间电荷区中,由于 P 区和 N 区分别存在不可移动的正、负离子,必将形成一个由 N 区指向 P 区的内建电场,电场强度用 E 表示,如图 1.2.1(b)所示。与此同时,空间电荷区两侧存在一个静态电位差 V_Φ,V_Φ 一般被称为接触电位差。

　　内建电场一旦形成,就会对双方多子的扩散运动形成一个阻力,因此,只有一部分能量较大的多子有可能克服内建电场的阻力扩散到对方成为少子。与此相反,在交界面附近的 P 型和 N 型半导体中本征激发产生的少子,受到内建电场的加速作用向对方漂移,即 N 区中的空穴将沿着电场方向漂移到 P 区,而 P 区中的自由电子将沿着逆电场方向漂移到 N 区,形成漂移电流。因此,在交界面的两侧,同时存在着多子的扩散运动和少子的漂移运动。随着扩散运动的不断进行,空间电荷区的电荷量不断增多,空间电荷区变宽,内建电场增强,接触电位差增大,多子扩散运动所受的阻力也不断增大,扩散电流减小而漂移电流增大。当扩散运动达到一定程度,扩散到对方的多子和漂移到对方的少子的数量达到相等时,扩散电流与漂移电流方向相反、大小相等,多子的扩散和少子的漂移达到动态平衡,空间电荷区的电荷量及空间电荷区的宽度也不再变化而达到相对稳定,从而形成 PN 结。这时,流过 PN 结的总电流为零,交界面两侧的空间电荷量、空间电荷区宽度、内建电场 E 等参量都维持一定的常数,这些数值与半导体材料、掺杂浓度、温度等因素有关。这就是动态平衡下的 PN 结。

　　在 PN 结的空间电荷区内,电子或空穴载流子的数量都很少,所以又称为耗尽区;同时,由于空间电荷区对多子的扩散运动有阻挡作用,又称其为阻挡层、势垒区。由于耗尽区内载流子浓度很低,所以该区域的电阻率很高,为高阻区;空间电荷区以外的区域仍处于热平衡状态,是电中性区,没有电位差,为低阻区。

　　PN 结达到动态平衡后,两侧的正、负离子数不再变化,使空间电荷区有一定宽度,并建立起有一定值的内建电场 E 和接触电位差 V_Φ,V_Φ 的表达式为

$$V_\Phi = \frac{kT}{q}\ln\left(\frac{N_A N_D}{n_i^2}\right) = V_T \ln\left(\frac{N_A N_D}{n_i^2}\right) \tag{1.2.1}$$

式中,T 为绝对温度;k 为玻耳兹曼常数,$k = 1.38\times10^{-23}$ J/K;q 是一个电子的电荷量,$q = 1.6\times10^{-19}$ C;N_A 和 N_D 分别为 P 区受主杂质和 N 区施主杂质的浓度;n_i 为半导体的本征载流子浓度;V_T 为温度电压当量,室温下,$T = 300$ K 时,$V_T \approx 26$ mV。

式（1.2.1）表明，PN结的接触电位差与两侧半导体掺杂浓度的乘积、温度和半导体材料有关。温度上升，n_i增大，V_Φ减小，即V_Φ具有负温度系数，温度每升高1 ℃，V_Φ下降2~2.5 mV。由于硅的本征载流子浓度小于锗，所以在相同的温度和掺杂浓度下，硅PN结的接触电位差比锗大。室温下，锗PN结的接触电位差为0.2~0.3 V，硅PN结的接触电位差为0.6~0.7 V，其极性是N区为正，P区为负。

在空间电荷区中，正、负电荷量应该相等。当P区与N区杂质掺杂浓度相等时，负离子区与正离子区的宽度也相等，称为对称结；而当两边杂质浓度不等时，构成PN结的两个空间电荷区的宽度W_P和W_N也不等，称为不对称结。W_P和W_N与掺杂浓度成反比，即

$$\frac{W_P}{W_N} = \frac{N_D}{N_A} \tag{1.2.2}$$

上述对称结和不对称结的外部特性是相同的。

二、PN结的单向导电性

如果在PN结的两端外加电压，其动态平衡状态就会被破坏，此时，扩散电流不等于漂移电流，PN结将有电流流过。当外加电压极性不同时，PN结表现出截然不同的导电性能，即呈现出单向导电性。

1. PN结加正向电压——正向导通

在PN结的两端加上直流电压V，将V的正端与P型半导体相连，V的负端与N型半导体相连，如图1.2.2所示，称为施加正向电压（简称正偏）。由于外加电压的方向与PN结势垒电压V_Φ的方向相反，使PN结的势垒电压减小，阻挡层内的合成电场减弱，扩散运动加强，进而使空间电荷量减少，空间电荷区的宽度变窄。由于势垒电压从原来的V_Φ下降为$V_\Phi-V$、空间电荷区变窄，使更多的多子能越过阻挡层向对方扩散，所以扩散电流加大。至于漂移电流，则取决于少子浓度，它主要取决于工作温度，与外加电压的大小基本无关。

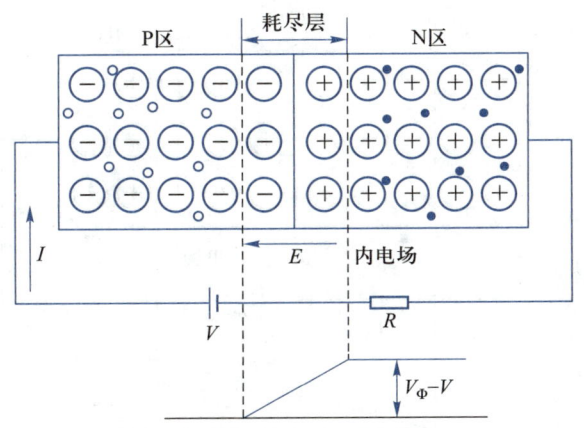

图1.2.2　PN结加正向电压

总之，外加正向电压时，扩散电流大于漂移电流，将产生正向电流，方向由P区流向N区，即图1.2.2中I所示的方向。扩散所消耗的空穴和电子将源源不断地从外电源得到补充，因而形成了回路电流。当正向电压增大到一定值后，正向电流很大，PN结呈现很小的电阻，此时，PN结处于正向（低阻）导通状态。当外加正向电压V增大时，势垒电压进一步降

低,扩散电流也进一步增大,正向电流会随着正向电压的增大而显著增大。

需要指出的是,在外加正向电压增大时,正向电流 I 也随着增大,使中性区内的电压降也增大,真正加到 PN 结上的电压将比外加电压小,加到 PN 结上的电压不可能超过 V_Φ,所以尽管外加的正向电压值很大,但 PN 结中电场的方向总是由 N 区指向 P 区。硅半导体 PN 结加正向电压时,PN 结两端的电压为 0.6~0.7 V 甚至更低;锗半导体 PN 结加正向电压时,PN 结两端的电压为 0.2~0.3 V 甚至更低。使用时,都应在它所在的回路中串联一个电阻,以限制回路中的电流,防止 PN 结因正向电流过大而烧坏。

2. PN 结加反向电压——反向截止

当外加直流电压的正端与 N 型半导体相连,负端与 P 型半导体相连时,如图 1.2.3 所示,称为施加反向电压(简称反偏),其方向与 PN 结势垒电压 V_Φ 的方向相同。因此当 PN 结反偏时,势垒电压增大,同时在反向电压的作用下,多子将背离耗尽层,空间电荷量增加,空间电荷区的宽度加大。由于势垒电压增大,空间电荷区加宽,只有极少数多子能越过阻挡层向对方扩散,所以扩散电流极小,以致漂移电流大于扩散电流。由于漂移电流的大小主要取决于本征激发产生的少子浓度,其值很小,所以流过 PN 结的漂移电流也很小。此时在外电路中产生的电流,称为反向电流,其方向由 N 区流向 P 区,即图 1.2.3 中 I 所示的方向,PN 结呈现很大的电阻,处于反向截止状态。由于少子浓度很低,当反向电压并不很高时,几乎所有的少子均已参与了导电,所以当反向电压增大时,反向电流几乎不增大,故又将反向电流称为反向饱和电流。但是它对温度的变化非常敏感,温度上升,少子数目增多,反向电流急剧增大。

总之,当 PN 结正偏时导通,呈现很小的正向电阻,电路中产生较大的正向电流,正向电流随正向电压的大小急剧改变;当 PN 结反偏时截止,呈现很大的反向电阻,电路中的反向电流很小,且基本上不随反向电压的大小变化。这种正向导通、反向截止的特性称为单向导电特性,这是 PN 结最重要的特性。

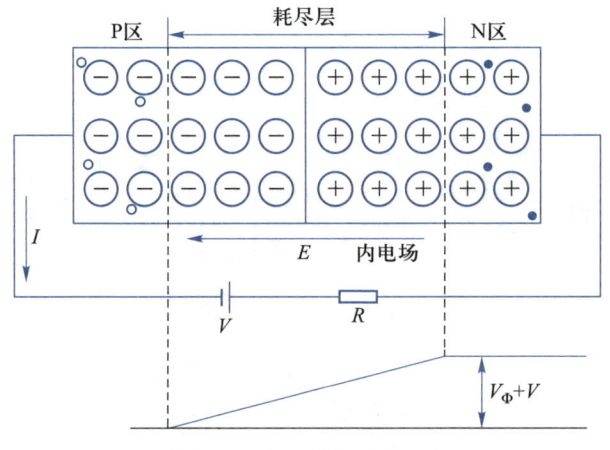

图 1.2.3　PN 结加反向电压

1.2.2　二极管的结构与类型

在 PN 结的外面装上管壳,再引出两个电极,就构成了半导体二极管,简称二极管,其电路符号如图1.2.4所示。P区引出的电极为正极，N区为负极。符号中三角形箭头所指的方向为正向电流的流通方向。

二极管按所用的半导体材料不同分为硅管和锗管；按其结构特点可分为点接触型、面接触型和平面型三大类，如图1.2.5所示。

图1.2.4　二极管的电路符号

图1.2.5(a)所示为点接触型二极管，它是用一根很细的金属丝（如三价元素铝）经过特殊工艺触压在半导体晶片上，使部分金属原子渗入晶体中，形成PN结。其特点是PN结面积很小，不能承受大的电流和高的反向电压，但其结电容很小，工作速度快，频率高，因此适用于高频、小电流的场合，如高频检波、小电流整流以及小功率开关等。

图1.2.5(b)所示为面接触型二极管，它是采用合金法工艺制成的，其特点是PN结面积大，可以承受较大的电流，但结电容也较大，适用于低频、大电流的应用电路，如低频整流、低速开关电路等。

图1.2.5(c)所示为平面型二极管，它是采用扩散法工艺制成的，其制造工艺与晶体管和集成电路常用工艺相同。根据需要，它的PN结面积可大可小，结面积较大的可用于大功率整流，结面积较小的可用于高频或脉冲数字电路中的开关管。

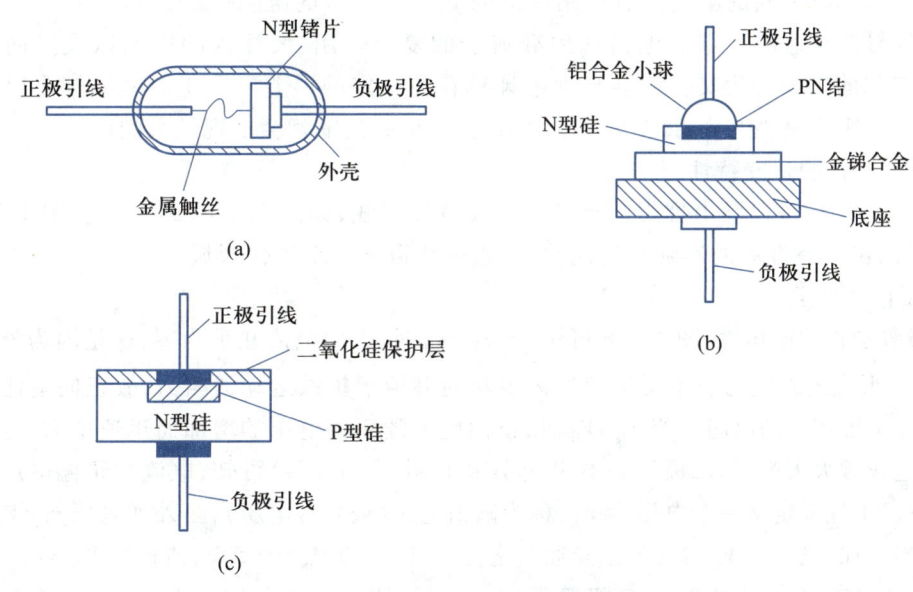

图1.2.5　半导体二极管的结构

1.2.3　二极管的伏安特性

加到二极管两端的电压 v_D 和流过二极管的电流 i_D 之间的关系，称为二极管的伏安特性。伏安特性可以用公式表示，也可以用曲线来描述。

二极管伏安特性

一、二极管电流方程

由于二极管本质上是一个PN结，所以它的伏安特性可以近似地用PN结的理想伏安特

性方程表示，即

$$i_D = I_S \left(e^{\frac{v_D}{V_T}} - 1 \right) \qquad (1.2.3)$$

式中，v_D 为二极管两端所加的电压；i_D 为二极管中流过的电流；I_S 为二极管的反向饱和电流，硅管为纳安级；V_T 为温度的电压当量，当 $T = 300$ K 时，$V_T \approx 26$ mV。

二极管方程可以在很宽的电流范围内比较准确地描述二极管的特性。当正偏时，二极管处于导通状态，如果外加电压 $v_D \gg V_T$，使 $e^{\frac{v_D}{V_T}} \gg 1$，式（1.2.3）可以近似为

$$i_D = I_S e^{\frac{v_D}{V_T}} \qquad (1.2.4)$$

此时，i_D 随 v_D 的增加按指数规律迅速增大，电流值很大。

当反偏时，二极管处于截止状态，如果外加电压 $|v_D| \gg V_T$，使 $e^{\frac{v_D}{V_T}} \ll 1$，式（1.2.3）可以近似为

$$i_D \approx -I_S \qquad (1.2.5)$$

此时，反向电流很小，几乎为零。

需要指出，式（1.2.3）是理想二极管的伏安特性表达式。实际上，二极管还存在电极的引线电阻、管外电极间的漏电阻、PN 结两侧的 P 区和 N 区的电阻（简称体电阻）等因素的影响，公式推导时还忽略了空间电荷区内载流子的复合作用、大注入的影响以及反向击穿现象，所以实测的二极管伏安特性会与理论计算存在一定的误差。在正向电流较小以及反向电压不大时，理想特性与实际二极管特性相近，超出此范围就会出现较大的误差。

二、二极管的伏安特性

由式（1.2.3）可以画出理想二极管的伏安特性曲线，如图 1.2.6（a）所示。图 1.2.6（b）为考虑反向击穿特性后的实际特性曲线，它被分为以下三个工作区域。

1. 正向工作区

二极管加正偏电压，由图 1.2.6 可见，当 $v_D < V_{th}$ 时，正向电流几乎为零，这是因为外加电压在 PN 结上形成的外电场还不足以克服内电场对载流子扩散运动的阻力，故正向电流非常微小，二极管呈现较大的电阻。当 $v_D > V_{th}$ 时，正向电流随正偏电压的增加而迅速增大，这是因为 PN 结内电场被大大削弱，二极管的电阻变得很小，由式（1.2.4）可知，电流与正偏电压之间呈指数关系。工程上定义一个电压值 V_{th}，称为阈值电压（或死区电压），当外加电压 $v_D < V_{th}$ 时，PN 结截止；当外加电压 $v_D > V_{th}$ 时，PN 结导通。室温下，硅管的 $V_{th} \approx 0.5$ V，锗管的 $V_{th} \approx 0.1$ V。

由图 1.2.6 还可以看到，当二极管正向导通后，正偏电压足够大时，正向电流随端电压按照指数规律增大，其特性近似于直线，即二极管正偏导通后，两端的电压几乎为恒值。这是因为正向电压较大时，内电场大部分被抵消，结电阻很小，而 PN 结两侧半导体材料的体电阻电压降增大，电流和电压关系主要由体电阻特性决定，故电流随电压近似呈线性关系。在实际电路中，硅管导通时的压降为 $0.6 \sim 0.8$ V，锗管导通时的压降为 $0.1 \sim 0.3$ V。工程上将二极管导通时的正向压降称为导通电压，用 V_{on} 表示。

2. 反向工作区

由图 1.2.6（a）可见，当二极管所加的反偏电压小于 $V_{(BR)}$ 时，反向电流基本不变，且与反向电压无关，为反向饱和电流 I_S。它的数值很小，常温下，锗管为几十微安，硅管则小于 0.1 μA。

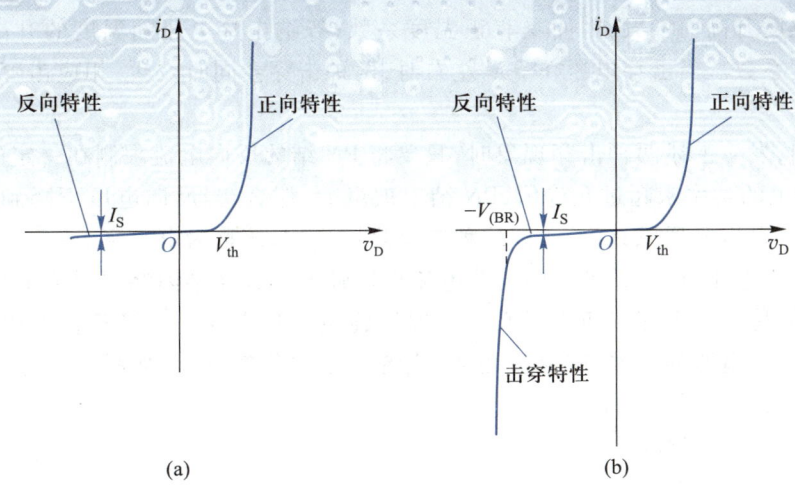

图 1.2.6　二极管的伏安特性曲线

3. 反向击穿区

当反向电压增大到一定值（$V_{(BR)}$）时，反向电流突然急剧加大，二极管失去单向导电性，如图 1.2.6（b）所示。这种现象称为反向击穿，$V_{(BR)}$ 称为反向击穿电压。

1.2.4　二极管的反向击穿特性、温度特性和电容效应

二极管主要
特性及参数

一、二极管的反向击穿特性

如前所述，二极管发生击穿时，反向电流会急剧增大。如果不加限制，消耗在 PN 结上的功率可能会超过允许值，造成二极管的损坏。因此在应用时，加在二极管上的反向电压不能超过击穿电压。另一方面，二极管发生击穿后，在击穿区的曲线很陡，反向电流变化很大，但两端的电压降却几乎不变，可以利用二极管的这种特性制成稳压二极管，从而获得所需要的恒定电压。

二极管的反向击穿分为雪崩击穿和齐纳击穿两类。

1. 雪崩击穿

当 PN 结加反向电压后，PN 结的内电场加强，使少子的漂移速度加快，动能增大，在通过空间电荷区时碰撞中性原子，能把其中的价电子碰撞出来，产生新的电子-空穴对（碰撞电离）。这些新产生的载流子又会被加速撞击其他的原子，产生更多的载流子，这种载流子的倍增效应如同雪崩一样，使反向电流急剧增加，所以称这种击穿为雪崩击穿。它发生在掺杂浓度低、空间电荷区宽、外加电压比较大的情况下。

2. 齐纳击穿

对于高浓度掺杂材料制成的 PN 结，其空间电荷区宽度很窄。不大的反向电压就能在空间电荷区中形成很强的电场，将空间电荷区内的中性原子的价电了直接从共价键中拉出来，产生电子-空穴对（场致激发）。从而使载流子突然增多，引起反向电流急剧增加，这种击穿称为齐纳击穿。它发生在掺杂浓度高、外加电压比较低的情况下。

一般情况下，$V_{(BR)}$ 在 6 V 以下的属于齐纳击穿，$V_{(BR)}$ 大于 6 V 时主要是雪崩击穿。雪崩

击穿电压随温度升高而增大,因而具有正温度系数;齐纳击穿电压随温度的升高而减小,因而具有负温度系数。当击穿电压在 6 V 左右时,两种击穿会同时发生,相应击穿电压的温度系数趋近于零。

需要指出,发生上述两种击穿现象时,只要将 PN 结的反向电流限制在一定的范围内,使消耗在 PN 结上的功率未超过允许值,PN 结未被烧毁,那么,当反向电压下降到击穿电压以下后,其性能可以恢复到原有状态,即这种击穿是可逆的,统称为电击穿。

当外加反向电压较大,并且反向击穿电流也比较大时,PN 结因结温过高而烧坏,这种击穿是不可逆的,称为热击穿。使用时必须采取措施避免热击穿。二极管在使用中通常要串联电阻,以限制其电流的增加,避免被烧坏;或者采用加装散热片、强制风冷等手段,可将热量及时散发出去。

二、二极管的温度特性

在方程 $i_\mathrm{D} = I_\mathrm{S}\left(\mathrm{e}^{\frac{v_\mathrm{D}}{V_T}} - 1\right)$ 中,反向饱和电流 I_S 和温度电压当量 V_T 均是温度的函数。当温度升高时,热激发加强,少子浓度增加,少子漂移运动构成的反向饱和电流增大,反向伏安特性随温度升高而下移,如图 1.2.7 所示。实验证明,温度每增加 10 ℃,硅或锗的反向饱和电流 I_S 约增大 1 倍。

当二极管正偏时,温度升高,使得 V_T 增大,导致 $\mathrm{e}^{\frac{v_\mathrm{D}}{V_T}}$ 随温度升高而变小,但是不如 I_S 增加得快,所以,在相同电压下,温度升高时,i_D 值变大,结果使二极管的正向伏安特性随温度上升而左移。

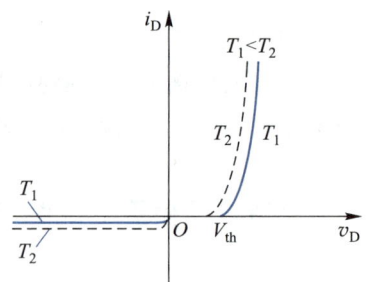

图 1.2.7　二极管的温度特性

由图 1.2.7 可以看出,随着温度升高,曲线左移。在室温附近,温度每升高 1 ℃,正向压降减小约 2.5 mV。

三、二极管的电容效应

在二极管内部,当 PN 结两端电压发生变化时,空间电荷区内的电荷量将随之变化;另一方面,当 PN 结正偏时,由于载流子的扩散,会在势垒区以外的中性区内形成非平衡载流子的存储,且存储电荷量与所加正偏电压的大小有关。这种现象使得二极管对外呈现出电容效应,即势垒电容和扩散电容。

1. 势垒电容 C_T

它是由势垒区内电荷存储作用引起的。当外加于 PN 结两端的电压改变时,空间电荷区的宽度将会改变,从而使得空间电荷区内存储的电荷量 Q 发生改变,引起电容效应,这种电容效应称为势垒电容,用 C_T 表示。

例如,当反偏电压减小时,空间电荷区变窄,N 区的部分电子和 P 区的部分空穴将进入空间电荷区与部分杂质离子中和,这就好像将电子和空穴存入 PN 结,相当于向势垒电容充电;反之,当外加反偏电压增大时,空间电荷区变宽,部分电子和空穴将离开空间电荷区,相当于势垒电容放电。

势垒电容 C_T 与一般的线性电容不同。当外加电压改变时,空间电荷区的宽度会发生改变,因此势垒电容也会跟着变化,所以势垒电容是非线性电容。它随外加电压的变化关系如

图 1.2.8 所示。此时,PN 结处于截止状态,利用 v_D 控制 C_T 的变化,可以制成变容二极管。

2. 扩散电容 C_D

它是由多子在扩散过程中的积累所引起的。当 PN
结正偏时,P 区和 N 区的多子会分别越过势垒扩散到 N
区和 P 区,这些扩散到 PN 结另一侧的载流子称为非平
衡少子。非平衡少子在靠近 PN 结的边缘处浓度高,远
离 PN 结边缘的地方浓度低(被复合掉了),且浓度由高
到低逐渐衰减,形成一定的浓度梯度,从而形成扩散电
流。因此,在 P 区有电子的积累,在 N 区有空穴的积累。

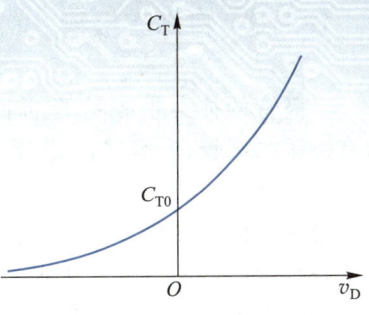

图 1.2.8 势垒电容的非线性特性

当正偏电压增大时,非平衡少子增多,载流子的积累也增
多,相当于 P 区和 N 区被充电;反之,当正偏电压减小时,非平衡少子减少,载流子的积累也
减少,相当于从 P 区和 N 区放电。所以,PN 结对外呈现出电容效应,这种电容效应称为扩散
电容,用 C_D 表示。C_D 的值随外加电压的改变而改变,因此也是非线性电容。

势垒电容 C_T 与扩散电容 C_D 是并联的,PN 结的总电容(称为 PN 结电容)C_j 为两者之
和,即

$$C_j = C_T + C_D \tag{1.2.6}$$

当 PN 结正偏时,结电容值比较大,扩散电容起主要作用,$C_D \gg C_T$,$C_j \approx C_D$;当 PN 结反偏
时,结电容数值较小,C_D 趋于零,$C_j \approx C_T$。

一般情况下,二极管结电容 C_j 很小,对低频电路的影响可以忽略。当工作频率较高时,
结电容的容抗变小,有可能使 PN 结失去单向导电特性。所以,二极管的电容效应是限制半
导体的响应速度、影响高频特性的主要因素。

1.2.5　二极管的主要参数

元件的参数是标志其质量好坏和安全适用范围的物理量,是选用器件的依据。一般器
件手册都会给出不同型号二极管的主要参数。常用的参数主要有以下几个。

(1)最大整流电流 I_F:指二极管长期工作时允许通过的最大正向平均电流。使用时若
超过此值,可能会烧坏二极管。

(2)最高反向工作电压 V_R:指二极管工作时允许外加的最大反向电压,通常规定为反向
击穿电压的一半。

(3)反向电流 I_R:指二极管未击穿时的反向电流。I_R 越小,表明二极管的单向导电性和
温度稳定性越好。

(4)最高工作频率 f_M:指二极管工作的上限频率。使用中如果工作频率超过此值,结电
容的影响不能忽略,二极管的单向导电特性变差。

二极管的参数可以在器件手册中查到,但是这些参数均与温度有关,当实际应用条件与
测试条件相差较大时,应对参数做必要修正;另外,由于半导体器件制作的分散性,对于同一
型号的二极管,其参数也会有所差异,使用时应予以注意。

1.2.6 特殊二极管

二极管的种类非常多,除前面讨论的普通二极管外,还有一些特殊用途的二极管,常用的有稳压二极管、变容二极管、肖特基二极管和光电子器件等,简单介绍如下。

一、稳压二极管

稳压二极管又称齐纳二极管,简称稳压管,它是一种特殊的面接触型硅二极管,其符号和伏安特性曲线如图 1.2.9 所示。正常情况下,稳压管工作在反向击穿区,由于曲线很陡,反向电流在很大范围内变化时,端电压变化很小,因而具有稳压作用。稳压管的稳压值 V_Z 即为二极管的反向击穿电压。在图 1.2.9(b)中,I_{Zmin} 表示最小允许电流,它表示稳压管保持稳压特性的最小电流值;I_{Zmax} 表示最大允许电流,它表示稳压管不被烧毁所能承受的最大电流。通常用动态电阻 r_Z 来描述击穿区特性曲线的陡峭程度

$$r_Z = \frac{\Delta V_Z}{\Delta I_Z} \tag{1.2.7}$$

显然,特性曲线越陡,r_Z 越小,稳压性能越好。

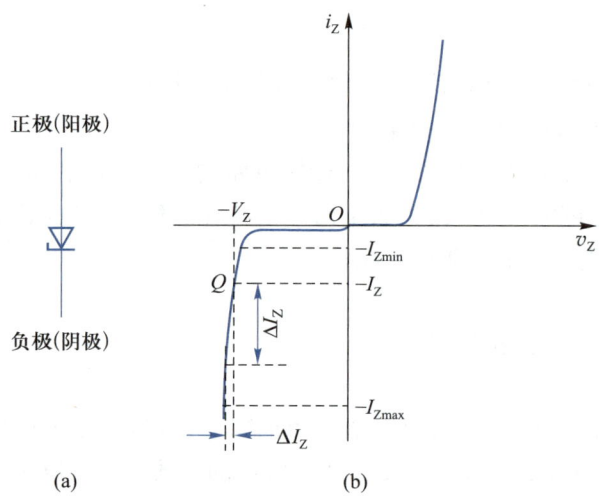

图 1.2.9 稳压管的符号和伏安特性曲线

稳压管在使用时应串联限流电阻 R,以保证流过稳压管的反向电流 I_Z 的值在合适的范围之内,即 $I_{Zmin} < I_Z < I_{Zmax}$。

二、变容二极管

如前所述,二极管结电容的大小除了与本身结构和制作工艺有关以外,还受外加电压控制,它的值随反向电压的增大而减小,利用这种效应制成的二极管称为变容二极管,图 1.2.10 所示为其符号和电容电压特性曲线,应注意变容二极管工作在反偏状态。变容二极管在高频电路中应用较多,如压控振荡器中的压控电容。

三、肖特基二极管

肖特基二极管又称肖特基表面势垒二极管,其内部是一个金属半导体结,即金属−硅结

构。肖特基二极管的电路符号如图 1.2.11 所示,它是在金属和低掺杂 N 型半导体的交界处形成一个类似于 PN 结的势垒区,产生内建电场,其伏安特性与 PN 结相似,也具有单向导电性。但是,肖特基二极管与普通二极管相比,差别比较大。首先,肖特基二极管是靠多子(电子)导电,不存在普通二极管的少子储存现象,因此工作速度快,适用于高频高速电路;其次,肖特基二极管的势垒区较薄,正向导通电压较低,约为 0.4 V,但反向击穿电压也比较低;此外,它的体电阻也比普通二极管小。

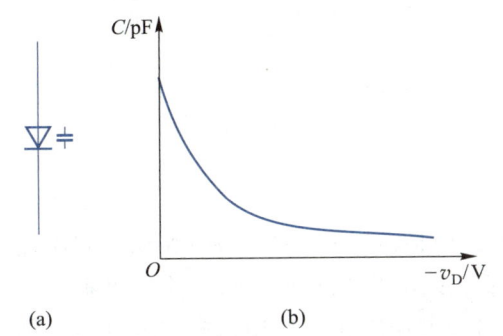

(a)　　　　　　　(b)

图 1.2.10　变容二极管的符号与电容电压特性曲线

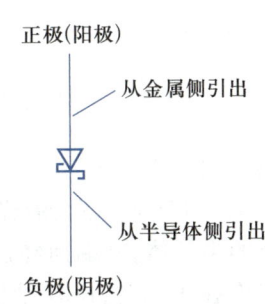

正极(阳极)

从金属侧引出

从半导体侧引出

负极(阴极)

图 1.2.11　肖特基二极管的电路符号

四、光电子器件

半导体在光照作用下会产生光电效应,即改变电导率和产生电动势;某些半导体材料(如砷化镓)在自由电子和空穴复合时,会释放能量产生光的辐射,并且不同半导体材料会辐射不同颜色的光,利用这种光电转换性质可以制成光电子器件。它在光电子系统中的光信号和电信号的接口中应用非常广泛。

1. 发光二极管

发光二极管简称 LED(light emitting diode),是将电能转换成光能的器件。其电路符号如图 1.2.12 所示,它通常是在半导体中掺入特定杂质(如磷砷化镓等)形成 PN 结构成的。当这种二极管加正向电压并且导通电流足够大时(典型值为 10 mA),N 区和 P 区的多子分别向对方扩散,并与对方的多子直接复合释放出能量而发光。采用不同的材料,可以分别得到红、黄、绿等不同颜色的可见光或者红外线。发光二极管的伏安特性与普通二极管相似,也具有单向导电性,但是其正向导通电压较大。例如,高亮度直插红色发光二极管的导通压降大于 2 V,而绿色发光二极管的导通压降可能达到 3 V。发光二极管具有功耗低、体积小、寿命长等优点,被广泛应用于指示器或显示器件。

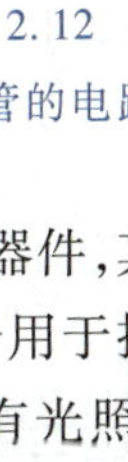

图 1.2.12　发光二极管的电路符号

2. 光电二极管

光电二极管是对光照敏感的二极管,是一种将光信号转换为电信号的半导体器件,其电路符号如图 1.2.13 所示。光电二极管的结构与普通二极管类似,但在管壳上有一个用于接收外部光照的玻璃窗口。无光照时,光电二极管与普通二极管一样具有单向导电性;有光照时,应使光电二极管的 PN 结工作在反偏状态,反向电流随光照强度的增加而上升(这时的反向电流称为光电流),它是一种远红外接收管。这种特性广泛应用于遥控、报警及光电耦合器中。

显然,将发光器件和光电器件组合可以构成光电耦合器,实现信号的光传输。例如,将发光二极管和光电二极管构成光电耦合器,如图 1.2.14 所示。其中,发光二极管 D_1 所发出的光将按照输入信号的规律变化,光电二极管 D_2 接收到这种光信号后,将光信号还原为按照输入信号的规律变化的电信号输出,从而实现了信号的光电耦合。

图 1.2.13　光电二极管的电路符号　　　　图 1.2.14　光电耦合器

3. 激光二极管

如图 1.2.15(a)所示,激光二极管的物理结构是在发光二极管的 PN 结之间添加一层具有光活性的半导体,其端面经过抛光后具有部分反射功能,从而形成一个光谐振腔。当激光二极管工作在正偏时,LED 结发射出光来并与光谐振腔相互作用,进一步激励,从结上发射出单波长的光,即相干的单色光信号。激光二极管发射的主要是红外线,不是可见光,这与所用的半导体材料的物理性质有关。与发光二极管相比,它的优点是效率高,并且产生的是准直单色光束。激光二极管在小功率光电设备中应用很广泛,如计算机上的光盘驱动器、激光打印机中的打印头等。激光二极管的电路符号如图 1.2.15(b)所示。

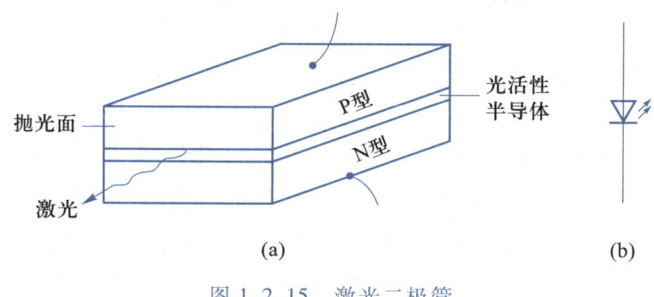

(a)　　　　　　　　　　　　(b)

图 1.2.15　激光二极管

复习思考题

1.2.1　空间电荷区有多个名称,如势垒区、高阻区等,它们分别代表什么含义?

1.2.2　为什么二极管正向导通时电流会随着电压的增加按照指数规律增大?

1.3
半导体二极管电路

由二极管、线性元件和独立电源构成的电路称为二极管电路。由于二极管属于非线性元器件,所以含有二极管的电路属于非线性电路。

1.3.1 二极管的等效电阻

如前所述,由于二极管是一个非线性器件,所以它的等效电阻是随工作电压变化的,不是常数,并且对于直流和交流两种情况来说会呈现出不同的数值。工程上常用静态电阻和动态电阻来表征其电阻特性。

一、静态电阻

当电路中只有直流电源,没有信号源时,电路中各处的电压、电流都是不变的直流量,这种状态称为静止状态。此时,二极管对外呈现的直流电阻称为静态电阻,常用 R_D 表示。设二极管两端的直流电压降为 V_{DQ},相应的直流电流为 I_{DQ},如图 1.3.1 所示,则静态电阻 R_D 为

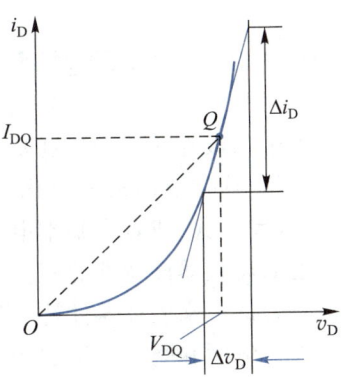

$$R_D = \frac{V_{DQ}}{I_{DQ}} \qquad (1.3.1)$$

当管子的工作电流和电压确定后,就在特性曲线上对应地确定了一个点 Q,图 1.3.1 中的 Q 点称为静态工作点或直流工作点。可见,静态电阻 R_D 等于原点与 Q 点连线斜率的倒数,其值与 Q 点的位置有关,Q 点越高,R_D 的值越小,这是非线性电阻的一个特点。分析电路直流工作情况的过程称为直流分析或静态分析。

图 1.3.1 二极管的静态电阻与动态电阻

二、动态电阻

当电路中既有直流电源又含有信号源时,电路中各处的电压、电流都处于变动状态,称为动态。分析电路在信号源作用下工作情况的过程称为交流分析或动态分析。

由于电路中的电流和电压均由直流量和交流量叠加而成,分析时首先进行直流分析求出直流量,再进行交流分析求出交流量,然后将直流量和交流量叠加得到总量。

如图 1.3.1 所示,假设在 Q 点的基础上外加微小的变化量,即加在二极管上的电压 v_D 是在静态电压 V_{DQ} 的基础上叠加一个微小的变化量 Δv_D,则 $v_D = V_{DQ} + \Delta v_D$。由于 Δv_D 很小,二极管工作在 Q 点附近一个很小的范围内,所以可以用以 Q 点为切点的直线来近似微小变化时的特性曲线。也就是说,在 Δv_D 范围内,二极管的伏安特性曲线可以近似为直线,二极管的动态电阻可以看成线性电阻,其阻值等于 Q 点处切线斜率的倒数,它还被称为微变电阻或者交流电阻,表示输入小信号工作条件下,交流电压与交流电流之间的关系,即

$$r_d = \left.\frac{\mathrm{d}v_D}{\mathrm{d}i_D}\right|_Q \approx \left.\frac{\Delta v_D}{\Delta i_D}\right|_Q \qquad (1.3.2)$$

另一方面,利用二极管的电流方程式 $i_D = I_S\left(e^{\frac{v_D}{V_T}} - 1\right)$,也可以得到导通状态下理想二极管的动态电阻表达式

$$r_{\mathrm{d}} = \frac{\mathrm{d}v_{\mathrm{D}}}{\mathrm{d}i_{\mathrm{D}}}\bigg|_{Q} = \frac{V_T}{I_S \mathrm{e}^{\frac{v_{\mathrm{D}}}{V_T}}}\bigg|_{v_{\mathrm{D}} = V_{\mathrm{DQ}}} \approx \frac{V_T}{I_{\mathrm{DQ}}} \qquad (1.3.3)$$

在室温下($T = 300$ K)

$$r_{\mathrm{d}} \approx \frac{26 \text{ mV}}{I_{\mathrm{DQ}} \text{ mA}} \qquad (1.3.4)$$

可见,二极管的动态电阻主要取决于其直流工作电流,即与 Q 点的位置有关;由于二极管正向特性为指数曲线,所以 Q 点位置越高,r_{d} 的数值越小。例如,设 $V_{\mathrm{DQ}} = 0.7$ V,$I_{\mathrm{DQ}} = 1$ mA,则直流电阻 $R_{\mathrm{D}} = 700$ Ω,交流电阻 $r_{\mathrm{d}} \approx 26$ Ω。还需要指出的是,直流电阻 R_{D} 可以用普通万用表测量得到,而交流电阻 r_{d} 只能通过计算得到。

1.3.2 二极管的模型

由于二极管的伏安特性是非线性的,所以精确地描述一个实际的二极管特性是很复杂的,工程上往往要用某些简化的模型来描述其电特性。能够近似表征器件特性的图表、曲线、函数表达式,或者由基本电路元件构成的电路都可以称为器件的模型。在一定条件下,建立近似反映器件特性的模型,是分析和计算由这种器件构成的电路的特性和参数的基础。用数学表达式来表征器件特性的模型称为数学模型;用基本电路元件(如电阻、电容、电感)以及独立电源和受控源构成的模型,称为器件的网络模型。任何模型都是实际器件特性的近似。一般来说,器件模型的精度越高,模型的结构越复杂,要求的模型参数也越多,分析电路时计算量就越大。因此,实际工作中应根据不同的工作条件和具体要求选用合适的模型,使非线性电路简化为线性电路,然后进行分析计算。下面介绍几种常用的二极管电路模型。

一、数学模型

二极管在直流和低频条件下的数学模型已由式(1.2.3)给出,这个模型只能借助于计算机求它的数值。用数值法虽然可以取得数值结果,但难以直观地说明电路的基本功能和物理概念。

二、理想化模型

为了突出二极管的单向导电性,常采用理想化模型。二极管理想化开关模型及其符号如图 1.3.2 所示。在正偏时,其管压降为 0 V;反偏时,其电阻为无穷大,电流为零。它的特点是:导通时,电阻为零,相当于短路;截止时,电阻为无穷大,相当于开路。即,当 $i_{\mathrm{D}} \geqslant 0$ 时,$v_{\mathrm{D}} = 0$;$v_{\mathrm{D}} \leqslant 0$ 时,$i_{\mathrm{D}} = 0$。理想二极管的工作过程与开关的工作过程相似,即正偏时,二极管导通,相当于开关闭合;反偏时,二极管截止,相当于开关断开。这种开关特性充分体现了二极管单向导电性的本质。当在大信号工作条件下并且精度要求不高时,常采用这一模型。

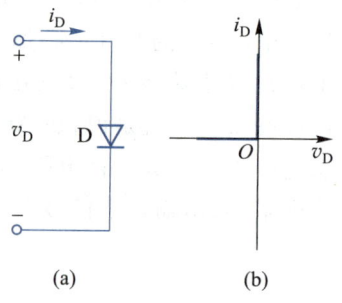

图 1.3.2 二极管理想化
开关模型及其符号

三、恒压降模型

如果电源电压较小(如 3 V),需要考虑二极管的电压降 v_{D},且由于曲线较陡,动态电阻

r_d较小可以忽略,常用图 1.3.3(a)所示的二段折线来近似二极管的伏安特性。正向导通时,二极管电压降为一个常量 V_{on},截止时反向电流为零。相应的电路模型是理想二极管串联电压源 V_{on},如图 1.3.3(b)所示。这个模型在集成电路的大信号分析中经常使用。

四、分段线性模型

如果为了提高电路的分析精度,考虑到导通状态时的电阻 r_D,忽略反向电流,则二极管的大信号分段线性伏安特性如图 1.3.4(a)所示。其中,动态电阻 r_D 包括 PN 结体电阻 r_s 与理想 PN 结动态电阻 r_d,即 $r_D = r_s + r_d$,相应的等效电路模型如图 1.3.4(b)所示。由于制作二极管导致的特性分散性,V_{on} 和 r_D 的值不是固定不变的。

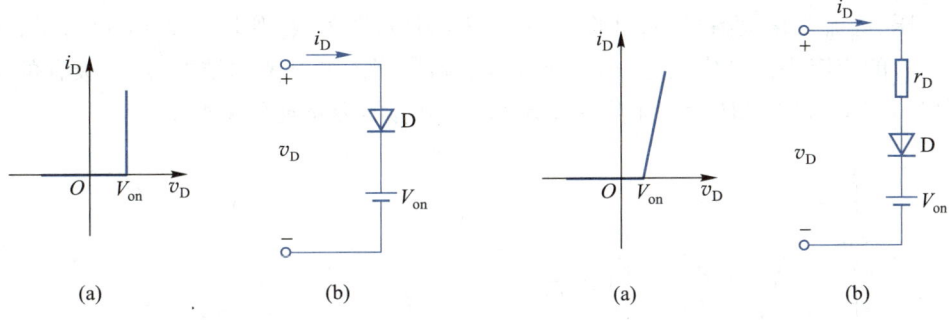

(a)	(b)	(a)	(b)

图 1.3.3 二极管的恒压降电路模型 　　　图 1.3.4 二极管的分段线性电路模型

以上所介绍的模型在整个 v-i 平面上能够基本上反映二极管的伏安特性(没有考虑反向击穿),这类能覆盖整个 v-i 平面的模型称为全模型,或大信号模型,用来近似表示二极管在安全工作范围内电压与电流之间的关系。

在工程应用的近似分析中,二极管的理想化模型、恒压降模型、分段线性模型三种等效电路比较起来,以理想化模型误差最大,分段线性模型误差最小,一般情况下多采用恒压降模型。

例 1.3.1 电路如图 1.3.5 所示,设二极管导通电压降 $V_{on} \approx 0.7$ V。采用恒压降模型,试估算开关闭合前后的输出电压 V_O。

解:当开关断开时,二极管两端加正向电压导通,有

$$V_O = V_I - V_{on} = (4 - 0.7) \text{ V} = 3.3 \text{ V}$$

当开关闭合时,二极管两端加反向电压截止,因此

$$V_O = V_2 = 8 \text{ V}$$

例 1.3.2 电路如图 1.3.6 所示,输入电压 $v_i = 6 \sin \omega t$ V,设二极管 D 为硅管,请分别使用理想化模型和恒压降模型($V_{on} = 0.7$ V),求输出电压 v_o 的波形。

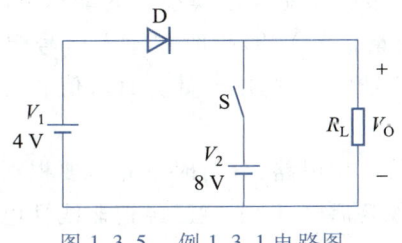

图 1.3.5　例 1.3.1 电路图

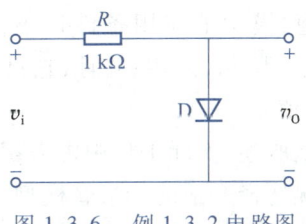

图 1.3.6　例 1.3.2 电路图

解:(1) 使用理想化等效电路模型

当 $v_i < 0\text{ V}$ 时,二极管截止,$v_O = v_i$;

当 $v_i \geq 0\text{ V}$ 时,二极管导通,$v_O = 0\text{ V}$。输出电压 v_O 的波形如图 1.3.7(b)所示。

(2) 使用恒压降等效电路模型

当 $v_i < 0.7\text{ V}$ 时,二极管截止,$v_O = v_i$;

当 $v_i \geq 0.7\text{ V}$ 时,二极管导通,$v_O = 0.7\text{ V}$。输出电压 v_O 的波形如图 1.3.7(c)所示。

五、交流小信号模型

如果加在二极管上的电压 v_D 是在静态电压 V_{DQ} 的基础上叠加一个微小的变化量 Δv_D,二极管的电压、电流变化范围很小,可将二极管用电阻 r_d 来等效,如图 1.3.8(a)所示,此模型称为二极管的交流小信号模型,又称微变等效电路模型。如果考虑结电容,二极管的交流小信号模型如图 1.3.8(b)所示。工作频率越高,结电容的旁路现象越严重。

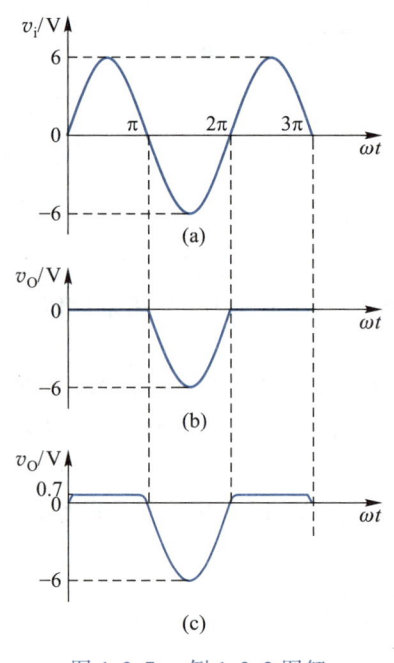

图 1.3.7 例 1.3.2 图解

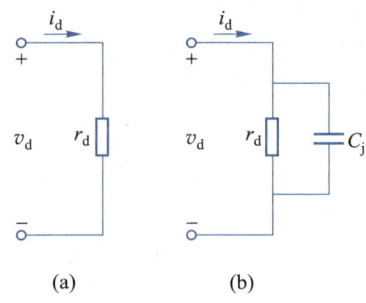

图 1.3.8 二极管的交流小信号模型

需要指出的是,交流小信号模型是为电路的交流分析而建立的,表示叠加在直流工作点之上的信号电压 v_d 与信号电流 i_d 之间的关系,因此模型中只有交流量,没有直流量。在进行交流小信号分析之前,需要首先确定静态工作点 Q,然后才能确定模型中的动态电阻 r_d 值。还应注意,模型的应用条件是小信号(或者微小增量信号),即一般在输入信号幅度小于 10 mV 时,才可以应用;并且,它只能用于计算增量信号值,不能用于计算直流值和总瞬时值(或称全值)。

综上所述,实际工作中常采用模型法分析二极管应用电路,分析时首先需要根据电路的具体情况选择合适的二极管模型;将二极管用模型代替后,实际上就已经把非线性电路转化为线性电路,然后采用线性电路的分析方法进行分析计算,就可以得到需要的结果。对于直流电路和大信号工作电路,通常采用理想化模型或者恒压降模型进行分析。对于既有直流电源又有小信号源的电路,一般首先利用恒压降模型进行静态分析,估算电路的 Q 点;然后根据 Q 点计算出交流电阻;再用小信号模型法进行动态分析,求出小信号作用下的交流电压、电流;最后,将交流量与静态值相叠加,得到完整的结果。下面举例说明。

例 1.3.3 在图 1.3.9(a) 所示的电路中,已知 $V_{DD} = 5$ V,$R = 4.3$ kΩ,二极管的导通电压 $V_{on} = 0.7$ V,信号电压 $v_s = 0.6 \sin \omega t$ V。求输出电压 v_O(包括直流量和交流量)的值并且画出其波形。

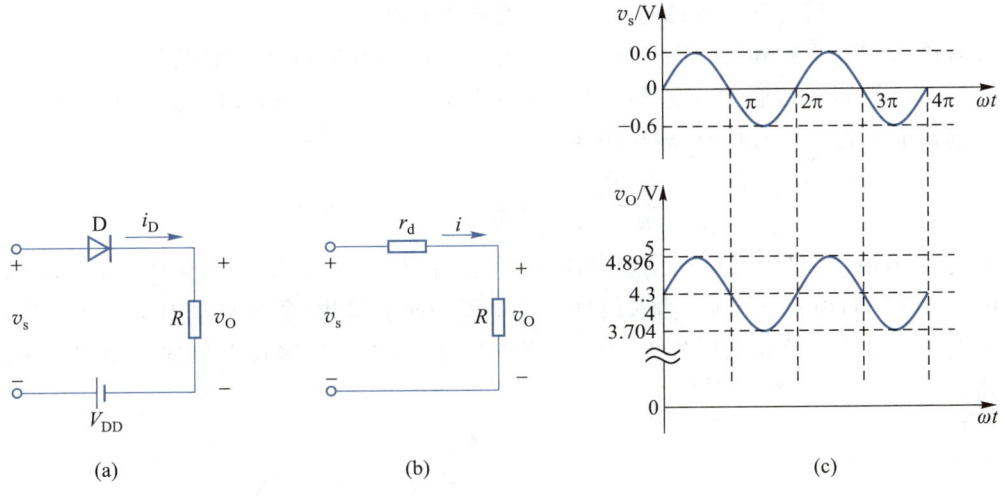

(a)　　　　　　　　(b)　　　　　　　　(c)

图 1.3.9　例 1.3.3 电路图

解: 利用叠加定理,将直流电压源和交流电压源的作用分开考虑。

(1) 首先利用恒压降模型进行直流分析,求出 Q 点。

令 $v_s = 0$,由图可知,二极管是导通的,二极管的静态工作电流

$$I_{DQ} \approx \frac{V_{DD} - V_{on}}{R} = \frac{5 - 0.7}{4.3} \text{ mA} = 1 \text{ mA}$$

输出电压的直流分量为

$$V_O = I_{DQ} \cdot R = 1 \times 4.3 \text{ V} = 4.3 \text{ V}$$

(2) 计算交流分量之前,首先需要画出电路的交流小信号模型,如图 1.3.9(b) 所示。计算在此工作点之下的理想二极管交流电阻为

$$r_d = \frac{V_T}{I_{DQ}} = \frac{26}{1} \text{ Ω} = 26 \text{ Ω}$$

输出电压的交流分量为

$$v_o = \frac{R}{R + r_d} v_s = \frac{4.3}{4.3 + 0.026} v_s \approx 0.596 \sin \omega t \text{ V}$$

输出电压的总量为

$$v_O = V_O + v_o = (4.3 + 0.596 \sin \omega t) \text{ V}$$

(3) 根据上述计算结果,画出输出电压 v_O 的波形图,如图 1.3.9(c) 所示。

1.3.3 二极管模拟电路

二极管整流电路

在通信、无线电技术和其他电子学领域中,常用的简单二极管电路有整流电路、限幅电路、稳压电路、钳位电路以及开关电路等,它们都属于二极管模拟电路。应用二极管模型可以对上述电路进行分析。

一、整流电路

利用电子器件的单向导电性将交流电变为直流电的过程称为整流。

最简单的半波整流电路如图 1.3.10(a)所示。在纯电阻负载的情况下,设输入电压为 $v_s = V_{sm}\sin\omega t$。假设二极管 D 为理想二极管。采用理想化模型,当 $v_s > 0$,为正半周时,二极管加正向偏置电压处于导通状态,输出电压

$$v_O = \frac{R_L}{R_s + R_L}v_s = \frac{R_L}{R_s + R_L}V_{sm}\sin\omega t \tag{1.3.5}$$

而当 $v_s < 0$ 时,二极管加反向偏置电压处于截止状态,输出电压 $v_O(t) = 0$。电路的输出波形如图 1.3.10(b)所示。可见,输入信号为正半周期时有输出,负半周期时无输出。这种只有半周期有输出的正弦波电压称为半波整流正弦波电压,产生这种电压的电路称为半波整流电路。

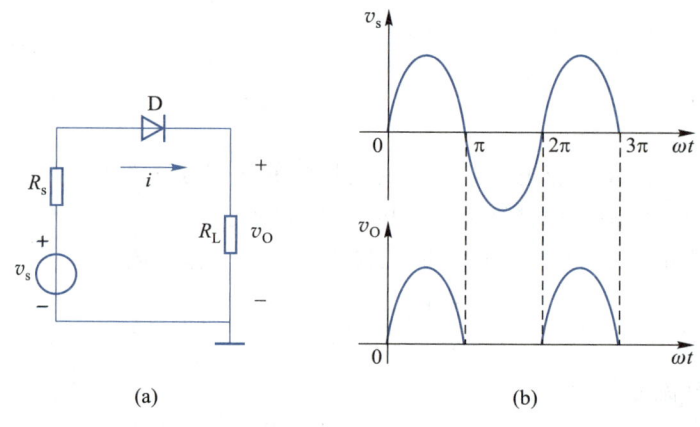

图 1.3.10　半波整流电路及其工作波形

由于输出电压 v_O 的半波整流正弦波是单向的,含有平均分量,即直流分量,所以用滤波器滤除输出电压的交流分量,取出直流成分,即可获得直流电压。

用两只二极管可以构成如图 1.3.11(a)所示的全波整流电路。图中 Tr 是一个二次绕组中心接地、一次绕组和二次绕组匝数比为 1∶2 的理想变压器,D_1、D_2 为理想二极管。当 $v_s > 0$ 时,D_1 导通、D_2 截止,$v_O = v_s$,负载电阻 R_L 中的电流如图 1.3.11(a)中实线箭头方向所示;当 $v_s \leqslant 0$ 时,D_1 截止、D_2 导通,$v_O = -v_s$,负载电阻中的电流如图 1.3.11(a)中虚线箭头方向所示。可见,无论 v_s 的极性如何变化,v_O 的极性是不变的。也就是说,全波整流使电源电压的正、负半周均得到响应,它在相同输入电压情况下的输出直流电压是半波整流电路的 2 倍。因此全波整流电路是大多数直流电源采用的整流方式。

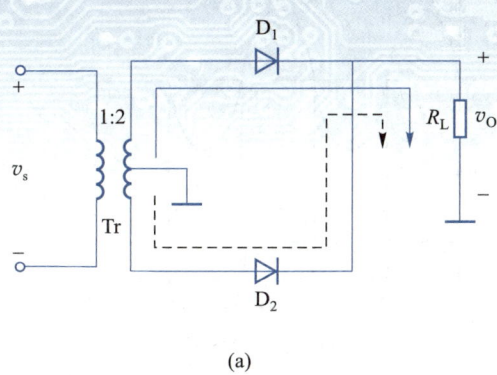
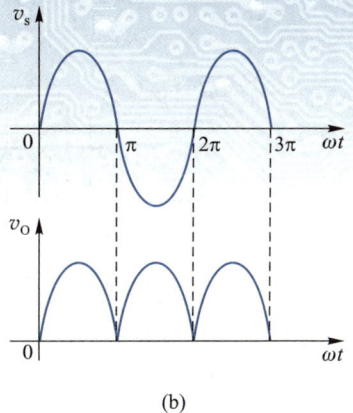

(a)   (b)

图 1.3.11   全波整流电路及其工作波形

二、限幅电路

按照规定的范围,将输入信号波形的一部分传送到输出端,而将其余部分消去的过程称为限幅。一般是利用器件的开关特性实现限幅功能。二极管的限幅电路有串联型和并联型两种基本结构,如图 1.3.12 所示。图中 R 为限流电阻,理想二极管 D 起开关作用,直流电压源 V 决定限幅电平。

假设输入电压 v_s 为幅度大于 V 的三角波。在图 1.3.12(a)中,当 $v_s - V < 0$ 时,D 导通,$v_O = v_s$;当 $v_s - V \geqslant 0$ 时,D 截止,$v_O = V$。输出波形如图 1.3.13 所示,由图可见,在输出波形中,大于 V 的部分被消去。因此,这种电路又称为上限幅电路。

用同样的方法可以得到图 1.3.12(b)所示的并联限幅电路的输出波形,它和图 1.3.12(a)所示电路的波形完全相同。将图 1.3.12 中二极管 D 反接,就可以得到下限幅电路。

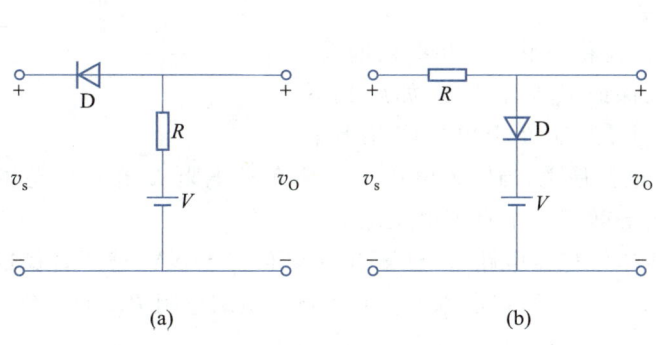

(a)   (b)

图 1.3.12   串联型和并联型限幅电路   图 1.3.13   限幅电路的输出波形

还有一种双向限幅电路,如图 1.3.14(a)所示。

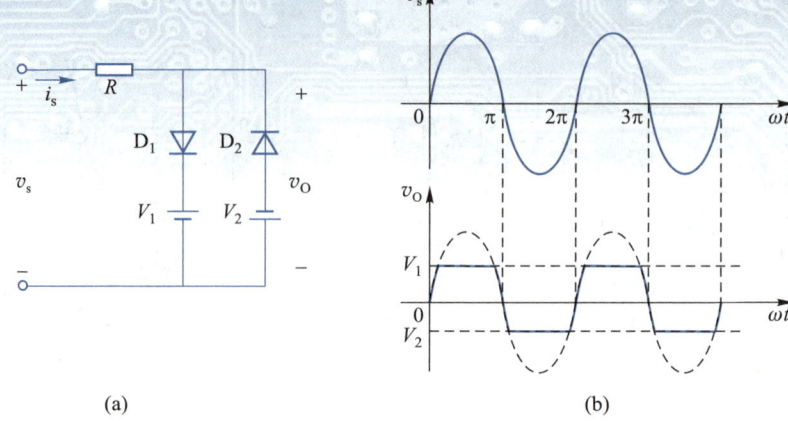

(a)   (b)

图 1.3.14 双向限幅电路及其工作波形

当 $v_s > V_1$ 时，D_1 导通、D_2 截止，$v_o = V_1$；当 $v_s < -V_2$ 时，D_1 截止、D_2 导通，$v_o = -V_2$；当 $-V_2 \leqslant v_s \leqslant V_1$ 时，D_1、D_2 均截止，$v_o = v_s$。假设输入电压为正弦波，则输出电压 v_o 的波形如图 1.3.14（b）所示，波形的上部和下部均被削掉一部分。

三、稳压电路

在通信电子设备中，一般都需要稳定的直流电源，这些电源大都是由市电电源经过整流后得到的。市电电网电压的波动（一般允许 ±10% 的变化）和直流电源负载的波动都会导致整流后直流电压的变化。对于电源电压稳定度要求较高的设备，这种波动的电源不能满足要求，需要采取稳压措施。利用稳压管的恒压特性可以构成最简单的直流稳压电路。

常用的稳压电路如图 1.3.15 所示。图中 R 为限流电阻，R 的选择应使稳压管工作在稳压区。这种电路稳压工作的原因在于，当稳定电流 I_Z 有较大幅度的变化 ΔI_Z 时，稳定电压的变化 ΔV_Z 却很小。因此，当 V_S 或 R_L 变化时，电路能自动地调整 I_Z 的大小，以改变 R 上的电压降 $I_R \cdot R$，达到维持输出电压 V_O 基本恒定的目的。

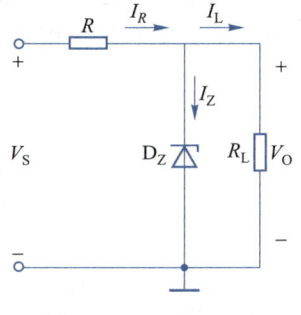

图 1.3.15 稳压电路

当 $V_S > V_Z$ 时，稳压管被击穿工作在稳压状态，如果 V_S 增大，则 I_Z 增加，以使 R 上的电压降增大，保证 V_O 基本不变；如果 V_S 不变，当负载 R_L 变化时，I_L 增大，I_Z 减小，保证 R 上电压降几乎不变，从而使输出电压 V_O 保持稳定。也就是说，当输入电压 V_S 或者负载电阻 R_L 在一定范围内变化时，$V_O = V_Z$ 几乎不变，稳压管 D_Z 等效于一个直流电压源 V_Z。

例 1.3.4 在图 1.3.15 所示稳压管稳压电路中，已知电源电压 $V_S = 10$ V，稳压管稳定电压 $V_Z = 6$ V，最小稳定电流 $I_{Zmin} = 5$ mA，最大稳定电流 $I_{Zmax} = 25$ mA；负载电阻 $R_L = 600$ Ω。试求限流电阻 R 的取值范围。

解：由图 1.3.15 所示电路可知，稳压管工作在反偏击穿状态，因此

$$I_L = V_Z / R_L = 6/600 \text{ A} = 0.01 \text{ A} = 10 \text{ mA}$$

所以

$$I_R = I_Z + I_L = [(5 \sim 25) + 10] \text{ mA} = 15 \sim 35 \text{ mA}$$

电阻 R 上的电压 $V_R = V_S - V_Z = (10-6)\,\mathrm{V} = 4\,\mathrm{V}$，因而

$$R_{\max} = \frac{V_R}{I_{R\min}} = \frac{4}{15 \times 10^{-3}}\,\Omega \approx 267\,\Omega$$

$$R_{\min} = \frac{V_R}{I_{R\max}} = \frac{4}{35 \times 10^{-3}}\,\Omega \approx 114\,\Omega$$

限流电阻 R 的取值范围为 $114\sim 267\,\Omega$。

四、钳位电路

钳位电路的功能是将周期信号波形的某一部分固定在一个选定的电位上，而信号其余部分波形形状保持不变。利用二极管构成的典型钳位电路如图1.3.16（a）所示，图 1.3.16（b）为其工作波形。

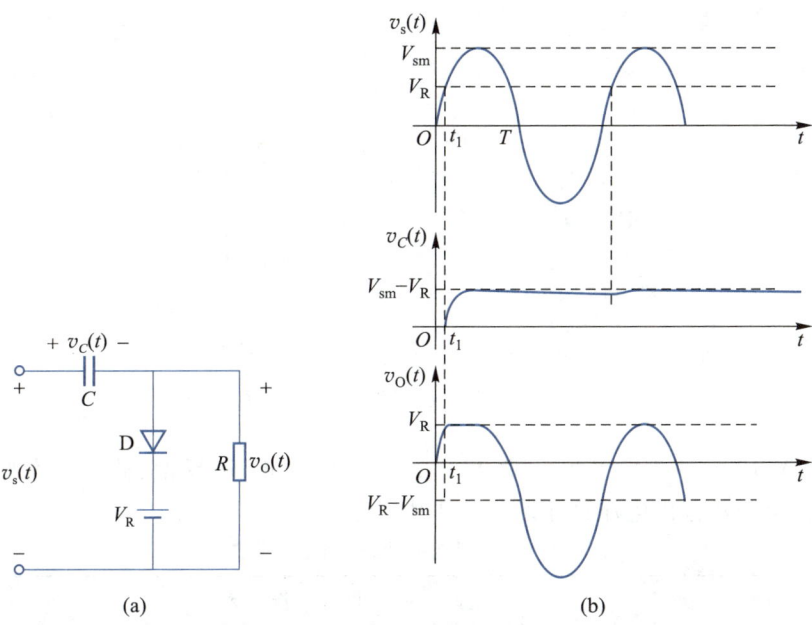

图 1.3.16　钳位电路及其工作波形

设输入电压为 $v_s(t) = V_{sm}\sin\omega t$，假设 D 为理想二极管，$RC \gg T$，$T$ 为输入电压的周期，电容 C 的初始电压 $v_C(0) = 0$。令在时间 t_1 时刻，$v_s(t_1) = V_R$。当 $t < t_1$ 时，$v_s(t_1) < V_R$，D 截止，由于 $RC \gg T$，$v_C(t) \approx 0$，因而 $v_0(t) = v_s(t)$。当 $t = t_1$，D 开始导通，$v_D = 0$，$v_0(t_1) = V_R$。在 $t_1 < t \leqslant \dfrac{T}{4}$ 期间，D 导通，仍有 $v_D = 0$，$v_0(t) = V_R$，$v_C(t) = v_s(t) - v_0(t) = V_{sm}\sin\omega t - V_R$，$v_C(t)$ 随 $v_s(t)$ 的增大而增大。当 $t = \dfrac{T}{4}$ 时，$v_C(t) = V_{sm} - V_R$，达到最大值。当 $t > \dfrac{T}{4}$ 以后，D 截止，因为 $RC \gg T$，在正弦波一个周期内，电容基本没有放电，C 上的电压 $v_C(t)$ 可以认为基本不变，如图 1.3.16（b）所示。此时 D 总是处于截止状态，所以输出电压为 $v_0(t) = v_s(t) - v_C(t) = V_{sm}\sin\omega t - (V_{sm} - V_R)$，相当于把 $v_s(t)$ 波形向下移动 $V_{sm} - V_R$，该波形的顶部被钳位在 V_R 电位上。

由上述分析可见，在 $0 \sim \dfrac{T}{4}$ 时间间隔内，输出波形为瞬态过渡过程；其余时间的输出波

形,除了向下平移 $V_{sm}-V_R$,均与输入信号波形的形状相同。

五、开关电路

在脉冲和数字电路中,输入量、输出量一般用高、低电平来表示,用以代表两个不同的状态。在数字电路中,一般将高、低电平分别称为逻辑**1**和逻辑**0**,基本的逻辑运算有**与**、**或**、**非**三种,实现这些运算的电路分别称为**与门**、**或门**、**非门**。利用二极管的单向导电性,可以方便地构成电路中的**与门**、**或门**开关电路。在分析这些电路时,应当注意的一条基本原则是:判断电路中的二极管处于导通还是截止状态。可以先将二极管断开,然后观察正、负两个电极间的偏置电压,如果是正向偏置电压,则二极管导通;如果是反向偏置电压,则二极管截止。

1. 二极管与门

图 1.3.17 所示为二极管**与门**电路及其符号。输入信号 v_{I1} 和 v_{I2} 的值为 0 V 或者 5 V,简单起见,设二极管为理想开关。

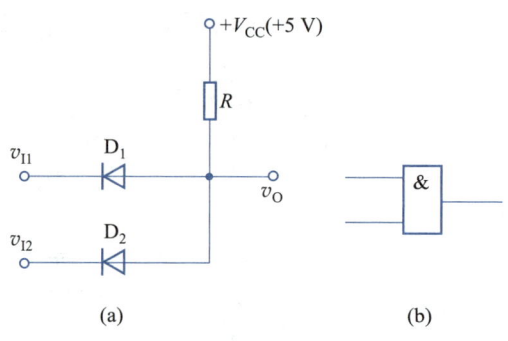

图 1.3.17　二极管**与门**电路及其符号

当 $v_{I1}=0$ V、$v_{I2}=5$ V 时,D_1 为正偏,导通,$v_O=0$ V;此时 D_2 反偏,截止。类似地,将 v_{I1} 和 v_{I2} 的其余三种组合及输出电压列于表 1.3.1 中。

表 1.3.1　与门电路输入、输出电平关系

$v_{I1}/$V	$v_{I2}/$V	二极管工作状态		$v_O/$V
		D_1	D_2	
0	0	导通	导通	0
0	5	导通	截止	0
5	0	截止	导通	0
5	5	截止	截止	5

由上表可见,输入电压中只要有一个为低电平,则输出为低电平;只有当所有输入电压均为高电平时,输出才为高电平。这种关系在数字电路中称为**与逻辑**,其功能电路称为**与门**电路。

2. 二极管或门

图 1.3.18 为二极管**或门**电路及其符号。由图可以得到其输入、输出电平关系,见表 1.3.2。由表可见,该电路输入电压中只要有一个为高电平,输出就是高电平;只有当所有输入电压均为低电平时,输出才是低电平。这种逻辑关系称为**或逻辑**,其功能电路称为**或门**电路。

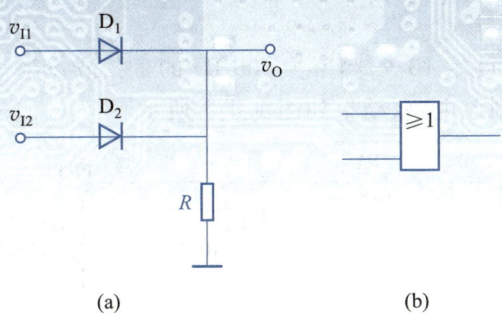

(a)   (b)

图 1.3.18　二极管或门电路及其符号

表 1.3.2　或门电路输入、输出电平关系

v_{I1}/V	v_{I2}/V	二极管工作状态		v_O/V
		D_1	D_2	
0	0	截止	截止	0
0	5	截止	导通	5
5	0	导通	截止	5
5	5	导通	导通	5

复习思考题

1.3.1　若将二极管看作为电阻,则它和由导体构成的电阻有何区别?

1.3.2　本小节给出了二极管的多个简化模型,你能说出它们的区别和适用场合吗?

1.3.3　在例 1.3.3 中,若电阻 R 的值增大至两倍,其输出电压的值会怎么变化?

1.3.4　在图 1.3.15 所示稳压管稳压电路中,稳压二极管的功率受到哪些因素的影响?

1.4
计算机仿真例题

　　在电路的分析设计过程中,利用计算机对电路进行仿真,也是一种非常好的辅助手段。下面通过使用 Multisim 软件对一个二极管双向限幅电路进行仿真来说明。

　　该电路的仿真原理图如图 1.4.1 所示,其中二极管 D_1、D_2 的型号相同。试做如下分析:

　　(1) 分析电路的直流传输特性并说明二极管工作状态的变化情况。

　　(2) 设输入信号是幅度为 2 V,频率为 100 Hz 的正弦

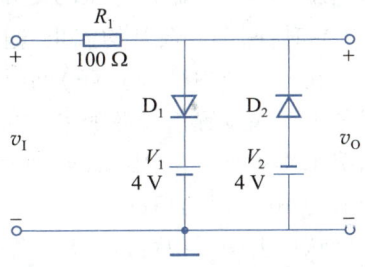

图 1.4.1　二极管双向限幅电路的
　　　　　仿真原理图

波,求 v_0 的波形。

（3）设输入信号是幅度为 10 V,频率为 100 Hz 的正弦波,求 v_0 的波形。

解:使用 Multisim 绘制该电路,结果如图 1.4.2 所示。

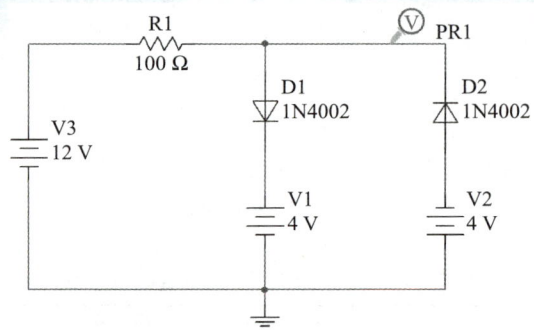

图 1.4.2　使用 Multisim 绘制的结果

图 1.4.2 中的二极管型号使用 1N4002。可使用直流扫描仿真(设置 V_3 取值范围为 $-6\sim+6$ V)得到第(1)问所需的直流传输特性,如图 1.4.3 所示。

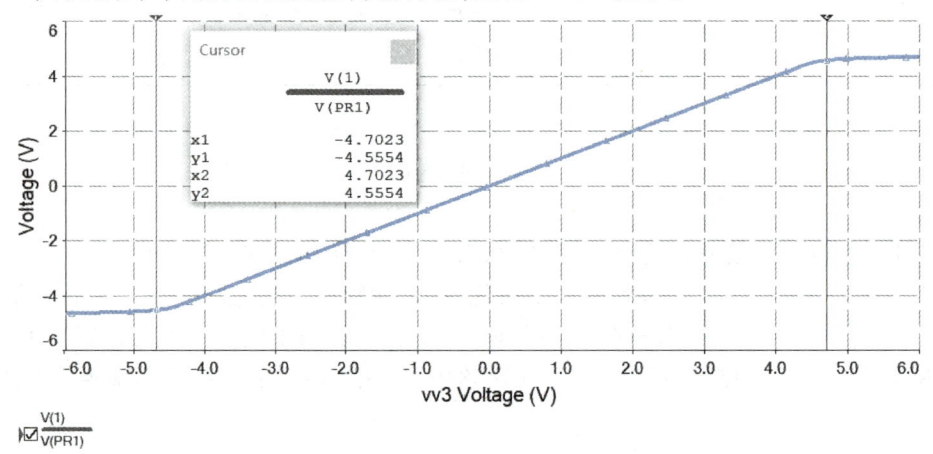

图 1.4.3　使用直流扫描仿真求输入输出特性

从图中可以看出,当 $|v_I|>4.7$ V 后,两只二极管只有一个能导通,另外一个截止,此时输出电压基本不随输入电压的变化而变化,其绝对值近似为 4.6 V,此时为限幅特性;当 $|v_I|<4.7$ V 时,两个二极管均截止,输入电压可无衰减地传输至输出端,$v_0=v_I$,此时为非限幅区。

在分析题中第(2)、(3)问时,需要将输入信号源换为交流信号源(AC_VOLTAGE),并根据题中要求设置信号源的参数值,此时还可在信号源的正端增加一个电压探针。仿真结果如图 1.4.4 所示,其中图(a)所示为输入信号峰值为 2 V 时的情况,图(B)所示为输入信号峰值为 10 V 时的情况。

从以上两图中可以看出,当输入信号较小时,电路工作于非限幅区,此时输入电压可以等量传送到输出端(输入曲线与输出曲线重叠在一起);当输入信号较大时,电路进入限幅区,此时输入电压中过大的那一部分会被"削去",此即限幅的含义。

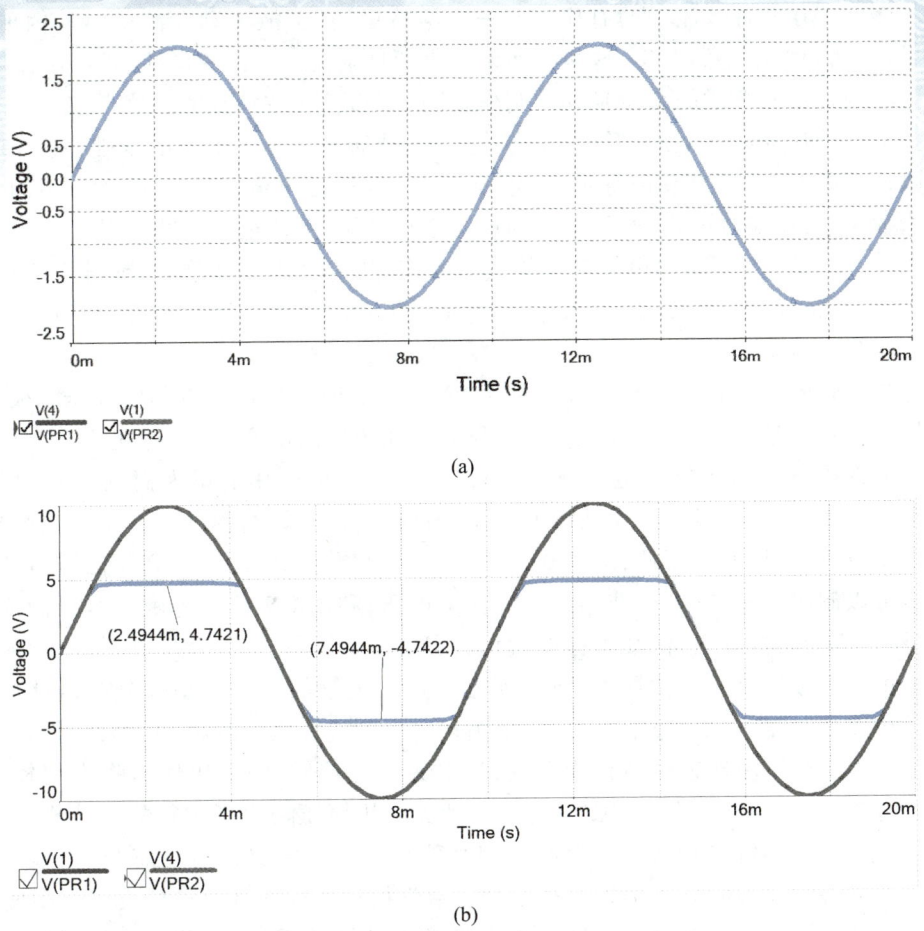

图 1.4.4　使用正弦波信号源时的输出电压波形

1.5　实际案例：二极管温度特性对工作状态的影响

本 章 小 结

（1）在本征半导体中，本征激发产生两种载流子——自由电子和空穴，它们总是成对出现的；常温下，这两种载流子的浓度比较低，导电能力较差，并且不易控制。

在本征半导体中掺入五价或者三价元素杂质，构成两种杂质半导体——N型半导体、P型半导体，其导电性能主要由多子决定。多子主要由掺杂产生，浓度很大并且基本不受温度影响，因此杂质半导体的导电性能比较好。杂质半导体中的少子由本征激发产生，其浓度随着温度的升高而增加，导致杂质半导体的导电性能受温度的影响比较大。

半导体中存在两种载流子的有序运动——漂移运动、扩散运动。漂移运动因电位差而产生，扩散运动因浓度差而产生；这两种运动产生两种电流——漂移电流、扩散电流。

（2）将两种不同性质的杂质半导体制作在同一个硅片（或锗片）上，在其交界面处，漂移运动与扩散运动达到动态平衡，形成 PN 结，它是构成各种半导体器件的基础，其主要特性是单向导电性。即 PN 结在正偏时导通，产生很大的正向扩散电流，呈现很小的结电阻，电压与电流为指数关系；反偏时截止，产生很小的反向漂移电流，呈现很大的结电阻。

（3）把 PN 结封装并引出电极后就构成二极管，其主要特性是单向导电性，还具有反向击穿特性、温度特性和电容效应。I_F、V_R、I_R、f_M 是二极管的主要参数。为安全起见，二极管使用时要串联限流电阻。

特殊二极管同样具有单向导电性。利用 PN 结击穿时的特性可以制成稳压二极管，使用时必须给二极管加足够大的反偏电压，使稳压管工作于反向击穿区，另外还要注意稳压电路限流电阻的选取；利用 PN 结的电容效应（其结电容随反向电压的增大而减小）可以制成变容二极管，使用时要让二极管工作在反偏状态。肖特基二极管的内部是一个金属半导体结，它有两个特点：一是导通电压低，约为 0.4 V；二是工作速度快，适用于高频高速电路。利用发光材料可以制成发光二极管，使用时应加正偏电压；利用 PN 结的光敏性可以制成光电二极管，使用时应加反偏电压，使其工作在截止状态。

（4）由于二极管是非线性器件，所以通常采用二极管的简化模型来分析设计二极管电路。当分析直流电路或大信号情况时，应采用理想模型或者恒压降模型。具体而言，当电源电压远大于 V_{on} 时，采用理想模型较为简便；当电源电压较低时，采用恒压降模型较为合理。对于既有直流电源又有微小信号源的电路，一般先利用恒压降模型进行静态分析，求出静态工作点，再求出小信号模型参数 r_d，然后利用小信号模型对电路进行动态分析，最后再根据题目要求对静态和动态的分析结果进行综合。数学模型主要在计算机仿真模型中使用。

（5）计算机仿真技术是进行电路分析设计的有效辅助手段，目前已经广泛应用于电路的分析设计。二极管的 SPICE 模型与实际器件特性比较一致，仿真结果精度较高。

习　题

1.1.1　假设在硅材料的 P 型半导体中，受主杂质浓度为 $N_A = 10^{23}$ m^{-3}。试求该材料中的空穴浓度和电子浓度（设 $T = 300$ K）。

1.1.2　在 $T = 300$ K 时，硅的本征载流子浓度为 $n_i = 1.5×10^{16}$ m^{-3}。

（1）如果在 300 K 时掺入受主杂质，其浓度为 $N_A = 2×10^{20}$ m^{-3}，计算这时的空穴浓度和电子浓度。

（2）当温度升高到 573 K 时，n_i 近似为 $3×10^{21}$ m^{-3}。设掺入杂质浓度不变，这时半导体呈现什么类型的导电性？

1.2.1　对于一个锗 PN 结，在 $T = 290$ K 时，试求：

（1）当反向电流达到其饱和电流 I_S 的 90% 时所加的反向电压；

（2）当正向电压和反向电压都是 0.05 V 时的正向电流和反向电流之比；

（3）如果反向饱和电流等于 1 μA，正向电压为 0.1 V、0.2 V、0.3 V 时的电流值。

1.2.2 在室温为 290 K 时,锗和硅二极管的反向饱和电流 I_S 分别为 1 nA 和 0.5 pA,如果两只二极管串联如图题 1.2.2 所示,且通过 1 mA 正向电流,两只二极管的结电压各是多少?

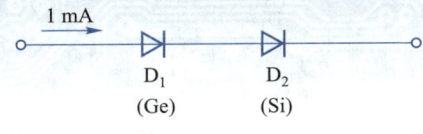

图题 1.2.2

1.2.3 一只二极管的伏安特性可用 $I = 20 \times 10^{-12} \left(e^{\frac{v_D}{V_T}} - 1 \right)$ A 来表示,设 $V_T = 26$ mV。

(1) 如果用一个 1.5 V 的干电池接在上述二极管的两端,问有多大电流通过? 是否与实际情况相符?

(2) 用万用表的电阻挡测量上述二极管的正向电阻时,发现用 $\Omega \times 10$ 挡测出的阻值小,用 $\Omega \times 100$ 挡测出阻值大,为什么?

1.2.4 一硅稳压管稳压电路如图题 1.2.4 所示。其中直流输入电压 $V_I = 18$ V,$R = 1$ kΩ,$R_L = 2$ kΩ,硅稳压管 D_Z 的稳压电压 $V_Z = 10$ V,动态电阻及未被击穿时的反向电流均可忽略。

(1) 试求 V_O、I_O、I 和 I_Z 的值;

(2) 试问 R_L 值降低到多大时,电路的输出电压将不再稳定?

1.2.5 电路如图题 1.2.5 所示,稳压管 D_Z 的稳定电压 $V_Z = 8$ V,限流电阻 $R = 3$ kΩ,设 $v_i(t) = 15\sin \omega t$ V,试画出输出电压 $v_0(t)$ 的波形。

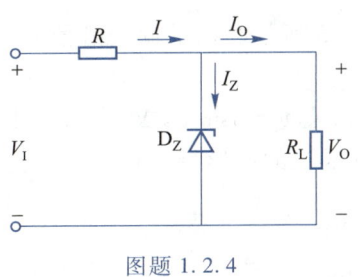

图题 1.2.4

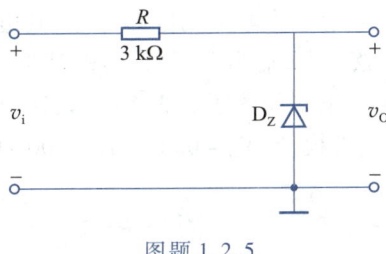

图题 1.2.5

1.3.1 二极管电路如图题 1.3.1 所示。在图(a)中,二极管导通时 $V_D = 0.3$ V,截止时断开。在图(b)、(c)中,假设二极管为理想的。请判断图中的二极管 D 是导通还是截止,并求出 V_P 值。

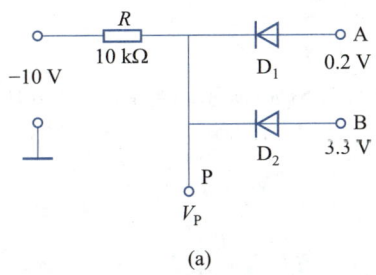

(a)

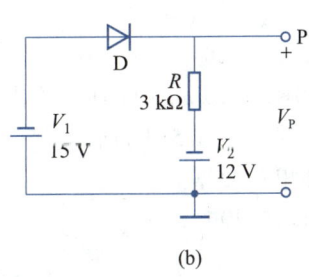

(b)

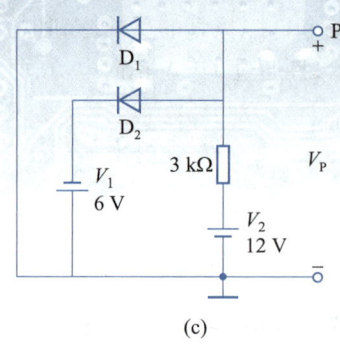

图题 1.3.1

1.3.2　设输入信号 $v_s(t) = 9\sin\omega t$ V，试对图题 1.3.2 所示的两个限幅电路画出输出电压 $v_O(t)$ 波形。

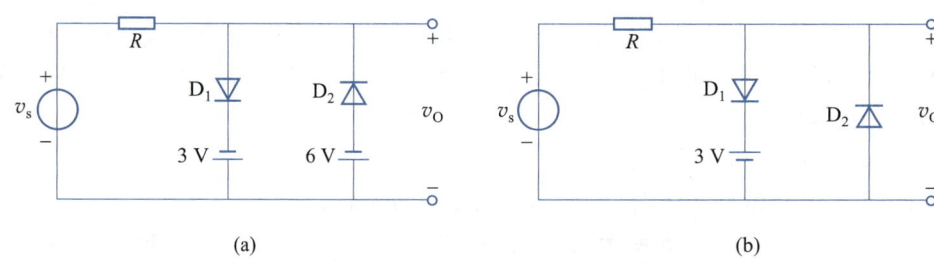

(a)　　　　　　　　　　　　　　　(b)

图题 1.3.2

1.3.3　有一串联双向限幅电路，其电路如图题 1.3.3 所示。如果输入信号为一幅度为 15 V 的正弦波，求输出电压 $v_o(t)$ 的波形。

1.3.4　电路如图题 1.3.4 所示，D_1、D_2 为硅二极管，当 $v_i = 6\sin\omega t$ V 时，试用恒压降模型和分段线性模型（$V_{on} = 0.5$ V，$r_D = 200\ \Omega$）分析输出电压 v_O 的波形。

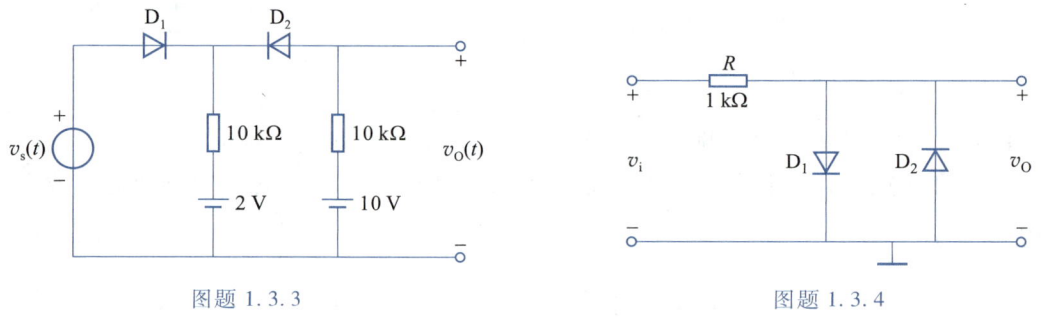

图题 1.3.3　　　　　　　　　　　　　图题 1.3.4

1.3.5　在 $0 \leqslant t \leqslant 10$ ms 时间内，绘出图题 1.3.5(a) 所示电路的输出电压 $v_o(t)$ 的波形。输入电压波形如图题 1.3.5(b) 所示。

（1）使用理想化模型。

（2）使用恒压降模型。

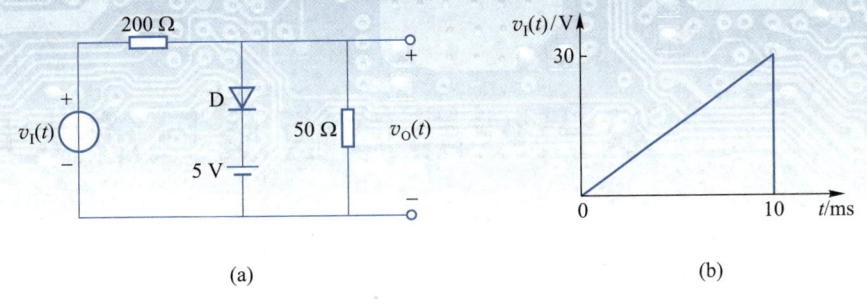

(a)   (b)

图题 1.3.5

1.3.6 电路如图题 1.3.6 所示,常温下 $V_T \approx 26$ mV,导通电压 $V_{on} = 0.7$ V,电容 C 对交流信号可视为短路,信号电压 $v_i(t) = 15\sin \omega t$ mV。试问:

(1) 二极管在 v_i 为零时的电流和电压各为多少?

(2) 二极管中流过的交流电流 i_d 为多少?

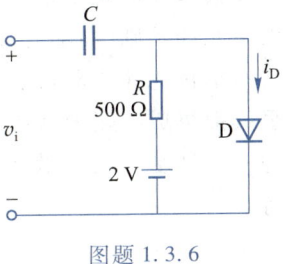

图题 1.3.6

第2章
双极型晶体管及其放大电路

双极型晶体管是常用的半导体器件之一,由它构成的基本放大电路是组成各种复杂电路的单元和基础,而随着集成工艺的发展,集成电路的应用越来越广泛。

本章首先介绍双极型晶体管的结构、工作原理、特性曲线和主要参数,然后重点讨论双极型模拟集成电路中常用的基本单元电路的组成、工作原理、性能指标和分析计算方法,主要包括三种基本组态放大电路、电流源电路、差分放大电路、功率放大电路和多级放大电路等。

2.1
双极型晶体管

双极型晶体管简称晶体管,由两个背靠背的 PN 结构成,具有放大作用,由于其中有带有电荷极性相反的电子和空穴两种载流子参与导电,所以称为双极性结型晶体管(bipolar junction transistor,简写为 BJT)。

晶体管有多种分类方法:按半导体材料分,有硅管、锗管等;按频率分,有高频管、低频管;按功率分,有大、中、小功率管。

晶体管有 NPN 和 PNP 两种类型,图 2.1.1(a)所示为 NPN 型硅平面管的结构图,图 2.1.1(b)所示为其结构示意图。它有三个掺杂区,中间的掺杂区称为基区,两侧的掺杂区分别称为发射区和集电区。各区引出电极,分别为发射极 E、基极 B 和集电极 C。发射区与基区

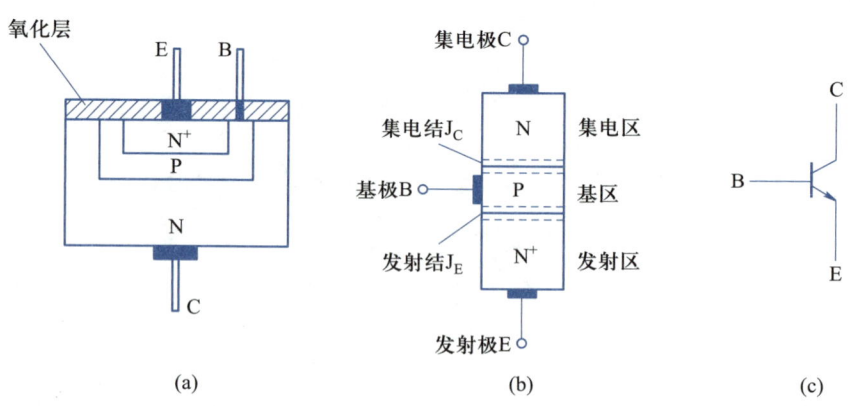

图 2.1.1　NPN 型晶体管的结构和电路符号

之间的 PN 结称为发射结 J_E,基区和集电区之间的 PN 结称为集电结 J_C。NPN 型晶体管的电路符号如图 2.1.1(c)所示,图中的箭头方向表示发射结正偏时的电流方向。基区很薄,且掺杂浓度很低,发射区的掺杂浓度远大于基区和集电区的掺杂浓度(用 N^+ 表示高掺杂),集电结结面积大,这是使晶体管具有放大作用所需的内部条件。

PNP 型晶体管三个区的杂质与 NPN 型相反,其结构示意图如图 2.1.2(a)所示,其电路符号如图 2.1.2(b)所示。

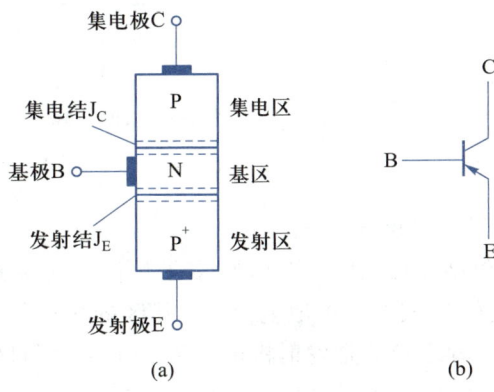

图 2.1.2　PNP 型晶体管的结构和电路符号

本节主要讨论 NPN 型晶体管的工作原理、特性曲线和参数,但讨论的结果同样适用于 PNP 型晶体管,所不同的仅是 PNP 型晶体管各极的电压极性和电流方向与前者相反。

2.1.1　晶体管的工作原理

根据晶体管的两个 PN 结所加偏置电压的不同,晶体管可分为四种工作状态。

(1) 放大工作状态:发射结正偏,集电结反偏。其主要特性是正向控制作用,是实现信号放大的基础。

(2) 饱和工作状态:发射结、集电结均正偏。此时,晶体管集电极与发射极之间的电压降很小,相当于闭合的开关。

(3) 截止工作状态:发射结、集电结均反偏。此时,晶体管集电极与发射极之间有极小的漏电流流过,相当于断开的开关。

(4) 反向(倒置)工作状态:发射结反偏,集电结正偏。与放大状态的偏置电压极性正好相反,因此得名。

放大工作状态主要应用于放大电路中;饱和与截止工作状态表现出的受控开关特性是开关电路的基础,主要用于脉冲与数字电路中;反向工作状态很少应用。

本节主要讨论晶体管在放大状态下的载流子传输过程,即正向控制作用的工作原理。

一、内部载流子运动规律

图 2.1.3 所示为 NPN 型晶体管在放大状态下的电路,直流电源 V_{EE}、V_{CC} 保证发射结正偏、集电结反偏,这是晶体管具有放大作用所需的外部条件。

图 2.1.4 所示为 NPN 型晶体管中载流子传输示意图。

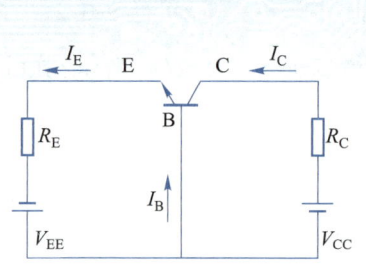

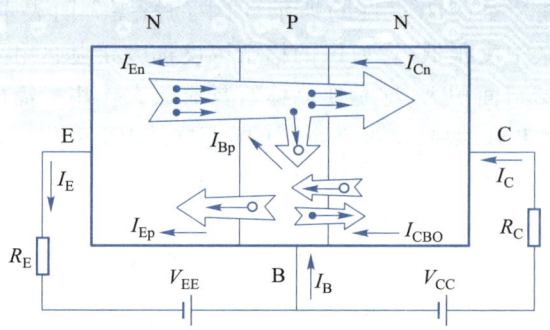

图 2.1.3　NPN 型晶体管在
放大状态下的电路

图 2.1.4　NPN 型晶体管中载流子传输示意图

晶体管简介

1. 发射区向基区流入电子

由于发射结正偏,耗尽层变薄,多子扩散占主导地位,发射区中的多子电子向基区扩散,形成电子扩散电流 I_{En};基区的多子空穴向发射区扩散,形成空穴电流 I_{Ep},二者之和就是发射极电流 I_E。由于发射区的掺杂浓度远大于基区掺杂浓度,所以 $I_{En} \gg I_{Ep}$,故发射极电流 I_E 为

$$I_E = I_{En} + I_{Ep} \approx I_{En} \tag{2.1.1}$$

2. 电子在基区中的扩散与复合

由发射极注入基区的电子,成为基区的非平衡少子,在基区靠近发射结的边界积累起来,在发射结附近的浓度最高,离发射结越远浓度越低,在基区形成了一定的浓度梯度,因此电子在基区内将继续向集电结扩散,边扩散边与基区多子空穴复合。电源 V_{EE} 不断地从基区拉走电子,等效于向基区提供空穴,使基区空穴的浓度基本保持不变。由于基区很薄且掺杂浓度低,所以从发射区注入到基的电子只有少部分与空穴复合形成基区复合电流 I_{Bp},绝大部分到达集电结边缘,被集电结的反向电场拉向集电区,形成 I_{Cn},故

$$I_{Bp} = I_{En} - I_{Cn} \tag{2.1.2}$$

3. 集电区收集载流子

由于集电结反偏且结面积大,在基区中扩散到集电结边缘的电子漂移通过集电结,被集电区收集,形成 I_{Cn}。同时,由于集电结反偏,少子漂移占主导地位,基区中少子电子和集电区少子空穴形成集电结反向漂移电流 I_{CBO},称反向饱和电流,数值很小,故集电极电流为

$$I_C = I_{Cn} + I_{CBO} \approx I_{Cn} \tag{2.1.3}$$

由图 2.1.4 可看出,基极电流为

$$I_B = I_{Bp} + I_{Ep} - I_{CBO} \tag{2.1.4}$$

一般 I_{Ep}、I_{CBO} 都很小,故

$$I_B \approx I_{Bp} \tag{2.1.5}$$

将晶体管看成一个节点,晶体管三个电极的电流应满足节点方程

$$I_E = I_C + I_B \tag{2.1.6}$$

式(2.1.6)也可由式(2.1.1)～式(2.1.4)得到验证。

从以上分析可以看出,在忽略I_{Ep}、I_{CBO}的情况下,晶体管内部载流子的传输过程是:由发射区注入基区的电子,一部分与空穴复合,绝大部分被集电极收集。晶体管制成以后(掺杂浓度、基区宽度确定),复合所占的比例就确定了,该比例越小越好,即希望发射区注入基区的电子尽可能多地被集电极收集。因此要求发射区的掺杂浓度远大于基区和集电区的掺杂浓度,发射结正偏,有利于发射载流子;基区很薄,且掺杂浓度很低,有利于传送载流子;集电结反偏且结面积大,便于收集载流子。

可见,发射区的作用是向基区注入电子,故名发射区;基的作用是传送和控制由发射区注入的电子;集电区则是收集经基区传送过来的电子,故名集电区。I_E、I_C主要为电子电流,I_B主要为空穴电流,两种载流子参与导电,故为双极型。

由此可知,晶体管的正向控制作用就是通过上述过程实现的:发射结正偏电压控制I_E(和I_B),I_E(其中I_{En})通过注入、扩散、收集而转化为I_C,这种转化几乎不受集电结反偏电压的影响。正是这种正向控制作用使晶体管具有了放大作用。由于电流I_{Ep}、I_{CBO}对放大没有贡献,希望它们的值越小越好。

值得指出的是:简单地将两个PN结背靠背地连在一起并不能构成具有放大作用的晶体管;另外,要想构成具有放大作用的晶体管,不仅需要一定的内部条件,还需要相应的外部条件。

二、晶体管的电流传输关系

晶体管为三端器件,作为二端口网络应用时,必有一个极作为输入和输出端口的公共端点。根据公共端点的不同,晶体管有共基极(CB,简称共基)、共发射极(CE,简称共射)和共集电极(CC,简称共集)三种连接方式,即三种基本工作组态,如图2.1.5所示。

晶体管的工作
组态及其电流
传输关系

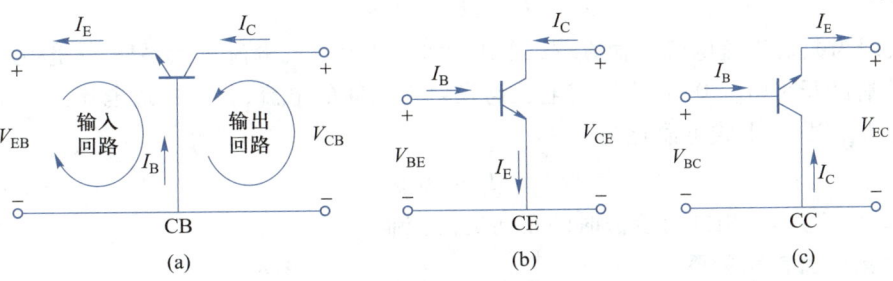

图 2.1.5　晶体管的三种连接方式

对于三种不同的组态,在放大状态下,晶体管内部载流子的运动规律是相同的,但是不同组态下的输入变量、输出变量不同,因而输出电流与输入电流之间的传输关系也不同,称之为电流传输关系。

1. 共基电流传输关系

如图2.1.5(a)所示,共基组态的输入电流为I_E,输出电流为I_C,电流传输关系即描述I_C和I_E之间的关系。引入参数$\bar{\alpha}$,定义为

$$\bar{\alpha} \doteq \frac{I_{Cn}}{I_E} \qquad (2.1.7)$$

代入式(2.1.3),可得

$$I_C = \bar{\alpha} I_E + I_{CBO} \tag{2.1.8}$$

上式就是描述共基组态时输出电流 I_C 受输入电流 I_E 控制的方程,称为共基直流电流传输方程,$\bar{\alpha}$ 称为共基直流电流放大系数,表示 I_E 转化为 I_{Cn} 的能力。显然,其值小于 1 而趋近于 1,典型值为 0.95~0.995。为了使 $\bar{\alpha} \rightarrow 1$,要求 $I_{Ep} \ll I_{En}$、$I_{Bp} \ll I_{Cn}$,即要求发射区掺杂浓度高、基区掺杂浓度低且很薄。

若忽略 I_{CBO},该电流传输方程可简化为

$$I_C \approx \bar{\alpha} I_E \tag{2.1.9}$$

2. 共射电流传输关系

如图 2.1.5(b)所示,此时输入电流为 I_B,输出电流为 I_C,电流传输关系即 I_C 与 I_B 之间的关系。

由于 $I_E = I_C + I_B$,代入式(2.1.8),可得

$$I_C = \bar{\alpha}(I_C + I_B) + I_{CBO}$$

则

$$I_C = \frac{\bar{\alpha}}{1 - \bar{\alpha}} I_B + \frac{1}{1 - \bar{\alpha}} I_{CBO}$$

引入参数 $\bar{\beta}$ 和 I_{CEO},分别定义为

$$\bar{\beta} = \frac{\bar{\alpha}}{1 - \bar{\alpha}} \tag{2.1.10}$$

$$I_{CEO} = \frac{1}{1 - \bar{\alpha}} I_{CBO} = (1 + \bar{\beta}) I_{CBO} \tag{2.1.11}$$

则

$$I_C = \bar{\beta} I_B + I_{CEO} \tag{2.1.12}$$

上式即为共射直流电流传输方程,式中 $\bar{\beta}$ 称为共射直流电流放大系数,一般为几十至几百;I_{CEO} 是基极开路($I_B = 0$)时流过集电极与发射极之间的电流,称为穿透电流。

通常 I_{CEO} 很小,上式可简化为

$$I_C \approx \bar{\beta} I_B \tag{2.1.13}$$

式(2.1.13)体现出共射接法时的正向电流控制作用。

3. 共集电流传输关系

如图 2.1.5(c)所示,输出电流 I_E 与输入电流 I_B 之间的关系

$$I_E = I_B + I_C = I_B + (\bar{\beta} I_B + I_{CEO}) = (1 + \bar{\beta}) I_B + I_{CEO} \tag{2.1.14}$$

上式为共集直流电流传输方程。

可见,晶体管的三种组态在放大状态时,输入电流对输出电流都有正向控制作用,这就是能够实现信号放大的机理。

2.1.2 晶体管的静态特性曲线

上面讨论了晶体管中载流子的运动规律、电流分配关系和电流传输方程,然而在使用晶体管时,重要的是晶体管的外部特性,即晶体管的电流与外部电压之间的关系,这种关系可

以用晶体管的静态特性曲线来说明,静态特性曲线也就是晶体管的伏安特性曲线。由于制造工艺等原因,晶体管特性有一定的离散性,即使一个工厂生产的同型号的管子,特性也不会完全一致,因此器件手册中所给出的特性曲线是典型曲线,仅供参考,一般是通过晶体管特性图示仪测得实际的特性曲线。

晶体管为三端器件,作为二端口网络应用时,它的输入输出端口均有两个变量(端电压和端电流),共有四个端变量。因而,要在平面坐标上表示晶体管的伏安特性,就需要采用两组曲线族,其中用得最多的两组曲线族是输入特性曲线族和输出特性曲线族。前者是以输出电压为参变量,描述输入电流与输入电压之间关系的曲线族;后者是以输入电流(或电压)为参变量,描述输出电流与输出电压之间关系的曲线族。

由于晶体管有共射、共集和共基三种连接组态,不同组态连接时有不同的端电压和端电流,所以相应地有三种不同的特性曲线,但都是晶体管内部载流子运动的外部表现,下面仅介绍应用最多的共射组态的特性曲线。

一、输入特性曲线

晶体管共射组态的端电压和端电流如图 2.1.6 所示,输入特性曲线是指当输出电压 v_{CE} 为某一常数时,输入电流 i_B 与输入电压 v_{BE} 之间的关系曲线,即

$$i_B = f(v_{BE}) \Big|_{v_{CE} = 常数} \tag{2.1.15}$$

如图 2.1.7 所示。

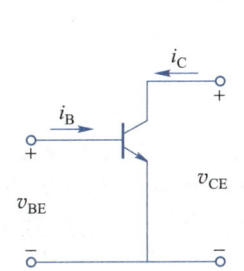

图 2.1.6 晶体管共射组态端
电压和端电流

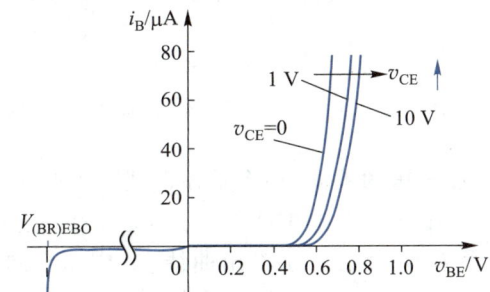

图 2.1.7 晶体管共射组态输入特性曲线

当发射结加正向电压($v_{BE}>0$)时,随着 v_{CE} 的增大,曲线右移。

当 $v_{CE} = 0$ V 时,集电极与发射极之间短路,即发射结与集电结并联,所以特性曲线与 PN 结伏安特性曲线类似,呈指数关系。

当 v_{CE} 增大时,集电结由正偏逐渐变成反偏,吸引电子的能力变强,从发射区注入基区的电子更多地被集电结收集,流向基极的电流 i_B 逐渐减小,因此随 v_{CE} 增大输入特性曲线向右移动。

当 $v_{CE}>1$ V 时,集电结所加的反向电压已经能将发射区注入基区的电子绝大部分收集到集电区,所以再增加 v_{CE},i_B 不再明显减小而是略有减小,使特性曲线略向右移,这是由基区宽度调制效应引起的。因为当 v_{CE} 增大时,集电结的反向电压 v_{CB} 也随之增大,集电结的空间电荷区加宽,基区有效宽度 W_B 变窄,复合机会变少,基极电流 i_B 减小。通常将由 v_{CE} 变化引

起的基区有效宽度变化而导致电流变化的现象称为基区宽度调制效应。在工程分析时，一般可以忽略基区宽度调制效应对输入特性的影响，认为 $v_{CE}>1$ V 以后的输入特性曲线近似重合为一条。

当发射结加反向电压（$v_{BE}<0$）时，基极反向饱和电流很小。当 v_{BE} 向负值方向增大到 $V_{(BR)EBO}$ 时，发射结被击穿。$V_{(BR)EBO}$ 称为发射结反向击穿电压，由于发射区掺杂浓度很高，所以属于齐纳击穿，其值在 -6 V 左右。

二、输出特性曲线

输出特性曲线是指当输入电流 i_B 为某一常数时，输出电流 i_C 与输出电压 v_{CE} 之间的关系曲线，即

$$i_C = f(v_{CE}) \Big|_{i_B = 常数} \tag{2.1.16}$$

如图 2.1.8 所示。

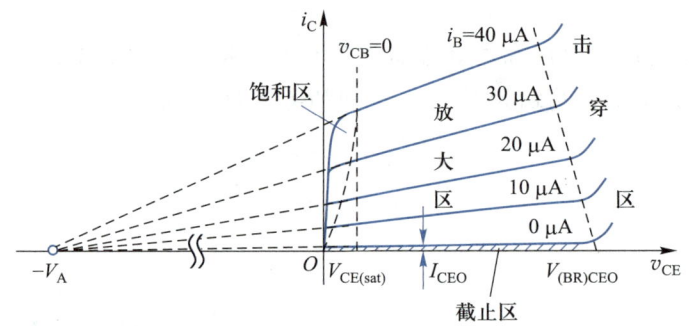

图 2.1.8　晶体管共射组态输出特性曲线

根据外加电压的不同，整个输出曲线族可分为 4 个区域：饱和区、放大区、截止区和击穿区。图 2.1.8 中 $v_{CB}=0$ 的虚线是 $v_{CE}=v_{BE}$ 各点的连线，是放大区与饱和区的分界线。由图可见，给定一个 i_B 值，就有一条输出曲线，形成输出曲线族，各条输出曲线的形状基本相同，现取其中一条（如 $i_B=40$ μA）进行说明。

1. 饱和区

饱和是指晶体管发射结、集电结都正偏的工作状态，对应输出特性曲线的起始陡峭部分。

当 v_{CE} 很小时，集电结收集能力很弱，v_{CE} 稍有增加，集电结收集能力增强，将更多的由基区扩散到集电结边缘处的电子拉到集电区，i_C 增加很快，使 i_C 受 v_{CE} 的影响很大，所以曲线很陡，但随着 v_{CE} 的增大，i_C 增加速度变缓。

在饱和区，晶体管集电极与发射极之间的电压降称为饱和压降，用 $V_{CE(sat)}$ 表示，其大小与集电区的体电阻和集电极电流有关，对于小功率晶体管，$V_{CE(sat)}$ 很小，其值常取 0.3 V，工程上近似为 0，即将集电极与发射极之间近似为短路。

显然，在饱和区内，由于集电结正偏，收集载流子的能力减弱，使发射极发射有余，而集电极收集不足，因此 i_B 已不再与 i_C 成比例关系，即 $i_C \neq \bar{\beta} i_B$，而是 $i_C < \bar{\beta} i_B$。

2. 放大区

放大是指晶体管发射结正偏、集电结反偏的工作状态，输出特性曲线基本水平但稍有上翘。

当 $v_{CE}>1$ V 后,集电结的电场已足够强,能使发射区扩散到基区的电子绝大部分都到达集电区,故 v_{CE} 再增大,i_C 几乎不变,表现为特性曲线基本水平;同时由于基区宽度调制效应的影响,当 v_{CE} 增大,基区有效宽度减小,这样在基区内载流子的复合机会减少,使电流放大系数 $\bar{\beta}$ 增大,在 i_B 不变的情况下,i_C 增大,但基区宽度调制效应对电流 i_C 的影响甚微,故电流 i_C 随 v_{CE} 的增大而增大不多,表现为特性曲线基本水平但略有上翘。

可以证明,如果将输出特性曲线族的每一条曲线向负轴方向延伸,它们将近似在电压轴上交于一点 A,对应的电压用 V_A 表示,V_A 称为厄尔利电压(Early voltage)。V_A 的大小可用来表示输出特性曲线的上翘程度,V_A 与基区宽度 W_B 有关,W_B 越小,基区宽度调制效应对 i_C 的影响越大,V_A 也就越小。典型的 NPN 型小功率管的 V_A 为 $50\sim100$ V。

放大区输出特性曲线的上翘程度通常用晶体管输出电阻 r_{ce} 表示,定义为工作点 Q 处曲线斜率的倒数,如图 2.1.9 所示,显然

$$r_{ce} = \frac{V_A + V_{CEQ}}{I_{CQ}} \approx \frac{V_A}{I_{CQ}} \qquad (2.1.17)$$

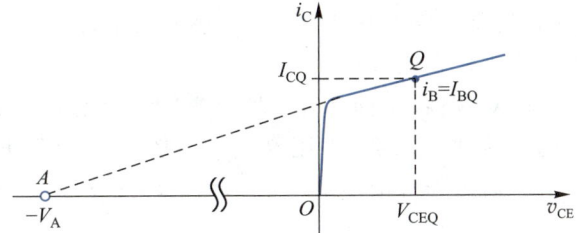

图 2.1.9 晶体管输出电阻 r_{ce} 的含义

工程上,通常认为放大区的输出特性曲线是平行等间隔的,即满足 $i_C = \bar{\beta}i_B + I_{CEO}$,对于一个确定的 i_B 值,v_{CE} 在一定范围内增加,i_C 几乎不变,i_B 增加,i_C 成比例增大,这体现了输入电流 i_B 对输出电流 i_C 的控制作用。实际的输出特性曲线并不是平行等间隔的,如图 2.1.10(a) 所示,在 i_C 的一定范围内,$\bar{\beta}$ 值较大,且随 i_C 的变化很小,可认为是常数,输出特性曲线接近平行等间隔;但在 i_C 过小或过大时,$\bar{\beta}$ 值下降,输出特性曲线比较密集。$\bar{\beta}$ 值与 i_C 的关系如图 2.1.10(b) 所示。

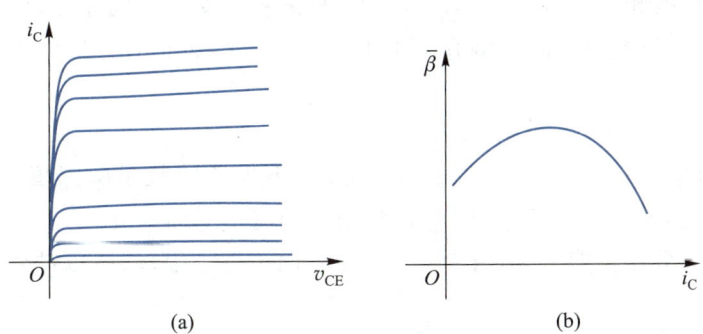

(a)　　　　　　　　(b)

图 2.1.10 实际的输出特性曲线和 $\bar{\beta}$ 值与 i_C 的关系

3. 截止区

截止是指晶体管发射结、集电结都反偏的工作状态,对应输出特性曲线 $i_B = 0$ 以下的区域。

此时集电极电流很小,可将集电极近似看成开路。图 2.1.8 中 $i_B = 0$(基极开路)时的集电极电流 i_C 即为穿透电流 I_{CEO}。

严格说来,晶体管截止,应当对应于 $i_E = 0$,这时流过集电结的是反向饱和电流 I_{CBO},即 $i_C = I_{CBO}$,$i_B = -I_{CBO}$。但 I_{CBO} 很小,所以在工程上规定 $i_B = 0$ 以下的区域作为晶体管的截止区。

4. 击穿区

随着 v_{CE} 的增大,加在集电结上的反压 v_{CB} 随之增大。当 v_{CB} 增大到一定值时,集电结发生反向击穿,造成集电极电流 i_C 剧增。

基区与集电区掺杂浓度均较低,产生的反向击穿主要是雪崩击穿,击穿电压较大。由图 2.1.8 可见,击穿电压随着 i_B 的增大而减小。其物理原因是,i_B 增大时 i_C 也增大,通过集电结的载流子数目增多,碰撞机会增大,因而产生雪崩击穿所需的电压减小。

$i_B = 0$ 时的击穿电压用 $V_{(BR)CEO}$ 表示,是基极开路时集电极与发射极之间的击穿电压。

在模拟电路中,晶体管通常工作在放大区;在数字电路中,晶体管通常工作在截止区和饱和区。一般晶体管不允许工作在击穿区。

因为晶体管在结构上的对称性,反向运用(即倒置)和正向运用(即放大区)类似,所以在倒置状态下也有相应的电流放大倍数,常用 $\bar{\beta}_R$ 表示,俗称"倒 $\bar{\beta}$",但是,由于发射区掺杂浓度高,集电区掺杂浓度低,所以在性能上晶体管是不对称的,"倒 $\bar{\beta}$"很小,而且希望它越小越好。

2.1.3 温度对晶体管特性曲线的影响

由于半导体材料的热敏特性,晶体管的参数几乎都与温度有关。对于电子电路,如果不能解决温度稳定性问题,将不能使其应用于实际,因此了解温度对晶体管参数的影响是非常必要的。

当温度变化时,晶体管的参数 v_{BE}、I_{CBO}、$\bar{\beta}$ 等随之变化。

一、温度对发射结正向电压降 v_{BE} 的影响

与二极管的情况相似,温度升高时,发射结的正向伏安特性向左移动,使 i_B 保持一定时的发射结电压降 v_{BE} 值减小。温度每升高 1 ℃,v_{BE} 减小 2~2.5 mV,即发射结电压降 v_{BE} 具有负温度系数。

二、温度对反向饱和电流 I_{CBO} 的影响

I_{CBO} 由基区和集电区的少子漂移运动产生,由于少子的数量随温度上升而增大,所以 I_{CBO} 也随温度上升而增大。穿透电流 I_{CEO} 同样也随温度上升而增大。

硅管的温度系数比锗管大,但由于硅管的 I_{CBO} 比锗管小很多,所以硅管比锗管的热稳定性好。

三、温度对电流放大系数 $\bar{\beta}$ 的影响

温度升高后,注入到基区的载流子的扩散速度加快,电子与空穴在基区的复合数目减

小,所以 $\bar{\beta}$ 增大。温度每升高 1 ℃ ,$\bar{\beta}$ 增加 0.5% ~ 1.0%。

由于温度变化时,晶体管的参数 v_{BE}、I_{CBO}、$\bar{\beta}$ 发生变化,所以晶体管的特性曲线也将发生变化。

由于发射结电压降 v_{BE} 具有负温度系数,所以温度升高时,晶体管的输入特性曲线左移(如图 1.2.7 所示)。

温度对输出特性曲线的影响如图 2.1.11 所示。温度升高时,v_{BE} 减小,I_{CBO}、$\bar{\beta}$ 增大,均使集电极电流 i_C 增大,因此随温度升高,输出特性曲线上移且曲线间隔增大。

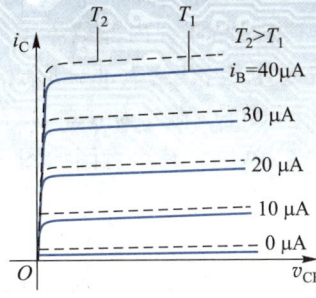

图 2.1.11 温度对输出特性曲线的影响

2.1.4 晶体管的参数

晶体管的参数用来表征晶体管的性能优劣和适用范围,是选用晶体管的依据。了解这些参数的意义,对于合理使用和充分利用晶体管,达到电路设计的经济性和可靠性是十分必要的。这些参数归纳起来可以分为电流放大系数、极间反向电流、极限参数和高频参数。

一、电流放大系数

晶体管电流放大系数分为直流($\bar{\alpha}$,$\bar{\beta}$)和交流(α,β)两种。

1. 共射直流电流放大系数 $\bar{\beta}$

当 v_{CE} 一定时,
$$\bar{\beta} = \frac{I_C - I_{CEO}}{I_B} \approx \frac{I_C}{I_B} \tag{2.1.18}$$

2. 共射交流电流放大系数 β

在有交流信号输入时,晶体管基极电流产生一个变化量 Δi_B,引起集电极电流的变化量为 Δi_C,则交流电流放大系数为
$$\beta = \left. \frac{\Delta i_C}{\Delta i_B} \right|_{v_{CE} = 常数} \tag{2.1.19}$$

v_{CE} 保持不变,即 $\Delta v_{CE} = 0$,相当于输出交流短路,故 β 又称为短路电流放大系数。

3. 共基直流电流放大系数 $\bar{\alpha}$

当 v_{CB} 一定时,
$$\bar{\alpha} = \frac{I_C - I_{CBO}}{I_E} \approx \frac{I_C}{I_E} \tag{2.1.20}$$

4. 共基交流电流放大系数 α

其与 β 的定义类似,也是短路电流放大系数
$$\alpha = \left. \frac{\Delta i_C}{\Delta i_E} \right|_{v_{CB} = 常数} \tag{2.1.21}$$

由式(2.1.18) ~ 式(2.1.21)可见,$\bar{\alpha}$ 和 $\bar{\beta}$ 是静态(直流)电流之比,反映了晶体管内部电流的分配规律,体现了晶体管的放大能力,α 和 β 是静态工作点 Q 上动态(交流)电流之比,均可由输出特性曲线求出。在输出特性曲线间距基本相等并忽略 I_{CBO}、I_{CEO} 时,两者数值近似相等。因此在工程上,通常不再区分交流电流放大系数和直流电流放大系数,都用 α 和 β 表示。

5. α 与 β 的关系

根据晶体管内部载流子的运动规律,做一些合理的近似后,可以这样理解:发射极电流 i_E 是总电流,其绝大部分形成集电极电流 i_C,剩余很小部分复合为基极电流 i_B。如果将 i_E 看成一个单位,则 i_C 为 α 单位,i_B 为 $(1-\alpha)$ 单位;如果将 i_B 看成一个单位,则 i_C 为 β 单位,i_E 为 $(1+\beta)$ 单位。其示意图如图 2.1.12 所示,由图 2.1.12(a) 及 β 定义可得

$$\beta = \frac{\alpha}{1-\alpha} \qquad (2.1.22)$$

与式(2.1.10)相同。同理由图 2.1.12(b) 及 α 定义可得

$$\alpha = \frac{\beta}{1+\beta} \qquad (2.1.23)$$

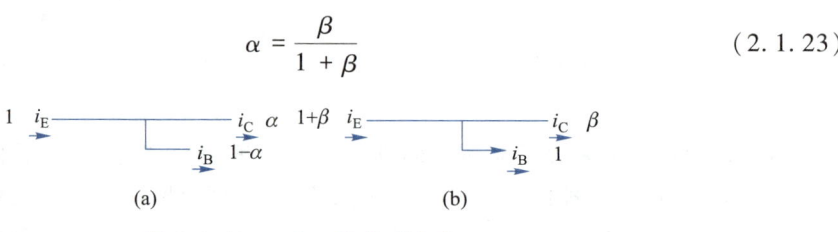

图 2.1.12 α 和 β 的物理含义

二、极间反向电流

1. 反向饱和电流 I_{CBO}

I_{CBO} 表示发射极开路时集电结的反向饱和电流,测量电路如图 2.1.13 (a)所示。

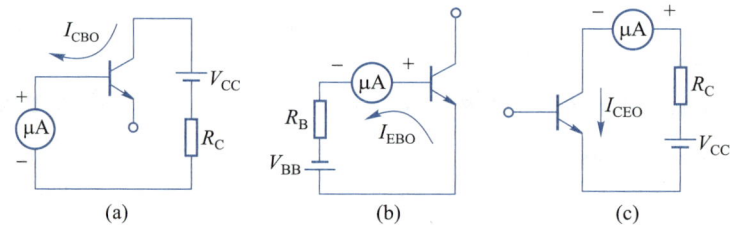

图 2.1.13   晶体管极间反向电流的测量电路

2. 反向饱和电流 I_{EBO}

I_{EBO} 表示集电极开路时发射结的反向饱和电流,测量电路如图 2.1.13(b)所示。

3. 穿透电流 I_{CEO}

I_{CEO} 表示基极开路时集电极和发射极之间的穿透电流,测量电路如图 2.1.13(c)所示。

由图可知,加在集电极与发射极之间的电压被分配在发射结和集电结上,所以发射结正偏,集电结反偏,晶体管处于放大状态。集电区的少子空穴漂移到基区,其数量就等于 I_{CBO}。由于基极开路,从集电区漂移到基区的空穴不能由基极外部电源补充电子与其复合从而形成基极电流,而只能与发射区注入基区的电子复合。由此可见,由发射区注入基区的电子,为了与由集电区到达基区的空穴复合而分出来的部分刚好是 I_{CBO},其余大部分到达集电区。根据晶体管电流分配规律:发射区每向基区提供一个复合用的载流子,就要向集电区提供 β 个载流子,因此到达集电区的电子数等于在基区复合数的 β 倍。于是发射极总的电流为

$$I_{CEO} = \beta I_{CBO} + I_{CBO} = (\beta + 1)I_{CBO} \qquad (2.1.24)$$

与式(2.1.11)相同。

可见，I_{CEO} 与 I_{CBO}、I_{EBO} 不同，它不是单纯 PN 结的反向电流，它的形成伴随着放大作用，其值也比 I_{CBO}、I_{EBO} 大得多。通常把 I_{CEO} 作为判断晶体管质量的重要依据。I_{CEO} 大的晶体管性能不稳定。

上述参数受温度影响比较大，故选用晶体管时，要求 I_{CBO} 和 I_{CEO} 尽可能小，α 和 β 不要过大。

三、极限参数

1. 集电极最大允许电流 I_{CM}

如前所述，当集电极电流 i_C 增大到一定程度时，β 将明显下降。一般取 β 值下降至最高值的 2/3 时所对应的集电极电流为 I_{CM}。

2. 极间反向击穿电压

在晶体管的某一极开路的情况下，发生击穿时另外两个极间所加的反向电压就是极间反向击穿电压。

(1) $V_{(BR)CBO}$ 是发射极开路时集电结的反向击穿电压，它取决于集电结的雪崩击穿电压，通常为几十伏，高反压管可达几百伏以上，此时的集电极电流就是 I_{CBO}。测试电路如图 2.1.14(a)所示。

(2) $V_{(BR)EBO}$ 是集电极开路时发射结的反向击穿电压，就是发射结本身的击穿电压，一般只有几伏。测试电路如图 2.1.14(b)所示。

(3) $V_{(BR)CEO}$ 是基极开路时集电极与发射极之间的反向击穿电压，此时的集电极电流就是 I_{CEO}。测试电路如图 2.1.14(c)所示。由于 $I_{CEO} > I_{CBO}$，所以 $V_{(BR)CEO} < V_{(BR)CBO}$。

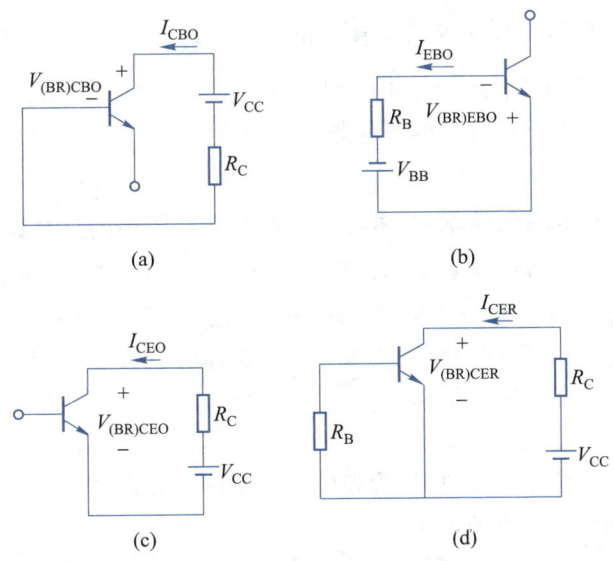

图 2.1.14　晶体管反向击穿电压的测试电路

在实际情况下,晶体管常在发射极与基极间接有电阻,如图 2.1.14(d)所示,这时击穿电压用 $V_{(BR)CER}$ 表示,由于基极电阻 R_B 对发射结有分流作用,延缓了集电结雪崩击穿的产生,故 $V_{(BR)CER} > V_{(BR)CEO}$。当 $R_B \to 0$,即发射极与基极短路时,$V_{(BR)CER}$ 增至最大,用 $V_{(BR)CES}$ 表示。

上述各种击穿电压满足如下关系:

$$V_{(BR)CBO} > V_{(BR)CES} > V_{(BR)CER} > V_{(BR)CEO} > V_{(BR)EBO}$$

为保证晶体管安全使用,晶体管各极间的最大反向电压必须小于相应的击穿电压。

3. 集电极最大允许耗散功率 P_{CM}

集电极功耗 p_C 或称集电极耗散功率等于集电极电流 i_C 与 v_{CE} 的乘积,即 $p_C = i_C v_{CE}$。集电极功耗将使集电结发热,结温上升,p_C 过大,结温过高,不仅会改变晶体管的参数,还会使晶体管烧坏,因此集电极的耗散功率受到一定的限制。P_{CM} 表示集电结上允许耗散功率的最大值。锗管允许集电结温度为 75 ℃,硅管允许集电结温度为 150 ℃。对于大功率管,为了提高 P_{CM},通常采用加散热装置的方法。

在共射输出特性曲线上,综合考虑 I_{CM}、$V_{(BR)CEO}$ 和 P_{CM},晶体管的工作范围应限制在如图 2.1.15 所示的阴影区域内,称为安全工作区。

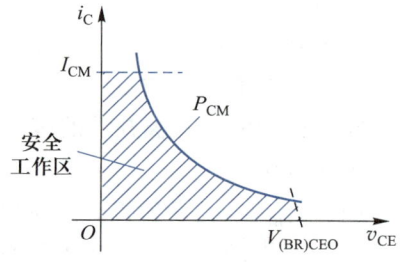

图 2.1.15 晶体管的安全工作区

四、高频参数

1. α 截止频率 f_α 和 β 截止频率 f_β

由于晶体管中 PN 结结电容的存在,晶体管的交流电流放大系数 α 和 β 是所加信号频率 f 的函数,信号频率高到一定程度时,α 和 β 不但数值下降,而且产生相移,此时应用复数 $\dot{\alpha}$ 和 $\dot{\beta}$ 表示。用 α_0、β_0 分别表示晶体管在低频时的 α 和 β,则使 $|\dot{\alpha}|$ 和 $|\dot{\beta}|$ 下降为 $\alpha_0 / \sqrt{2}$ 和 $\beta_0 / \sqrt{2}$ 时的频率 f_α 和 f_β 称为晶体管的共基截止频率和共射截止频率,或称 α 截止频率 f_α 和 β 截止频率 f_β,如图 2.1.16 所示。f_α 和 f_β 均取决于晶体管本身的结构,f_α 远大于 f_β,说明共基电路比共射电路允许工作在更高的工作频率范围内。

2. 特征频率 f_T

f_β 只说明 β 值开始下降的频率,并不表示晶体管所能应用的最高频率。将 $|\dot{\beta}|$ 下降到 1 时的频率定义为晶体管的特征频率 f_T,如图 2.1.16(b)所示。特征频率是晶体管的一个重要高频参数,它比较确切地反映出晶体管的高频放大能力,当工作频率低于 f_T 时,$\beta > 1$,晶体管具有电流放大作用;当工作频率超过 f_T 时,$\beta < 1$,晶体管就没有电流放大作用了。所以,特征频率是晶体管的最高可应用的频率。

五、锗管与硅管的比较

由于锗和硅半导体本身的区别,锗管和硅管的特性也有很多不同。

1. 最高允许结温和最大允许功耗

硅管允许的最高结温 T_{iM} 比锗管高,硅管的 T_{iM} 为 150~200 ℃,而锗管的 T_{iM} 为 75~100 ℃,因此当管子结构和工作温度相同时,硅管的最大允许功耗 P_{CM} 比锗管要大 2~3 倍。所以在高温、功率大的工作情况下应采用硅管。

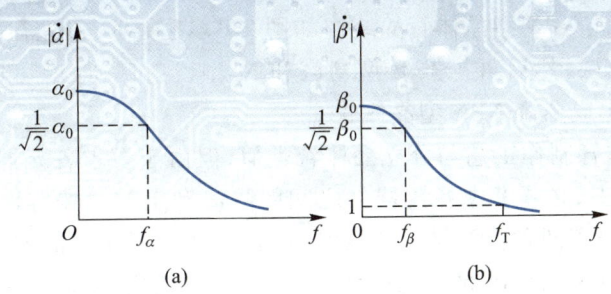

图 2.1.16　晶体管 f_α、f_β 和 f_T 的定义

2. 集电结反向饱和电流 I_{CBO}

硅管的 I_{CBO} 比锗管的 I_{CBO} 小 $2\sim3$ 个数量级,小功率硅管的 I_{CBO} 一般在 0.1 nA 以下,而锗管的 I_{CBO} 为 $1\sim10$ μA。由于 I_{CBO} 随温度变化,它将影响晶体管静态工作的稳定性,对于硅管,I_{CBO} 的影响一般可不考虑,而锗管就必须考虑。又由于锗管的 I_{CBO} 较大,所以使用小功率锗管时集电极电流应不小于 10 μA,否则 I_{CBO} 的影响太大。而硅管在集电极电流小于 10 μA 时还能工作,在低噪声放大器中,要求集电极电流很小的情况下应选用硅管。

3. 反向击穿电压

硅管的反向击穿电压 $V_{(BR)CEO}$ 比锗管高,一般锗管的 $V_{(BR)CEO}$ 为几十伏,硅管可达几百伏,所以在需要使用高反压的情况下也应采用硅管。

4. 发射结门限电压

锗管发射结门限电压为 $0.2\sim0.3$ V,硅管的较高,为 $0.5\sim0.6$ V。

从以上的比较可以看出,硅管的性能比锗管好,所以通信设备及测量仪表中一般都优先选用硅管。

2.1.5　集成电路中的晶体管

集成电路(integrated circuit,简称 IC)是 20 世纪 60 年代初期发展起来的一种半导体器件,就是采用一定的制造工艺,将有源器件晶体管、场效应晶体管、二极管、无源元件电阻、电容以及电路连接线等都集成在一小块半导体基片上,然后加以封装构成一个完整的电路和系统。它和传统的分立元件电路相比,具有密度高、体积小、重量轻、功耗低、功能强、可靠性高和成本低廉以及组装调试简单等一系列优点,为电子技术的应用开创了一个新的时代。本小节将简单介绍双极型集成电路元件的工艺结构和特点。

一、集成晶体管

1. 集成 NPN 型晶体管

集成电路按器件结构和工艺不同,可以有不同的分类。本书限于介绍半导体集成工艺,它以外延平面晶体管的制造工艺为基本工艺,这种集成工艺是按 NPN 型晶体管编制工艺流程的,因此 NPN 型晶体管性能最好,所用芯片面积最小。电阻、电容和晶体管是在同一工艺流程中制作的,在制作元器件的过程中,采用隔离技术,使各元器件之间彼此相互绝缘;最后连成电路时,是在硅表面蒸镀一层金属铝薄膜,完成相互间的连接。

分立的外延平面硅 NPN 型晶体管的结构如图 2.1.17 所示,首先在掺杂浓度高的 N^+ 硅衬底上生成 N 型外延层,然后再扩散 P 型基区和 N^+ 型发射区,最后切片并封装管壳,引出 C、B、E 三个电极,即生成单个 NPN 型晶体管。

集成 NPN 型晶体管制作工艺与分立晶体管类似,但由于要求各元器件能用同一工艺流程制作在同一块基片上,必须考虑各元器件之间的隔离和工艺的兼容性。常用的隔离技术有 PN 结隔离和介质隔离两种,PN 结隔离技术是利用 PN 结反偏时具有很高电阻的特点,把元件所在区域四周用 PN 结包围起来,使元件之间绝缘;介质隔离是用 SiO_2 等介质材料进行隔离。采用 PN 结隔离的 NPN 型晶体管结构剖面图如图 2.1.18 所示,与分立 NPN 型晶体管的结构主要有两点不同:① 衬底为 P 型,与 P^+ 隔离槽连在一起,将准备制作 NPN 型晶体管的区域包围起来,形成一个隔离岛;② 集电极要从结构的上部引出。

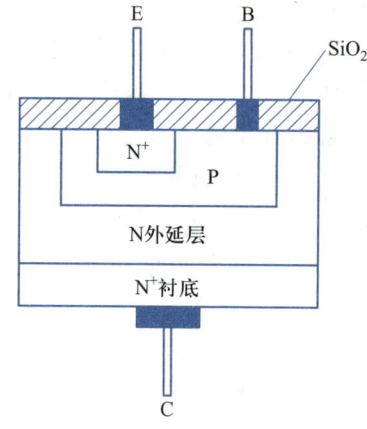

图 2.1.17　分立的外延平面硅 NPN 型
晶体管的结构

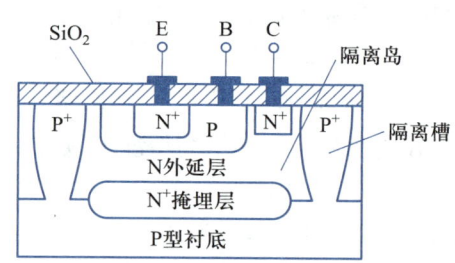

图 2.1.18　采用 PN 结隔离的 NPN 型
晶体管结构剖面图

2. 集成 PNP 型晶体管

这里将要介绍的 PNP 型晶体管是指制作工艺和 NPN 型晶体管兼容,无需增添工艺程序的 PNP 型晶体管。

集成电路中的 PNP 型晶体管有衬底 PNP 型晶体管和横向 PNP 型晶体管两种,它们的结构如图 2.1.19 所示。图中右边是横向 PNP 型晶体管的结构图,载流子空穴沿着水平方向由发射区经基区运动至集电区,因此得名。由于制造工艺的限制,其基区宽度难以做得很薄,故 β、f_T 相对较低;但其发射结和集电结都有较高的反向击穿电压,即 $V_{(BR)EBO} = V_{(BR)CBO}$,所以其发射结允许施加较高的反压。因而可与 NPN 型晶体管复合而构成既有足够大的电流放大系数又耐高压的晶体管,从而构成各方面性能俱佳的放大电路。

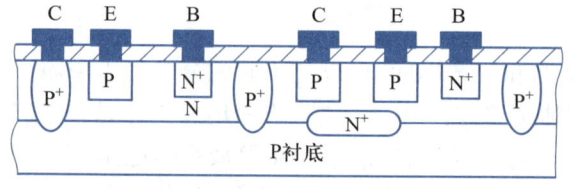

图 2.1.19　集成电路中的 PNP 型晶体管的结构

图 2.1.19 中左边是衬底 PNP 型晶体管的结构图,以衬底作为集电极,因此得名,载流子沿纵向运动,所以又称为纵向 PNP 型晶体管。其基区宽度可准确地进行控制,因此可以做得非常薄,故 β 值比上述横向 PNP 型晶体管的大,但不及 NPN 型晶体管;由于作为集电极的衬底只能接在整个电路的电位最低点,所以在集成电路中纵向 PNP 型晶体管只能接成共集组态,其应用范围受到很大的限制。

3. 其他类型的晶体管

在制造 NPN 型晶体管时,同时制作多个发射区,则得到多发射极晶体管,其结构与符号如图 2.1.20 所示,广泛应用于集成数字电路。

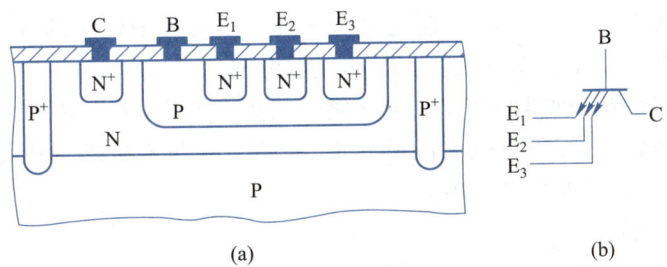

图 2.1.20　多发射极晶体管的结构与符号

在制作横向 PNP 型晶体管时,同时制作多个集电区,得到多集电极晶体管,各集电极电流之比取决于对应的集电区面积之比,其结构与符号如图 2.1.21 所示,多用于集成放大电路中的电流源电路。

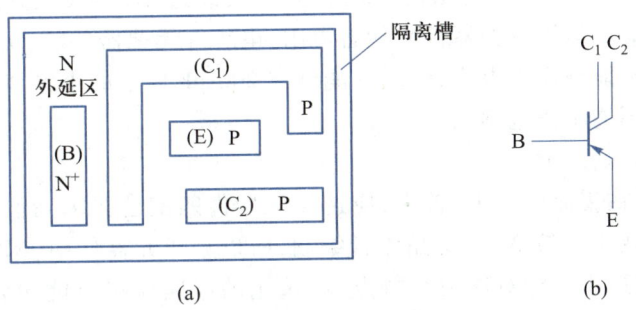

图 2.1.21　多集电极晶体管的结构与符号

集成电路中普通 NPN 型晶体管的基区宽度为 0.5～1 μm,如果将基区做得很薄,厚度只有 0.1～0.2 μm,则得到超 β 晶体管。其优点是当基极电流很小时,β 可高达千倍,缺点是其反向击穿电压很低,$V_{(BR)CBO}$ 为 10～20 V,$V_{(BR)CEO}$ 为 5～10 V,常用于高精度集成放大电路的输入级。

二、集成电路中的二极管、电阻和电容

集成电路中的二极管是利用晶体管的一个 PN 结,当利用发射结和集电结中的一个结时,余下的一个电极可以开路或是与二极管两个极中的一个极相连,因而有图 2.1.22 中的 4 种连接方式。当利用发射结时,击穿电压较低;而利用集电结时,击穿电压较高。在模拟集成电路中,大多采用第二种连接方式,其工作速度快,无寄生 PNP 型晶体管效应。

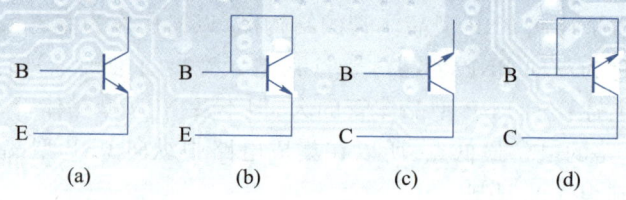

图 2.1.22　集成电路中二极管的 4 种连接方式

各种无源元件不需要特殊工艺,可在制造晶体管的同时制出,不需要增加额外工作。集成电路中的电阻多是利用 NPN 型晶体管基区或发射区的体电阻作为电阻,由于受到工艺的限制,阻值范围在几十欧至几十千欧,阻值过大或过小都会占用较大的硅片面积,很不经济;且对温度较敏感,是一个随工作电压变化的非线性电阻。

集成电路中的电容一种是利用 PN 结反偏时的势垒电容,另一种是用 SiO_2 层作为电介质做成电容。由于制作电容需要较大的硅片面积,所以在集成电路中应尽量避免使用电容器,必须使用时,可以采用外接电容器。

三、集成电路的特点

与分立元件相比,集成电路中的元件有如下特点:

(1) 具有良好的对称性。由于元件在同一硅片上用相同工艺制造,且因元件很密集而环境温度差别很小,所以元件的性能比较一致,而且同类元件温度对称性也较好。但是,由于生产过程中各道工序的工艺条件难以精确控制,所以前后两批生产出来的成品性能差异较大,即元器件性能参数的绝对误差大。

(2) 由于芯片面积的限制,电阻的阻值不宜过大或过小,一般在几十欧至几十千欧之间。在集成电路中应尽量用有源器件来代替电阻、电容等无源器件。

(3) 集成工艺不能制作大电容,一般只能制作 200 pF 以下的小电容。

(4) 集成工艺不能制作电感。

(5) 寄生参量影响严重。

根据上述特点,在集成电路中,首先,应选用元器件匹配性要求高但允许绝对误差大的电路;其次,由于集成工艺按 NPN 型晶体管编制,所以集成元器件中,NPN 型晶体管的性能最佳,占用芯片面积最小。针对这两个特点,所选用的电路应尽可能包含更多的 NPN 型晶体管,以取代其他元器件。总之,在设计集成电路时,要充分发挥集成元器件的独特优点,而力求避免其固有缺点。

复习思考题

2.1.1　可以将 BJT 的发射极 e、集电极 c 交换使用吗?原因是什么?

2.1.2　需要哪些内部条件、哪些外部条件,才可以使 BJT 工作在放大区?

2.1.3　使 BJT 处于截止区、饱和区的条件分别是什么?

2.1.4　BJT 在放大状态下的内部载流子是如何运动的?试说明发射极电流、基极电流、集电极电流的组成。

2.1.5　为什么称 BJT 为双极型结型晶体管?

2.1.6　BJT 的电流放大系数 β、α 的定义是什么？可以从共射输出特性曲线上求出 β 吗？

2.1.7　NPN 型 BJT 在放大区时，哪个电极电位最低？哪个电极电位最高？

2.1.8　BJT 在放大区的输出特性曲线特点是：基本水平，稍有上翘。请问稍有上翘的原因是什么？

2.1.9　温度对 BJT 输入特性曲线的影响，指的是对哪个参数的影响？是如何影响的？（是正温度系数还是负温度系数？）

2.1.10　温度对 BJT 输出特性曲线的影响，指的是对哪些参数的影响？分别是如何影响的？（是正温度系数还是负温度系数？）

2.1.11　用哪些参数可以确定 BJT 的安全工作区？

2.2
放大电路的基本知识

在电子系统中，放大电路是信号处理的基本电路，其作用是将微弱的输入信号不失真地增强（放大）到所需的数值。本节主要讨论放大电路的组成和主要性能指标。

2.2.1　放大电路的组成

放大的前提是不失真，即只有在不失真的情况下放大才有意义。晶体管只有工作在放大区，才能使输出量与输入量始终保持线性关系，即电路不会产生失真。

基本共射放大电路的原理图如图 2.2.1 所示，其中 v_s 为待放大交流小信号，输出电压由晶体管的集电极取出。由于任何稳态信号都可分解为若干频率正弦信号（谐波）的叠加，所以放大电路常以正弦波作为测试信号。

一、直流工作点的设置

设 v_s 是幅度很小（如几毫伏）的正弦信号 $v_s = V_{sm} \sin \omega t$，如果直接加在电路的输入端，由于其值远小于发射结的阈值电压 V_{th}，晶体管在信号的整个周期内均处于截止状态，不能实现信号的放大。

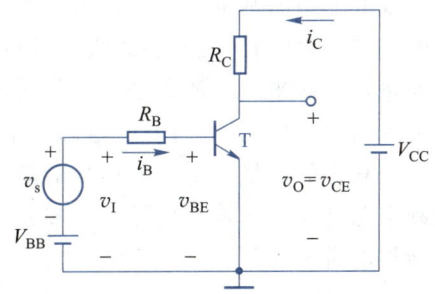

图 2.2.1　基本共射放大电路的原理图

显然，为了实现信号的放大，晶体管必须在信号的整个周期内都工作在放大区，为此在输入端加一个合适的直流电压 V_{BB}，将交流小信号 v_s 叠加在 V_{BB} 之上，使作用于电路输入端的电压 $v_I = V_{BB} + v_s$ 始终大于发射结的阈值电压 V_{th}，使晶体管的发射结正偏；同时集电极电源电压 V_{CC} 要足够高，保证集电极电流最大时的 $v_O = v_{CE} = V_{CC} - R_C i_C > v_{BE}$，使晶体管的集电结反偏。这样，在信号的整个周期内，保证了晶体管均处于放大状态，从而实现了信号的放大。

施加合适的直流电压 V_{BB} 和 V_{CC}，使晶体管各极电流、极间电压均有确定的值，称为设置直流工作点或静态工作点，一般用 Q 点表示，设置静态工作点的电路称为放大电路的偏置电路。可见,设置合适的直流工作点是保证晶体管始终工作于放大区、实现信号不失真放大的必要条件。习惯上用 I_{BQ}、I_{CQ}、V_{BEQ} 和 V_{CEQ} 表示晶体管静态工作点的电流和电压。

二、交流信号的放大

设置 Q 点之后,幅度很小的交流输入信号电压 v_s 叠加在 V_{BB} 之上,使电路的输入电压 $v_1 = V_{BB} + v_s$,晶体管发射结电压 $v_{BE} = V_{BEQ} + v_{be}$。由于晶体管的发射结对交流小信号 v_s 可等效为一个线性电阻 r_{be},并与 R_B 串联,故分得的信号电压 $v_{be} = \dfrac{r_{be}}{R_B + r_{be}} \cdot v_s$。于是在 $v_{BE} = V_{BEQ} + V_{bem}$ $\sin \omega t$ 作用下的集电极电流 $i_C = I_{CQ} + i_c = I_{CQ} + I_{cm} \sin \omega t$,则输出电压 $v_o = v_{CE} = V_{CC} - R_C i_C = (V_{CC} - R_C I_{CQ}) - R_C I_{cm} \sin \omega t = V_{CEQ} + V_{om} \sin (\omega t + 180°)$。其中第二项就是交流输出信号电压 v_o,即 $v_o = -R_C I_{cm} \sin \omega t = V_{om} \sin (\omega t + 180°)$。可见,只要 R_C 足够大,就可使输出信号的幅度 V_{om} 比输入信号的幅度 V_{sm} 大得多,从而实现信号的放大。

通过上面的讨论可以看出,由于设置了合适的直流工作点,v_{BE}、i_B、i_C 及 v_o 均由直流分量(直流工作点)和交流信号分量组成,且交流信号分量的幅度比直流工作点的值要小,晶体管才始终工作于放大区。所以直流 Q 点是基础,交流放大是目的。

三、放大电路的组成原则

综上所述,组成放大电路必须遵循以下三条原则:

(1)提供大小和极性都合适的直流电源,为电路设置合适的直流 Q 点,使晶体管工作于放大区,同时作为电路的能源;

(2)待放大交流输入信号能够顺利地加至放大电路的输入端;

(3)被放大的交流输出信号能够顺利地送至负载,以实现信号的放大。

四、放大的本质

放大电路的基本功能是将微弱的电信号加以放大。根据能量守恒原理,能量只能转换,不能凭空产生,当然也不能放大。被放大后所增加的能量,是从放大电路的直流供电电源中的能量转换而来的。放大是对变化量而言,放大电路放大的本质是能量的控制和转换:在交流输入信号的作用下,将直流电源供给的能量转化为按输入信号变化的交流能量供给负载,使负载获得的能量大于输入信号的能量。因此,电子电路放大的基本特征是功率的放大,即负载上总是获得比输入信号大得多的电压或电流,有时兼而有之,晶体管则是能够控制能量和转换的有源元件。

2.2.2　放大电路的主要性能指标

放大电路的性能指标是衡量它的品质优劣的标准,并决定其适用范围。这里主要讨论放大电路的输入电阻、输出电阻、增益、频率响应和非线性失真等几项主要性能指标,主要是针对放大能力和保真度两方面要求提出的。

小信号放大电路作为线性有源二端口网络的组成框图如图 2.2.2 所示,在正弦稳态分析中的信号电压、电流均用复数表示。图中 $\dot{V}_s$、R_s 代表电压源的电压和内阻,信号源也可采用电流源($\dot{I}_s$、R_s),$\dot{V}_i$、$\dot{I}_i$ 为输入电压和电流,$\dot{V}_o$、$\dot{I}_o$ 为输出电压和电流,它们的参考方向符合二端口网络的一般约定，R_L 是放大电路的负载电阻。

一、输入阻抗和输出阻抗

放大电路的输入端要接信号源(该信号源可能是前级放大电路,其输出阻抗即是等效信号源的内阻抗),输出端要接负载(该负载可能是下一级放大电路的输入阻抗),其等效电路如图 2.2.3 所示。因此,输入阻抗和输出阻抗是考虑放大电路与信号源、负载或放大电路级联时相互影响的重要参数。

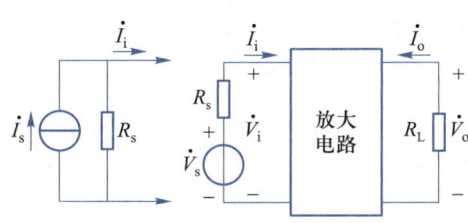

图 2.2.2　小信号放大电路作为线性
有源二端口网络的组成框图

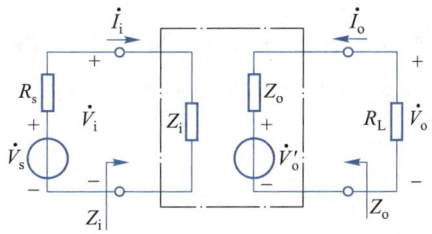

图 2.2.3　放大电路的输入阻抗和输出阻抗

1. 输入阻抗

放大电路的输入阻抗是从放大电路输入端看进去的等效阻抗,用 Z_i 来表示,如图 2.2.3 所示,即

$$Z_i = \frac{\dot{V}_i}{\dot{I}_i} \qquad (2.2.1)$$

若放大电路工作在中频区(中频区的含义将在 2.3.4 节中说明),可不考虑电抗元件的作用,放大电路为纯阻性网络,可用输入电阻 R_i 来代替输入阻抗 Z_i,即

$$R_i = \frac{\dot{V}_i}{\dot{I}_i} \qquad (2.2.2)$$

则放大电路的输入电压

$$\dot{V}_i = \frac{R_i}{R_s + R_i} \dot{V}_s \qquad (2.2.3)$$

R_i 越大,表明放大电路从信号源索取的电流越小,$\dot{V}_i$ 越接近信号源电压 $\dot{V}_s$,信号电压在内阻 R_s 上的损失就越小,所以 R_i 体现了对信号源电压的衰减程度。

2. 输出阻抗

对负载电阻 R_L 而言,放大电路的输出即是它的信号源,可用戴维南定理将其等效为一个含有内阻抗的电压源(或用诺顿定理将其等效为一个含有内阻抗的电流源),如图 2.2.3 所示。等效电压源(电流源)的内阻抗 Z_o 即为放大电路的输出阻抗,所以输出阻抗 Z_o 即是从放大电路输出端看进去的等效阻抗。

同样,若放大电路工作在中频区,可用输出电阻 R_o 来代替输出阻抗 Z_o。

由图 2.2.3 可得

$$\dot{V}_o = \frac{R_L}{R_L + R_o} \dot{V}'_o \qquad (2.2.4)$$

该式表明,放大电路带负载时的输出电压 $\dot{V}_o$ 要比空载($R_L = \infty$)时 $\dot{V}_o'$有所下降,R_o 越小,带负载前后输出电压相差越小,电路带负载能力越强,所以 R_o 的大小表示放大电路带负载的能力。

在电子电路中计算输出电阻常用两种方法。

(1)外加电压法

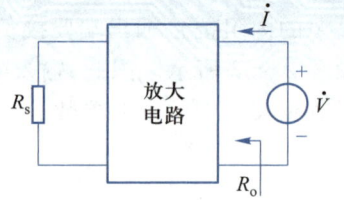

图 2.2.4 外加电压法求输出电阻

如图 2.2.4 所示,将负载电阻 R_L 开路、电压源 $\dot{V}_s$ 短路(或电流源 $\dot{I}_s$ 开路),保留其内阻 R_s,在输出端加一个正弦测试电压 $\dot{V}$,在输出回路中相应地产生电流 $\dot{I}$,则

$$R_o = \frac{\dot{V}}{\dot{I}}\Bigg|_{\substack{R_L = \infty \\ \dot{V}_s = 0}} \tag{2.2.5}$$

(2)实验法

分别测出放大电路带负载 R_L 时的输出电压 $\dot{V}_o$ 和空载($R_L = \infty$)时的电压 $\dot{V}_o'$,由式(2.2.4)可以推出

$$R_o = \left(\frac{\dot{V}_o'}{\dot{V}_o} - 1\right) R_L \tag{2.2.6}$$

本书采用外加电压法计算输出电阻。

必须注意,以上所讨论的放大电路的输入电阻和输出电阻不是直流电阻,而是在线性运用情况下的交流电阻。

二、增益

增益又称放大倍数,用 $\dot{A}$ 表示,定义为放大电路输出量与输入量的比值,是直接衡量放大电路放大能力的指标。

根据输出量和输入量的不同,可有四种类型的放大电路,即电压放大电路、电流放大电路、互阻放大电路和互导放大电路,它们相应的增益分别为电压增益 $\dot{A}_v = \dfrac{\dot{V}_o}{\dot{V}_i}$、电流增益 $\dot{A}_i = \dfrac{\dot{I}_o}{\dot{I}_i}$、互阻增益 $\dot{A}_r = \dfrac{\dot{V}_o}{\dot{I}_i}$ 和互导增益 $\dot{A}_g = \dfrac{\dot{I}_o}{\dot{V}_i}$。其中,$\dot{A}_v$ 和 $\dot{A}_i$ 均为量纲为 1 的数值,而 $\dot{A}_r$ 的单位是欧[姆](Ω),$\dot{A}_g$ 的单位是西[门子](S)。

本章重点研究放大电路的电压放大倍数 $\dot{A}_v$,有时需要考虑放大电路直接对信号源 $\dot{V}_s$ 的放大倍数,称为源电压增益 $\dot{A}_{vs} = \dfrac{\dot{V}_o}{\dot{V}_s}$,可推得

$$\dot{A}_{vs} = \frac{\dot{V}_o}{\dot{V}_s} = \frac{\dot{V}_o}{\dot{V}_i} \cdot \frac{\dot{V}_i}{\dot{V}_s} = \frac{R_i}{R_s + R_i}\dot{A}_v \tag{2.2.7}$$

同样可以推出源电流增益

$$\dot{A}_{is} = \frac{\dot{I}_o}{\dot{I}_s} = \frac{\dot{I}_o}{\dot{I}_i} \cdot \frac{\dot{I}_i}{\dot{I}_s} = \frac{R_s}{R_s + R_i}\dot{A}_i \qquad (2.2.8)$$

四种类型的放大电路的主要区别是对输入电阻 R_i 和输出电阻 R_o 的要求不同。

在输入端,为了将信号尽可能多地送至放大电路的输入端,且在 R_s 变化时保持输入信号基本不变,则当输入量是电压时,要求 $R_i \gg R_s$,即所谓恒压激励;当输入量是电流时,要求 $R_i \ll R_s$,即所谓恒流激励。

在输出端,为了将放大后的信号尽可能多地传送至负载,且在 R_L 变化时保持输出信号基本不变,则当输出量是电压时,要求 $R_o \ll R_L$,即所谓恒压输出;当输出量是电流时,要求 $R_o \gg R_L$,即所谓恒流输出。

所以电压放大电路应是输入电阻高、输出电阻低的放大电路;而电流放大电路应是输入电阻低、输出电阻高的放大电路。

在工程中常使用功率增益 G_p 来衡量功率放大能力,定义为输出功率 P_o 与输入功率 P_i 的比值

$$G_p = \frac{P_o}{P_i} = \frac{V_o I_o}{V_i I_i} = A_v A_i \qquad (2.2.9)$$

注意,式中的 V_o、I_o 和 V_i、I_i 均为有效值。

在实际应用中,增益的大小常用分贝(dB)数表示,即 $A_v(dB) = 20\lg A_v$、$A_i(dB) = 20\lg A_i$ 和 $G_p(dB) = 10\lg G_p$。

增益采用 dB 表示的优点:首先,在电话通信中,电信号经电路传输到达终端后,由受话器将电信号转换为声音,而人耳对信号的响应近似呈对数特性;其次,用 dB 表示增益时,增益值及增益值的范围都比较小,易于计算,多级放大电路的总增益应为各级增益之乘积,总增益的计算可由原来的乘积化为求和,计算比较方便。

三、通频带

一般情况下,放大电路只适合放大某一频段的信号。由于电路中电容和晶体管极间电容的影响,当输入信号频率较高或较低时,增益的幅值会下降并产生相移,图 2.2.5(a)所示为一种典型的增益幅值与信号频率的关系曲线,称为幅频特性,图 2.2.5(b)所示是增益相位与信号频率的关系曲线,称为相频特性。在中频区,增益的大小和相位基本不随频率变化,分别用 A_{vm} 和 φ_m 表示;在高频区和低频区,电压增益下降,相位亦随频率变化。当电压增益下降至 A_{vm} 的 $1/\sqrt{2} \approx 0.707$ 倍,即下降了 -3 dB 时,对应的频率分别称为上限截止频率 f_H 和下限截止频率 f_L,f_H 和 f_L 之间的频率范围称为通频带,又称 3 dB 带宽,用 BW 表示,则

$$BW = f_H - f_L \qquad (2.2.10)$$

一般 $f_H \gg f_L$,故 $BW \approx f_H$。可见通频带用于衡量放

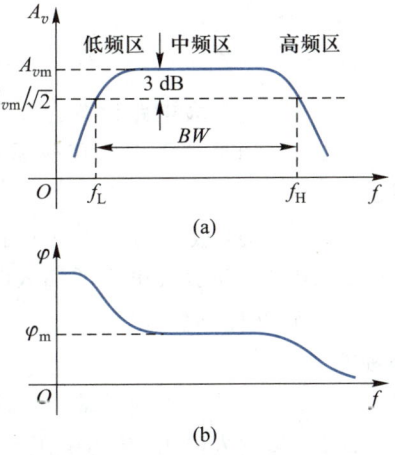

图 2.2.5 典型的幅频特性与相频特性曲线

大电路对不同频率信号的放大能力,通频带越宽,放大电路对不同频率信号的适应能力就越强。

四、非线性失真

由于晶体管是非线性器件,所以输入正弦信号的幅度较大时,输出信号不可避免地要产生非线性失真,不再是正弦波,除了基波外,还含有许多谐波分量,即在输出信号中产生了输入信号所没有的新的频率分量,这是非线性失真的基本特征。

基波是不失真的分量,各谐波成分是失真分量。输出波形中的谐波成分总量与基波成分之比称为非线性失真系数 N。设基波幅值为 A_1,各谐波幅值分别为 A_2、A_3、$\cdots$,则

$$N = \frac{\sqrt{A_2^2 + A_3^2 + \cdots}}{A_1} \times 100\% \tag{2.2.11}$$

非线性失真的大小与晶体管 Q 点及输入信号幅度的大小有关。如果 Q 点合适,输入信号的幅度又足够小,非线性失真的系数就很小。随着输入信号幅度的增加,非线性失真系数会加大。

五、最大输出幅度

由于晶体管的非线性和直流电源电压的限制,输出信号的非线性失真系数会随输入信号幅度的增大而增加。最大输出幅度是指非线性失真系数不超过额定值时的输出信号最大值,用 V_{ommax} 或 I_{ommax} 表示,也可用峰–峰值 $V_{\text{OP-P}}$ 或 $I_{\text{OP-P}}$ 表示。

六、最大输出功率与效率

最大输出功率 P_{omax} 是指输出信号非线性失真系数符合规定的情况下能输出的最大功率。在放大电路中,输入信号的功率通常很小,但经放大电路的控制和转换后,负载从直流电源获得的信号功率却较大。直流电源能量的利用率称为效率 η,设 P_o 为输出信号功率,P_{DC} 为直流电源供给的平均功率,则效率 η 等于 P_o 与 P_{DC} 之比,即

$$\eta = \frac{P_\text{o}}{P_{\text{DC}}} \tag{2.2.12}$$

复习思考题

2.2.1 为放大电路设置合适直流工作点的目的是什么?

2.2.2 如果放大电路仅仅是放大交流信号,如何理解"直流 Q 点是基础,交流放大是目的"?

2.2.3 BJT 放大的基本特征是电压放大还是功率放大?

2.2.4 电压放大电路的输入电阻是越大越好吗?

2.2.5 电压放大电路的输出电阻是越小越好吗?输出电阻的大小表示了放大电路的哪种能力?

2.2.6 本节是如何求输出电阻的?

2.2.7 输入电阻、输出电阻是直流电阻还是交流电阻?

2.2.8 通频带的定义是什么?其又称为 3 dB 带宽的原因是什么?

2.2.9 输入信号的幅度越大,非线性失真越大吗?

2.3
基本共射放大电路的工作原理及分析方法

本节将以基本共射放大电路为例,首先阐明放大电路的工作原理,然后在理解放大电路工作原理的基础上对放大电路进行分析,求解静态工作点和各项动态参数,针对电子电路中存在着非线性器件——晶体管,其直流量与交流量同时作用的特点,介绍分析的方法。

2.3.1　基本共射放大电路的工作原理

在 2.2.1 节中简单介绍了共射放大电路的基本原理。为了叙述方便,现将其原理图重画于图 2.3.1 中。正弦输入信号 v_s 从基极输入,输出信号从集电极取出,发射极是输入回路与输出回路的公共端,故为共射放大电路。

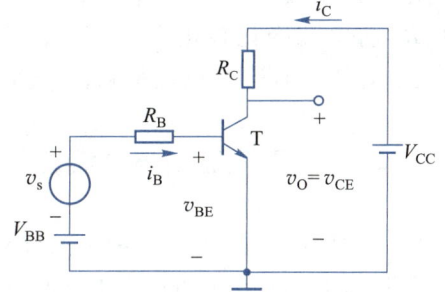

图 2.3.1　基本共射放大电路的原理图

V_{CC}、V_{BB} 与 R_B、R_C 配合,为晶体管设置直流工作点 Q,使之工作于放大区。R_C 还可以将集电极电流转化为电压送至输出端,使电路具有电压放大功能。直流电源 V_{CC} 为输出提供所需的能量。

当 $v_s = 0$ 时,即放大电路没有交流输入信号,电路中各处的电压、电流都是不变的直流,称为直流工作状态或静止状态,简称静态。晶体管工作于 Q 点,有 V_{BEQ}、I_{BQ}、I_{CQ} 和 V_{CEQ} 四个直流值。

当 $v_s \neq 0$ 时,即有交流输入信号时,该正弦信号叠加在 V_{BB} 上,使晶体管的电压、电流均在直流分量的基础上叠加一个正弦交流分量,即

$$v_{BE} = V_{BEQ} + v_{be}$$
$$i_B = I_{BQ} + i_b$$
$$i_C = I_{CQ} + i_c \tag{2.3.1}$$
$$v_{CE} = V_{CEQ} + v_{ce}$$

式(2.3.1)右边第一项为直流分量,第二项为交流分量,左边是直流分量与交流分量之和,称为全值量,是晶体管中的实际电压值或电流值。根据晶体管基极电流对集电极电流的控制作用,应有 $i_c = \beta i_b$,则交流电流 i_c 必将在 R_C 上产生一个与 i_c 波形相同的交流电压。而由于 R_C 上的电压增大时,管压降 v_{CE} 必然减小;R_C 上的电压减小时,v_{CE} 必然增大,所以管压降 v_{CE} 是在直流分量 V_{CEQ} 的基础上叠加一个与 i_c 变化方向相反的交流电压 v_{ce}。v_s 是待放大的交流信号,v_{ce} 就是被放大的交流输出信号,所以输出电压与输入电压的相位相反。

共射放大电路的工作波形如图 2.3.2 所示。它们的全值量均是在直流分量的基础上叠

加相应的交流分量,而直流分量的值要比交流分量的幅值大,故它们的全值量方向即极性始终保持不变,只有大小的变化,没有方向即极性的改变。采用 PNP 型晶体管的共射放大电路的工作原理与 NPN 型晶体管的电路相同,只是电流的方向、电压的极性相反而已。

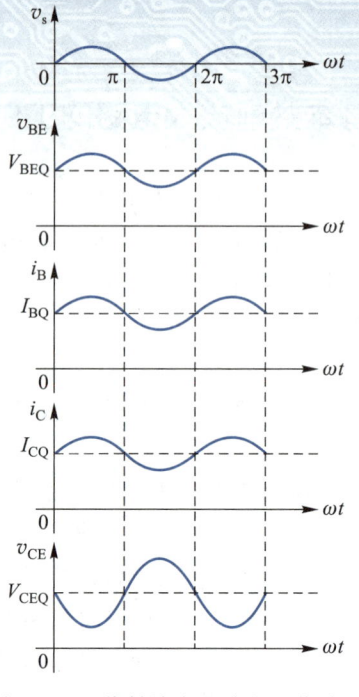

从以上分析可知,对于基本共射放大电路,必须设置合适的静态工作点,使交流信号叠加在直流分量之上,以保证晶体管在输入信号的整个周期内始终工作在放大状态,输出电压波形才不会产生非线性失真。基本共射放大电路的电压放大作用是利用晶体管的电流放大作用,并依靠 R_C 将电流的变化转化成电压的变化来实现的。

综上所述,在基本共射放大电路中,既有直流电源,又有交流输入信号,由于交、直流共存,电路中各处的全值量=直流分量+交流分量,V_CC、V_BB、R_B、R_C 提供直流 Q 点在放大区,R_C 将电流变化转化为电压变化输出,实现交流放大。这充分体现了直流 Q 点是基础,交流放大是目的。

图 2.3.2 共射放大电路的工作波形

2.3.2 直流通路与交流通路

一般情况下,在放大电路中,直流量(静态电流与电压)和交流信号(动态电流与电压)总是共存的,因此在分析放大电路时,应遵循"先静态,后动态"的原则。

由于电容、电感等电抗元件的存在,直流量所流经的通路与交流信号所流经的通路是不完全相同的。因此,为了研究问题方便起见,常把直流电源对电路的作用和交流输入信号对电路的作用区分开,分成直流通路和交流通路。直流通路是在直流电源作用下直流电流流经的通路,也就是静态电流流经的通路,用于研究静态工作点。对于直流通路:① 电容视为开路;② 电感线圈视为短路(即忽略线圈电阻);③ 交流电压信号源视为短路,交流电流信号源视为开路,但应保留其内阻。交流通路是交流输入信号作用下交流信号流经的通路,用于研究动态参数。对于交流通路,在中频区(中频区的定义在 2.3.4 节有详细介绍):① 容量大的电容(如耦合电容)视为短路;② 电感线圈视为开路;③ 直流电源视为短路。

求解静态工作点时应利用直流通路,求解动态参数时应利用交流通路,两种通路切不可混淆。静态工作点合适,动态分析才有意义。交流分析和直流分析之所以可以分别进行,是因为放大器件工作在线性放大区,交流信号幅值很小时,交流信号与直流可以直接相加,而不会带来失真,即线性电路适用于叠加定理。所以,直流分析的结果一定要保证直流工作点在线性放大区内,交流分析结果才正确。

所以,对放大电路进行分析计算应包括两方面的内容:一是直流分析(静态分析),求出静态工作点;二是交流分析(动态分析),主要是计算电路的性能指标或分析电压、电流的波形等。分析计算的方法有图解法、等效电路法等,下面分别加以介绍。

2.3.3 图解法

图解法是利用晶体管的伏安特性曲线及外部电路特性,用作图的方法对放大电路进行分析。

图 2.3.1 所示的电路有 3 个缺点:① 输入回路中,i_B 中的交流分量 i_b 经过 R_B 并在其上产生电压降。这样信号电压将损失一部分,导致增益下降;② i_B 中的直流分量 I_B 必须流过信号源,有时会影响信号源的工作,并且要求信号源必须具备直流通路,允许直流电流流过,这不是所有的信号源都能够做到的;③ 需要有两个直流电源 V_{CC} 和 V_{BB},使用不方便。

为了克服以上缺点,实际放大电路都采用图 2.3.3 所示的电路,只用一个直流电源 V_{CC},I_B 也由 V_{CC} 供给,图 2.3.3(a) 是其一般画法,图 2.3.3(b) 是习惯画法,直流电源 V_{CC} 采用简化画法,它的负端接地。电容 C_1 用于连接信号源与放大电路,电容 C_2 用于连接放大电路与负载,在电路中起连接作用,称为耦合电容,利用电容连接电路称为阻容耦合。C_1 和 C_2 对直流呈开路状态,又称为隔直电容。C_1 和 C_2 的容量应足够大,使其在输入信号频率范围内的容抗很小,可视为交流短路。可见,C_1 和 C_2 的作用是隔直流、通交流,故待放大交流信号 v_s 可顺利通过 C_1 加至发射结上,被放大的交流输出信号即集电极电压 v_{CE} 的交流分量 v_{ce} 可通过 C_2 送至 R_L 上。故该电路满足组成放大电路的三条原则,可以实现信号的放大。

下面以图 2.3.3 所示的阻容耦合单管共射放大电路为例来讨论图解法的思路和步骤。

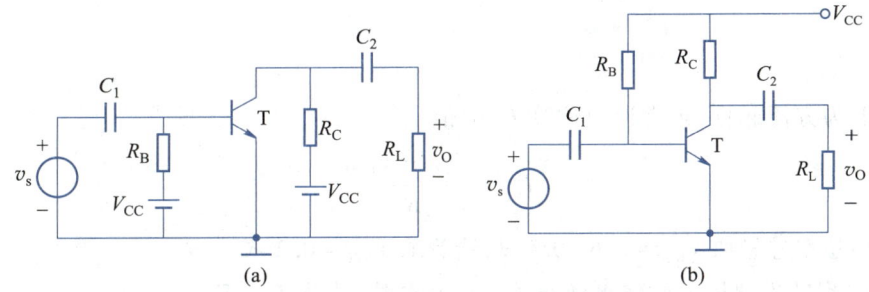

图 2.3.3 阻容耦合单管共射放大电路的一般画法与习惯画法

一、静态工作点分析

步骤如下。

1. 画出放大电路的直流通路

放大电路的直流通路如图 2.3.4 所示,图 2.3.4(a) 是一般画法,图 2.3.4(b) 是习惯画法。

2. 在输入特性曲线上做输入回路的直流负载线,求出 I_{BQ}、V_{BEQ}

在晶体管的输入回路中,静态工作点既应在晶体管的输入特性曲线上,又应满足外电路的回路方程

$$V_{BE} = V_{CC} - I_B R_B \tag{2.3.2}$$

在输入特性坐标系中,画出式(2.3.2)所确定的直线,它与横轴的交点为 $(V_{CC}, 0)$,与纵

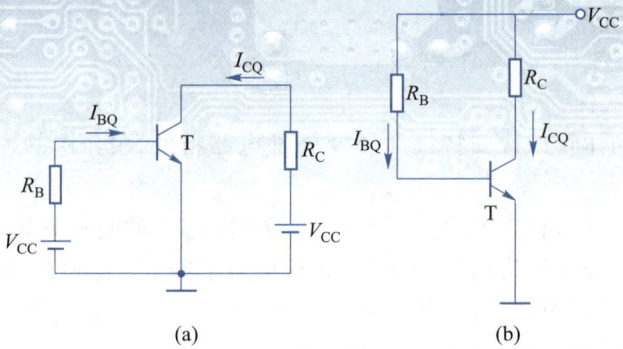

图 2.3.4　阻容耦合共射放大电路的直流通路的一般画法与习惯画法

轴的交点为$(0, V_{CC}/R_B)$,斜率为$-1/R_B$,称为输入回路的直流负载线,与输入曲线的交点即为静态工作点Q,从而可确定出I_{BQ}和V_{BEQ},如图 2.3.5(a)所示。

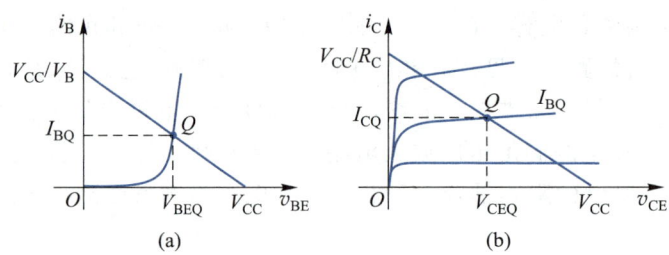

图 2.3.5　图解法求静态工作点

工程上为方便起见,经常近似估算I_{BQ}的值

$$I_{BQ} = \frac{V_{CC} - V_{BEQ}}{R_B}$$ (2.3.3)

对于小功率硅管取$V_{BEQ} = 0.6 \sim 0.7$ V,锗管取$V_{BEQ} = 0.2 \sim 0.3$ V。

3. 在输出特性曲线上做输出回路的直流负载线,求出I_{CQ}、V_{CEQ}

与输入回路相似,在晶体管的输出回路中,静态工作点应既在晶体管的输出特性曲线上,又满足外电路的回路方程

$$V_{CE} = V_{CC} - I_C R_C$$ (2.3.4)

在输出特性坐标系中,画出式(2.3.4)所确定的直线,它与横轴的交点为$(V_{CC}, 0)$,与纵轴的交点为$(0, V_{CC}/R_C)$,斜率为$-1/R_C$,称为输出回路的直流负载线;找到$I_B = I_{BQ}$的那条输出曲线,这两条线的交点即为静态工作点Q,从而可确定出I_{CQ}、V_{CEQ},如图 2.3.5(b)所示。

应当指出,如果输出特性曲线中没有$I_B = I_{BQ}$的那条输出曲线,则应该补上该曲线。

Q点确定后,就可以在此基础上进行动态分析了。

二、动态图解分析

步骤如下。

1. 画出放大电路的交流通路

阻容耦合放大电路的交流通路如图 2.3.6 所示。

2. 根据输入信号求 v_{BE}、i_B 的波形

设输入信号 $v_s = V_{sm} \sin \omega t$ ($V_{sm} \ll V_{BEQ}$)，直接加在晶体管的发射结上，即 $v_{be} = v_s$，叠加在 V_{BEQ} 上，即 $v_{BE} = V_{BEQ} + v_s$，将 v_{BE} 的波形画在输入特性曲线的下方，如图 2.3.7(a) 所示。根据 v_{BE} 的变化规律，便可从输入特性画出对应的 i_B、i_b 的波形。i_B 的最大值为 I_{B1}，最小值为 I_{B2}，它们决定了输出特性曲线的工作范围。

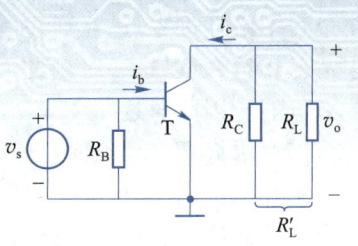

图 2.3.6　阻容耦合放大电路的交流通路

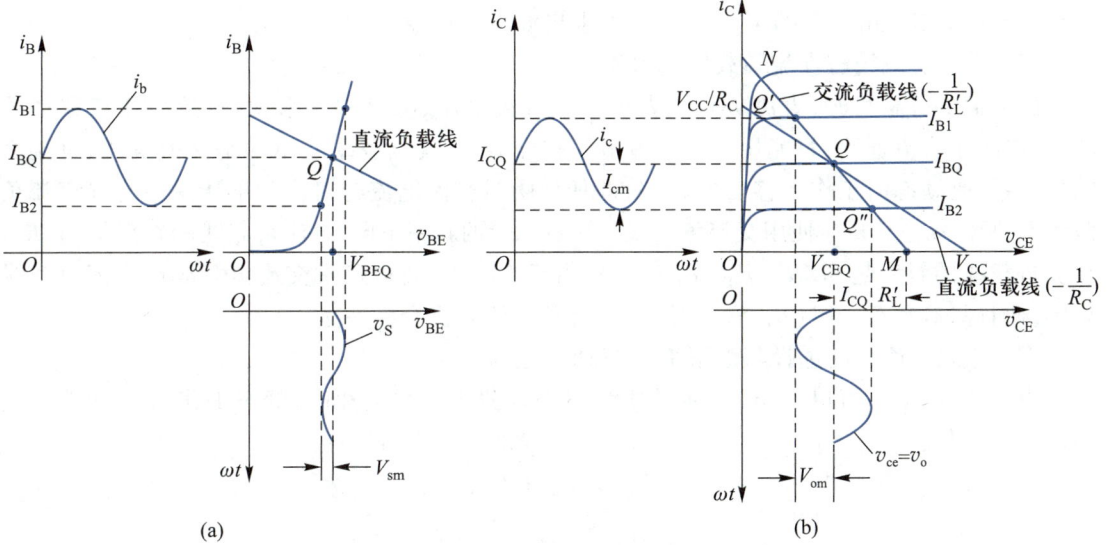

(a)　　　　　　　　　　(b)

图 2.3.7　阻容耦合共射放大电路的动态图解分析

3. 在输出特性曲线上做交流负载线，求 i_C 及 v_{CE} 波形

（1）作交流负载线

设晶体管集电极的交流等效电阻为 R'_L，则 $R'_L = R_C \parallel R_L$，由交流通路图可以写出输出回路方程式

$$v_{ce} = - R'_L i_c \qquad (2.3.5)$$

由于 $v_{ce} = v_{CE} - V_{CEQ}$、$i_c = i_C - I_{CQ}$，代入上式可得

$$v_{CE} - V_{CEQ} = -R'_L(i_C - I_{CQ})$$

$$v_{CE} = -R'_L i_C + (V_{CEQ} + I_{CQ}R'_L)$$

则

$$i_C = -\frac{1}{R'_L} v_{CE} + \frac{V_{CEQ} + I_{CQ}R'_L}{R'_L} \qquad (2.3.6)$$

将式(2.3.6)确定的直线画在输出特性曲线上，如图 2.3.7(b) 所示，它与横轴的交点 M 为 $(V_{CEQ} + I_{CQ}R'_L, 0)$，斜率等于 $-1/R'_L$，称为交流负载线。将式(2.3.5)称为交流负载线的交流方程，式(2.3.6)称为交流负载线的全值方程。

交流负载线和直流负载线必然在 Q 点相交,这是因为在线性工作范围内,输入电压在变化过程中必经过零点,在通过零点时 $v_s = 0$,这一时刻既是动态过程中的一个点,又与静态工作情况相符,所以这一时刻的 i_C 和 v_{CE} 应同时在两条负载线上,这只有是两条负载线的交点才有可能。因此通过图 2.3.7 中的 M 点与 Q 点所作的直线即为交流负载线。

（2）求 i_C 及 v_{CE} 波形

基极电流 i_B 在 $I_{B1} \sim I_{B2}$ 之间随时间变化,每一个 i_B 取值对应一条输出特性曲线,该曲线与交流负载线的交点便是此 i_B 值下的工作点。当 i_B 分别为 I_{B1} 和 I_{B2} 时,两条输出特性曲线与负载线分别相交于 Q' 和 Q'',晶体管的工作范围处于 Q' 和 Q'' 之间。由此可画出 i_C、v_{CE} 的波形,如图 2.3.7(b)所示。

由图 2.3.7 可看出信号电压、电流之间的幅度与相位关系,其中 v_s、i_b、v_{be}、i_c 四者同相,$v_o = v_{ce}$ 与 v_s 反相。由图中的 V_{sm} 和 V_{om} 便可求出源电压增益 $A_{vs} = V_{om}/V_{sm}$。

三、交流负载线与直流负载线的区别

由上面的分析可知,直流负载线表示的是直流电压、电流的关系,是直流工作点移动的轨迹,取决于直流通路,只能用来确定直流工作点 Q;交流负载线表示的是交流电压、电流之间的关系,是动态时工作点移动的轨迹,即任何瞬时交流电流与对应的电压关系都在交流负载线上,所以动态分析应使用交流负载线。注意二者的斜率不同,直流负载线的斜率是 $-1/R_C$,交流负载线的斜率是 $-1/R_L'$ $(R_L' = R_C /\!/ R_L)$,由于 $R_L' < R_C$,所以通常交流负载线比直流负载线更陡,而且只有负载开路($R_L = \infty$)时交、直流负载线才重合为一条。

四、静态工作点的选择与波形失真及动态范围

由图 2.3.7(b)可以看出,为使晶体管不进入截止区和饱和区,静态工作点 Q 的选择应满足下列条件:

$$\begin{cases} I_{CQ} > I_{cm} + I_{CEO} \\ V_{CEQ} > V_{om} + V_{CE(sat)} \end{cases} \tag{2.3.7}$$

静态工作点 Q 位置设置不当,对波形失真有直接影响。

如果 Q 点偏低,如图 2.3.8 所示,V_{BEQ}、I_{BQ} 较小,晶体管在输入信号 v_s 的负峰值附近进入截止区,使 i_B、i_C 波形底部失真,v_{CE} 及 v_o 波形顶部失真,这种由于晶体管截止引起的失真称为截止失真。

如果 Q 点偏高,如图 2.3.9 所示,V_{BEQ}、I_{BQ} 较大,基极电流 i_B 不失真,但在 i_B 正峰值附近晶体管进入饱和区,引起 i_C 波形顶部失真,v_{CE} 及 v_o 波形底部失真,这种由于晶体管饱和引起的失真称为饱和失真。

截止失真和饱和失真均是由晶体管的非线性引起的,为非线性失真。

在不出现截止失真和饱和失真的条件下,放大电路所能输出信号电压的最大幅值称为放大电路的动态范围,如图 2.3.10 所示。考虑到不失真正弦信号的正负半周是对称的,因此动态范围应是图中 V_{om1}、V_{om2} 这两个数值中的小者,其中 $V_{om1} = V_{CEQ} - V_{CE(sat)}$,$V_{om2} = I_{CQ} R_L'$。显然,如果要获得最大动态范围,应使 $V_{om1} = V_{om2}$,即 Q 点应位于负载线 MN 段的中点。放大电路的动态范围与最大输出幅度的意义是不同的,后者要比前者小一些,设计电路时应留有 20% ~ 30% 的裕量。

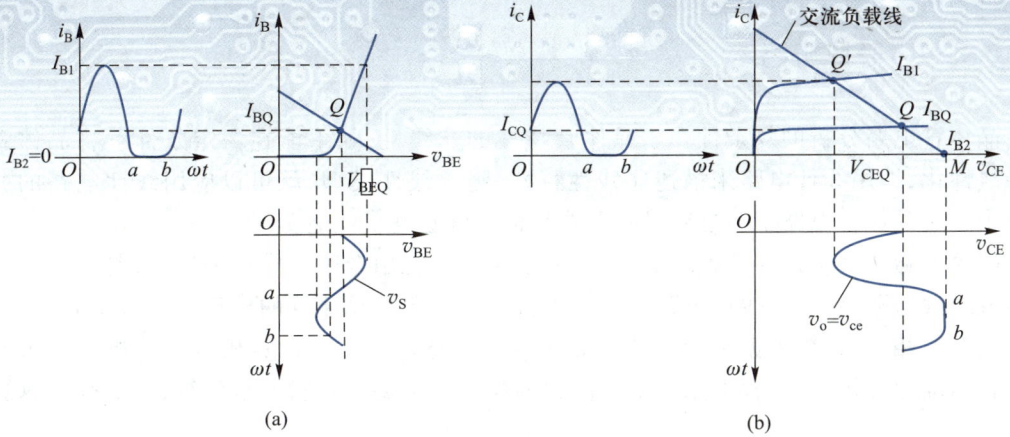

图 2.3.8　静态工作点偏低引起的截止失真

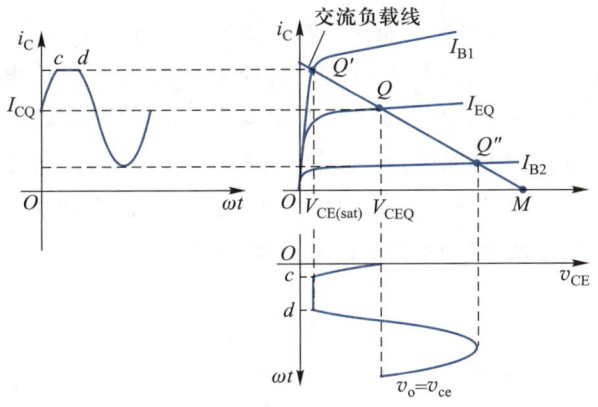

图 2.3.9　静态工作点偏高引起的饱和失真

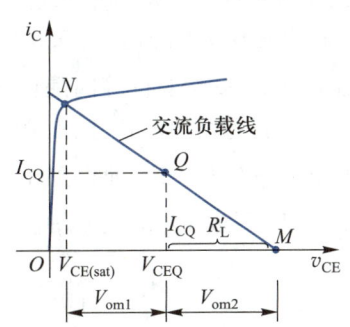

图 2.3.10　放大电路的动态范围

　　实际上,即使晶体管在信号的整个周期内均工作于放大区,也会因为晶体管的非线性使输出波形产生一定程度的失真,只不过当输入信号比较小时,输出波形的失真也较小,可以忽略不计。

　　综上所述,Q 点的选择,除非为了要得到最大不失真输出,往往可以采取比较灵活的原则,如当信号幅度不大时,为了降低直流电源 V_{CC} 的能量消耗,在不产生失真和保证一定的电压增益的前提下,常把 Q 点选得低一些。应当注意的是,Q 点选得过低,将导致产生截止失真;反之,若 Q 点选得过高,又将引起饱和失真。一般来说,Q 点选在交流负载线 MN 的中央,这时可获得最大的不失真输出,即可得到最大的动态范围。

五、图解法的特点

　　图解法是分析非线性电路的常用方法,它直观形象地反映了晶体管的工作情况,但是必须实测所用管的特性曲线;而且用图解法进行定量分析时误差较大;此外,晶体管的特性曲线只能反映信号频率较低时电压、电流的关系,而不能反映信号频率较高时极间电容产生的影响;图解法不能分析电路的输入电阻、输出电阻;当放大电路带有负反馈时,用图解法分析也是很困难的。因此,图解法一般多适用于分析输入幅值比较大且工作频率不太高的情况,在实际应用中,多用于分析 Q 点位置、最大不失真输出电压和失真情况。

2.3.4 等效电路法

晶体管电路分析的复杂性在于晶体管特性的非线性,如果能在一定条件下将晶体管的特性线性化,即用线性电路来描述非线性特性,建立线性模型,就可以应用线性电路的分析方法来分析晶体管电路了。这就是把非线性问题线性化的工程处理方法。

等效电路法就是这样一种方法,其思路是将晶体管用合适的模型来等效,与其他元件一起组成线性电路,用求解线性电路的方法进行分析计算。晶体管的模型有多种形式,复杂度和精度各不相同,可以根据不同的要求和场合进行选取。采用计算机辅助分析工具可对电路进行精确地分析,在工程上则需采用简化的模型对电路进行粗略地估算,下面介绍这方面的内容。

一、晶体管的静态工作点估算

1. 晶体管的简化直流模型

晶体管的实际输入特性曲线如图 2.3.11(a)中虚线所示,在工程上用两折线近似(如图中的实线所示)计算出来的静态工作点不会产生很大的误差。折线的转折点为阈值电压 V_{th},硅管取 $0.7\ V$,锗管取 $0.3\ V$。晶体管的实际输出特性曲线如图 2.3.11(b)中虚线所示,在工程上用一簇平行等间隔的水平线来近似,如图中的实线所示,即认为 $\bar{\beta}$ 是常数,且不考虑 v_{CE} 对 i_C 的影响。这样,工作于放大区的晶体管输入回路用恒压源 V_{th} 等效,输出回路用受控电流源 $\bar{\beta}I_B$ 来等效,便得到了晶体管工作在放大区的简化直流模型,如图 2.3.11(c)所示。习惯将 V_{th} 写成 V_{BE},$\bar{\beta}$ 写成 β。

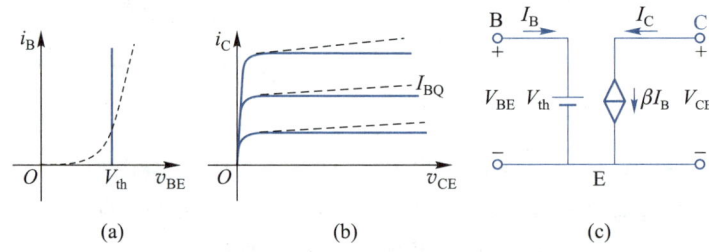

图 2.3.11 晶体管的简化直流模型

需要说明晶体管的直流模型是晶体管在静态时工作在放大状态的模型,它的使用条件是:$V_{BE} > V_{th}$ 且 $V_{CE} > V_{BE}$。

2. 静态工作点估算

下面以图 2.3.3 所示电路为例来计算 Q 点。考虑到晶体管的直流模型,由图 2.3.4 所示直流通路的输入、输出回路得

$$\begin{cases} I_{BQ} = \dfrac{V_{CC} - V_{BEQ}}{R_B} \\ I_{CQ} = \beta I_{BQ} \\ V_{CEQ} = V_{CC} - R_C I_{CQ} \end{cases} \quad (2.3.8)$$

上述简化直流模型计算 Q 点简单方便,但在计算复杂电路时会产生较大误差,需选用更复杂、更精确的模型,并用计算机进行计算。

例 2.3.1 在图 2.3.3 所示电路中,已知 $V_{CC} = 12$ V,$R_B = 510$ kΩ,$R_C = 3$ kΩ,晶体管的 $\beta = 80$,$V_{BEQ} = 0.7$ V,$V_{CE(sat)} = 0.3$ V,求:

(1) 静态工作点 Q 点;

(2) $R_B = 51$ kΩ 时的 I_B、I_C、V_{CE}。

解:(1) 由式(2.3.8)可得

$$I_{BQ} \approx 22.2 \ \mu A, \quad I_{CQ} \approx 1.77 \ mA, \quad V_{CEQ} \approx 6.69 \ V$$

(2) 同样由式(2.3.8)可得

$$I_{BQ} \approx 222 \ \mu A, \quad I_{CQ} \approx 17.7 \ mA, \quad V_{CEQ} \approx -41.1 \ V$$

注意:V_{CEQ} 不可能为负值,错在哪里? 原因:此时晶体管已不在放大区工作,进入饱和区,在饱和区 $I_C = \beta I_B$ 不成立,而是 $I_C < \beta I_B$。故正确解答为

$$I_B \approx 222 \ \mu A, V_{CE} = V_{CE(sat)} = 0.3 \ V, I_C = (V_{CC} - V_{CE(sat)})/R_C = 3.9 \ mA$$

说明:由于在放大区与饱和区的临界点 $I_C = \beta I_B$ 仍然成立,将临界点处的电流用 I_{BS}、I_{CS} 表示,则

$$I_{BS} = I_{CS}/\beta = (V_{CC} - V_{CE(sat)})/(\beta R_C) \tag{2.3.9}$$

可知判断晶体管在饱和区的条件为

$$I_B > I_{BS} \tag{2.3.10}$$

对于上题,可得 $I_{BS} = 48.75 \ \mu A$,$I_B \approx 222 \ \mu A > I_{BS}$,因此晶体管进入饱和区。

二、晶体管的混合 π 模型及交流指标的计算

1. 晶体管混合 π 模型的导出

在放大电路中,如果加在晶体管发射结的交流输入信号幅度很小,则在晶体管输入和输出特性曲线上,直流 Q 点附近信号作用范围内的非线性伏安特性可近似为线性,因此,对交流小信号非线性晶体管可以看成是线性网络,这个线性网络即是晶体管的小信号模型或微变模型。这样就可用解线性电路的方法对晶体管电路进行分析,计算其交流指标了。

小信号模型是用来描述叠加在直流量上的各交流量之间的依存关系,与直流量的极性或流向无关。因此,无论晶体管是哪种类型(NPN 型或 PNP 型),它们的小信号模型是一样的。

在工程上,不管晶体管接成什么组态,只要其发射结所加信号的电压幅度 $V_{sm} < 10$ mV(室温下),就可以认为是小信号,可以应用小信号模型对电路进行分析。

晶体管的小信号模型有各种不同的形式,混合 π 模型是常用的一种。它是一个物理模型,其中的每一个参数都描述器件内部的物理现象,可直接由处于放大状态的晶体管 EM_2 模型导出。EM 模型是在计算机辅助分析或设计电子电路时较为常见的晶体管模型,EM 为 J. J. Ebors 和 J. L. Moll 二人姓的字头,EM_2 模型是其瞬态模型,其详细内容限于篇幅不再赘述。

这里由图 2.3.12 所示晶体管的结构示意图来说明图 2.3.13 所示的晶体管的混合 π 模型。在图 2.3.12 中分别用 b′、e′、c′ 表示晶体管三个区内部的等效节点,则三个区的体电阻分别为 $r_{bb'}$、$r_{ee'}$、$r_{cc'}$;对于交流小信号,发射结用其 Q 点处的动态电阻 $r_{b'e'}$ 表示,同样集电结也

用其动态电阻 $r_{b'c}$ 表示。由于发射区的掺杂浓度高、集电区的结面积大，$r_{ee'}$、$r_{cc'}$ 较小，基区薄且掺杂浓度低，$r_{bb'}$ 较大，故在混合 π 模型中只保留了基区的体电阻 $r_{bb'}$，发射结的动态电阻 $r_{b'e}$ 和集电结的动态电阻 $r_{b'c}$ 可表示为 $r_{b'e}$ 和 $r_{b'c}$，易知

$$r_{b'e} = \frac{V_T}{I_{BQ}} = (1 + \beta) \frac{V_T}{I_{EQ}} \tag{2.3.11}$$

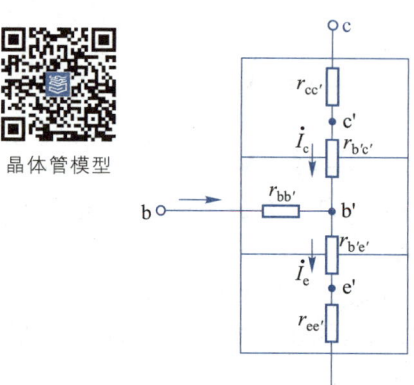

晶体管模型

图 2.3.12　晶体管结构示意图

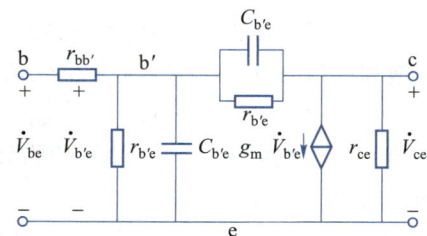

图 2.3.13　晶体管的混合 π 模型

考虑到 PN 结的电容，分别用 $C_{b'e}$、$C_{b'c}$ 表示发射结、集电结的电容。在放大区，晶体管的输出电流 i_C 受电流 i_B 的控制，而输入电流 i_B 受发射结电压 $\dot{V}_{b'e}$ 控制，因此实质上输出电流 i_C 受输入发射结电压 $\dot{V}_{b'e}$ 控制，故在混合 π 模型中用一个受 $\dot{V}_{b'e}$ 控制的电流源 $g_m \dot{V}_{b'e}$ 表示晶体管的输出，g_m 称为跨导，表示输入电压对输出电流的控制能力；r_{ce} 是描述基区宽度调制效应的输出电阻。将上述分析结果综合起来即可得到晶体管混合 π 模型。由于交流分析是在稳态正弦小信号下进行的，所以混合 π 模型中各电压、电流均用复数表示。该模型的形状像希腊字母 π，且各参数有不同的量纲，故称之为混合 π 模型，只适用于对器件工作于放大区，而且是交流小信号作用时进行分析。

在低频区，由于晶体管在放大区集电结反偏，$r_{b'c}$ 很大（一般在几百千欧至几兆欧之间），可以忽略，且不考虑 $C_{b'e}$、$C_{b'c}$ 的影响，故低频混合 π 模型如图 2.3.14（a）所示。图中 $r_{bb'}$ 与 $r_{b'e}$ 串联，总电阻用 r_{be} 表示，即

$$r_{be} = r_{bb'} + r_{b'e} = r_{bb'} + (1+\beta) \frac{V_T}{I_{EQ}} \tag{2.3.12}$$

中频区的混合 π 模型与低频区相同。

而在高频区必须考虑极间电容 $C_{b'e}$、$C_{b'c}$ 的影响，由于晶体管在放大区发射结正偏，$C_{b'e}$ 主要是扩散电容，数值较大，对于小功率晶体管，一般在十几至几百皮法之间，集电结反偏，$C_{b'c}$ 主要是势垒电容，数值较小，为零点几到几皮法之间；且由于 $r_{b'c} \gg 1/(\omega C_{b'c})$，忽略 $r_{b'c}$，故高频混合 π 模型如图 2.3.14（b）所示。

放大电路的中频区是指这样的频率范围，即在此范围内容量为 μF 量级的耦合电容和旁路电容的容抗可以近似看成短路，而容量为 pF 量级的晶体管结电容又可近似看成开路。因

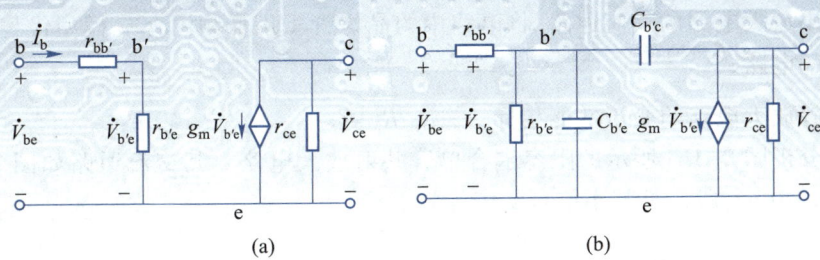

图 2.3.14　晶体管的低频与高频混合 π 模型

此在此频率范围内,放大电路中所有电抗元件的作用均可忽略。本章对放大电路所进行的分析和计算都是针对此中频段频率范围而言的。对于中频区以外的高、低频区,必须考虑晶体管结电容或耦合电容、旁路电容等电抗元件作用时,放大电路的特性将有不同的变化,有关这方面的问题将在后面章节中详细讨论。

2. 混合 π 模型参数的计算及特点

有了混合 π 模型后,需要确定模型的参数。$r_{bb'}$ 一般器件手册都会给出;$r_{b'e}$ 可由式 (2.3.11) 给出;r_{ce} 可由 2.1 节的式 (2.1.17) 算出,但较大,经常忽略;可以证明,$g_m r_{b'e} = \beta$,故

$$g_m = \frac{\beta}{r_{b'e}} \tag{2.3.13}$$

将式 (2.3.11) 代入,又可得

$$g_m = \frac{\beta}{(1+\beta)\dfrac{V_T}{I_{EQ}}} = \frac{\alpha I_{EQ}}{V_T} = \frac{I_{CQ}}{V_T} \tag{2.3.14}$$

至此得到了低频混合 π 模型的所有参数。

对于低频和中频区的混合 π 模型,由模型可得 $g_m \dot{V}_{b'e} = g_m r_{b'e} \dot{I}_b = \beta \dot{I}_b$,所以输出回路的受控源也常用 $\beta \dot{I}_b$ 表示。显然,对于高频混合 π 模型,上述关系不成立,输出回路的受控源不能用 $\beta \dot{I}_b$ 表示。在后面的低频和中频区的混合 π 模型中,本书均用 $\beta \dot{I}_b$ 代替 $g_m \dot{V}_{b'e}$,是为了计算的方便。由于一般器件手册都会给出 β,所以模型参数的计算主要是 $r_{b'e}$ 或 r_{be} 一个参数了。

混合 π 模型是交流小信号模型,只能进行交流小信号分析;其参数均与静态工作点有关,即是 Q 点的函数;各参数在频率低于 $f_T/3$ 时基本与频率无关,因此它的频率适用范围是 $f < f_T/3$。

3. 用混合 π 模型计算放大电路的动态性能指标

应当指出,虽然利用混合 π 模型分析的是交流(动态)指标,但是由于模型参数与静态 Q 点紧密相关,而且只有在 Q 点合适时动态分析才有意义,所以对放大电路进行分析时,总是遵循"先静态,后动态"的原则,也只有 Q 点合适才可进行动态分析。

根据以上介绍,可以归纳出利用混合 π 模型分析放大电路的步骤如下:

(1) 确定放大电路的静态工作点 Q;

(2) 求出 Q 点处的混合 π 模型参数 β 和 $r_{b'e}$;

（3）画出放大电路的交流通路，将电路中的晶体管 T 用低频混合 π 模型代替，即得到小信号交流等效电路；

（4）求解放大电路的交流性能指标 $\dot{A}_v$、R_i、R_o 等。

下面来分析图 2.3.3 所示的阻容耦合单管共射放大电路。其交流通路如图 2.3.15（a）所示，图 2.3.15（b）所示是其小信号交流等效电路。

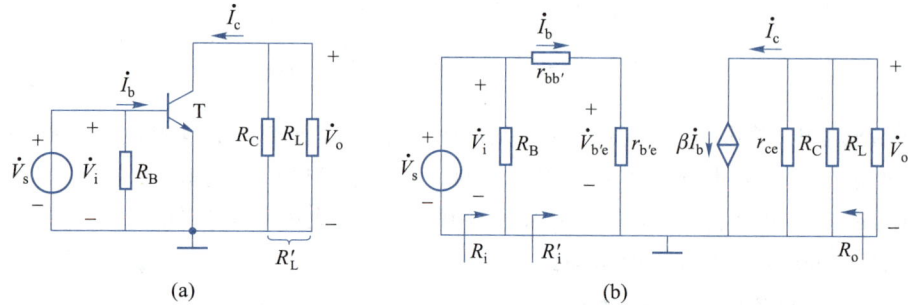

图 2.3.15　阻容耦合共射放大电路的交流通路及交流等效电路

（1）电压增益

总负载电阻 $R'_L = r_{ce} /\!/ R_C /\!/ R_L$，由电路不难得出

$$\dot{V}_o = -\beta \dot{I}_b R'_L, \qquad \dot{V}_i = \dot{I}_b (r_{bb'} + r_{b'e}) = \dot{I}_b r_{be}$$

则

$$\dot{A}_v = \frac{\dot{V}_o}{\dot{V}_i} = -\frac{\beta R'_L}{r_{be}} \tag{2.3.15}$$

因 $R_s = 0$，故 $\dot{A}_{vs} = \dot{A}_v$。

（2）输入电阻

由图 2.3.15（b）所示电路，按定义可得 　　　　$R'_i = \dfrac{\dot{V}_i}{\dot{I}_b} = r_{be}$

则

$$R_i = \frac{\dot{V}_i}{\dot{I}_i} = R_B /\!/ R'_i = R_B /\!/ r_{be} \tag{2.3.16}$$

（3）输出电阻

求输出电阻 R_o 的等效电路如图 2.3.16 所示。由于输入、输出回路只有地线相连，外加电压 $\dot{V}$ 对输入回路没有影响，$\dot{I}_b = 0$，输出端的受控电流源 $\beta \dot{I}_b = 0$（开路），所以

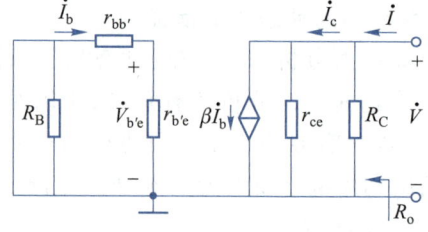

图 2.3.16　求 R_o 的电路

$$R_o = \frac{\dot{V}}{\dot{I}} = r_{ce} /\!/ R_C \qquad (2.3.17)$$

例 2.3.2 在图 2.3.3 所示电路中,已知 $V_{CC} = 12$ V, $R_B = 510$ kΩ, $R_C = 3$ kΩ, $R_L = 3$ kΩ,晶体管的 $r_{bb'} = 150$ Ω, $\beta = 80$, $r_{ce} = 40$ kΩ, $V_{BEQ} = 0.7$ V, $V_{CE(sat)} = 0.3$ V。

(1) 求出电路的 $\dot{A}_v$、R_i、R_o;

(2) 若所加信号源内阻 R_s 为 2 kΩ,求出 $\dot{A}_{vs}$。

解:(1) 例 2.3.1 已解得此电路的 $I_{CQ} \approx 1.77$ mA, $V_{CEQ} \approx 6.69$ V,则可以计算出

$$r_{be} = r_{bb'} + (1 + \beta) \frac{V_T}{I_{EQ}} \approx \left[150 + (1 + 80) \frac{26}{1.77} \right] \Omega \approx 1\,340 \text{ Ω} = 1.34 \text{ kΩ}$$

$$R_L' = r_{ce} /\!/ R_C /\!/ R_L \approx 1.45 \text{ kΩ}$$

$$\dot{A}_v = -\frac{\beta R_L'}{r_{be}} = -\frac{80 \times 1.45}{1.34} \approx -86.6$$

$$R_i = R_B /\!/ r_{be} \approx 1.34 \text{ kΩ}$$

$$R_o = r_{ce} /\!/ R_C \approx 2.79 \text{ kΩ}$$

(2) $\dot{A}_{vs} = \frac{R_i}{R_s + R_i} \cdot \dot{A}_v = \frac{1.34}{2 + 1.34} \times (-86.6) \approx -34.7$

三、等效电路法与图解法的比较

上面学习了图解法和等效电路法,这是分析放大电路的两种基本方法,它们是互相联系、互相补充的。下面对两种分析方法进行比较。

(1) 图解法比较直观,分析大信号电路或功率放大电路时比较合适,但比较繁琐,当电路规模较大、较复杂或频率较高时,图解法不再适用。

(2) 等效电路法比较方便,适合于小信号电路的分析,也适合于复杂放大电路的分析,但不够形象直观,不宜用于分析工作点是否合适以及求取最大输出幅度和动态范围等问题。

复习思考题

2.3.1 在分析放大电路时,为什么应遵循"先静态,后动态"的原则?

2.3.2 如何画出直流通路、交流通路?

2.3.3 饱和失真和截止失真都是非线性失真吗?

2.3.4 一般情况下,交流负载线斜率的绝对值大于直流负载线斜率的绝对值吗?

2.3.5 直流负载线和交流负载线都经过 Q 点吗?

2.3.6 BJT 的混合 π 模型是在什么条件下建立的?

2.3.7 在 BJT 的混合 π 模型中,是利用输出电阻 r_{ce} 来描述基区宽度调制效应吗?

2.3.8 如何理解放大电路的中频区?

2.4
放大电路的静态工作点稳定问题

从上节的分析可以看出,静态工作点不但决定了电路是否会产生失真,而且还影响着电压放大倍数、输入电阻等动态参数,所以在设计或调试放大电路时,为了获得较好的性能,必须首先设置一个合适的 Q 点。在前面讨论的图 2.3.3 中,当电源电压 V_{CC} 和集电极电阻 R_C 确定后,放大电路的 Q 点就由基极电流 I_B 决定,这个电流就称为偏置电流,而获得偏置电流的电路叫作偏置电路,由 V_{CC} 和 R_B 构成的偏置电路称为固定偏流电路。固定偏流电路实际上是由一个偏置电阻 R_B 构成的,这种电路结构简单,调试方便,只要适当选择电路参数就可以保证 Q 点处于合适的位置。但是,由于这种电路的偏置电流是"固定"的($I_B \approx V_{CC}/R_B$),当更换晶体管或环境温度变化引起晶体管参数变化时,电路的工作点往往会移动,甚至移到不合适的位置而使放大电路无法正常工作,为此必须设计能够自动调整工作点位置的偏置电路,以使工作点能稳定在合适的位置。

本节讨论环境温度对工作点的影响以及稳定工作点的偏置电路。

2.4.1 静态工作点稳定的必要性

稳定静态工作点是电路设计的一个重要问题。这是因为放大电路的动态性能指标如 $\dot{A}_v$、R_i、R_o 及动态范围等与静态工作点密切相关,若静态工作点不稳定,放大电路的动态性能指标将随之变化,所以要求直流工作点不但要合适,而且要稳定。

影响静态工作点稳定的因素很多,如电源电压的波动、元件参数的变化、晶体管老化等,但温度变化对晶体管特性参数的影响是引起静态工作点漂移的主要因素。温度升高时晶体管的 I_{CBO}、β 增大、v_{BE} 减小,其结果集中表现为静态电流 I_{CQ} 的增大。因此,要求放大电路性能稳定,必须首先设计工作点 Q 对温度不敏感的偏置电路。

2.4.2 典型的静态工作点稳定电路

一、电路组成和 Q 点稳定原理

典型的 Q 点稳定电路如图 2.4.1(a)所示,其直流通路如图 2.4.1(b)所示。在电路结构上采取了两点措施:第一,采用分压式电路固定基极电位;第二,发射极接入电阻 R_E 实现自动调节作用。

如果 $I_1 \gg I_B$(I_1 是流经 R_{B1}、R_{B2} 的电流),就可近似地认为基极电位 $V_{BQ} \approx R_{B2}V_{CC}/(R_{B1} + R_{B2})$,而与环境温度无关。在此条件下,当温度升高时,$I_{CQ}(I_{EQ})$ 增加,电阻 R_E 上电压降增大,射极电位 V_{EQ} 上升,由于基极电位 V_{BQ} 固定,加到发射结上的电压 V_{BEQ} 减小,I_{BQ} 减小,从而使 I_{CQ} 减小。结果牵制了 I_{CQ} 的增加,维持了 I_{CQ} 的基本不变。这种将输出量 I_C 通过一定的方

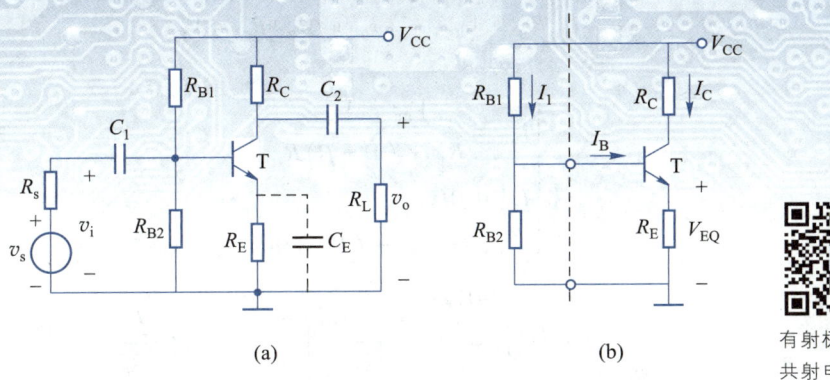

(a)　　　　　　　　　　　　　(b)

有射极电阻的
共射电路分析

图 2.4.1　典型的 Q 点稳定电路及其直流通路

式(利用 R_E 将 I_C 的变化转化成电压的变化)引回到输入回路来影响输入量 V_{BE} 的自动调节作用称为反馈;由于反馈的结果使电流输出量的变化减小,故称为电流负反馈;又由于反馈出现在直流通路中,故称为直流负反馈。R_E 为负反馈电阻,R_E 越大,负反馈越强,I_{CQ} 的稳定性就越好。但对于一定的集电极电流 I_C,由于 V_{CC} 的限制,R_E 太大会使晶体管进入饱和区,电路将不能正常工作。上述过程可简述如下:

$$T\uparrow \rightarrow I_{CQ}、I_{EQ}\uparrow \rightarrow V_{EQ}\uparrow \rightarrow V_{BEQ}\downarrow \rightarrow I_{BQ}\downarrow \rightarrow I_{CQ}、I_{EQ}\downarrow$$

由此可见该电路稳定 Q 点的原因如下:

(1) R_E 的直流负反馈作用;

(2) 在 $I_1 \gg I_B$ 的情况下,V_{BQ} 在温度变化时基本不变。

所以也称这种电路为分压式电流负反馈 Q 点稳定电路。

二、静态工作点的计算

1. 近似估算

已知 $I_1 \gg I_B$,$V_{BQ} \approx R_{B2}V_{CC}/(R_{B1}+R_{B2})$,可得

$$I_{CQ} \approx I_{EQ} = \frac{V_{BQ} - V_{BEQ}}{R_E} \tag{2.4.1}$$

$$I_{BQ} = \frac{I_{EQ}}{1 + \beta} = \frac{V_{BQ} - V_{BEQ}}{(1 + \beta) R_E} \tag{2.4.2}$$

$$V_{CEQ} = V_{CC} - I_{CQ}(R_C + R_E) \tag{2.4.3}$$

2. 准确计算

无论电路参数是否满足 $I_1 \gg I_B$,R_E 的负反馈作用都存在。将图 2.4.1(b)所示直流通路中基极偏置电路 V_{CC}、R_{B1}、R_{B2} 用戴维南定理等效成一个电压源,如图 2.4.2(a)所示,电压源的电压 V_{BB}、内阻 R_B 分别为

$$\begin{cases} V_{BB} = \dfrac{R_{B2}}{R_{B1} + R_{B2}}V_{CC} \\ R_B = R_{B1} \ /\!/ \ R_{B2} \end{cases} \tag{2.4.4}$$

再将晶体管用它的简化直流模型代替,得到如图 2.4.2(b)所示的直流等效电路。输入回路的方程为

$$I_{BQ}R_B + V_{BEQ} + (I_B + \beta I_B)R_E = V_{BB}$$

则

$$\begin{cases} I_{BQ} = \dfrac{V_{BB} - V_{BEQ}}{R_B + (1 + \beta)R_E} \\ I_{CQ} = \beta I_{BQ} \\ V_{CEQ} \approx V_{CC} - (R_C + R_E)I_{CQ} \end{cases} \tag{2.4.5}$$

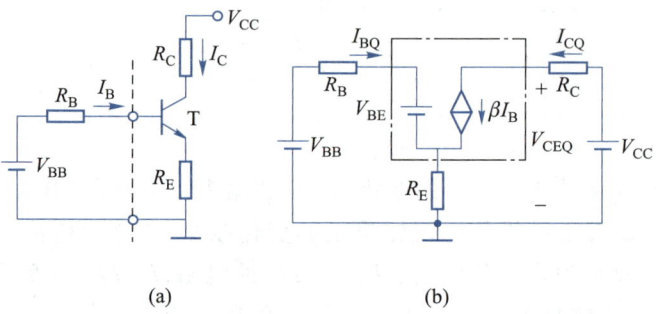

(a)   (b)

图 2.4.2   典型的 Q 点稳定电路的直流通路及直流等效电路

3. 两种计算方法的比较

将式(2.4.2)与式(2.4.5)中 I_{BQ} 的表达式比较,可以看出当 $(1+\beta)R_E \gg R_B$ 时,两种计算方法的 I_{BQ} 的表达式相同,当然 I_{CQ}、V_{CEQ} 也相同,因此可用 $(1+\beta)R_E$ 与 $R_{B1}/\!/R_{B2}$ 的大小关系来判断式 $I_1 \gg I_B$ 是否成立。即近似估算是在满足条件 $I_1 \gg I_B$ 时的准确计算,是准确计算的特例。在实际工程中,电路的设计往往满足 $I_1 \gg I_B$ 这一条件。

三、交流指标 $\dot{A}_v$、$\dot{A}_{vs}$、R_i、R_o 的计算

在未接 C_E 时,典型的 Q 点稳定电路的交流通路如图 2.4.3(a)所示,图中 $R_B = R_{B1}/\!/R_{B2}$,将晶体管用混合 π 模型代替,忽略晶体管的 r_{ce},得到交流等效电路,如图 2.4.3(b)所示,其中 $R_L' = R_C/\!/R_L$。由电路可列出

$$\dot{V}_o = -\beta \dot{I}_b R_L'$$

$$\dot{V}_i = \dot{I}_b(r_{bb'} + r_{b'e}) + (\dot{I}_b + \beta \dot{I}_b)R_E = \dot{I}_b r_{be} + (1+\beta)\dot{I}_b R_E$$

则

$$\dot{A}_v = \frac{\dot{V}_0}{\dot{V}_i} = -\frac{\beta R_L'}{r_{be} + (1+\beta)R_E} \tag{2.4.6}$$

$$R_i' = \frac{\dot{V}_i}{\dot{I}_b} = r_{be} + (1+\beta)R_E$$

可得

$$R_i = R_B/\!/R_i' = R_B/\!/[r_{be} + (1+\beta)R_E] \tag{2.4.7}$$

$$\dot{A}_{vs} = \frac{R_i}{R_s + R_i}\dot{A}_v \tag{2.4.8}$$

电路的输出电阻仍可用外加电压法求出。忽略 r_{ce} 之后,受控电流源的内阻为无穷大,外加电压 $\dot{V}$ 不会通过该电流源作用于输入端,因而 $\dot{I}_b = 0$,受控电流源 $\beta \dot{I}_b = 0$(相当于开路),

故输出电阻为

$$R_o \approx R_C \qquad\qquad (2.4.9)$$

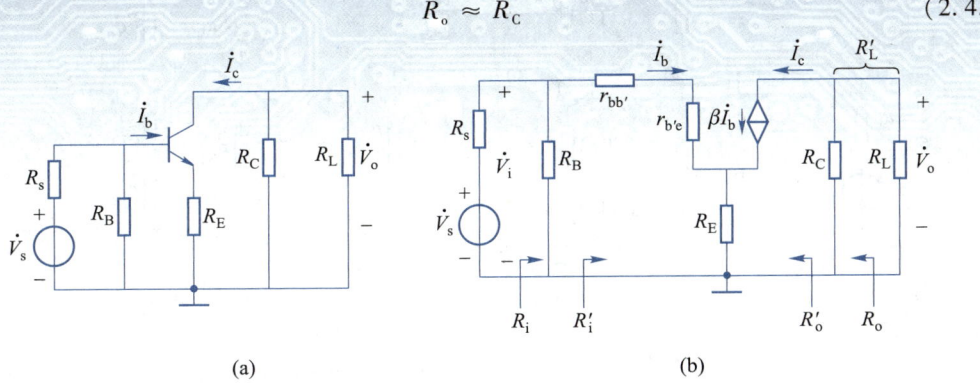

图 2.4.3　典型的 Q 点稳定电路交流通路及交流等效电路

由式(2.4.6)和式(2.4.7)可以看出,加入 R_E 后,由于输入电流为 $\dot{I}_b$,流过 R_E 上的电流为 $\dot{I}_e$,而 $\dot{I}_e = (1+\beta)\dot{I}_b$,故射极电阻 R_E 折合到基极的等效电阻为 $(1+\beta)R_E$,使 $\dot{A}_v$ 下降,R_i 增加。

可见,接入电阻 R_E,可以稳定工作点,且输入电阻显著增大,但电压增益将显著下降。为了在稳定工作点的同时又不降低电压增益,可在 R_E 两端并联一个大电容 C_E,C_E 又称为射极旁路电容,如图 2.4.1(a)中虚线所示。接入 C_E 后,对电路工作点没有影响,交流通路中的 R_E 被旁路,使晶体管的射极直接接地,与阻容耦合放大电路的交流等效电路完全相同,因此交流指标分别为

$$\dot{A}_v = -\frac{\beta R'_L}{r_{be}}$$

$$R_i = R_B \mathbin{/\mkern-5mu/} r_{be}$$

$$R_o \approx R_C$$

例　在图 2.4.4(a)所示电路中,晶体管 $\beta = 50$,$V_{BEQ} = 0.6$ V,$r_{bb'} = 200\ \Omega$。

(1) 分析静态工作点 Q;

(2) 求放大电路的 $\dot{A}_v$、$\dot{A}_{vs}$、R_i 和 R_o。

解:(1) 求静态工作点,其直流通路如图 2.4.4(b)所示,与典型的 Q 点稳定电路的直流通路相同。采用近似计算,可得

$$V_{BQ} = \frac{R_{B2}}{R_{B1} + R_{B2}} \cdot V_{CC} = \frac{10}{33 + 10} \times 12 \text{ V} \approx 2.79 \text{ V}$$

$$I_{CQ} \approx I_{EQ} = \frac{V_{BQ} - V_{BEQ}}{R_{E1} + R_{E2}} = \frac{2.79 - 0.6}{0.2 + 1.3} \text{ mA} \approx 1.46 \text{ mA}$$

$$I_{BQ} = \frac{I_{EQ}}{1+\beta} = \frac{1.46}{1+50} \text{ mA} \approx 0.028\ 6 \text{ mA} = 28.6\ \mu\text{A}$$

$$V_{CEQ} = V_{CC} - I_{CQ}(R_C + R_{E1} + R_{E2}) = [\,12 - 1.46 \times (3.3 + 0.2 + 1.3)\,] \text{ V} \approx 5 \text{ V}$$

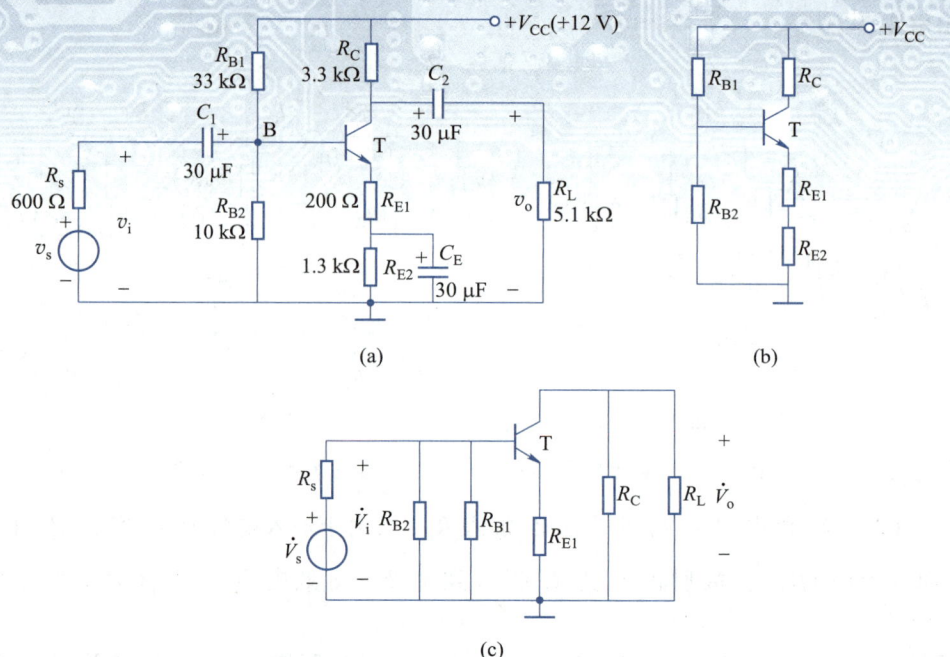

图 2.4.4　电路及直流、交流通路

（2）求交流指标，其交流通路如图 2.4.4（c）所示，与未接 C_E 时的典型 Q 点稳定电路的交流通路相同。则

$$r_{be} = r_{bb'} + (1 + \beta) \frac{V_T}{I_{EQ}} = \left[200 + (1 + 50) \times \frac{26}{1.46} \right] \ \Omega \approx 1\ 108\ \Omega = 1.108\ k\Omega$$

$$\dot{A}_v = \frac{\dot{V}_o}{\dot{V}_i} = - \frac{\beta(R_C /\!/ R_L)}{r_{be} + (1 + \beta)R_{E1}} = - \frac{50 \times \left(\dfrac{3.3 \times 5.1}{3.3 + 5.1} \right)}{1.108 + (1 + 50) \times 0.2} \approx -8.86$$

$$R_i = R_{B1} /\!/ R_{B2} /\!/ \left[r_{be} + (1 + \beta)R_{E1} \right] \approx 4.57\ k\Omega$$

$$\dot{A}_{vs} = \frac{R_i}{R_s + R_i} \dot{A}_v = - \frac{4.57}{0.6 + 4.57} \times (-8.86) \approx -7.83$$

$$R_o \approx R_C = 3.3\ k\Omega$$

复习思考题

2.4.1　典型的静态工作点稳定电路在电路结构上采取了哪两种措施来稳定 Q 点？

2.4.2　典型的静态工作点稳定电路的 Q 点的计算有近似估算和准确计算两种方法，这两种方法有何关系？

2.4.3　对于典型的静态工作点稳定电路，加入射极电阻后，带来的优点是什么？缺点是什么？为了发挥优点、避免缺点，可以采用哪些措施？

2.5
晶体管单管放大电路的三种基本组态

从共射放大电路的分析中可知,当晶体管在输入信号整个周期内均工作在放大状态时,不但使输出电压与输入电压保持线性关系,而且通过 i_B 对 i_C 的控制作用,实现了能量的转换,使负载电阻从直流电源 V_{CC} 中获得比信号源提供的大得多的输出信号功率。共射放大电路的输出电流是 i_C,输入电流是 i_B,故也实现了电流放大,即共射放大电路同时实现了电流放大和电压放大。实际上,一个放大电路仅能放大电流或仅能放大电压,都能实现功率放大。共集放大电路以集电极为公共端,通过 i_B 对 i_E 的控制作用实现功率放大;而共基放大电路以基极为公共端,通过 i_E 对 i_C 的控制作用实现功率放大。共射、共集、共基是单管放大电路的三种基本组态。

对于共射组态前面已做了比较详尽的分析,所以本节将首先介绍共集和共基接法的放大电路,然后对三种组态的特点和应用进行比较和分析。

2.5.1 共集放大电路

图 2.5.1(a)是一个共集组态的单管放大电路,图 2.5.1(b)是其直流通路,也是分压式电流负反馈结构,与共射组态典型的 Q 点稳定电路相同,故不再进行直流分析。图 2.5.1(c)是其交流通路,图中 $R_B = R_{B1} /\!/ R_{B2}$,输入信号与输出信号的公共端是集电极,所以是共集组态,又由于输出信号从射极引出,也称为射极输出器。

由此可知,直流通路即偏置电路与组态无关,由交流通路决定放大电路的组态。一般也可从电路图直接判断组态:待放大交流信号从晶体管的一个极输入,输出信号从晶体管的另一个极输出,晶体管剩下的那个极就决定了电路的组态。所以也可由图 2.5.1(a)直接判断组态:信号从基极输入,从射极输出,故为共集组态。

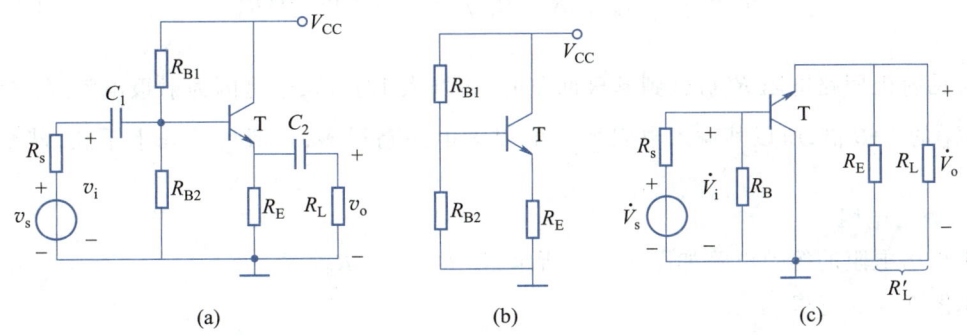

图 2.5.1 共集组态的单管放大电路及其直流、交流通路

一、共集放大电路的动态指标

由共集放大电路的交流通路得到其交流等效电路图如图 2.5.2 所示。设 $R'_L = R_E /\!/ R_L$,

一般晶体管的输出电阻 $r_{ce} \gg R'_L$，图中忽略了 r_{ce}。$r_{be} = r_{bb'} + r_{b'e}$。

1. 电压增益与电流增益

由图 2.5.2 可得

$$\dot{V}_o = \dot{I}_e R'_L = (\dot{I}_b + \beta \dot{I}_b) R'_L$$

$$\dot{V}_i = r_{be} \dot{I}_b + \dot{V}_o$$

则
$$\dot{A}_v = \frac{\dot{V}_o}{\dot{V}_i} = \frac{(1+\beta) R'_L}{r_{be} + (1+\beta) R'_L} \tag{2.5.1}$$

可知 $\dot{A}_v$ 为正值，即 $\dot{V}_o$ 与 $\dot{V}_i$ 同相；一般 $(1+\beta) R'_L \gg r_{be}$，所以 $|\dot{A}_v| \leqslant 1$，$\dot{V}_o \approx \dot{V}_i$，故共集放大电路又称为射极跟随器；虽然电压没有得到放大，但是输出电流 i_E 远大于输入电流 i_B，电流增益较高，所以电路仍有功率放大作用。

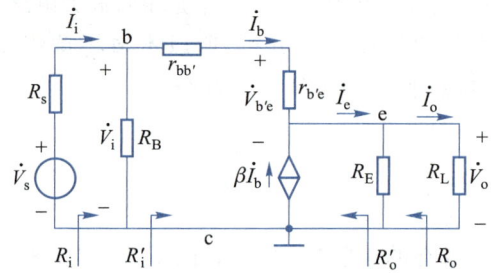

图 2.5.2 共集放大电路的交流等效电路

2. 输入电阻

由图 2.5.2 可得

$$R'_i = \frac{\dot{V}_i}{\dot{I}_b} = \frac{r_{be} \dot{I}_b + (\dot{I}_b + \beta \dot{I}_b) R'_L}{\dot{I}_b} = r_{be} + (1+\beta) R'_L$$

则
$$R_i = \frac{\dot{V}_i}{\dot{I}_i} = R_B /\!/ R'_i = R_B /\!/ [r_{be} + (1+\beta) R'_L] \tag{2.5.2}$$

可见射极回路电阻 R'_L 折合到基极回路时，将增大 $1+\beta$ 倍，这是因为射极电流 $\dot{I}_e$ 是基极电流 $\dot{I}_b$ 的 $1+\beta$ 倍，所以其输入电阻比共射放大电路高得多，一般可达几十千欧，甚至几百千欧。

3. 输出电阻

求输出电阻的等效电路如图 2.5.3 所示，设 $R'_s = R_s /\!/ R_B$。

由图 2.5.3 可得

$$R'_o = \frac{\dot{V}}{\dot{I}'} = \frac{-\dot{I}_b (R'_s + r_{be})}{-(\dot{I}_b + \beta \dot{I}_b)} = \frac{R'_s + r_{be}}{1+\beta}$$

则
$$R_o = R_E /\!/ R'_o = R_E /\!/ \left(\frac{R'_s + r_{be}}{1+\beta} \right) \tag{2.5.3}$$

可见基极回路电阻 R'_s+r_{be} 折合到射极回路时，将减小到原来的 $1/(1+\beta)$，因此其输出电阻 R_o 很小，一般为几十至几百欧，所以具有很强的带负载能力。

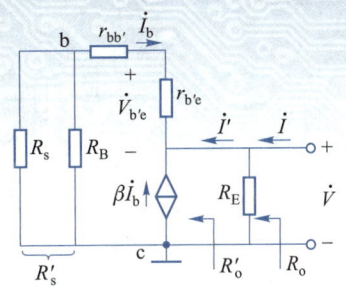

图 2.5.3　求输出电阻的等效电路

二、共集放大电路的特点及主要应用

由此可见，共集电路电压放大倍数小于 1，但接近于 1，且输出电压和输入电压同相；输入电阻大，输出电阻小，电流驱动能力强。因此共集放大电路是应用十分广泛的单元电路。由于从信号源索取的电流小而带负载能力强，所以常用于多级放大电路的输入级和输出级；也可用它连接两电路，减小电路间直接相连所带来的影响，起缓冲作用，称为缓冲级或隔离级。

为了获得较高的电压增益，一般要将多个单级放大电路级联起来实现逐级放大。在放大电路级联时，后一级的输入阻抗是前一级的负载，而前一级的输出是后一级的信号源，往往因下一级输入阻抗低导致前级增益下降。在两级间加一级共集放大电路，则由于它的输入阻抗高，可减弱对前级增益的影响；其输出阻抗低，有利于对下一级的激励；共集放大电路本身的电压增益接近于 1，不影响整个电路的增益，所以常用共集放大电路作缓冲级。

以上对共集放大电路的特点和主要应用进行了讨论。

例 2.5.1　在图 2.5.1（a）所示电路中，已知 $V_{CC}=12$ V，$R_{B1}=100$ kΩ，$R_{B2}=27$ kΩ，$R_E=1$ kΩ，$R_L=1$ kΩ，$R_s=200$ Ω，晶体管的 $\beta=200$，$V_{BEQ}=0.7$ V，$r_{be}=3.2$ kΩ，求 $\dot{A}_v$，R_i 和 R_o。

解： 已知 $R_B=R_{B1}//R_{B2}\approx21.26$ kΩ，$R'_s=R_s//R_B\approx0.198$ kΩ，$R'_L=R_E//R_L=0.5$ kΩ，代入式（2.5.1）~式（2.5.3），可得

$$\dot{A}_v=\frac{\dot{V}_o}{\dot{V}_i}=\frac{(1+\beta)R'_L}{r_{be}+(1+\beta)R'_L}=\frac{(1+200)\times0.5}{3.2+(1+200)\times0.5}\approx0.97$$

$$R_i=\frac{\dot{V}_i}{\dot{I}_i}=R_B//[r_{be}+(1+\beta)R'_L]\approx17.64\text{ kΩ}$$

$$R_o=R_E//\left(\frac{R'_s+r_{be}}{1+\beta}\right)\approx0.016\ 6\text{ kΩ}=16.6\text{ Ω}$$

2.5.2　共基放大电路

图 2.5.4（a）所示为一个共基组态的单管放大电路，图 2.5.4（b）是其直流通路，同样也是分压式电流负反馈结构，与共射组态典型的 Q 点稳定电路完全相同，故也不再进行直流分析。可见共射、共集、共基三种组态的直流通路都一样，即偏置电路与组态无关。图 2.5.4（c）是其交流通路，输入信号与输出信号的公共端是基极，所以是共基组态。也可由图 2.5.4（a）直接判断组态：信号从射极输入，从集电极输出，故为共基组态。

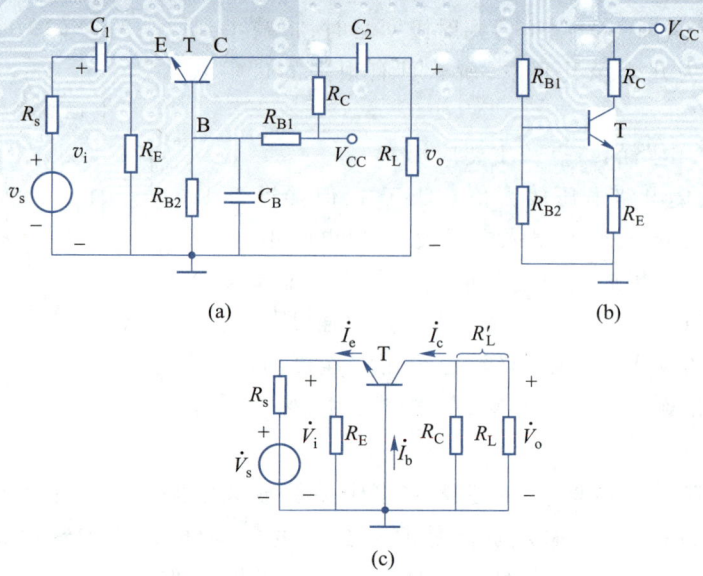

(a)   (b)

(c)

图 2.5.4　共基组态的单管放大电路及直流、交流通路

一、共基放大电路的动态指标

由共基放大电路的交流通路得到其交流等效电路如图 2.5.5 所示。设 $R'_L = R_C /\!/ R_L$，一般晶体管的输出电阻 $r_{ce} \gg R'_L$，图中忽略了 r_{ce}。

1. 电压增益与电流增益

由图 2.5.5 可得

$$\dot{V}_o = -\beta \dot{I}_b R'_L$$

$$\dot{V}_i = -\dot{I}_b(r_{bb'} + r_{b'e}) = -\dot{I}_b r_{be}$$

则

$$\dot{A}_v = \frac{\dot{V}_o}{\dot{V}_i} = \frac{-\beta \dot{I}_b R'_L}{-\dot{I}_b r_{be}} = \frac{\beta R'_L}{r_{be}} \tag{2.5.4}$$

可见共基放大电路的 $\dot{V}_o$ 与 $\dot{V}_i$ 是同相的，增益的值与共射放大电路相同。

由于共基电路的输入电流为 i_E，而输出电流为 i_C，所以无电流放大能力，但有足够的电压放大能力，从而实现功率放大。

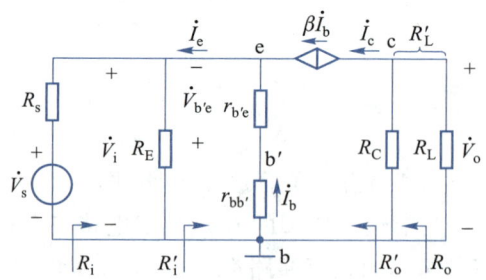

图 2.5.5　共基组态的单管放大电路的交流等效电路

2. 输入电阻

由图 2.5.5 可得

$$R'_i = \frac{\dot{V}_i}{-\dot{I}_e} = \frac{-\dot{I}_b r_{be}}{-(1+\beta)\dot{I}_b} = \frac{r_{be}}{1+\beta}$$

则

$$R_i = \frac{\dot{V}_i}{\dot{I}_i} = R_E \ /\!/ \ R'_i = R_E \ /\!/ \ \left(\frac{r_{be}}{1+\beta}\right) \tag{2.5.5}$$

由于基极回路电阻 r_{be} 折合到射极回路时,应减小到原来的 $1/(1+\beta)$,故共基放大电路的输入电阻比共射放大电路小得多。

3. 输出电阻

如暂不考虑电阻 R_C 的作用,则 $R_o = r_{cb}$,晶体管的 r_{cb} 比其 r_{ce} 大得多,如果考虑集电极电阻 R_C,则

$$R_o = r_{cb} \ /\!/ \ R_C \approx R_C \tag{2.5.6}$$

故共基放大电路的输出电阻与共射放大电路相同。

二、共基放大电路的特点及主要应用

综上所述,共基放大电路的输出电压与输入电压同相,电压增益数值与共射放大电路相同;输入电阻较共射放大电路小;输出电阻与共射放大电路相同,均为 R_C。共基放大电路的最大优点是频带宽,因而适用于宽频带放大。

例 2.5.2 在图 2.5.4(a)所示电路中,已知 $V_{CC} = 12$ V,$R_{B1} = 10$ kΩ,$R_{B2} = 3$ kΩ,$R_E = 2$ kΩ,$R_C = 5.1$ kΩ,$R_L = 5.1$ kΩ,晶体管的 $\beta = 50$,$V_{BEQ} = 0.7$ V,$r_{be} = 1.6$ kΩ,求 $\dot{A}_v$、R_i 和 R_o。

解: 已知 $R'_L = R_C \ /\!/ \ R_L = 2.55$ kΩ,代入式(2.5.4)~式(2.5.6),可得

$$\dot{A}_v = \frac{\dot{V}_o}{\dot{V}_i} = \frac{\beta R'_L}{r_{be}} = \frac{50 \times 2.55}{1.6} \approx 79.7$$

$$R_i = \frac{\dot{V}_i}{\dot{I}_i} = R_E \ /\!/ \ \left(\frac{r_{be}}{1+\beta}\right) \approx 0.030\ 9 \text{ kΩ} = 30.9 \text{ Ω}$$

$$R_o \approx R_C = 5.1 \text{ kΩ}$$

2.5.3　晶体管单管放大电路三种组态的比较

综上所述,晶体管单管放大电路三种基本组态的特点归纳如下:

(1)共射电路既能放大电流又能放大电压,输入电阻在三种电路中居中,输出电阻大,频带窄,常作为低频电压放大电路的单元电路。

(2)共集电路只能放大电流不能放大电压,是三种接法中输入电阻最大、输出电阻最小的电路,并具有电压跟随的特点。常用于多级放大电路的输入级、输出级和缓冲级,在功率放大电路中也常采用射极输出形式。

(3)共基电路只能放大电压不能放大电流,输入电阻小,电压增益和输出电阻与共射电路相同,频率特性是三种接法中最好的电路,常用于宽频带放大电路。

所以共射、共集、共基三种放大电路均能实现功率放大,但各有不同特点。共射放大电路的电压、电流和功率增益都比较大,并且可以组成多级放大电路,获得很大的倍数,因此其应用最为广泛。但在高频情况,共基放大电路就比较合适。共集电路的独特优点是输入电阻很大,输出电阻很小,高频特性也比较好。这三种放大电路的基本特性见表 2.5.1。

表 2.5.1　三种放大电路的基本特性

类别	共射	共集	共基
输入与输出的相位	反相	同相	同相
$\dot{A}_v$、$\dot{A}_i$	电压、电流都放大	只放大电流	只放大电压
特点	$\lvert\dot{A}_v\rvert$ 大,R_i、R_o 适中	$\lvert\dot{A}_v\rvert\leqslant1$,$R_i$ 大 R_o 小	$\lvert\dot{A}_v\rvert$、R_o 同共射,R_i 小
高频特性	不好	好	好
主要用途	功率增益最大 应用最广泛	输入级、输出级和缓冲级	用于高频电路

复习思考题

2.5.1　BJT 放大电路有哪几种基本组态? 判断组态的基本方法有几种? 分别如何判定组态?

2.5.2　BJT 三种组态的放大电路各有哪些特点?

2.5.3　可以通过直流通路判断放大电路的基本组态吗?

2.5.4　共集放大电路为什么又称为射极跟随器?

2.5.5　射极电阻折合到基极,阻值如何变化? 原因是什么?

2.5.6　基极电阻折合到射极,阻值如何变化? 原因是什么?

2.5.7　在三种组态中,哪种组态既可实现电压放大又可以实现电流放大? 哪种组态只能实现电压放大? 哪种组态只能实现电流放大?

2.5.8　在三种组态中,哪种组态的输入电阻最大? 哪种组态的输出电阻最小?

2.6
电流源电路及其应用

用电流源代替电阻对电路进行直流偏置,既稳定可靠,又可减小芯片面积,提高电路集成度,解决集成电阻精度不高和大容量旁路电容难以制作等问题。同时,由于电流源输出电阻很大,用电流源作负载代替晶体管的集电极电阻 R_C,可以获得极大的电压增益,而工作点电流却不必升高。基于以上的原因,集成电路中大量采用了电流源技术,从而使电流源成为电子电路特别是模拟集成电路中不可缺少的基本单元电路,应用广泛。

电流源作为信号源时的电路如图 2.6.1(a)所示,本节讨论的电流源都可以等效为如图

2.6.1(b)所示电路,可见 I_0 相当于 I_s,R_o 相当于 R_s,因此对电流源的主要要求如下:

（1）能够输出符合要求的恒定直流电流 I_0;

（2）输出电阻 R_o 尽可能大;

（3）对温度的灵敏度低;

（4）受电源电压等因素的影响要小。

由于晶体管在放大区的输出特性具有恒流的特点,所以一个工作在放大区的晶体管就可作为电流源,称为单管电流源,其简单示意图如图 2.6.2(a)所示,晶体管的集电极电流 I_C 就是恒定输出电流 I_0,晶体管的 r_{ce} 就是输出电阻 R_o。设晶体管工作于 Q 点,如图 2.6.2(b)所示,则电流源输出端对地之间的直流等效电阻 $R_{DC} = V_{CE}/I_C$,其值较小,而动态电阻 $R_o = r_{ce}$ 的值较大。可见,直流电阻小、交流电阻大是电流源的突出特点,这一特点使电流源获得了广泛的应用。

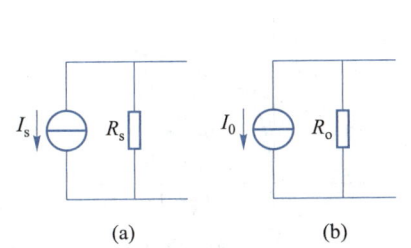

图 2.6.1　常见电流源形式及等效形式

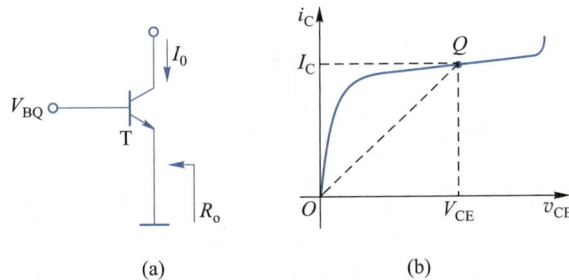

图 2.6.2　单管电流源及伏安特性

由于基区宽度调制效应的影响,晶体管在放大区的输出特性是基本水平稍有上翘,而不是完全水平,因此单管电流源的恒流特性不太好,即输出电阻 r_{ce} 数值不够大。虽然 r_{ce} 数值较大,但电流源的内阻是越大越好,故作为电流源的内阻,r_{ce} 数值还是不够大,需要进一步提高。

使用适当的辅助电路可以使其恒流特性更接近于理想情况。下面介绍常见的电流源电路及电流源的应用。

2.6.1　常见的电流源电路

一、镜像电流源

1. 基本型镜像电流源

基本型镜像电流源电路如图 2.6.3 所示。T_1 接成二极管的形式,R、T_1 为参考支路,提供参考电流 I_R;T_2 为电流源输出管,工作于放大区,输出稳定的直流电流 $I_0 = I_{C2}$,T_1、T_2 特性一致。为了简单,图中没有画出 T_2 管集电极所接的外部电路。

若忽略 v_{CE} 对 I_C 的影响,即基区宽度调制效应,则由于 T_1、T_2 两管参数相同,基极接在一起,必有 $V_{BE1} = V_{BE2} = V_{BE}$,$I_{B1} = I_{B2} = I_B$,$I_{C1} = I_{C2} = I_0$。由图 2.6.3 可得

$$I_R = I_0 + 2I_B = I_0 + 2I_0/\beta = I_0(1 + 2/\beta)$$

则

$$I_0 = \frac{1}{1 + 2/\beta} I_R \qquad (2.6.1)$$

$$I_R = \frac{V_{CC} - V_{BE}}{R} \qquad (2.6.2)$$

如果 $\beta \gg 2$，则 $I_0 \approx I_R$，如同一面镜子，I_0 犹如 I_R 的镜像，故称为镜像电流源或电流镜。

电流源的输出电阻 R_o 是晶体管 T_2 的输出电阻 r_{ce2}，即

$$R_o = r_{ce2} \qquad (2.6.3)$$

若忽略 I_B，只考虑基区宽度调制效应的影响，则 $I_{C1} = I_R$，由图 2.6.4 可得

$$\frac{I_0}{I_R} = \frac{I_0}{I_{C1}} = \frac{V_A + V_{CE2}}{V_A + V_{CE1}} \qquad (2.6.4)$$

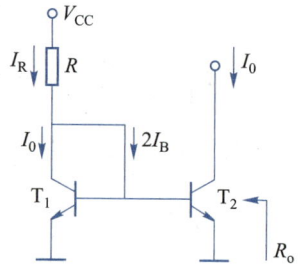

图 2.6.3　基本型镜像电流源电路

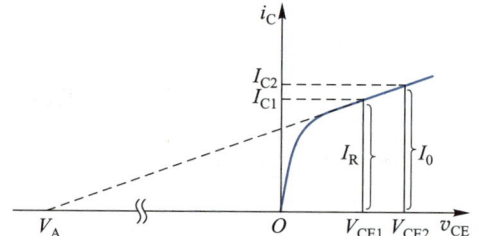

图 2.6.4　只考虑基区宽度调制效应影响时 I_0 示意图

式中 V_A 为 T_1、T_2 管的厄尔利电压。在高精度电流源中必须同时考虑 I_B 和基区宽度调制效应的影响，因此式（2.6.1）调整为

$$I_0 = \left(\frac{1}{1 + 2/\beta} \right) \left(\frac{V_A + V_{CE2}}{V_A + V_{CE1}} \right) I_R \qquad (2.6.5)$$

通常 $V_A \gg V_{CE1} = V_{BEQ1}$，若满足 $V_A \gg V_{CE2}$，则可忽略基区宽度调制效应。

镜像电流源 T_1 对 T_2 具有一定的温度补偿作用，简述如下：

$$T \uparrow \rightarrow I_0 \uparrow$$
$$\searrow I_{C1} \uparrow \rightarrow I_R \uparrow \rightarrow V_R(I_R R) \uparrow \rightarrow V_B \downarrow \rightarrow I_B \downarrow \rightarrow I_0 \downarrow$$

因此提高了电流源的稳定性。

基本型的镜像电流源电路的优点是简单，元件少。缺点如下：

（1）I_0 做不到很小（如几十微安），因为在集成电路中难以制作大电阻 R；

（2）I_0 受 V_{CC} 的影响大；

（3）R_o 不够大；

（4）镜像精度不高，I_0 与 I_R 的镜像精度决定于晶体管的 β，当 β 较小时，I_0 与 I_R 的差别不能忽略，这对于用横向 PNP 型管组成的电流源尤为重要；

（5）I_0 的温度稳定性不是很好，虽然 T_1 对 T_2 具有一定的温度补偿作用，但是晶体管的 V_{BE} 和 β 均对温度敏感。

因此基本镜像电流源引入了如图 2.6.5 所示的两种改进型电路。

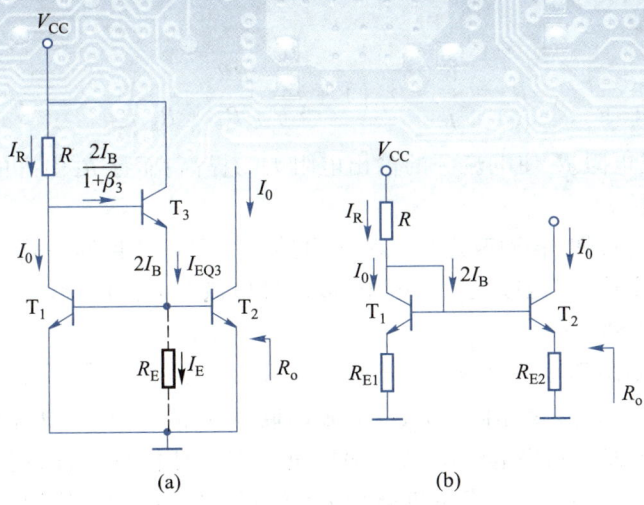

图 2.6.5　基本镜像电流源的两种改进型电路

2. 两种改进型镜像电流源

图 2.6.5(a) 所示为带有缓冲管的镜像电流源,图中增加了缓冲管 T_3,利用 T_3 的电流放大作用,减小 I_B 对 I_R 的分流作用,从而提高镜像精度。由图 2.6.5(a) 可得

$$I_R = I_0 + \frac{2I_B}{1+\beta_3} = I_0 + \frac{2I_0/\beta_1}{1+\beta_3} = \left[1 + \frac{2}{\beta_1(1+\beta_3)}\right]I_0$$

则

$$I_0 = \frac{1}{1 + 2/\left[\beta_1(1+\beta_3)\right]}I_R \tag{2.6.6}$$

$$I_R = (V_{CC} - 2V_{BE})/R \tag{2.6.7}$$

此时镜像关系成立的条件为 $\beta_1(\beta_3+1) \gg 2$,很容易满足,因此提高了镜像精度,但输出电阻仍为 r_{ce2},不够大。

实际电路中,为了避免 T_3 因工作电流过小而引起 β 的减小,从而使 i_{B3} 增大,在 T_3 发射极接入电阻 R_E,如图 2.6.5(a) 中虚线所示,产生电流 I_E,使 I_{EQ3} 适当增大。只要 R_E 取值适当,与未加 R_E 前比较,i_{B3} 也不一定会增大。

图 2.6.5(b) 所示的是带有射极电阻的镜像电流源,提高了输出电阻,具有很好的恒流特性。若负反馈电阻 $R_{E1} = R_{E2}$,则两管输入仍保持对称性,因而对该电路式(2.6.1)仍有效,故镜像精度没有改变,但参考电流

$$I_R \approx (V_{CC} - V_{BE})/(R + R_{E1}) \tag{2.6.8}$$

求输出电阻 R_o 的交流等效电路如图 2.6.6 所示,图中 r_d 为接成二极管形式的 T_1 的动态电阻,由于 $r_d \ll R_{E1}$,经常忽略 r_d。设基极回路总的等效电阻为 R_B,则 $R_B \approx R /\!/ R_{E1}$,由图 2.6.6 可分别列出输入回路和输出回路方程

$$\dot{I}_b(r_{be} + R_B) + (\dot{I}_b + \dot{I})R_{E2} = 0$$

$$\dot{V} = (\dot{I} - \beta\dot{I}_b)r_{ce} + (\dot{I}_b + \dot{I})R_{E2}$$

解得

$$\dot{V} = \dot{I}\left[r_{ce} + R_{E2} + \frac{R_{E2}}{r_{be} + R_B + R_{E2}}(\beta r_{ce} - R_{E2})\right]$$

由于 $r_{ce} \gg R_{E2}$，故

$$R_o = \frac{\dot{V}}{\dot{i}} \approx r_{ce}\left(1 + \frac{\beta R_{E2}}{r_{be} + R_B + R_{E2}}\right) \tag{2.6.9}$$

可见，加入射极电阻 R_E 使电流源的输出电阻大为提高；而且 R_E 引入的是电流负反馈，提高了 I_0 的温度稳定性。

通过以上的讨论可知，各种改进型电流源电路的主要设计目标一是提高镜像精度，二是提高输出电流的稳定性，三是增大输出电阻，以改进电流源的恒流特性。

二、威尔逊电流源

威尔逊电流源如图 2.6.7 所示。T_3 是放大管，T_1、T_2 特性一致构成基本镜像电流源。T_1、T_2、T_3 同时制作在硅片上，β 值相同。T_2 的 C-E 串联在 T_3 的发射极，其作用与典型工作点稳定电路中的 R_E 相同，故威尔逊电流源也是利用负反馈原理构成的，因而具有良好的温度特性及很高的输出电阻。当温度或负载变化使 $I_0 = I_{C3}$ 增大时，I_{E3} 随之增加，它的镜像电流 I_{C1} 也跟着增加，由于 I_R 恒定，使 I_{B3} 减小，从而牵制了 I_0 的增加，维持 I_0 基本不变。

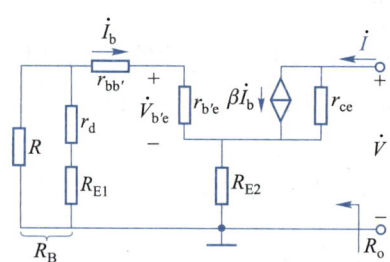

图 2.6.6　求输出电阻 R_o 的交流等效电路

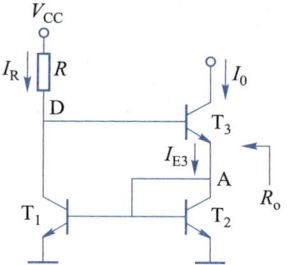

图 2.6.7　威尔逊电流源

由图 2.6.7 可列出 T_3 射极节点 A 的电流方程

$$I_{E3} = I_{C2} + 2I_{B2} = I_{C2} + \frac{2I_{C2}}{\beta}$$

$$\Rightarrow I_{C2} = \frac{\beta}{2 + \beta}I_{E3} = \frac{\beta}{2 + \beta} \cdot \frac{1 + \beta}{\beta}I_0 = \frac{1 + \beta}{2 + \beta}I_0$$

代入 T_3 基极节点 D 的电流方程

$$I_R = I_{C2} + I_{B3} = \frac{1 + \beta}{2 + \beta}I_0 + \frac{I_0}{\beta}$$

$$\Rightarrow I_0 = \left(1 - \frac{2}{\beta^2 + 2\beta + 2}\right)I_R \approx I_R \tag{2.6.10}$$

可见其镜像精度很高。

可以推出其输出电阻为

$$R_o \approx \frac{1}{2}(1+\beta)\,r_{ce3} \tag{2.6.11}$$

为了消除 T_1、T_2 两管 V_{CE} 不同引起的 I_C 电流的微小差别，可在 T_1 的集电极串入一只接成二极管形式的晶体管 T_4。

威尔逊电流源同时提高了镜像精度和输出电阻，并改善了温度特性，但 I_0 仍受 V_{CC} 影响

大，I_0 做不到很小。

三、比例电流源

常用的比例电流源的电路与带射极电阻的镜像电流源相同，只是 $R_{E1} \neq R_{E2}$。由图 2.6.5(b) 可知

$$V_{BE1} + I_{E1}R_{E1} = V_{BE2} + I_{E2}R_{E2}$$

若忽略基极电流，则 $I_{E1} \approx I_R$，$I_{E2} \approx I_0$，代入上式，可得

$$I_0 \approx \frac{(V_{BE1} - V_{BE2}) + I_R R_{E1}}{R_{E2}}$$

考虑到两管 V_{BE} 的差别远小于 R_{E1} 和 R_{E2} 上的电压降时，则有

$$I_0 \approx \frac{R_{E1}}{R_{E2}} I_R \qquad (2.6.12)$$

可见输出电流和参考电流之比与两个射极电阻成反比，故称其为比例电流源。其参考电流和输出电阻仍与带射极电阻的镜像电流源相同。

另一种比例电流源的电路与基本型镜像电流源相同，只是 T_1、T_2 两管参数不同。如图 2.6.3 所示，可知

$$\frac{I_0}{I_R} \approx \frac{I_{E2}}{I_{E1}} \approx \frac{I_{ES2} e^{v_{BE}/V_T}}{I_{ES1} e^{v_{BE}/V_T}} = \frac{I_{ES2}}{I_{ES1}} = \frac{S_2}{S_1} \qquad (2.6.13)$$

式中，S_2、S_1 分别为 T_2、T_1 的发射结面积。可见输出电流和参考电流之比与两管的发射结面积成正比，在制作时适当控制 S_2 与 S_1 的比例，即可得到与 I_R 成比例的 I_0。其参考电流和输出电阻仍与基本型镜像电流源相同。这种比例电流源电路简单，在要求不高时经常使用。

四、微电流源

将带射极电阻的镜像电流源中的电阻 R_{E1} 短路，便构成了微电流源，如图 2.6.8 所示，可知

$$I_0 \approx \frac{V_{BE1} - V_{BE2}}{R_E}$$

由 PN 结伏安方程

$$I_E \approx I_{ES} e^{V_{BE}/V_T} \Rightarrow V_{BE} \approx V_T \ln(I_E/I_{ES})$$

可得

$$V_{BE1} - V_{BE2} \approx V_T \ln(I_{E1}/I_{E2}) \approx V_T \ln(I_R/I_0)$$

代入上式，可得

$$I_0 \approx \frac{V_T}{R_E} \ln \frac{I_R}{I_0} \qquad (2.6.14)$$

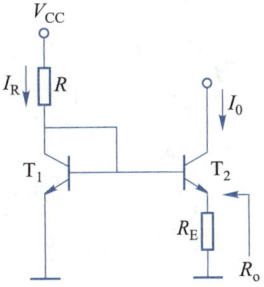

图 2.6.8 微电流源

在已知 R_E 的情况下，上式对 I_0 而言是一个超越方程，可用图解法或试探法求解。参考电流为

$$I_R = \frac{V_{CC} - V_{BE}}{R} \qquad (2.6.15)$$

实际上，在设计电路时，首先应确定 I_R 和 I_0 的数值，然后求出 R 和 R_E 的数值。例如，$V_{CC} = 15\ V$，$I_R = 1\ mA$，$V_{BE} = 0.7\ V$，$V_T = 26\ mV$，$I_0 = 20\ \mu A$；则根据式(2.6.15)可得 $R = 14.3\ k\Omega$，根据式(2.6.14)可得 $R_E \approx 5.09\ k\Omega$。可见求解过程并不复杂，而且 R_E 不大就可得到微电流。

微电流源的输出电阻可用式(2.6.9)求出。

在电路中,当电源电压 V_{CC} 发生变化时,I_R 以及 V_{BE} 也将发生变化,由于 R_E 的值一般为数千欧,使 $V_{BE2} \ll V_{BE1}$,以致 T_2 的 V_{BE2} 值很小而工作在输入特性的弯曲部分,则 I_0 的变化远小于 I_R 的变化,故电源电压波动对电流 I_0 的影响不大。I_0 的温度稳定性也较好。

可见微电流源有如下特点:

(1) 用较小的电阻 R_E 即可获得微电流 I_0;

(2) 提高了输出电阻,恒流特性和温度稳定性更好,这是因为 R_E 的负反馈作用;

(3) I_0 受 V_{CC} 的影响很小。

五、多路电流源电路

图 2.6.9 所示为多路电流源电路,用一个基准电流 I_R 获得多个恒定电流 I_{01}、I_{02}、$\cdots$、$I_{0(n-1)}$,其原理与比例电流源电路相同。

设 T_1、T_2、$\cdots$、T_n 特性相同,则各路输出电流为

$$I_{01} \approx I_{C1} \cdot \frac{R_{E1}}{R_{E2}}, I_{02} \approx I_{C1} \cdot \frac{R_{E1}}{R_{E3}}, \cdots, I_{0(n-1)} \approx I_{C1} \cdot \frac{R_{E1}}{R_{En}} \qquad (2.6.16)$$

必须注意:随着多路电流源路数增加,各晶体管的基极电流之和 $\sum I_B$ 增加,因而 I_{C1} 与 I_R 之间的差值增大。这样,各路输出电流 $I_{0i}(i = 1, 2 \cdots, n-1)$ 与基准电流 I_R 的传输比将出现较大误差。为了减小这种偏差可加一级射极跟随器作缓冲级,如图 2.6.10 所示,使各晶体管基极电流总和折算到射极跟随器基极上的电流分量减小为原来的 $1/(1+\beta)$,则 T_1 管的集电极电流为

$$I_{C1} = I_R - \frac{\sum I_B}{1 + \beta} \qquad (2.6.17)$$

使各路电流 I_{0i} 与 I_R 之间的比例关系更为精确。

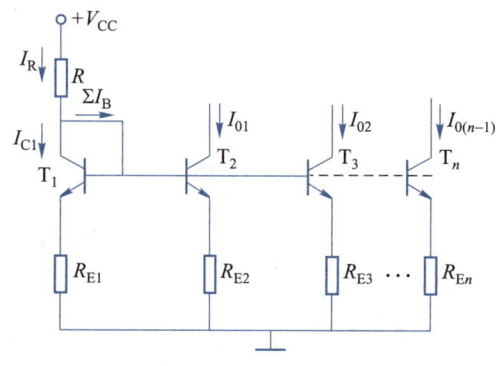

图 2.6.9　多路电流源电路

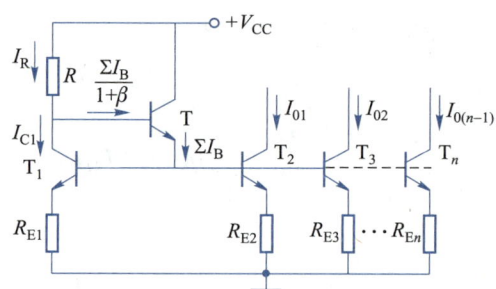

图 2.6.10　带有缓冲级的多路电流源

图 2.6.11 所示电路为多集电极晶体管构成的多路电流源,T 一般为横向 PNP 型晶体管。当基极电流一定时,集电极电流之比等于它们的集电区面积之比。设各集电区面积分别为 S_0、S_1、S_2,则

$$\frac{I_{C1}}{I_{C0}} = \frac{S_1}{S_0}, \frac{I_{C2}}{I_{C0}} = \frac{S_2}{S_0} \qquad (2.6.18)$$

例 2.6.1 图 2.6.12 所示是集成运算放大器 F007 偏置电路的一部分,假设 $V_{CC} = V_{EE} = 15$ V,所有晶体管的 $|V_{BE}| = 0.7$ V,其中 NPN 型晶体管的 $\beta \gg 2$,横向 PNP 型晶体管的 $\beta = 2$,电阻 $R_5 = 39$ kΩ。

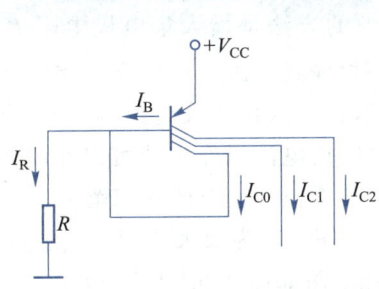

图 2.6.11 多集电极晶体管构成的多路电流源

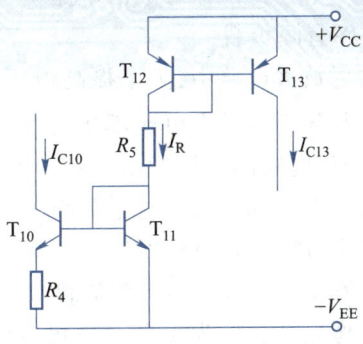

图 2.6.12 例 2.6 的电路

(1) 分析电路中各晶体管组成何种电流源;

(2) 估算基准电流 I_R;

(3) 估算 T_{13} 的集电极电流;

(4) 若要求 $I_{C10} = 28$ μA,试估算电阻 R_4 的阻值。

解:(1) 由 T_{11}、T_{12} 和 R_5 确定基准电流 I_R,T_{12} 和 T_{13} 组成镜像电流源(输出电流 I_{C13}),T_{10}、T_{11} 和 R_4 组成微电流源(输出电流 I_{C10})。

(2) 由图 2.6.12 可知

$$I_R = \frac{V_{CC} + V_{EE} - 2V_{BE}}{R_5} = \frac{15 + 15 - 2 \times 0.7}{39} \text{ mA} \approx 0.73 \text{ mA}$$

(3) 因横向 PNP 型晶体管 T_{12}、T_{13} 不满足 $\beta \gg 2$,故不能简单地认为 $I_{C13} \approx I_R$。由式(2.6.1)可得

$$I_{C13} = \frac{1}{1 + 2/\beta}I_R = \frac{1}{1 + 2/2} \times 0.73 \text{ mA} = 0.365 \text{ mA}$$

(4) 因 NPN 型晶体管 T_{10}、T_{11} 的 $\beta \gg 2$,故可以认为 $I_{C11} \approx I_R$,由式(2.6.14)可知

$$R_4 \approx \frac{V_T}{I_{C10}} \cdot \ln\left(\frac{I_{C11}}{I_{C10}}\right) = \frac{26}{0.028} \times \ln\frac{0.73}{0.028} \text{ kΩ} \approx 3 \text{ kΩ}$$

2.6.2 电流源的应用

以上讨论的电流源都可以等效为如图 2.6.1(b) 所示的电路,因此电流源在直流通路中相当于一个恒定电流 I_0,在交流通路中相当于一个大电阻 R_o。故电流源可为放大电路提供稳定的偏置电流,或作为放大电路的有源负载。

一、作直流偏置电路

电流源作为直流偏置电路可为放大电路提供稳定的静态电流。图 2.6.13 所示是用电流源作直流偏置的共集放大电

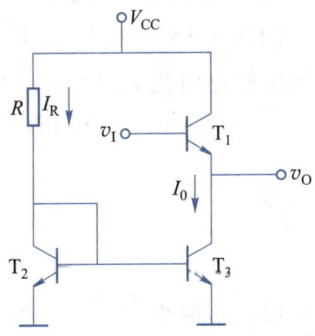

图 2.6.13 用电流源作直流偏置的共集放大电路的原理图

路的原理图。T_1 为放大管，T_2、T_3 组成镜像电流源为 T_1 提供稳定的偏置电流 $I_{EQ1} = I_0 = I_R$，不受 T_1 基极直流偏置电压波动的影响。

在下一节讨论的差分放大电路中，广泛采用电流源作为直流偏置电路。

二、作有源负载

在共射放大电路中，为了提高电压增益，行之有效的方法是增大集电极电阻 R_C。然而为了维持晶体管的静态电流不变，在增大 R_C 的同时必须提高电源电压。当电源电压增大到一定程度时，电路的设计就变得不合理了。以电流源取代电阻作放大电路的负载，称为有源负载。由于电流源具有直流电阻小、交流电阻大的特性，用电流源作负载可以在电源电压不变的情况下，既获得合适的静态工作点，又有较高的电压增益和较宽的动态范围。

图 2.6.14(a) 所示为有源负载共射放大电路的原理图。T_1 为放大管，T_2、T_3 组成 PNP 型晶体管镜像电流源作为 T_1 的集电极有源负载。其简化电路如图 2.6.14(b) 所示。

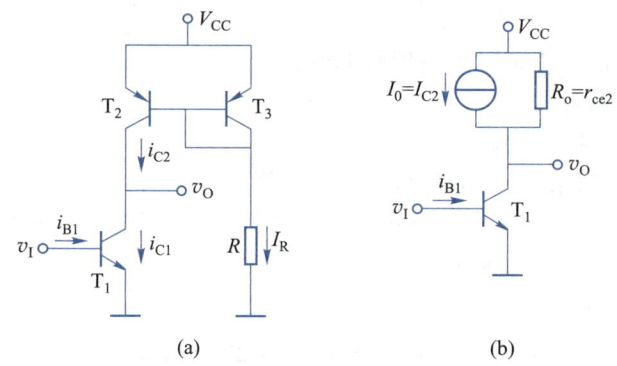

(a)   (b)

图 2.6.14 用电流源作负载的共射放大电路

1. 直流分析

由图 2.6.14(a) 可得

$$I_R = \frac{V_{CC} - V_{BE3}}{R}$$

$$I_{C1} = I_{C2} = \frac{1}{1 + 2/\beta} I_R$$

可见电路中并不需要很高的电源电压，只要 V_{CC} 和 R 相互配合，就可设置合适的 Q 点。

2. 交流指标的计算

图 2.6.15 是图 2.6.14(a) 所示电路的小信号等效交流电路，若无外接负载电阻 R_L，电流源的输出电阻 r_{ce2} 即是 T_1 的负载电阻，r_{ce2} 与 T_1 的 r_{ce1} 同数量级，因此不能再将 r_{ce1} 视为开路，则放大电路的负载电阻 $R_L' = r_{ce1} /\!/ r_{ce2}$，故

$$\dot{A}_v = \frac{\dot{V}_o}{\dot{V}_i} = -\frac{\beta_1 R_L'}{r_{be1}} = -\frac{\beta_1 (r_{ce1} /\!/ r_{ce2})}{r_{be1}} \tag{2.6.19}$$

$$R_o = r_{ce1} /\!/ r_{ce2} \tag{2.6.20}$$

可见电压增益很大。

有源负载共射放大电路的动态范围最大接近于 $V_{CC}/2$，其详细分析限于篇幅这里不再赘述。

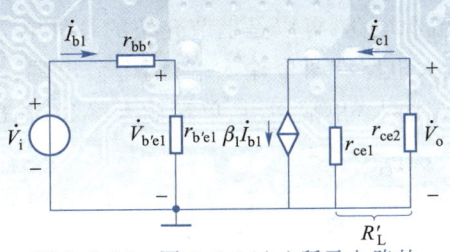

图 2.6.15　图 2.6.14(a)所示电路的
小信号等效交流电路

电流源也常用作射极负载。在图 2.6.13 中，由 T_2、T_3 组成的电流源既是 T_1 的直流偏置电路，又是 T_1 的射极有源负载。电压增益为

$$\dot{A}_v = \frac{\dot{V}_o}{\dot{V}_i} = \frac{(1 + \beta_1)(r_{ce1} /\!/ r_{ce2})}{r_{be1} + (1 + \beta_1)(r_{ce1} /\!/ r_{ce2})} \qquad (2.6.21)$$

可见有源负载射极跟随器的电压增益更接近于 1，即跟随特性更好。

三、其他应用

在模拟集成电路中，电流源常用作直流电平移动电路，这方面的内容将在 2.9 节详细介绍；电流源也常用于电流的传输与放大，这方面的应用限于篇幅此处不再赘述。

复习思考题

2.6.1　电流源的直流电阻小、交流电阻大，这种说法对吗？

2.6.2　电流源的输出电阻越大越好吗？

2.6.3　基本型的镜像电流源的镜像精度不高的原因是什么？

2.6.4　两种改进型镜像电流源在结构上分别采用了哪些措施？分别带来了什么好处？

2.6.5　威尔逊电流源为什么提高了镜像精度和输出电阻的同时还改善了温度特性？

2.6.6　电流源在直流通路中相当于什么？在交流通路中相当于什么？

2.7
差分放大电路

差分放大电路又称差动放大电路，简称差放，其基本特性是放大差模信号、抑制共模信号，因此得名；其电路结构是左右对称，有利于集成；两级差放可以直接相连，耦合十分方便。所以差放是模拟集成电路中非常重要的单元电路。

2.7.1　差分放大电路的组成及特性

一、差分放大电路的组成

差分放大电路的基本形式如图 2.7.1(a)所示，电路左右对称，T_1、T_2 特性一致，故称 T_1、

T_2 为差分对管；I_{EE}、R_{EE} 为电流源电路，可以是上节介绍的各种电流源电路，为 T_1、T_2 差分对管提供偏置电流。由于差分放大电路有两个输入端、两个输出端，所以它有双端输入-双端输出、双端输入-单端输出、单端输入-单端输出、单端输入-双端输出 4 种电路形式。

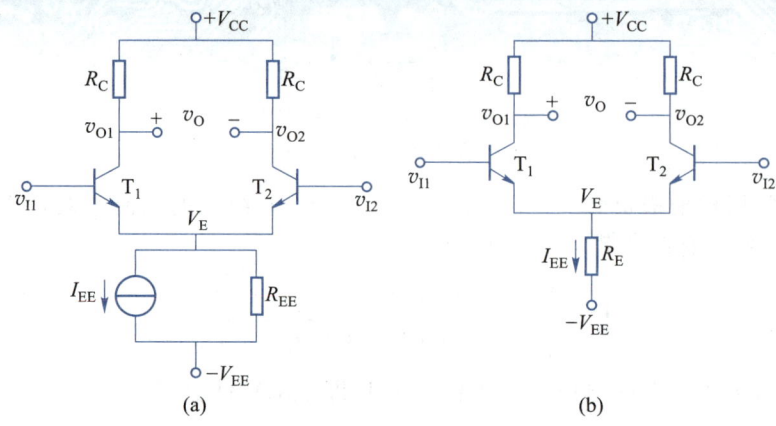

图 2.7.1 电流源偏置和电阻偏置的差分放大电路

1. 直流分析

静态时 $v_{I1} = v_{I2} = 0$，由于电路对称、晶体管特性一致且射极接在一起，则有

$$V_{BEQ1} = V_{BEQ2} \approx 0.7\ \mathrm{V}, I_{EQ1} = I_{EQ2} \approx I_{EE}/2$$

因此

$$V_{CQ1} = V_{CQ2} \approx V_{CC} - \frac{1}{2} R_C I_{EE}$$

$$V_O = V_{CQ1} - V_{CQ2} = 0$$

可见差分放大电路的输入信号为 0 时，输出信号也为 0。

若电流源部分改为没有电流源，只有一个射极电阻 R_E，如图 2.7.1(b) 所示，则需先计算 I_{EE}，由图可得

$$I_{EE} = \frac{V_{EE} - V_{BEQ}}{R_E}$$

2. 差模信号与共模信号

设 v_{I1}、v_{I2} 是任意大小与极性的信号，则可分解为

$$v_{I1} = \frac{1}{2}(v_{I1} + v_{I2}) + \frac{1}{2}(v_{I1} - v_{I2})$$

$$v_{I2} = \frac{1}{2}(v_{I1} + v_{I2}) - \frac{1}{2}(v_{I1} - v_{I2})$$

可见 v_{I1}、v_{I2} 中含有大小相等和极性相同的一对信号、大小相等和极性相反的一对信号。前者称为共模输入信号，用 v_{IC} 表示，并定义为 $v_{IC} = (v_{I1} + v_{I2})/2$；后者称为差模输入信号，用 v_{ID} 表示，并定义为 $v_{ID} = v_{I1} - v_{I2}$。于是上式改写为

$$\begin{cases} v_{I1} = v_{IC} + \dfrac{1}{2} v_{ID} \\[2mm] v_{I2} = v_{IC} - \dfrac{1}{2} v_{ID} \end{cases} \qquad (2.7.1)$$

由于差分放大电路在小信号放大状态时可以认为是线性网络，故可用叠加定理，将输入信号 v_{I1}、v_{I2} 的作用结果等效为共模输入信号 v_{IC} 和差模输入信号 v_{ID} 分别作用结果的叠加，从而利用差分放大电路的左右对称结构，使电路的分析计算非常方便。即任意一对输入信号都可以分解为一对差模信号和一对共模信号，然后分别计算差模输出和共模输出，二者输出之和就是电路的总输出。

　　下面先讨论差放的直流传输特性，以便对差放电路的特性有较全面的了解。

二、差分放大电路的直流传输特性

　　直流传输特性指的是差分放大电路的输出电流（或电压）与差模输入电压 v_{ID} 的函数关系。

　　由于差分对管特性一致，并设电流源输出电阻 $R_{EE} \to \infty$，由图 2.7.1 可得

$$I_{EE} = i_{E1} + i_{E2} = i_{E1}\left(1 + \frac{i_{E2}}{i_{E1}}\right) \approx i_{E1}\left(1 + \frac{I_{ES}\mathrm{e}^{v_{BE2}/V_T}}{I_{ES}\mathrm{e}^{v_{BE1}/V_T}}\right) = i_{E1}\left[1 + \mathrm{e}^{-(v_{BE1}-v_{BE2})/V_T}\right]$$

将 $v_{ID} = v_{I1} - v_{I2} = v_{BE1} - v_{BE2}$ 代入上式，则推出

$$i_{C1} \approx i_{E1} \approx \frac{I_{EE}}{1 + \mathrm{e}^{-v_{ID}/V_T}} = \frac{I_{EE}\mathrm{e}^{v_{ID}/V_T}}{1 + \mathrm{e}^{v_{ID}/V_T}} = \frac{1}{2}I_{EE} + \frac{1}{2}I_{EE}\frac{\mathrm{e}^{v_{ID}/V_T} - 1}{\mathrm{e}^{v_{ID}/V_T} + 1}$$

即

$$i_{C1} \approx \frac{1}{2}I_{EE} + \frac{1}{2}I_{EE}\mathrm{th}\left(\frac{v_{ID}}{2V_T}\right) \tag{2.7.2}$$

同理

$$i_{C2} \approx \frac{1}{2}I_{EE} - \frac{1}{2}I_{EE}\mathrm{th}\left(\frac{v_{ID}}{2V_T}\right) \tag{2.7.3}$$

故双端输出时的电流及电压分别为

$$i_{o} = i_{C1} - i_{C2} = I_{EE}\mathrm{th}\left(\frac{v_{ID}}{2V_T}\right) \tag{2.7.4}$$

$$v_{o} = v_{o1} - v_{o2} = (V_{CC} - R_C i_{C1}) - (V_{CC} - R_C i_{C2}) = -i_o R_C = -I_{EE}R_C\mathrm{th}\left(\frac{v_{ID}}{2V_T}\right) \tag{2.7.5}$$

　　可以看出，输出电流（电压）与差模输入电压 v_{ID} 之间的关系符合双曲正切函数的变化规律，所以差放的传输特性是非线性的。由式（2.7.2）、式（2.7.3）画出的以 i_{C1}、i_{C2} 为输出变量的直流传输特性如图 2.7.2 所示。可以看出：

　　（1）静态时 $v_{ID} = 0$，电路工作于 Q 点，$I_{C1} = I_{C2} \approx I_{EE}/2$，即直流工作状态。

　　（2）$v_{ID} \neq 0$，即加差模电压 v_{ID} 后，i_{C1}、i_{C2} 一增一减，且增减量相等，总和不变，近似等于 I_{EE}。由式（2.7.4）、式（2.7.5）可知，此时电路有输出电流和电压，即放大差模信号。

　　（3）加共模信号时，必有 $v_{B1} = v_{B2}$，$v_{ID} = 0$，因假设 $R_{EE} \to \infty$，故两管集电极没有电流输出，此时电路无输出电流和电压，即抑制共模信号。

　　（4）当 $|v_{ID}| \leqslant V_T$ 时，i_{C1}、i_{C2} 与 v_{ID} 间是线性关系，差分对管工作在放大区，差放近似为线

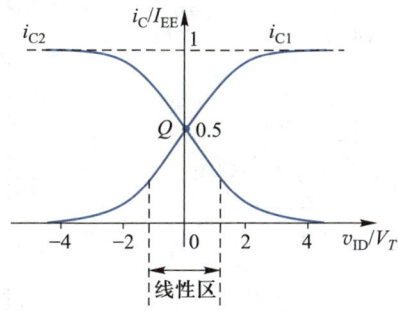

图 2.7.2　差放的直流传输特性

性电路,称此区域为差放的线性区。本节所讨论的差放工作状态即局限于此线性区。

（5）当$|v_{ID}| \geqslant 4V_T \approx 104$ mV时,一管导通,电流已接近I_{EE},另一管已接近截止,故称此区域为限幅区,即非线性区。差放电路呈现良好的限幅特性。

因此放大差模信号、抑制共模信号是差分放大电路的基本特性。差模信号是待放大的有用信号,共模信号是不需要的有害信号。

共模信号就是漂移信号或者是伴随输入信号一起加入的干扰信号（对两边输入相同的干扰信号）。工作点的漂移称为零点漂移。在差分放大电路中,无论是温度变化,还是电源电压的波动都会引起两管集电极电流以及相应的集电极电压相同的变化,其效果相当于在两个输入端加入共模信号,由于电路的对称性和电流源输出电阻R_{EE}的射极负反馈作用,在理想情况下,可使输出电压不变,从而抑制了零点漂移。当然实际上要保持电路完全对称很困难,故仍存在较小的零点漂移,此时又因为R_{EE}的负反馈作用,零点漂移虽然不能被完全抵消,但已经大大减小了。故抑制零点漂移是差放的突出优点,使差放在集成电路中得到了广泛应用。

三、差分放大电路的大信号工作状态

差分放大作为小信号放大电路的性能将在下一节进行详细分析,现在简单讨论差分放大电路的大信号工作状态。

1. 最大差模输入电压 V_{IDM}

由于$v_{ID} = v_{BE1} - v_{BE2}$,当$v_{ID} > V_{BE1}$后,$T_1$导通,$T_2$发射结承受反压而截止;当$v_{ID}$达到$V_{BE1} + V_{(BR)EBO}$时,$T_2$管发射结反向击穿;同理,当$v_{ID}$达到$-(V_{BE2} + V_{(BR)EBO})$时,$T_1$管发射结反向击穿。因此最大差模输入电压$V_{IDM}$受截止管发射结反向击穿电压$V_{(BR)EBO}$的限制而不能无限加大。

2. 线性区的扩展

差分放大电路输入信号的幅度经常比V_T大得多,超过线性区,因此需要扩展线性区,以实现无失真放大。可在两管射极接入负反馈电阻R_E,如图2.7.3（a）所示,使直流传输特性曲线变平缓,线性区变宽,且R_E越大,线性区越宽,如图2.7.3（b）所示,但同时增益下降得越多。可见线性区的扩展是以牺牲增益为代价的,所以R_E的选择要合适。

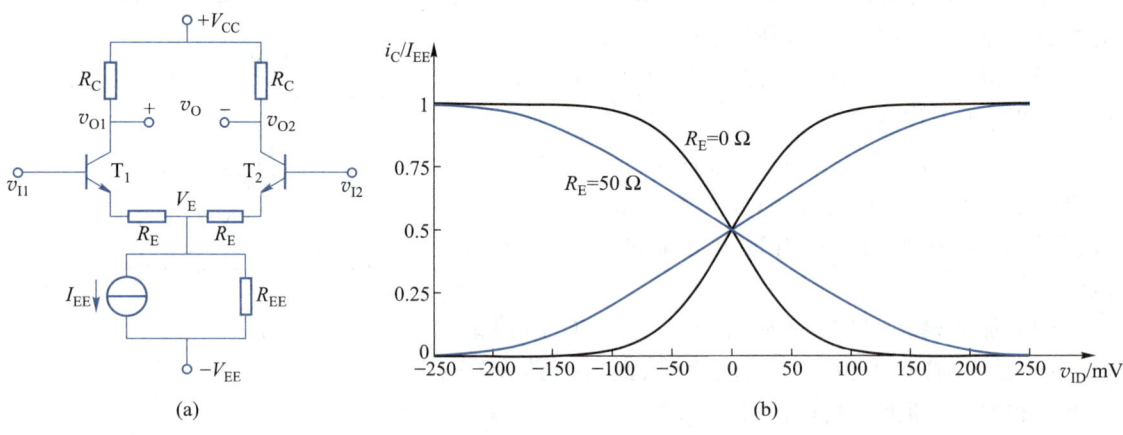

图 2.7.3 差放线性范围的扩展

2.7.2 差分放大电路的小信号放大

在交流小信号条件下,差分放大电路近似为线性放大电路,因此可根据叠加定理划分为差模输入和共模输入两种情况进行分析。

在差模输入信号 v_{id} 作用下,产生差模输出电压 $v_{od} = A_{vd}v_{id} = A_{vd}(v_{i1}-v_{i2})$,$A_{vd}$ 为差模电压增益;在共模输入信号 v_{ic} 作用下,产生共模输出电压 $v_{oc} = A_{vc}v_{ic} = A_{vc}(v_{i1}+v_{i2})/2$,$A_{vc}$ 为共模电压增益。故差分放大电路的总输出电压为

$$v_o = v_{od} + v_{oc} = A_{vd}v_{id} + A_{vc}v_{ic} \qquad (2.7.6)$$

为了抑制共模输出,要求 $v_{od} \gg v_{oc}$,即 $|A_{vd}/A_{vc}| \gg |v_{ic}/v_{id}|$。

一、差模分析

1. 差模交流通路

双端输出的差分放大电路如图 2.7.4(a) 所示。由于电路对称和差分对管特性一致,在差模信号 $v_{i1}-v_{i2}$ 作用下,两管射极电流 i_{E1}、i_{E2} 一增一减,且增减量相等即 $i_{e1} = -i_{e2}$,流经电流源的电流不变,射极电位 v_E 不变,故 E 点交流接地,电流源可视为交流短路;同理两管集电极电位也是一增一减,且增减量相同即 $v_{od1} = -v_{od2}$,R_L 的中点电位不变,故 R_L 的中点交流接地,则每管集电极负载为 $R_L/2$。根据这两点结论可得出其差模交流通路如图 2.7.4(b) 所示,由两个完全相同的单管共射放大电路组成,分析半边电路就可以得到差分放大电路的差模特性,使电路的分析计算变得非常简单。

差分放大电路的
交流小信号
差模分析

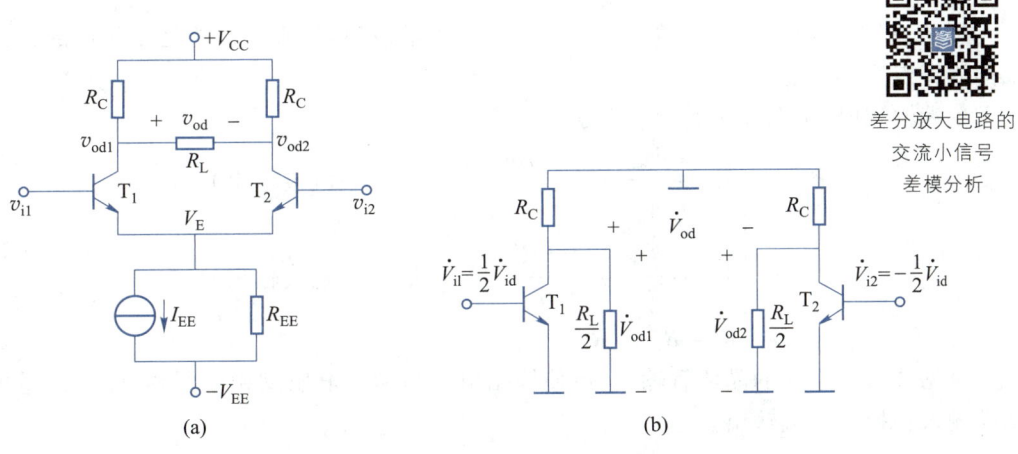

图 2.7.4　双端输出的差分放大电路及其差模交流通路

如果差分放大电路是单端输出,R_L 接于 T_1 或 T_2 集电极,R_L 只需将一管集电极电流转换成电压,所以另一管的集电极可直接接至电源 V_{CC},输出取自 T_2 集电极的单端输出差分放大电路如图 2.7.5(a) 所示。由于两管的集电极负载不同,电路不对称,严格地说不能用半边电路来分析计算,但是若忽略基区宽度调制效应,即不考虑输出 v_{CE} 对 i_C 的影响,则仍认为电路是对称的。因此可得其差模交流通路如图 2.7.5(b) 所示,电流源仍为交流短路,只是 R_L 不再分一半。

可见电流源输出电阻 R_{EE} 对差模信号无负反馈作用。

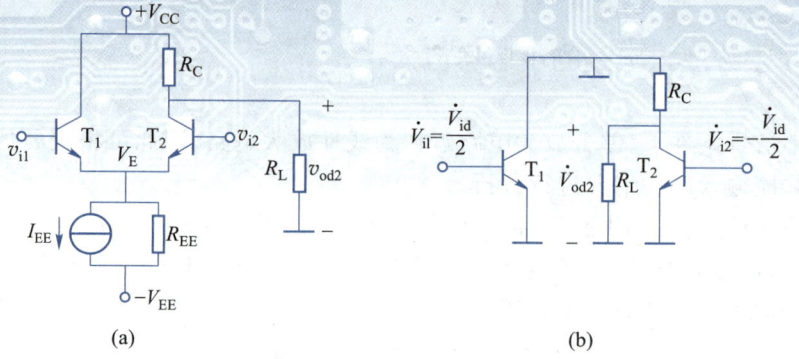

$$(a) \qquad\qquad\qquad\qquad (b)$$

图 2.7.5　单端输出差分放大电路及其差模交流通路

2. 差模交流指标的计算

（1）差模电压增益

双端输出时，由图 2.7.4（a）可得

$$\dot{A}_{vd} = \frac{\dot{V}_{od}}{\dot{V}_{id}} = \frac{\dot{V}_{od1} - \dot{V}_{od2}}{\dot{V}_{i1} - \dot{V}_{i2}} = \frac{2\dot{V}_{od1}}{2\dot{V}_{i1}} = \frac{\dot{V}_{od1}}{\dot{V}_{i1}} = \frac{\dot{V}_{od2}}{\dot{V}_{i1}}$$

即是半边电路的电压增益，故

$$\dot{A}_{vd} = \frac{\dot{V}_{od}}{\dot{V}_{id}} = -\frac{\beta R'_L}{r_{be}}, R'_L = R_C \mathbin{/\mkern-5mu/} (R_L/2) \qquad (2.7.7)$$

可见，双端输出的电压增益与半边电路的电压增益相同，所以差放是以成倍的元件换取了抑制零点漂移的能力。

单端输出时，由图 2.7.5（b）可得

$$\begin{cases} \dot{A}_{vd1} = \dfrac{\dot{V}_{od1}}{\dot{V}_{id}} = -\dfrac{1}{2}\dfrac{\beta R'_L}{r_{be}} & （\text{从 } T_1 \text{ 集电极输出}） \\[3mm] \dot{A}_{vd2} = \dfrac{\dot{V}_{od2}}{\dot{V}_{id}} = \dfrac{1}{2}\dfrac{\beta R'_L}{r_{be}} & （\text{从 } T_2 \text{ 集电极输出}） \\[3mm] R'_L = R_C \mathbin{/\mkern-5mu/} R_L \end{cases} \qquad (2.7.8)$$

可见选择从不同的晶体管输出，可使输出电压与输入电压反相或同相；此电路适用于将双端输入转换为单端输出。

（2）差模输入电阻

差模输入电阻 R_{id} 为差模输入电压 $\dot{V}_{id}$ 与输入电流 $\dot{I}_{id}$ 的比值，即由两输入端看进去的等效电阻，所以是半边电路输入电阻的两倍，即

$$R_{id} = \frac{\dot{V}_{id}}{\dot{I}_{id}} = \frac{\dot{V}_{id}}{\dot{I}_{b1}} = 2r_{be} \qquad (2.7.9)$$

（3）差模输出电阻

双端输出时
$$R_{od} = 2R_C \qquad\qquad\qquad\qquad (2.7.10)$$

单端输出时
$$R_{od1} = R_{od2} = R_C \qquad\qquad\qquad (2.7.11)$$

可见输出电阻与输出方式有关。

上面所讨论的都是双端输入方式,下面讨论单端输入方式。

3. 单端输入方式

令 $v_{i1}=0$ 或 $v_{i2}=0$,双端输入就变为单端输入,所以单端输入是双端输入的特例,单端输入、双端输出的差分放大电路如图 2.7.6(a)所示,同样可以将输入信号分解为差模信号和共模信号,如图 2.7.6(b)所示,因此双端输入的分析方法和结果同样适用于单端输入,即差分放大电路的性能与输入方式无关。

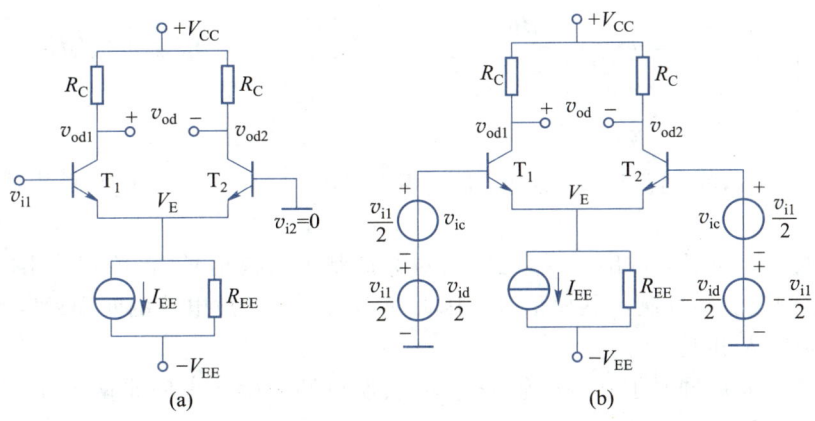

图 2.7.6 单端输入、双端输出的差分放大电路及分解电路

二、共模分析

1. 共模交流通路

共模输入时的差放电路如图 2.7.7(a)所示。由于电路对称,在共模信号 v_{ic} 作用下,两管射极电流相等即 $i_{e1}=i_{e2}$,两者相加在电阻 R_{EE} 上产生的电压为 $v_e=2R_{EE}i_{e1}=2R_{EE}i_{e2}$,则对每只晶体管而言,相当于射极接了 $2R_{EE}$ 的电阻;若双端输出,输出电压 $v_{oc1}=v_{oc2}$,$v_{oc}=v_{oc1}-v_{oc2}=0$,R_L 中无电流,故 R_L 对共模信号可视为开路。根据这两点结论可得出其交流通路如图 2.7.7(b)所示,其半边电路即是射极接有 $2R_{EE}$ 负反馈电阻的共射放大电路。如果是单端输出,R_L 接于 T_2(或 T_1)的集电极,其交流通路如图 2.7.7(c)所示。可见电流源输出电阻 R_{EE} 对共模信号有负反馈作用。

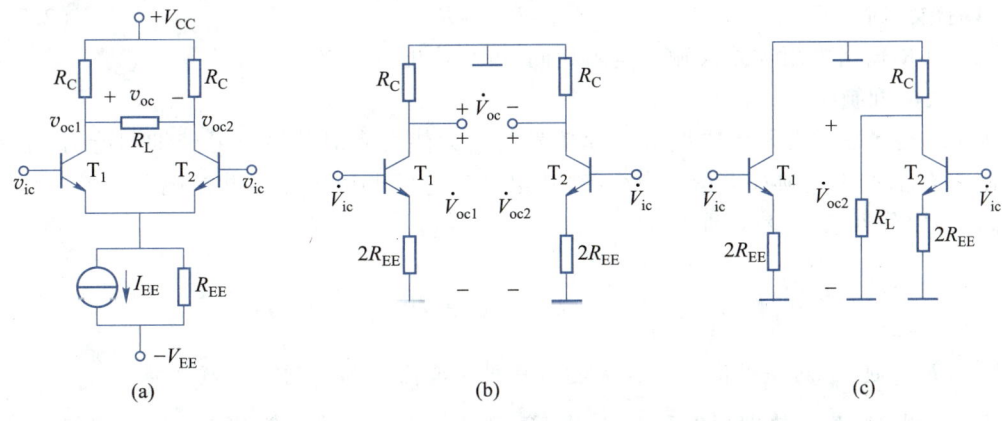

图 2.7.7 共模输入差放及其共模交流通路

2. 共模交流指标的计算

（1）共模电压增益

双端输出时，若电路及晶体管参数理想对称，$\dot{V}_{oc} = 0$，则 $\dot{A}_{vc} = \dot{V}_{oc} / \dot{V}_{ic} = 0$。

单端输出时，由图 2.7.7（c）可得

$$
\begin{cases}
\dot{A}_{vc1} = \dfrac{\dot{V}_{oc1}}{\dot{V}_{ic}} = -\dfrac{\beta R'_L}{r_{be} + (\beta + 1)2R_{EE}} \approx -\dfrac{R'_L}{2R_{EE}} \quad （从 T_1 集电极输出）\\[4mm]
\dot{A}_{vc2} = \dfrac{\dot{V}_{oc2}}{\dot{V}_{ic}} = -\dfrac{\beta R'_L}{r_{be} + (\beta + 1)2R_{EE}} \approx -\dfrac{R'_L}{2R_{EE}} \quad （从 T_2 集电极输出）\\[4mm]
R'_L = R_C \mathbin{/\mkern-5mu/} R_L
\end{cases} \tag{2.7.12}
$$

一般 $R'_L \ll 2R_{EE}$，故 $|\dot{A}_{vc1}| = |\dot{A}_{vc2}| \ll 1$，$R_{EE}$ 越大，$|\dot{A}_{vc1}|$、$|\dot{A}_{vc2}|$ 越小，抑制共模信号的能力越强。

可见差放电路在双端输出时，靠电路的对称抑制了共模信号；在单端输出时，靠电流源输出电阻 R_{EE} 的负反馈抑制了共模信号。因此应尽力改善差放电路的匹配程度和提高 R_{EE}。

（2）共模输入电阻

由于共模电压 v_{ic} 同时加在两个管子的基极，所以共模输入电阻是两个完全相同的半边电路输入电阻的并联。若 R_{EE} 较小，则

$$
R_{ic} = \frac{\dot{V}_{ic}}{\dot{I}_{ic}} = \frac{\dot{V}_{ic}}{\dot{I}_{b1} + \dot{I}_{b2}} = \frac{1}{2}\left[r_{be} + 2(1 + \beta)R_{EE} \right] \tag{2.7.13}
$$

若 R_{EE} 值很大，不能忽略晶体管的 r_{ce}、$r_{b'c}$，可推出

$$
R_{ic} = \frac{\dot{V}_{ic}}{\dot{I}_{ic}} = \frac{\dot{V}_{ic}}{\dot{I}_{b1} + \dot{I}_{b2}} \approx \frac{\beta}{2}\left(2R_{EE} \mathbin{/\mkern-5mu/} \frac{r_{ce}}{2} \right) \tag{2.7.14}
$$

可见 R_{ic} 比差模输入电阻 R_{id} 大得多。

（3）共模输出电阻

双端输出时　　　　　　　　　　　$R_{oc} \approx 2R_C$ 　　　　　　　　　　　（2.7.15）

单端输出时　　　　　　　　　　　$R_{oc1} = R_{oc2} \approx R_C$ 　　　　　　　　　（2.7.16）

可见共模输出电阻与差模输出电阻相同，也与输出方式有关。

三、共模抑制比

为了综合考察差分放大电路对差模信号的放大能力和对共模信号的抑制能力，常用共模抑制比 K_{CMR} 作为一项技术指标来衡量，其定义为差模电压增益与共模电压增益之比的绝对值，也常用分贝数来表示，即

$$
K_{CMR} = \left| \frac{\dot{A}_{vd}}{\dot{A}_{vc}} \right| \quad 或 \quad K_{CMR} = 20\lg\left| \frac{\dot{A}_{vd}}{\dot{A}_{vc}} \right| (dB) \tag{2.7.17}
$$

可见 K_{CMR} 越大，对差模信号的放大能力和对共模信号的抑制能力就越强。

双端输出时，若差放理想对称，$|\dot{A}_{vc}| = 0$，故 $K_{CMR} \to \infty$；单端输出时，由式（2.7.8）和式

（2.7.12），可得

$$K_{\text{CMR}} = \left| \frac{\dot{A}_{vd1}}{\dot{A}_{vc1}} \right| \approx \frac{\beta R_{\text{EE}}}{r_{\text{be}}} \tag{2.7.18}$$

所以为了提高 K_{CMR}，应该尽量使差分放大电路对称和提高电流源的输出电阻 R_{EE}，这与前面的分析完全一致。

通过上面的分析，可以得出以下几点结论：

（1）差分放大电路的性能与输出方式有关，而与输入方式无关；

（2）双端输出的电压增益与半边电路相同，而单端输出的电压增益约为双端输出的一半；

（3）双端输出的输出电阻为 $2R_{\text{C}}$，单端输出的输出电阻是双端输出的一半；

（4）差模输入电阻均为半边电路的 2 倍。

例 2.7.1 如图 2.7.8 所示，设各晶体管参数一致，$\beta = 100$，$V_{\text{BE}} = 0.7\text{ V}$，$r_{\text{bb}'} = 80\ \Omega$，$r_{\text{ce}} \approx 100\ \text{k}\Omega$，求：

（1）各管静态工作点 I_{CQ} 及 V_{CEQ}；

（2）双端输出时的差模电压增益及差模输入电阻；

（3）从 T_1 集电极单端输出时的共模电压增益及 K_{CMR}。

解：（1）图中 T_1、T_2 为差分放大管，T_3、T_4 组成的比例电流源作为差分放大电路的偏置电路。

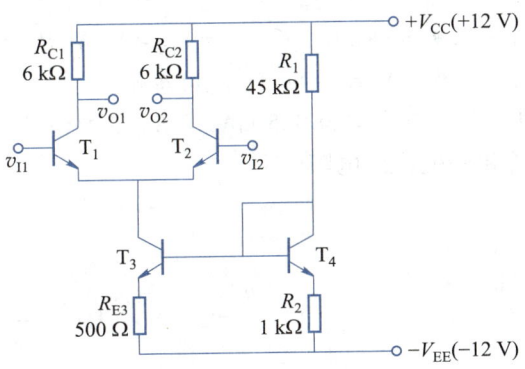

图 2.7.8　例 2.7.1 的电路

电流源的参考电流　$I_{\text{CQ4}} = \dfrac{V_{\text{CC}} + V_{\text{EE}} - V_{\text{BE}}}{R_1 + R_2} = \dfrac{12 + 12 - 0.7}{45 + 1}\ \text{mA} \approx 0.507\ \text{mA}$

电流源的输出电流　$I_{\text{CQ3}} = \dfrac{R_2}{R_{\text{E3}}} \cdot I_{\text{CQ4}} = \dfrac{1}{0.5} \times 0.507\ \text{mA} \approx 1.01\ \text{mA}$

则

$$I_{\text{CQ1}} = I_{\text{CQ2}} = I_{\text{CQ3}}/2 \approx 0.5\ \text{mA}$$

T_1、T_2 的射极电位 $V_{\text{E}} = -0.7\text{ V}$，$V_{\text{C1}} = V_{\text{C2}} = V_{\text{CC}} - I_{\text{CQ1}} R_{\text{C1}} = (12 - 0.5 \times 6)\text{ V} = 9\text{ V}$，故

$$V_{\text{CEQ1}} = V_{\text{CEQ2}} = V_{\text{C1}} - V_{\text{E1}} = [9 - (-0.7)]\text{ V} = 9.7\text{ V}$$

T_3 的集电极电位 $V_{\text{C3}} = V_{\text{E}} = -0.7\text{V}$，$V_{\text{E3}} = -V_{\text{EE}} + R_{\text{E3}} I_{\text{CQ3}} = (-12 + 0.5 \times 1.01)\text{ V} \approx -11.5\text{ V}$，可得

$$V_{CEQ3} = V_{C3} - V_{E3} = [-0.7 - (-11.5)]\ \text{V} = 10.8\ \text{V}$$

$$V_{B3} = V_{B4} = V_{E3} + V_{BE} = -10.8\ \text{V}$$

$$V_{CEQ4} = 0.7\ \text{V}$$

（2）当 $T = 300\ \text{K}$ 时，$V_T = 26\ \text{mV}$，忽略 T_1 的输出电阻 r_{ce1}，有　$r_{be1} = r_{be2} = [80 + 101 \times (26/0.5)]\ \Omega \approx 5.33\ \text{k}\Omega$

由式（2.7.7）可得　$\dot{A}_{vd} = \dfrac{\dot{V}_{od}}{\dot{V}_{id}} = -\dfrac{\beta R_{C1}}{r_{be1}} = -\dfrac{100 \times 6}{5.33} \approx -112.6$

差模输入电阻　　　　　　　　$R_{id} = 2r_{be1} = 10.66\ \text{k}\Omega$

（3）为了求共模增益，需要求出电流源的输出电阻 R_{EE}，$r_{be3} = [80 + 101 \times (26/1)]\ \Omega \approx 2.71\ \text{k}\Omega$，$T_3$ 管基极往右看的等效电阻 $R_B = R_1 /\!/ R_2 = 0.98\ \text{k}\Omega$，由式（2.6.9）可得

$$R_{EE} \approx r_{ce3}\left(1 + \frac{\beta R_{E3}}{r_{be3} + R_B + R_{E3}}\right) = 100 \times \left(1 + \frac{100 \times 0.5}{2.71 + 0.98 + 0.5}\right)\ \text{k}\Omega \approx 1\,293\ \text{k}\Omega$$

由式（2.7.12）可得

$$\dot{A}_{vc1} = \frac{\dot{V}_{oc}}{\dot{V}_{ic}} \approx -\frac{R_{C1}}{2R_{EE}} = -\frac{6}{2 \times 1\,293} \approx -2.32 \times 10^{-3}$$

$$K_{CMR} = \left|\frac{\dot{A}_{vd1}}{\dot{A}_{vc1}}\right| = \left|\frac{112.6/2}{2.32 \times 10^{-3}}\right| \approx 24\,267 \approx 87.7\ \text{dB}$$

例 2.7.2　电路如图 2.7.9（a）所示。设 $V_{CC} = V_{EE} = 12\ \text{V}$，$R_C = 10\ \text{k}\Omega$，$R_L = 20\ \text{k}\Omega$，$R_E = 100\ \Omega$，晶体管的 $\beta = 100$，$V_{BE} = 0.7\ \text{V}$，$r_{bb'} = 60\ \Omega$，r_{ce} 可忽略。

（1）为使 T_1、T_2 的射极静态电流均为 $0.5\ \text{mA}$，求 R_{EE} 的取值及 T_1、T_2 的 V_{CEQ}；

（2）求差模电压增益和差模输入电阻。

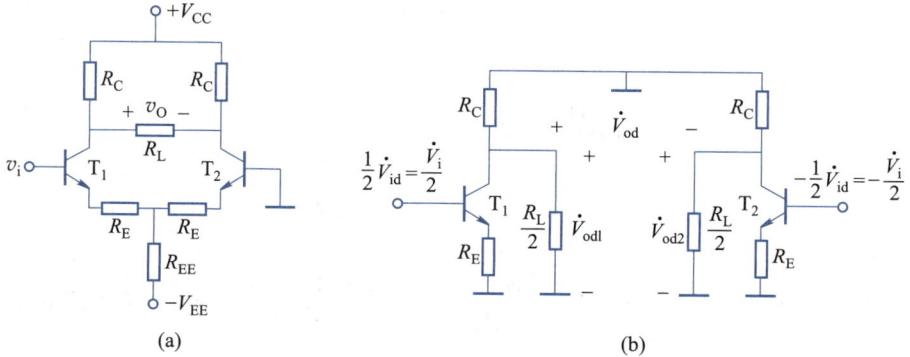

图 2.7.9　例 2.7.2 的电路

解： 该电路是单端输入双端输出的差分放大电路，与前面电路不同之处是两管射极接有负反馈电阻 R_E，且直流偏置电流由 $-V_{EE}$ 及电阻 R_{EE} 来提供。

（1）静态时 $v_i = 0$，由图 2.7.9（a）可知，$V_{BEQ1} + I_{EQ1}R_E + 2I_{EQ1}R_{EE} = V_{EE}$，则可得

$$I_{CQ1} = I_{CQ2} \approx I_{EQ1} = I_{EQ2} = (V_{EE} - V_{BEQ1})/(R_E + 2R_{EE})$$

$$\Rightarrow R_{EE} = \frac{1}{2}\left(\frac{V_{EE} - V_{BEQ1}}{I_{CQ1}} - R_E\right) = \frac{1}{2}\left(\frac{12 - 0.7}{0.5} - 0.1\right)\ \text{k}\Omega = 11.25\ \text{k}\Omega$$

$$V_{CEQ1} = V_{CEQ2} = V_{C1} - V_{E1} = (V_{CC} - I_{CQ1}R_C) - (-V_{BE1})$$
$$= [(12 - 0.5 \times 10) + 0.7] \text{ V} = 7.7 \text{ V}$$

（2）对于差模信号，R_{EE} 对地短路，但 T_1、T_2 的射极电阻 R_E 的负反馈作用仍然存在，可得差模交流通路如图 2.7.9（b）所示。由 $I_{CQ1} = I_{CQ2} = 0.5$ mA $\Rightarrow r_{be1} = r_{be2} \approx \left[60 + (1+100)\dfrac{26}{0.5}\right] \Omega \approx$ 5.3 kΩ，则

$$\dot{A}_{vd} = \frac{\dot{V}_{od}}{\dot{V}_{id}} = -\frac{\beta[R_C /\!/ (R_L/2)]}{r_{be1} + (1+\beta)R_{E1}} = -\frac{100\left(\dfrac{10 \times \dfrac{20}{2}}{10 + \dfrac{20}{2}}\right)}{5.3 + 101 \times 0.1} \approx -32.47$$

$$R_{id} = 2[r_{be} + (1+\beta)R_{E1}] = 2(5.3 + 101 \times 0.1) \text{ kΩ} = 30.8 \text{ kΩ}$$

前面讨论了差分放大电路的最大差模输入电压 V_{IDM}，共模输入电压的最大值同样也有限制。以图 2.7.8 所示电路为例，设共模增益 $|\dot{A}_{vc}| \to 0$，加共模信号时，T_1、T_2 的集电极电位相等且基本不变，约等于其静态电位，所以当共模输入电压正向增至 $V_{C1} = V_{C2}$ 时，T_1、T_2 开始饱和；当共模输入电压负向增加时，偏置电流源输出管 T_3 的集电极电位随之下降，当共模输入电压负向增加到一定值时，T_3 也会饱和，使其输出电阻急剧下降。以上两种情况都会使差分放大电路失去对共模信号的抑制能力。差分放大电路两输入端所允许施加的共模电压的最大值称为最大共模输入电压 V_{ICM}。对于图 2.7.8 所示的电路，$V_{C1} = V_{C2} = 9$ V，$V_{B3} = V_{B4} = -10.8$ V，所以最大正向共模输入电压约为 9 V，最大负向共模输入电压约为 10.8 V。

2.7.3　有源负载差分放大电路

电流源的应用十分广泛，2.6 节已介绍了它在直流偏置和有源负载中的应用，这里进一步讨论它在差分放大电路（以下简称差放）中作为有源负载所起的独特作用。

差放的后级电路如果是单端放大电路，就需要将两个大小相等相位相反的差分输出信号转换成一个单端输出信号。如果采用简单的单端输出差放，则差放的增益将减小一半，而利用镜像电流源作为差放的有源负载，可以将电路转变为单端输出且增益没有损失。

图 2.7.10 是采用有源负载的差放，采用双端输入单端输出方式。其中 T_1、T_2 为 NPN 型差分放大管，T_3、T_4 为 PNP 型镜像电流源，作 T_1、T_2 的有源负载，T_1、T_2 发射极的电流源决定放大管的静态偏置电流。设各管 β 值足够大，可以忽略 I_B。

静态时，$v_{i1} = v_{i2} = 0$，$I_{CQ1} \approx I_{CQ2} \approx I_{EE}/2$，$I_{CQ1}$ 是镜像电流源的参考电流，被等量地传送到 T_4 的集电极，使 $I_{CQ4} \approx I_{CQ1} \approx I_{EE}/2$，则直流输出电流 $I_O = I_{CQ4} - I_{CQ2} \approx 0$，保证了输入为零时，输出也为零。

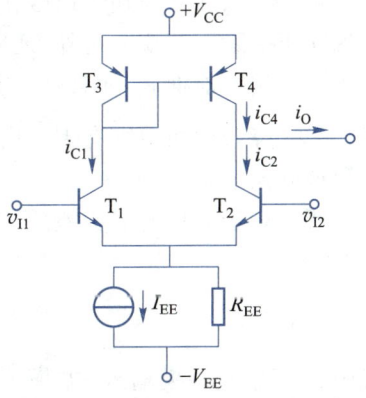

图 2.7.10　采用有源负载的差放

加入差模信号后，$i_{c1}=i$，$i_{c2}=-i$，i_{c1}经镜像电流源传送到 T_4，使 $i_{c4}\approx i_{c1}=i$，则输出信号电流 $i_o=i_{c4}-i_{c2}\approx 2i$。可见，电路虽然是单端输出，却可以得到相当于双端输出时的输出电流变化量，所以其差模电压增益与双端输出相同。差模电压增益、输入电阻和输出电阻分别为

$$\begin{cases} \dot{A}_{vd} = \dfrac{\beta R'_L}{r_{be}} \\[2mm] R_{id} = 2r_{be} \\[2mm] R_o = r_{ce2} \; /\!/ \; r_{ce4} \end{cases} \qquad (2.7.19)$$

式中，$R'_L = r_{ce2} \,/\!/\, r_{ce4} \,/\!/\, R_L$，$r_{ce4}$ 是镜像电流源的输出电阻，r_{ce2} 是 T_2 的输出电阻。

输入共模信号时，$i_{c1}=i_{c2}$，i_{c1}经电流源传输到 T_4，使 $i_{c4}\approx i_{c1}$，则输出共模信号电流 $i_o=i_{c4}-i_{c2}\approx 0$，因此其共模抑制能力与双端输出差放相同。

以上分析没有考虑 T_1、T_2 两管集电极负载不同所产生的影响。若考虑的话，分析计算较为复杂，需要计算机辅助分析来解决。

2.7.4　非理想对称差分放大电路的性能

上面讨论了差放两边对称情况下的性能，实际差放总是存在着两边晶体管特性和电阻 R_C 不相等或者说不匹配的情况，虽然这种不匹配是极其微小的，特别是在集成电路中，但是对某些性能的影响比较大，这些性能主要是双端输出时的共模抑制比、差分放大电路的失调及温漂等。下面分别做简要介绍。

一、双端输出时的共模抑制比

以图 2.7.1 所示电路为例，对于理想对称差放，输入差模信号时输出仅有差模信号；输入共模信号时输出仅有共模信号。在双端输出时，由于两管共模输出电压相抵消，因而差放对共模输入信号具有无限抑制能力。

实际的差放不可能理想对称，电路的不对称包括晶体管 T_1、T_2 参数的失配、电阻 R_C 的失配等。当电路两边不对称时，在差模输入信号作用下，两管输出电压不会严格等值反相 $v_{od1}\neq -v_{od2}$，这样两输出端电压中除了差模分量外，还同时出现了共模分量，不过与差模输出分量相比较，它数值很小，且后级差放对此共模分量还有很强的抑制作用，所以它的危害并不严重；同理，在共模输入信号作用下，两管输出电压不会严格等值同相 $v_{oc1}\neq v_{oc2}$，这样两输出端电压中除了共模分量外，还同时出现了差模分量，后级差放对这种以差模形式出现的共模干扰不仅不能抑制，而且还要放大，与差模输入信号作用下产生的差模输出分量混在一起，无法分离，因而更加有害。由于存在从共模输入到差模输出的转换，使 v_{oc} 及 $|\dot{A}_{vc}|$ 增加，共模抑制比下降。

所以对于非理想对称差放，双端输出的共模抑制比可定义为

$$K_{CMR} = \left| \frac{\dot{A}_{vd}}{\dot{A}_{v(c-d)}} \right| \qquad (2.7.20)$$

式中，$\dot{A}_{v(c-d)}$ 是共模输入-差模输出的电压增益，即 $A_{v(c-d)} = (v_{oc1}-v_{oc2})/v_{ic}$。显然电路两边越对称，$A_{v(c-d)}$ 就越小，K_{CMR} 就越大。

v_{oc1}、v_{oc2}的大小与电流源输出电阻 R_{EE} 大小有关。如果 $R_{EE} \rightarrow \infty$，不管电路是否对称，$v_{oc1} = v_{oc2} = 0$，$A_{v(c-d)} = 0$，$K_{CMR} \rightarrow \infty$。当然如果电路理想对称（$R_{EE} \neq \infty$），$v_{oc1} = v_{oc2} \neq 0$，从共模输入到差模输出的转换分量为零，故 $K_{CMR} \rightarrow \infty$。因此为了提高 K_{CMR}，应尽力改善电路的匹配精度，提高 R_{EE}。与前面分析结论相同。

二、差分放大电路的失调及温漂

理想对称的差放，当输入电压为零时，双端输出电压也应为零，称为零输入-零输出。但在实际电路中，由于电路不可能完全对称，所以输出电压并不为零，这种输入为零时输出不为零的现象称为差放的失调，失调是由于晶体管参数和电路元件参数不对称而引起的，差放的失调用输入失调电压和输入失调电流来衡量。

1. 差分放大电路的输入失调电压

由于电路不对称，使得零输入时双端输出电压不等于零，此输出电压称为输出失调电压，输出失调电压与输出信号电压混在一起，二者无法区分。所以考虑失调问题是模拟集成电路设计的一个十分重要的问题。

输出失调电压与差放的增益有关，增益越大则输出失调电压也越大，为了排除差放增益的影响，需将输出失调电压折合到输入端，输入失调电压 V_{IO} 是指当输入信号为零时，输出失调电压折算到输入端的数值。如果用一个与 V_{IO} 大小相同、极性相反的恒压源加到差放的输入端，就能使差放的输出失调电压为 0，如图 2.7.11 所示，因此从等效观点来看，V_{IO} 就是为使零输入时输出电压为零，所需加在差放输入端的补偿电压。由于电路两边的不对称是随机的，因而 V_{IO} 值的正或负是不确定的。

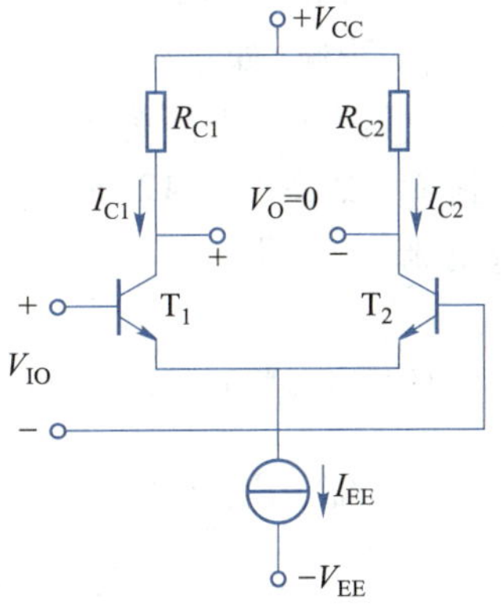

图 2.7.11　差放的输入失调电压

为使输出电压为零，要求　$I_{C1}R_{C1} = I_{C2}R_{C2} \Rightarrow \dfrac{I_{C1}}{I_{C2}} = \dfrac{R_{C2}}{R_{C1}}$　(2.7.21)

由图 2.7.11 可知

$$V_{IO} = V_{BE1} - V_{BE2} \approx V_T \ln \frac{I_{C1}}{I_{ES1}} - V_T \ln \frac{I_{C2}}{I_{ES2}} = V_T \ln \left(\frac{I_{C1}}{I_{C2}} \cdot \frac{I_{ES2}}{I_{ES1}} \right) = V_T \ln \left(\frac{R_{C2}}{R_{C1}} \cdot \frac{I_{ES2}}{I_{ES1}} \right)$$

(2.7.22)

该式说明差放的 V_{IO} 主要是由晶体管参数 I_{ES} 和 R_C 的失配造成的。

设 I_{ES}、ΔI_{ES} 和 R_C、ΔR_C 分别为失配 I_{ES} 和 R_C 的均值及差值，即 $I_{ES} = (I_{ES1} + I_{ES2})/2$，$\Delta I_{ES} = I_{ES1} - I_{ES2}$，$R_C = (R_{C1} + R_{C2})/2$，$\Delta R_C = R_{C1} - R_{C2}$，则

$$\begin{cases} R_{C1} = R_C + \Delta R_C/2 \\ R_{C2} = R_C - \Delta R_C/2 \end{cases} \qquad \begin{cases} I_{ES1} = I_{ES} + \Delta I_{ES}/2 \\ I_{ES2} = I_{ES} - \Delta I_{ES}/2 \end{cases}$$

(2.7.23)

代入式（2.7.22），得

$$V_{IO} \approx V_T \ln \left(\frac{R_C - \Delta R_C/2}{R_C + \Delta R_C/2} \cdot \frac{I_{ES} - \Delta I_{ES}/2}{I_{ES} + \Delta I_{ES}/2} \right)$$

(2.7.24)

由于 $\Delta R_{\mathrm{C}} \ll R_{\mathrm{C}}$、$\Delta I_{\mathrm{ES}} \ll I_{\mathrm{ES}} \Rightarrow V_{\mathrm{IO}} \approx V_T \ln\left[\left(1 - \dfrac{\Delta R_{\mathrm{C}}}{R_{\mathrm{C}}}\right)\left(1 - \dfrac{\Delta I_{\mathrm{ES}}}{I_{\mathrm{ES}}}\right)\right]$　　　　（2.7.25）

按幂级数展开且忽略高阶小量　$\Rightarrow V_{\mathrm{IO}} \approx V_T\left(-\dfrac{\Delta R_{\mathrm{C}}}{R_{\mathrm{C}}} - \dfrac{\Delta I_{\mathrm{ES}}}{I_{\mathrm{ES}}}\right)$　　　　（2.7.26）

可知输入失调电压 V_{IO} 为 R_{C} 失配和 I_{ES} 失配产生影响的线性叠加。两种失配方向是随机的,所以式(2.7.26)中的负号没有实际意义,当二者失调方向相同时,数值相加是最坏的情况。

2. 差分放大电路的输入失调电流

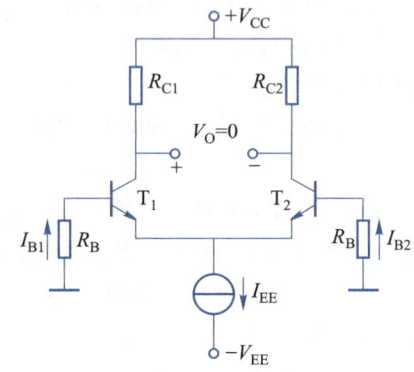

图 2.7.12　差放的输入失调电流

若差分对管的基极接有较大的电阻 R_{B}(也包括信号源内阻),而 $I_{\mathrm{B1}} \neq I_{\mathrm{B2}}$,使两管基极电位不等,相当于在两输入端之间产生差模输入电压 $R_{\mathrm{B}}(I_{\mathrm{B1}} - I_{\mathrm{B2}})$。当该电压比 V_{IO} 大得多时,输出失调电压则主要由它决定。忽略 V_{IO} 的影响,如果用一个恒流源加至差放的输入端作补偿,可使输出电压为零,这个补偿电流就是输入失调电流 I_{IO},如图 2.7.12 所示。输入失调电流等于两管基极电流之差,即

$$I_{\mathrm{IO}} = |I_{\mathrm{B1}} - I_{\mathrm{B2}}|　　　　（2.7.27）$$

与推导 V_{IO} 类似,设 $I_{\mathrm{C1}} = I_{\mathrm{C}} + \Delta I_{\mathrm{C}}/2$、$I_{\mathrm{C2}} = I_{\mathrm{C}} - \Delta I_{\mathrm{C}}/2$ 和 $\beta_1 = \beta + \Delta\beta/2$、$\beta_2 = \beta - \Delta\beta/2$,则

$$I_{\mathrm{IO}} = I_{\mathrm{B1}} - I_{\mathrm{B2}} = \frac{I_{\mathrm{C1}}}{\beta_1} - \frac{I_{\mathrm{C2}}}{\beta_2} = \frac{I_{\mathrm{C}} + \Delta I_{\mathrm{C}}/2}{\beta + \Delta\beta/2} - \frac{I_{\mathrm{C}} - \Delta I_{\mathrm{C}}/2}{\beta - \Delta\beta/2} \approx \frac{I_{\mathrm{C}}}{\beta}\left(\frac{\Delta I_{\mathrm{C}}}{I_{\mathrm{C}}} - \frac{\Delta\beta}{\beta}\right)　（2.7.28）$$

由式(2.7.21)可知 $\dfrac{I_{\mathrm{C}} + \Delta I_{\mathrm{C}}/2}{I_{\mathrm{C}} - \Delta I_{\mathrm{C}}/2} = \dfrac{R_{\mathrm{C}} - \Delta R_{\mathrm{C}}/2}{R_{\mathrm{C}} + \Delta R_{\mathrm{C}}/2} \Rightarrow 1 + \dfrac{\Delta I_{\mathrm{C}}}{I_{\mathrm{C}}} \approx 1 - \dfrac{\Delta R_{\mathrm{C}}}{R_{\mathrm{C}}} \Rightarrow \dfrac{\Delta I_{\mathrm{C}}}{I_{\mathrm{C}}} \approx -\dfrac{\Delta R_{\mathrm{C}}}{R_{\mathrm{C}}}$,代入

式(2.7.28),得　$I_{\mathrm{IO}} \approx \dfrac{I_{\mathrm{C}}}{\beta}\left(-\dfrac{\Delta\beta}{\beta} - \dfrac{\Delta R_{\mathrm{C}}}{R_{\mathrm{C}}}\right)$　　　　（2.7.29）

由此可见 I_{IO} 主要是由两管 β 值失配和 R_{C} 失配引起的。

由于 $\dfrac{\Delta\beta}{\beta} \gg \dfrac{\Delta R_{\mathrm{C}}}{R_{\mathrm{C}}}$,故　　　　　　$I_{\mathrm{IO}} \approx -\dfrac{\Delta\beta}{\beta} I_{\mathrm{B}}$　　　　（2.7.30）

其中,I_{B}、β 分别为两管基极电流、电流放大系数的均值,$\Delta\beta$ 为两管 β 的差值。为了减小 I_{IO},可以减小 I_{B} 或加大 β 值。由于超 β 管的 β 值可达 1 000~10 000,故可用作差分放大管。

3. 输入失调电压和输入失调电流的温漂

当环境温度、电源电压等变化时,引起晶体管及电阻元件参数变化,输入失调电压 V_{IO} 和输入失调电流 I_{IO} 将随着漂移,其中以温度变化的影响最大,简称温漂。

可以证明,V_{IO} 随温度 T 的变化率为

$$\frac{\mathrm{d}V_{\mathrm{IO}}}{\mathrm{d}T} \approx \frac{V_{\mathrm{BE1}} - V_{\mathrm{BE2}}}{T} - \frac{V_T}{T} \cdot \frac{\Delta R_{\mathrm{C}}}{R_{\mathrm{C}}} - V_T \frac{\mathrm{d}}{\mathrm{d}T}\left(\frac{\Delta R_{\mathrm{C}}}{R_{\mathrm{C}}}\right)　　　　（2.7.31）$$

即 V_{IO} 的漂移由三部分组成:① 差分对管 V_{BE} 不匹配造成的温漂,因此必须尽可能使两管 V_{BE} 匹配,这是一个重要结论;② R_{C} 失配产生的温漂;③ R_{C} 温度系数不同产生的温漂。

输入失调电流 I_{IO} 随温度 T 的变化率为

$$\frac{\mathrm{d}I_{IO}}{\mathrm{d}T} \approx -\frac{1}{\beta} \cdot \frac{\mathrm{d}\beta}{\mathrm{d}T}(I_{B1} - I_{B2}) = -\frac{1}{\beta} \cdot \frac{\mathrm{d}\beta}{\mathrm{d}T}I_{IO} \qquad (2.7.32)$$

其中，$\frac{1}{\beta} \cdot \frac{\mathrm{d}\beta}{\mathrm{d}T}$ 为 β 的平均温度系数。可见输入失调电流的温漂和输入失调电流成正比，因而降低差放的 I_B 是减小输入失调电流及其温漂的有效方法。

4. 失调模型和调零电路

综上所述，T_1、T_2 两管基极之间总的失调电压 $V_{IO\Sigma}$ 是由 V_{IO} 和 I_{IO} 共同产生的，输入失调模型如图 2.7.13 所示，图中 V_{IO} 的极性和 I_{IO} 的方向均无实际意义，最不利的情况是两者同向叠加。由图可得

$$V_{IO\Sigma} = \left(V_{IO} + \frac{1}{2}R_B I_{IO}\right) - \left(-\frac{1}{2}R_B I_{IO}\right) = V_{IO} + R_B I_{IO} \qquad (2.7.33)$$

若 R_B 很小，则 $R_B I_{IO}$ 可忽略，$V_{IO\Sigma} \approx V_{IO}$；若 R_B 很大，则 $R_B I_{IO} \gg V_{IO}$，$V_{IO\Sigma} \approx R_B I_{IO}$。$V_{IO\Sigma}$ 的大小与 R_B 有关，因此差放基极串联电阻及信号源内阻应尽可能小一些，以减小 I_{IO} 的影响。

在直接耦合电路中，$V_{IO\Sigma}$ 与输入信号一起加至差放的输入端进行放大，因此 $V_{IO\Sigma}$ 是一种有害的干扰信号。除了在设计电路和选择元器件时要尽量减小 V_{IO}、I_{IO} 外，还常采用调零电路以保证在输入信号为零时，放大电路输出电压也为零，从而消除 $V_{IO\Sigma}$ 的影响。差放的两种调零电路如图 2.7.14 所示，其中图(a)是射极调零电路，图(b)是集电极调零电路，通过调节调零电位器 R_P，使静态工作时双端输出的电压减小到零。

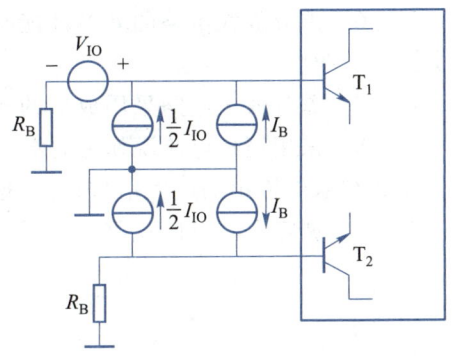

图 2.7.13　差放的输入失调模型

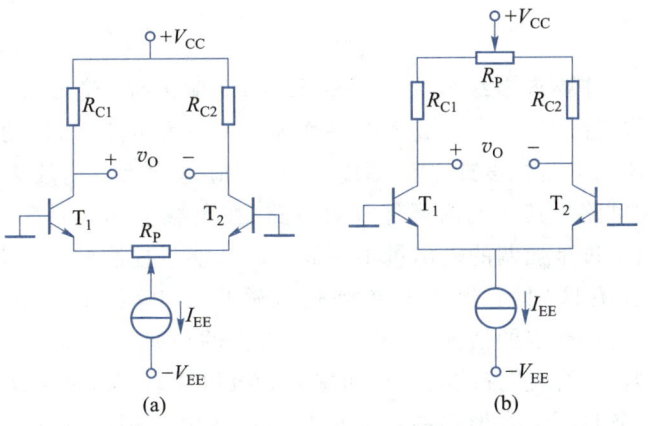

图 2.7.14　差放的两种调零电路

必须指出，调零电路的调零不可能跟踪温度的变化，因此调零电路可以克服失调，但不能消除失调的温漂。

通过以上讨论可以看到,随着输入失调电压、输入失调电流的减小,其温度漂移也将减小。

差放由于电路对称的特点,以及电路中不需要大容量电容和阻值很高的电阻,所以很适宜作成集成电路。同时由于集成电路的工艺特点,又保证了差放元件参数,特别是晶体管特性尽可能对称的要求,使它具有良好的共模抑制性能,适合于低漂移直接耦合放大电路的输入级。

复习思考题

2.7.1 差分放大电路的基本特性是什么?

2.7.2 在差分放大电路中,差模输入信号的定义是什么? 共模信号的定义是什么?

2.7.3 差分放大电路为什么可以抑制零点漂移?

2.7.4 差分放大电路中的共模抑制比是指什么?

2.7.5 差分放大电路抑制共模信号的原因是什么?

2.7.6 差分放大电路的差模性能与输出方式有关吗? 差分放大电路的差模性能与输入方式有关吗?

2.7.7 差分放大电路采用成倍的元件换取了什么能力?

2.7.8 采用镜像电流源作为有源负载的差分放大电路在结构上是单端输出的形式,其放大倍数与双端输出的放大倍数相同,这种说法对吗? 为什么?

2.7.9 调零电路可以克服失调,但不能消除失调的温漂,这种说法对吗? 为什么?

2.8
功率放大电路

在实用电路中,往往要求多级放大电路的末级(即输出级)输出一定的功率,以驱动负载,能够向负载提供足够信号功率的放大电路称为功率放大电路,简称功放。前面所讨论的放大电路主要用于增强电压幅度或电流幅度,因而相应地称为电压放大电路或电流放大电路,属于小信号放大电路。其实无论哪种放大电路,在负载上都同时存在输出电压、电流和功率,它们的区别只不过是强调的输出量不同而已。从能量控制和转换角度看,功放与其他放大电路在本质上没有区别,它既不是单纯追求输出高电压,也不是单纯追求输出大电流,而是追求在电源电压确定的情况下,输出尽可能大的功率。

一个多级放大器常常由前置放大级和功率放大级组成。前置放大级往往由小信号放大电路组成,其主要任务是不失真地提高输入信号电压或电流幅度,以驱动后面的功放;而功放的任务是保证信号失真在允许范围内,输出足够的功率,以驱动负载。由此可见,功放通常工作在大信号状态,因此,从功放电路的组成和分析方法,到元器件的选择,都与小信号放大电路有着明显区别。

2.8.1 功率放大电路的特点及分类

一、功率放大电路的特点

如前所述,放大电路实质上都是能量转换电路。从能量控制的观点来看,功放和电压放大电路没有本质区别。但是,功放和电压放大电路所要完成的任务不同。对电压放大电路的主要要求是使负载得到不失真的电压信号,讨论的主要指标是电压增益、输入和输出的阻抗等,输出的功率并不一定大。而功放则不同,它主要要求获得一定的不失真(或失真较小)的输出功率,所以对功放的要求或称为功放的特点有如下几点。

1. 输出功率要尽可能大

功率等于电压与电流之积,为了获得大的功率输出,要求用于功放中的晶体管(以下简称功率管)的电压和电流都有足够大的输出幅度,因此功率管往往工作在接近极限运行状态下。

2. 效率要高

功放的输出功率是由直流电源供给的直流能量转换得到的,由于输出功率大,因此直流电源消耗的功率也大,这就存在一个效率问题。所谓效率就是负载得到的有用信号功率和电源供给的直流功率的比值。这个比值越大,意味着效率越高。

3. 非线性失真要小

功放是在大信号下工作,所以不可避免地会产生非线性失真,而且同一功率管输出的功率越大,非线性失真往往越严重,这就使得输出功率和非线性失真成为一对主要矛盾。实践中,需要根据非线性失真的要求限制输出功率。

4. 要考虑功率管的散热和保护问题

在功放中,有相当大的功率消耗在功率管的集电结上,使结温和管壳温度升高。通常将功率管消耗的功率称为管耗,为了充分利用允许的管耗而使功率管输出足够的功率,功率管的散热就成为一个重要的问题。此外,功率管工作在大信号极限运行状态,因此,选择功率管时要注意不要超过极限参数,并要考虑过电压和过电流的保护措施。

5. 在分析方法上,通常采用图解法

功放工作在大信号下,小信号等效电路分析方法不再适用,应采用图解法分析。

综上所述,对功放的要求是:在保证功率管安全工作的条件下和失真允许的范围内,充分发挥其潜力,输出尽量大的功率,同时还要减小功率管的损耗,以提高其效率。

二、功率放大电路的分类

功放的类型很多,按照功率管工作状态的不同可分为甲类、甲乙类、乙类和丙类 4 种,如图 2.8.1 所示。在图 2.8.1(a)中,功率管的静态 Q 点在放大区,在输入信号的整个周期内均有电流流过,即功率管在一周内都导通,通常将这种工作方式称为甲类放大。若将在信号的一个周期内功率管导通角度的一半定义为导通角 θ,则甲类功放 $\theta = 180°$;在图 2.8.1(b)中,Q 点靠近截止区,功率管有半个周期以上导通,称为甲乙类放大,$90° < \theta < 180°$;在图 2.8.1(c)中,Q 点在截止区,功率管只有半个周期导通,称为乙类放大,$\theta = 90°$;在图 2.8.1(d)中,Q 点在截止区以下,功率管的导通时间少于半个周期,称为丙类放大,$\theta < 90°$。

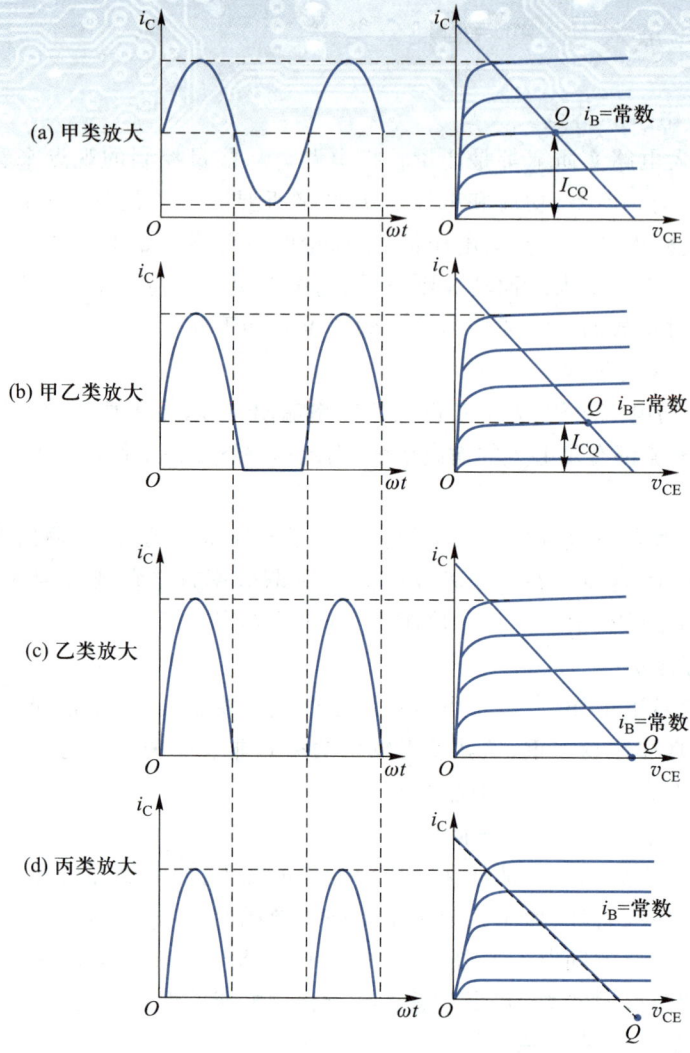

图 2.8.1　功率管的 4 种工作状态

在甲类放大电路中,电源始终不断地输送功率,在没有信号输入即静态时,这些功率全部消耗在功率管(和电阻)上,并转化为热量的形式耗散出去。当有信号输入时,其中一部分转化为有用的输出功率,信号越大,输送给负载的功率就越多。可以证明,即使在理想情况下,甲类放大电路的效率最高也只能达到 50%。

怎样才能使电源供给的功率大部分转化为有用的信号输出功率从而提高效率呢?从甲类放大电路中知道,静态电流是造成管耗的主要因素。如果把 Q 点向下移动,使信号等于零时电源输出的功率也等于零(或很小),信号增大时,电源供给的功率也随之增大,这样电源供给功率及管耗都随着输出功率的大小而变,也就改变了甲类放大时效率低的状况。因此 Q 点越低,静态功耗越低,功放的效率越高,所以丙类放大效率最高,然后是乙类和甲乙类,甲类最低。

但是 Q 点越低,非线性失真越大,输出波形失真也就越严重,如图 2.8.1 所示,所以丙类放大非线性失真最大,然后是乙类和甲乙类,甲类失真最小。注意,对于丙类,静态时将功率管的发射结反偏使其截止。在图 2.8.1(d) 中,虽将 Q 点画在横轴下,并不表示静态有反向的集电极电流,只是表示当输入信号足够大时功率管才开始导电,因此其导通角总小于 $90°$。

可见,提高效率与减小非线性失真是一对矛盾。由于甲类效率最低,丙类非线性失真最大,综合考虑效率和非线性失真,在功放中常采用乙类和甲乙类放大;前面讲的电压放大电路都是甲类放大;丙类功放通常用于放大高频大功率窄带信号,利用谐振回路作负载,就可选出集电极电流中的基波分量使输出电压仍为信号分量,故丙类主要应用在有 LC 调谐回路进行选频的射频功放(即高频大功率)电路中,如无线广播和电视发射机中。

乙类和甲乙类放大,虽然减小了静态功耗,提高了效率,但都出现了严重的波形失真,因此乙类和甲乙类放大必须妥善解决效率和失真的矛盾,既要保持静态时管耗小,又要使失真不太严重,这就需要在电路结构上采取措施。

2.8.2　互补功率放大电路

一、乙类互补功率放大电路

1. 电路组成

工作在乙类的放大电路,虽然管耗小,有利于提高效率,但存在严重的失真,使得输入信号的半个波形被削掉了。如果用两只功率管,使之都工作在乙类放大状态,一只在正半周工作,而另一只在负半周工作,同时使这两个输出波形都能加到负载上,从而在负载上得到一个完整的波形,这样就能解决效率与失真的矛盾。

如图 2.8.2 所示的电路,由两只特性对称的 NPN 型管和 PNP 型管组成,输入电压 v_i 加至两管的基极,输出电压 v_o 由两管射极取出。电路采用数值相等的正、负电源供电。

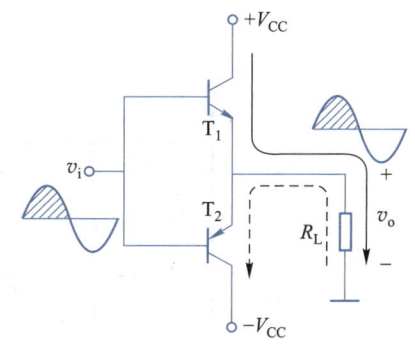

图 2.8.2　乙类互补对称电路

静态时 $v_i = 0$,两管无偏置电压,同时截止,$I_{CQ1} = I_{CQ2} = 0$,$V_{CEQ1} = V_{CEQ2} = V_{CC}$,$V_o = 0$,$I_o = 0$,功耗为零。

加上正弦输入信号 v_i 后,若忽略功率管发射结阈值电压(令 $V_{th} = 0$),则在 v_i 的正半周,T_1 导通,T_2 截止,此时电路是由 T_1 构成的共集放大电路,获得 v_o 及 i_o 的正半周;在 v_i 的负半周,T_1 截止,T_2 导通,此时电路是由 T_2 构成的共集放大电路,获得 v_o 及 i_o 的负半周。这样,两管交替导通半个周期,为乙类放大,在负载电阻上得到了 v_o 及 i_o 的完整的正弦波形。

可见电路实现了在静态时功率管不取电流,而在有信号时,T_1 和 T_2 轮流导通,组成推挽式电路,既提高了效率,又减小了非线性失真。由于两只功率管互补对方的不足,工作性能对称,所以称为乙类互补对称电路。

电路中 T_2 管的集电极接 $-V_{CC}$(电路中的最低电位),故在集成电路中输出电流不大时可选用纵向 PNP 型管。

2. 主要参数的计算

图 2.8.3(a)表示电路在 v_i 为正半周时 T_1 的工作情况。图中假定,只要 $v_{BE}>0$,T_1 就开始导电。鉴于 T_1、T_2 特性完全对称,极性相反,且工作时轮流导通,为了分析方便,在图解法中把 T_2 的特性曲线倒置于 T_1 特性曲线的右下方,并令二者在 Q 点,即 $v_{CE}=V_{CC}$ 处重合,得到 T_1、T_2 的组合特性曲线,如图 2.8.3(b)所示。由于电路对称,因此 T_1、T_2 的交流负载线斜率相等均为 $-1/R_L$,且它们的交流负载线均通过 Q 点,所以 T_1、T_2 的合成交流负载线在 T_1、T_2 组合特性曲线坐标里为通过 V_{CC} 点的一条直线。

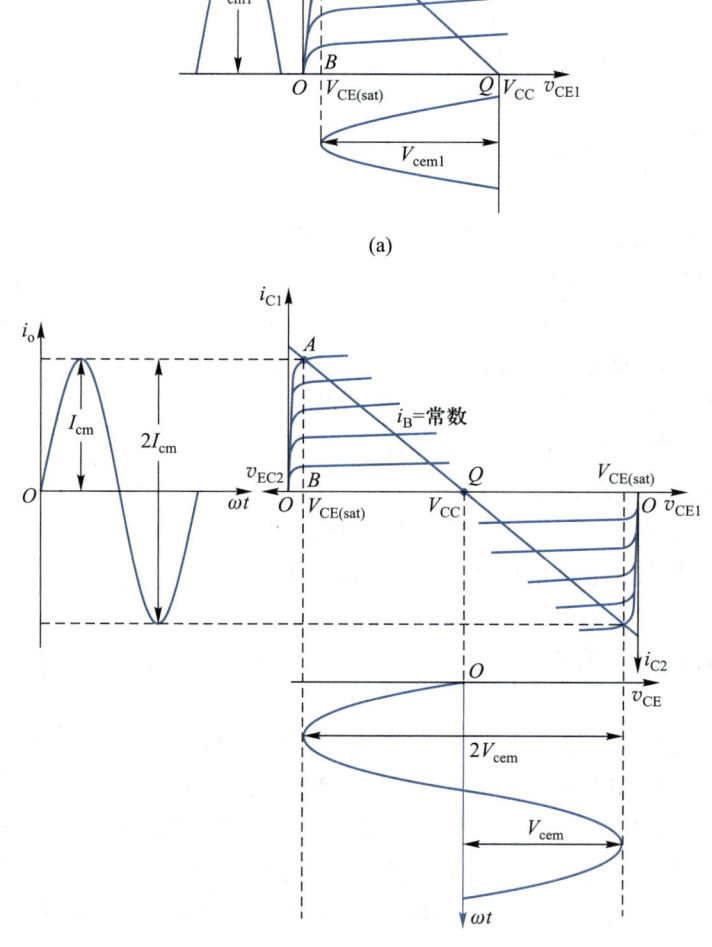

(a)

(b)

图 2.8.3　乙类互补对称电路图解分析

注:图 2.8.3(b)中,由于 T_2 是 PNP 管,故 V_{EC2} 为正值。

显然，允许的 i_C 的最大变化范围为 $2I_{cm}$，v_{CE} 的变化范围为 $2(V_{CC} - V_{CE(sat)}) = 2V_{cem} = 2I_{cm}R_L$，则 $V_{om} = V_{cem} = V_{CC} - V_{CE(sat)}$，如果忽略饱和电压降 $V_{CE(sat)}$，$V_{om} = V_{cem} = I_{cm}R_L \approx V_{CC}$。

实际上即使不画出图，也能得到同样的结论。若输出功率最大，则在正弦信号的正半周，v_i 从零逐渐增大时，输出电压随之增大，T_1 的管压降必然逐渐减小，当管压降下降到饱和管压降时，输出电压达到最大幅值，其值为 $V_{CC} - V_{CE(sat)}$，与图解法分析结论一致。

根据以上分析，不难求出乙类互补对称电路的输出功率、直流电源供给的功率和效率。

（1）输出功率 P_o

设输出电压幅度为 V_{om}，输出电流幅度为 I_{om}，则 $V_{om} = V_{cem1} = V_{cem2}$，$I_{om} = V_{om}/R_L \approx I_{cm1} = I_{cm2}$，可得

$$P_o = \frac{V_{om}}{\sqrt{2}} \cdot \frac{I_{om}}{\sqrt{2}} = \frac{V_{om}^2}{2R_L} \tag{2.8.1}$$

上式中的 V_{om} 和 I_{om} 可以分别用图 2.8.3(b) 中的 BQ 和 AB 来表示，因此，$\triangle ABQ$ 的面积就代表了工作在乙类的互补对称电路输出功率的大小，$\triangle ABQ$ 的面积越大，就表明输出功率 P_o 越大。必须注意，对应于图 2.8.3(b) 的负载线 AQ，其功率三角形面积最大，非线性失真不明显，这是一种较理想的工作状态，但实际负载 R_L 是固定的，不能随意改变，因而很难达到这种理想情况，除非采用变压器耦合，将实际负载 R_L 变换成所期望的值 R_L'，以实现阻抗匹配。

（2）电源供给的功率 P_{DC}

正、负电源在一周内轮流供电，电路的对称性使正、负电源供给功率相同，所以电源总供给功率为单个电源供给功率的 2 倍。可得

$$P_{DC} = 2 \times \frac{1}{2\pi} \int_0^\pi V_{CC} I_{cm} \sin \omega t \, d(\omega t) = \frac{2V_{CC}}{\pi} \cdot \frac{V_{om}}{R_L} \tag{2.8.2}$$

（3）效率 η

$$\eta = \frac{P_o}{P_{DC}} = \frac{\pi}{4} \cdot \frac{V_{om}}{V_{CC}} \tag{2.8.3}$$

可见 P_o、P_{DC} 与 η 均与信号幅度 V_{om} 有关。静态时，$V_{om} = 0$，$P_o = P_{DC} = 0$。加入信号后，随着信号幅度 V_{om} 的增加，P_o 增加，P_{DC} 也增加，η 提高。当 V_{om} 达到最大 $(V_{CC} - V_{CE(sat)})$ 时，它们均达到最大值，称为尽限使用，此时式 $(2.8.1) \sim$ 式 $(2.8.3)$ 变为

$$P_{omax} = \frac{1}{2} \cdot \frac{(V_{CC} - V_{CE(sat)})^2}{R_L} \approx \frac{1}{2} \cdot \frac{V_{CC}^2}{R_L} \tag{2.8.4}$$

$$P_{DCmax} = \frac{2V_{CC}}{\pi} \cdot \frac{V_{CC} - V_{CE(sat)}}{R_L} \approx \frac{2}{\pi} \cdot \frac{V_{CC}^2}{R_L} \tag{2.8.5}$$

$$\eta_{max} = \frac{\pi}{4} \cdot \frac{V_{CC} - V_{CE(sat)}}{V_{CC}} \approx \frac{\pi}{4} \times 100\% \approx 78.5\% \tag{2.8.6}$$

式 $(2.8.6)$ 是忽略了 $V_{CE(sat)}$ 得到的，因此实际最大效率要比它小，一般在 60% 上下。

3. 功率管参数的选择

这里指的是对功率管三个极限参数的选择。

（1）I_{CM}

输出电压幅度最大值为 $V_{CC} - V_{CE(sat)}$，因而功率管最大电流为 $(V_{CC} - V_{CE(sat)})/R_L$，故

$$I_{CM} \geqslant \frac{V_{CC}}{R_L} \tag{2.8.7}$$

（2）$V_{(BR)CEO}$

由图 2.8.2 可知，T_1 导通时，T_2 截止，而且当 T_1 饱和时，T_2 所承受的最大反压接近于 $-2V_{CC}$；同理，T_2 导通时，T_1 截止，而且当 T_2 饱和时，T_1 所承受的最大反压也接近 $-2V_{CC}$。故要求

$$V_{(BR)CEO} \geqslant 2V_{CC} \tag{2.8.8}$$

（3）P_{CM}

电源提供的功率，除了转换成输出功率外，其余部分主要消耗在功率管上，因此 T_1、T_2 的功耗应等于 P_{DC} 与 P_o 之差，即

$$P_{T1} + P_{T2} = P_{DC} - P_o = \frac{2V_{CC}}{\pi} \cdot \frac{V_{om}}{R_L} - \frac{1}{2} \cdot \frac{V_{om}^2}{R_L} \tag{2.8.9}$$

$$P_{T1} = P_{T2} = \frac{V_{CC}}{\pi} \cdot \frac{V_{om}}{R_L} - \frac{1}{4} \cdot \frac{V_{om}^2}{R_L} \tag{2.8.10}$$

管耗与输出电压幅度 V_{om} 有关。为了求出管耗的最大值，可将式（2.8.10）对 V_{om} 求导数并令其为零，解得当 $V_{om} = 2/\pi \cdot V_{CC}$ 时管耗最大，且最大管耗为

$$P_{T1max} = P_{T2max} = \frac{1}{\pi^2} \cdot \frac{V_{CC}^2}{R_L} \tag{2.8.11}$$

上式可改写为

$$P_{T1max} = P_{T2max} = \frac{2}{\pi^2} \cdot \frac{V_{CC}^2}{2R_L} \approx 0.2P_{omax} \tag{2.8.12}$$

可见最大管耗仅为最大输出功率的 1/5。但管耗和输出功率出现最大的时刻并不相同，当 $V_{om} = 2/\pi \cdot V_{CC}$ 时管耗最大；当 $V_{om} = V_{CC} - V_{CE(sat)}$ 时输出功率最大。为了安全，应考虑最危险的情况，故要求

$$P_{CM} \geqslant 0.2P_{omax} \tag{2.8.13}$$

式（2.8.7）、式（2.8.8）和式（2.8.13）通常称为选择功率管的三个条件。实际在选择功率管时，尽量留有一定的余地。

例 2.8.1 功放如图 2.8.2 所示，设 $V_{CC} = 12$ V，$R_L = 8$ Ω，功率管的极限参数为 $I_{CM} = 2$ A，$V_{(BR)CEO} = 30$ V，$P_{CM} = 5$ W。试求：

（1）最大输出功率 P_{omax} 值，并检验所给功率管是否能安全工作；

（2）放大电路在 $\eta = 0.6$ 时的输出功率 P_o 值。

解：（1）由式（2.8.4）可求出

$$P_{omax} = \frac{V_{CC}^2}{2R_L} = \frac{12^2}{2 \times 8} \text{ W} = 9 \text{ W}$$

由式（2.8.7）、式（2.8.8）和式（2.8.13）可得

$$I_{CM} \geqslant \frac{V_{CC}}{R_L} = \frac{12}{8} \text{ A} = 1.5 \text{ A}, \quad V_{(BR)CEO} \geqslant 2V_{CC} = 24 \text{ V}$$

$$P_{CM} \geqslant 0.2P_{omax} = 0.2 \times 9 \text{ W} = 1.8 \text{ W}$$

故功率管能安全工作。

（2）由式（2.8.3）可求出

$$V_{om} = \frac{4}{\pi} \eta V_{CC} = \frac{4}{\pi} \times 0.6 \times 12 \text{ V} \approx 9.2 \text{ V}$$

将 V_{om} 代入式（2.8.1）得

$$P_o = \frac{V_{om}^2}{2R_L} = \frac{9.2^2}{2 \times 8} \text{ W} \approx 5.3 \text{ W}$$

二、甲乙类互补功率放大电路

1. 交越失真

前面讨论了由两个射极输出器组成的乙类互补对称电路，如图 2.8.2 所示，实际上这种电路并不能使输出波形很好地反映输入的变化。由于功率管阈值电压 V_{th} 的存在，只有当 $|v_i| > V_{th}$ 时，输出电压 v_o 才跟随 v_i 变化，因此当输入信号 $|v_i| < V_{th}$ 时，T_1 和 T_2 都截止，i_{C1} 和 i_{C2} 为零，负载 R_L 上无电流通过，v_o 为零，如图 2.8.4 所示，这种输出电压波形在零点附近产生的失真称为交越失真。

2. 甲乙类互补对称电路

（1）工作原理

消除交越失真的方法就是要设置合适的静态工作点。可以设想，若在静态时 T_1 与 T_2 均处于临界导通或微导通（即有一个微小的静态电流）状态，由于电路对称，两管静态电流相等，因而负载 R_L 上无静态电流流过，$v_o = 0$；当输入信号作用时，一只功率管导通增强，另一只功率管导通减弱直至截止，这样即使 v_i 很小，总能保证至少有一只功率管导通，因而消除了交越失真，其工作波形如图 2.8.5 所示。由于导通角 $90° < \theta < 180°$，此时电路称为甲乙类互补对称电路。

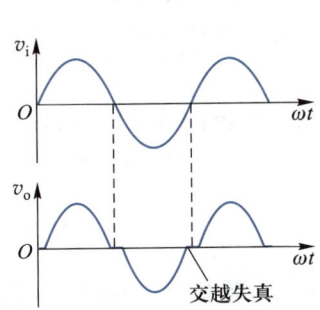

图 2.8.4　乙类互补对称电路的交越失真

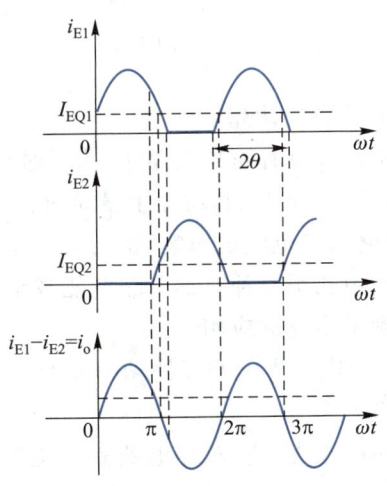

图 2.8.5　甲乙类互补对称电路的电流波形

甲乙类互补对称电路的偏置电路除了在直流时要为电路设置合适的静态工作点外，在交流时应能保证两管基极激励信号幅度基本相等，使 v_o 的正、负峰值对称。

常用的两种偏置电路如图 2.8.6 所示。在图 2.8.6（a）中，T_3 为甲类共射放大电路，组成前置放大级，T_1、T_2为互补输出级，在T_1、T_2两管的基极间接入二极管D_1、D_2，作为直流偏置电路，R_C是T_3的集电极负载，也是D_1、D_2的限流电阻。静态时利用T_3的静态电流I_{C3}流过D_1、D_2产生的直流电压降为T_1、T_2提供直流偏置电压，使T_1、T_2微导通；对于交流，由于D_1、D_2的动态电阻很小，远小于R_C，T_1、T_2两管基极之间的信号电压降可以忽略，保证了T_1、T_2两管激励信号幅度基本相等。

在图2.8.6(b)中，在T_1、T_2两管的基极间接入的T_4、R_1、R_2组成了恒压源，为T_1、T_2提供直流偏置。若$I_1 \gg I_{BQ4}$，则$V_{BEQ4} \approx \dfrac{R_2}{R_1+R_2}V_{CEQ4}$，因此$V_{CEQ4} = V_{BEQ1} + V_{EBQ2} \approx (1+R_1/R_2)V_{BEQ4}$，显然，$V_{BE}$扩大了$1+R_1/R_2$倍后作为偏置电压，故称为$V_{BE}$倍增电路，调整$R_1/R_2$的比值，可改变电路的偏置状况。实际上它是电压负反馈电路，直流时V_{CEQ4}很稳定，相当于恒压源为T_1、T_2提供合适的直流偏置电压，使T_1、T_2微导通；交流时由于T_4恒压源的动态电阻很小，其上的电压降可以忽略，保证了T_1、T_2两管激励信号幅度基本相等。

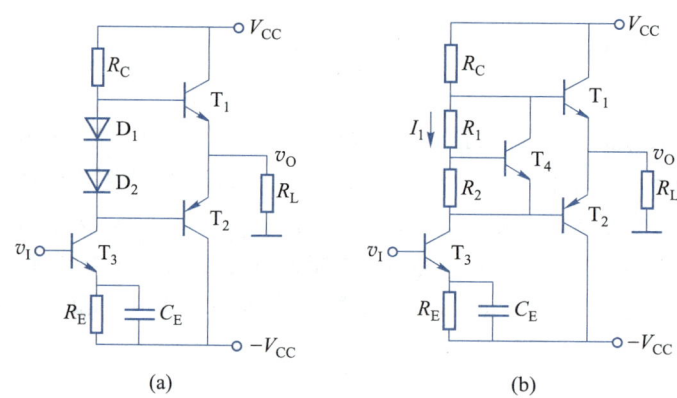

图 2.8.6　甲乙类互补对称电路的直流偏置电路

（2）参数的计算

在甲乙类互补对称电路中，为了避免降低效率，通常使静态Q点很低，接近横轴，也就是上面讲的静态时T_1、T_2均处于微导通，与乙类互补对称电路的工作情况相近，所以定量计算时，可忽略静态电流的影响，按乙类工作状态进行计算。

采用甲乙类互补对称电路既能减小交越失真，同时又能获得较高的效率，所以在实际工作中得到了广泛的应用。

三、单电源供电的互补功率放大电路

1. 工作原理

上述甲乙类互补对称电路是双电源供电的，静态时输出端的直流电位为零，负载电阻R_L中无直流电流通过，因此负载电阻可以与输出端直接相连，采用直接耦合方式，称为OCL（output capacitorless）电路。在某些只能由单电源供电的场合，可采用如图2.8.7所示的单电源互补对称电路，这时输出端的直流电位$V_K = V_{CC}/2$，所以在输出端和负载电阻之间需要串入隔直电容，采用阻容耦合方式，称为OTL（output transformerless）电路。

在图2.8.7中，静态时要求K点电位$V_K = V_{CC}/2$，为了提高电路工作点的稳定性，通常将

K 点通过电阻分压器(R_1、R_2)与前置放大电路的输入端相连,以引入负反馈,使 V_K 趋于稳定。值得指出的是,R_1、R_2 还引入了交流负反馈,使放大电路的动态性能指标得到了改善。

直流时通过调节电阻 R_1,使输出端的直流电位 $V_K = V_{CC}/2$,耦合电容 C_2 中有左正、右负的直流电压,大小也为 $V_{CC}/2$。

当有信号 v_i 时,由于 T_3 的反相作用,在信号的负半周,T_1 导电,有电流流过负载 R_L,同时向 C_2 充电;在信号的正半周,T_2 导通,C_2 通过负载 R_L 放电。只要合理选择 C_2,使其充、放电的时间常数远大于信号的周期,则在两管轮流导通时,电容 C_2 两端的电压基本不变,相当于电压为 $V_{CC}/2$ 的直流恒压源。这样用电容 C_2 和一个电源就可代替原来正、负两个电源的作用,其中 T_1 的供电电压为 $(V_{CC} - V_{CC}/2)$,即

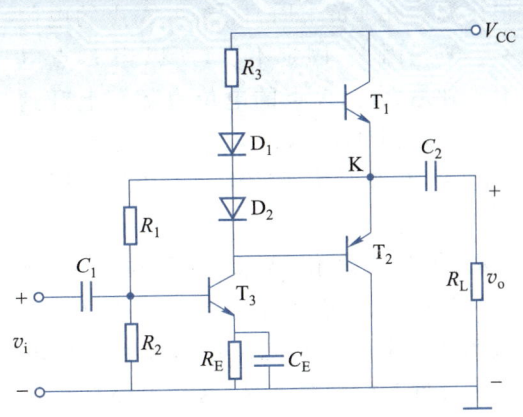

图 2.8.7 单电源供电的互补对称电路

$V_{CC}/2$;T_2 的供电电压就是 C_2 上的直流电压,也等于 $V_{CC}/2$,因而 T_1、T_2 的等效供电电压均为 $V_{CC}/2$,与前面讨论的正、负电源供电的情况是一样的。

单电源供电互补对称电路指标的计算与双电源供电电路一样,只需注意计算时应以 $V_{CC}/2$ 代替各相关公式中的 V_{CC} 即可。

2. 存在的问题及解决方法

图 2.8.7 所示的 OTL 电路,在理想情况下,当输入信号 v_i 为负半周最大值时,T_2 截止,T_1 饱和,R_L 上得到最大的正向输出电压幅度 $V_{om+} = V_{CC}/2 - V_{CE(sat)1} \approx V_{CC}/2$;当 v_i 为正半周最大值时,T_2、T_3 饱和,R_L 上得到最大的负向输出电压幅度 $V_{om-} = V_{CC}/2 - V_{CE(sat)2} \approx V_{CC}/2$,故最大输出电压幅度 $V_{om} \approx V_{CC}/2$。但实际的输出电压幅值达不到 $V_{om} \approx V_{CC}/2$。

为了提高输出功率,功率管一般都希望有尽可能大的动态范围,所以推动级的功率管一般也工作在极限运用状态。当输入信号 v_i 到达最大或最小值时,T_3 正好到达临界饱和或截止状态。

当 v_i 为正半周峰值时,T_3 临界饱和,此时 T_2 导通,T_1 截止,K 点有最低电位 $v_{Kmin} = V_{CE(sat)3} + v_{EB2}$;当 v_i 到达负半周峰值时,T_3 临界截止,T_1 导通,T_2 截止,此时 K 点有最高电位 $v_{Kmax} = V_{CC} - v_{R3} - V_{BE1}$,式中 v_{R3} 为 T_1 的基极电流在 R_3 上的电压降。由于此时 T_1 中的电流很大,所以 v_{R3} 也比较大,它限制了 K 点电位的上升,使 K 点的最高电位 v_{Kmax} 比 V_{CC} 小得多,输出信号电压的幅度因此受到限制。K 点的静态电位为 $V_K = V_{CC}/2$,因此最大的正向、负向输出电压幅度分别为

$$V_{om+} = v_{Kmax} - V_K = (V_{CC} - v_{R3} - V_{BE1}) - V_{CC}/2 = V_{CC}/2 - v_{R3} - V_{BE1}$$

$$V_{om-} = V_K - v_{Kmin} = V_{CC}/2 - V_{CE(sat)3} - v_{EB2}$$

由于 v_{R3} 值较大,故最大正向输出电压幅度小于最大负向输出电压幅度,致使 V_{om} 明显小于 $V_{CC}/2$,较理想时小。

为了提高最大正向输出电压幅度,就必须提高 v_{Kmax} 值,通常采用自举的方法,电路如图 2.8.8 所示,引入由 R_4、C_3 组成的自举电路。静态时 C_3 充有上正下负的电压 $V_{C3} = V_{R3} + V_{BE1}$。

由于 C_3 的充、放电时间常数远大于信号的周期，所以 C_3 上的电压可近似认为不变，相当于恒压源。在 v_i 负半周，T_1 导通，A 点的电位 $v_A = v_K + V_{C3}$，因 V_{C3} 固定不变，所以当 K 点电位上升到最大时，A 点的电位也随着上升到最大且值超过 V_{CC}，因此 v_{Kmax} 的数值比未采用 C_3 时要高，使最大正向输出电压幅度得到提高。

R_4 的作用是使 A 点的电位不同于 V_{CC}，否则若 A 点电位固定为 V_{CC}，其值将不随 v_K 改变。由于 A 点电位是通过电容 C_3 取自电路自身的输出电压，故这个电路称为自举电路，电容 C_3 称为自举电容。

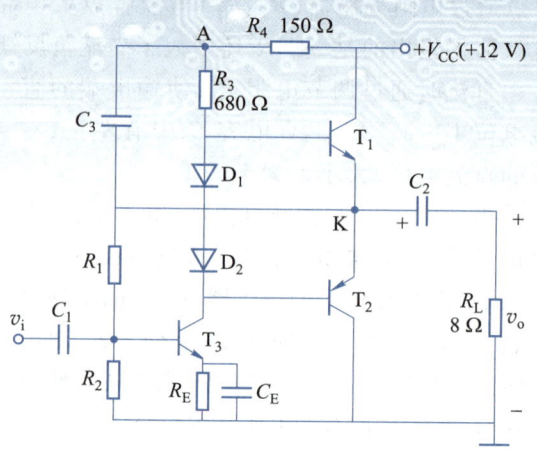

图 2.8.8　带自举的单电源互补对称电路

2.8.3　准互补输出电路

前述的互补输出电路需要一对特性对称的互补管，由于集成工艺的限制，类型不同的大功率管难以做到特性对称；而且输出管的 β 有限，会限制最大输出功率。因此采用复合管结构，即准互补输出电路。

一、复合管

所谓的复合管就是把两只或三只晶体管通过一定的方式连接形成的一个等效晶体管，其中的晶体管可以是同类型或不同类型。复合管组成的原则：① 前一只晶体管的集电极或发射极一定要接至后一只晶体管的基极，以实现电流的两次放大；② 保证晶体管都工作在放大区。因此，要求前一只晶体管的输出电流流向必须与后一只晶体管基极电流的流向一致。

图 2.8.9 便是按上述原则构成的 4 种复合管结构图，前两种由同类型晶体管构成，后两种由不同类型晶体管构成。

以图 2.8.9(a) 为例讨论复合管的类型及参数。由于复合管电流 $i_B = i_{B1}$ 流入基极，故复合管为 NPN 型，即与第一只晶体管类型相同；由图 2.8.9(a) 可得复合管的电流放大系数为

$$\beta = \frac{I_C}{I_B} = \frac{I_{C1} + I_{C2}}{I_{B1}} = \frac{I_{C1} + \beta_2 I_{B2}}{I_{B1}} = \frac{I_{C1} + \beta_2 I_{E1}}{I_{B1}} = \beta_1 + \beta_2(1 + \beta_1) \approx \beta_1 \beta_2 \quad (2.8.14)$$

即复合管的电流系数近似等于两管电流放大系数的乘积。

用类似的方法可以得出图 2.8.9(b)、(c)、(d) 所示三只复合管的管型及其等效的 β，其管型如图 2.8.9 中所示，等效 β 均为 $\beta \approx \beta_1 \beta_2$。

综上所述，复合管有如下特点：① 复合管的管型与第一只管子相同；② 复合管的电流放大系数近似等于两管电流放大系数的乘积。由于复合管是由达林顿提出的，故也称为达林顿管。目前市场上有封装在一个管壳内的达林顿管出售。

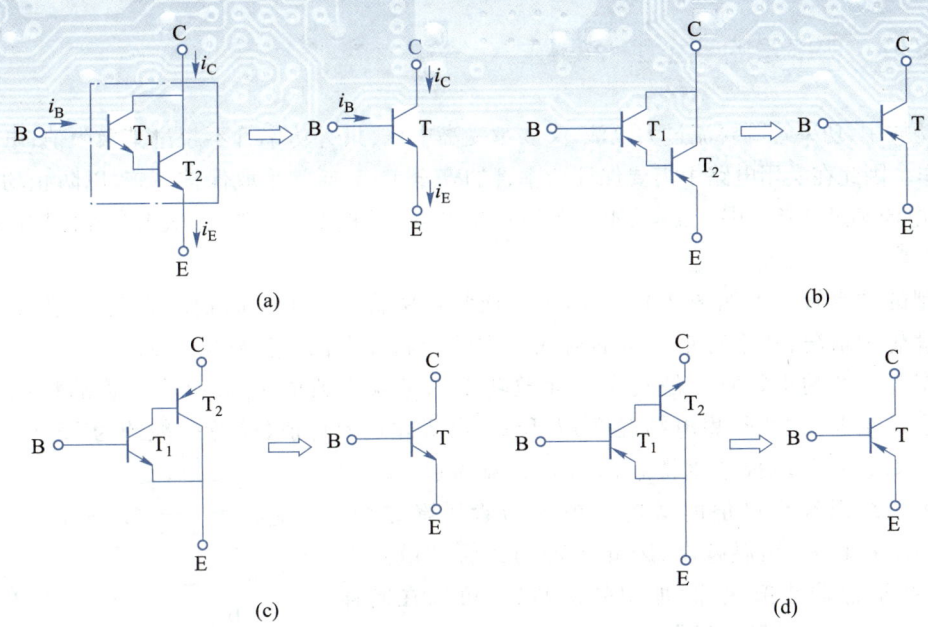

图 2.8.9 4 种复合管结构图

但复合管的输入电阻与接法有关,对于由同类型晶体管构成的复合管,如图 2.8.9(a)、(b)所示的两种接法,$r_{be} = r_{be1} + (1 + \beta_1) r_{be2}$;对于不同类型晶体管构成的复合管,如图 2.8.9(c)、(d)所示的两种接法,$r_{be} = r_{be1}$。

复合管也有缺点:① β 的稳定性差。当温度改变引起 β_1、β_2 变化时,复合管由此而产生的 β 值的变化比较大,为 T_1 和 T_2 的 β 值相对变化之和,使电路工作点的变化也很剧烈;② 复合管的 f_β 值比 T_1 和 T_2 的 f_β 值低,这是因为 T_1 和 T_2 的 β 值都会因频率升高而下降,构成复合管后,β 的下降将因此而积累,使复合管的 β 值下降更多。

二、复合管组成的准互补输出电路

图 2.8.10 所示为准互补输出电路,T_1、T_3 组成的 NPN 型复合管和 T_2、T_4 组成的 PNP 型复合管组

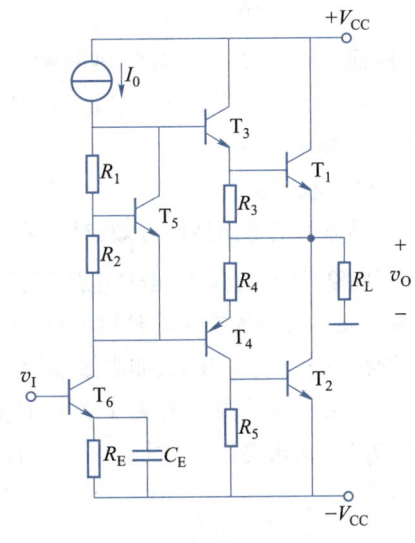

图 2.8.10 准互补输出电路

成互补输出级,T_5、R_1、R_2 组成的 V_{BE} 倍增电路是其直流偏置元件,T_6 是前置放大级,电流源 I_0 为其集电极有源负载。之所以称为准互补是因为该电路的输出管 T_1、T_2 是同类型管,而互补是由 T_3、T_4 实现的。R_3、R_5 的主要作用是为 T_1、T_2 的反向漏电流 I_{CBO} 提供泄放通路,以免在 T_1、T_2 结温升高时,I_{CBO} 随温度指数上升,引起 T_1、T_2 的 I_{CEO} 迅速增大,从而造成恶性热循环,提高电路的温度稳定性。

2.8.4　功率管的安全工作问题

在功放中,功率管既要流过大电流,又要承受高电压,只有功率管不超过其极限值,电路才能正常工作。因此在实用电路中需要保证功率管的安全工作,通常采取保护措施,以防止功率管过电压、过电流和过功耗。限于篇幅,本小节简单介绍功率管的散热问题、二次击穿和保护措施。

一、功率管的散热问题

典型的功率管外形如图 2.8.11 所示。通常功率管有一个大面积的集电结,为了使热传导达到理想的情况,功率管集电极的衬底与它的金属外壳保持良好的接触。

功率管损坏的重要原因是其实际耗散功率超过额定数值 P_{CM},而功率管的耗散功率直接表现在使结温(主要是集电结温度)T_j 升高,当 T_j 超过允许值(锗管一般约为 85 ℃,硅管为 120~180 ℃)后,集电极电流将急剧增大而烧坏管子。耗散功率等于结温在允许值时集电极电流与管压降之积。功率管的功耗越大,结温越高,因此改善功率管的散热条件,如加装散热器或散热片、加用鼓风装置,可以在同样的结温下提高集电极最大耗散功率 P_{CM},也就可以提高输出功率。

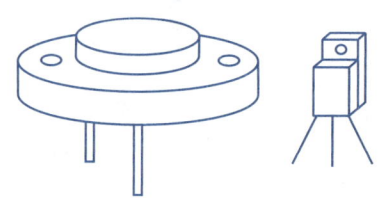

图 2.8.11　典型的功率管外形

二、功率管的二次击穿

前面讨论了功率管的散热问题,在实际工作中,常发现功率管的功耗并未超过允许的 P_{CM} 值,管身也并不烫,但功率管却突然失效或者性能显著下降。这种损坏的原因,有不少是由二次击穿造成的。

1. 二次击穿

由晶体管的输出特性可知,对于某一条输出特性曲线,当 v_{CE} 增大到一定数值时,晶体管将产生击穿现象,而且 I_B 越大,击穿电压越低,称这种击穿为"一次击穿"。只要适当限制晶体管的电流(或功耗),且进入击穿的时间不长,晶体管并不会损坏,所以一次击穿(雪崩击穿)具有可逆性。晶体管在一次击穿出现后,如果继续增大 i_C,则晶体管的工作点变化到临界点 A 时,工作点将以毫秒甚至微秒级的高速度从 A 点到 B 点,此时电流猛增,而管压降却减小,如图 2.8.12(a)所示,称为"二次击穿"。经过二次击穿后,晶体管性能明显下降,甚至造成永久性损坏。

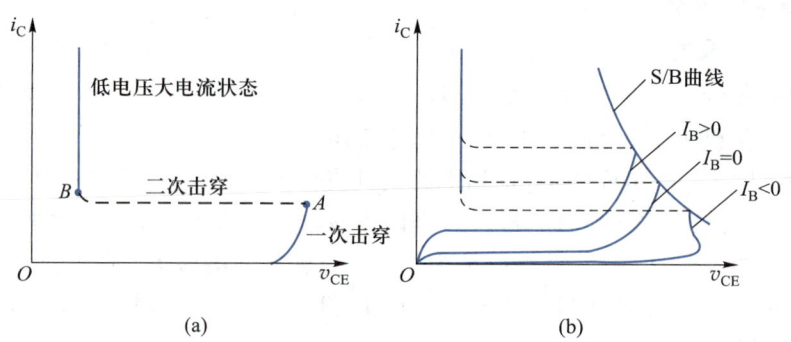

图 2.8.12　晶体管的二次击穿及其临界曲线

将 I_B 不同时的二次击穿临界点连接起来,便得到二次击穿临界曲线,简称为 S/B 曲线,如图 2.8.12(b)所示。从二次击穿产生的过程可知,防止晶体管的一次击穿,并限制其集电极电流,就可避免二次击穿。例如在功率管的 C-E 间加稳压管,就可防止一次击穿。

产生二次击穿的原因至今尚不完全清楚,二次击穿是一种与电流、电压、功率和结温都有关系的效应。一种比较切合实际的解释是:晶体管的制造工艺和材料不均匀,使晶体管结面上某个局部位置电流过于集中,该局部位置的温度明显升高而形成"热点",因而产生热击穿。

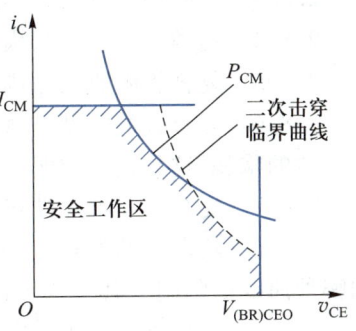

图 2.8.13 由 I_{CM}、P_{CM}、$V_{(BR)CEO}$ 和二次击穿临界曲线限制的安全工作区

2. 功率管的安全工作区

晶体管的二次击穿特性对功率管,特别是外延型功率管,在运用性能的恶化和损坏方面起着重要影响。为了保证功率管安全工作,必须避免二次击穿。因此,功率管的安全工作区(如图 2.8.13 所示)不仅受 3 个极限参数 I_{CM}、$V_{(BR)CEO}$ 和 P_{CM} 的限制,而且还受到 S/B 曲线的限制。显然,功率管的安全工作范围变小了。

三、提高功率管的可靠性

提高功率管可靠性的主要途径是使用时要降低额定值,从可靠性和节约的角度考虑,推荐使用下面几种方法来降低额定值:

(1)在最坏的条件下(包括冲击电压在内),工作电压不超过极限值的 80%;

(2)在最坏的条件下(包括冲击电流在内),工作电流不超过极限值的 80%;

(3)在最坏的条件下(包括冲击功耗在内),工作功耗不超过器件最大工作环境温度下的最大允许功耗的 50%;

(4)工作时,器件的结温为器件允许最大结温的 70%~80% 甚至更低。

降低额定值使用能提高可靠性,但是需要考虑平均损耗。

四、功率管的安全使用和保护

1. 安全使用

(1)应使功率管工作在安全区内,且必须留有充分的余量。大功率管必须加装散热器以提高 P_{CM}。

(2)使用时要尽量避免产生过压和过流。不要将负载开路、短路或过载,不要突然加强信号,同时不允许电源电压有较大的波动。

2. 采取适当的保护措施

(1)加入适当的过流、过压保护电路。

(2)为了防止由于感性负载而使功率管产生过压或过流,可在负载两端并联容性网络以抵消感性负载的不利影响。

(3)在功率管的输入端、输出端并联保护二极管或稳压管,当出现瞬时过电压时保护功率管。

复习思考题

2.8.1 功放的主要指标是什么?

2.8.2 功放的分析方法是图解法,小信号等效电路分析方法不再适用,为什么?

2.8.3 功放的类型很多,按照晶体管工作状态的不同可分为哪几种?

2.8.4 乙类互补功率放大电路存在哪种失真?产生的原因是什么?是如何克服的?

2.8.5 复合管组成的原则是什么?

2.8.6 复合管的管型与哪个管子相同?复合管的电流放大系数近似等于两管电流放大系数的乘积,这种说法对吗?

2.8.7 复合管有哪些缺点?

2.8.8 功率管的安全工作区不仅受三个极限参数 I_{CM}、$V_{(BR)CEO}$ 和 P_{CM} 的限制,而且还受到哪种曲线的限制?其安全工作范围变大了还是变小了?

2.9
多级放大电路

在实际应用中,常对放大电路的性能提出多方面的要求,如获得足够高的增益或考虑输入电阻、输出电阻的特殊要求,仅靠前面所讲的任何一种放大电路都不可能同时满足所有要求,这时就可以选择多个基本放大电路,并将它们合理连接,构成多级放大电路。组成多级放大电路的每一个基本放大电路称为一级,级与级之间的连接方式称为耦合方式。本节将首先介绍多级放大电路的耦合方式,接着介绍直接耦合放大电路存在的问题及解决方法,然后讨论多级放大电路的静态 Q 点和交流指标的计算,最后举例说明其应用。

2.9.1 多级放大电路的耦合方式

多级放大电路有三种常见的耦合方式:阻容耦合、变压器耦合和直接耦合。

阻容耦合就是前面介绍的以电容作为耦合元件的电路。其优点是:① 各级的静态工作点相互独立;② 只要耦合电容容量足够大,放大电路交流信号损失就小,能保证较高的放大倍数。其缺点是:① 耦合电容隔断直流,不能放大直流信号和缓慢变化的信号,且当信号频率较低时,放大倍数下降;② 耦合电容容量大,不易集成。

变压器耦合是以变压器作为耦合元件的电路。其优点是:① 各级的静态工作点相互独立;② 可进行阻抗变换,使后级或负载上得到最大功率。其缺点是:① 变压器体积大,无法采用集成工艺;② 对于低频和高频信号,放大效果不理想。

阻容耦合和变压器耦合这两种方式都是交流耦合,主要用于分立元件电路中。

直接耦合也称为直流耦合,是将前、后级直接或通过阻性网络相连的一种耦合方式,由于没有电抗元件,便于集成,其下限截止频率 $f_L = 0$,可用来放大直流信号和缓慢变化的信号,所以集成电路几乎全部采用直接耦合方式。可见直接耦合的优点是:① 电路中没有电容和变压器,易于集成;② 能放大交流信号,同时也能放大直流信号和缓慢变化的信号。其缺点是:① 各级工作点相互影响,因此必须合理解决级间电平匹配问题;② 产生零点漂移。

不管采用何种耦合方式,都必须保证:① 各级都有合适的直流工作点;② 前级的输出信号能够顺利地传送到后级的输入端。

由于集成电路的应用越来越广泛,我们主要介绍直接耦合放大电路。下面首先讨论直接耦合所带来的级间直流电位匹配和零点漂移的问题及解决方法。

2.9.2 直接耦合放大电路的问题及解决方法

一、级间直流电位匹配问题及解决方法

在直接耦合电路中,前级的静态输出电压是后级的输入偏置电压,该电压的大小需要保证前、后两级晶体管的 Q 点均合适。若将两级电路简单地直接耦合,如图 2.9.1 所示,T_1 的集电极电位被 T_2 的基极限制在 0.7 V 左右,使 T_1 的 Q 点接近饱和区,因而不能正常放大,这就是级间直流电平匹配问题。因此为使两级都有合适的 Q 点,可以采取两种办法:① 抬高后级的直流输入电压;② 降低前级的直流输出电压。

图 2.9.2 所示电路采用的是提高后级射极电位的办法。在图 2.9.2(a)中,在 T_2 的射极加入电阻 R_{E2},提高了 T_1 的集电极电位,使其工作于放大状态,但 R_{E2} 的加入会降低第二级的增益。用二极管或稳压管代替电阻 R_{E2} 可以解决这一问题,如图 2.9.2(b)所示,直流时利用二极管的正向导通电压降或稳压管的稳压值 V_Z 可提高 T_1 的集电极电位,交流时由于二极管或稳压管的动态电阻小,使第二级的增益不致损失太大。但是随着级数的增多,越往后级,其基极静态电位越高,相应的集电极电位也就越高,最终由于电源电压 V_{CC} 的限制而无法实现。

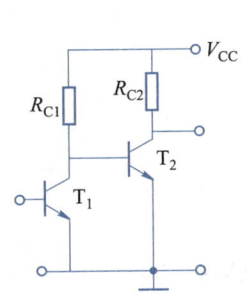

图 2.9.1 两级电路简
单地直接耦合

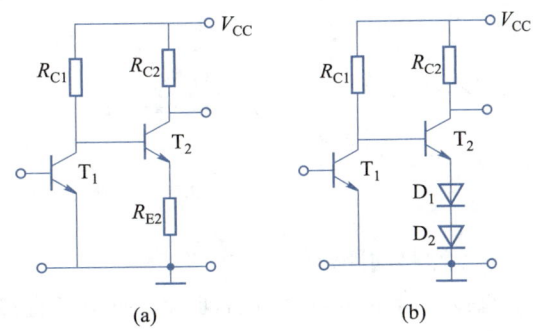

(a) (b)

图 2.9.2 采用提高后级射极电位的方法
实现级间电位匹配

解决这个问题的办法是采用直流电平移动电路,就是一种能将直流电平按需要从高降到低但交流信号的损失又尽可能小的电路,其实就是降低前级的直流输出电压,如图 2.9.3 所示。图 2.9.3(a)中将稳压管串联在两级间,使直流电位下降 V_Z 值,而稳压管的交流电阻小,信号在稳压管上几乎没有电压降,同时解决了电位逐级抬高的问题。稳压管也可用多个

二极管正向串联来代替。其缺点是稳压管的噪声较大。图 2.9.3(b)所示是用电阻 R 和电流源 I_0 组成直流电平移动电路,电平移动值 $V_1-V_2 \approx I_0 R$,由于电流源的动态电阻、第二级的输入电阻均比 R 大得多,因而电阻 R 上的信号电压降可以忽略,这是利用电流源的高阻特性以避免信号的损失,在频率较高、分布电容的影响较大时,不宜采用。图 2.9.3(c)所示是利用 PNP 型管实现直流电平移动的电路,由于 PNP 型管工作于放大区时 $V_C<V_B$,将静态电位由 V_1 移至 V_2,也不存在电位逐级抬高的问题,这种电路简单,电平移动值可灵活设计,应用较多。图 2.9.3(d)所示是利用射极跟随器实现的直流电平移动电路,不仅可以按照需要调整直流电位,同时其增益近似为 1,不影响信号的传输,还能起到各放大级之间互相隔离的作用。

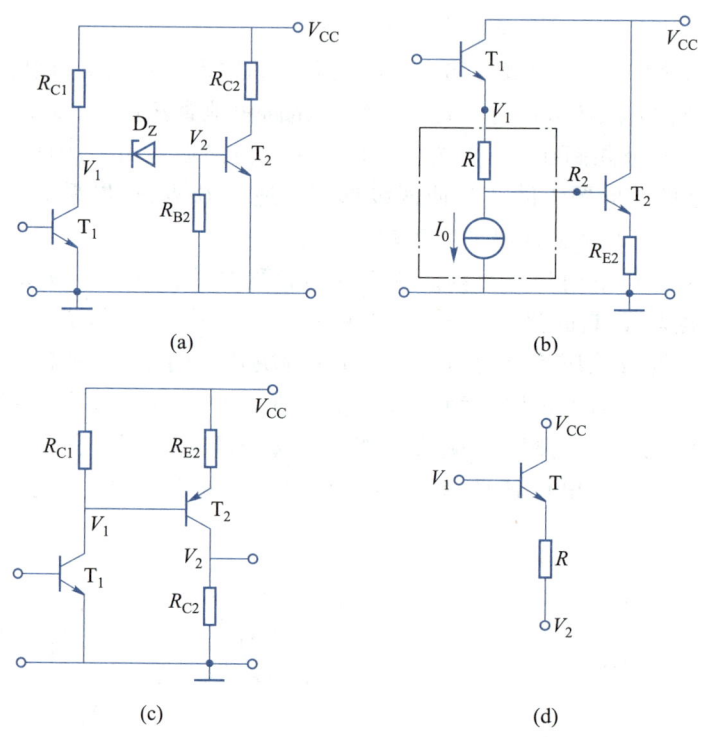

图 2.9.3　常用的直流电平移动电路

二、零点漂移问题及解决方法

这是直接耦合电路最突出的问题。如果将直接耦合放大电路的输入端短路,其输出端应有一固定的直流电压,即静态输出电压。但是实际上输出电压将随时间偏离初始值而缓慢地随机波动,这种现象称为零点漂移。零点漂移就是工作点的漂移。产生零点漂移的主要原因是放大电路中器件的参数随温度变化而变化,导致放大电路的静态工作点不稳定。这种不稳定可看作缓慢变化的干扰信号,被放大电路逐级传递并放大。在输出端零点漂移和有用信号叠加在一起,可能将有用信号淹没,严重时甚至使后级电路进入饱和或截止状态,放大电路无法正常工作。放大电路的级数越多,零点漂移问题就越严重。很明显,输入级的零点漂移影响最大,因为它传送到输出端所获的增益最大,所以应选择漂移很小的单元电路作输入级。由于差放电路能抑制零点漂移,因此一般模拟集成电路均采用差放电路作输入级。

2.9.3 多级放大电路静态工作点的确定

对于多级放大电路,各级静态工作点的选择各有侧重。对于输入级,由于输入输出电压都比较小,静态集电极电流允许小一些;从减小噪声的角度来考虑,输出级的输出信号功率较大,即输出电压和输出电流的幅度都比较大,所以输出级的静态工作点应该高一些;中间放大级的工作点,一般处于二者之间。从提高放大电路增益的角度来考虑,应该使各级的静态工作点适当提高一些,但是如果放大电路的直流电源功耗是个重要问题,从减小直流功耗来考虑,则应将各级 Q 点适当降低。总之,各级的工作点要根据具体情况,兼顾到多方面的要求合理选择。

直接耦合放大电路静态工作点的计算过程比阻容耦合电路复杂。由于前、后级之间存在直流通路,所以它们的静态工作点互相有影响,而不能各级独立计算。在分析具体的电路时,为了简化计算过程,常常首先找出最容易确定的环节,然后再计算其他各处的静态电位和电流,有时只能通过解联立方程来求解。

例 2.9.1 两级直接耦合放大电路如图 2.9.4 所示,已知 $V_{CC} = 24$ V,$R_{B1} = 240$ kΩ,$R_{C1} = 3.9$ kΩ,$R_{C2} = 500$ Ω,稳压管 D_z 的 $V_z = 4$ V,晶体管 T_1、T_2 的 $V_{BEQ} = 0.7$ V,$\beta_1 = 45$,$\beta_2 = 40$,试计算各级的静态工作点即 Q 点。

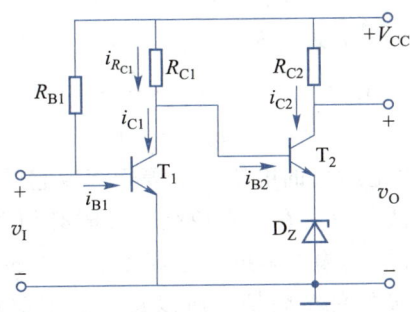

图 2.9.4 例 2.9.1 的电路

解: 由图可得
$$V_{CQ1} = V_{CEQ1} = V_{BQ2} = V_{BEQ2} + V_z = (0.7+4) \text{ V} = 4.7 \text{ V}$$

因此
$$I_{R_{C1}} = \frac{V_{CC} - V_{CQ1}}{R_{C1}} = \frac{24-4.7}{3.9} \text{ mA} \approx 4.95 \text{ mA}$$

而
$$I_{BQ1} = \frac{V_{CC} - V_{BEQ1}}{R_{B1}} = \frac{24-0.7}{240} \text{ mA} \approx 0.097 \text{ mA}$$

$$I_{CQ1} = \beta_1 I_{BQ1} = 45 \times 0.097 \text{ mA} = 4.365 \text{ mA}$$

则
$$I_{BQ2} = I_{R_{C1}} - I_{CQ1} = (4.95-4.365) \text{ mA} = 0.585 \text{ mA}$$

$$I_{CQ2} = \beta_2 I_{BQ2} = 40 \times 0.585 \text{ mA} = 23.4 \text{ mA}$$

所以
$$V_O = V_{CQ2} = V_{CC} - I_{CQ2} R_{C2} = (24-23.4 \times 0.5) \text{ V} = 12.3 \text{ V}$$

$$V_{CEQ2} = V_{CQ2} - V_{EQ2} = (12.3 - 4)\ \text{V} = 8.3\ \text{V}$$

2.9.4 多级放大电路交流指标的计算

图 2.9.5 所示为两级放大电路的框图。前级的输出电压就是后级的输入电压,即 $\dot{V}_{o1} = \dot{V}_{i2}$,所以总的电压增益为

$$\dot{A}_v = \frac{\dot{V}_o}{\dot{V}_i} = \frac{\dot{V}_{o1}}{\dot{V}_i} \cdot \frac{\dot{V}_o}{\dot{V}_{o1}} = \frac{\dot{V}_{o1}}{\dot{V}_i} \cdot \frac{\dot{V}_o}{\dot{V}_{i2}} = \dot{A}_{v1} \cdot \dot{A}_{v2} \tag{2.9.1}$$

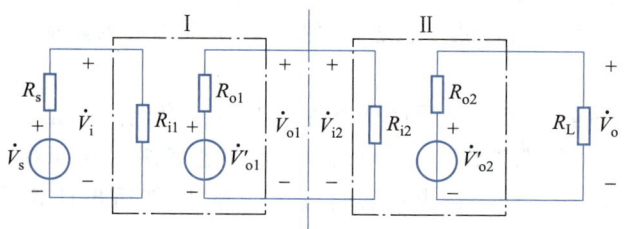

多级放大电路
交流指标分析

图 2.9.5 两级放大电路框图

依次类推,n 级放大电路的总电压增益为

$$\dot{A}_v = \dot{A}_{v1} \cdot \dot{A}_{v2} \cdot \cdots \cdot \dot{A}_{vn} \tag{2.9.2}$$

其幅频特性与相频特性分别为

$$|\dot{A}_v| = |\dot{A}_{v1}| \cdot |\dot{A}_{v2}| \cdot \cdots \cdot |\dot{A}_{vn}| \tag{2.9.3}$$

$$\varphi = \varphi_1 + \varphi_2 + \cdots + \varphi_n \tag{2.9.4}$$

式(2.9.2)表明,多级放大电路总的电压增益等于组成它的各级放大电路电压增益的乘积,因此可采用分级计算的方法。只是在进行单级计算时必须考虑级与级之间的相互影响:对后级来说,前级相当于信号源,其输出阻抗就是等效信号源的内阻抗;对前级来说,后级相当于负载,其输入阻抗就是前级的负载阻抗。所以每一级增益均应该是以后级的输入阻抗作为负载阻抗时的增益。

由图 2.9.5 还可写出总电压增益的另一种形式

$$\dot{A}_v = \frac{\dot{V}_o}{\dot{V}_i} = \frac{\dot{V}'_{o1}}{\dot{V}_i} \cdot \frac{\dot{V}_o}{\dot{V}'_{o1}} = \dot{A}_{vo1} \cdot \dot{A}_{vs2} \tag{2.9.5}$$

其中 $\dot{A}_{vo1}$ 是第一级负载开路时的开路电压增益,$\dot{A}_{vs2}$ 是第二级源电压增益。同样可推广到 n 级放大电路。式(2.9.1)和式(2.9.5)体现了计算多级放大电路增益的两种方法,后一种方法是将前级的开路电压和输出电阻作为后级的信号源来考虑,两者的效果是一样的。通常采用前一种方法,即将后级的输入电阻作为前级的负载来考虑。

根据放大电路输入电阻的定义,多级放大电路的输入电阻就是其第一级的输入电阻;根据放大电路输出电阻的定义,多级放大电路的输出电阻等于最后一级的输出电阻。应当注

意,当共集放大电路作为第一级时,它的输入电阻与其负载,即第二级的输入电阻有关;而当共集放大电路作为最后一级时,它的输出电阻与其信号源内阻(即倒数第二级的输出电阻)有关。

现在来分析两级完全相同放大电路的通频带与其单级电路通频带的关系,如图 2.9.6 所示。设每级的中频电压增益为 A_{vm1},则每级的上限频率 f_{H1} 和下限频率 f_{L1} 对应的电压增益为 $0.707A_{vm1}$,两级放大电路的上、下限频率就不能再取 f_{H1} 和 f_{L1} 了,因为在这两个频率的电压增益将是 $(0.707A_{vm1})^2 \approx 0.5A_{vm1}^2$ 了。根据放大电路通频带的定义,两级放大电路的下限频率 f_L 和上限频率 f_H 都是对应于电压增益为 $A_v = 0.707A_{vm1}^2$ 的频率。显然,$f_L > f_{L1}$,$f_H < f_{H1}$,即两级电路的通频带变窄了(其具体计算详见第 4 章)。从两级放大电路的通频带可以推知,多级放大电路的通频带一定比它的任何一级都窄,级数越多,则 f_L 越高,f_H 越低,通频带越窄。这就是说,将几级放大电路串联起来后,总电压增益虽然提高了,但是通频带变窄了,这是多级放大电路一个重要的概念。

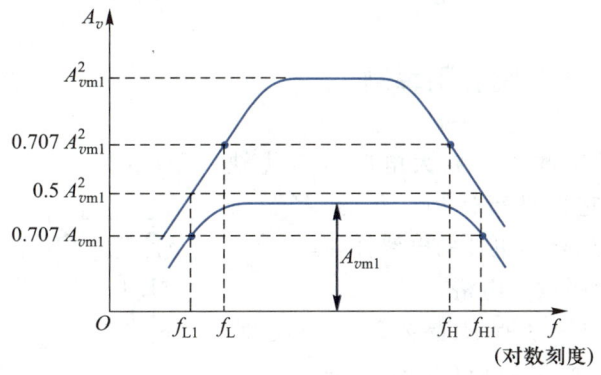

图 2.9.6　单级和两级放大电路的通频带

例 2.9.2　图 2.9.7 所示为两级放大电路的交流通路,已知 $\beta_1 = \beta_2 = 50$,$r_{be1} = 1.6$ kΩ,$r_{be2} = 1.3$ kΩ,试求 $\dot{A}_v$、$\dot{A}_{vs}$、R_i、R_o。

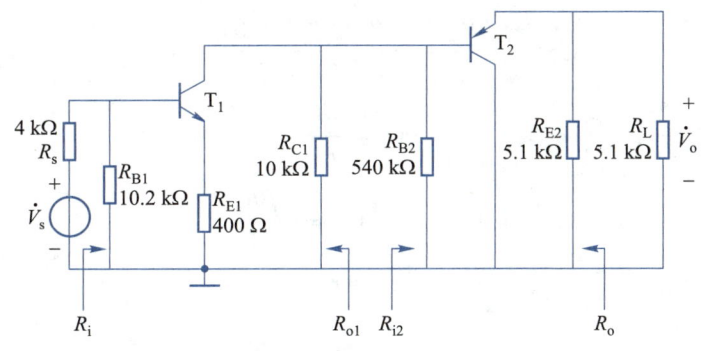

图 2.9.7　例 2.9.2 的电路

解:由图 2.9.6 可知

$$R_i = R_{B1} \mathbin{/\mkern-5mu/} [r_{be1} + (1 + \beta_1)R_{E1}] \approx 6.97 \text{ kΩ}$$

$$R_{i2} = R_{B2} \mathbin{/\mkern-5mu/} \left[r_{be2} + (1 + \beta_2)(R_{E2} \mathbin{/\mkern-5mu/} R_L) \right] \approx 105.65 \ \text{k}\Omega$$

则

$$\dot{A}_{v1} = -\frac{\beta_1(R_{C1} \mathbin{/\mkern-5mu/} R_{i2})}{r_{be1} + (1 + \beta_1)R_{E1}} = -\frac{50 \times \left(\dfrac{10 \times 105.65}{10 + 105.65} \right)}{1.6 + (1 + 50) \times 0.4} \approx -20.76$$

$$\dot{A}_{v2} = \frac{(1 + \beta_2)(R_{E2} \mathbin{/\mkern-5mu/} R_L)}{r_{be2} + (1 + \beta_2)(R_{E2} \mathbin{/\mkern-5mu/} R_L)} = \frac{(1 + 50) \times \left(\dfrac{5.1 \times 5.1}{5.1 + 5.1} \right)}{1.3 + (1 + 50) \times \left(\dfrac{5.1 \times 5.1}{5.1 + 5.1} \right)} \approx 0.99$$

$$\dot{A}_v = \dot{A}_{v1} \cdot \dot{A}_{v2} = -20.76 \times 0.99 \approx -20.55$$

$$\dot{A}_{vs} = \frac{R_i}{R_i + R_s} \cdot \dot{A}_v = \frac{6.97}{6.97 + 4} \times (-20.55) \approx -13.06$$

$$R_o = R_{E2} \mathbin{/\mkern-5mu/} \frac{r_{be2} + R_{B2} \mathbin{/\mkern-5mu/} R_{o1}}{1 + \beta_2} = R_{E2} \mathbin{/\mkern-5mu/} \frac{r_{be2} + R_{B2} \mathbin{/\mkern-5mu/} R_{C1}}{1 + \beta_2} \approx 0.21 \ \text{k}\Omega$$

2.9.5 多级放大电路应用举例

由于晶体管三种基本组态放大电路各有优缺点,实际应用中常将它们进行适当的组合,扬长避短,发挥其各自的优点,获得更佳的电路性能。

一、共射-共基两级放大电路

其交流通路如图 2.9.8 所示,晶体管 T_1、T_2 分别组成共射、共基组态。为了简便,设 T_1、T_2 两管参数相同,$\beta_1 = \beta_2 = \beta$,$r_{bb'1} = r_{bb'2} = r_{bb'}$,忽略 r_{ce},一般静态时 $I_{EQ1} \approx I_{EQ2}$,则 $r_{be1} = r_{be2} = r_{be}$。

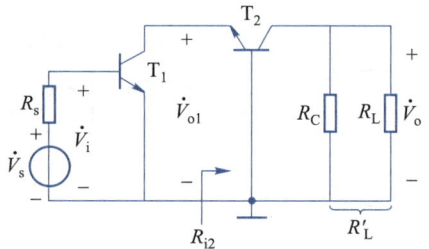

图 2.9.8 共射-共基两级放大电路的交流通路

由图 2.9.8 可知,T_1 的负载电阻就是 T_2 的输入电阻 R_{i2},可得

$$\dot{A}_{v1} = -\frac{\beta R_{i2}}{r_{be}} = -\frac{\beta [r_{be}/(1 + \beta)]}{r_{be}} \approx -1$$

$$\dot{A}_{v2} = \frac{\beta R_L'}{r_{be}}$$

所以

$$\dot{A}_v = \dot{A}_{v1} \cdot \dot{A}_{v2} \approx -\frac{\beta R_L'}{r_{be}} \tag{2.9.6}$$

$$R_i = r_{be} \tag{2.9.7}$$

$$R_o = R_C \tag{2.9.8}$$

可见共射-共基两级放大电路的电压增益与单级共射电路相同。它最突出的特点是高频特性好、频带宽。由于共射电路的上限频率远小于共基电路,所以两级电路的上限频率主要取决于共射电路;而两级电路利用共基电路输入阻抗小的特性,将它作为共射电路的负载,就可以有效地克服共射电路的密勒倍增效应,从而扩展共射电路的上限频率,因

此两级电路的上限频率也随之提高。

也可组成共集-共基两级放大电路,其高频特性好,这是因为共集与共基电路都有好的高频特性。对于单端输入、从另一只晶体管单端输出的差放电路,其交流通路恰为共集-共基两级放大电路。

实用中还经常采用共集-共射两级放大电路,其主要优点是输入阻抗高和高频特性好。由于共集电路的上限频率远大于共射电路,故组合电路的上限频率主要取决于共射电路;同时组合电路利用共集电路输出阻抗小的特性,将其作为共射电路的源阻抗 R_s,就能有效地扩展共射电路的上限频率,从而使共集-共射放大电路有较高的上限频率。

这几种多级放大电路的高频特性较好,广泛应用于宽带放大电路中。

二、差放电路中的共射-共基两级放大电路

在图 2.9.9 所示电路中,$T_1 \sim T_4$ 为采用两级放大电路的差分对管,其半边电路即是前面讨论的共射-共基放大电路,T_5、T_6 及电流源 I_0 组成共模自举电路,利用 T_5、T_6 两管的导通电压降将 T_1、T_2 两管的 v_{CE} 钳位在 0.7 V 左右,使其 $v_{CB} \approx 0$。因此共模自举电路有如下优点。

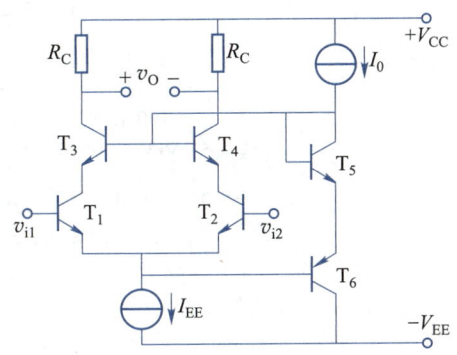

图 2.9.9 共射-共基差放电路

(1) 当共模输入电压 v_{IC} 在 V_{ICM} 范围内大幅度变化时,由于 T_1、T_2 两管 $v_{CB} \approx 0$,T_1、T_2 基本上感受不到共模电压的作用,使 K_{CMR} 大大提高。共模电压的变化全部由 T_3、T_4 管承担。

(2) 由于 T_1、T_2 管的 $v_{CB} \approx 0$,其 $I_{CBO} \approx 0$,大大减小了 I_{CBO} 对差放输入失调电流及其温漂的不利影响。

(3) 如果 T_1、T_2 是超 β 管,其 $V_{(BR)CEO}$ 很小,只有 3~5 V,则该共模自举电路起保护作用,以免发射结被击穿。

复习思考题

2.9.1 直接耦合的优点是什么?缺点是什么?

2.9.2 直接耦合电路是如何解决级间直流电平匹配的?

2.9.3 直接耦合电路是采用什么方法减小(改善)零点漂移的?

2.9.4 多级放大电路总的电压增益等于组成它的各级放大电路电压增益的乘积,这种说法对吗?以两级放大电路为例,其电压增益有哪两种等效计算公式?两种计算公式等效的原因是什么?

2.9.5 对于多级放大电路,进行单级计算时必须考虑级与级之间的相互影响,这种说法对吗?对后级来说,前级相当于什么?对前级来说,后级相当于什么?

2.9.6 多级放大电路的通频带一定比它的任何一级都窄,级数越多,通频带越窄,这种说法对吗?原因是什么?

2.10
计算机仿真例题

使用 Multisim 对图 2.10.1 所示的共发射极放大电路示例进行仿真分析,并观察电路在不同静态工作点和输出信号振幅时所产生的非线性失真。

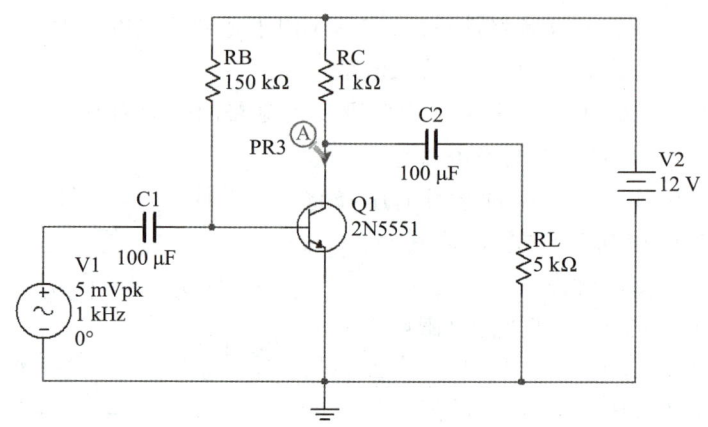

图 2.10.1　共发射极放大电路示例

图 2.10.1 使用了元件库中的 2N5551 作为放大管,本次仿真通过改变基极偏置电阻 R_B 来调整基极电流 I_{BQ} 以及相应的 I_{CQ}、V_{CEQ} 等静态工作点参数。对 R_B 的阻值参数进行扫描仿真,可得图 2.10.2 所示 I_{CQ} 随 R_B 阻值而变化的曲线。

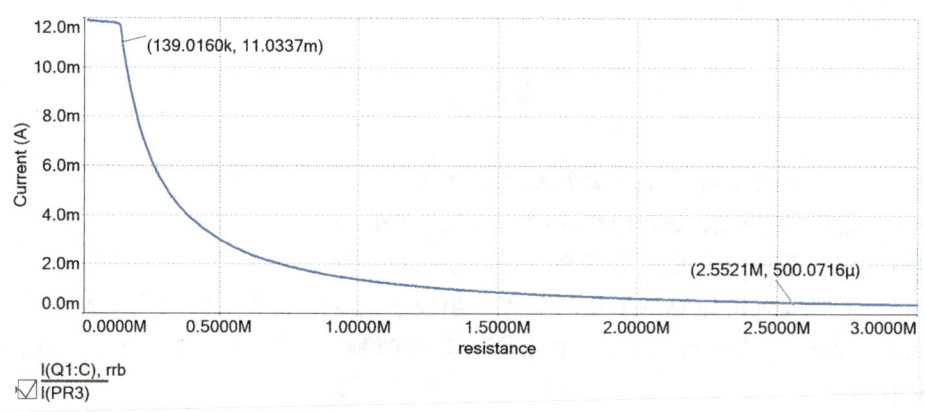

图 2.10.2　I_{CQ} 随 R_B 阻值而变化的曲线

从图中可见,当晶体管处于饱和状态时,$I_{CQ} \approx 12$ mA。且当 $R_B \approx 139$ kΩ 时,$I_{CQ} \approx 11$ mA;当 $R_B \approx 2.55$ MΩ 时,$I_{CQ} \approx 0.5$ mA,下面分别选择这两个阻值进行饱和失真和截止失真的展示。

一、饱和失真

图 2.10.3(a)所示为演示饱和失真的仿真电路图,图中已将 R_B 的值设置为 139 kΩ。为便于查看与对比仿真结果,还使用了两个电压探针分别检测信号源电压与负载电压,并在仿真输出信号选择中将 PR1 的电压反相。图 2.10.3(b)为所得瞬时电压波形,其中 PR1 探针使用右边的纵坐标轴,PR2 探针使用左边的纵坐标轴。

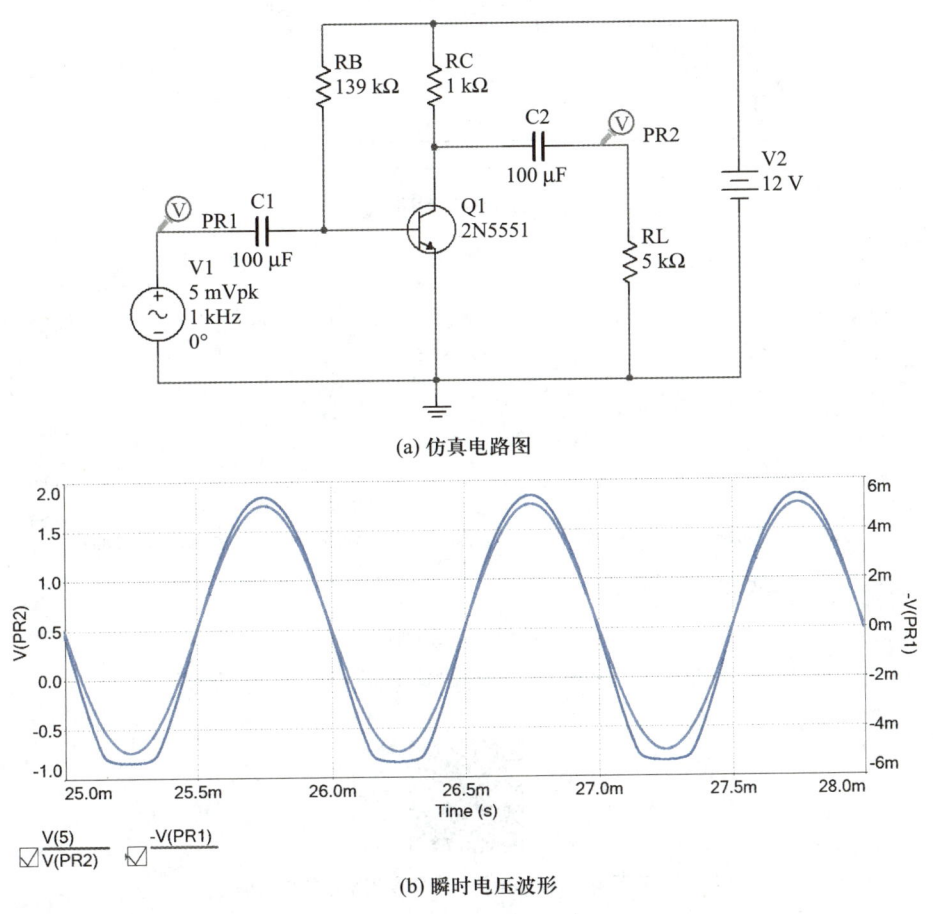

(a) 仿真电路图

(b) 瞬时电压波形

图 2.10.3　饱和失真的演示

从图中可以看出,此时输出电压波形出现底部失真,即饱和失真。

二、截止失真

图 2.10.4(a)所示为演示截止失真的仿真电路图,图中除将 R_B 的值设置为 2.55 MΩ外,还将输入信号的振幅峰值改为 50 mV,以显示更为直观的结果;两个电压探针的设置与饱和失真相同。图 2.10.4(b)为所得瞬时电压波形,其中 PR1 探针使用右边的纵坐标轴,PR2 探针使用左边的纵坐标轴。

可见,此时输出电压波形顶部出现明显失真,即饱和失真。需要注意的是,此时输出电压波形的底部也出现了失真,这是由于晶体管输入伏安特性(即发射结伏安特性)的非线性,感兴趣的读者可自行查找资料并进行分析。

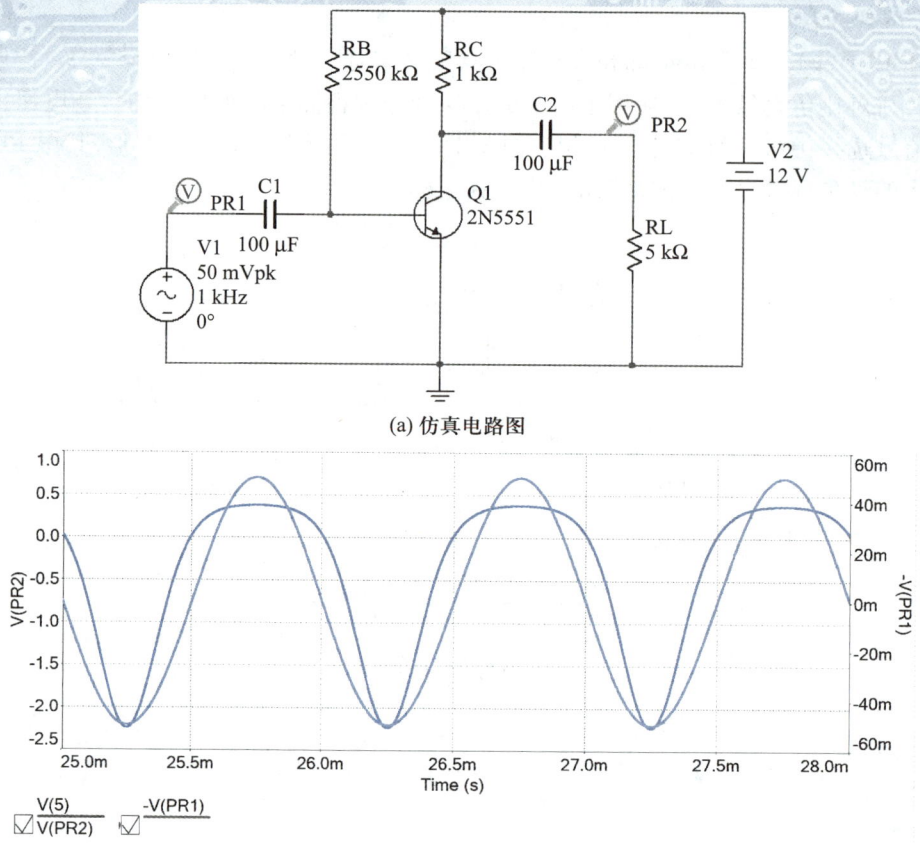

(a) 仿真电路图

(b) 瞬时电压波形

图 2.10.4　截止失真的演示

2.11　实际案例：晶体管放大电路在汽车中的应用举例

本 章 小 结

本章主要介绍了双极型晶体管的工作原理和由双极型晶体管构成的各种单元电路。

晶体管具有放大作用所需的内部条件是：基区很薄，且掺杂浓度很低，发射区的掺杂浓度远大于基区和集电区的掺杂浓度，集电结结面积大。所需的外部条件是：发射结正偏、集电结反偏。晶体管的输入电流对输出电流的正向控制作用是实现信号放大的原因。根据外加电压的不同，晶体管有饱和、放大、截止和击穿 4 个工作区域。温度变化时，晶体管的参数 v_{BE}、I_{CBO}、β 等随之变化。主要参数有电流放大系数 α 和 β，极间反向电流 I_{CBO}、I_{CEO}，极限参数 I_{CM}、$V_{(BR)CEO}$、P_{CM} 和高频参数 f_{α}、f_{β}、f_{T}。

放大电路有三条组成原则：① 要有合适的直流 Q 点；② 输入信号能顺利地加至输入端；③ 输出信号能顺利地送至负载。其主要性能指标有输入电阻、输出电阻、增益、通频带和非线性失真等。

对放大电路来说，直流 Q 点是基础，交流放大是目的，在电路中是交、直流共存。在分析电路时，应遵循"先静态，后动态"的原则，先画出直流通路，找出直流 Q 点，再画出交流通路，进行交流分析，主要是计算电路的性能指标或分析电压、电流的波形等。分析方法有图解法和等效电路法，图解法是利用晶体管的伏安特性曲线及外部电路特性用作图的方法对放大电路进行分析，形象直观，多用于分析 Q 点位置、最大不失真输出电压和失真情况；等效电路法是将晶体管用合适的模型来等效，用解线性电路的方法进行分析计算，其步骤为：① 找 Q 点；② 定参数；③ 画电路；④ 求指标 A_v、R_i、R_o 等。

由于温度对工作点的影响，电路性能不稳定，故实际应用中采用典型的 Q 点稳定电路，它在电路结构上采取了两点措施：第一，采用分压式电路固定基极电位；第二，发射极接入电阻 R_E 实现自动调节作用。

共射、共集、共基是单管放大电路的三种基本组态，各有优缺点。共射放大电路的电压、电流和功率增益都比较大，应用最为广泛；但在高频情况下，共基放大电路就比较合适；共集电路的独特优点是输入电阻很大，输出电阻很小，高频特性比较好，常用于多级放大电路的输入级、输出级和缓冲级。

常见的电流源电路有镜像电流源及其两种改进型、威尔逊电流源、比例电流源、微电流源和多路电流源电路，由于电流源在直流通路中相当于一个恒定电流 I_0，在交流通路中相当于一个大电阻 R_o，故电流源的主要应用是作直流偏置电路和有源负载，也常用作直流电平移动电路和电流的传输与放大。

差放的基本特性是放大差模信号、抑制共模信号，以成倍的元件换取抑制零点漂移的能力，即靠电路的对称和电流源输出电阻 R_{EE} 的负反馈抑制共模信号，因此应尽力改善差放的匹配程度和提高 R_{EE}。重点是交流小信号分析，有几点结论：① 差放的性能与输出方式有关，而与输入方式无关；② 双端输出的电压增益与半边电路相同，而单端输出的电压增益约为双端输出的 $1/2$；③ 双端输出的输出电阻为 $2R_C$，单端输出的输出电阻是它的 $1/2$；④ 差模输入电阻均为半边电路的 2 倍。电流源在差放电路中作为有源负载所起的独特作用是可以将双端输出电路变为单端输出电路，而且增益没有损失。实际的非理想对称差放需要考虑失调电压、电流及它们的温漂。

功放通常工作在大信号状态，因此，从功放的组成和分析方法，到元器件的选择，都与小信号放大电路有着明显的区别。提高效率的主要途径是降低直流 Q 点，但 Q 点越低，非线性失真越大，因此采用互补对称电路，解决效率与失真的矛盾；由于乙类放大电路存在交越失真，实际均为甲乙类互补对称电路；采用图解法进行分析；计算的指标主要是输出功率和效率；功率管接近尽限使用，存在选择功率管的 3 个条件；单电源供电互补对称电路指标的计算和双电源供电电路一样，只要用 $V_{CC}/2$ 代替各相关公式中的 V_{CC} 即可；采用复合管的准互补输出电路可使功率管做到特性对称和增大最大输出功率，但要注意复合管的组成原则和特点；在实用电路中需要注意功率管的散热问题、二次击穿和保护措施，保证功率管的安全工作。

多级放大电路可满足多方面的性能要求，有阻容耦合、变压器耦合和直接耦合三种常见的耦合方式,各有优缺点,主要介绍了集成电路应用的直接耦合放大电路。直接耦合带来级间直流电位匹配和零点漂移的问题,可分别用直流电平移动电路和采用差分放大电路来解决;其静态工作点的计算复杂,需首先找出最容易确定的环节,然后再计算其他各处的静态电位和电流,有时只能通过解联立方程来求解;多级放大电路总的电压增益等于组成它的各级放大电路电压增益的乘积,只是在进行单级计算时要考虑级间的相互影响,输入电阻就是其第一级的输入电阻,输出电阻等于最后一级的输出电阻,需要注意电压增益虽然提高了,但是通频带变窄了;将晶体管三种基本组态放大电路适当组合,扬长避短,获得更佳的电路性能,如共射–共基、共集–共基、共集–共射等多级放大电路的高频特性较好,广泛应用于宽带放大电路中,差放也经常采用组合电路。

<h1 style="text-align:center">习　题</h1>

2.1.1　怎样用万用表的电阻挡判别双极型晶体管的三个电极及类型(NPN 或 PNP)?

2.1.2　在某放大电路中,分别测得三个晶体管各电极的对地电位,如图题 2.1.2 所示,试判断它们是 NPN 型还是 PNP 型,是硅管还是锗管,并区分出 E、B、C 三个电极。

2.1.3　某放大电路中晶体管三个电极的电流如图题 2.1.3 所示,用万用表直流电流挡测得 $I_1 = 2$ mA,$I_2 = 0.04$ mA,$I_3 = -2.04$ mA,试区分出 E、B、C 三个电极,并说明此晶体管是 NPN 型还是 PNP 型,它的 $\bar{\beta}$ 等于多少。

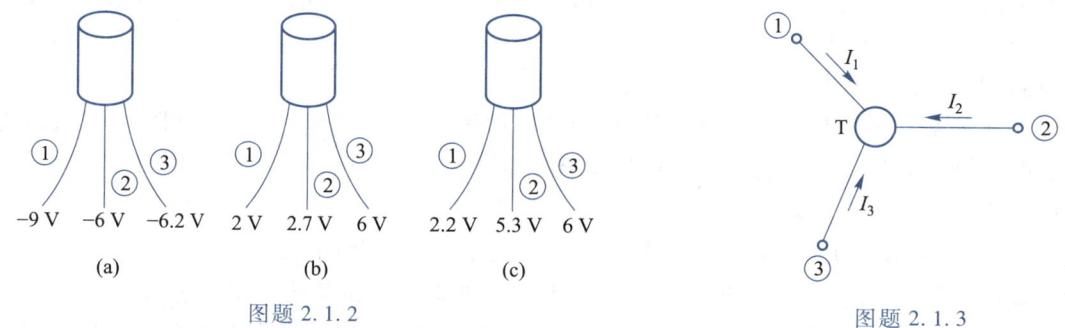

图题 2.1.2　　　　　　　　　　　　　　　图题 2.1.3

2.1.4　测量某硅晶体管各电极对地的电压值如下,试判别该管的工作状态(放大、截止或饱和)。

(1) $V_C = 6$ V,$V_B = 0.7$ V,$V_E = 0$ V;

(2) $V_C = 6$ V,$V_B = 2$ V,$V_E = 1.3$ V;

(3) $V_C = 6$ V,$V_B = 6$ V,$V_E = 5.3$ V;

(4) $V_C = 6$ V,$V_B = 4$ V,$V_E = 3.6$ V;

(5) $V_C = 3.6$ V,$V_B = 4$ V,$V_E = 3.3$ V。

2.1.5　测得 3 只硅 NPN 型晶体管的极间电压 V_{BE}、V_{CE} 如表题 2.1.5 所示,试判别它们的工作状态(放大、截止或饱和),填入表中。

表题 2.1.5　硅 NPN 型晶体管极间电压

NPN 型晶体管	V_{BE}/V	V_{CE}/V	工作状态
a 管	−3	5	
b 管	0.7	0.3	
c 管	0.7	5	

2.1.6　测得 3 只锗 PNP 型晶体管的极间电压 V_{BE}、V_{CE} 如表题 2.1.6 所示,试判别它们的工作状态(放大、截止或饱和),填入表中。

表题 2.1.6　锗 PNP 型晶体管极间电压

NPN 型晶体管	V_{BE}/V	V_{CE}/V	工作状态
a 管	−0.2	−3	
b 管	−0.2	−0.1	
c 管	3	−5	

2.1.7　用万用表直流电压挡测得电路中晶体管各个电极的对地电位如图题 2.1.7 所示,试判断这些晶体管分别处于哪种工作状态(饱和、放大、截止、倒置或已损坏)。

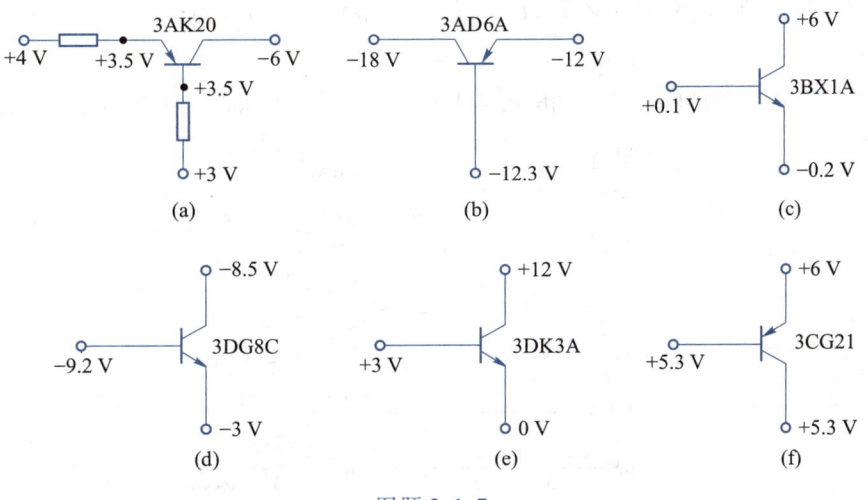

图题 2.1.7

2.1.8　某晶体管的厄尔利电压 $V_A = 80$ V,电压 $V_{CEQ} = 10$ V,分别求工作电流 I_{CQ} 为 1 mA 和 0.1 mA 时的 r_{ce} 值。

2.1.9　已知某晶体管在室温 27 ℃ 下的 $\bar{\beta} = 50$,$V_{BE} = 0.2$ V,$I_{CBO} = 10^{-8}$ A,$\bar{\beta}$ 随温度的变化为 1%/℃,V_{BE} 随温度的变化为 −2.5 mV/℃,温度每增加 10 ℃,I_{CBO} 扩大一倍,若设温度 T_1 时 $I_{CBO} = I_{CBO1}$,温度 T_2 时 $I_{CBO} = I_{CBO2}$,则 $I_{CBO2} = I_{CBO1} 2^{\frac{T_2 - T_1}{10}}$,试求当温度升高到 60 ℃ 时的 $\bar{\beta}$、V_{BE}、I_{CBO} 值。

2.1.10　有两只晶体管,其中一只管子的 $\beta = 150$、$I_{CEO} = 200$ μA,另一只管子的 $\beta = 50$、

$I_{\text{CEO}}=10\ \mu A$,其他参数一样,你选哪个？为什么？

2.1.11　NPN 型晶体管的输出特性如图题 2.1.11 所示,Q 点为静态工作点。

（1）求 Q 点直流电阻和交流电阻；

（2）求 Q 点附近的 $\bar{\beta}$ 和 β；

（3）试画出 $v_{\text{CE}}=6\ V$ 时的 i_{C} 与 i_{B} 的关系曲线。

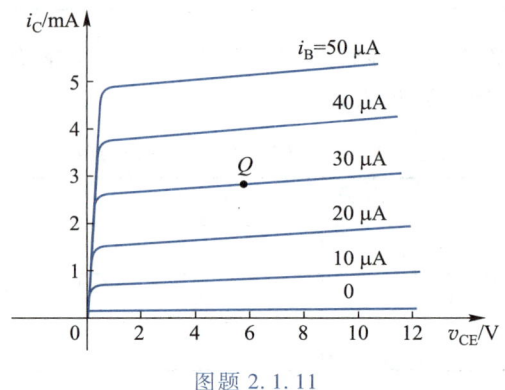

图题 2.1.11

2.1.12　测得某型号晶体管的 $\bar{\beta}$ 值范围为 $50\sim150$,试求 $\bar{\alpha}$ 值的范围。

2.1.13　一个硅 NPN 型晶体管,已知 $I_{\text{CBO}}=5\ pA$,$I_{\text{B}}=14.5\ \mu A$,$I_{\text{C}}=1.45\ mA$,试求 $\bar{\alpha}$、$\bar{\beta}$、I_{CEO}。

2.1.14　某晶体管的输出特性如图题 2.1.14 所示,试求出该管的 α、β、I_{CEO}、$V_{\text{(BR)CEO}}$ 和 P_{CM}。

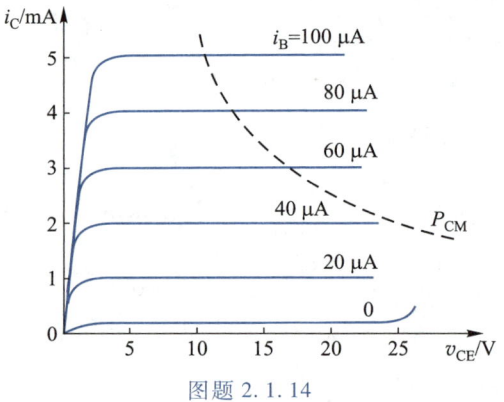

图题 2.1.14

2.1.15　某晶体管的极限参数 $I_{\text{CM}}=100\ mA$,$P_{\text{CM}}=150\ mW$,$V_{\text{(BR)CEO}}=30\ V$,若它的工作电压 $V_{\text{CE}}=10\ V$,则工作电流 I_{C} 不得超过多大？若工作电压 $V_{\text{CE}}=1\ V$,则工作电流 I_{C} 不得超过多大？若工作电流 $I_{\text{C}}=1\ mA$,则工作电压的极限值应为多少？

2.2.1　两个放大电路 A 和 B 的开路电压增益相同,用它们对同一具有内阻的电压信号进行放大,测得二者开路输出电压 $V_{\text{OA}}>V_{\text{OB}}$,这是什么原因？

2.2.2　用放大电路 A 和 B 分别对同一电压信号进行放大,当负载电阻 $R_{\text{L}}\to\infty$ 时,二者输出均为 2 V,都接负载电阻 $R_{\text{L}}=2\ k\Omega$,V_{OA} 下降至 1 V,V_{OB} 下降至 1.8 V,这是为什么？

2.3.1 试分析图题 2.3.1 所示各电路对正弦交流信号有无放大作用,并简述理由(设各电容的容抗可忽略)。

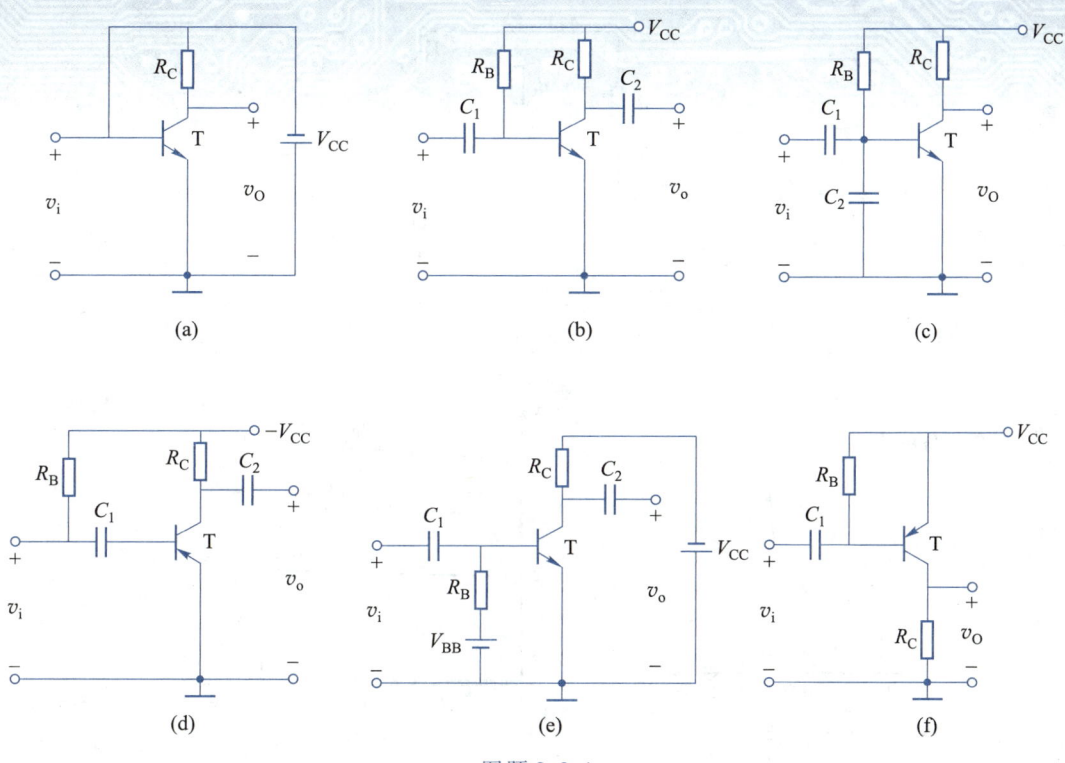

图题 2.3.1

2.3.2 试改正图题 2.3.2 所示放大电路的错误。图中各电容 C 对信号频率呈短路。

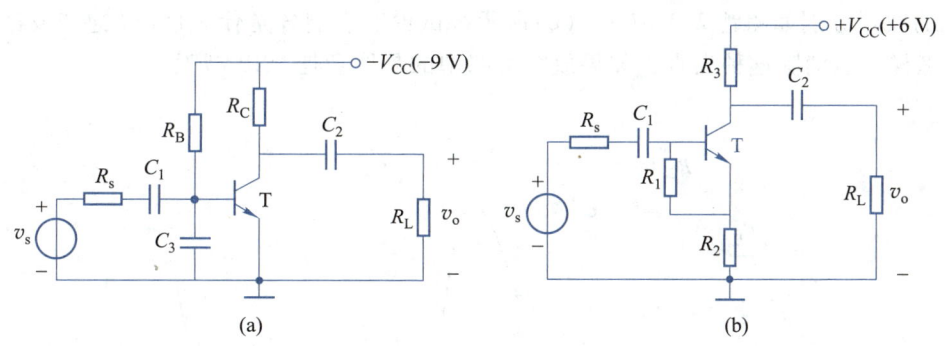

图题 2.3.2

2.3.3 单管放大电路及晶体管输入、输出特性曲线如图题 2.3.3 所示,$V_{CC} = 6$ V,$R_B = 270$ kΩ,$R_C = 2$ kΩ。

(1)用图解法确定静态工作点;

(2)当 R_C 由 2 kΩ 增大到 4 kΩ 时,静态工作点移至何处?

(3)当电源电压 V_{CC} 由 6 V 变到 10 V 时,静态工作点移至何处?

（4）试确定 $R_L \to \infty$ 及 $R_L = 510\ \Omega$ 两种情况下输出电压的动态范围。当输入正弦信号幅度逐渐加大时，输出电压波形首先出现什么失真？

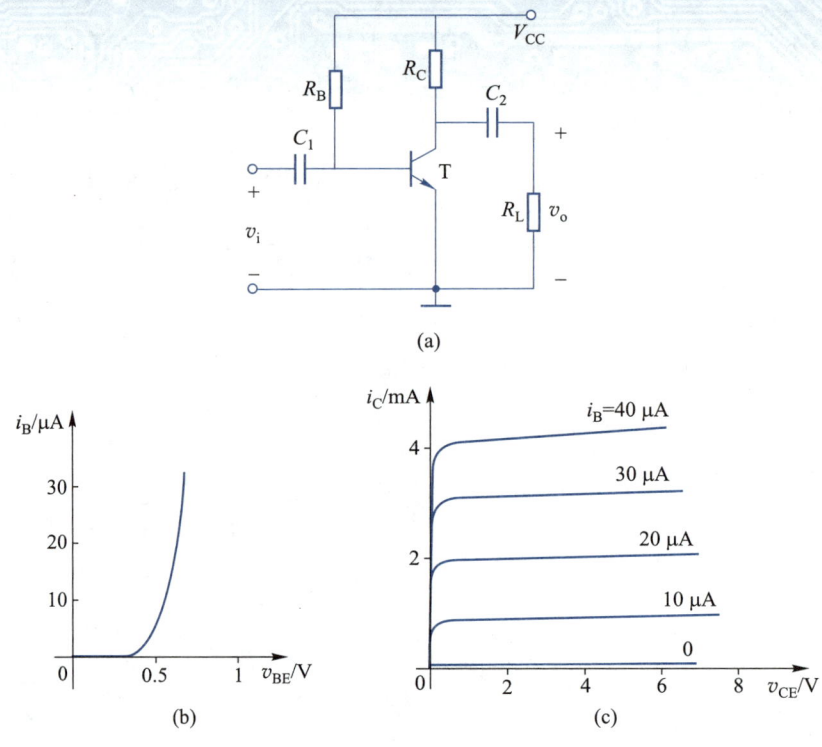

图题 2.3.3

2.3.4　有两个放大电路，其形式与图题 2.3.4(a) 相同。输入正弦信号，用示波器观测输出 v_o 的波形分别如图题 2.3.4(b)、(c) 所示。试说明它们各是什么性质（饱和或截止）的失真。怎样才能消除这种失真？如果放大电路中的晶体管是 PNP 型呢？

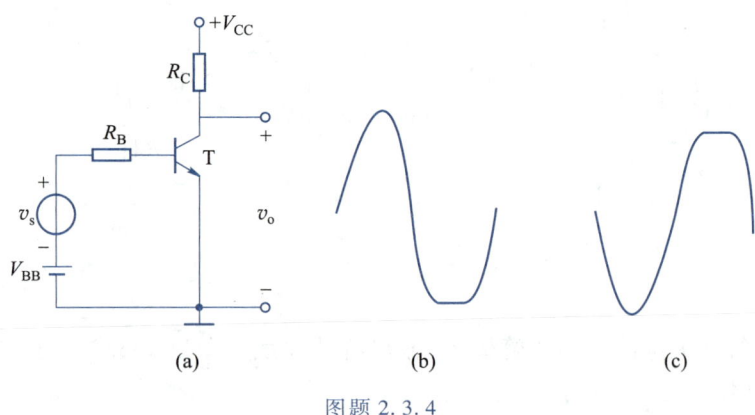

图题 2.3.4

2.3.5　一个如图题 2.3.3(a) 所示共射电路中的晶体管具有图题 2.3.5 所示的输出特性，静态工作点 Q 和直流负载线已在图上标出。

（1）确定 V_{CC}、R_B 和 R_C 的数值（设 V_{BE} 可以忽略不计）；

（2）若 $R_L = 6$ kΩ，画出交流负载线；

（3）若输入电流 $i_b = 18 \sin \omega t$ μA，在保证放大信号不失真的前提下，为尽可能减小直流损耗，应如何调整电路参数？调整后的元件数值可取多大？

2.3.6　图题 2.3.6 画出了如图题 2.3.3(a)所示共射电路中晶体管的输出特性及交、直流负载线。

（1）试求电源电压 V_{CC}、静态电流 I_B、I_C 和管压降 V_{CE} 的值；

（2）试求电阻 R_B、R_C 的值，设 V_{BE} 可以忽略不计；

（3）试求输出电压的最大不失真幅度；

（4）要使该电路能不失真地放大，基极正弦电流的最大幅值是多少？

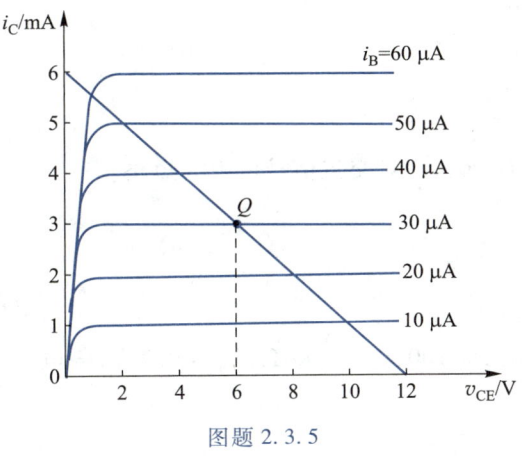

图题 2.3.5

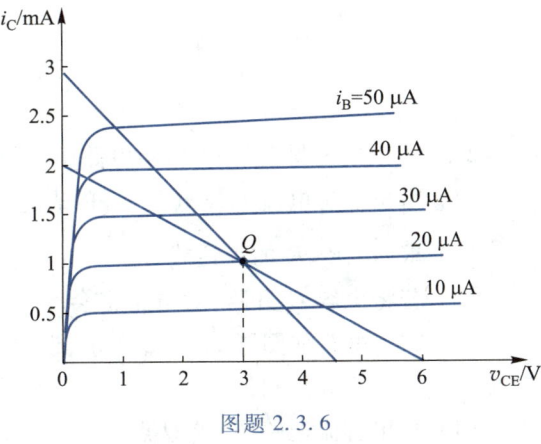

图题 2.3.6

2.3.7　电路如图题 2.3.7 所示，设晶体管的 $\beta = 80$，$V_{BE} = 0.6$ V，I_{CBO}、$V_{CE(sat)}$ 可忽略不计，试分析当开关 S 分别接通 A、B、C 三位置时，晶体管分别工作在其输出特性曲线的哪个区域，并求出相应的集电极电流 I_C。

2.3.8　电路如图题 2.3.8 所示，已知 $V_{BE} = 0.7$ V，$V_{CE(sat)} = 0.3$ V，试判断晶体管的工作状态，并计算晶体管集电极电位 V_C。

2.3.9　放大电路如图题 2.3.3(a)所示，设 $V_{CC} = 12$ V，$R_B = 560$ kΩ，$R_C = 6$ kΩ，$V_{BE} = 0.7$ V，$V_{CE(sat)} = 0.3$ V。

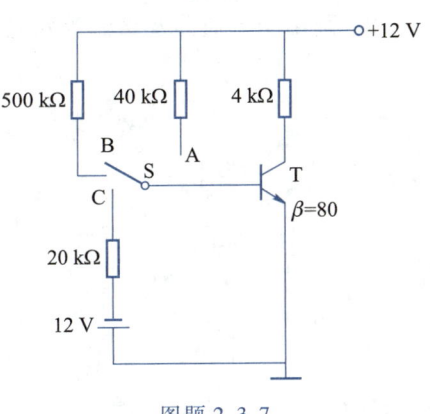

图题 2.3.7

（1）当 $\beta = 50$ 时，求静态电流 I_B、I_C 和管压降 V_{CE} 的值；

（2）当 $\beta = 100$ 时，求静态电流 I_B、I_C 和管压降 V_{CE} 的值，此时电路能否正常放大？

2.3.10　单管放大电路如图题 2.3.3(a)所示，$V_{CC} = 12$ V，$R_B = 300$ kΩ，$R_C = R_L = 4$ kΩ，晶体管的 $\beta = 50$，$V_{BE} = 0.6$ V，$r_{bb'} = 200$ Ω。

（1）估算 Q 点；

（2）画出交流通路及交流等效电路,计算 $\dot{A}_v$、R_i、R_o;

（3）若所加信号源内阻 R_s 为 500 Ω,计算 $\dot{A}_{vs}$。

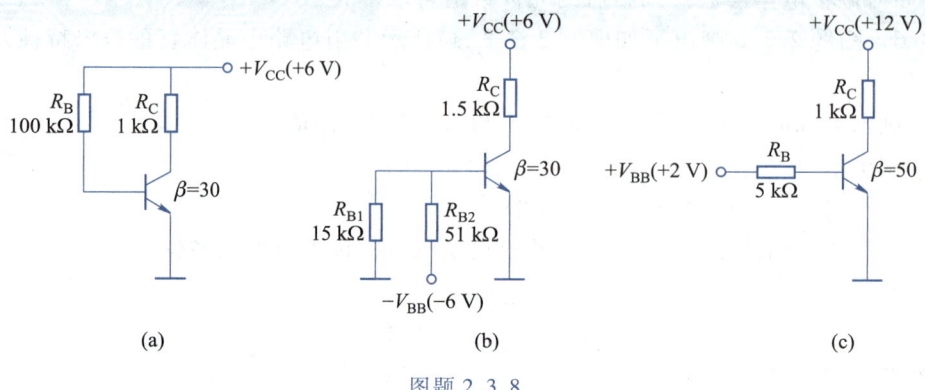

图题 2.3.8

2.3.11　在图题 2.3.11 所示电路中,设电容 C_1、C_2、C_3 对交流信号可视为短路。

（1）写出静态电流 I_C 及电压 V_{CE} 的表达式;

（2）求 $\dot{A}_v$、R_i、R_o 的表达式;

（3）若将电容 C_3 开路,对电路将会产生什么影响?

2.3.12　电路如图题 2.3.12 所示,设晶体管的 $\beta = 100$,$r_{bb'} = 100$ Ω,$V_{BE} = 0.7$ V,各电容对交流信号可视为短路。

（1）画出直流通路图,求 Q 点;

（2）画出交流通路及交流等效电路,计算 $\dot{A}_v$、R_i、R_o 和 $\dot{A}_{vs}$。

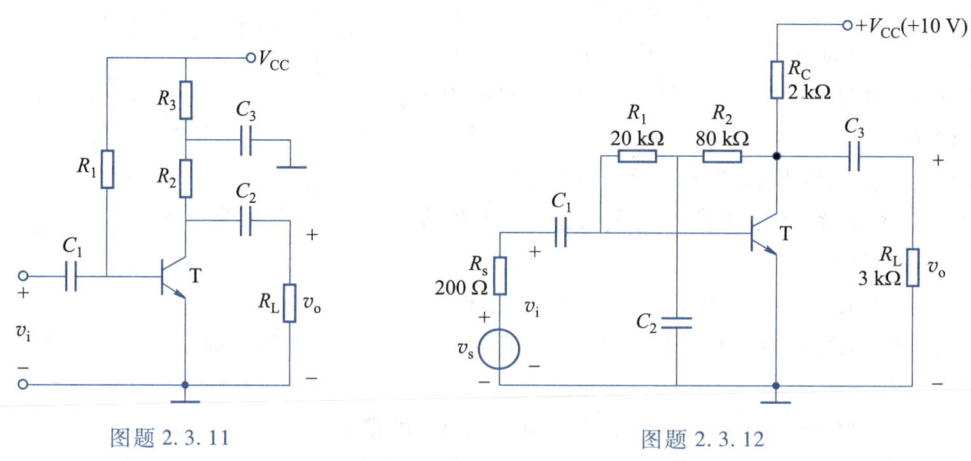

图题 2.3.11　　　　　　　　　　　图题 2.3.12

2.3.13　在图题 2.3.13 所示电路中,I_{EQ} 均为 1 mA,已知晶体管 $\beta = 99$,$r_{bb'} = 300$ Ω,电容足够大。试计算这些电路的输入电阻。

2.3.14　在图题 2.3.14 所示的放大电路中,二极管和晶体管均为硅管,其 PN 结正向电压降均为0.7 V。设晶体管 $\beta = 50$，$r_{bb'} = 300\ \Omega$，二极管的动态电阻可以忽略不计，电容 C_1、C_2 对交流信号可视为短路。

（1）要使 $I_{CQ} = 2\ \text{mA}$，R_B 应为多大？

（2）计算 $\dot{A}_v$、R_i 和 R_o。

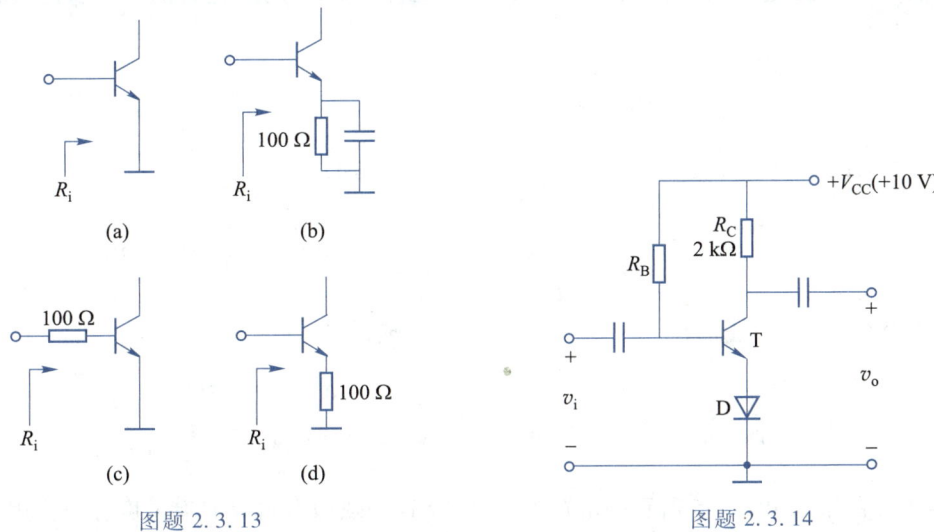

图题 2.3.13

图题 2.3.14

2.4.1　如图题 2.4.1 所示的偏置电路中，热敏电阻 R 具有负温度系数，问能否起到稳定工作点的作用？

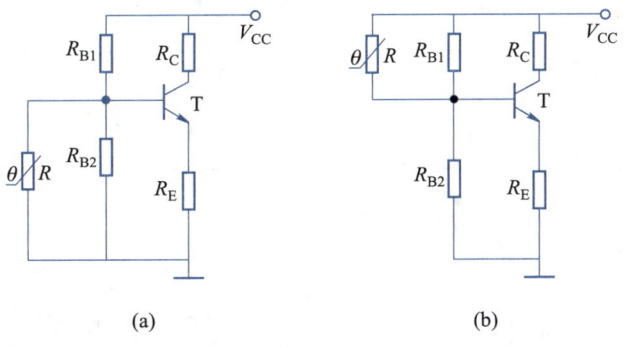

图题 2.4.1

2.4.2　电路如图题 2.3.3(a)所示，$V_{CC} = 12\ \text{V}$，$R_B = 750\ \text{k}\Omega$，$R_C = 6.8\ \text{k}\Omega$。

（1）当 $T = 25\ ℃$ 时，$\beta = 60$，$V_{BE} = 0.7\ \text{V}$，求 Q 点；

（2）如 β 随温度的变化为 $0.5\%/℃$，而 V_{BE} 随温度的变化为 $-2\ \text{mV}/℃$，当温度升高至 75 ℃ 时，估算 Q 点的变化情况；

（3）如温度维持在 25 ℃ 不变，只是换用一只 $\beta = 115$ 的管子，Q 点如何变化？此时放大电路的工作状态是否正常？

2.4.3　在图题 2.4.3 所示电路中，已知晶体管的 $\beta = 200$，$V_{BE} = 0.7\ \text{V}$，$V_{CE(sat)} = 0.3\ \text{V}$。

（1）求 Q 点；

（2）若电路中元件做如下变化，试分析晶体管的工作状态：① $R_{B2} = 2 \text{ k}\Omega$，② $R_{B1} = 15 \text{ k}\Omega$，③ $R_E = 100 \text{ }\Omega$。

2.4.4　电路如图题 2.4.4 所示，设晶体管的 $\beta = 100$，阈值电压 $V_{th} = 0.5 \text{ V}$，导通时 $V_{BE} = 0.7 \text{ V}$，$V_{CE(sat)} = 0.2 \text{ V}$。试分析 $R_{B1} = 560 \text{ k}\Omega$、$180 \text{ k}\Omega$ 和 $82 \text{ k}\Omega$ 时晶体管的工作状态及相应的集电极电流 I_C。

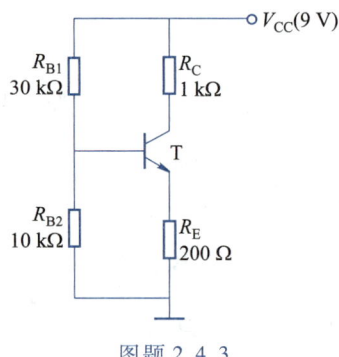

图题 2.4.3　　　　　　　　　图题 2.4.4

2.4.5　在如图题 2.4.5 所示的电路中，二极管 D 和热敏电阻 R 具有温度补偿作用。问：

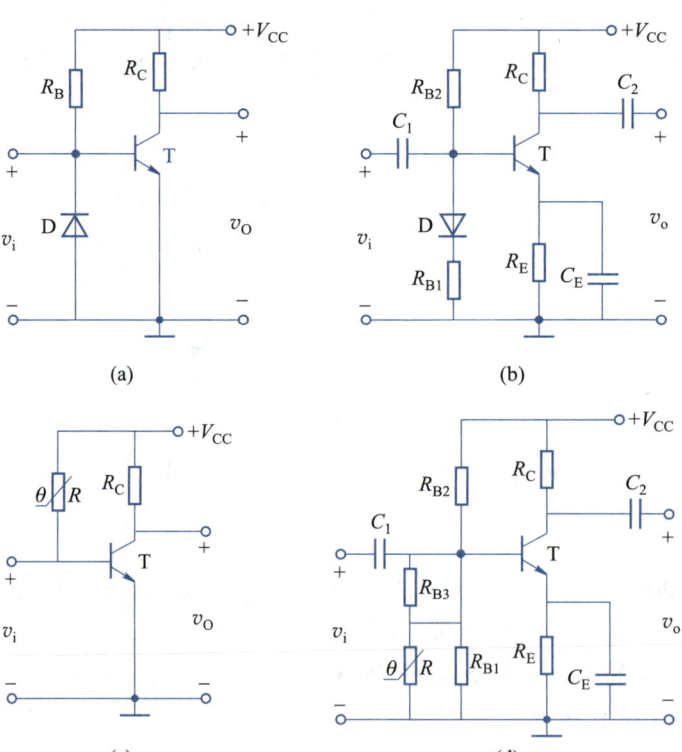

图题 2.4.5

（1）在图（a）和图（b）中，放大电路是利用二极管正向电压降的温度特性还是其反向电流的温度特性来补偿温度对静态工作点影响的？

（2）在图（c）和图（d）中，为了稳定静态工作点，热敏电阻应分别具有怎样的温度特性（正或负的温度系数）？

2.4.6　图题 2.4.6 所示电路，$V_{CC} = 24$ V，$R_B = 68$ kΩ，$R_C = 0.5$ kΩ，$R_{E1} = 50$ Ω，$R_{E2} = 220$ Ω，$R_L = 1$ kΩ，晶体管的 $\beta = 70$，$r_{bb'} = 80$ Ω，$V_{BE} = 0.7$ V，计算 $\dot{A}_v$、R_i 和 R_o。

2.4.7　在图题 2.4.7 所示的电路中，已知晶体管的 $\beta = 200$，$r_{bb'} = 80$ Ω，$V_{BE} = 0.7$ V，图中各电容 C 对信号频率呈短路，计算 $\dot{A}_v$、R_i、R_o 和 $\dot{A}_{vs}$。

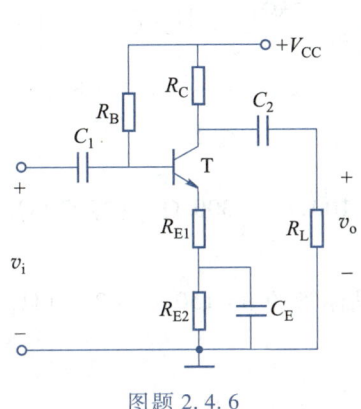

图题 2.4.6

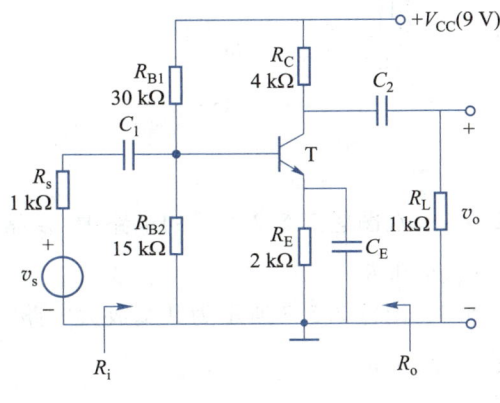

图题 2.4.7

2.4.8　在图题 2.4.8 所示电路中，已知晶体管的 $\beta = 150$，$r_{bb'} = 200$ Ω，$V_{BE} = 0.7$ V，忽略 r_{ce}，图中各电容 C 对交流呈短路，计算 $\dot{A}_v$、R_i 和 R_o。

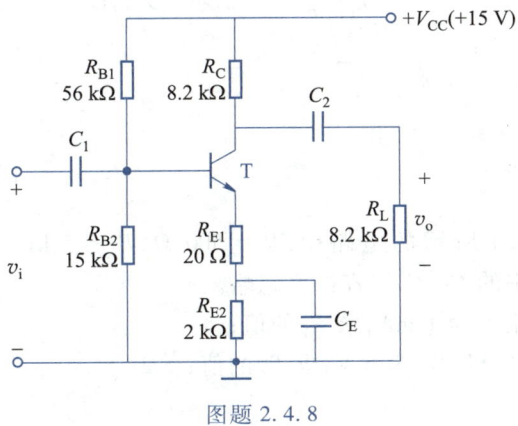

图题 2.4.8

2.4.9　在图题 2.4.9 所示的放大电路中，晶体管的 $\beta = 100$，$r_{bb'} = 300$ Ω，$V_{BE} = 0.7$ V，忽略 r_{ce}，设电容 C_1、C_2、C_3 对交流信号可视为短路。试求：

（1）静态工作点；

（2）$\dot{A}_v$、R_i 和 R_o；

（3）设输入信号源具有 $R_s = 1\ \text{k}\Omega$ 的内阻，信号源电压 $V_s = 10\ \text{mV}$，计算输出电压 V_o。

2.5.1 共集放大电路的交流通路如图题 2.5.1 所示，$I_{CQ} = 1\ \text{mA}$，晶体管的 $\beta = 100$，$r_{bb'} = 80\ \Omega$，图中各电容 C 对信号频率呈短路，计算 $\dot{A}_v$、R_i、R_o 和 $\dot{A}_{vs}$。

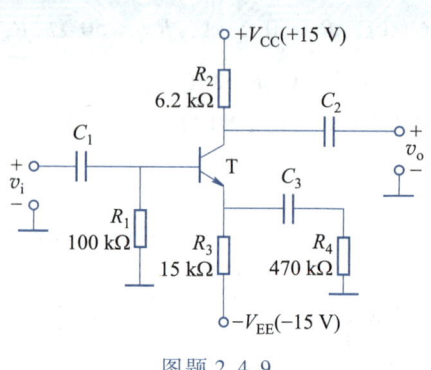

图题 2.4.9

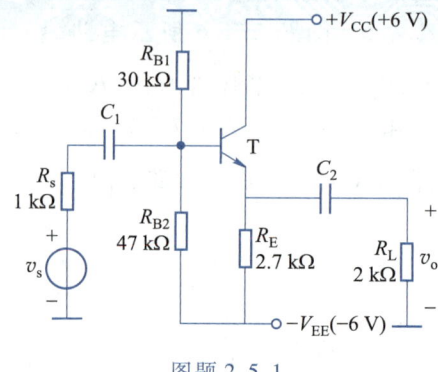

图题 2.5.1

2.5.2 在图题 2.5.2 所示的电路中，设晶体管的 $\beta = 100$，$r_{bb'} = 300\ \Omega$，电容 C_1、C_2 足够大，求 $\dot{A}_v$、R_i 和 R_o。

2.5.3 图题 2.5.3 所示为共基放大电路交流通路，晶体管的 $\beta = 150$，$r_{be} = 2.4\ \text{k}\Omega$，忽略 r_{ce}，求 $\dot{A}_v$、R_i 和 R_o。

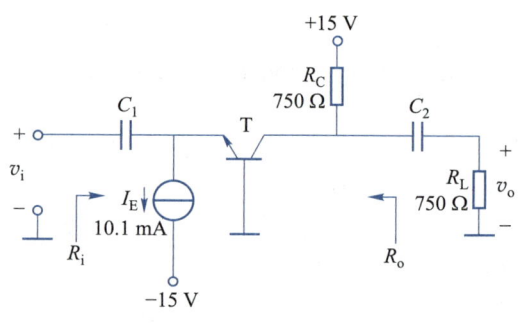

图题 2.5.2

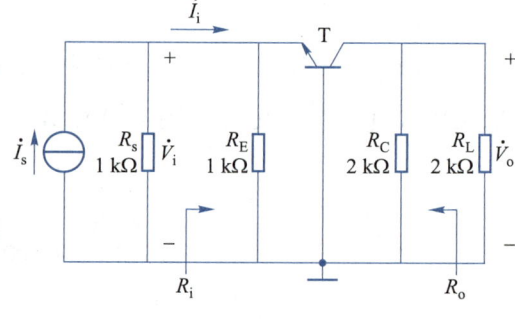

图题 2.5.3

2.5.4 在图题 2.5.4 所示的电路中，$R_s = 500\ \Omega$，$R_L = 5\ \text{k}\Omega$，晶体管的 $\beta = 100$，$r_{bb'} = 200\ \Omega$，$V_{BE} = 0.7\ \text{V}$，电路中的 C_1、C_2 的容抗可忽略。

（1）为使发射极电流 I_E 为 1 mA，求 R_E 的值；

（2）如需建立集电极电压 V_C 为 5 V，求 R_C 的值；

（3）求 $\dot{A}_{vs}$。

2.5.5 电路如图题 2.5.5 所示，$V_{CC} = 24\ \text{V}$，$R_B = 96\ \text{k}\Omega$，$R_C = 2.4\ \text{k}\Omega$，$R_E = 2.4\ \text{k}\Omega$，晶体管的 $\beta = 20$，$r_{bb'} = 80\ \Omega$，$V_{BE} = 0.7\ \text{V}$，若输入电压 $V_o = 1\ \text{V}$。

（1）求输出电压 V_{o1}、V_{o2}；

（2）用内阻为 10 kΩ 的交流电压表分别测量 V_{o1}、V_{o2} 时，表的读数各为多少？

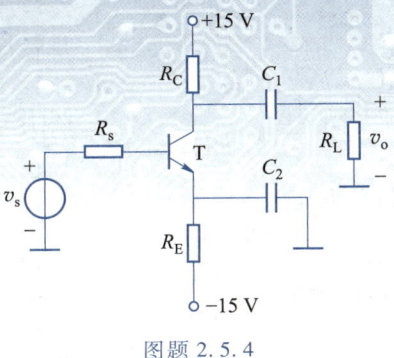

图题 2.5.4

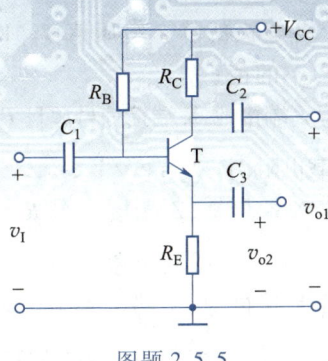

图题 2.5.5

2.5.6　电路如图题 2.5.6 所示，$R_s = 500\ \Omega$，设晶体管的 $\beta = 100$，$r_{bb'} = 200\ \Omega$，$V_{BE} = 0.7$ V，试求：

（1）Q 点；

（2）R_i；

（3）$\dot{A}_{vs1}$ 和 $\dot{A}_{vs2}$；

（4）输出电阻 R_{o1} 和 R_{o2}。

2.5.7　电路如图题 2.5.7(a) 所示，已知晶体管的 β、r_{be}，略去了偏置电路。试求下列三种情况下的 $\dot{A}_v$、R_i 和 R_o：

（1）$v_{s2} = 0$，从集电极输出；

（2）$v_{s1} = 0$，从集电极输出；

（3）$v_{s2} = 0$，从发射极输出。问上述（1）、（2）两种情况的相位关系能否用图题 2.5.7(b) 来表示？符号"+"表示同相输入端，即 v_C 与 v_E 同相，而符号"−"表示反相输入端，即 v_C 与 v_B 反相。

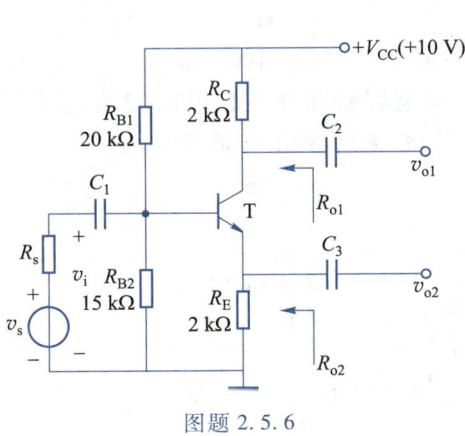

图题 2.5.6

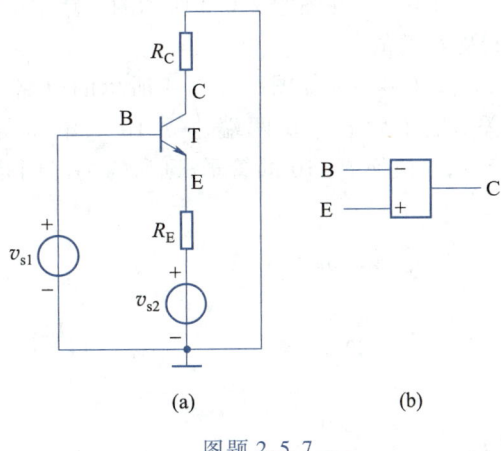

图题 2.5.7

2.5.8　电路如图题 2.5.8 所示，设晶体管的 $\beta = 100$，$r_{bb'} = 200\ \Omega$，$V_{BE} = 0.7$ V，电路中容抗可忽略。

（1）求各电极的静态电压值 V_B、V_E 及 V_C；

（2）求 r_{be} 的值；

（3）若 Z 端接地，X 端接信号源且 $R_s = 10\ \text{k}\Omega$，Y 端接一个 10 kΩ 的负载电阻，求 $\dot{A}_{vs} = \dot{V}_Y / \dot{V}_s$；

（4）若 X 端接地，Z 端接一个 $R_s = 200\ \Omega$ 的信号电压 $\dot{V}_s$，Y 端接一个 10 kΩ 的负载电阻，求 $\dot{A}_{vs} = \dot{V}_Y / \dot{V}_s$；

（5）若 Y 端接地，X 端接一个内阻 R_s 为 100 kΩ 的信号电压 $\dot{V}_s$，Z 端接一个负载电阻 1 kΩ，求 $\dot{A}_{vs} = \dot{V}_Z / \dot{V}_s$。

2.6.1 多路电流源电路如图题 2.6.1 所示，已知所有的晶体管的特性均相同，V_{BE} 均为 0.7 V，试求 I_{C1}、I_{C2} 的值。

2.6.2 在图题 2.6.2 所示的电路中，设两管特性相同，$\beta = 200$，$V_{BE} = 0.7$ V，厄尔利电压 $V_A = 100$ V，试求 $V_{CE2} = 5$ V 和 20 V 时的输出电流 I_0 及输出电阻 R_o。

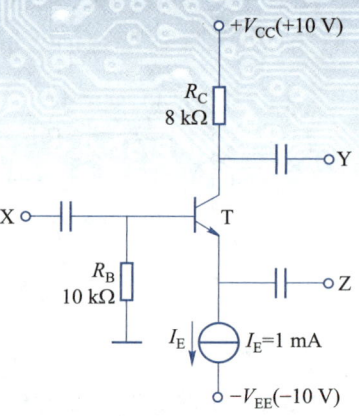

图题 2.5.8

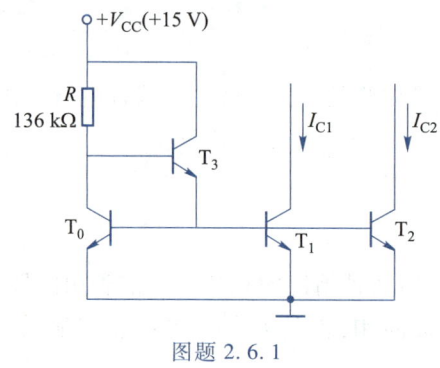

图题 2.6.1

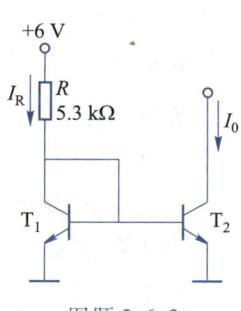

图题 2.6.2

2.6.3 在图题 2.6.3 所示的电路中，设各管特性相同，$\beta = 200$，$V_{BE} = 0.7$ V，$r_{ce} = 60$ kΩ，求 I_0 及 R_o 的值。

2.6.4 在如图题 2.6.4 所示的电路中，T_1、T_2 特性完全对称，$\beta = 100$，$V_{BE} = 0.6$ V，求开关 S 合上后电容 C 两端建立 10 V 电压所需的时间（设电容器在开关合上前的端电压为零），若改换 $\beta = 10$ 的管子，则所需的时间是否有变化？如有变化，算出它是多少。

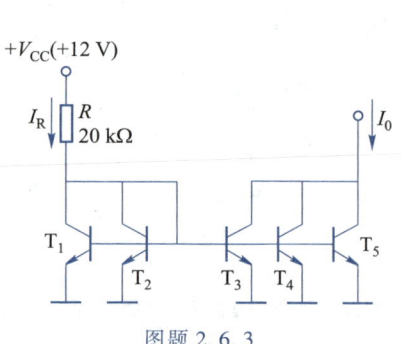

图题 2.6.3

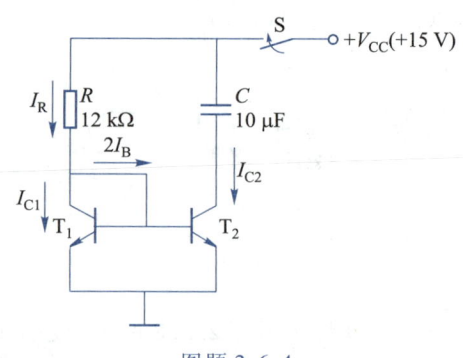

图题 2.6.4

2.6.5 在图题 2.6.5 所示的电流源电路中，$V_{CC} = 30$ V，$R = 30$ kΩ，$\beta = 100$，$V_{BE} = 0.6$ V，$r_{bb'} = 80$ Ω，$V_A = 100$ V，$I_0 = 10$ μA，试确定 R_2，并求输出电阻 R_o。

2.6.6 计算如图题 2.6.6 所示的多路电流源中各发射极电阻的数值。设各管的 β 值均相等且很大，$V_{BE} = 0.7$ V。

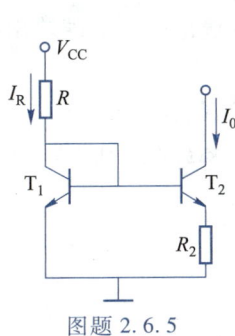

图题 2.6.5

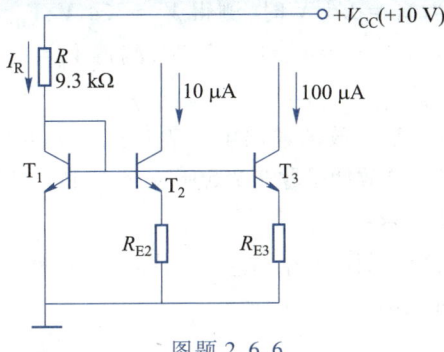

图题 2.6.6

2.6.7 图题 2.6.7 所示为多集电极晶体管构成的多路电流源。已知集电极 C_0 和 C_1 所接集电区的面积相同，C_2 所接集电区的面积是 C_0 的两倍。$I_{C0}/I_B = 4$，$V_{BE} = 0.7$ V，计算 I_{C1}、I_{C2}。

2.7.1 电路如图题 2.7.1 所示，两管特性相同，$\beta = 100$，$r_{bb'} = 200$ Ω，$V_{BE} = 0.6$ V。

（1）求 Q 点；

（2）当 $v_{I1} = 0.01$ V，$v_{I2} = -0.01$ V 时，求输出电压 $v_0 = v_{01} - v_{02}$ 的值；

（3）当 C_1、C_2 间接入负载电阻 $R_L = 5.6$ kΩ 时，求 v_0 的值；

（4）求 R_{id}、R_{od}。

2.7.2 差放如图题 2.7.2 所示，其中 $V_{CC} = V_{EE} = 12$ V，$R_B = R_C = R_E = 10$ kΩ，$R_P = 200$ Ω，且设其滑动端位于中点，$R_L = \infty$，两个对称管的 $\beta = 50$，$r_{be} = 2.5$ kΩ，$V_{BE} = 0.7$ V。

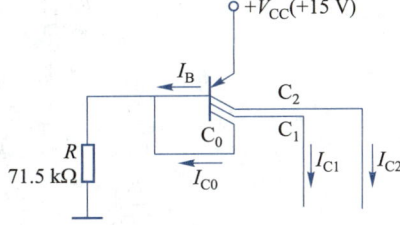

图题 2.6.7

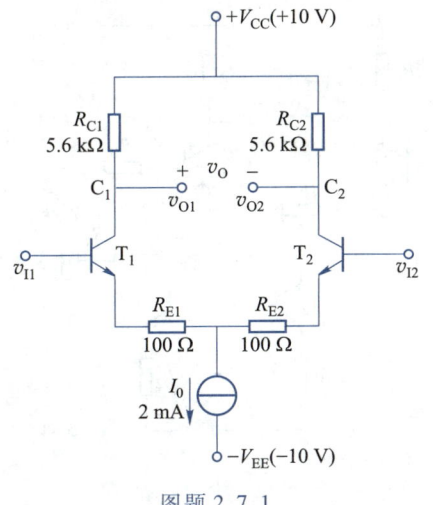

图题 2.7.1

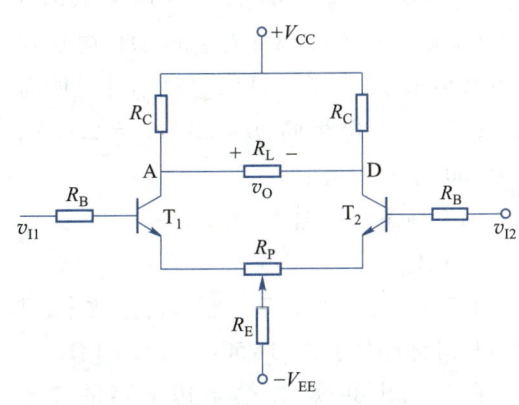

图题 2.7.2

(1) 求 Q 点；

(2) 计算 A_{vd}、A_{vc}、K_{CMR}；

(3) 计算 R_{id}、R_{ic}、R_{od}。

2.7.3 差放如图题 2.7.2 所示，已知 T_1、T_2 静态时的集电极电位（对地）均为 6.7 V，$R_L = \infty$。

(1) 当 $v_{Id} = 0.1$ V 时，测得 $V_A = 3.4$ V，$V_D = 10$ V，求 A_{vd}；

(2) 当 $v_{I1} = v_{I2} = v_{Ic} = 0.1$ V 时，测得 $V_A = V_D = 6.67$ V，求单端输出时与双端输出时的共模抑制比 K_{CMR}。

2.7.4 某差放的输出电压表达式为 $v_O = 1\,000v_{I1} - 999v_{I2}$，求 A_{vd}、A_{vc}、K_{CMR}。

2.7.5 差放如图题 2.7.5 所示，两管特性相同，$\beta = 50$，$r_{be} = 1.5$ kΩ，$V_{BE} = 0.7$ V，设 R_P 的滑动端位于中点。求：

(1) 静态工作点 I_{C1}、I_{C2}、V_{C1}、V_{C2}；

(2) A_{vd}、R_{id}、R_{od}。

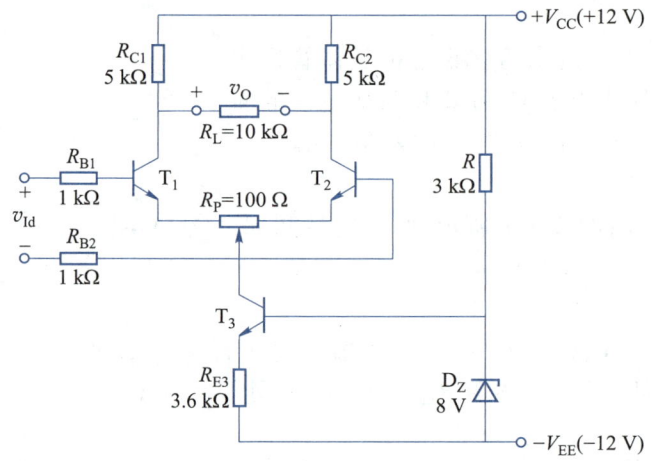

图题 2.7.5

2.7.6 在图题 2.7.6 所示的差放中，$V_{CC} = V_{EE} = 6$ V，$R_B = 50$ Ω，$R_C = 18$ kΩ，$R_1 = R_3 = 2.2$ kΩ，$R_2 = 430$ Ω，$R_L = 36$ kΩ，电位器 R_P 的数值很小，其影响可以忽略不计。所有的晶体管参数均相同，$\beta = 60$，$V_{BE} = 0.6$ V，$r_{bb'} = 300$ Ω，试计算：

(1) 静态工作点 I_{C1}、I_{C2}、V_{C1}、V_{C2}；

(2) A_{vd}。

2.7.7 在图题 2.7.7 所示的差放中，已知两只对称晶体管的 $\beta = 50$，$r_{be} = 1.2$ kΩ。

(1) 画出共模、差模半边电路的交流通路；

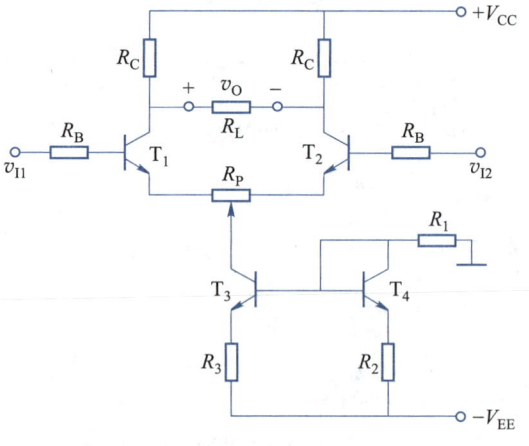

图题 2.7.6

（2）求 A_{vd}；

（3）求单端输出时的 K_{CMR}。

2.7.8　为了保证图题 2.7.8 中所示电路的正常放大作用，电路允许的最大共模输入电压范围（负向和正向）是多大？已知 $R_C = R_2 = 10\ \mathrm{k\Omega}$，$R_1 = 20\ \mathrm{k\Omega}$，$R_E = 7.5\ \mathrm{k\Omega}$，$V_{BE} = 0.6\ \mathrm{V}$。

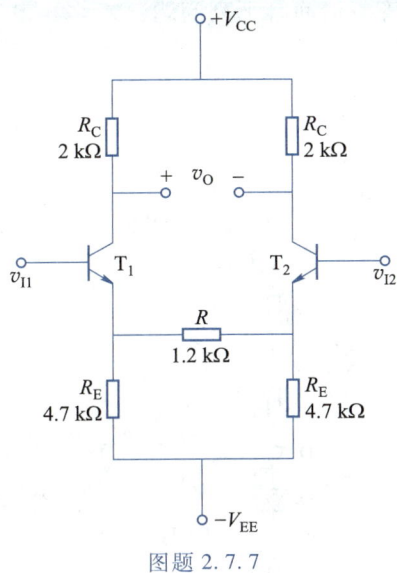

图题 2.7.7

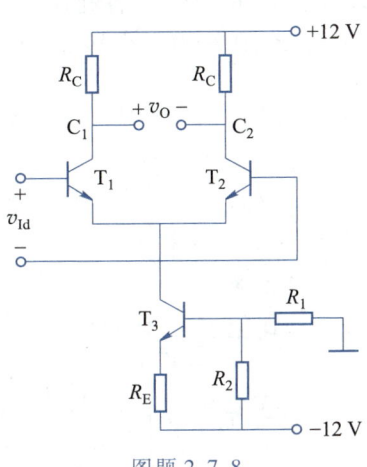

图题 2.7.8

2.7.9　图题 2.7.9 所示为有源负载差放，已知各管参数相同，$\beta = 100$，$V_{BE} = 0.7\ \mathrm{V}$，忽略 $r_{bb'}$，V_A 为 100 V，试画出差模交流通路，并求 A_{vd2}、R_{id}、R_{od}。

2.7.10　放大电路如图题 2.7.10 所示，其中 T_1、T_2 完全对称，T_3、T_4 也完全对称，各管的电流放大系数均为 β，电路处于正常放大状态，变化电压 v_2 的最大幅值比 $|-V_{EE}|$ 小得多。

（1）写出输出电压 v_0 与 v_1、v_2 的近似关系式（V_{BE}、$r_{bb'}$ 可以忽略不计）；

（2）根据写出的关系式，说明该电路具有何种功能。

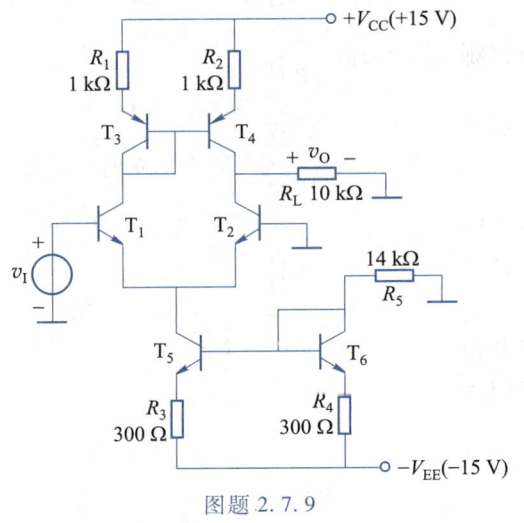

图题 2.7.9

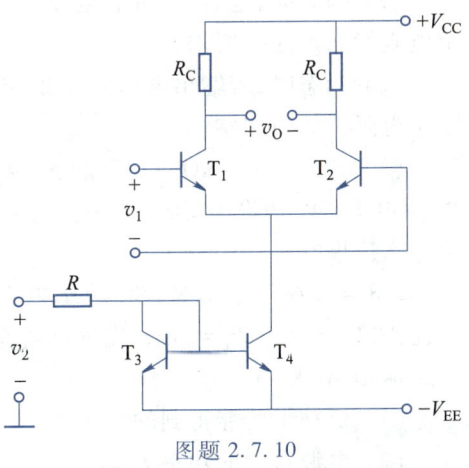

图题 2.7.10

2.8.1 电路如图题 2.8.1 所示(T_3 的偏置电路未画出),输入电压为正弦波,电源电压 $V_{CC} = 20$ V,负载电阻 $R_L = 8$ Ω。假定 T_3 的电压放大倍数 $\Delta v_{C3} / \Delta v_{B3} = -10$,射极输出器的电压放大倍数为 1,$T_1$、$T_2$ 的饱和电压降可以忽略,试计算当输入电压有效值 $V_i = 1$ V 时,电路的输出功率 P_o、电源供给的功率 P_{DC}、两管的管耗 P_T 以及效率 η。

2.8.2 功放如图 2.8.2 所示,T_1、T_2 为互补对称管。请回答下列问题:

(1) 静态时,流过负载电阻 R_L 的电流有多大?

(2) R_1、R_2、R_3、D_1、D_2 各起什么作用?

(3) 若 D_1、D_2 中有一个接反,会出现什么后果?

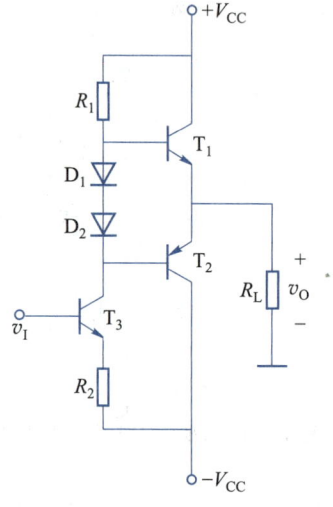

图题 2.8.1

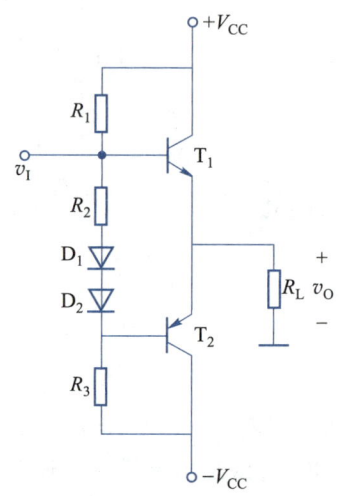

图题 2.8.2

2.8.3 单电源互补对称电路如图题 2.8.3 所示,设 T_1、T_2 的特性完全对称,v_i 为正弦波,$V_{CC} = 12$ V,$R_L = 8$ Ω,试回答下列问题:

(1) 静态时,电容 C_2 两端电压应是多少? 调整哪个电阻能满足这一要求?

(2) 动态时,若输出电压 v_o 出现交越失真,应调整哪个电阻? 如何调整?

(3) 若 $R_1 = 1.1$ kΩ,T_1、T_2 的 $\beta = 40$,$|V_{BE}| = 0.7$ V,$P_{CM} = 400$ mW,假设 D_1、D_2、R_2 中任意一个开路,将会产生什么后果?

2.8.4 在图题 2.8.3 所示单电源互补对称电路中,已知 $V_{CC} = 35$ V,$R_L = 35$ Ω,流过负载电阻的电流为 $i_o = 0.45\cos \omega t$ A,求:

(1) 负载上所能得到的功率 P_o。

(2) 电源供给的功率 P_{DC}。

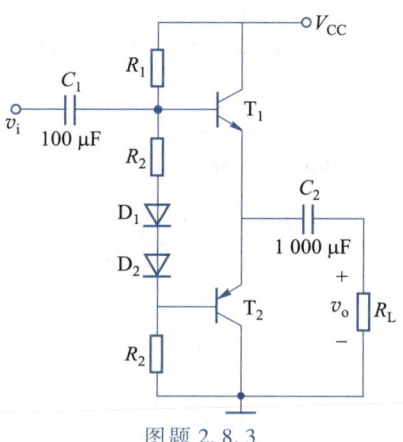

图题 2.8.3

2.8.5 判断图题 2.8.5 中各种复合管连接是否正确。如正确,指出它们各等效于什么类型的晶体管(NPN 型或 PNP 型),管脚 1、2、3 分别对应于什么电极。

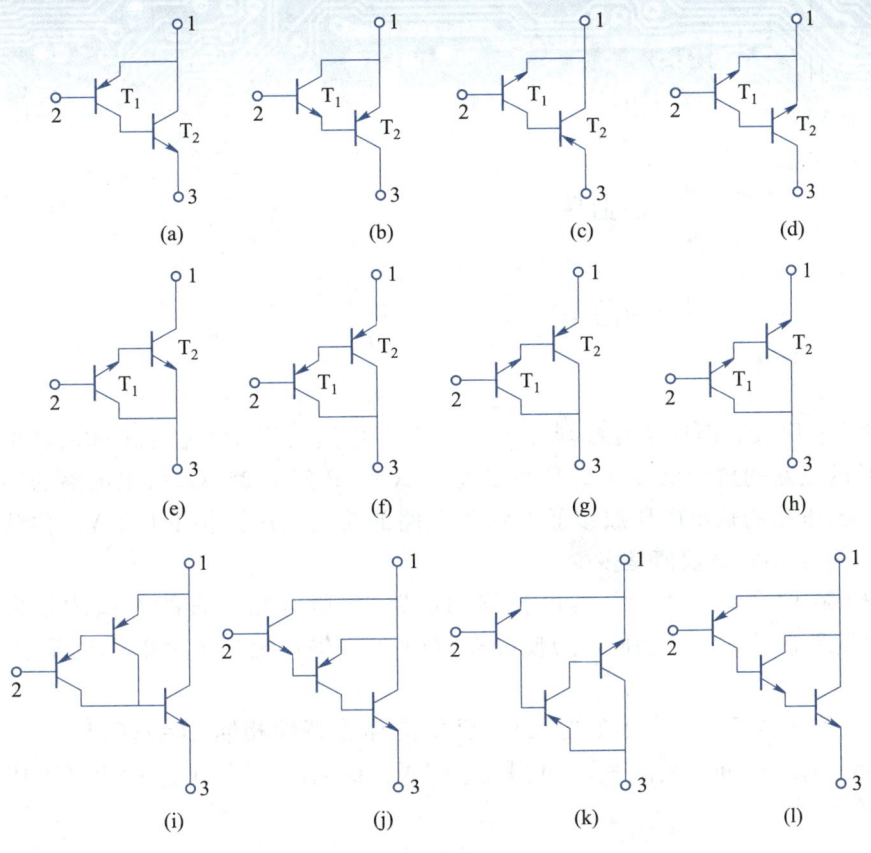

图题 2.8.5

2.8.6 在图题 2.8.6 所示电路中,已知二极管的导通电压为 0.7 V,晶体管的 $|V_{BE}|$ = 0.7 V,T_2、T_3 的发射极静态电位 V_{EQ} = 0 V,T_2、T_4 的饱和电压降 $V_{CE(sat)}$ = 2 V。

(1)求 T_1、T_3、T_5 基极的静态电位;

(2)设 R_2 = 10 kΩ,R_3 = 422 Ω,若 T_1、T_3 基极的静态电流可忽略不计,求 T_5 集电极静态电流;

(3)求负载上可能获得的最大输出功率 P_{om} 和效率 η;

(4)求 T_2、T_4 的最大集电极电流和集电极最大功耗。

2.8.7 OTL 电路如图题 2.8.7 所示。

(1)为了使最大不失真输出电压幅值最大,静态时 T_2 和 T_3 的发射极电位 V_{EQ} 应为多少?若不合适,则一般应调节哪个元件参数?

(2)若 T_2 和 T_4 的饱和电压降 $V_{CE(sat)}$ = 3 V,输入电压足够大,则电路的最大输出功率 P_{om} 和效率 η 各为多少?

(3)T_2 和 T_4 的 I_{CM}、$V_{(BR)CEO}$ 和 P_{CM} 应如何选择?

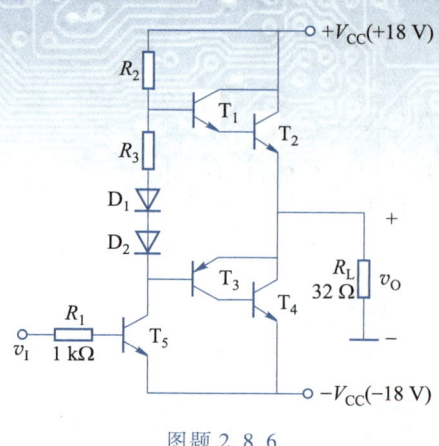

图题 2.8.6

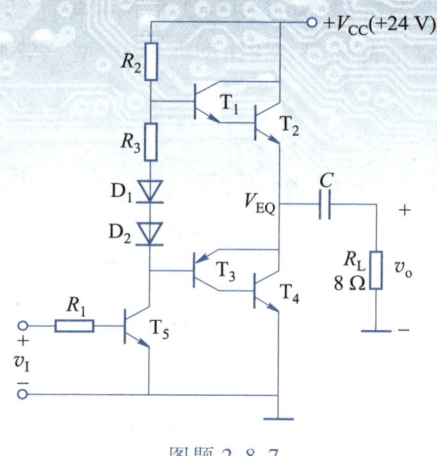

图题 2.8.7

2.9.1　有甲、乙、丙三个直接耦合放大电路,甲电路的放大倍数为 1 000,乙电路的放大倍数为 50,丙电路的放大倍数是 20。当温度从 20 ℃ 升到了 25 ℃ 时,甲电路的输出电压漂移了 10 V,乙电路的输出电压漂移了 1 V,丙电路的输出电压漂移了 0.5 V。你认为哪个电路的温漂参数最小? 其数值是多少?

2.9.2　在图题 2.9.2 所示的电平移动电路中,所有晶体管的 β 值均很大,V_{BE} 都为 0.7 V,且 T_2、T_3 的特性完全相同。为使静态时($v_i = 0$)输出电压 $v_0 = 0$ V,电阻 R_2 的数值应为多大?

2.9.3　在图题 2.9.3 所示的电路中,已知晶体管特性相同,$\beta = 100$,$V_{BE} = 0.7$ V,要求 $I_{EQ1} = 0.5$ mA,$I_{EQ2} = 1$ mA,$V_{CEQ1} = 2.5$ V,$V_{CEQ2} = 4$ V。设 $V_{CC} = 12$ V,$V_{CQ2} = 6$ V,$I_1 = 10\,I_{BQ1}$,试计算各电阻值。

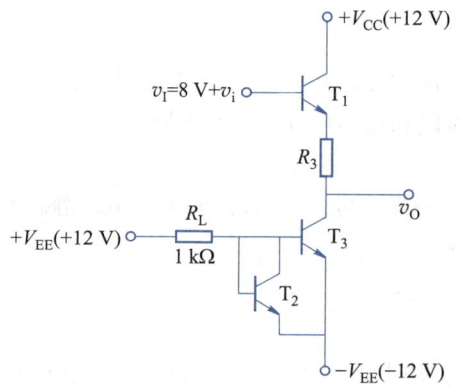

图题 2.9.2

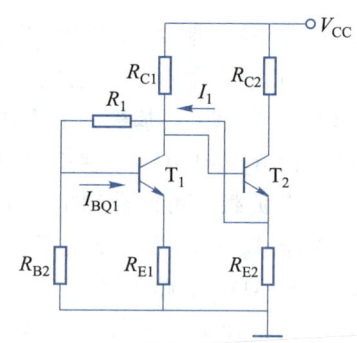

图题 2.9.3

2.9.4　在图题 2.9.4 所示的多级直接耦合放大电路中,第二级为电平位移电路。已知各管的 $\beta = 100$,$V_{BE} = 0.7$ V,I_{BQ} 可忽略不计。$I_0 = 2$ mA,各管的 $V_{CEQ} = 3$ V,$V_{CQ1} = 2.3$ V。

（1）为使 $V_{0Q} = 0$,试确定 R_{E2} 的值;

（2）若 $R_{E2} = 0$,电路能否正常工作?

2.9.5 图题 2.9.5 所示共射–共基组合电路中,已知晶体管的 $\beta = 100$, $V_{BE} = 0.7$ V, $r_{bb'} = 80\ \Omega$, $V_{B2} = 5$ V,各电容对交流呈短路。试求 V_{CEQ1}、V_{CEQ2}、A_v、A_{vs}。

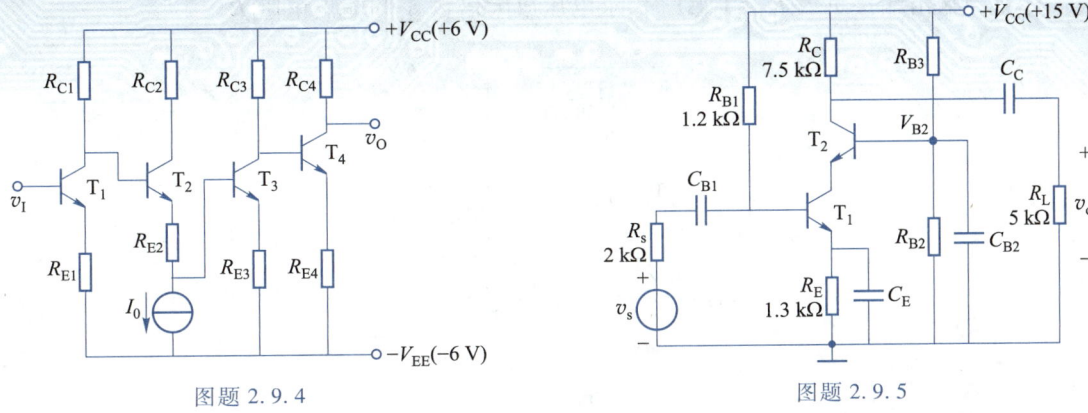

图题 2.9.4 图题 2.9.5

2.9.6 简述图题 2.9.6 中电路各为何种放大电路,其中 T_1、T_2 各起什么作用?

2.9.7 放大电路如图题 2.9.7 所示,设 C_1、C_2 足够大,写出 R_i、R_o 和 A_v 的表达式。

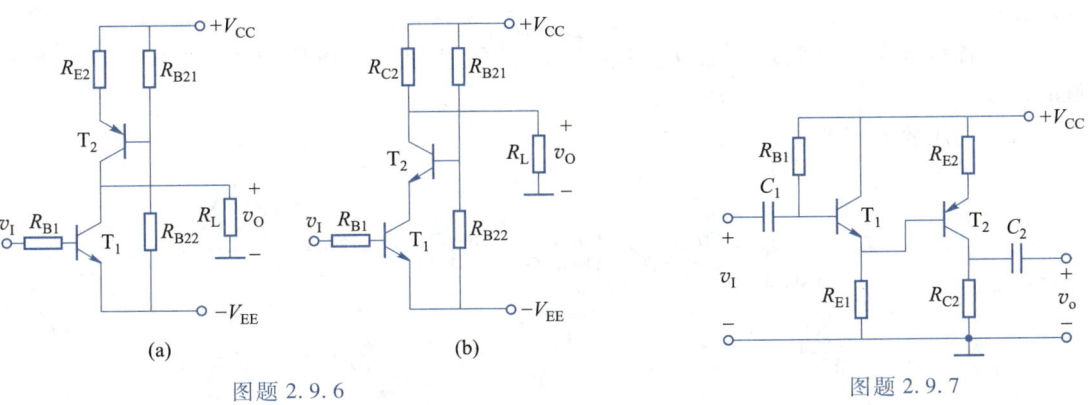

(a) (b)

图题 2.9.6 图题 2.9.7

2.9.8 三级放大电路如图题 2.9.8 所示,晶体管的 V_{BE} 均为 0.7 V,β 均为 50,$r_{be1} = 1.6$ kΩ,$r_{be2} = 3$ kΩ,$r_{be3} = 0.7$ kΩ,试求中频电压放大倍数 A_{vs} 和输出电阻 R_o(所有的容抗均可忽略不计)。

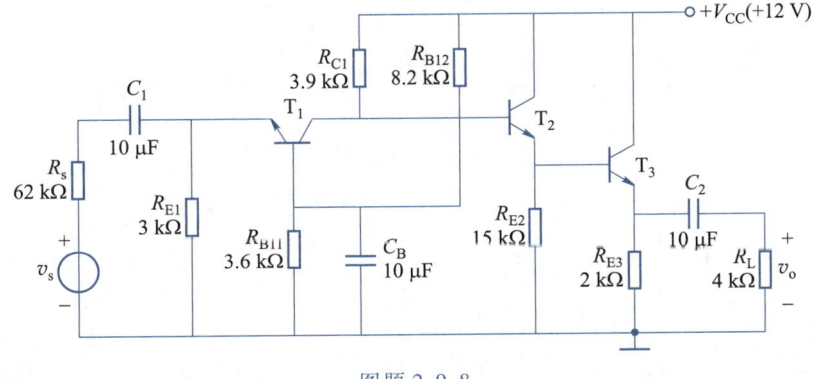

图题 2.9.8

2.9.9 放大电路如图题 2.9.9 所示,各晶体管的 $\beta = 100$,$V_{BE} = 0.7$ V,$r_{bb'} = 300\ \Omega$。

(1)欲使静态时 $v_O = 0$ V,求 R_{E3};

(2)当输出端接负载 $R_L = 1$ kΩ 时,求电压放大倍数 A_v 和输出电阻 R_o。

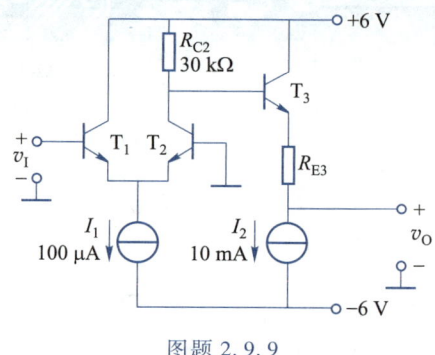

图题 2.9.9

2.9.10 在图题 2.9.10 所示的放大电路中,各晶体管的 $\beta = 50$,$V_{BE} = 0.7$ V,$r_{be1} = r_{be2} = 3$ kΩ,$r_{be4} = r_{be5} = 1.6$ kΩ。静态时电位器 R_P 的滑动端调至中点,测得输出电压为 $v_O = 3$ V,试计算:

(1)各级静态工作点 I_{C1}、V_{C1}、I_{C2}、V_{C2}、I_{C4}、V_{C4}、I_{C5}、V_{C5}(其中电压均为对地值),以及 R_E 的阻值;

(2)电压放大倍数 A_v。

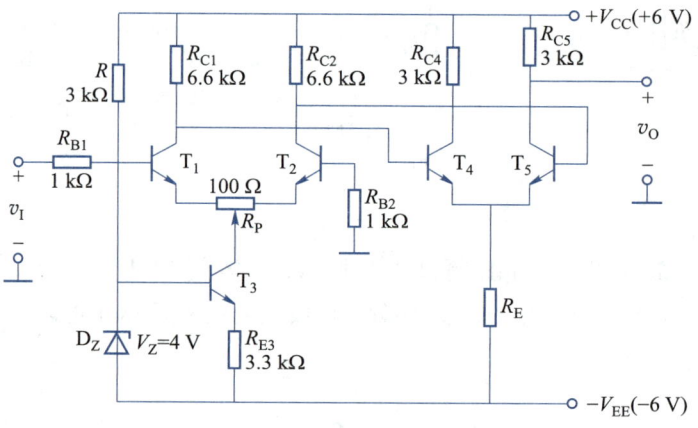

图题 2.9.10

第 3 章
场效应晶体管及其放大电路

场效应晶体管(field effect transistor,简写为 FET,简称场效应管)是利用输入电压形成的电场影响导电沟道的形状进而控制输出电流的压控型器件。与双极型晶体管相比,场效应晶体管的优点是输入阻抗高、抗辐射能力强、热稳定性好、功耗低、集成度高,缺点是跨导较低。由于 MOS 场效应晶体管集成电路具有集成度高,耗电低,易于实现数模混合集成等优点,它的快速发展是近年半导体技术进步的一个重要标志。

根据场效应晶体管内结构和工作原理,小功率场效应晶体管有 MOS 场效应晶体管(metal-oxide-semiconductor field effect transistor,简写为 MOSFET 或 MOS。MOSFET 也称绝缘栅场效应晶体管,insulated gate field effect transistor,简写为 IGFET)和结型场效应晶体管(junction field effect transistor,简写为 JFET)两大类。大功率场效应晶体管有 VDMOS(vertical double-diffusion metal oxide semiconductor,纵向双扩散 MOS 场效应晶体管)、IGBT(insulated gate bipolar transistor,绝缘栅双极型晶体管)等类型。本章以介绍 MOS 场效应晶体管的结构、工作原理及其应用电路为主。

3.1
MOS 场效应管

像晶体管有 NPN 和 PNP 之分一样,根据导电沟道和载流子类型的不同,MOS 场效应管(简称 MOS 管)有 N 沟道、P 沟道两类。同时,根据没有外加电压时,MOS 管内是否有初始导电沟道,又有增强型和耗尽型之分。

3.1.1 增强型 MOS 场效应管

增强型 MOS 管没有初始导电沟道,导电沟道需外加足够的偏置电压才能够建立。

N 沟道增强型
场效应管的结
构和工作原理

一、N 沟道增强型 MOS 管的结构(简称增强型 NMOS 管)

图 3.1.1(a)为增强型 NMOS 管的结构示意图。图 3.1.1(b)为其符号。

增强型 NMOS 管是在一块掺杂浓度相对较低的 P 型半导体衬底上用半导体的扩散工艺形成两块高掺杂的 N^+ 区,分别作为源区和漏区,在其上蒸镀金属并引出电极分别作为源极 S 和漏极 D。在衬底和两个 N^+ 区上氧化形成一层二氧化硅绝缘层,在两个 N^+ 区之间的绝缘层上再蒸镀一层金属并引出电极作为栅极 G。在工作时,源区、漏区之间及绝缘层的下方形成导电沟道,导电沟道的厚度和形状受到栅、源极之间电压 v_{GS} 及漏、源极之间电压 v_{DS} 的影响,输出电流 i_D 随 v_{GS}、v_{DS} 的变化而变化。导电沟道的宽度 W 与长度 L 的比值(W/L)对 MOS 管的性能有着较大的影响。

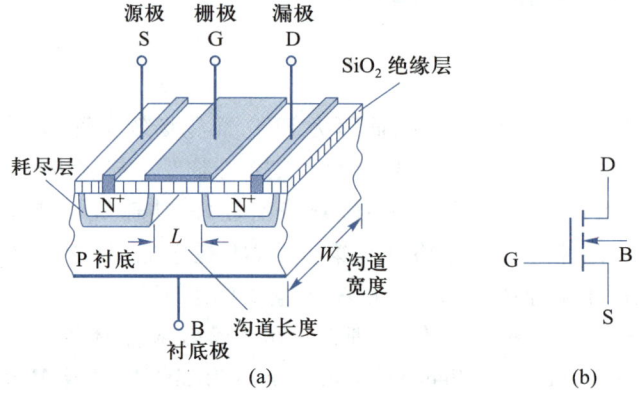

图 3.1.1　增强型 NMOS 管的结构示意和符号

二、增强型 NMOS 管的基本工作原理

第 2 章中我们已经知道,晶体管可以看成是一个双端口网络,如图 3.1.2(a)所示,其端口电压的大小和方向决定了晶体管的工作状态(放大、截止、饱和、倒置)。与晶体管类似,MOS 管的端口电压的大小与方向会影响沟道的形状和长度,使其工作于不同状态,共源组态 NMOS 管的端口电压电流方向如图 3.1.2(b)所示。

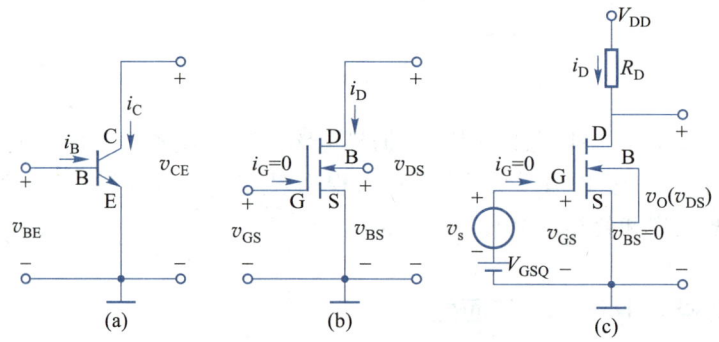

图 3.1.2　晶体管共射组态和 NMOS 管共源组态

与晶体管不同的是,NMOS 管多了一个衬底 B。在场效应管正常应用时,漏极 D、源极 S 与衬底 B 之间的 PN 结不应出现正向导通的情况,这要求 NMOS 管的衬源电压(v_{BS})应满足 $v_{BS} \leqslant 0$。单个的增强型 NMOS 管构成放大电路时,通常将衬底与源极短接,即 $v_{BS} = 0$。图 3.1.2(c)是使用单独 NMOS 管构成的基本共源放大电路,可将衬底和源极连接在一起。而在集成电路中,由于所有 MOS 管的衬底是公共的,对于增强型 NMOS 电路,衬底应接最低电位,以保证所有 MOS 管的 PN 结都反偏。

1. 栅源电压 v_{GS} 对 MOS 管沟道的影响

将源极与衬底直接连接,并令漏源之间电压 $v_{DS}=0$,在栅、源极间(同时也是在栅极和衬底之间)加有电压 $v_{GS}>0$ 时,栅极与源极之间、栅极与漏极之间以及栅极与衬底之间形成电场,在这一纵向电场作用下,P 型衬底中的自由电子向栅极方向运动,与绝缘层下方的空穴复合,使栅极下方的 P 型半导体中出现一层耗尽层,如图 3.1.3(a)所示。若 v_{GS} 再增加,则更多的自由电子到达并集聚在栅极下方,使栅极下方区域 P 型半导体中的自由电子的浓度超过空穴浓度,这时该区域的半导体由原来的 P 型转为 N 型,这个区域的半导体被称为反型层。反型层作为导电沟道将漏区、源区(均为 N^+ 型)连通,如图 3.1.3(b)所示。进一步增加 v_{GS},反型层的厚度将增加,如图 3.1.3(c)所示。

栅极板下刚刚开始出现反型层时的栅源电压 v_{GS} 称为 MOS 管的开启电压,用 $V_{GS(th)}$ 表示,简写为 V_{th}。开启电压的大小由增强型 NMOS 管的材料、工艺参数决定。

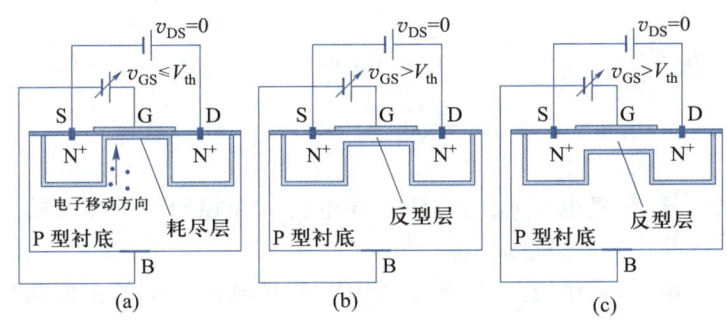

图 3.1.3　栅源电压 v_{GS} 对导电沟道的影响($v_{DS}=0$ 时)

2. 漏源电压 v_{DS} 对 MOS 管沟道的影响

由图 3.1.3(a)可见,在 $v_{GS}=0$ 或 $v_{GS}<V_{th}$ 时,漏区、源区(N^+)之间没有沟道形成,漏、源区之间为 NPN 结构,相当于有两个对接的 PN 结,在漏极和源极之间加电压 v_{DS} 时,总有一个 PN 结为反向偏置,因此漏源电流 i_D 基本为零。此状态称为 MOS 管的截止状态,也就是场效应管工作于截止区。

$v_{GS}>V_{th}$ 使导电沟道形成后,在漏、源极之间施加电压 v_{DS},当 v_{DS} 由零正向增大时,栅、漏极间电压将小于栅、源极之间的电压,即 $v_{GS}-v_{DS}=v_{GD}<v_{GS}$(此时保持栅、漏极之间的电压仍大于 V_{th}),这使得沟道靠近漏极一侧吸引自由电子的数量少于源极一侧,靠近漏区的导电沟道将变得相对较薄,沟道呈楔形状,如图 3.1.4(a)所示。随着 v_{DS} 继续增加,电流 i_D 也随之增大,栅、漏极间电压将变得更小,导电沟道靠近漏区的一侧变得更薄。此时场效应管工作于可变电阻区。

当 v_{DS} 增大到恰使栅、漏极之间电压 v_{GD} 等于开启电压 V_{th},靠近漏区一侧的反型层完全消失,退为耗尽层,即导电沟道在该位置点被耗尽层夹断,称此状态为预夹断。此时,$v_{GD}=v_{GS}-v_{DS}=V_{th}$。沟道形状如图 3.1.4(b)所示。

在预夹断产生后继续增大 v_{DS},使得 $v_{GD}<V_{th}$,夹断点向源区的方向移动,靠近漏区一侧的导电沟道被耗尽层夹断的部分增多,沟道长度变短,耗尽层区域长度增加,如图 3.1.4(c)所示。在 v_{DS} 的作用下,在夹断点与漏极之间的耗尽层上产生较强电场,自由电子由源区沿导

电沟道向漏区方向运动并到达夹断点时,被耗尽区内的强电场作用继续向漏区漂移,依然形成漏极电流 i_D,且该漏极电流基本保持预夹断产生时的漏极电流值,即产生预夹断后,漏极电流 i_D 基本不随 v_{DS} 的增加而增加,此时场效应管工作于饱和区(或称恒流区)。当 v_{DS} 增大时,栅极到沟道夹断点处的电压总为 V_{th},夹断点到源极间的剩余导电沟道上的电压也仍总为 $(v_{GS}-V_{th})$,v_{DS} 大于 $(v_{GS}-V_{th})$ 的增加量主要降在漏、源极之间呈高电阻的耗尽层区域上。

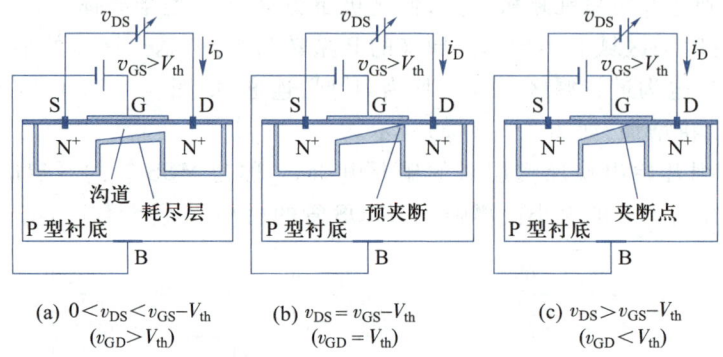

(a) $0 < v_{DS} < v_{GS} - V_{th}$
$(v_{GD} > V_{th})$

(b) $v_{DS} = v_{GS} - V_{th}$
$(v_{GD} = V_{th})$

(c) $v_{DS} > v_{GS} - V_{th}$
$(v_{GD} < V_{th})$

图 3.1.4 漏源电压 v_{DS} 对导电沟道的影响($v_{GS} > V_{th}$)

根据上述分析,栅、源极电压 v_{GS} 起着建立导电沟道和控制沟道厚度的作用,漏、源极电压 v_{DS} 改变沟道形状并产生漏极电流 i_D。

由于在漏、源极电压 v_{DS} 作用下,增强型 NMOS 管导电沟道中的主要载流子流为自由电子流,自由电子是 N 沟道及源区、漏区的多数载流子。沟道电流仅由多数载流子流构成,没有少子构成的电流。因而也称场效应管为单极型晶体管。而双极型晶体管中参与导电的载流子既有多子也有少子。由第 1 章的介绍可知,少子流密度受温度、辐射的影响较大(如 I_{CBO}、I_{CEO} 等)。由于没有少子参与导电,场效应管比双极型晶体管具有温度稳定性能好、抗辐射能力强等优点。

三、增强型 NMOS 管的伏安特性曲线

第 2 章中的晶体管共射组态伏安特性曲线给出了 i_B 和 v_{BE}、i_C 和 v_{CE} 之间的电流、电压关系,是晶体管应用时的重要依据。对于 MOS 管,其栅极 G 由氧化层绝缘,栅极和源极间输入电阻极高,可达 $10^9\Omega$ 以上,栅极输入电流极小。因而应用中一般无需分析 MOS 管栅、源极间的输入电压与输入电流的关系,而是通常用输出特性 $i_D = f(v_{DS})$ 和转移特性 $i_D = f(v_{GS})$ 描述 MOS 管的特性。

1. 增强型 NMOS 管的输出特性曲线

与晶体管的共射特性曲线类似,增强型 MOS 管输出特性曲线给出以输入电压 v_{GS} 为参变量时输出电流 i_D 与输出电压 v_{DS} 的关系曲线族。图 3.1.5 为增强型 NMOS 管输出特性曲线。图中电流 i_D 的参考方向为流入漏极、流出源极,也是 N 沟道场效应管工作时 i_D 的实际流向。根据 i_D 和 v_{DS}、v_{GS}

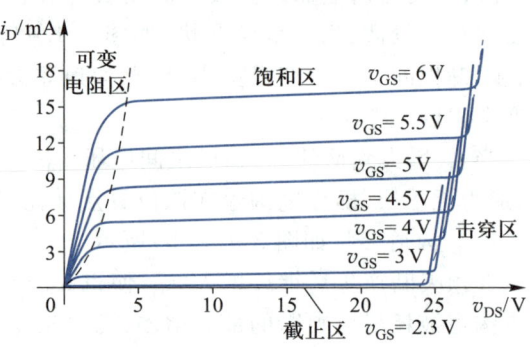

图 3.1.5 增强型 NMOS 管的输出特性曲线

的关系特点,可在输出特性曲线上分成四个区域:截止区、可变电阻区、饱和区(或称恒流区)和击穿区,分别对应于晶体管的截止区、饱和区、放大区和击穿区。

(1)截止区

$v_{GS}<V_{th}$,导电沟道尚未形成,漏、源极间电流 i_D 很小,漏、源极间呈现很大的电阻。一般应用中可认为 $i_D \approx 0$,漏、源极之间呈断开状态。

研究表明,当 v_{GS} 接近 V_{th} 时,电流 i_D 并不无限接近于零,一般可在 μA 数量级且 i_D 与 v_{GS} 呈指数关系。称这种现象为亚阈区效应。在大规模模拟集成电路中,也会利用 MOS 管的亚阈区进行小信号放大,可在低功耗下获得高增益。本书在后面的分析中,不考虑亚阈区效应,若 $v_{GS}<V_{th}$,则漏、源极间电流 $i_D = 0$。

(2)可变电阻区

$v_{GS}>V_{th}$,$v_{GD}>V_{th}$,$v_{DS}<v_{GS}-V_{th}$。漏、源区之间存在未被夹断的楔形导电沟道,漏极电流 i_D 随 v_{DS} 增加而增大。i_D 和 v_{DS}、v_{GS} 的关系可表示为

$$i_D = \frac{k_p}{2} \cdot \frac{W}{L} \left[2(v_{GS}-V_{th})v_{DS}-v_{DS}^2 \right] \longrightarrow v_{GS}>V_{th}, 0<v_{DS} \leqslant v_{GS}-V_{th} \qquad (3.1.1)$$

式(3.1.1)中,$k_p = \mu_n C_{OX}$ 称为本征导电因子(A/V^2);μ_n 为沟道中自由电子迁移率[cm^2/(V·s)];C_{OX} 为栅极下氧化层的单位面积电容(F/cm^2);W 为沟道宽度,L 为沟道长度,W/L 为沟道宽长比。

在可变电阻区,MOS 管的漏、源极之间可看成是在 v_{GS} 控制下的可变电阻 R_{on},其等效电路如图 3.1.6(a)、(b)所示。当 v_{DS} 较小时,式(3.1.1)中的二次项 v_{DS}^2 可被忽略,式(3.1.1)近似为式(3.1.2)。该式表明在 v_{DS} 较小时,i_D 与 v_{DS} 呈近似线性关系,示意图如图3.1.6(c)所示。此时,MOS 管漏、源极间受 v_{GS} 控制的等效压控电阻 R_{on} 的阻值由式(3.1.3)给出。

$$i_D \approx k_p \frac{W}{L}(v_{GS}-V_{th})v_{DS} \longrightarrow v_{GS}>V_{th}, 0<v_{DS} \leqslant v_{GS}-V_{th} \qquad (3.1.2)$$

$$R_{on} = \frac{v_{DS}}{i_D} \approx \frac{1}{k_p \dfrac{W}{L}(v_{GS}-V_{th})} \qquad (3.1.3)$$

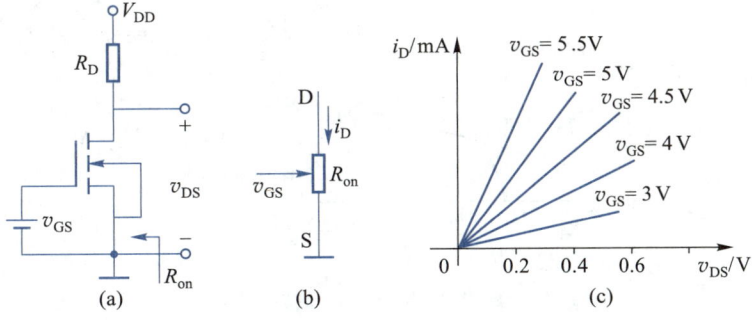

图 3.1.6　在可变电阻区 MOS 管漏、源极间等效的压控电阻 R_{on}

(3)饱和区

$v_{GS}>V_{th}$,$v_{GD}<V_{th}$,漏、源区之间的导电沟道出现夹断。在产生预夹断之后,漏极电流 i_D 基

本不随 v_{DS} 的增加而增加,形成饱和区(恒流区)。饱和区与可变电阻区的分界是预夹断状态,在产生预夹断时,$v_{\text{GD}} = v_{\text{GS}} - v_{\text{DS}} = V_{\text{th}}$,$v_{\text{DS}} = v_{\text{GS}} - V_{\text{th}}$,将 $v_{\text{DS}} = v_{\text{GS}} - V_{\text{th}}$ 带入式(3.1.1)可得式(3.1.4)。该式描述的 i_{D} 是 MOS 管脱离可变电阻区进入饱和区工作状态后的 i_{D} 值,该值对应 $i_{\text{D}} = f(v_{\text{DS}})$ 特性曲线上的拐点。

$$i_{\text{D}} = \frac{k_{\text{p}}}{2} \cdot \frac{W}{L}(v_{\text{GS}} - V_{\text{th}})^2 \quad\text{——}\quad v_{\text{GS}} > V_{\text{th}}, v_{\text{DS}} = v_{\text{GS}} - V_{\text{th}} \tag{3.1.4}$$

根据前面的分析,沟道夹断后,随着 v_{DS} 的再增大,剩余导电沟道上的电压基本不变。如果仅考虑这一点,在 MOS 管工作进入饱和区后,i_{D} 将保持刚进入饱和区时的数值[由式(3.1.4)表示],即 i_{D} 与 v_{GS} 呈二次函数关系,与 v_{DS} 无关,输出特性曲线是一水平直线。

实际上,随着 v_{DS} 的增大,剩余沟道长度缩短,沟道电阻随之减小,这使得饱和区内的 i_{D} 也会随 v_{DS} 增加而稍有增大,称这种现象为沟道长度调制效应。一般沟道长度 L 越短,沟道长度调制效应会越严重。

一般情况下,饱和区内 i_{D} 随 v_{DS} 增加而增大的增量与 v_{DS} 的增量之间呈近似线性关系,为了描述沟道长度调制效应,引入沟道长度调制因子 λ。考虑了沟道长度调制效应后的饱和区漏极电流 i_{D} 如式(3.1.5)所示。λ 数值越大,沟道长度调制效应的影响程度就越严重,饱和区内输出特性曲线的上翘程度也就越大。通常的 λ 在 $(0.001 \sim 0.03)/\text{V}$ 的范围。

$$i_{\text{D}} = \frac{k_{\text{p}}}{2} \cdot \frac{W}{L}(v_{\text{GS}} - V_{\text{th}})^2 \cdot (1 + \lambda \cdot v_{\text{DS}}) \quad\text{——}\quad v_{\text{GS}} > V_{\text{th}}, v_{\text{DS}} > v_{\text{GS}} - V_{\text{th}} \tag{3.1.5}$$

参照双极型晶体管对基区宽度调制效应的描述方法,在进行场效应管放大电路交流分析时,也引用厄尔利电压 V_{A} 和微变输出电阻 r_{ds} 来描述沟道长度调制效应。将饱和区内的输出特性曲线向 v_{DS} 的负值方向延长,与 v_{DS} 轴相交于 $-V_{\text{A}}$ 点,V_{A} 称为厄尔利电压。V_{A} 数值越大,饱和区内的 i_{D} 曲线就越平缓,沟道长度调制效应也越弱。

根据图 3.1.7,工作在饱和区内直流工作点为 $(V_{\text{DSQ}}、I_{\text{DQ}})$ 的 MOS 管,其沟道长度调制效应可等效为漏、源极之间的微变输出电阻 r_{ds}。由于 $\lambda \approx 1/V_{\text{A}}$,微变输出电阻 r_{ds} 的表达式为

$$r_{\text{ds}} = \left.\frac{\Delta v_{\text{DS}}}{\Delta i_{\text{D}}}\right|_{\substack{I_{\text{DQ}} \\ V_{\text{DSQ}}}} = \frac{V_{\text{DSQ}} + V_{\text{A}}}{I_{\text{DQ}}} \approx \frac{V_{\text{A}}}{I_{\text{DQ}}} = \frac{1}{\lambda \cdot I_{\text{DQ}}} \tag{3.1.6}$$

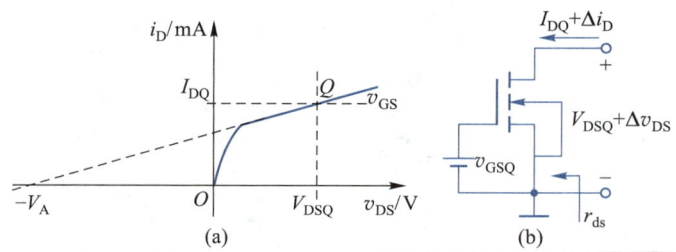

图 3.1.7 沟道长度调制效应及微变输出电阻 r_{ds}

2. 增强型 NMOS 管的转移特性曲线

转移特性反映了场效应管在截止区和饱和区内输出电流 i_{D} 与输入电压 v_{GS} 的关系。图 3.1.8(b)为增强型 NMOS 管转移特性曲线。在 $v_{\text{GS}} \leqslant V_{\text{th}}$ 的范围,场效应管处于截止区工

作，i_D基本为零。在饱和区内，当 v_{DS} 为大于 $v_{GS} - V_{th}$ 的某一固定值，$i_D = f(v_{GS}, V_{DSQ})$ 由式 (3.1.5)描述[不考虑沟道长度调制效应时，为式(3.1.4)]，输出电流与输入电压呈二次函数关系。而双极型晶体管在放大工作区时输出电流 i_C 与输入电压 v_{BE} 呈指数关系。转移特性曲线也可通过输出特性曲线获得，如图 3.1.8(a)、(b)所示的对应关系。

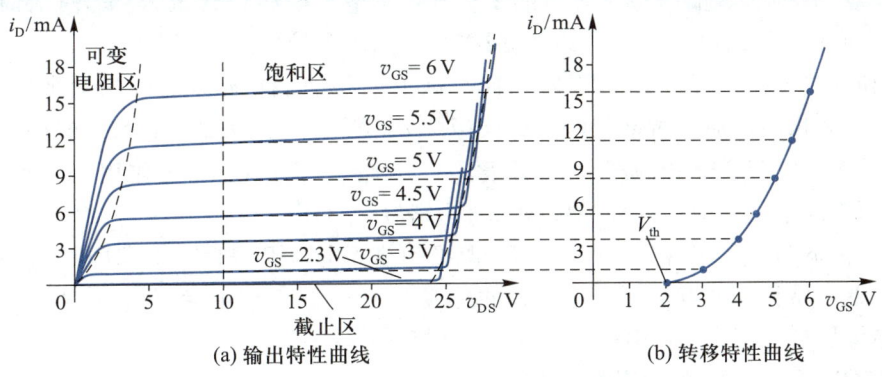

图 3.1.8　增强型 NMOS 管的转移特性曲线

为描述输出电流与输入电压的变化量之间的关系，定义微变跨导 g_m 为

$$g_m = \frac{\Delta i_D}{\Delta v_{GS}} \Bigg|_{\substack{v_{GS} = V_{GSQ} \\ i_D = I_{DQ} \\ v_{DS} = V_{DSQ}}} \tag{3.1.7}$$

g_m 反映了在某一直流工作点(V_{GSQ}、I_{DQ}、V_{DSQ})基础上场效应管输出电流的变化量受输入电压变化量影响的程度。在转移特性曲线上，g_m 是直流工作点位置处的斜率。当场效应管工作在饱和区且不考虑沟道长度调制效应时，根据式(3.1.4)可得

$$g_m = k_p \frac{W}{L}(V_{GSQ} - V_{th}) = \sqrt{2 k_p \frac{W}{L} I_{DQ}} = \frac{2 I_{DQ}}{V_{GSQ} - V_{th}} \tag{3.1.8}$$

考虑沟道长度调制效应时，根据式(3.1.5)可得

$$g_m = k_p \frac{W}{L}(V_{GSQ} - V_{th})(1 + \lambda V_{DSQ}) = \sqrt{2 k_p \frac{W}{L} I_{DQ}(1 + \lambda V_{DSQ})} = \frac{2 I_{DQ}}{V_{GSQ} - V_{th}} \tag{3.1.9}$$

由于式(3.1.9)中的 I_{DQ} 是考虑了沟道长度调制效应后的值，所求得的 g_m 会比式(3.1.8)给出的值稍大。一般情况下，$\lambda \cdot V_{DSQ} \ll 1$，所以在对场效应管电路进行功能分析时多采用式(3.1.8)近似求解。

式(3.1.8)和式(3.1.9)还表明，当 MOS 管材料、工艺参数确定后，微变跨导与静态工作电流的平方根成正比，这是由于 MOS 管的伏安特性为二次函数的缘故。而双极型晶体管的微变跨导与其静态工作电流成正比($g_m = I_{CQ}/26$)。在相同静态工作点情况下，MOS 管 g_m 的数值通常会比双极型晶体管小 1~2 个数量级。这是 MOS 管的一个缺点。

四、MOS 场效应管的击穿

MOS 管内存在着多种击穿现象，形成机理较为复杂。应用中应避免出现各种击穿。

在 MOS 管饱和区内，过大的 v_{DS} 会导致漏、源区之间的耗尽区出现击穿，使漏、源极间电

流 i_D 随 v_{DS} 增大而急增。这种击穿与输出特性曲线上的击穿区对应。导致这种击穿的漏源电压值 $V_{(BR)DS}$ 随着电流 i_D 的增大而增大，这一点与双极型晶体管不同。当 v_{GS} 增加，导电沟道变宽，电流 i_D 增加，沟道被夹断的区域长度变短，v_{DS} 分压在夹断区耗尽层的量值减小，导致击穿所需 v_{DS} 的量值（$V_{(BR)DS}$）会稍有增加。

MOS 管工作时，源、漏区与衬底间的 PN 结均应呈反偏截止状态，当 v_{DS} 过大时，会导致漏区与衬底间的 PN 结出现反向击穿，使漏极衬底间出现较大的击穿电流。

在饱和区内，随着 v_{DS} 的增大，夹断点向源区方向移动，漏、源区之间的剩余导电沟道长度缩短，耗尽区长度增加。对某些沟道长度（L）较短的管子，过大的 v_{DS} 会致使夹断点与源区连接，使漏、源区之间全部转为耗尽区，源区（N^+）中的载流子在 v_{DS} 的作用下漂移运动到漏区，使漏、源极间电流突增。这种现象称为贯通击穿。

由于栅极下为 SiO_2 绝缘层，MOS 管栅、源极间输入电阻 R_{GS} 极大（$10^9\,\Omega$ 以上），因静电感应，在栅极上容易积累静电荷而产生较大的感应电压 v_{GS}。由于绝缘层较薄，当 v_{GS} 相对过大时，会使绝缘层被击穿，导致 MOS 管的永久性损坏。

五、MOS 场效应管衬底调制效应

在 MOS 管正常工作时，源区、漏区、导电沟道与衬底之间的 PN 结不应出现正向导通情况。这要求增强型 NMOS 管的衬、源极间电压 v_{BS} 应满足 $v_{BS} \leqslant 0$，增强型 PMOS 管的衬、源极间电压应满足 $v_{BS} \geqslant 0$。在集成电路中，同类型的各 MOS 管都集成在公共衬底上，对于 NMOS 电路，衬底应接电路中的最低电位。由于各 MOS 管的功能不同，难以保证各 MOS 管的源极都与衬底短接（$v_{BS}=0$）。对那些源极不与衬底短接的 NMOS 管，衬底、源极间存在负值的电压差 v_{BS}，且 v_{BS} 可能是变化的。例如，图 3.1.9(a) 所示的共漏放大电路。

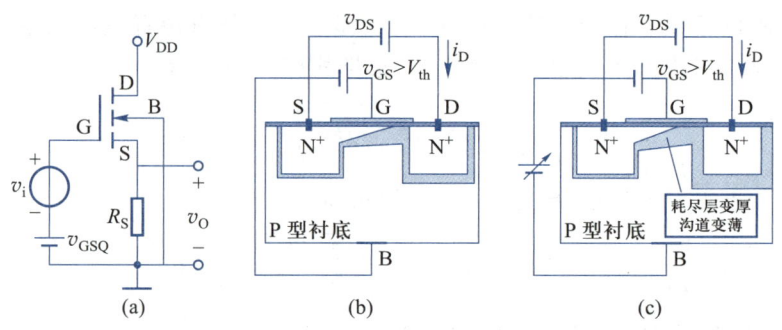

图 3.1.9　衬源电压 v_{BS} 的影响

在 MOS 管饱和区，假设 $v_{BS}=0$ 时沟道及耗尽层的示意图所图 3.1.9(b) 所示，则当 $v_{BS}<0$ 时，源区、漏区及导电沟道与衬底之间的 PN 结反偏电压增加，其耗尽层也增厚，导电沟道因而变薄，沟道电阻增加，如图 3.1.9(c) 所示。所以在 v_{GS}、v_{DS} 不变的情况下，$|v_{BS}|$ 增加，使漏源电流 i_D 减小。在导电沟道未形成时，v_{BS} 也会使初建反型层导电沟道所需的栅、源开启电压 $V_{GS(th)}$ 增大。

衬、源电压对漏极电流的影响称为衬底调制效应。可通过参数背栅跨导 g_{mb} 来描述衬底调制效应的大小。g_{mb} 由器件的材料参数决定。一般情况下，背栅跨导 g_{mb} 与微变跨导 g_m 的关系由式（3.1.10）给出，其中 η 为跨导比常数，其值一般在 0.1~0.2 范围之内。

$$g_{mb} = \eta \cdot g_m \tag{3.1.10}$$

例 3.1.1　N 沟道 MOS 场效应管放大电路如图 3.1.2（c）所示。电路中电阻 $R_D = 1.5\ \text{k}\Omega$，工作电源电压 $V_{DD} = 5\ \text{V}$。管参数为：开启电压 $V_{th} = 1.5\ \text{V}$，本征导电因子 k_p 为 $50\ \mu\text{A/V}^2$，沟道宽长比 $W/L = 10$，沟道长度调制因子 $\lambda = 0.001/\text{V}$。试问：（1）为使管的微变跨导 $g_m = 1\ \text{mS}$，直流偏置电压源 V_{GSQ} 的数值应为多少？（2）为使管工作在饱和区，电压信号源（其直流分量为零）v_i 的动态范围是多少？

解：因为工作电源电压 V_{DD} 为 5 V，由电路可知，漏、源极之间的电压 v_{DS} 的变化范围为 0～5 V。由于 λ 数值较小，在 v_{DS} 的变化范围内均有 $(\lambda v_{DS}) \ll 1$，故在分析中可忽略沟道长度调制效应的影响。

（1）根据式（3.1.8），$g_m = \sqrt{2k_p \dfrac{W}{L} I_{DQ}} = 1\ \text{mS}$，可得

$$I_{DQ} = \frac{g_m^2}{2k_p \dfrac{W}{L}} = 1\ \text{mA}$$

根据式（3.1.4），$(V_{GSQ} - V_{th})^2 = \dfrac{I_{DQ}}{\dfrac{k_p}{2} \cdot \dfrac{W}{L}} = \dfrac{1 \times 10^{-3}}{\dfrac{50}{2} \times 10^{-6} \times 10} = 4$，故可得

$$V_{GSQ} = 2 + V_{th} = 3.5\ \text{V}$$

（2）输入信号电压增加时，MOS 管不应进入可变电阻区，即当 $v_{GS} = V_{GSmax}$ 时，$i_D = I_{Dmax}$，$v_{DS} = V_{DSmin} = V_{GSmax} - V_{th}$。

此时，场效应管由饱和区恰进入可变电阻区，沟道处于预夹断状态，$v_{GD} = V_{th}$。根据输出特性曲线方程有

$$i_{Dmax} = \frac{k_p}{2} \cdot \frac{W}{L} (V_{GSmax} - V_{th})^2 = 250 \times 10^{-6} (V_{GSmax} - V_{th})^2$$

根据电路的输出回路，有

$$i_{Dmax} = \frac{V_{DD} - V_{DSmin}}{R_D} = \frac{5 - (V_{GSmax} - V_{th})}{1.5 \times 10^3}$$

求解上述两式，得方程：$0.375x^2 + x - 5 = 0$，其中 $x = (V_{GSmax} - V_{th})$。可以得到：$V_{GSmax} = (2.55 + 1.5)\ \text{V} = 4.05\ \text{V}$。由于 $V_{GSmax} = V_{imax} + V_{GSQ}$，得：$V_{imax} = (4.05 - 3.5)\ \text{V} = 0.55\ \text{V}$。

当输入信号电压减小时，MOS 管也不应进入截止区，应有 $V_{GSmin} = V_{GSQ} + V_{imin} > V_{th}$，故 $V_{imin} = V_{th} - V_{GSQ} = (1.5 - 3.5)\ \text{V} = -2\ \text{V}$。

根据以上分析，信号源 v_i 的变化范围应为 $(-2\ \text{V}, +0.55\ \text{V})$，如图 3.1.10 所示。若 v_i 高于 $+0.55\ \text{V}$，管子进入可变电阻区，输出电压 v_o 出现削底失真。若 v_i 低于 $-2\ \text{V}$，管进入截止区，输出电压 v_o 出现削顶失真。

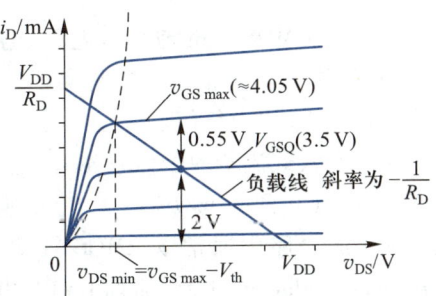

图 3.1.10　v_{GS} 的动态范围

六、P 沟道增强型 MOS 场效应管（简称增强型 PMOS 管）

增强型 PMOS 管的结构与增强型 NMOS 管的结构基本相同，只是 PMOS 管的衬底为 N 型半导体，源区、漏区及反型层导电沟道为 P 型，其导电载流子为空穴。图 3.1.11（a）、（b）和（c）分别给出了增强型 PMOS 管的结构示意、符号和基本共源放大应用电路。

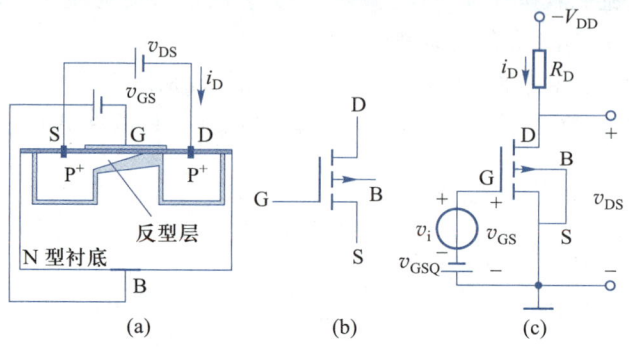

图 3.1.11　增强型 PMOS 管

增强型 PMOS 管的工作原理与 NMOS 管基本相同，但在饱和区应用时，要求栅极电位应低于源极（$v_{GS}<0$ 且 $v_{GS}<V_{th}<0$），漏极电位应低于源极，漏极电流 i_D 的实际流向为流出漏极。若以图 3.1.11（c）中标注的方向为 v_{GS}、v_{DS}、i_D 的参考方向时，转移特性、输出特性曲线如图 3.1.12 所示。

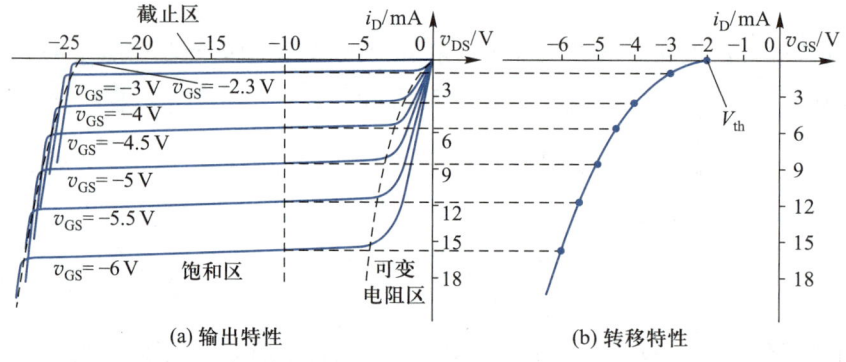

图 3.1.12　增强型 PMOS 管的特性曲线

增强型 PMOS 管的饱和区电压、电流关系仍如式（3.1.4）所示，但等式右边增加一个负号，表示标注的电流参考方向与实际电流方向相反。微变跨导也仍可如式（3.1.8）所示，其中 I_{DQ}、V_{GSQ}、V_{th} 均为负值。

由于空穴载流子的迁移率 μ_P 比电子载流子的迁移率 μ_N 低，这使得 PMOS 管的沟道电阻比 NMOS 管（相同的 W/L 时）大，工作速度比 NMOS 管低。PMOS 管的微变跨导也比 NMOS 管低。在集成电路中通常以 PMOS 管配合 NMOS 管工作，构成互补 MOS（complementary metal oxide semiconductor）电路，简称 CMOS 电路。

3.1.2 耗尽型 MOS 场效应管

增强型 MOS 管应用于信号放大时,栅、源间只有通过直流偏置电路给出一定的偏置电压(例如,NMOS 管要求 $V_{GSQ} > V_{th}$),才能使 MOS 管建立导电沟道并工作于饱和区。还有一类 MOS 管,称为耗尽型 MOS 管,可以无需栅、源直流偏置电路和偏置电压,即在 $V_{GSQ} = 0$ 时已经具有初始导电沟道。

耗尽型 MOS 管与增强型 MOS 管结构基本相同,通过特殊半导体工艺直接在栅极下方生成反型层,其反型层将源区、漏区连通构成内建初始导电沟道。以耗尽型 N 沟道 MOS 管为例,在栅极下面的绝缘层中掺入大量的碱金属正离子(如 Na⁺ 或 K⁺),这样即使不加栅、源偏压,也会由于正离子的存在,使栅极下方感应出 N 型薄层,形成初始导电沟道。图 3.1.13(a)为 N 沟道耗尽型 MOS 管的结构示意图,图 3.1.13(b)、(c)分别为耗尽型 NMOS 管和 PMOS 管的符号。

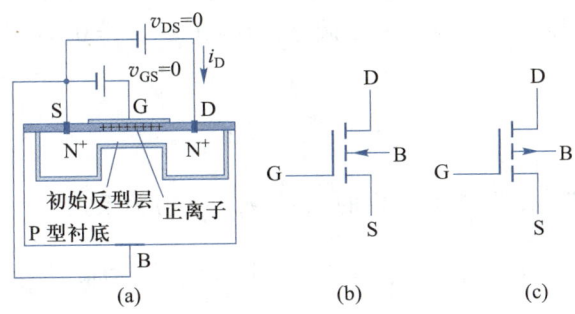

图 3.1.13　耗尽型 MOS 管

初始导电沟道的存在使 MOS 管在 $v_{GS} = 0$ 的情况下,在漏、源之间加电压 v_{DS} 产生电流 i_D。对于耗尽型 NMOS 管,在 v_{DS} 为某一较小的固定值,MOS 管仍处于可变电阻区,当 v_{GS} 正向增加时,栅极电位升高,吸引源区、漏区及衬底中更多的自由电子积聚到栅极下,使 N 型反型层导电沟道增厚,沟道电阻减小,电流 i_D 增大。当 v_{GS} 反向增加,栅极电位为负,排斥电子,使导电沟道变薄,沟道电阻增大,电流 i_D 减小。当 v_{GS} 反向增大到 $V_{GS(off)}$ 时,反型层变薄到刚好沟道完全消失,电流 i_D 减小到零,称此时的 $v_{GS} = V_{GS(off)}$ 为夹断电压,简写为 V_{off}。耗尽型 NMOS 管的转移特性曲线如图 3.1.14(b)所示。由上述分析可见,耗尽型 MOS 管的转移特性曲线与增强型 MOS 管的变化规律一样,只是曲线中 $i_D = 0$ 的起点左移至负值电压 V_{off} 处。

耗尽型 MOS 管中 v_{DS} 对导电沟道及电流 i_D 的影响与增强型 MOS 管相同,因而输出特性曲线与增强型 MOS 管的规律一样。图 3.1.14(a)为耗尽型 NMOS 管的输出特性曲线示例。当 $v_{GS} \leqslant V_{off}$,MOS 管工作处于截止区,$i_D = 0$。当 $v_{GS} > V_{off}$,$0 < v_{DS} \leqslant v_{GS} - V_{off}$,MOS 管工作处于可变电阻区,$i_D = f(v_{DS}, v_{GS})$ 关系由式(3.1.11)给出。当 $v_{GS} > V_{off}$,$v_{DS} > v_{GS} - V_{off}$,MOS 管工作处于饱和区,不考虑沟道长度调制效应,$i_D = f(v_{DS}, v_{GS})$ 的关系由式(3.1.12)给出。

$$i_D = \frac{k_p}{2} \cdot \frac{W}{L} \left[2(v_{GS} - V_{off})v_{DS} - v_{DS}^2 \right] \quad (v_{GS} > V_{off}, 0 < v_{DS} \leqslant v_{GS} - V_{off}) \qquad (3.1.11)$$

$$i_D = \frac{k_p}{2} \cdot \frac{W}{L} (v_{GS} - V_{off})^2 \quad (v_{GS} > V_{off}, v_{GS} - V_{off} < v_{DS}) \tag{3.1.12}$$

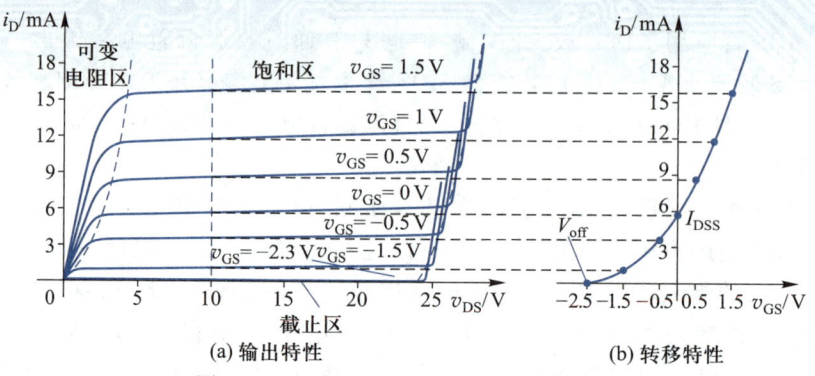

图 3.1.14　耗尽型 NMOS 管的特性曲线

当 $v_{GS} = 0$ 时,对应的可变电阻区与饱和区交界处($v_{DS} = v_{GS} - V_{off} = -V_{off}$)的漏极电流 i_D 称为漏极饱和电流 I_{DSS}。如果忽略沟道长度调制效应,可令 $v_{GS} = 0$,直接根据式(3.1.11)求出 I_{DSS}。其表达式为

$$I_{DSS} = \frac{k_p}{2} \cdot \frac{W}{L} V_{off}^2 \tag{3.1.13}$$

引入漏极饱和电流 I_{DSS} 后,饱和区内的 $i_D = f(v_{DS}, v_{GS})$ 关系式为

$$i_D = I_{DSS} \left(1 - \frac{v_{GS}}{V_{off}}\right)^2 \quad (v_{GS} > V_{off}, v_{GS} - V_{off} < v_{DS}) \tag{3.1.14}$$

在饱和区内,耗尽型 MOS 管的微变跨导 g_m 的定义仍如式(3.1.7)所示。根据式(3.1.14)可得到基于 I_{DSS} 的微变跨导 g_m 的表达式为

$$g_m = \frac{-2I_{DSS}}{V_{off}} \left(1 - \frac{V_{GSQ}}{V_{off}}\right) = \frac{-2}{V_{off}} \sqrt{I_{DSS} \cdot I_{DQ}} = \frac{2I_{DQ}}{V_{GSQ} - V_{off}} \tag{3.1.15}$$

耗尽型 PMOS 管的特性类似增强型 PMOS 管,但其夹断电压 V_{off} 为正值。放大应用中,漏极电位应低于源极,漏极电流 i_D 的实际流向为流出漏极。v_{GS}、v_{DS}、i_D 的参考方向与图3.1.11(c)中的假定相同时,输出特性、转移特性曲线如图 3.1.15 所示。

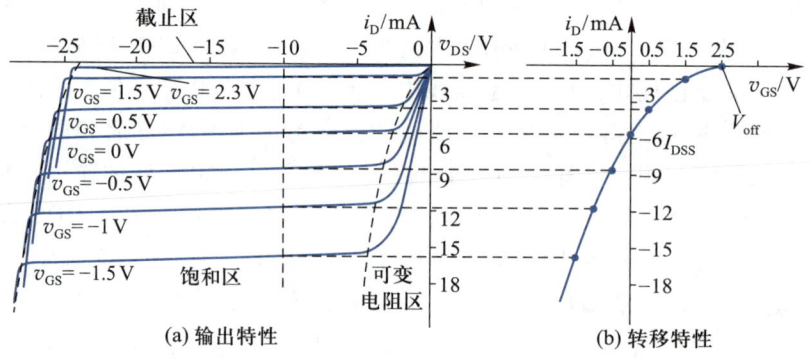

图 3.1.15　耗尽型 PMOS 管的特性曲线

将图 3.1.8 场效应管的输出特性与晶体管的输出特性相比,注意其各自工作区域的名称差异,参数差异和取值范围。

3.2
结型场效应管

结型场效应管(junction field effect transistor,JFET)的结构示意图和符号如图 3.2.1 所示。在一块半导体(N 型或 P 型)的上、下两端各引出电极作为漏极(D)和源极(S),在两侧用半导体工艺扩散形成另一类型的高掺杂半导体区域(P⁺或 N⁺),引出电极作为栅极(G)。在实际应用时,漏、源极之间形成导电沟道,如果沟道类型为 N 型,称管为 N 沟道结型场效应管(NJFET)。如果沟道类型为 P 型,称管为 P 沟道结型场效应管(PJFET)。

3.2.1 结型场效应管的基本工作原理

由图 3.2.1 的结构示意图可见,漏极(D)、源极(S)间的半导体区域是载流子运动的通道,因而,结型场效应管存在着内建初始导电沟道,这一点与耗尽型 MOS 管类似。

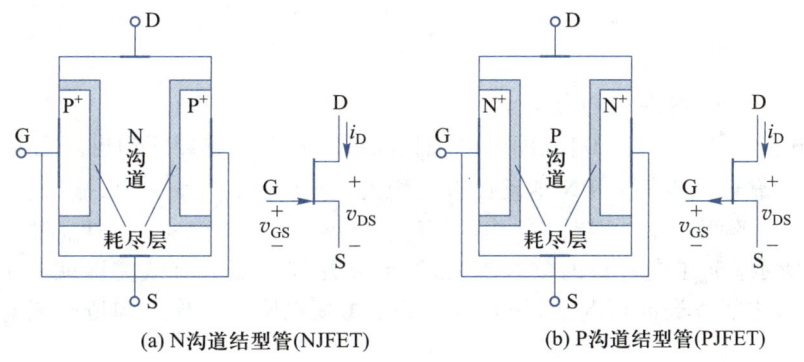

(a) N沟道结型管(NJFET)   (b) P沟道结型管(PJFET)

图 3.2.1 结型场效应管的结构示意图和符号

结型场效应管应用于信号放大时,两个 PN 结必须处于反偏状态,栅极输入电流为 PN 结的反向饱和电流,数值很小,输入电阻很大,一般可达 $10^7\Omega$ 以上。由于沟道区的掺杂浓度相对低于栅极区,反偏 PN 结的耗尽层向沟道区一侧延伸的厚度相对较多。耗尽层是高电阻的区域,导电沟道的有效宽度受耗尽层的挤占而变窄。当栅源、栅漏极间的反偏电压 v_{GS}、v_{GD} 变化时,导电沟道的有效宽度随之改变,沟道电阻随之改变,流经沟道的漏、源极间电流 i_D 也随之变化。可见,与 MOS 管的工作类似,结型管也是通过控制导电沟道的形态改变漏极输出电流的。

结型场效应管构成放大电路时,输入信号 v_i 控制栅源电压 v_{GS},输出电流取自漏极电流 i_D,输出电压取自漏极或源极。这与 MOS 管的工作也是类似的。

以下仍以 N 沟道结型场效应管为例进行分析,P 沟道结型场效应管的工作原理基本相同。

一、栅源电压 v_{GS} 对沟道的影响

为保证 PN 结反偏,N 沟道结型场效应管工作时,栅源电压 v_{GS} 不应出现正值,总应保证 $v_{GS}<0$。当漏源电压 $v_{DS}=0$ 时,栅源间及栅漏间 PN 结的反偏电压 $|v_{GS}|$ 越大,耗尽层厚度也越厚,导电沟道的有效宽度也就越窄,沟道电阻越大,如图 3.2.2 所示。当反偏电压 $|v_{GS}|$ 数值增大到 $|V_{GS(off)}|$ 数值时(对于 NJFET,$V_{GS(off)}$ 为负值),导电沟道完全被耗尽层挤占,其有效厚度减小至零,沟道电阻趋于无限大,称此状态为全夹断。全夹断状态下,漏、源极间电流 i_D 为零,相当于漏、源极间断开。$V_{GS(off)}$ 称为夹断电压,简写为 V_{off}。V_{off} 的数值大小由场效应管的材料和工艺决定。

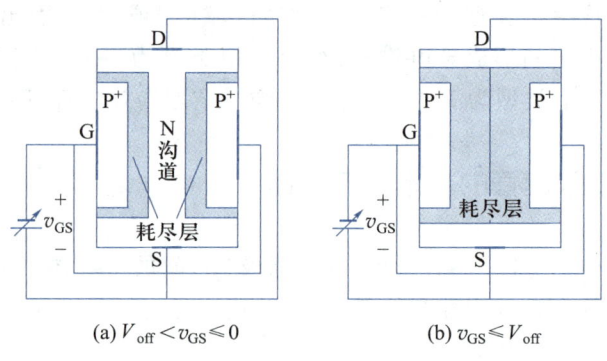

(a) $V_{off}<v_{GS}\leqslant0$ (b) $v_{GS}\leqslant V_{off}$

图 3.2.2   N 沟道结型场效应管中 v_{GS} 对沟道的影响

二、漏源电压 v_{DS} 对沟道的影响

在栅源电压 v_{GS} 处于 $[V_{off},0]$ 范围内时,漏、源极之间存在着导电沟道。当漏源电压 v_{DS} 由零正向增大时,靠近漏极侧的 PN 结反偏电压增大,也就是 $|v_{GD}|>|v_{GS}|$,栅、漏极间耗尽层的厚度大于栅、源极间的耗尽层。导电沟道呈楔形,当 $0<v_{DS}<v_{GS}-V_{off}$ 时,沟道形状如图 3.2.3(a)所示。v_{DS}(或 v_{GD})的数值越大,沟道靠漏极一端的有效宽度就越窄。在楔形沟道仍在漏、源极之间贯通的情况下,场效应管处于可变电阻区工作。沟道电流 i_D 与 v_{DS}、v_{GS} 的关系式为

$$i_D=I_{DSS}\left[-2\left(1-\frac{v_{GS}}{V_{off}}\right)\frac{v_{DS}}{V_{off}}-\left(\frac{v_{DS}}{V_{off}}\right)^2\right]\ (V_{off}<v_{GS}\leqslant0\ ,0<v_{DS}\leqslant v_{GS}-V_{off}) \quad (3.2.1)$$

当 v_{DS} 由零增大到 $v_{DS}=v_{GS}-V_{off}$,恰使 v_{GD} 负向增大到 $v_{GD}=-v_{DS}+v_{GS}=V_{off}$ 时,导电沟道在漏极端一侧被耗尽层夹断,此时状态称为预夹断,如图 3.2.3(b)所示。预夹断状态的漏源电流 i_D 由式(3.2.2)给出,只是式中的 $v_{DS}=v_{GS}-V_{off}$。当 $v_{GS}=0$ 时的预夹断漏源电流称为饱和电流 I_{DSS}。

$$i_D=I_{DSS}\left(1-\frac{v_{GS}}{V_{off}}\right)^2\ (\ V_{off}<v_{GS}\leqslant0\ ,\ v_{DS}=v_{GS}-V_{off}) \quad (3.2.2)$$

在预夹断发生后继续增大 v_{DS},进一步使 $|v_{GD}| > |V_{off}|$,靠近漏区一侧的导电沟道被耗尽层夹断的部分增多,夹断点向源区的方向移动,剩余沟道长度有所缩短。如图 3.2.3(c)所示。在 v_{DS} 的作用下,自由电子由源极沿导电沟道向漏区方向运动,到达夹断区域时被耗尽层内的强电场吸引继续向漏区漂移,形成漏极电流 i_D。当 v_{DS} 增大时,栅极到沟道夹断点处的电压总为 V_{off},夹断点到源极间的剩余导电沟道上的电压也仍为 $v_{GS} - V_{off}$,v_{DS} 大于 $v_{GS} - V_{off}$ 的增加量主要降在漏源间呈高电阻的耗尽层夹断区上。因而在预夹断后电流 i_D 基本保持不变。

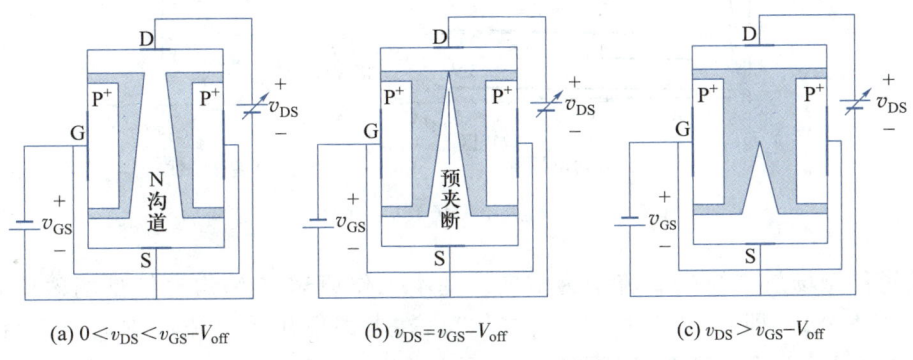

(a) $0 < v_{DS} < v_{GS} - V_{off}$　　(b) $v_{DS} = v_{GS} - V_{off}$　　(c) $v_{DS} > v_{GS} - V_{off}$

图 3.2.3　N 沟道结型场效应管 v_{DS} 对沟道的影响

考虑到沟道预夹断后,剩余沟道长度随着 v_{DS} 的增大有所减短,沟道电阻也随之有所减小,沟道电流 i_D 会随 v_{DS} 增加而稍有增大。与 MOS 场效应管一样,这种现象称为沟道长度调制效应,可引入沟道长度调制因子 λ(或厄尔利电压 V_A)给予描述。在进行结型场效应管的交流分析时,可用漏、源极间的微变电阻 r_{ds} 表示沟道长度调制效应的影响,r_{ds} 的定义及关系式仍如式(3.1.6)所示。

在饱和区内,结型场效应管的微变跨导 g_m 的表达式与式(3.1.15)相同。

3.2.2　结型场效应管的特性曲线

N 沟道结型场效应管的转移特性曲线和输出特性曲线与耗尽型 NMOS 管相近。图 3.2.4 是 N 沟道结型场效应管特性曲线的示意图。由于结型场效应管的 PN 结不允许正偏,所以特性曲线中没有 $v_{GS} > 0$ 的部分。

结型场效应管输出特性曲线也分为可变电阻区、饱和区、截止区、击穿区,如图 3.2.4 (a)所示(图中没有画出击穿区)。可变电阻区和饱和区的分界为:$v_{DS} = v_{GS} - V_{off}$、$v_{GD} = V_{off}$。与 $v_{GS} = 0$ 对应的输出特性曲线拐点位置的电流 i_D 数值为饱和电流 I_{DSS}。

当 v_{DS} 足够大时,会致使栅、漏极间 PN 结出现反向击穿。当 v_{GS} 增加时,导电沟道变宽,电流 i_D 增加,沟道被夹断的区域长度变短,v_{DS} 分压在夹断区耗尽层的数值减小,导致击穿所需的漏源电压 $V_{(BR)DS}$ 也稍微增加。因此,结型场效应管输出曲线击穿区的形状与 MOS 管一样。

图 3.2.4(b)所示的转移特性曲线反映了场效应管在截止区、饱和区的 $i_D = f(v_{GS})$。当

$v_{GS} \leqslant V_{off}$，场效应管处于截止区。当 v_{DS} 大于 $v_{GS} - V_{off}$ 且 v_{GS} 处于 $(V_{off}, 0)$ 范围时，是转移特性曲线上的饱和区。在 λ 值较小(或不考虑沟道长度调制效应)时，转移特性曲线上对应 $v_{GS} = 0$ 的电流 i_D 值为饱和电流 I_{DSS}。

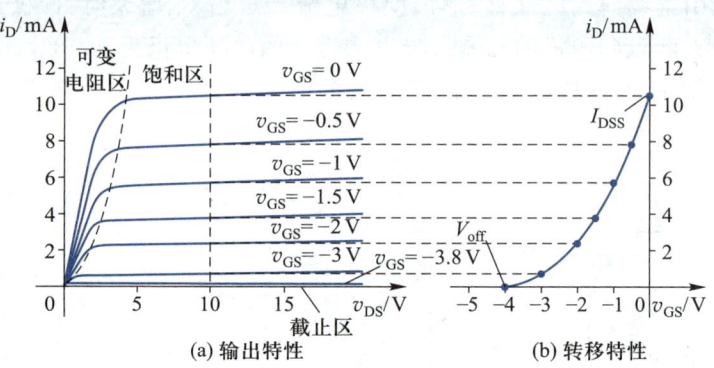

图 3.2.4　N 沟道结型场效应管的特性曲线

P 沟道结型场效应管中载流子为空穴。基本工作原理与 N 沟道结型场效应管相同。NJFET 的基本公式，即式(3.2.1)和式(3.2.2)，在考虑电压和电流的方向定义后也适用 PJFET。图 3.2.5 为 PJFET 的特性曲线示意图。曲线中电压、电流的参考方向如图 3.2.1 所示。PJFET 的夹断电压 V_{off} 为正值。放大应用中，栅极电位应高于源极($0 < v_{GS} < V_{off}$)，漏极电位应低于源极，漏极电流 i_D 的实际流向为流出漏极。

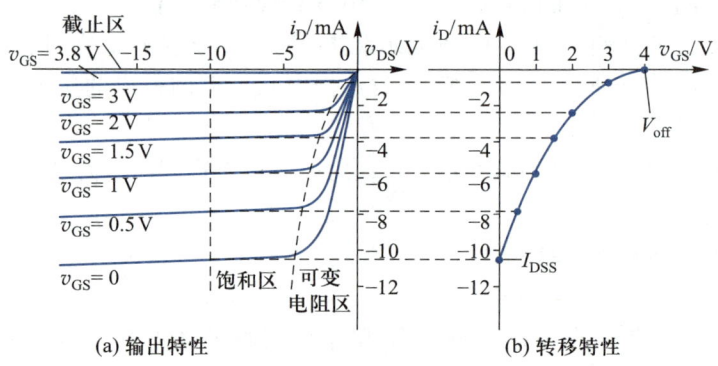

图 3.2.5　P 沟道结型场效应管的特性曲线

复习思考题

假设漏极电流的参考方向为漏极 D 指向源极 S，请总结六种场效应管的转移特性曲线，分析其各自不同的特点和产生的原因。

*3.3
VDMOS 管和 IGBT 管

在功率放大电路中，晶体管处于大电流、高电压的工作状态。这要求管的最大允许工作电流 I_{DM}、击穿电压 $V_{(BR)DS}$、最大耗散功率 P_{DM} 的数值均应足够大。这几项指标数值较大的管通常被称为大功率管。

前面介绍的场效应管的漏极、源极结构对称，载流子沿水平方向在漏、源极间的导电沟道内流动。这种构造称为横向结构。横向结构场效应管的漏源击穿电压 $V_{(BR)DS}$ 与沟道长度成正比，为得到高 $V_{(BR)DS}$ 需增加沟道长度，而沟道的增长又会使沟道电阻增加、降低 P_{DM} 和 I_{DM} 的指标。因而横向结构场效应管通常作为小功率型管。

3.3.1 VDMOS 管

VDMOS 管（vertical double-diffused MOSFET）是多个元胞单元并联而得的器件。图3.3.1给出了 N 沟道管单个元胞单元的结构。在一层高掺杂的 N^+ 层公共衬底上生长低掺杂的 N^- 外延层作为漏区，在 N^- 外延层上扩散形成 P^+ 区域作为衬底区，在 P^+ 区中再次扩散形成出 N^+ 区域作为源区。在 N^+ 源区及 P^+ 衬底区上镀金属层引出电极作为源极 S。栅区由重掺杂多晶硅构成，栅区与 N^+ 源区、P^+ 衬底区及 N^- 外延层间有二氧化硅绝缘

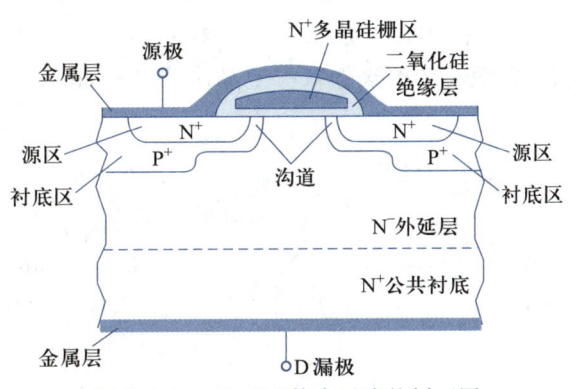

图 3.3.1 VDMOS 管中元胞的剖面图

层，栅区与源极金属层之间也有二氧化硅绝缘层（栅区引出极 G 未在图中标出）。在 N^+ 层公共衬底上镀金属层引出电极作为漏极 D。

当在栅、源极间加电压 v_{GS} 时，P^+ 衬底区中的自由电子受电场作用向栅区积聚，当 v_{GS} 大于开启电压 V_{th} 后，在栅区下方的 P 区表面形成反型层导电沟道，导电沟道将 N^+ 源区和 N^- 外延层漏区连通，在漏源电压 v_{DS} 的作用下，自由电子由源极（S）进入源区，经导电沟道进入 N^- 漏区，在漏区中纵向流动到 N^+ 层，由漏极（D）流出。

由图 3.3.1 可见，N^+ 源区和 P^+ 衬底区由源极金属层短接。由 N^+ 源区、P^+ 衬底区、N^- 外延层也构成一个 NPN 型管 T_2（B、E 极短接，相当于二极管）与 MOS 管并联，这一寄生二极管在 v_{DS} 为正时不导通，对 MOS 管工作的影响很小。VDMOS 管的等效电路和符号如图 3.3.2 所示。

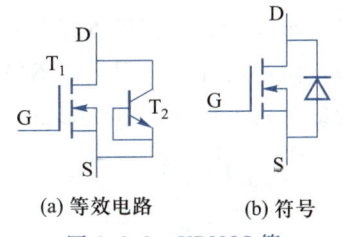

(a) 等效电路   (b) 符号

图 3.3.2 VDMOS 管
等效电路和符号

VDMOS 管由多个元胞在二维平面上并联而得。有资料表明,构成一个 VDMOS 器件的元胞个数可有几千到数百万个不等。VDMOS 管的漏极面积较横向结构场效应管增加许多,漏极可与管外壳连接以便散热,这使得 VDMOS 的 I_{DM} 和 P_{DM} 指标可大大增加。

管导通时,各元胞中的 N^- 外延层电阻是导通电阻的主要成分,这一电阻是对多数载流子呈现的电阻,温度系数为正,这使得漏源电流 i_D 可在各并联元胞间均衡分配,减小出现二次击穿的可能。

目前,VDMOS 管已可做到最大工作电流达数百安,耐压上千伏。

3.3.2　IGBT 管

IGBT 管与 VDMOS 管的结构类似,图 3.3.3 为 IGBT 管中的元胞结构示意图。IGBT 管与 VDMOS 管的主要不同点是 IGBT 管的公共衬底层为 P^+ 型半导体,这一不同点使两种管的特性有了较大的区别。

由图 3.3.3 可见,在一个元胞中存在由 N^+ 源区、P^+ 衬底区、N^- 外延层漏区构成的 MOS 管 T_1,也存在着由 P^+ 公共衬底区(C)、N^- 外延层(B)、P^+ 衬底区(E)构成的 PNP 型晶体管 T_2。T_1、T_2 的连接关系如图 3.3.4(a)所示。可见 IGBT 管是 MOS 管和双极型晶体管组成的复合管,故称为绝缘栅双极型晶体管(insulated gate bipolar transistor,IGBT)。

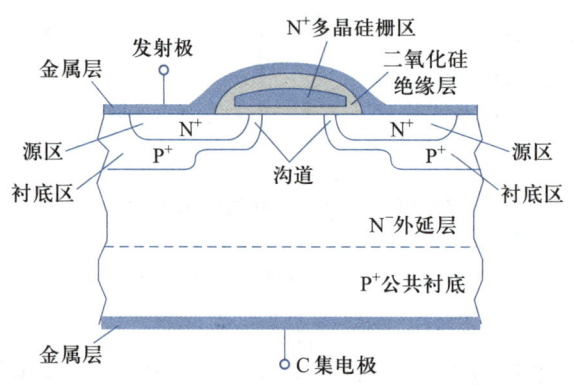

图 3.3.3　IGBT 管中元胞的剖面图

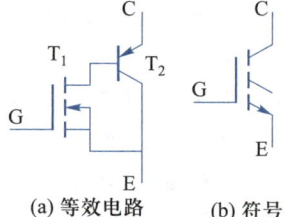

(a) 等效电路　　(b) 符号

图 3.3.4　IGBT 管等效电路和符号

当 v_{GE} 间电压大于 MOS 管 T_1 的开启电压 V_{th} 后。导电沟道形成,在 v_{CE} 作用下,P^+ 公共衬底层中的空穴向 N^- 外延层注入,使 N^- 外延层的导电率增加,导通电阻减小,因而 IGBT 管的最大工作电流指标可以做得更高。可见,IGBT 管兼有了 MOS 管输入电阻高和双极型管导通电阻小的优点。但由于 N^- 外延层有少子的注入存储,增加了管开关工作时存储时间,使管的开关工作速度有所降低。

复习思考题

在 3.3 节的图 3.3.3 中对应画出 IGBT 管等效电路的各极(T_1 的栅、漏、源和 T_2 的基、集、射)的等效区位。

3.4
场效应管放大电路

对信号进行放大是场效应管的一种基本应用。本节以 MOS 管为重点介绍场效应管的基本放大电路。

3.4.1 场效应管的模型

器件模型一般是基于对器件工作原理的分析,使用理想元件构建的一种电路,并且电路的端口电压、电流关系与器件外特性基本一致。借助模型容易实现对器件工作原理的理解认识,也方便对电路性能的计算。

本节主要介绍长导电沟道(沟道长度 $L>4$ μm)场效应管的微变信号模型。短导电沟道($L<4$ μm)场效应管,因为需要考虑更多的高阶效应参数,模型也比较复杂,如需要了解,可参见其他有关参考资料。

场效应管瞬态模型可以描述各电极间的电压、电流瞬时值(直流+交流)的关系,适用于分析工作在可变电阻区、饱和区、截止区工作的场效应管电路,模型稍微复杂,其模型的构成和应用方法可参考其他资料。

MOS 场效应管的微变信号模型

像晶体管的混合 π 模型一样,MOS 场效应管的微变信号模型(或称交流小信号模型)用于分析静态工作点确定、工作在饱和区、输入为交流小信号时各极电压、电流的关系。

构建 MOS 场效应管的微变信号模型,也就是根据 MOS 管在饱和区工作时的工作原理,各电极之间电压、电流的关系及各电极之间的电容效应,用标准元件构成一个能够描述其特性的电路。

MOS 管各电极间的电阻:由于栅极与其他各电极绝缘,因此栅极到源极、栅极到漏极、栅极到沟道、栅极到衬底均为开路;而衬底到源极、衬底到漏极、衬底到沟道之间由于 PN 结反偏,也可看成近似开路;不考虑沟道长度调制效应及衬底调制效应(后面单独考虑),且栅源电压确定时,漏、源极之间的电流与漏源电压无关,因此,构建的模型中各电极间的电阻均为无穷大。

MOS 管各电极间的电容:各电极之间的等效电容如图 3.4.1 所示。其中源区、漏区、沟道与衬底之间存在着反偏 PN 结电容 C_{bs}、C_{bd}、C_{bc},这三个电容主要表现为势垒电容,是非线性电容;栅极和沟道之间存在电容 C_{gc},栅极和源区、漏区之间也存在电容 C_{gs}、C_{gd},这三个电容为线性电容。在模型中用五个电容进行描述,其中 C_{gb} 等于 C_{gc} 与 C_{bc} 的串联。

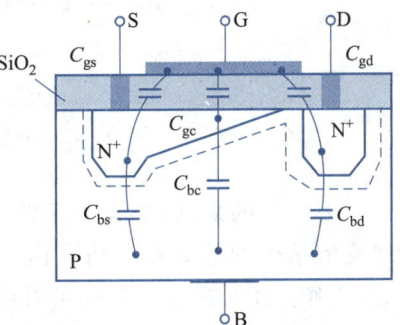

图 3.4.1 MOS 管的等效电容示意图

栅源电压对漏极电流的控制作用:在微变信号模型中,漏、源极之间用受控电流源 $g_m\dot{V}_{gs}$ 反映栅源电压变化与漏极电流变化之间的关系,其中 g_m 为 MOS 管的跨导。

衬源电压对漏极电流的控制作用:模型中在漏、源极之间用受控电流源 $g_{mb}\dot{V}_{bs}$ 反映衬底调制效应,即衬源电压变化与漏极电流变化之间的关系,其中 g_{mb} 为背栅跨导。

沟道长度调制效应:用漏、源极之间微变电阻 r_{ds} 反映沟道长度调制效应,即漏源电压变化与漏极电流变化之间的关系。

根据以上分析可得到 MOS 管的微变信号模型,如图 3.4.2 所示。用 $\dot{V}$、$\dot{I}$ 表示正弦信号输入时电压、电流的稳态变化量。

当工作信号频率较低时,由于模型中各微变电容的容量较小,其容抗很大,可以看成开路。于是中、低频的微变信号模型如图 3.4.3(a)所示,可用于中、低频 MOS 电路的分析。当衬底、源极短接时,中、低频微变信号模型可进一步简化,如图 3.4.3(b)所示。

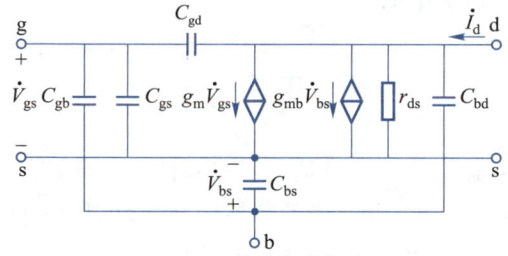

图 3.4.2　MOS 管的微变信号模型

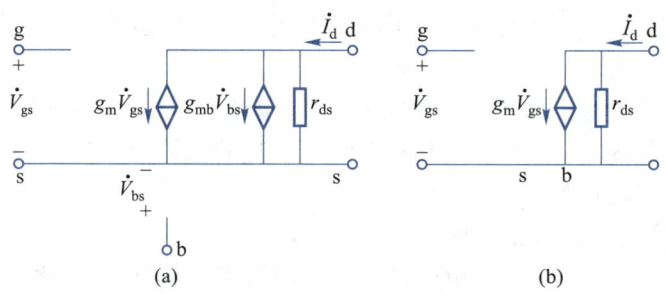

(a)　　　　　　　　　　(b)

图 3.4.3　MOS 管的低频微变信号模型

结型场效应管的高频微变信号模型如图 3.4.4(a)所示,中、低频微变信号模型如图 3.4.4(b)所示。

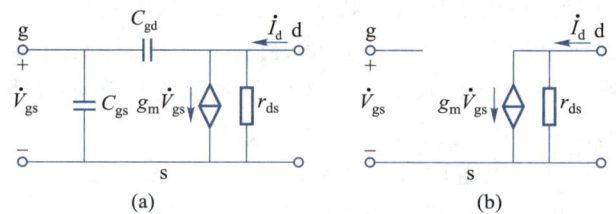

(a)　　　　　　　　　　(b)

图 3.4.4　结型场效应管的微变信号模型

需要强调的是,微变信号模型适用于场效应管工作在饱和区、在直流工作点基础上、对较小交流信号的等效及分析。由于漏极电流与栅源电压之间是非线性关系,当信号较小时,在工作点附近的动态特性可看成是近似线性的,信号小的程度应依对输出信号中非线性失真容许的程度而定。

例 3.4.1 N 沟道 MOS 场效应管的本征导电因子 k_p 为 40 $\mu A/V^2$,沟道宽度 $W = 100$ μm,沟道长度 $L = 10$ μm。沟道长度调制因子 $\lambda = 0.01/V$,跨导比 $\eta = 0.1$。工作点电流 $I_{DQ} = 1$ mA,$V_{DSQ} = 3$ V。试求出管的低频微变信号模型中的各参量。

解:根据式(3.1.9),考虑沟道长度调制效应时,微变跨导 g_m 为

$$g_m = \sqrt{2k_p \frac{W}{L} I_{DQ}(1+\lambda V_{DSQ})} = \sqrt{2 \times 40 \times 10^{-6} \frac{100}{10} \times 10^{-3} \times (1+0.01 \times 3)} \text{ S} = 0.907\ 7 \text{ mS}$$

背栅跨导为

$$g_{mb} = \eta \cdot g_m = 0.1 g_m = 0.090\ 77 \text{ mS}$$

根据式(3.1.8),不考虑沟道长度调制效应时,微变跨导 g_m 为

$$g_m = \sqrt{2k_p \frac{W}{L} I_{DQ}} = \sqrt{2 \times 40 \times 10^{-6} \frac{100}{10} \times 10^{-3}} \text{ S} = 0.894\ 4 \text{ mS}$$

背栅跨导为

$$g_{mb} = \eta \cdot g_m = 0.1 g_m = 0.089\ 44 \text{ mS}$$

根据式(3.1.6),$r_{ds} \approx 1/(\lambda I_{DQ}) = 1/(0.01 \times 1 \times 10^{-3}) \ \Omega = 100 \text{ k}\Omega$。

通过在考虑以及不考虑沟道长度调制效应时对 g_m 的计算可知,该例题的相对误差大约为 1.5%。因此,工程中进行功能分析时,由于 λ 通常较小,可根据实际情况对 I_{DQ}、g_m 等参数进行近似计算。

3.4.2　场效应管的直流偏置电路

如同双极型晶体管的工作情况,为完成对交流输入信号的线性放大,应为场效应管设置合适的直流工作点,使场效应管处于放大状态(工作于饱和区)并有足够的电压、电流动态范围。直流工作点的设置由直流偏置电路完成。场效应管放大电路中的直流偏置形式有分压式偏置、自给偏压式偏置和直接偏置等。

一、分压式偏置

图 3.4.5 为分压式偏置电路的基本形式。偏置电路非常类似于双极型晶体管电路中分压式负反馈偏置电路,同样具有稳定静态工作点的作用,适用于对所有类型的场效应管(增强型 MOS 管、耗尽型 MOS 管、JFET)提供直流偏置。分压式偏置电路中

$$V_{GQ} = \frac{R_{G2}}{R_{G1}+R_{G2}} V_{DD}, \ V_{SQ} = I_{DQ} R_{SS},$$

$$V_{GSQ} = V_{GQ} - V_{SQ} = \frac{R_{G2}}{R_{G1}+R_{G2}} V_{DD} - I_{DQ} R_{SS}$$

分析及计算时可首先假定 MOS 管处于饱和区工作,在 λ 数值较小时,可忽略沟道长度调制效应。I_{DQ} 可根据管类型的不同由式(3.1.4)(增强型 MOS 管)、式(3.1.14)(耗尽型 MOS 管)、式(3.2.2)(JFET)求解。由于 I_{DQ} 是 V_{GSQ} 的二次函数,因而可求解一元二次方程得出 I_{DQ} 和 V_{GSQ},进而算出 V_{DSQ}。合适的 I_{DQ}、V_{GSQ} 和 V_{DSQ} 应使管处于饱和区工作。对于不同类型的场

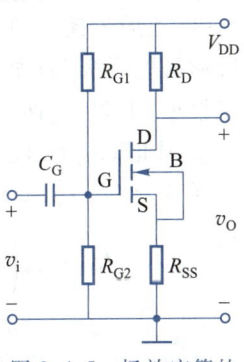

图 3.4.5　场效应管的
分压式偏置

效应管在饱和区工作时,各电极的电位应满足如下条件。

对 N 沟道增强型管(开启电压 $V_{th}>0$),应使 $V_{GQ}>V_{SQ}$,且应 $V_{GSQ}>V_{th}$,同时还应保证 $V_{GQ}<V_{DQ}$,且 $V_{GDQ}<V_{th}$ 或 $V_{DSQ}>V_{GSQ}-V_{th}$。

对 N 沟道耗尽型管(夹断电压 $V_{off}<0$),V_{GSQ} 可为正、负值,也可为零,但需 $V_{GSQ}>V_{off}$。同时还应保证 $V_{GDQ}<V_{off}$ 或 $V_{DSQ}>V_{GSQ}-V_{off}$。

对 N 沟道结型管(夹断电压 $V_{off}<0$),应使 $V_{GQ}<V_{SQ}$,且应 $V_{GSQ}>V_{off}$。同时还应保证 $V_{GQ}<V_{DQ}$,且 $V_{GDQ}<V_{off}$ 或 $V_{DSQ}>V_{GSQ}-V_{off}$。

对 P 沟道管,图 3.4.5 中的电源电压应为负值。分压式偏置电路也适用。可根据 P 沟道管的类型得出偏置电压 V_{GSQ}、V_{DSQ} 的应用范围。

例 3.4.2 增强型 NMOS 管的分压式偏置电路如图 3.4.5 所示。其中,$R_{G1}=10$ kΩ,$R_{G2}=10$ kΩ,$R_{SS}=0.5$ kΩ,$V_{DD}=10$ V。NMOS 管转移特性为 $i_D=0.2(v_{GS}-V_{th})^2(1+\lambda v_{DS})$ mA,$V_{th}=2$ V,$\lambda=0.01$。(1)试求 NMOS 管的电压、电流工作点;(2)为保证管处于饱和区,电阻 R_D 的上限数值是多少?

解:计算中忽略沟道调制效应。由于 $\lambda=0.01$,$v_{DS}<V_{DD}=10$ V,$(1+\lambda v_{DS})<(1+0.1)$,忽略沟道调制效应后,$i_D$ 的误差将小于 10%。

$$V_{GQ}=\frac{R_{G2}}{R_{G1}+R_{G2}}V_{DD}=5 \text{ V} \qquad V_{SQ}=R_{SS}I_{DQ}=0.5I_{DQ}$$

$$V_{GSQ}=V_{GQ}-V_{SQ}=5-0.5I_{DQ}$$

将 V_{GSQ} 带入 NMOS 管的转移特性方程,可得

$$I_{DQ}=0.2(5-0.5I_{DQ}-2)^2 \qquad 即\ I_{DQ}^2-32I_{DQ}+36=0$$

解得 $I_{DQ1}\approx31$ mA,$I_{DQ2}\approx1.168$ mA。

若取 I_{DQ1} 为漏极静态工作电流,则源极电位 $V_{SQ}=I_{DQ1}R_{SS}=31\times0.5$ V$=15.5$ V$>V_{DD}$,故 I_{DQ1} 不合理,舍去。漏极静态工作电流应为 $I_{DQ}=I_{DQ2}=1.168$ mA。

$$V_{SQ}=I_{DQ}R_{SS}=1.168\times0.5 \text{ V}=0.584 \text{ V}, \quad V_{GSQ}=V_{GQ}-V_{SQ}=(5-0.584)\text{V}=4.416 \text{ V}$$

由于 $V_{GQ}=5$ V,$V_{th}=2$ V,因此漏极电位不应低于 3 V,否则进入可变电阻区,也就是在 R_D 上压降不应超过 7 V,因此 $I_{DQ}R_D<7$ V。可以求出 $R_{Dmax}\approx6$ kΩ。

二、自给偏压式偏置

自给偏压式偏置电路是基于耗尽型场效应管特点的一种简单偏置电路,适用于耗尽型 MOS 管和 JFET,如图 3.4.6 所示。由于场效应管输入电阻极高(如 JFET 的输入阻抗在 $10^7\Omega$ 以上),栅极输入电流很小,电阻 R_G 两端的直流压降近似为零(也就是栅极电位 $V_G\approx0$)。因此 $V_{GSQ}=-V_{SQ}=-I_{DQ}R_{SS}$。可根据耗尽型场效应管的 i_D 与 v_{GS} 函数关系,解出 I_{DQ} 和 V_{DSQ}。

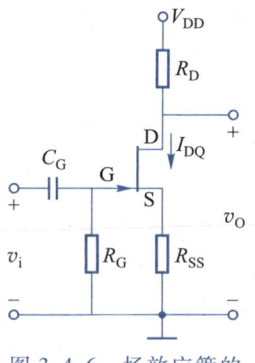

图 3.4.6 场效应管的自给偏压式偏置

$$I_{DQ}=I_{DSS}\left(1-\frac{v_{GSQ}}{V_{off}}\right)^2=I_{DSS}\left(1-\frac{-I_{DQ}R_{SS}}{V_{off}}\right)^2$$

$$V_{DSQ}=V_{DD}-I_{DQ}(R_D+R_{SS})$$

自给偏压式偏置提供的 V_{GSQ} 电压方向与 V_{DSQ} 电压方向相反,称

为反极性偏置。以 N 沟道结型场效应管为例,其栅极电位最低,源极电位次之,漏极电位最高,因此 $V_{GSQ} < 0$, $V_{DSQ} > 0$。自给偏压式偏置电路适用于耗尽型 MOS 管和 JFET。

增强型 MOS 管需要同极性偏置,以增强型 NMOS 管为例,要求 $V_{GSQ} > 0$, $V_{DSQ} > 0$。因此,应使用分压式偏置电路。

例 3.4.3 N 沟道结型场效应管的自给偏压电路如图 3.4.6 所示。电路中,$R_G = 1$ MΩ, $R_{SS} = 0.5$ kΩ, $R_D = 1$ kΩ, $V_{DD} = 9$ V。NJFET 特性曲线如图 3.4.7 所示。试求:(1) 场效应管的静态工作点;(2) 在不进入可变电阻区及截止区的情况下,v_{GS}、v_{DS}、i_D 的变化范围,计算时可忽略沟道长度调制效应。

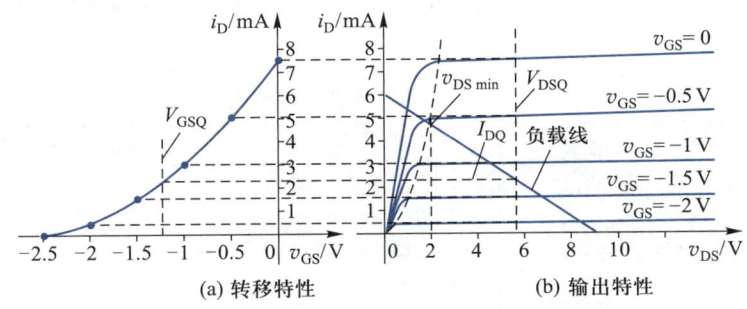

图 3.4.7 例 3.4.3 中 NJFET 特性曲线

解:(1) 由图 3.4.7 可知,夹断电压 $V_{off} \approx -2.5$ V,饱和电流 $I_{DSS} \approx 7.5$ mA。忽略沟道长度调制效应时,NJFET 转移特性为

$$i_D = I_{DSS}\left(1 - \frac{v_{GS}}{V_{off}}\right)^2$$

漏极静态工作电流为
$$I_{DQ} = 7.5\left(1 - \frac{V_{GSQ}}{-2.5}\right)^2 \text{(mA)}$$

将 $V_{GSQ} = -I_{DQ} \cdot R_{SS} = -0.5 I_{DQ}$ 带入转移特性关系式中得到方程 $0.3 I_{DQ}^2 - 4 I_{DQ} + 7.5 = 0$。解方程得 $I_{DQ1} = 2.257$ mA, $I_{DQ2} = 11.077$ mA(I_{DQ2} 不合题意,超出最大漏极电流,舍去)。根据 $I_{DQ} = I_{DQ1}$,可计算出 $V_{GSQ} = -I_{DQ} \cdot R_{SS} = -1.129$ V 。

根据电路,$V_{DSQ} = V_{DD} - I_{DQ} \cdot (R_{SS} + R_D) = 9 - 2.257 \times (0.5 + 1)$ V $= 5.61$ V。

由于 $V_{DSQ} > V_{GSQ} - V_{off} = [-1.129 - (-2.5)]$ V $= 1.371$ V,因而场效应管处于饱和区工作。

(2) 可根据场效应管的工作原理、输出特性曲线和负载线[如图 3.4.7 (b) 所示],计算 v_{GS}、v_{DS}、i_D 的动态范围时,要求场效应管正常工作时不应进入截止区和可变电阻区。根据场效应管工作原理,当 $v_{GS} = V_{off}$ 时,场效应管进入截止区,此时 $i_D = 0$, $v_{DS} = V_{DD}$。因此,在靠近截止区处:$v_{GS} > -2.5$ V, $i_D > 0$, $v_{DS} < V_{DD}$。

在靠近可变电阻区处,设 $v_{GS} = V_{GSmax}$ 时场效应管开始进入可变电阻区,$v_{GS} = V_{GSmax}$ 时 $i_D = I_{Dmax}$, $V_{DSmin} = V_{DD} - I_{Dmax} \cdot (R_{SS} + R_D)$,同时根据定义,在可变电阻区和饱和区的边界,有 $V_{DSmin} = V_{GSmax} - V_{off}$,即

$$V_{DD} - I_{Dmax}(R_{SS} + R_D) = V_{GSmax} - V_{off}$$

$$V_{DD} - I_{DSS}\left(1 - \frac{V_{GSmax}}{V_{off}}\right)^2 \cdot (R_{SS} + R_D) = V_{GSmax} - V_{off}$$

$$1.8V_{GSmax}^2 + 10V_{GSmax} + 4.75 = 0$$

可以解出 $V_{GSmax1} = -0.524\,8$ V；$V_{GSmax2} = -5.031$ V（舍去）。根据 $V_{GSmax} = V_{GSmax1}$ 可以求出

$$I_{Dmax} = I_{DSS}\left(1 - \frac{V_{GSmax}}{V_{off}}\right)^2 = 7.5\left(1 - \frac{-0.5248}{-2.5}\right)^2 \text{ mA} \approx 4.68 \text{ mA}$$

$$V_{DSmin} = V_{DD} - I_{Dmax}(R_D + R_{SS}) = (9 - 4.68 \times 1.5) \text{ V} = 1.98 \text{ V}$$

由以上分析可知，v_{GS} 的变化范围是 $[-2.5 \text{ V}, -0.5248 \text{ V}]$，$v_{DS}$ 的变化范围是 $[1.98 \text{ V}, 9 \text{ V}]$，$i_D$ 的变化范围是 $[0, 4.68 \text{ mA}]$。

从场效应管的工作原理和以上对偏置电路的分析可以看到，不同的场效应管应施加不同的偏置电压。表 3.4.1 给出了增强型 MOS 管、耗尽型 MOS 管及结型场效应管的偏置电压范围和极性。

表 3.4.1　场效应管的偏置电压范围和极性

类型	沟道	开启电压 V_{th} 或夹断电压 V_{off} 的极性	V_{GS} 范围和极性	V_{DS} 极性	I_D 的方向
增强型 MOS 管	N 沟道	$V_{th} > 0$（正）	$V_{GS} > V_{th}$（正）	$V_{DS} > 0$（正）	流入漏极
	P 沟道	$V_{th} < 0$（负）	$V_{GS} < V_{th}$（负）	$V_{DS} < 0$（负）	流出漏极
耗尽型 MOS 管	N 沟道	$V_{off} < 0$（负）	$V_{GS} > V_{off}$（可正可负）	$V_{DS} > 0$（正）	流入漏极
	P 沟道	$V_{off} > 0$（正）	$V_{GS} < V_{off}$（可正可负）	$V_{DS} < 0$（负）	流出漏极
结型场效应管	N 沟道	$V_{off} < 0$（负）	$V_{GS} > V_{off}$（负）	$V_{DS} > 0$（正）	流入漏极
	P 沟道	$V_{off} > 0$（正）	$V_{GS} < V_{off}$（正）	$V_{DS} < 0$（负）	流出漏极

从表 3.4.1 可以看出：增强型 MOS 管的偏置电压（V_{GS} 和 V_{DS}）为同极性偏置，即 N 沟道的 V_{GS} 和 V_{DS} 都为正值，P 沟道的 V_{GS} 和 V_{DS} 都为负值。耗尽型 MOS 管的偏置电压可为同极性偏置，也可为反极性偏置（V_{GS} 可正可负）。结型场效应管为反极性偏置。N 沟道的场效应管的漏极电流 I_D 均为流入漏极，P 沟道的场效应管的漏极电流 I_D 均为流出漏极。

3.4.3　场效应管基本放大电路

场效应管电路与双极型晶体管电路的构成和分析方法基本相同。场效应管漏极（D）的特性可类比双极型晶体管的集电极 C，源极 S 类比发射极 E，栅极 G 类比基极 B。场效应管基本放大电路也有共源极、共栅极、共漏极三种工作组态，分别对应双极型晶体管的共射、共基和共集三种工作组态，如表 3.4.2 所示。在场效应管的交流分析时，只需将场效应管的微变信号模型替代交流通路图中的场效应管，形成微变等效电路，在微变等效电路中求取相关参数即可。

场效应管的三种基本组态放大电路

表 3.4.2 场效应管与晶体管的类比

晶体管	场效应管
基极 B	栅极 G
发射极 E	源极 S
集电极 C	漏级 D
共基组态	共栅组态
共射组态	共源组态
共集组态	共漏组态

本节主要分析场效应管放大电路的中频特性,在第 4 章中介绍高频特性的分析。

一、基本共源极放大电路

图 3.4.8(a)为共源极放大电路的一种基本形式,信号从栅极输入,从漏极输出。其静态偏置电路为分压式偏置,与图 3.4.5 给出的偏置电路相似,只是由于没有源极的电阻 R_{SS},源极电位为 0,可直接通过 R_{G1} 和 R_{G2} 的分压获得 V_{GSQ}。关于静态分析,这里不再赘述。

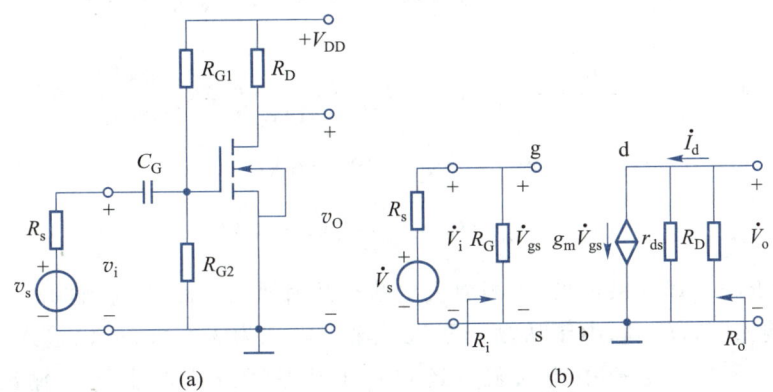

图 3.4.8 基本共源极放大电路

将场效应管的微变信号模型替换场效应管符号,可得到图 3.4.8(b)所示的中频微变等效电路,图中 r_{ds} 为沟道长度调制效应的等效微变电阻,$R_G = R_{G1}//R_{G2}$。根据图 3.4.8(b)可求出中频段电压增益 $\dot{A}_v$、源电压增益 $\dot{A}_{vs}$、输入电阻 R_i、输出电阻 R_o,分别如式(3.4.1)~式(3.4.4)所示。

$$\dot{A}_v = \frac{\dot{V}_o}{\dot{V}_i} = -g_m \cdot (r_{ds}//R_D) \tag{3.4.1}$$

$$\dot{A}_{vs} = \frac{\dot{V}_o}{\dot{V}_s} = -\frac{R_G}{R_s + R_G} \cdot g_m \cdot (r_{ds}//R_D) \tag{3.4.2}$$

$$R_i = R_G = R_{G1}//R_{G2} \tag{3.4.3}$$

$$R_o = r_{ds}//R_D \tag{3.4.4}$$

例 3.4.4 基本共源极放大电路如图 3.4.8(a)所示。其中 $R_{G1} = 15 \text{ k}\Omega$,$R_{G2} = 10 \text{ k}\Omega$,$R_D = $

$4\ \mathrm{k\Omega}, R_\mathrm{s} = 1\ \mathrm{k\Omega}$。$V_\mathrm{DD} = 5\ \mathrm{V}$。$C_\mathrm{G}$ 为耦合电容,可视为中频短路。管参数为 $k_\mathrm{p} = 40\ \mathrm{\mu A/V^2}$,$W/L = 20, V_\mathrm{th} = 1\ \mathrm{V}, \lambda = 0.01$。试计算电路的 $\dot{A}_v$、$\dot{A}_{vs}$、R_i、R_o。

解:由于 λ 值较小,$1 + \lambda v_\mathrm{DS} \approx 1$。故计算 I_DQ、g_m 时可忽略沟道长度调制效应。

根据图 3.4.8 (a) 所示电路,有

$$V_\mathrm{GSQ} = \frac{R_\mathrm{G2}}{R_\mathrm{G1} + R_\mathrm{G2}} V_\mathrm{DD} = 2\ \mathrm{V}$$

$$I_\mathrm{DQ} = \frac{k_\mathrm{p}}{2} \cdot \frac{W}{L} (V_\mathrm{GSQ} - V_\mathrm{th})^2 = 0.4\ \mathrm{mA}$$

$$g_\mathrm{m} = \frac{2 I_\mathrm{DQ}}{V_\mathrm{GSQ} - V_\mathrm{th}} = 0.8\ \mathrm{mS}$$

$$r_\mathrm{ds} \approx \frac{1}{\lambda I_\mathrm{DQ}} = 250\ \mathrm{k\Omega}$$

根据图 3.4.8(b) 所示微变等效电路,有

$$\dot{A}_v = \frac{\dot{V}_\mathrm{o}}{\dot{V}_\mathrm{i}} = -g_\mathrm{m} \cdot (r_\mathrm{ds} /\!/ R_\mathrm{D}) = -0.8 \times \frac{250 \times 4}{250 + 4} \approx -3.15$$

$$\dot{A}_{vs} = \frac{\dot{V}_\mathrm{o}}{\dot{V}_\mathrm{s}} = -\frac{R_\mathrm{i}}{R_\mathrm{s} + R_\mathrm{i}} \cdot g_\mathrm{m} \cdot (r_\mathrm{ds} /\!/ R_\mathrm{D}) = -\frac{6}{1+6} \times 0.8 \times \frac{250 \times 4}{250 + 4} \approx -2.7$$

$$R_\mathrm{i} = R_\mathrm{G} = R_\mathrm{G1} /\!/ R_\mathrm{G2} = 6\ \mathrm{k\Omega}$$

$$R_\mathrm{o} = r_\mathrm{ds} /\!/ R_\mathrm{D} = \frac{250 \times 4}{250 + 4}\ \mathrm{k\Omega} \approx 4\ \mathrm{k\Omega}$$

由以上分析和计算结果可见,共源放大电路与共射放大电路类似,输出信号与输入信号的相位相反;输入阻抗较高,由于从栅极看入的输入阻抗为无穷大,所以输入阻抗仅取决于输入偏置电阻(在共射电路中输入阻抗还包含了从基极看入的阻抗);输出阻抗为 $r_\mathrm{ds} /\!/ R_\mathrm{D}$,近似为 R_D(共射电路的输出阻抗为 $r_\mathrm{ce} /\!/ R_\mathrm{C}$,近似为 R_C)。

二、基本共栅极放大电路

图 3.4.9(a) 为 N 沟道结型场效应管共栅极放大电路的基本形式,信号从源极输入,从漏极输出。由图 3.4.9(a) 可见,场效应管的偏置为自给偏压方式。图 3.4.9(b) 为中频交流通路图,图 3.4.9(c) 为微变等效电路。计算直流工作点的方法可参见例 3.4.3。

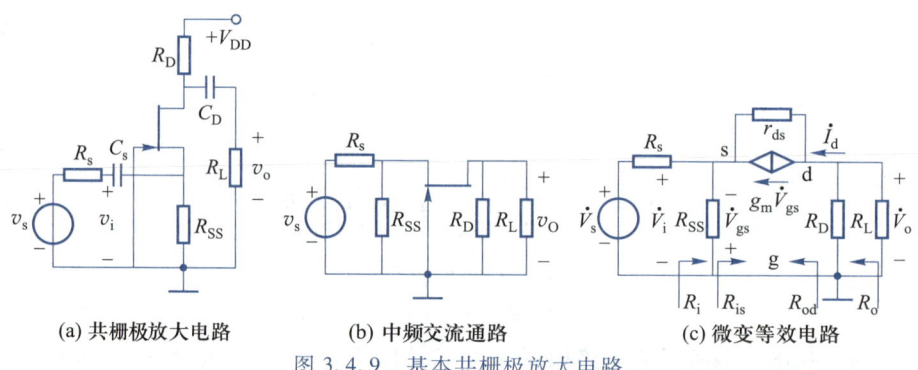

(a) 共栅极放大电路   (b) 中频交流通路   (c) 微变等效电路

图 3.4.9 基本共栅极放大电路

对图 3.4.9(c)微变等效电路分析可知

$$-\dot{V}_{gs} = \dot{V}_o - (\dot{I}_D - g_m \dot{V}_{gs}) r_{ds} = \dot{V}_o - \left(-\frac{\dot{V}_o}{R_D // R_L} - g_m \dot{V}_{gs} \right) r_{ds}$$

整理后可以得到

$$\frac{\dot{V}_o}{-\dot{V}_{gs}} = \frac{1 + g_m r_{ds}}{R_D // R_L + r_{ds}} \cdot (R_D // R_L)$$

由于 r_{ds} 数值较大,通常满足 $r_{ds} \gg R_D // R_L$ 和 $g_m r_{ds} \gg 1$,将分子上的"1"忽略并将分母上的 $R_D // R_L$ 忽略,可以得到

$$\frac{\dot{V}_o}{-\dot{V}_{gs}} \approx g_m (R_D // R_L)$$

由于 $\dot{V}_i = -\dot{V}_{gs}$,所以该共栅放大电路的电压增益为

$$\dot{A}_v = \frac{\dot{V}_o}{\dot{V}_i} \approx g_m \cdot (R_D // R_L) \tag{3.4.5}$$

从源极端看入的输入电阻为

$$R_{is} = \frac{-\dot{V}_{gs}}{\dot{I}_s} = \frac{-\dot{V}_{gs}}{\dot{I}_d} \approx \frac{-\dot{V}_{gs}}{-g_m \dot{V}_{gs}} = \frac{1}{g_m} \quad (忽略了 r_{ds} 的影响)$$

放大电路输入电阻为

$$R_i = R_{SS} // R_{is} \approx R_{SS} // \left(\frac{1}{g_m} \right) \tag{3.4.6}$$

源电压增益为

$$\dot{A}_{vs} = \frac{\dot{V}_o}{\dot{V}_s} = \frac{-\dot{V}_{gs}}{\dot{V}_s} \cdot \frac{\dot{V}_o}{-\dot{V}_{gs}} \approx \frac{R_i}{R_s + R_i} \cdot g_m \cdot (R_D // R_L) \tag{3.4.7}$$

放大电路的输出电阻 $R_o = R_{od} // R_D$,R_{od} 为从管漏极向放大电路看进去的输出电阻。求 R_{od} 时,信号源 $\dot{V}_s$ 短路,保留内阻。设有一电流 $\dot{I}_d$ 流入漏极,计算 $\dot{I}_d$ 在漏极端产生的电压 $\dot{V}_d$,则有

$$(R_s // R_{SS}) \cdot \dot{I}_d + [\dot{I}_d + g_m (R_s // R_{SS}) \dot{I}_d] r_{ds} = \dot{V}_d$$

可以得到

$$R_{od} = \frac{\dot{V}_d}{\dot{I}_d} = R_s // R_{SS} + [1 + g_m (R_s // R_{SS})] r_{ds}$$

由于一般 $g_m (R_s // R_{33}) > 1$,所以 $R_{od} > r_{ds}$,又通常 $r_{ds} \gg R_D$,所以输出电阻为

$$R_o = R_{od} // R_D \approx R_D \tag{3.4.8}$$

例 3.4.5 图 3.4.9 所示的共栅极放大电路中,$V_{DD} = 5$ V,$R_{SS} = 1$ kΩ,$R_D = 3$ kΩ,信号源内阻 $R_s = 1$ kΩ,负载电阻 $R_L = 6$ kΩ。FET 管的参数为 $I_{DSS} = 4.5$ mA,$V_{off} = -1.5$ V,$\lambda = 0.01$。

试计算电路的 $\dot{A}_v$、$\dot{A}_{vs}$、R_i、R_o。

解：由于 λ 数值较小，计算直流工作点时忽略沟道调制效应。参照例 3.4.3 可计算得到 $I_{DQ} = 0.85$ mA，$V_{GSQ} = -0.85$ V。由于 $V_{GDQ} = -(V_{DD} - I_{DQ}R_D) = -2.45$ V $< V_{off}$，管处于饱和区工作。

$$g_m = \frac{2 \cdot I_{DQ}}{V_{GSQ} - V_{off}} = \frac{2 \times 0.85}{-0.85 - (-1.5)} \text{ mS} = 2.62 \text{ mS}$$

$$r_{ds} \approx \frac{1}{\lambda I_{DQ}} = 117 \text{ k}\Omega$$

$R_i \approx R_{SS} // \dfrac{1}{g_m} \approx 276$ Ω ，与晶体管的共基电路一样，共栅极放大电路的输入电阻较低（远低于共源极和共漏极电路），这是由于从源极看入的输入电阻 $1/g_m$ 较小的缘故。

电压增益 $\qquad \dot{A}_v = \dfrac{\dot{V}_o}{\dot{V}_i} \approx g_m \cdot (R_D // R_L) = 2.62 \times 2 = 5.24$

源电压增益 $\qquad \dot{A}_{vs} = \dfrac{\dot{V}_o}{\dot{V}_s} \approx \dfrac{R_i}{R_s + R_i} \cdot g_m \cdot (R_D // R_L) = \dfrac{276}{1\,000 + 276} \times 2.62 \times 2 = 1.13$

源电压增益较低的原因是输入电阻较小，且信号源内阻 R_s 较大。

输出电阻 $\qquad\qquad\qquad R_o \approx R_D = 3$ kΩ

由以上分析和计算结果可见，共栅极放大电路与共基极放大电路类似，输出信号与输入信号的相位相同；输入阻抗较低，如要求有较大的源电压增益，信号源的内阻必须很小；输出阻抗近似为 R_D。

三、基本共漏极放大电路（或称源极输出器或源极跟随器）

图 3.4.10(a) 为共漏极放大电路的基本形式，信号从栅极输入，从源极输出。栅极偏置电路中增加了 R_G，由于管栅极输入电流基本为零，R_G 上没有压降，不会影响 R_{G1}、R_{G2} 分压给栅极的电位值，通常 R_G 的阻值较大，从而提高电路的交流输入电阻。图 3.4.10(b) 为中频微变等效电路。

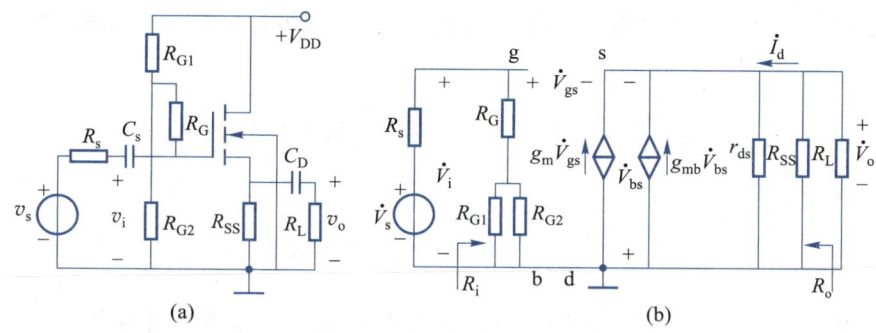

(a)   (b)

图 3.4.10 基本共漏极放大电路

由于衬底不是直接与源极相接，所以存在着衬底调制效应。根据 MOS 管微变信号模型，衬底调制效应可用受控电流源 $g_{mb}\dot{V}_{bs}$ 进行描述。观察图 3.4.10(b) 所示共漏极放大电路的微变等效电路可以看到,受控电流源 $g_{mb} \dot{V}_{bs}$ 的控制电压 $\dot{V}_{bs}$ 就是其两端电压。因此受控

电流源可等效为一个电阻: $r_{mb} = \dfrac{\dot{V}_{bs}}{g_{mb} \dot{V}_{bs}} = \dfrac{1}{g_{mb}}$。

从微变等效电路很容易求出中频输入电阻为

$$R_i = R_G + R_{G1} // R_{G2} \tag{3.4.9}$$

求电路的输出电阻时,令信号源 $\dot{V}_s$ 短路,保留内阻,由于输入端所有电阻上没有电流,压降为零,此时栅极为参考点电位,也就是与漏极电位相同,于是 $\dot{V}_{gs} = -\dot{V}_o$,为受控电流源 $g_m \dot{V}_{gs}$ 两端的电压。因此,如同前面提到的衬底调制效应受控电流源 $g_{mb} \dot{V}_{bs}$ 的分析处理方法一样,受控电流源 $g_m \dot{V}_{gs}$ 等效为一个阻值为 $\dfrac{1}{g_m}$ 的电阻。输出电阻 R_o 为

$$R_o = \left(\dfrac{1}{g_m} \right) // \left(\dfrac{1}{g_{mb}} \right) // r_{ds} // R_{SS} \tag{3.4.10}$$

在分析电压增益和源电压增益时,可令受控源 $g_m \dot{V}_{gs}$ 后面的总电阻为 $R'_L = \left(\dfrac{1}{g_{mb}} \right) // r_{ds} //$

$R_{SS} // R_L$,可得

$$\dot{V}_o = g_m \dot{V}_{gs} R'_L, \quad \dot{V}_i = \dot{V}_{gs} + \dot{V}_o = \dot{V}_{gs}(1 + g_m R'_L)$$

电压增益为
$$\dot{A}_v = \dfrac{\dot{V}_o}{\dot{V}_i} = \dfrac{g_m R'_L}{1 + g_m R'_L} \tag{3.4.11}$$

若 R'_L 足够大,使 $g_m R'_L \gg 1$, $\dot{A}_v = \dfrac{\dot{V}_o}{\dot{V}_i} \approx 1$,则源极输出电压 v_o 跟随栅极输入电压 v_i 的变化而变化。所以,共漏极放大电路也称为源极跟随器(类似晶体管的射极跟随器)。

考虑信号源内阻的影响,源电压增益为

$$\dot{A}_{vs} = \dfrac{\dot{V}_o}{\dot{V}_s} = \dfrac{\dot{V}_i}{\dot{V}_s} \cdot \dfrac{\dot{V}_o}{\dot{V}_i} = \dfrac{R_i}{R_s + R_i} \cdot \dfrac{g_m R'_L}{1 + g_m R'_L} \tag{3.4.12}$$

例 3.4.6 源极跟随器电路如图 3.4.10(a)所示。其中, $R_{G1} = 10 \ \text{k}\Omega$, $R_{G2} = 10 \ \text{k}\Omega$, $R_G = 1 \ \text{M}\Omega$, $R_{SS} = 0.5 \ \text{k}\Omega$,负载电阻 R_L 开路, $V_{DD} = 10 \ \text{V}$,信号源内阻 $R_s = 1 \ \text{k}\Omega$。NMOS 管转移特性为 $i_D = 0.2(v_{GS} - V_{th})^2 (1 + \lambda v_{DS}) \ \text{mA}$,开启电压 $V_{th} = 2 \ \text{V}$,沟道长度调制系数 $\lambda = 0.01$,跨导比系数 $\eta = 0.1$。试估算电路的 $\dot{A}_{vs}$、R_i、R_o。

解: 作为估算,在 η 不很大时,可忽略衬底调制效应对直流工作点的影响。电路中场效应管直流工作点的计算方法及数值与例 3.4.2 相同,即 $I_{DQ} = 1.168 \ \text{mA}$, $V_{SQ} = 0.584 \ \text{V}$, $V_{GSQ} = 4.416 \ \text{V}$, $V_{DSQ} = 9.416 \ \text{V}$。

$$g_m = \dfrac{2 \cdot I_{DQ}}{V_{GSQ} - V_{th}} = 0.97 \ \text{mS}$$

$$r_{ds} \approx \dfrac{1}{\lambda I_{DQ}} = 85.62 \ \text{k}\Omega$$

$$g_{mb} = \eta g_m = 0.097 \text{ mS}$$

$R_i = R_G + R_{G1} // R_{G2} = (1\,000 + 5) \text{k}\Omega = 1\,005 \text{ k}\Omega$,可见用大阻值 R_G 可增大输入电阻 R_i。

$$R_o = \left(\frac{1}{g_m}\right) // \left(\frac{1}{g_{mb}}\right) // r_{ds} // R_{SS} \approx \frac{1}{g_m} // R_{SS} = 337 \ \Omega$$

类似晶体管的射极跟随器,源极跟随器的交流输出电阻 R_o 比共源、共栅电路的都要小,但由于 g_m 的数值通常比晶体管的 g_m 小得多,源极跟随器的 R_o 比双极型晶体管射极跟随器的 R_o 的数值要大。

$$\dot{A}_{vs} = \frac{R_i}{R_s + R_i} \cdot \frac{g_m \cdot R_L'}{1 + g_m \cdot R_L'} = \frac{1\,005}{1 + 1\,005} \times \frac{0.97 \times 0.474}{1 + 0.97 \times 0.474} \approx 1 \times 0.314 = 0.314$$

其中,$R_L' = \left(\frac{1}{g_{mb}}\right) // r_{ds} // R_{SS} \approx 0.474 \text{ k}\Omega$。从计算结果看,$\dot{A}_{vs}$ 仅约为 0.3,电压跟随特性不理想(远低于 1),这是由于场效应管跨导 g_m 的数值较小、R_L' 也较小的缘故。源极跟随器的电压跟随特性一般会差于双极型晶体管的射极跟随器。欲使源极跟随器的增益接近 1,源极电阻 R_{SS}、负载电阻 R_L 阻值应尽可能大,同时要尽量避免衬底调制效应的影响。因而在集成电路中常采用有源负载替代源极电阻 R_{SS}。

小结:根据对基本共源、共栅、共漏极放大电路的介绍,对比双极型晶体管的共射、共基、共集电路,其对应电路的分析方法、电路特性都非常相似。

共源电路与共射电路:都为反相电压放大器,电压及电流增益较高,输入阻抗较高,输出阻抗较高。

共栅电路与共基电路:都为同相电压放大器,电压增益较高,电流增益较低(小于 1),输入阻抗很低,输出阻抗较高。

共漏电路与共集电路:都为同相电压放大器,电压增益较低(小于 1),电流增益较高,输入阻抗很高,输出阻抗很低。

3.4.4 场效应管有源电阻及电流源电路

在场效应管集成电路中,由于场效应管跨导较低,为提高单级放大电路的增益、改善电路性能,通常使用有源电阻或电流源作为放大电路中负载电阻。即:使用场效应管构成有源电阻或电流源替代共源和共栅电路中负载电阻 R_D 以及共漏电路中的 R_{SS},其优点是制作工艺简单、集成度高、为放大电路提供较稳定的静态工作点、可提高放大电路的动态范围,并且可提供较高的等效交流阻抗,从而提高放大电路的增益。

一、MOS 管有源电阻

1. 增强型 MOS 管有源电阻

图 3.4.11(a)、(b)是常用的 N 沟道和 P 沟道增强型 MOS 管有源电阻。将增强型 MOS 管栅、漏极短接,当漏源之间的电压 v_{DS} 大于开启电压 V_{th} 后,必有 $v_{GD} = 0 < V_{th}$,也就是场效应管处于饱和区工作。在场效应管漏源两端加电压 v,会产生电流 i,等效的微变电阻 r 可通过图 3.4.11(c)所示的微变等效电路求得。图 3.4.11(d)是将受控源进一步等效后的电路。等效微变电阻 r 由式(3.4.13)定义并给出。

$$r = \frac{\Delta v}{\Delta i}\bigg|_{\substack{v_{DSQ} \\ I_{DQ}}} = r_{ds}//\left(\frac{1}{g_m}\right) \approx \frac{1}{g_m} \tag{3.4.13}$$

由于增强型 MOS 管构成的有源电阻 r 与 g_m 有关,而 g_m 的值与静态工作点有关,因此,静态工作点不同,r 的数值不同。

当场效应管的衬源不相接时,需要考虑 v_{BS} 的衬底调制效应影响,应该根据实际应用电路进行重新推导。

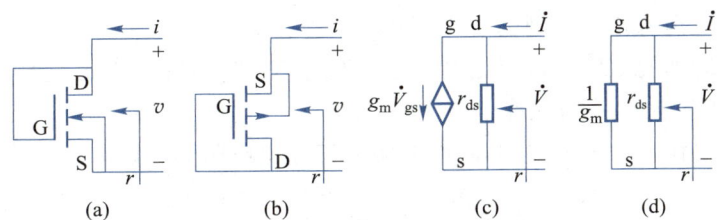

图 3.4.11 增强型 MOS 管有源电阻

2. 耗尽型 MOS 管有源电阻

耗尽型 MOS 管有源电阻的电路形式如图 3.4.12(a)、(b)所示,是由栅、源极短接的耗尽型 MOS 管构成的。由于 $v_{GS} = 0$,只要漏源之间的直流电压大于夹断电压的数值(对于 NMOS 管: $v_{DS} > -V_{off}$;对于 PMOS 管: $v_{DS} < -V_{off}$)时,MOS 管就会工作于饱和区。因此,图 3.4.12(a)、(b)电路的微变等效电路如图 3.4.12(c)所示。由于 $\dot{V}_{gs} = 0$,图 3.4.12(c)可进一步等效为图 3.4.12(d)。微变电阻 r 等于漏源输出电阻 r_{ds},即

$$r = \frac{\Delta v}{\Delta i}\bigg|_{\substack{v_{DSQ} \\ I_{DQ}}} = r_{ds} \tag{3.4.14}$$

与增强型 MOS 管有源电阻的情况一样,当衬源不相接时,应用电路中还需考虑衬源电压 v_{BS} 对 r 的影响。

从对耗尽型 MOS 管有源电阻分析可知,其有源电阻近似为 r_{ds}。I_{DQ} 越小,r_{ds} 越大。由于 r_{ds} 通常较大,耗尽型 MOS 管有源电阻电路也是一个内阻为 r_{ds}、电流为 I_{DSS} 的近似恒流源电路。

二、基本电流源

图 3.4.13 为 MOS 管基本电流源的电路形式。正常工作时,MOS 管 T_1、T_2 应处于饱和区,T_2 漏极电流为输出电流 I_O,T_1 漏极电流为参考电流 I_R。

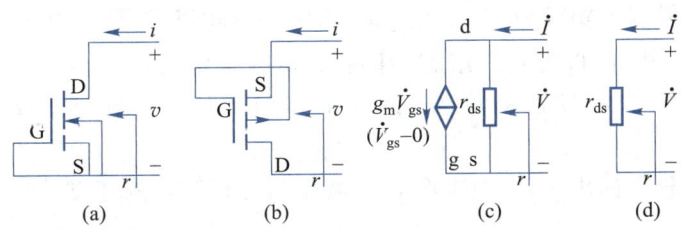

图 3.4.12 耗尽型 MOS 管有源电阻

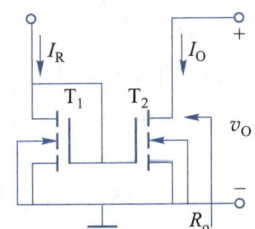

图 3.4.13 基本电流源电路

T_1的栅漏极短接,当$v_{DS1}=v_{GS1}>V_{th1}$时,必有$v_{GD1}=0<V_{th1}$,使T_1处于饱和区工作。只要T_2漏极端负载上的压降不是很大,也就是漏极端电位足够高,就可以保证T_2处于饱和区正常工作。

设T_1、T_2两管的参数k_p、V_{th}、λ分别相等,由于两管的栅极连接,有$v_{GS1}=v_{GS2}$,根据式(3.1.5),输出电流与参考电流之比(I_O/I_R)为

$$\frac{I_O}{I_R}=\frac{(W/L)_2\cdot(1+\lambda v_{DS2})}{(W/L)_1\cdot(1+\lambda v_{DS1})}\approx\frac{(W/L)_2}{(W/L)_1} \tag{3.4.15}$$

式中的近似条件是沟道长度调制因子λ足够小。

由式(3.4.15)可见,I_O与I_R的比例关系正比于T_1、T_2两管的沟道宽长(W/L)之比。如果两管的W/L相等,则电路为镜像电流源。

基本电流源的输出电阻R_o为T_2管的漏源微变输出电阻r_{ds2},即

$$R_o=\frac{\Delta v_o}{\Delta I_o}=r_{ds2}\approx\frac{1+\lambda v_o}{\lambda I_o}\approx\frac{1}{\lambda I_o} \tag{3.4.16}$$

三、威尔逊电流源

MOS管威尔逊电流源的电路形式如图3.4.14。与双极型晶体管威尔逊电流源的工作原理类似,MOS管威尔逊电流源也是利用T_2、T_1两管的有源负反馈提高了输出管T_3漏极对地的交流输出电阻,从而提高了输出电流I_O的稳定度,减小了I_O受输出端电压影响而变化的程度。

威尔逊电流源可提高交流输出电阻,减小沟道长度调制效应的不利影响。但由于在输出回路中串接有两个MOS管且要求两管均工作于饱和区,这要求输出端的电压直流工作点也要相应提高,在电源电压一定的情况下,这会减小输出端电压变化的动态范围。

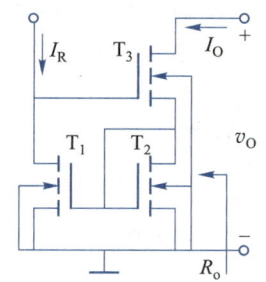

图3.4.14　威尔逊电流源电路

3.4.5　场效应管有源负载放大电路

由于场效应管的微变跨导g_m的数值较小,为提高放大电路的性能,需要增大负载电阻的阻值。在电源电压一定时,负载电阻过大会导致输出信号动态范围变小。在集成电路中,大阻值的集成电阻占用的芯片面积也较大,使集成度下降。因而,在集成电路中常采用有源电阻或恒流源组成有源负载放大电路。

一、NMOS 共源 E/E 型放大电路

在图3.4.15(a)所示电路中,增强型NMOS管T_1为放大管,增强型NMOS管T_2作为T_1的负载,构成有源电阻,称为负载管。由于T_1为共源组态,且两只MOS管均为增强型(enhancement mode),称这一电路为共源E/E型放大电路。图3.4.15(b)为中频微变等效电路。

图3.4.15(b)中,两个点画线框分别标出了两个MOS管的微变信号模型。对于T_2,如果衬源短接则可等效为$r_{ds2}//\left(\dfrac{1}{g_{m2}}\right)$[见式(3.4.13)]。当$v_{bs2}\neq 0$时可用漏、源极两端的受控

电流源 $g_{mb2}\dot{V}_{bs2}$ 表示衬底调制效应。由于这一受控电流源两端电压就是 $\dot{V}_{bs2}$，因而它可等效为电阻 $(1/g_{mb2})$。

根据图 3.4.15(b) 所示微变等效电路可求出中频电压增益 $\dot{A}_{vs}$ (与 $\dot{A}_v$ 相同) 为

$$\dot{A}_{vs} = \frac{\dot{V}_o}{\dot{V}_s} = -g_{m1} \cdot \left(r_{ds1} / / \frac{1}{g_{m2}} / / \frac{1}{g_{mb2}} / / r_{ds2} \right) = -\frac{g_{m1}}{g_{ds1}+g_{m2}+g_{mb2}+g_{ds2}} \quad (3.4.17)$$

电路的输出电阻 R_o 为

$$R_o = r_{ds1} / / \frac{1}{g_{m2}} / / \frac{1}{g_{mb2}} / / r_{ds2} \quad (3.4.18)$$

PMOS 共源 E/E 型放大电路的分析方法及电路特性与 NMOS 共源 E/E 型放大电路相同。

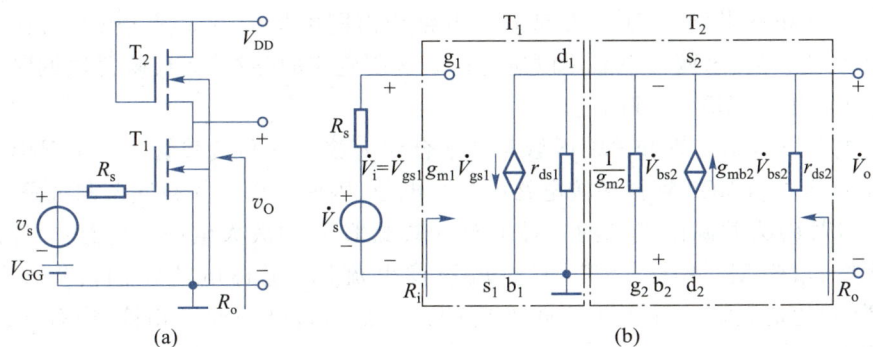

图 3.4.15　共源 E/E 型放大电路

二、NMOS 共源 E/D 型放大电路

NMOS 共源 E/D 型放大电路以增强型 (enhancement mode) NMOS 管 T_1 作为放大管、以耗尽型 (depletion mode) NMOS 管 T_2 作为有源负载构成的放大电路，如图 3.4.16(a) 所示。

由于负载管 T_2 的 $\dot{V}_{gs2}=0$，所以图 3.4.16(b) 的微变等效电路中没有等效电阻 $\dfrac{1}{g_{m2}}$，其他部分与共源 E/E 型电路完全相同。根据图 3.4.16(b) 所示电路，可求出中频电压增益 $\dot{A}_{vs}(\dot{A}_v = \dot{A}_{vs})$ 为

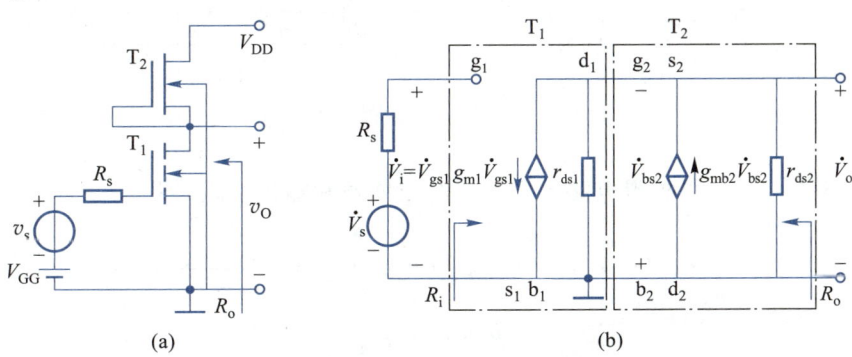

图 3.4.16　共源 E/D 型放大电路

$$\dot{A}_{vs} = \frac{\dot{V}_o}{\dot{V}_s} = -g_{m1} \cdot \left(r_{ds1} // \frac{1}{g_{mb2}} // r_{ds2} \right) = -\frac{g_{m1}}{g_{ds1} + g_{mb2} + g_{ds2}} \qquad (3.4.19)$$

输出电阻 R_o 为

$$R_o = r_{ds1} // \frac{1}{g_{mb2}} // r_{ds2} \qquad (3.4.20)$$

与 E/E 型电路比较,E/D 型电路的输出负载回路中由于没有电阻 $1/g_{m2}$,因而在同样工作条件下的电压增益要大于 E/E 型电路的电压增益。

PMOS 共源 E/D 型放大电路的分析方法及电路特性与 NMOS 共源 E/D 型放大电路相同。

三、CMOS 共源 E/E 型放大电路

前面提到 NMOS 共源 E/D、E/E 型放大电路均由同类型沟道 MOS 管构成,在集成电路中由于衬底是公共的,这两种电路难以避免衬底调制效应的存在,而反映衬底调制效应的背栅跨导 g_{mb} 又会使电压增益下降较多。

CMOS 电路以 NMOS 管和 PMOS 管互补配合作为放大管和负载管。由于 NMOS 管衬底接电路中最低电位,PMOS 管衬底接电路中最高电位,因而可以消除衬底调制现象。

图 3.4.17(a)为共源极组态的一种 CMOS 共源 E/E 型放大电路。电路中 T_1 为增强型 NMOS 放大管,增强型 PMOS 管 T_2、T_3 组成镜像电流源(也称电流镜,T_2、T_3 参数完全一致),并作为 T_1 的负载管。由于所有 MOS 管的衬底都与自己的源极相接,均有 $v_{BS} = 0$,不存在衬底调制效应。

根据图 3.4.13 和式(3.4.16),从 T_2 漏极看入的等效电阻就是 T_2 的 r_{ds}。很容易画出图 3.4.17(a)的中频微变等效电路,如图 3.4.17(b)所示。

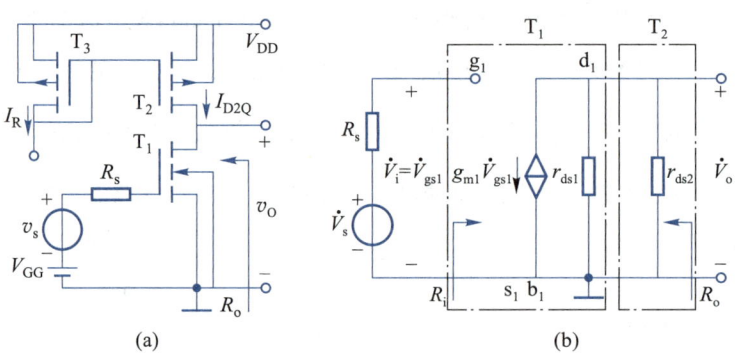

(a)　　　　　(b)

图 3.4.17　共源 CMOS 放大电路

根据图 3.4.17(b)可求得电路的中频源电压增益和输出电阻,即

$$\dot{A}_{vs}(= \dot{A}_v) = \frac{\dot{V}_o}{\dot{V}_s} = -g_{m1}(r_{ds1} // r_{ds2}) = -\frac{g_{m1}}{g_{ds1} + g_{ds2}} \qquad (3.4.21)$$

$$R_o = r_{ds1} // r_{ds2} \qquad (3.4.22)$$

由于共源 CMOS 放大电路中没有衬底调制效应的影响,使得放大管漏极总负载电阻的

阻值大大提高,也就大大提高了电路的增益。

图 3.4.18(a)为另一种连接形式的 CMOS 共源 E/E 型放大电路。正常工作时,NMOS 管和 PMOS 管均工作于饱和区,同时对输入信号进行放大。当两只 MOS 管的特性完全一致时,假如栅极电压在 V_{GSQ} 的基础上有一个电压变化 Δv(即 $V_{GSQ}+\Delta v$),T_1 的漏极电流会在 I_{DQ1} 的基础上有一个电流变化 Δi(即 $I_{DQ1}+\Delta i$),同时 T_2 的漏极电流将会在 I_{DQ2} 的基础上减小一个电流变化 $-\Delta i$(即 $I_{DQ2}-\Delta i$),负载电流将获得 $2\Delta i$ 的变化。如果画出交流通路图,可以看到两只 MOS 管是并联工作的。对应的微变等效电路如图 3.4.18(b)所示。在输出回路,总电流是 $g_{m1}\dot{V}_{gs1}+g_{m2}\dot{V}_{gs2}$,总的负载电阻是 $r_{ds1}//r_{ds2}$。与图 3.4.17(a)所示的电路相比,如果 MOS 管的参数完全一样,电压增益将加倍。中频电压增益 A_{vs} 如式(3.4.23)所示。通常称图 3.4.18(a)所示电路为 CMOS 反相器。

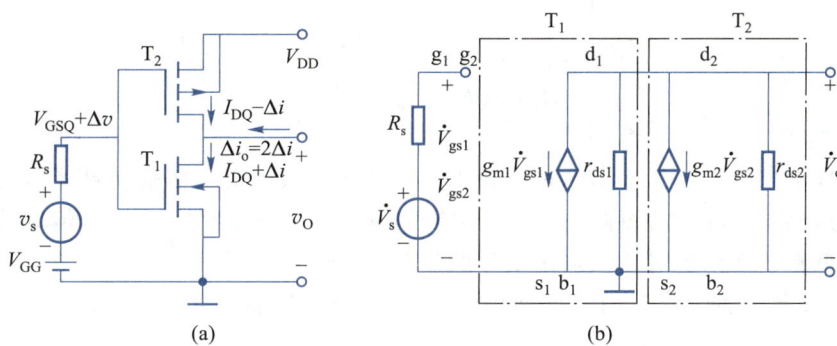

图 3.4.18　CMOS 反相器

放大电路的电压增益、源电压增益及输出电阻为

$$\dot{A}_{vs}=\dot{A}_v=\frac{\dot{V}_o}{\dot{V}_s}=-(g_{m1}+g_{m2})\cdot(r_{ds1}//r_{ds2})=-\frac{g_{m1}+g_{m2}}{g_{ds1}+g_{ds2}} \qquad (3.4.23)$$

$$R_o=r_{ds1}//r_{ds2}$$

3.4.6　场效应管差分放大电路

与双极型晶体管差分电路的构成原理类似,基于一对参数一致的场效应管也可构成差分放大电路,其基本目的是放大差模输入信号,抑制共模信号。与双极型晶体管差分电路相比,场效应管差分电路有输入电阻高、输入线性工作范围宽的优点,也有微变增益低、失调电压大的缺点。

一、MOS 管基本差分放大电路

图 3.4.19 为电流源偏置的 MOS 管差分放大电路。差分对管 T_1、T_2 的参数相同。T_3、T_4 构成电流源,其输出

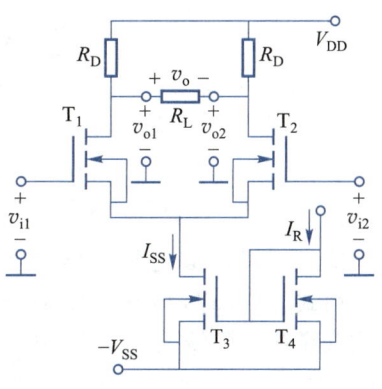

图 3.4.19　MOS 管差分放大电路

电流 I_{ss} 为差分对管提供直流偏置电流，使 $I_{DQ1} = I_{DQ2} = I_{ss}/2$，并使 T_1、T_2 处于饱和区工作。

1. 差模微变电压增益

当输入信号为小幅度差模信号时，$v_{i1} = -v_{i2}$，由于 T_1、T_2 两管参数相同，两管的漏极电流变化大小相等、方向相反，即 $\Delta i_{D1} = -\Delta i_{D2}$，$T_3$ 管输出电流没有变化，T_1、T_2 两管的源极电位没有变化，等效源极交流接地。参照双极型晶体管差分电路的分析方法有

$$\dot{V}_{o1} = -\frac{1}{2} g_m \left(r_{ds} // R_D // \frac{R_L}{2} \right) \left(\dot{V}_{i1} - \dot{V}_{i2} \right)$$

$$\dot{V}_{o2} = \frac{1}{2} g_m \left(r_{ds} // R_D // \frac{R_L}{2} \right) \left(\dot{V}_{i1} - \dot{V}_{i2} \right)$$

可求得 MOS 管差分电路的低、中频段电压增益和输出阻抗，分别为

$$\dot{A}_v = \frac{\dot{V}_o}{\dot{V}_{i1} - \dot{V}_{i2}} = \frac{\dot{V}_{o1} - \dot{V}_{o2}}{\dot{V}_{i1} - \dot{V}_{i2}} = -g_m \left(r_{ds} // R_D // \frac{R_L}{2} \right) \quad (3.4.24)$$

$$R_o = 2 \left(R_D // r_{ds} \right) \approx 2 R_D \quad (3.4.25)$$

2. 传输特性

传输特性给出了电路的输出信号和输入信号间的关系。由于传输特性通常是在直流输入情况下逐点测量出的，也常称为直流传输特性（或称为直流转移特性）。传输特性适用于分析直流及低频工作情况时输入输出信号的瞬时值之间的关系。

当 T_1、T_2 工作于饱和区时，在忽略沟道长度调制效应的情况下，T_1、T_2 管的输入输出传输特性分别为

$$i_{D1} = \frac{k_p}{2} \cdot \frac{W}{L} \left(v_{GS1} - V_{th} \right)^2, \quad i_{D2} = \frac{k_p}{2} \cdot \frac{W}{L} \left(v_{GS2} - V_{th} \right)^2$$

在差模输入电压的作用下，$i_{D1} + i_{D2} = I_{ss}$。令 $v_{ID} = v_{i1} - v_{i2}$，则 $v_{GS1} - v_{GS2} = v_{ID}$。两管的差模输出电流为

$$i_{OD} = i_{D1} - i_{D2} = \frac{k_p}{2} \cdot \frac{W}{L} \left[\left(v_{GS1} - V_{th} \right)^2 - \left(v_{GS2} - V_{th} \right)^2 \right]$$

进行整理可得

$$i_{OD} = \sqrt{k_p \frac{W}{L} I_{ss}} \cdot v_{ID} \cdot \sqrt{1 - v_{ID}^2 \Big/ \frac{4 L I_{ss}}{k_p W}} \quad (3.4.26)$$

$$i_{D1} = \frac{i_{D1} + i_{D2}}{2} + \frac{i_{D1} - i_{D2}}{2} = \frac{I_{ss}}{2} + \sqrt{\frac{k_p W}{4 L} I_{ss}} \cdot v_{ID} \cdot \sqrt{1 - v_{ID}^2 \Big/ \frac{4 L I_{ss}}{k_p W}} \quad (3.4.27a)$$

$$i_{D2} = \frac{i_{D1} + i_{D2}}{2} - \frac{i_{D1} - i_{D2}}{2} = \frac{I_{ss}}{2} - \sqrt{\frac{k_p W}{4 L} I_{ss}} \cdot v_{ID} \cdot \sqrt{1 - v_{ID}^2 \Big/ \frac{4 L I_{ss}}{k_p W}} \quad (3.4.27b)$$

式（3.4.27）描述了 MOS 管差分放大电路的传输特性，其曲线图形如图 3.4.20 所示。

由式（3.4.27）和图 3.4.20 可见，当 $v_{ID} = 0$，即 $v_{GS1} = v_{GS2}$ 时，$i_{D1} = i_{D2} = I_{ss}/2$，这是无输入信号或共模输入的情况。

当差模输入电压 v_{ID} 较小（$v_{ID} \ll \sqrt{\dfrac{4 L I_{ss}}{k_p W}}$）时，$i_{D1}$、$i_{D2}$ 的变化量为

$$\Delta i_{D1} \approx \sqrt{\frac{k_p W}{4L} I_{SS}} \cdot v_{ID} = \sqrt{\frac{k_p}{2} \cdot \frac{W}{L} \cdot \frac{I_{SS}}{2}} \cdot v_{ID} = \sqrt{\frac{1}{4} \cdot 2k_p \frac{W}{L} I_{D1Q}} \cdot v_{ID} = \frac{1}{2} g_m v_{ID}$$

同理，$\Delta i_{D2} \approx -\frac{1}{2} g_m v_{ID}$。

当差模输入电压 v_{ID} 增大到 $v_{ID} = +\sqrt{\frac{2I_{SS}L}{k_p W}} = +v'_{ID}$ 时，i_{D1} 增大到 I_{SS}，i_{D2} 减小到零。T_2 进入截止状态。此后如再增大 v_{ID}，i_{D1} 将基本不变（电流由恒流源确定，源极电位随 v_{ID} 的增加而抬高），呈限幅状态，传输特性曲线变平。同理，$v_{ID} \leqslant -v'_{ID}$ 时 T_1 截止、i_{D2} 限幅。

将 $|v_{ID}| < v'_{ID}$ 的区域称为 MOS 管差分放大电路的非限幅区域。MOS 管差分放大电路（简称为差放）用于放大时，输入差模电压 $|v_{GS1} - v_{GS2}|$ 不应超出这一区域。第 2 章介绍了双极型晶体管差放的非限幅区域一般为 $4V_T$（室温下约为 100 mV），而场效应管差放的非限幅区域通常会比双极型晶体管差放的非限幅区域宽许多。这是由于场效应管的转移特性为二次函数的缘故。

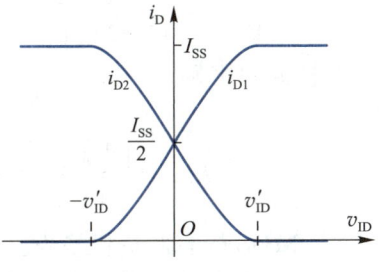

图 3.4.20　MOS 管差分放大电路的传输特性曲线

需要说明的是，图 3.4.20 所示的传输特性曲线以及非限幅区域是在场效应管 T_1、T_2 始终不进入可变电阻区时推导获得的。如果 $|v_{ID}| < v'_{ID}$ 时，差分放大场效应管已经由于漏极电位的降低进入了饱和区，则对应输入差模信号的动态范围应由开始进入饱和区时的输入信号幅度确定。另外，即使场效应管不进入饱和区，在 $|v_{ID}|$ 接近 v'_{ID} 时，非线性已经比较严重，只有当 $|v_{ID}| \ll v'_{ID}$ 时，放大电路才能有较小的非线性失真。

例 3.4.7　MOS 管差分放大电路如图 3.4.19 所示。$T_1 \sim T_4$ 的本征导电因子为 50 μA/V²，沟道宽长比为 30。T_1、T_2 的沟道长度调制因子为 0.001/V，开启电压为 1.2 V。T_3、T_4 的沟道长度调制因子为 0.01/V，开启电压为 1 V。参考电流 I_R 为 1.4 mA。$V_{DD} = V_{SS} = 10$ V。漏极负载电阻 $R_D = 5$ kΩ，$R_L = 10$ kΩ。试求：(1) 电路的微变差模电压增益；(2) 非限幅区范围；(3) 单端输出时的共模电压增益和共模抑制比。

解：(1) 由于 T_3、T_4 的参数对称，在忽略沟道长度效应的情况下，$I_{SS} = I_R = 1.4$ mA，$I_{DQ1} = I_{DQ2} = I_{SS}/2 = 1.4/2$ mA $= 0.7$ mA。T_1、T_2 的微变跨导为

$$g_m \approx \sqrt{2k_p \frac{W}{L} I_{DQ}} = \sqrt{2 \times 50 \times 10^{-6} \times 30 \times 0.7 \times 10^{-3}} \text{ S} = 1.449 \text{ mS}$$

$$r_{ds1} = r_{ds2} \approx \frac{1}{\lambda I_{DQ1}} = 1.43 \text{ M}\Omega$$

电路的微变差模电压增益为

$$\dot{A}_v = \frac{\dot{V}_o}{\dot{V}_{i1} - \dot{V}_{i2}} = -g_m \left(r_{ds} // R_D // \frac{R_L}{2} \right) = -1.449 \times 2.5 \approx -3.62$$

(2) 非限幅区范围：$|v_{ID}| < v'_{ID} = \sqrt{\frac{2I_{SS}L}{k_p W}} = \sqrt{\frac{2 \times 1.4 \times 10^{-3}}{50 \times 30 \times 10^{-6}}}$ V ≈ 1.37 V。

当 $|v_{i1} - v_{i2}|$ 超出这一范围,MOS 差分管之一进入截止区,电路不再处于差模工作状态。

(3) 由于 $I_{DQ3} = I_{SS} = 1.4$ mA,可计算出 T_3 管微变输出电阻为

$$r_{ds3} \approx \frac{1}{\lambda I_{SS}} = 71.428 \text{ k}\Omega$$

与求双极型晶体管的共模增益的方法相同,其单端输出共模增益的等效的交流通路图如图 3.4.21 所示。

共模微变电压增益为

$$\dot{A}_{vc} = \frac{\dot{V}_{oc1}}{\dot{V}_{ic}} \approx -\frac{g_m \dot{V}_{gs} \cdot R_D // \frac{R_L}{2}}{\dot{V}_{gs} + 2g_m \dot{V}_{gs} r_{ds3}} = -\frac{3.622}{208} \approx -17.4 \times 10^{-3}$$

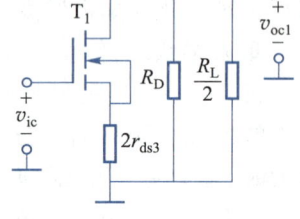

图 3.4.21 共模交流通路图

共模抑制比为

$$K_{CMR} = \left| \frac{\dot{A}_{vd1}}{\dot{A}_{vc}} \right| = \frac{\frac{3.62}{2}}{17.4 \times 10^{-3}} \approx 104$$

二、MOS 管有源负载差分放大电路

如同单管共源电路,有源负载 MOS 差分电路也有 E/D 型和 E/E 型之分。图 3.4.22、图 3.4.23、图 3.4.24 均为 CMOS E/E 型差分电路,差分放大管为增强型 NMOS 管,负载管为增强型 PMOS 管,不存在衬底调制效应。

1. E/E 型有源电阻负载 CMOS 差放

在图 3.4.22(a) 所示的电路中,负载管 T_3、T_4 特性完全相同,差分放大管 T_1、T_2 特性完全相同。根据前面对有源电阻的分析及式(3.4.13),两个负载管的等效微变电阻近似为 $\frac{1}{g_{m3}}$、$\frac{1}{g_{m4}}$,且 $\frac{1}{g_{m3}} = \frac{1}{g_{m4}}$。将有源电阻等效后的交流通路图如图 3.4.22(b) 所示。

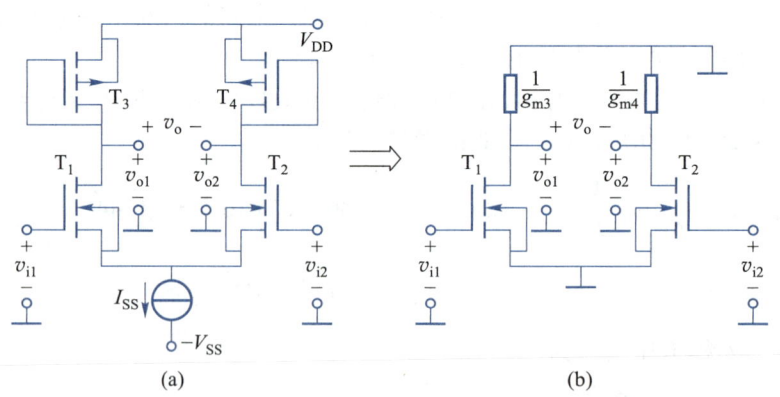

图 3.4.22 E/E 型有源电阻负载 CMOS 差分放大电路

图 3.4.22(b) 所示电路与图 3.4.19 所示电路的交流通路图结构相同,可以得到图 3.4.22所示电路的差模电压增益为

$$\dot{A}_v = \frac{\dot{V}_o}{\dot{V}_{i1} - \dot{V}_{i2}} = -g_{m1}\left(r_{ds1} // \frac{1}{g_{m3}}\right) \approx -\frac{g_{m1}}{g_{m3}} \tag{3.4.28}$$

为使 $\dot{A}_v$ 足够大,应要求放大管的微变跨导比负载管的微变跨导大得多。

2. 电流源有源负载 CMOS 差放

图 3.4.23(a)为以电流源作为有源负载的 CMOS E/E 型差分放大电路。T_3、T_4 两管的参数相同,T_1、T_2 两管的参数相同。参考电流 I_R 应使 $I_{D3} = I_{D4} \approx I_{SS}/2$。根据式(3.4.16),从 T_3、T_4 两管的漏极看入的等效微变电阻分别为 r_{ds3} 和 r_{ds4},且 $r_{ds3} = r_{ds4}$。将有源电阻等效后的交流通路图如图 3.4.23(b)所示。

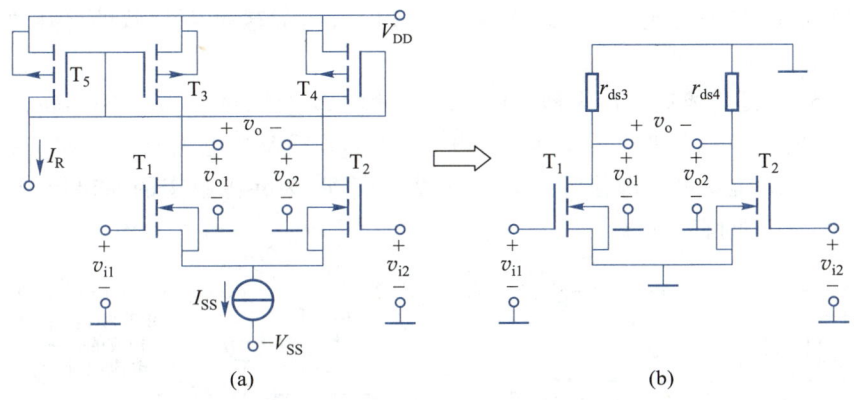

图 3.4.23　电流源有源负载 CMOS 差分放大电路

图 3.4.23 所示电路的差模电压增益为

$$\dot{A}_v = \frac{\dot{V}_o}{\dot{V}_{i1} - \dot{V}_{i2}} \approx -g_{m1}(r_{ds1} // r_{ds3}) \tag{3.4.29}$$

通常 r_{ds} 会远远大于 $\dfrac{1}{g_m}$,所以在不考虑负载电阻 R_L 时,图 3.4.23 所示电路的差模电压增益会比图 3.4.22 所示电路的差模电压增益大得多。

3. 镜像电流源负载 CMOS 差放

图 3.4.23 和图 3.4.22 所示的差分放大电路在单端输出时,其增益为双端输出的一半。为使单端输出时增益不下降,可以用镜像电流源作为差分放大管的负载,电路如图 3.4.24 所示。电路中 MOS 管 T_3、T_4 参数相同,组成镜像电流源。

图 3.4.24 所示差分放大电路的分析方法与第 2 章双极型晶体管相关电路的工作原理及分析方法完全相同。若输入差模信号为 $v_{i1}+\Delta v$ 和 $v_{i2}-\Delta v$ 时(设 $v_{i1} = v_{i2}$),可以推导出输出电流的变化量 $i_o = 2\Delta i$(若漏极负载为非镜像电流源时,对应的输出电流的变

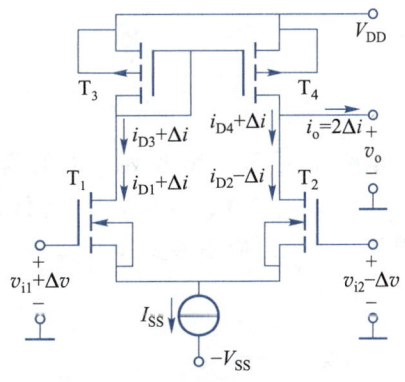

图 3.4.24　镜像电流源负载
CMOS 差分放大电路

化量 $i_o = \Delta i$）。因此当等效负载电阻与非镜像电流源负载的等效电阻相同时，单端输出的电压增益是其 2 倍。

由于从 T_3 的漏极端看入的等效负载电阻较小（约为 $\dfrac{1}{g_{m3}}$），而从 T_4 的漏极端看入的等效电阻较大（约为 r_{ds4}），为获得较大差模电压增益，应取 $T_2(T_4)$ 的漏极端作为输出。其差模电压增益为

$$\dot{A}_v = \frac{\dot{V}_o}{\dot{V}_{i1} - \dot{V}_{i2}} = \frac{\dot{V}_o}{\dot{V}_{gs1} - \dot{V}_{gs2}} \approx g_{m1}(r_{ds2} /\!/ r_{ds4}) \tag{3.4.30}$$

小结：用场效应管构成放大电路时，通常使用电流源作为偏置电路以及作为有源负载。这样设计可提高电路的稳定性，并解决由于场效应管跨导较低而导致的电压增益较低的问题。

图 3.4.25（a）是集成运算放大器（MC14573）的内部电路，图 3.4.25（b）是对应的等效电路。T_3 和 T_4 构成差分输入级，T_1（提供参考电流）和 T_2 构成基本电流源给 T_3 和 T_4 提供静态工作电流，T_5 和 T_6 为镜像电流源作为差放的有源负载，T_8 为共源组态的输出级，T_1 和 T_7 构成基本电流源作为 T_8 的有源负载。

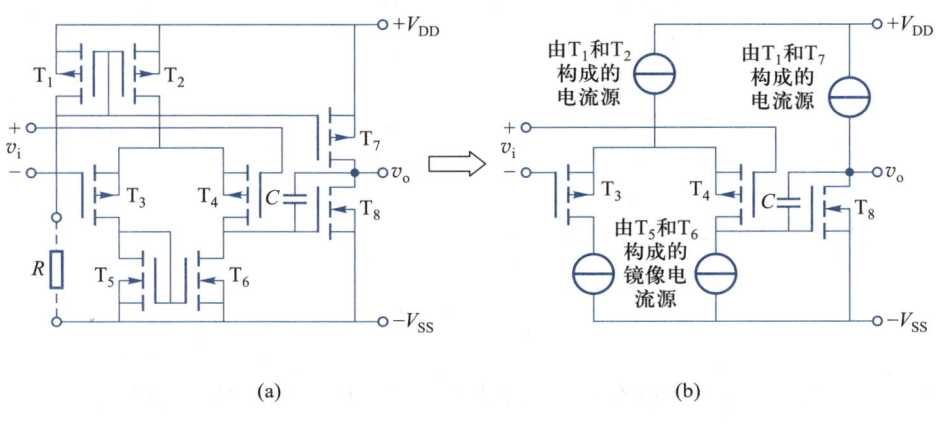

(a)　　　　　　　　　　(b)

图 3.4.25　CMOS 集成运算放大器（MC14573）内部电路及其等效电路

复习思考题

电路如图 3.4.26 所示。T 的有关参数为 $k_p = 20\ \mu A/V^2$，$W/L = 20$，$V_{th} = 2\ V$，$\lambda \approx 0\ V^{-1}$。为保证管处于放大工作状态，输入电压 v_I 的范围应是多少？

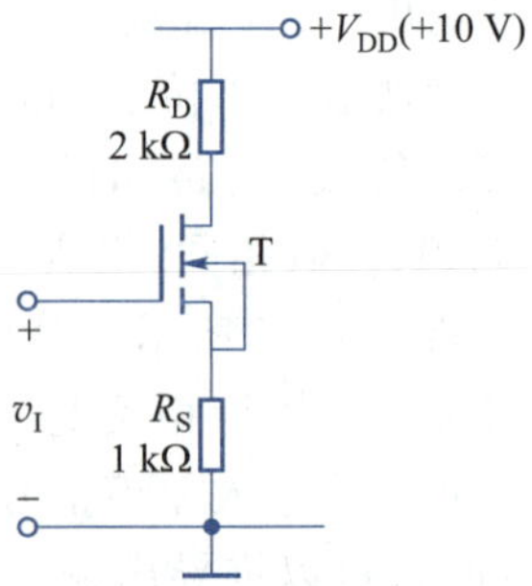

图 3.4.26

3.5
场效应管模拟开关

模拟开关是一种利用晶体管或场效应管的开关特性实现控制模拟信号传输与否的器件,其符号如图 3.5.1 所示。模拟开关有两种工作状态:接通状态和关断状态,由开关的控制端控制工作状态之间的转换。在接通状态,信号入端、出端间的接通电阻应尽可能小,两端如同短路,信号以最小损耗、最小失真在入端、出端间双向传输。在关断状态,信号入端、出端间的关断电阻应尽可能大,两端如同开路。接通、关断状态之间的转换速度应尽可能快。

利用场效应管的可变电阻区和截止区的特性可实现模拟开关。

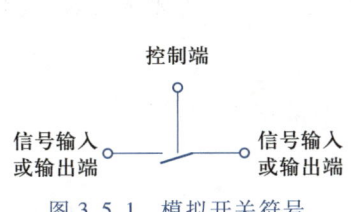

图 3.5.1　模拟开关符号

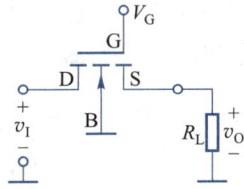

图 3.5.2　N 沟道增强型 MOS 管模拟开关

3.5.1　单 MOS 管模拟开关

图 3.5.2 为 N 沟道增强型 MOS 管(增强型 NMOS 管)作为模拟开关工作时的电路图。栅极作为控制端,漏极、源极分别作为信号输入输出端。衬底接地或负电位。当衬底接地时,由于 MOS 管的衬底到源极、衬底到漏极的 PN 结不允许正偏,要求输入信号 v_I 必须大于 0。

通过对控制端施加高电平 $V_G = V_{GH}$ 和低电平 $V_G = V_{GL}$ 实现模拟开关的闭合和关断。要求高电平 V_{GH}(通常使用电源电压 V_{DD})大于 MOS 管开启电压 V_{th} 并保证管导通电阻足够小。要求低电平 V_{GL}(通常为 0 电平)小于 MOS 管开启电压 V_{th} 并保证 MOS 管的可靠关断。

当 $v_G = V_{GL} = 0$ V 时,MOS 管漏、源极间未能建立导电沟道,漏源间电流为 0,开关处于关断状态。两端之间呈现阻值很大的关断电阻(可达 10^{10} Ω)。

当 $v_G = V_{GH} = V_{DD} > V_{th}$ 时,MOS 管漏源间建立导电沟道,输入电压 v_I 0~$V_{DD} - V_{th}$ 范围内,$v_{GS} > V_{th}$,$v_{GD} > V_{th}$,MOS 管处于可变电阻区,漏源间呈现几百欧至几千欧范围的电阻,模拟开关处于闭合状态。在负载电阻 $R_L \gg$ 漏源电阻的情况下,v_I 在漏源电阻上的压降将较小,有 $v_{GD} \approx v_{GS}$,同时 $v_O \approx v_I$。由于 MOS 管需要工作在可变电阻区,当 $V_{GH} = V_{DD}$ 时,要求 $v_{GD} = V_{DD} - v_I$,并要求

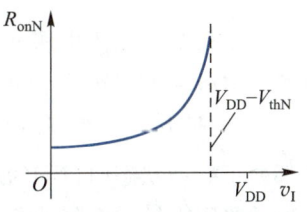

图 3.5.3　NMOS 管导通电阻

沟道电阻上的压降近似为 0,即 $v_{GD} \approx v_{GS}$。增强型 NMOS 管漏、源极之间的导通电阻 R_{onN} 可由式(3.5.1)给出。沟道电阻与输入电压之间的关系曲线示意图如图 3.5.3 所示。

$$R_{onN} \approx \frac{1}{k_{pN}\left(\dfrac{W}{L}\right)_{N}(V_{DD}-v_{I}-V_{thN})} \qquad (0 \leqslant v_{I} < V_{DD}-V_{thN}) \qquad (3.5.1)$$

在输入信号 v_I 较小时,G、S 及 G、D 间电压较大,导电沟道较厚,沟道电阻较小。随着 v_I 增加,沟道变薄,沟道电阻变大。当 v_I 增大到 $V_{DD}-V_{thN}$ 后,图 3.5.2 所示电路中 MOS 管栅、漏极间电压小于开启电压,漏极端沟道出现预夹断,MOS 管进入饱和区,沟道的等效电阻将变得非常大。因此,在模拟开关等效闭合的状态下,导通电阻随输入信号变化较大,这是单个 MOS 管开关的缺点。

MOS 管在可变电阻区工作时,由于漏源间沟道处于贯通状态,电流可双向流动,漏极、源极可以互换。

图 3.5.4(a)为 P 沟道增强型 MOS 管(增强型 PMOS 管)模拟开关电路图。P 沟道 MOS 管的衬底接高电位 $+V_{DD}$,在负载电阻 R_L 阻值足够大的情况下,导通电阻 R_{onP} 如式(3.5.2)所示。R_{onP} 与 v_I 之间的曲线如图 3.5.4(b)所示。

$$R_{onP} \approx \frac{1}{k_{pP}\left(\dfrac{W}{L}\right)_{P}\left[(v_{I}-V_{thP})\right]} \qquad (-V_{thP} < v_{I} \leqslant V_{DD}) \qquad (3.5.2)$$

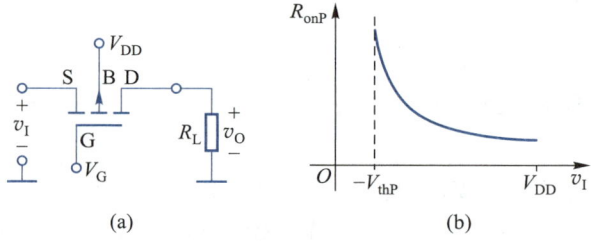

(a)   (b)

图 3.5.4   P 沟道增强型 MOS 管模拟开关

3.5.2   CMOS 模拟开关

单管 MOS 开关导通时,其导通电阻随输入信号变化较大,并且输入电压 v_I 工作范围受限,例如 P 沟道增强型 MOS 管当控制电压为 0 V 时,输入信号 v_I 不能低于 $-V_{thP}$,否则进入饱和区。

为了避免在输入电压变化时沟道导通电阻变化较大,并增加输入电压的动态范围,可将增强型 NMOS 管和 PMOS 管并联使用,构成如图 3.5.5(a)所示由两个互补控制端控制的模拟开关,这种模拟开关一般称为 CMOS 传输门,传输门符号如图 3.5.5(b)所示。当 T_1、T_2 两个 MOS 管都处于导通状态时(NMOS 管 T_1 栅极电平 $C = V_{DD}$,PMOS 管 T_2 栅极电平 $\overline{C} = 0$),总导通电阻为两个场效应管导通电阻的并联值,$R_{on} = R_{onN} // R_{onP}$,其关系曲线如图 3.5.6 所示。由图 3.5.6 可见,R_{on} 随 v_I 变化而改变的程度大幅度减小,且输入电压 v_I 的工作范围扩展为 $0 \sim V_{DD}$。

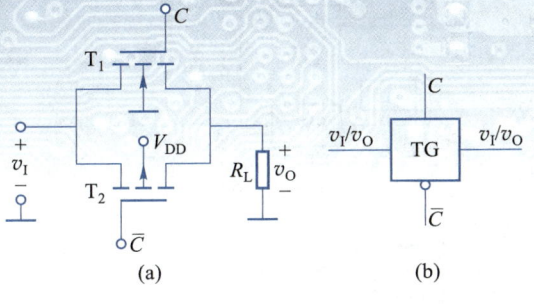

图 3.5.5　CMOS 传输门

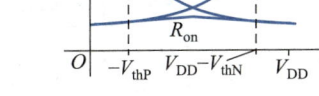

图 3.5.6　CMOS 传输门的导通电阻

为使 T_1、T_2 两管同时导通、同时关断,两 MOS 管栅极的控制信号应同时提供高、低电平相反的控制信号,例如需要导通时,NMOS 管的栅极应加高电平 $C=V_{DD}$,同时 PMOS 管的栅极应加低电平 $\overline{C}=0$。为获得这个互补的控制信号,在传输门中增加一个逻辑非门 G,如图 3.5.7(a)所示。一般图 3.5.7(a)所示电路称为 CMOS 模拟开关,等效电路如图 3.5.7(b)所示,图 3.5.7(c)为 CMOS 模拟开关的符号。逻辑非门 G 的作用是:当给非门 G 输入高电平 $C=V_{DD}$ 时,其输出端电平 $\overline{C}\approx0$;当给 G 输入低电平 $C=0$ 时,其输出端 $\overline{C}\approx V_{DD}$。

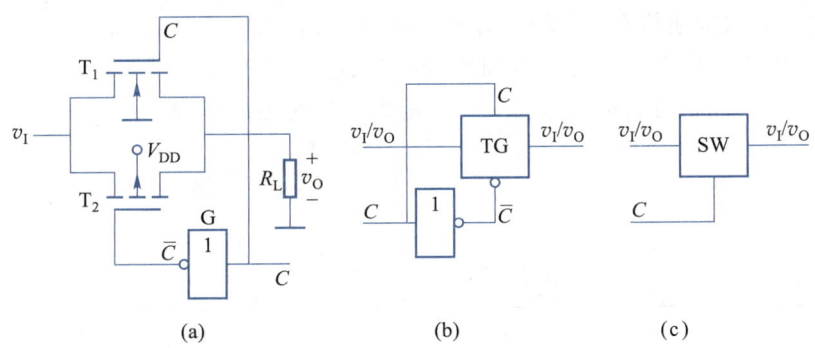

图 3.5.7　CMOS 模拟开关

实际集成电路芯片中,CMOS 模拟开关的电路原理图会稍微复杂一些,例如会用两个图 3.5.5 所示的传输门并联使用,这样,导通时的电阻会更小。图 3.5.8(a)是 CMOS 模拟开关 CD4066 的内部结构图。CD4066 中集成了 4 个完全一样的 CMOS 模拟开关。在应用时每个开关可单独使用。图 3.5.8(b)是使用两个模拟开关构成一个单刀双掷的开关示例。当 C 端为低电平时,SW_1 导通,SW_2 断开,信号 v_{I1} 传输到输出端;当 C 端为高电平时,SW_2 导通,SW_1 断开,信号 v_{I2} 传输到输出端。

当输入电压 v_I 变化时,MOS 模拟开关中仍存在着衬底调制现象,即 MOS 管的衬源电压 v_{BS} 随 v_I 变化。这会导致模拟开关的导通电阻随 v_I 变化而变化,使输出信号产生非线性失真。如何减小衬底调制效应的影响,可参考其他书籍。

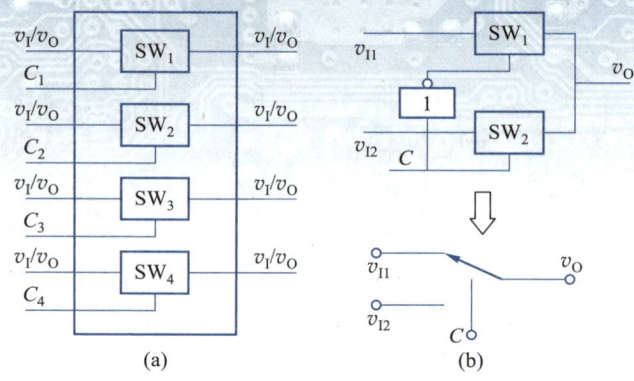

图 3.5.8 CMOS 模拟开关 CD4066 内部结构及模拟开关应用

复习思考题

在图 3.5.9 给出的单管 NMOS 开关中,负载电阻 R_L 为 1 kΩ, $V_{GH} = 5$ V, $V_{GL} = 0$。T 的参数为 $k_p = 40$ μA/V^2, $W/L = 30$, $V_{th} = 1$ V。在模拟开关的接通状态,当要求 $(v_O/v_I) > 0.8$ 时,输入电压 v_I 应有怎样的变化范围? 当 v_I 在这一范围内变动时, v_O/v_I 的改变量是多少? 输出电压 v_O 相对 v_I 是否存在失真? 是线性失真还是非线性失真?

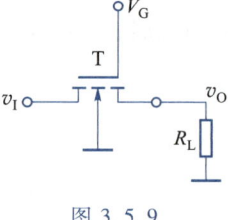

图 3.5.9

3.6
纳米制程

20 世纪 50 年代后期,仙童公司 Robert Noyce 与德州仪器公司杰克基尔比先后分别发明了集成电路,开创了世界微电子学的历史;20 世纪 80 年代以来,按照"摩尔定律",集成电路的设计和生产工艺不断增长,使得集成电路的集成度也不断加大。以 CMOS 技术为基础的集成电路技术通过缩小器件的特征尺寸(线宽)来提高芯片的工作速度、增加集成度以及降低成本,取得了巨大的成功。集成电路的线宽指由特定工艺决定的所能光刻的最小尺寸,一般等于沟道的最小宽度。通常可理解为所加工的电路图形中最小线条宽度,但在 MOS 电路中,人们也常以栅极长度来定义线宽。集成度与线宽有对应关系,即集成度越高,线宽越小。

自 2000 年起集成电路的线宽由"微米级"进入了"纳米级"。2010 年起我国先进的半导体生产工艺从 45 nm 延伸至 28 nm 以及更小的线宽。当集成电路发展到 20 nm 技术节点及以下时,在速度、功耗、集成度、可靠性等方面将受到一系列基本物理和工艺技术问题的限制。为了克服上述挑战,未来的研究工作主要从两个方面开展,一方面是研发全新的信息处理技术,另一方面则是研究器件新结构、新材料,具体知识可参考相关文献。

3.7
计算机仿真例题

仿真例题一：场效应管转移特性及输出特性仿真

调用仿真软件中 N 沟道增强型 MOS 管的模型（使用虚拟晶体管库（TRANSISTORS_VIRTUAL）中的 MOS_N 即可，也可以使用库 MOS_ENH_N 中的其他管）并修改参数，令：本征导电因子 $k_p = 1.6$ mA/V^2，开启电压 $V_{th} = 2$ V，沟道宽长比 $W/L = 1$，沟道长度调制因子 $\lambda = 0.005$。仿真电路如图 3.7.1 所示。

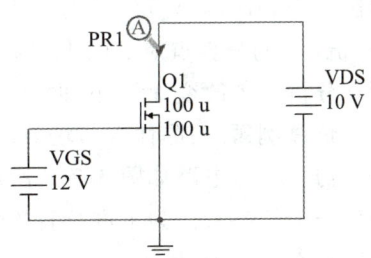

图 3.7.1　转移特性及输出特性仿真电路

1. 场效应管的转移特性曲线定义为 V_{DS} 是某定值时 I_D 与 V_{GS} 的关系曲线。令 $V_{DS} = 10$ V，并使用 DC SWEEP 仿真功能设置 V_{GS} 从 1 V 到 5 V 变化（步长 0.1 V），可得到图 3.7.2(a) 所示的转移特性曲线。

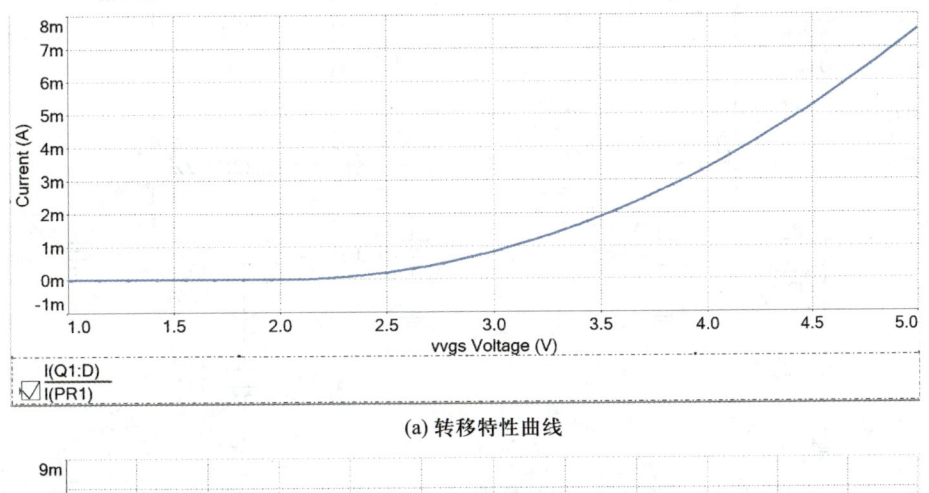

(a) 转移特性曲线

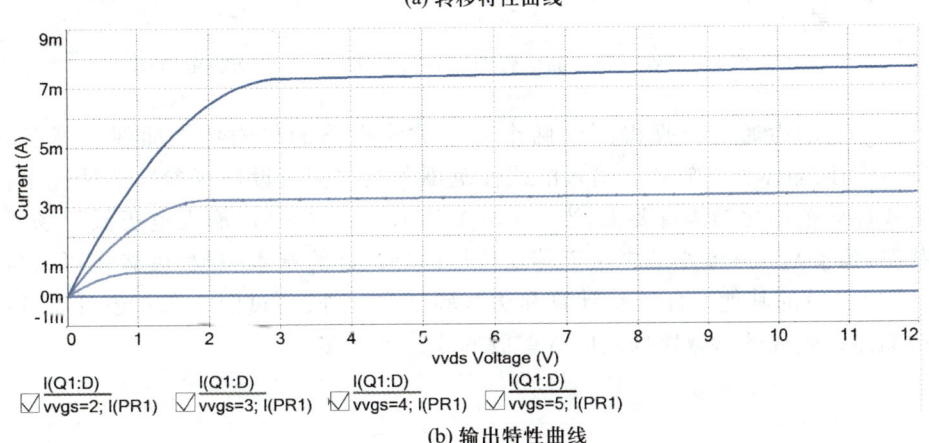

(b) 输出特性曲线

图 3.7.2　转移特性曲线及输出特性曲线

2. 输出特性曲线是 V_{GS} 固定时 I_D 与 V_{DS} 的关系曲线(族)。使用 DC SWEEP 功能,在 Source1 中设置 V_{DS} 从 0 V 到 15 V 变化(步长 0.1 V),在 Source 2 中设置 V_{GS} 从 2 V 到 5 V 变化(步长 1 V),可得图 3.7.2(b)所示的输出特性曲线。

从转移特性仿真图可知,开启电压近似为 $V_{th}=2$ V。从输出特性曲线可以看出,当 $V_{GS}=5$ V 时,可变电阻区与饱和区(恒流区)的分界点对应的 V_{DS} 约为 3 V;当 $V_{GS}=4$ V 时,可变电阻区与饱和区(恒流区)的分界点对应的 V_{DS} 约为 2 V;当 $V_{GS}=3$ V 时,可变电阻区与饱和区(恒流区)的分界点对应的 V_{DS} 约为 1 V。由于设定沟道长度调制因子 $\lambda=0.005$,曲线略有上翘。分析时若改变 λ 大小,曲线的上翘程度将随之改变。

仿真例题二:晶体管与场效应管差分放大电路的传输特性比较

仿真参考电路如图 3.7.3 所示。其中晶体管直接使用 2N2222 模型,场效应管使用仿真例题一中的参数。为了进行直流传输特性的比较,将两组电路中两管的输入电压分别设置为电路参数(circuit parameter)±vid/2,并对其进行参数扫描,变化范围为−2 V~2 V,步长可设置为 1 mV 以获得较为光滑及精准的结果曲线。

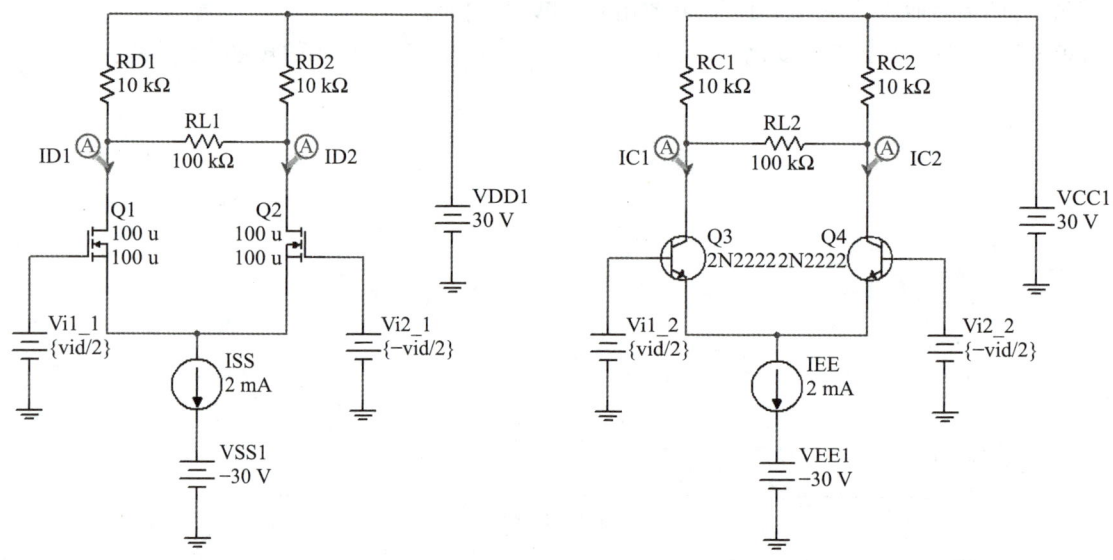

图 3.7.3　场效应管及晶体管差分放大电路传输特性仿真电路图

图 3.7.4 所示为通过仿真得到的两个差分放大电路的传输特性曲线。可以看出,当 |vid|<25 mV 时,晶体管差放处于输入的线性范围。在本例所设仿真参数的情况下,场效应管差放的线性区范围比晶体管要大;当 vid 增大到 1.5 V 左右时,输入电压低的场效应管进入截止状态,该值与 3.4.6 小节中关于传输特性的理论计算基本一致,读者也可以自行改用 Multisim 库中自带的其他元件进行计算和仿真验证。此外,通过图 3.7.4 还可以看出,本仿真电路中晶体管差放的增益比场效应管差放的增益大得多。

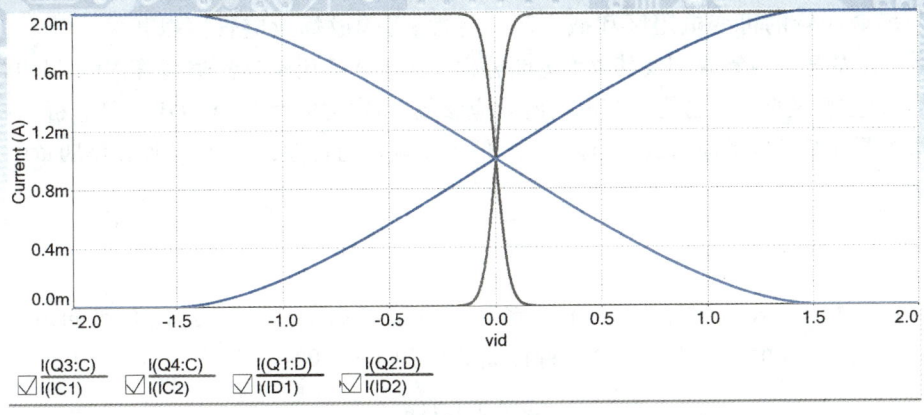

图 3.7.4　晶体管及场效应管差分放大电路的传输特性曲线

3.8　实际案例：结型场效应管在驻极体麦克风中的应用

本 章 小 结

场效应管利用输入电压控制管内导电沟道的形状进而控制输出电流。与双极型晶体管相比，场效应管的输入电阻高，载流子为单一种类，有着抗辐射能力强、温度稳定性好的特点。

在场效应管的饱和工作区时，输出电流是输入电压的二次函数。在可变电阻区，漏、源极间可呈现压控电阻的特性。

根据导电沟道的半导体类型，场效应管分为 N 沟道型和 P 沟道型。根据是否有初始导电沟道，MOS 型场效应管又有增强型和耗尽型之分。因而，MOS 型场效应管有四种类型：增强型 NMOS 管、增强型 PMOS 管、耗尽型 NMOS 管、耗尽型 PMOS 管。结型场效应管有两种类型：NJFET、PJFET。各类型管的直流偏置方式不同，增强型 MOS 类为同极性偏置，JFET 类为反极性偏置，耗尽型 MOS 类可为同极性也可为反极性偏置。

场效应管的微变跨导与工作点电流的平方根成正比。在相同工作点电流情况，场效应管的微变跨导一般比双极型晶体管的小。

场效应管基本放大电路有共源、共漏、共栅组态，其放大特性可类比双极型晶体管。

为提高放大电路的性能，场效应管常采用有源负载和以电流源作为负载的形式。场效应管的有源负载主要有增强型管栅漏短接型和耗尽型管栅源短接型。

CMOS 电路以 PMOS 管和 NMOS 管互补工作，有着工作点电流较小、器件衬底调制效应小的优点。

场效应管差分放大电路的结构可与双极型晶体管差放类比。场效应管差放有着输入电阻高、输入线性工作范围宽的优点，但通常也有微变增益低、偏差失调大的缺点。

VDMOS 管和 IGBT 管是两种常用大功率场效应管，它们有着纵向沟道、元胞并联的特点。它们的 I_{DM}、P_{DM}、$V_{(BR)DS}$ 指标可以比横向沟道结构管的大许多。

基于场效应管的可变电阻区和截止区的特性,可构成场效应管模拟开关。

本章介绍的场效应管模型及其放大电路分析方法主要适用于长沟道型管,对短导电沟道($L<$ 4 μm)场效应管,模型中需考虑较多的高阶效应参数,通常需借助 EDA 分析工具分析。

本章主要介绍了场效应管放大电路在中、低工作频段的特性,高频段特性在第四章中介绍。

习　题

3.1.1　(1) 某 N 沟道增强型 MOS 场效应管的开启电压为 1.5 V,各极间电压见表题 3.1.1(a),试判断管的工作状态(输出特性曲线中的工作区域)。

表题 3.1.1(a)

v_{GS}/V	v_{DS}/V	v_{GD}/V	管工作状态
1	5	-4	
2	3	-1	
3	1	2	

(2) 某 P 沟道增强型 MOS 场效应管的开启电压为 -1 V,各极间电压见表题 3.1.1(b),试判断管的工作状态(输出特性曲线中的工作区域)。

表题 3.1.1(b)

v_{GS}/V	v_{DS}/V	v_{GD}/V	管工作状态
-1.5	-1	-0.5	
-3	-1	-2	
-0.5	-1	0.5	

3.1.2　某场效应管的转移特性曲线如图题 3.1.2 所示。
(1) 写出该管的类型名称,画出管符号;
(2) 写出该管的转移特性方程(不计沟道长度调制效应);
(3) 求出 $v_{GS} = -3$ V 时的微变跨导 g_m。

3.1.3　电路如图题 3.1.3 所示。管 T 的有关参数为 $k_p = 30$ μA/V^2,$W/L = 15$,$V_{th} = 1$ V,$\lambda \approx 0$ V^{-1}。输入电压 $v_I(t) = 1+0.2 \sin 2\pi \times 10^3 t$ V。试求当控制电压 $V_G = 5$ V、0.5 V 时,输出电压 $v_o(t)$ 的表示式。

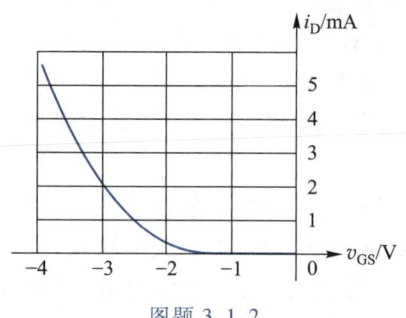

图题 3.1.2　　　　　　　　　图题 3.1.3

3.1.4　图题 3.1.4(a)中场效应管 T 的输出特性曲线如图题 3.1.4(b)所示。当 v_I 分别为 1 V、3 V、4 V时,管处于什么工作状态?

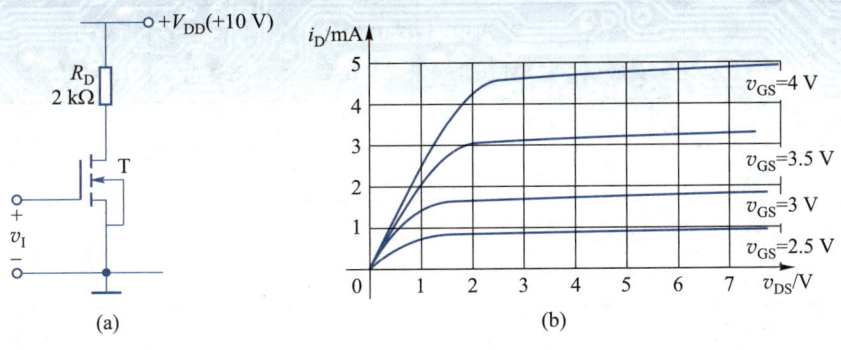

图题 3.1.4

3.1.5　某 MOS 场效应管的输出特性曲线如图题 3.1.5 所示。试说明该管的类型名称,画出其转移特性曲线($v_{DS} = 6$ V),写出转移特性方程。

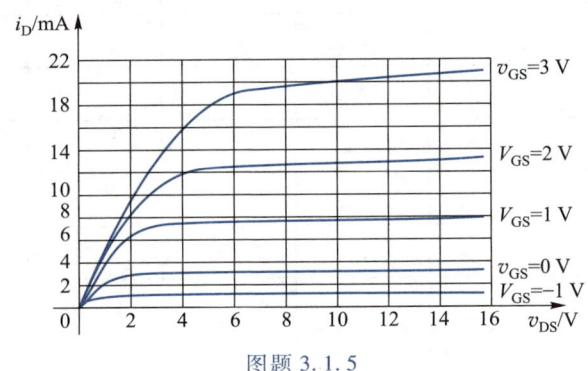

图题 3.1.5

3.2.1　N 沟道结型场效应管的 $k_p = 20$ μA/V^2, $W/L = 15$, $V_{off} = -1.5$ V, $\lambda \approx 0.01$ V^{-1}。工作电压 v_{GS}、v_{DS} 见表题 3.2.1。试写出在各工作电压点的管漏、源极间呈现的电阻 r_{DS} 和 r_{ds}。(注: r_{DS} 为对电压电流瞬时值表现出的电阻, r_{ds} 为对电压电流的变化量表现出的电阻。)

表题 3.2.1

v_{GS}/V	v_{DS}/V	r_{DS}	r_{ds}
−0.7	0.1		
	0.2		
	−0.2		
−1.2	0.2		
	0.6		
−2	0.2		
	0.6		

3.2.2 填写表题 3.2.2 的各项内容以总结场效应管的直流特性。

表题 **3.2.2**

名称		N 沟道增强型	N 沟道耗尽型	P 沟道增强型	P 沟道耗尽型	N 沟道结型	P 沟道结型
管符号							
可变电阻区	v_{GS}						
	v_{DS}						
	v_{GD}						
	电流方程						
饱和区	v_{GS}						
	v_{DS}						
	v_{GD}						
	电流方程						
截止区	v_{GS}						
	v_{DS}						
	v_{GD}						
	电流方程						
输出特性曲线							
转移特性曲线							

3.2.3 画出结型场效应管输出特性曲线的击穿区的特征形状,说明 $V_{(BR)DS}$ 随 $|v_{GS}|$ 增大而增大的原因。

3.3.1 基于 3.3 节中图 3.3.1,画出两个 VDMOS 元胞并联的剖面图。

3.3.2 试分析双极型管和 VDMOS 管输出端导通电阻温度系数的正负性及其对管二次击穿的影响。

3.4.1 电路如图题 3.4.1 所示。T 的有关参数为 $k_p = 50 \ \mu A/V^2$,$W/L = 10$,$V_{th} = 1 \ V$,$\lambda \approx 0 \ V^{-1}$。当电阻 R_{SS} 改变时欲在负载 R_D 上得到恒定的 1 mA 电流,电压 V_{GG} 应为多少?所允许的 R_{SS} 变化范围是多少?

3.4.2 求图题 3.4.2 所示电路中管源极电压 V_S。T 的参数为 $k_p = 50 \ \mu A/V^2$,$W/L = 5$,$V_{th} = -1 \ V$,$\lambda \approx 0 \ V^{-1}$。

3.4.3 图题 3.4.3 中的各电路欲作为放大电路。各电路中的偏置形式是否存在错误?错误何在?

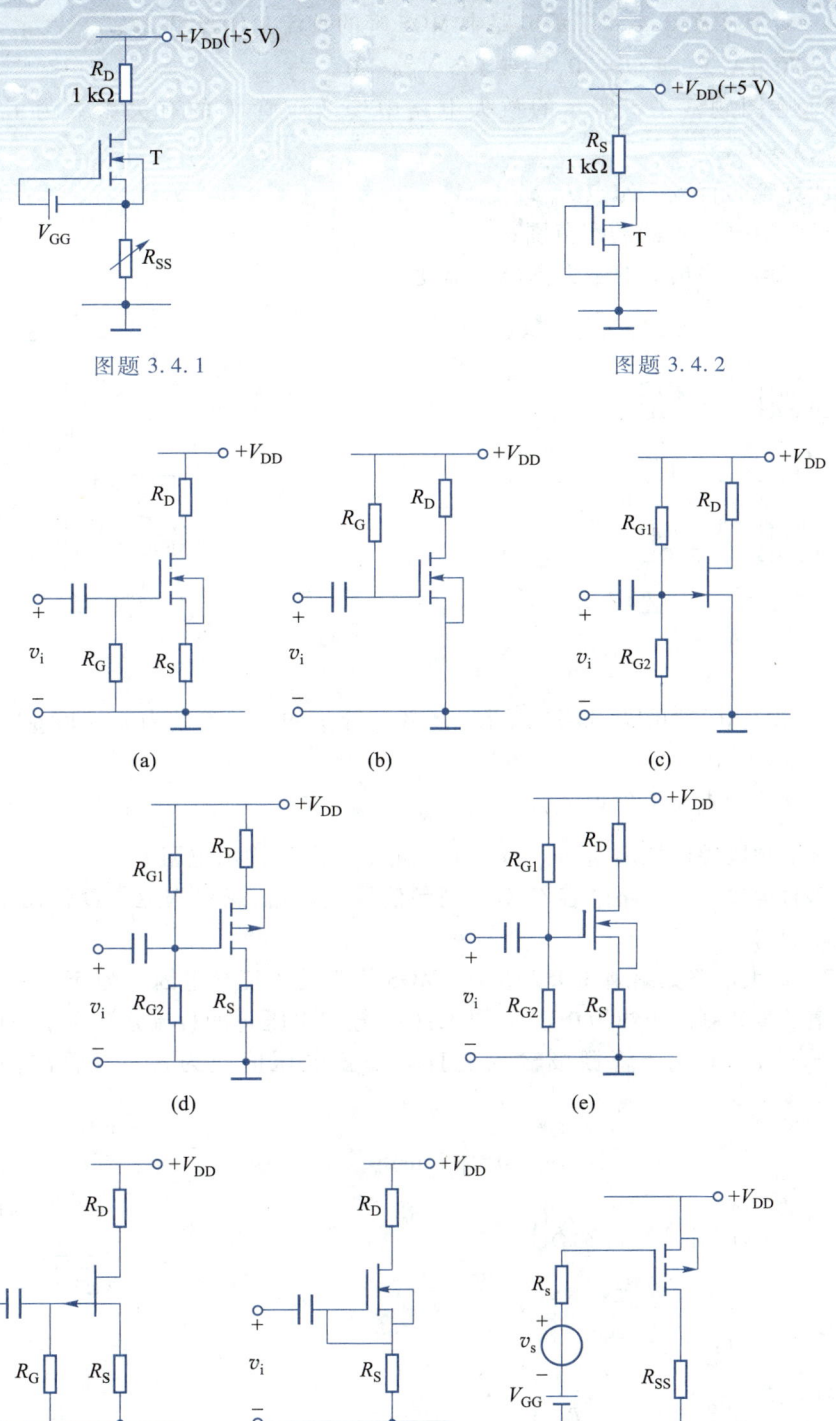

图题 3.4.1 图题 3.4.2

(a) (b) (c)

(d) (e)

(f) (g) (h)

图题 3.4.3

3.4.4 计算图题 3.4.4 所示电路中 MOS 管的直流工作点：V_{GSQ}、I_{DQ}、V_{DSQ}。MOS 管 T 的参数为：$k_p = 30\ \mu A/V^2$，$W/L = 20$，$V_{th} = 1.5\ V$，$\lambda \approx 0\ V^{-1}$。

3.4.5 在图题 3.4.5 所示的放大电路中场效应管 T 的有关参数为 $I_{DSS} = 1.6\ mA$，$V_{off} = -2\ V$，$\lambda \approx 0\ V^{-1}$。

（1）计算管的直流工作点 I_{DQ}，V_{GSQ}，V_{DSQ}；

（2）求输出电压 v_o 的动态范围；

（3）正弦信号输出时的不失真最大幅度。

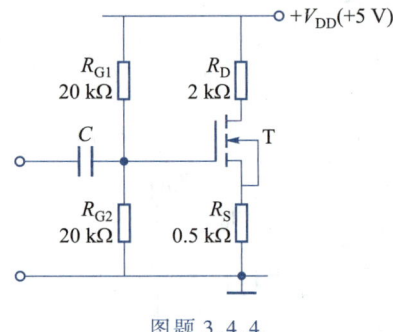

图题 3.4.4

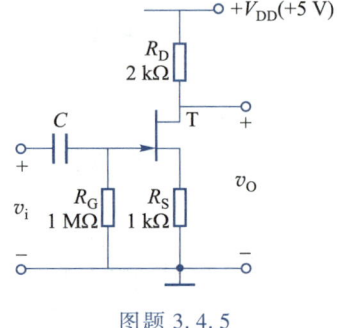

图题 3.4.5

3.4.6 放大电路如图题 3.4.6 所示。场效应管 T 的有关参数为 $k_p = 40\ \mu A/V^2$，$W/L = 20$，$V_{th} = 1.75\ V$，$\lambda \approx 0.01\ V^{-1}$。

（1）计算管的直流工作点 I_{DQ}，V_{GSQ}，V_{DSQ}；

（2）求中频段源电压增益 $\dot{A}_{vs} = \dot{V}_o / \dot{V}_s$、输入电阻 r_i、输出电阻 r_o。

（注：耦合电容 C_G、旁路电容 C_S 对中高频信号呈短路，忽略沟道长度调制效应对直流工作状态的影响。）

3.4.7 放大电路如图题 3.4.7 所示。MOS 管 T 的本征导电因子为 $50\ \mu A/V^2$，开启电压为 $1\ V$，沟道长度调制因子约为 $0\ V^{-1}$。要求：（1）输出电压 v_o 的直流分量为 $2\ V$；（2）微变信号电压增益 $|v_o/v_i|$ 为 6 倍。管栅极输入的直流偏置电压值应为多少？管的沟道宽长比应为多少？

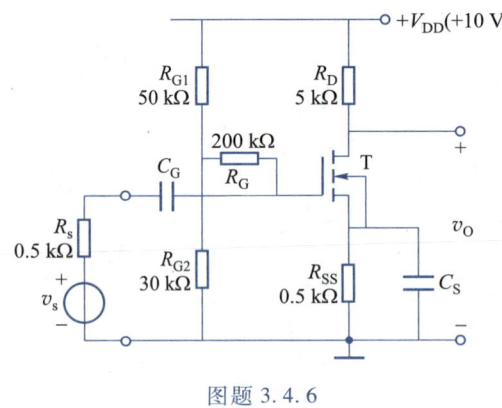

图题 3.4.6

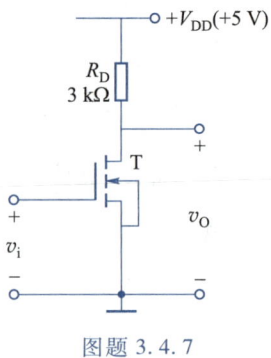

图题 3.4.7

3.4.8　放大电路如图题 3.4.8 所示。场效应管 T 的有关参数为 $k_p = 40\ \mu A/V^2, W/L = 20, V_{th} = 1.75\ V, \lambda \approx 0.01\ V^{-1}, \eta = 0.1$。

（1）试求计算管的直流工作点 I_{DQ}, V_{GSQ}, V_{DSQ}；

（2）画出中频微变等效电路。求出源电压增益 $\dot{A}_{vs} = \dot{V}_o / \dot{V}_s$、输入电阻 r_i、输出电阻 r_o 的数值。

（注：旁路电容 C_G 对中高频信号呈短路，忽略衬底调制效应和沟道长度调制效应对直流工作状态的影响。）

3.4.9　共漏放大电路如图题 3.4.9 所示。T 的 $k_p = 20\ \mu A/V^2, W/L = 30, V_{th} = -1\ V, \lambda \approx 0.01\ V^{-1}, \eta = 0.1$。试画出中频微变等效电路，计算源电压增益 $\dot{A}_{vs} = \dot{V}_o / \dot{V}_s$、输入电阻 r_i、输出电阻 r_o。

（注：忽略衬底调制和沟道长度调制对直流工作状态的影响。）

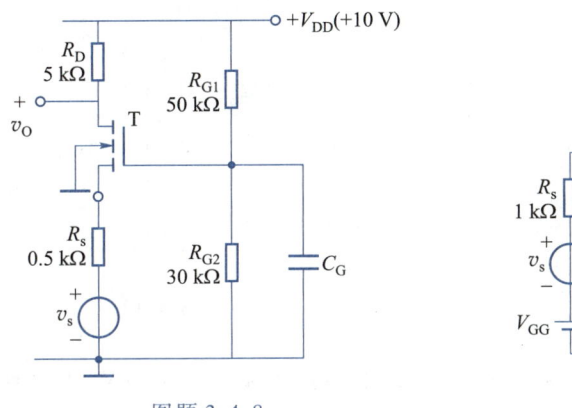

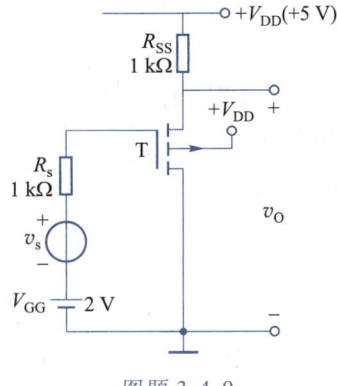

图题 3.4.8　　　　　　　　　　图题 3.4.9

3.4.10　在图题 3.4.10 中，场效应管 T_1、T_2 组成有源电阻分压器。试计算输出电压 v_O 值。T_1、T_2 的有关参数为：$k_{p1} = k_{p2} = 30\ \mu A/V^2, V_{th1} = V_{th2} = 1\ V, \lambda_1 = \lambda_2 \approx 0\ V^{-1}, (W/L)_1 = 40, (W/L)_2 = 10$。（注：忽略衬底调制效应的影响。）

3.4.11　在图题 3.4.11 所示的电流源电路中，T_1、T_2、T_3 的参数为 $k_p = 20\ \mu A/V^2, V_{th} = 1\ V, \lambda_1 = \lambda_3 \approx 0\ V^{-1}, \lambda_2 = 0.02\ V^{-1}, (W/L)_1 = (W/L)_3 = 20, (W/L)_2 = 30$。求 v_{DS2} 分别为 2 V、5 V 时的输出电流 I_0 值。

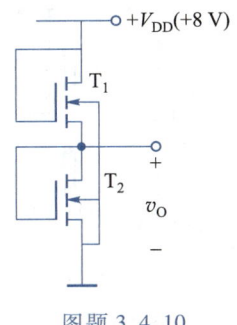

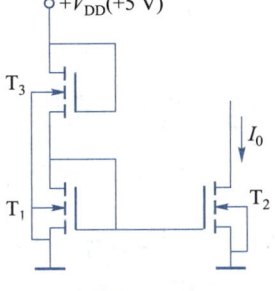

图题 3.4.10　　　　　　　　　图题 3.4.11

3.4.12 E/E 型共源极放大电路如图题 3.4.12 所示。T_1、T_2 的参数为 $k_p = 40\ \mu A/V^2$，$W/L = 30$，$V_{th} = 1\ V$，$\lambda \approx 0.01\ V^{-1}$，$\eta = 0.1$。试画出中频微变等效电路，计算源电压增益 $\dot{A}_{vs} = \dot{V}_o / \dot{V}_s$ 和输出电阻 r_o。

3.4.13 E/D 型共源极放大电路如图题 3.4.13 所示。T_1 的参数为 $k_{p1} = 40\ \mu A/V^2$，$(W/L)_1 = 20$，$V_{th1} = 1.4\ V$，$\lambda_1 = 0.02\ V^{-1}$。T_2 的参数为 $I_{DSS2} = 0.8\ mA$，$V_{off2} = -1\ V$，$\lambda_2 = 0.02\ V^{-1}$，$\eta_2 = 0.1$。

（1）计算 T_1 的直流工作点 I_{DQ1}，V_{DSQ1}；

（2）画出中频微变等效电路，求出源电压增益 $\dot{A}_{vs} = \dot{V}_o / \dot{V}_s$ 和输出电阻 r_o 的数值。

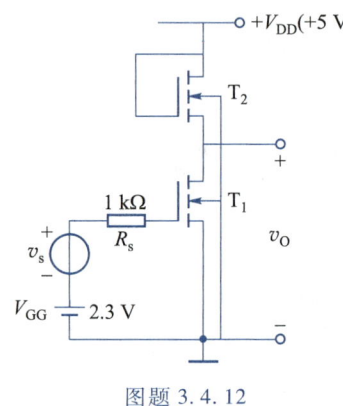

图题 3.4.12

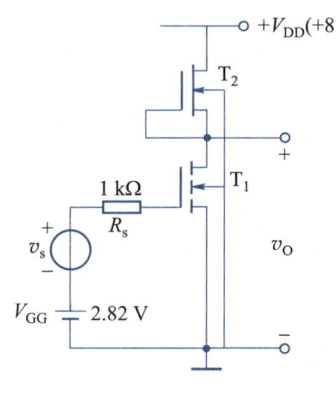

图题 3.4.13

3.4.14 放大电路如图题 3.4.14 所示。T_1、T_2 的参数为 $k_p = 30\ \mu A/V^2$，$W/L = 30$，$|V_{th}| = 1\ V$，$\lambda \approx 0.01\ V^{-1}$，$\eta = 0.1$。设工作点电流 $I_{DQ} = 1\ mA$，试画出中频微变等效电路，计算源电压增益 $\dot{A}_{vs} = \dot{V}_o / \dot{V}_s$ 和输出电阻 r_o。

3.4.15 放大电路如图题 3.4.15 所示。

（1）分析电路的构成和 T_1、T_2、T_3 的作用；

（2）设 $V_{S3}/V_{G3} \approx 1$，T_1、T_2 的 $g_{m1} = g_{m2}$，$\lambda_1 = \lambda_2$。写出源电压增益 $\dot{A}_{vs} = \dot{V}_o / \dot{V}_i$ 的表示式。

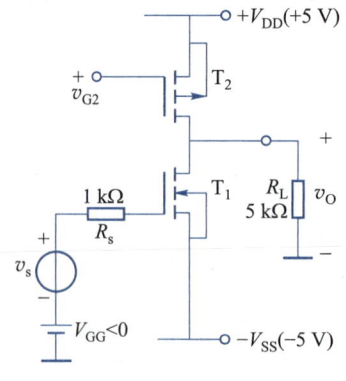

图题 3.4.14

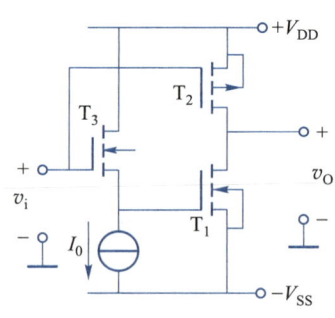

图题 3.4.15

3.4.16　差放电路如图题 3.4.16 所示。结型场效应管 $T_1 \sim T_3$ 的转移特性方程为 $i_D = 3(1 + 0.5v_{GS})^2$ mA，$\lambda_1 = \lambda_2 \approx 0$ V^{-1}，$\lambda_3 = 0.01$ V^{-1}。试计算：

（1）管工作点电流 I_{DQ1}、I_{DQ2}、I_{DQ3}；

（2）中频段微变差模电压增益（双入双出）；

（3）中频段 T_3 管的微变输出电阻 r_{o3}、共模电压增益 $\dot{A}_{vc} = \dot{V}_{o1} / \dot{V}_{ic}$ 和共模抑制比。

3.4.17　CMOS 差放电路如图题 3.4.17 所示。电路中各管的 $|V_{th}| = 1$ V，$\lambda \approx 0.01$ V^{-1}，$\eta = 0.1$。PMOS 管的 $k_p = 10$ μA/V^2，$W/L = 20$。NMOS 管的 $k_p = 30$ μA/V^2，$W/L = 10$。试求出：

（1）T_1、T_2 的工作点电流 I_{DQ1}、I_{DQ2}；

（2）中频段微变差模电压增益（双入单出）。

（注：忽略沟道长度调制效应和衬底调制效应对直流工作点和镜像关系的影响。）

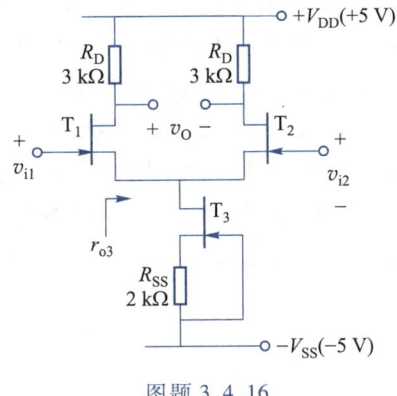

图题 3.4.16

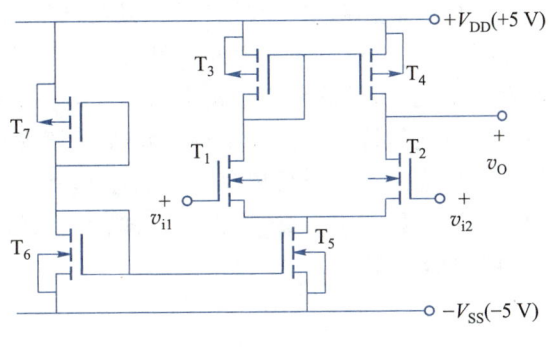

图题 3.4.17

3.5.1　CMOS 传输门如图题 3.5.1 所示。当 $V_{GH} = +V_{DD}$、$V_{GL} = 0$ 时，试求出传输门的接通电阻 R_{on} 与输入电压 v_I 无关的条件。（注：不计衬底调制效应。）

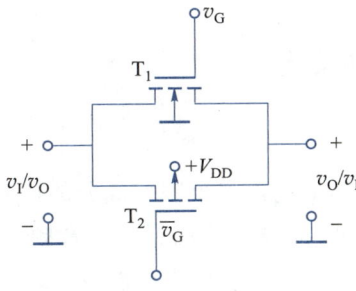

图题 3.5.1

第 4 章

小信号放大电路的频率特性

在第 2 章、第 3 章中用简化小信号模型分析放大电路的放大作用时，都假设输入信号是一个单频正弦信号，并且电路中所有耦合电容和旁路电容对交流信号都视为短路，晶体管的极间电容和电路中的分布电容都视为开路，即模型和放大电路中的元器件参数都假设与频率无关。而实际上一般的输入信号都是占有一定频率范围的多频信号，由于放大电路中存在电抗元件（如电容、电感线圈等）以及晶体管的极间电容，它们的电抗随信号频率不同而变化，因此放大电路对不同频率的信号具有不同的放大能力，其增益的大小和相移都会随频率的变化而变化，即增益是信号频率的函数。在小信号运用条件下，放大电路的增益因工作频率不同而改变的特性称为频率响应特性或频率特性，它表示放大电路对于不同频率正弦信号的稳态响应。本章介绍频率特性的基本概念，晶体管参数的频率特性以及放大电路的频率响应特性。如同第 2 章、第 1 章一样，本章讨论增加了频率因素后，双极型晶体管和场效应管的放大增益特性。

4.1
频率特性概述

4.1.1　频率特性的基本概念

一、幅度失真和相位失真

一般放大电路的输入信号，都是包含多个频率成分的信号。例如：一路电话的话音信号要占用 300~3 400 Hz 的频带宽度，而高品质的音响中音频信号为 20 Hz~20 kHz，视频信号为直流至几十兆赫。这样，含有电抗元件的放大电路，将会对各个频率分量有不同的增益和相移，导致放大前后的信号波形发生差异，从而产生频率失真。频率失真包括幅度失真和相位失真。

一个放大电路如果对输入信号各个频率成分的增益完全相同，并且使各频率成分的相移与频率呈线性关系时，则信号经过放大后就不会产生频率失真。而实际的放大电路不可能做到完全没有频率失真。

如果放大电路的频带不是足够宽，电路对不同频率分量的增益不同，从而引起输出信号中各频率分量的幅度比例关系发生了改变，导致输出波形的失真，这种失真称为幅度失真。

例如图 4.1.1(a)中实线所示的输入信号,它包含两个频率分量,如图中虚线所示;假设放大电路对低频分量的放大倍数小、对高频分量的放大倍数大,使输出波形中两种频率分量的幅度关系发生了变化,就会造成输出信号波形与输入信号波形明显不同,如图 4.1.1(b)所示。

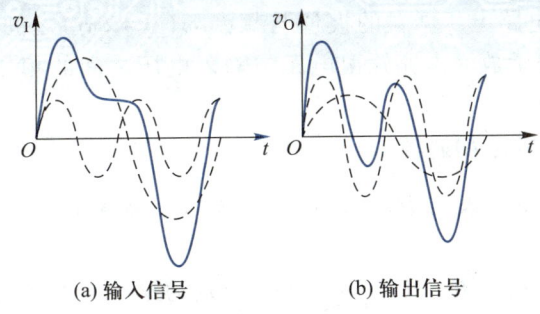

(a) 输入信号   (b) 输出信号

图 4.1.1 　放大电路存在幅度失真时的输入信号与输出信号

同样,如果放大电路的相移与频率的关系不是线性的,不同频率分量的信号通过放大电路后产生的时延不同,也会引起输出波形的失真,这种失真称为相位失真。实际放大电路输出信号其相移与频率的关系一般都不满足如同输入信号一样对应的相位关系,所以信号经放大后要产生相位失真。在工程应用中,由于人耳对放大电路产生的相位失真不是很敏感,因此即使放大电路产生相位失真,人们在通话中也感觉不到,所以用在电话通信中的放大器,其相位失真可以不予考虑;但是如果放大图像信号时,相位失真将严重影响通信质量。

由于幅度失真和相位失真是由线性电抗元件所引起的,因此又称为线性失真。其特点是输出波形中没有产生新的频率。若在输出波形中产生了输入信号中没有的新频率,对应的失真称为非线性失真。

二、幅频特性和相频特性

放大电路的频率特性可以用增益随频率变化的关系曲线来描述,它反映放大电路对不同频率输入信号的稳态响应,包括幅频特性和相频特性。前者指放大电路增益的大小随频率的变化关系,后者则说明不同频率的信号在放大的过程中所产生的相移随频率的变化关系。

通常在小信号运用条件下,把放大电路视为一个有源线性网络,如图 4.1.2 所示。电路增益用系统传输函数 $H(s)$ 表示。通常在复数频域分析传输函数,设输入输出的复频域

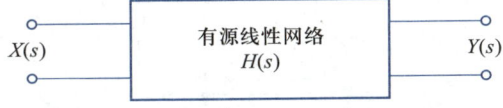

图 4.1.2 　有源线性网络及输入输出信号

信号分别为 $X(s)$、$Y(s)$,$X(s)$、$Y(s)$ 分别是输入输出信号的拉普拉斯变换。则系统传输函数为

$$H(s) = Y(s)/X(s) \tag{4.1.1}$$

式中,s 为复数频率,$s = \sigma + j\omega$。当 $s = j\omega$(或者 $s = j2\pi f$)时,$\dot{H}(j\omega)$ [或者 $\dot{H}(jf)$] 就是系统的稳态正弦频率响应函数,简称为频率响应或频率特性(也常用符号 $\dot{H}$ 表示)。

对于放大电路,$\dot{H}_v$ 为电压放大倍数,可写为 $\dot{A}_v$,即

$$\dot{A}_v = \frac{\dot{V}_o}{\dot{V}_i} = \left| \dot{A}_v(\omega) \right| e^{j\varphi(\omega)} \qquad (4.1.2)$$

$\left| \dot{A}_v(\omega) \right|$ 表示放大电路电压增益的模值与频率 $\omega(\omega = 2\pi f)$ 之间的关系,称其为放大电路的幅频特性。$\varphi(\omega)$ 表示放大电路输出电压与输入电压之间的相位差 φ 与角频率 ω 之间的关系,称其为相频特性。

三、工作频段、截止频率和通频带

在图 4.1.3(a) 给出的共发射极放大电路中,输入信号为信号源的电压信号 $\dot{V}_s$,输出信号为负载上的电压信号 $\dot{V}_o$。图 4.1.3(b)、(c) 分别为这一电路的电压传输函数 $\dot{A}_v = \frac{\dot{V}_o}{\dot{V}_i} = \left| \dot{A}_v(f) \right| e^{j\varphi(f)}$ 的幅频特性 $\left| \dot{A}_v(f) \right|$、相频特性 $\varphi(f)$ 的函数曲线图。

由图 4.1.3(b) 可见,放大电路对各频率成分的放大倍数并不相同。在中间频段($f_L \sim f_H$ 之间),耦合电容和旁路电容对该频段信号的容抗很小,可视为对交流信号短路;晶体管的极间电容对该频段信号的容抗很大,可视为开路。此时的幅频和相频特性曲线平坦,基本上为常数,保持一定的电压增益 $\left| \dot{A}_{vm} \right|$ 和 $-180°$ 的相移($-180°$ 相移是由共射组态晶体管本身造成的)。在低频段($f < f_L$),耦合电容和旁路电容不能再被视为对交流信号短路,电压增益随信号频率的降低而减小,相移减小;在高频段($f > f_H$),晶体管的极间电容不能视为对交流信号开路,此时的电压增益随信号频率的增加而减小,相移增大。一般低频段的输出电压有超前于中频时的附加相移,高频段的输出电压有滞后于中频时的附加相移。

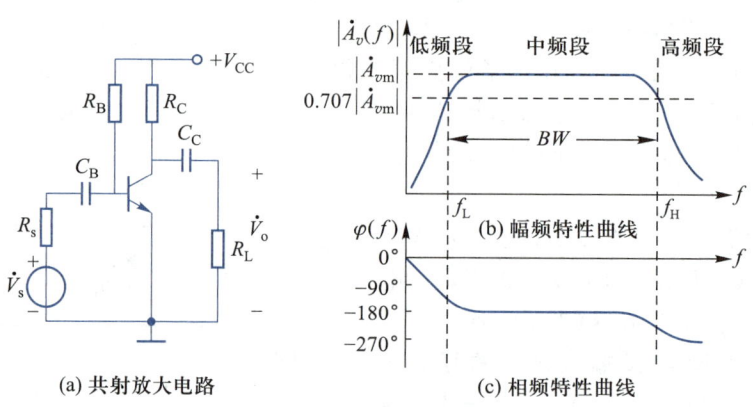

(a) 共射放大电路   (b) 幅频特性曲线

(c) 相频特性曲线

图 4.1.3 共射放大电路的幅频特性和相频特性

在低频段,当电压增益下降为中频段增益 A_{vm} 的 $1/\sqrt{2}$(相当于 0.707 倍)时的频率称为下限截止频率 f_L(简称为下截频);在高频段,当电压增益下降为中频段增益 A_{vm} 的 $1/\sqrt{2}$ 时的频率称为上限截止频率 f_H(简称为上截频)。从 f_L 到 f_H 的频段,称为放大电路的通频带,用 BW 表示,即

$$BW = f_H - f_L$$

通常所说的放大电路增益，一般都是指中频增益。由于截止频率处的放大倍数下降为中频放大倍数的 $1/\sqrt{2}$，功率传输函数恰为其中频值的一半，因此截止频率也称为半功率点。当放大电路和元件参数已知时，便可以计算出放大电路的上下截频。若要使放大电路的频率失真限制在允许值之内，则放大电路的通频带应该大于输入信号的频谱宽度。

前述章节重点介绍了放大电路的中频特性，本章将着重对电路的高、低频段特性进行分析。由于大容量电容器难以用集成工艺制造，在集成电路中，RC 耦合放大电路已经基本上由直接耦合放大电路代替，下截频接近于零，因此本章对低频段不作重点研究，主要讨论高频特性。

四、传输函数和零点、极点概念

在复数频率 s 域中，电容的容抗为 $1/sC$，电感的感抗为 sL。因而，含有电抗成分的线性系统的传输函数 $A(s)$ 一般表示式为

$$A(s) = \frac{Y(s)}{X(s)} = \frac{b_m s^m + b_{m-1} s^{m-1} + \cdots + b_1 s + b_0}{a_n s^n + a_{n-1} s^{n-1} + \cdots + a_1 s + a_0} \tag{4.1.3}$$

将式(4.1.3)的分母、分子多项式分别求根，可将其写为

$$A(s) = K \frac{(s-z_1)(s-z_2)\cdots(s-z_m)}{(s-p_1)(s-p_2)\cdots(s-p_n)} \tag{4.1.4}$$

由式(4.1.4)，当 $s=z_i$ 时，$A(s)=0$；当 $s=p_i$ 时，$A(s)\to\infty$。因而称各 z_i 为传输函数的零点，各 p_i 为传输函数的极点。一个实际的稳定电子电路系统的零、极点应满足两个基本条件：(1)零点的个数小于等于极点的个数；(2)极点应是负实数或是实部为负的共轭复数对。

令 $s=\mathrm{j}\omega$，得到系统的频率响应函数 $\dot{A}(\omega)$，在各 p_i、z_i 均为实数的情况下，令：$-p_i=\omega_{\mathrm{p}i}$，$-z_i=\omega_{\mathrm{z}i}$，$\omega_{\mathrm{p}i}$、$\omega_{\mathrm{z}i}$ 被分别称为极点角频率、零点角频率。则 $\dot{A}(\omega)$ 的表达式为

$$\dot{A}(\omega) = K \frac{(\mathrm{j}\omega+\omega_{\mathrm{z}1})(\mathrm{j}\omega+\omega_{\mathrm{z}2})\cdots(\mathrm{j}\omega+\omega_{\mathrm{z}m})}{(\mathrm{j}\omega+\omega_{\mathrm{p}1})(\mathrm{j}\omega+\omega_{\mathrm{p}2})\cdots(\mathrm{j}\omega+\omega_{\mathrm{p}n})} \tag{4.1.5}$$

根据 $\dot{A}(\omega)$ 可得到幅频响应函数 $|\dot{A}(\omega)|$ 和相频响应函数 $\varphi(\omega)$。

4.1.2　频率特性的分析方法

分析放大电路的频率响应特性，一般采用"分频段分析法"，即将频率响应分为低频段、中频段、高频段三个频段对待。在三个频段内放大电路表现出的模型参量有所不同，对放大电路的分析方法也各有特点。分别利用三个频段的等效电路和工程近似技术就可以比较容易地得到放大电路的频率响应，从而避免了对一个完整电路(包含所有电容)求解复杂的传输函数过程。若要精确求解包含所有电容的放大电路频率响应，可以利用 SPICE 等计算机仿真软件进行分析。

一、波特图

在研究多级放大电路的频率特性时，放大电路输入信号的频率范围通常在几赫至上百兆赫，而放大倍数从几倍至上百万倍，此时采用对数表达会更直观和方便。

波特图的定义

对于多级放大电路,总电压增益为

$$\dot{A}_v(\omega) = \dot{A}_{v1}(\omega)\dot{A}_{v2}(\omega)\cdots\dot{A}_{vn}(\omega) = \left|\dot{A}_v(\omega)\right|e^{j\varphi(\omega)} \tag{4.1.6}$$

其中

$$\left|\dot{A}_v(\omega)\right| = \left|\dot{A}_{v1}(\omega)\right|\left|\dot{A}_{v2}(\omega)\right|\cdots\left|\dot{A}_{vn}(\omega)\right| \tag{4.1.7}$$

$$\varphi(\omega) = \varphi_1(\omega) + \varphi_2(\omega) + \cdots + \varphi_n(\omega) \tag{4.1.8}$$

即:级联放大电路的总增益等于各级增益之积,总相移等于各级相移之和。

如果把式(4.1.7)中的电压增益转换成以分贝表示,其结果为

$$\left|\dot{A}_v(\omega)\right|\Big|_{dB} = 20\lg\left|\dot{A}_v(\omega)\right| = 20\lg\left|\dot{A}_{v1}(\omega)\right| + 20\lg\left|\dot{A}_{v2}(\omega)\right| + \cdots + 20\lg\left|\dot{A}_{vn}(\omega)\right|$$

$$\tag{4.1.9}$$

由式(4.1.9)可见,当分析多级放大电路时,将放大倍数使用以分贝表示的对数运算,可以把乘积运算转化为加法运算。

例 4.1.1 求如图 4.1.4 所示多级放大电路的总电压增益(分贝表示)。

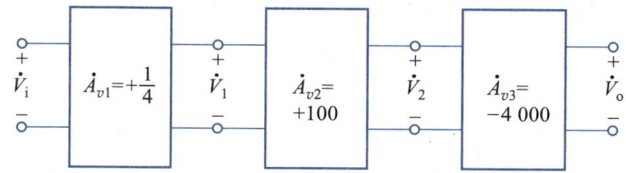

图 4.1.4 例 4.1.1 的电路

解: 总电压增益为

$$\dot{A}_v = \frac{\dot{V}_o}{\dot{V}_i} = \dot{A}_{v1}\cdot\dot{A}_{v2}\cdot\dot{A}_{v3} = \frac{1}{4}\times100\times(-4\,000) = -10^5$$

数值很大,写成分贝表示

$$\left|\dot{A}_v\right|\Big|_{dB} = 20\lg\left|\dot{A}_{v1}\right| + 20\lg\left|\dot{A}_{v2}\right| + 20\lg\left|\dot{A}_{v3}\right| = -12\ dB + 40\ dB + 72\ dB = 100\ dB$$

由于 $\dot{A}_v = -10^5$ 带负号,因此总相移是 $-180°$。

当放大电路中存在电抗元件时,电压增益不再是常数,其幅频特性 $\left|\dot{A}_v(\omega)\right|$ 与相频特性 $\varphi(\omega)$ 均为频率 ω 的函数,并且通常是复杂的代数函数,难以求解。因此,工程上一般都是利用近似方法分析放大电路的频率响应。

通过分析基本结构电路的频率特性,可以归纳出一种绘制复杂传输函数的渐近频率特性曲线的直接简便方法。这种渐近频率特性曲线称为波特(Bode)图,是以贝尔实验室的 H. W. Bode 命名的。通常将精确的计算机仿真求解频率特性结果与波特图相结合,以便于理解一个或者多个关键电路元件对电路性能的影响。

波特图由对数幅频特性和对数相频特性两部分组成,其横轴变量都是角频率 ω 或频率 f,为了缩短频率坐标采用对数标度,使得横坐标标度数值变小,读写方便。幅频特性的纵轴变量是 $20\lg\left|\dot{A}(\omega)\right|$,单位是分贝(dB),线性标度。例如,当放大器级联时,总的放大

倍数是各级相乘,而采用分贝做单位时,总增益就是相加。相频特性的纵轴仍用 φ 表示,线性标度。

请注意关系式 $\omega = 2\pi f$,从数学的角度来看,使用 ω 进行公式推导更为简捷。本章中使用频率变量 ω 或 f 时,哪个更方便就使用哪个。

二、几种典型电路波特图的标准形式

如图 4.1.5 所示系统框图,其频域传输函数为

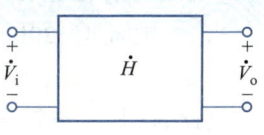

$$\dot{H}(\omega) = \frac{\dot{V}_o}{\dot{V}_i} = |\dot{H}(\omega)| e^{j\varphi(\omega)} \qquad (4.1.10)$$

图 4.1.5 系统框图

工程上采用分析常用的简单 $\dot{H}$ 网络实际响应与渐近响应曲线的办法,绘制出一组标准形式的波特图。对于复杂电路结构的频率特性,只需要利用公式化繁为简,将上述简单网络的波特图进行合并处理就可以得到。下面,将针对几种常用的 $\dot{H}$ 网络进行分析。

1. 实常数情况 $\dot{H} = \pm C$(C 为常数)

(1)对于 $\dot{H} = +C$,相当于 $\dot{H} = Ce^{j0}$,图 4.1.6 所示为其幅频特性和相频特性的波特图。

实常数和虚函数的波特图

(2)对于 $\dot{H} = -C$,同样,相当于 $\dot{H} = Ce^{\pm j\pi}$,图 4.1.7 所示为其波特图。请注意,在相频特性曲线图中,$-C$ 可以画在 $+180°$ 处、也可以画在 $-180°$ 处。按照惯例,本书画在 $-180°$ 处,即输出响应相位滞后输入 $180°$。

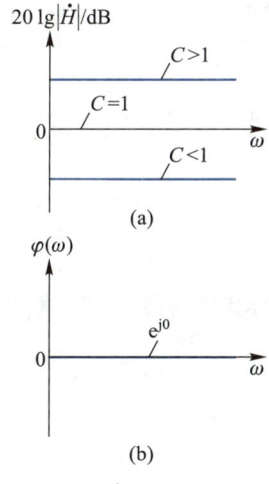

图 4.1.6 $\dot{H} = +C$ 的波特图

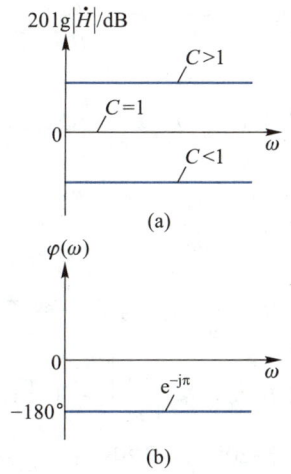

图 4.1.7 $\dot{H} = -C$ 的波特图

2. 虚函数情况 $\dot{H} = \pm \dfrac{j\omega}{\omega_0}$（或者 $\dot{H} = \pm \dfrac{j\omega_0}{\omega}$）

(1)对于 $\dot{H} = \pm \dfrac{j\omega}{\omega_0}$

可以写成 $\dot{H}=\dfrac{\omega}{\omega_0}\mathrm{e}^{\pm j\frac{\pi}{2}}$,图 4.1.8 为其波特图。其中幅频特性曲线的 y 轴为以分贝表示的

$20\lg\left|\dot{H}(\omega)\right|$。可见

当 $\omega=\omega_0$ 时,$20\lg 1=0$ dB;

当 $\omega=10\omega_0$ 时,$20\lg 10=20$ dB;

当 $\omega=0.1\omega_0$ 时,$20\lg 10=-20$ dB。

因此,这是一条斜率为 +20 dB/十倍频的直线。

对于 $\dot{H}=+\dfrac{j\omega}{\omega_0}$,相频特性曲线图为 +90°,属于超前相移;对于 $\dot{H}=-\dfrac{j\omega}{\omega_0}$,相频特性曲线图为 -90°,属于滞后相移。

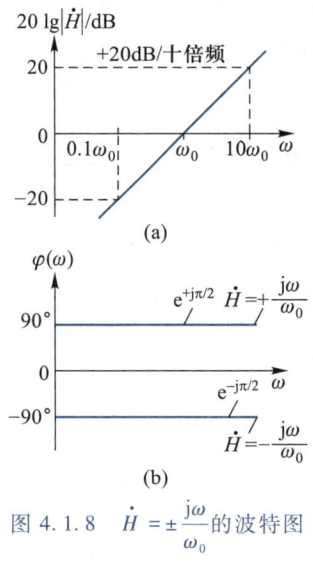

图 4.1.8　$\dot{H}=\pm\dfrac{j\omega}{\omega_0}$ 的波特图

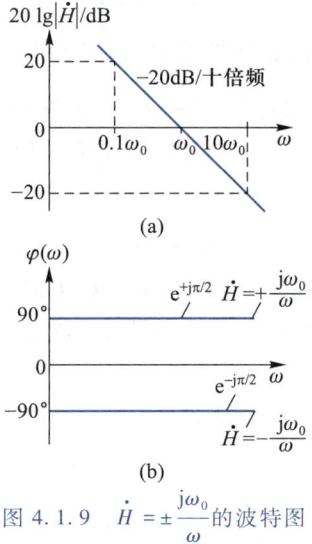

图 4.1.9　$\dot{H}=\pm\dfrac{j\omega_0}{\omega}$ 的波特图

（2）对于 $\dot{H}=\pm\dfrac{j\omega_0}{\omega}$

可以写成 $\dot{H}=\dfrac{\omega_0}{\omega}\mathrm{e}^{\pm j\frac{\pi}{2}}$,与前一种情况类似,图 4.1.9 为其波特图。其中幅频特性曲线的 y 轴为以分贝表示的 $20\lg\left|\dfrac{\omega_0}{\omega}\right|$。可见:

当 $\omega=\omega_0$ 时,$20\lg 1=0$ dB;

当 $\omega=10\omega_0$ 时,$20\lg 0.1=-20$ dB;

当 $\omega=0.1\omega_0$ 时,$20\lg 10=20$ dB。

因此,这是一条斜率为 -20 dB/十倍频的直线。

相频特性曲线图与前一种情况类似。

3. 低通滤波电路

对于图 4.1.10 所示的 RC 低通滤波电路,其电压传输函数为

低通滤波电路
和高通滤波电
路的波特图

$$\dot{A}_v(\omega) = \frac{\dot{V}_o}{\dot{V}_i} = \frac{\frac{1}{\mathrm{j}\omega C}}{R + \frac{1}{\mathrm{j}\omega C}} = \frac{1}{1 + \mathrm{j}\omega RC} \qquad (4.1.11)$$

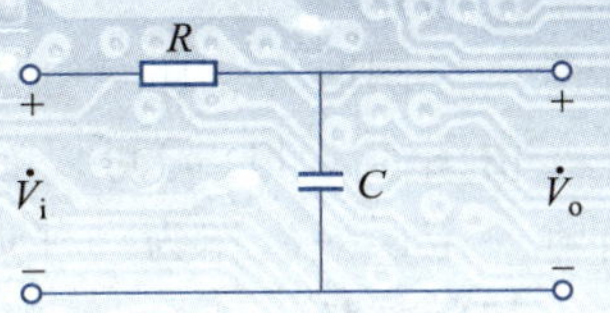

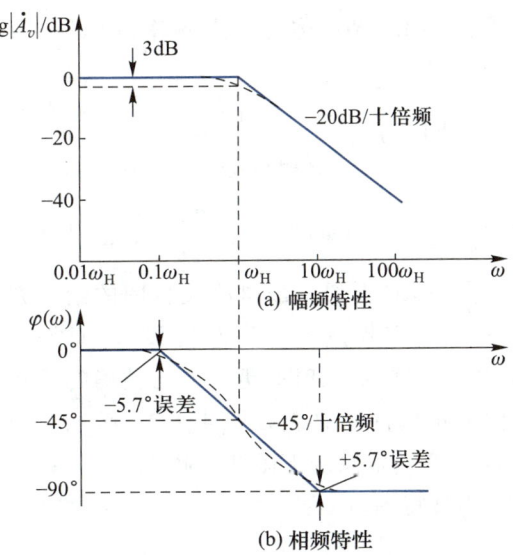

图 4.1.10　RC 低通滤波电路

将式(4.1.11)简化为

$$\dot{A}_v(\omega) = \frac{1}{1 + \mathrm{j}\omega/\omega_H} \qquad (4.1.12)$$

式中,$\omega_H = 1/(RC)$ 称为极点(或拐点)频率,其幅频特性和相频特性分别为

$$|\dot{A}_v(\omega)| = \frac{1}{\sqrt{1 + (\omega/\omega_H)^2}} \qquad (4.1.13)$$

$$\varphi(\omega) = -\arctan\frac{\omega}{\omega_H} \qquad (4.1.14)$$

幅频特性

低通滤波电路的幅频特性波特图可由式(4.1.13)按照下列步骤绘出。

(1) 当 $\omega = \omega_H$ 时,有

$$|\dot{A}_v(\omega)| = \frac{1}{\sqrt{1 + (\omega/\omega_H)^2}} = \frac{1}{\sqrt{2}},\ \text{或者}\ 20\lg|\dot{A}_v(\omega)| = 20\lg\frac{1}{\sqrt{2}} = -3\ \text{dB}$$

(2) 当 $\omega \ll \omega_H$ 时,(这里 ≪ 一般指的是 $\ll\frac{1}{10}$)

$$|\dot{A}_v(\omega)| = \frac{1}{\sqrt{1 + (\omega/\omega_H)^2}} \approx 1,\ \text{或者}\ 20\lg|\dot{A}_v(\omega)| \approx 20\lg 1 = 0\ \text{dB}$$

这是一条与横轴平行的 0 dB 线。将较低频段的渐近线延伸至 ω_H,实际响应曲线会在该点($\omega = \omega_H$ 处)有最大的误差 3 dB,如图 4.1.11(a)所示。

(3) 当 $\omega \gg \omega_H$ 时,有

$$|\dot{A}_v(\omega)| = \frac{1}{\sqrt{1 + (\omega/\omega_H)^2}} \approx \frac{\omega_H}{\omega}$$

根据图 4.1.9(a)所示的幅频特性曲线图可知,这是一条直线,该高频段渐近线的斜率为 -20 dB/十倍频。这条线与低频渐近线在 ω_H 处相交,所以 ω_H 称为转折频率(或者拐点频率)。由式(4.1.13)可知,当 $\omega = \omega_H$ 时,$|\dot{A}_v| = \frac{1}{\sqrt{2}} = 0.707$,用分贝表示,是 -3 dB,即在 ω_H 处,电压传输函数值比中频时下降了 3 dB,此处的实际值[图 4.1.11(a)中虚线表示]比渐近线(实线表示)低 3 dB,因此 ω_H 又称为上限截

图 4.1.11　RC 低通滤波电路的波特图

止频率。同时，ω_H 还是电压传输函数 $\dot{A}_v(\omega)$ 的极点频率。

由图 4.1.11（a）可以看到，波特图这种用折线表示的幅频特性渐近曲线，与实际值曲线存在一定误差。作为一种近似方法，工程上是允许的。

相频特性

根据式（4.1.14）可以作出 RC 低通滤波电路的相频特性曲线渐近线，由三条直线构成。

（1）当 $\omega \ll \omega_H$ 时，$\varphi(\omega) = -\arctan\dfrac{\omega}{\omega_H} \to 0°$，这是一条直线。

（2）当 $\omega \gg \omega_H$ 时，$\varphi(\omega) = -\arctan\dfrac{\omega}{\omega_H} \to -90°$，也是一条直线。负号表示输出电压相位滞后输入电压，具有滞后相移。

（3）当 $\omega = \omega_H$ 时，$\varphi(\omega) = -\arctan\dfrac{\omega}{\omega_H} = -45°$。

工程上一般使用因数 10 来表示远小于（$\ll$）和远大于（$\gg$），因此在频率 $(0.1 \sim 10)\omega_H$ 之间，可用一条斜率为 $-45°/$十倍频的直线来表示，于是可以得到相频特性曲线如图 4.1.11（b）所示。同样，渐近线与实际值之间在 $0.1\omega_H$ 和 $10\omega_H$ 处的相位误差为 $\pm 5.7°$，作为一种工程近似方法，在许多情况下都允许这种近似计算。

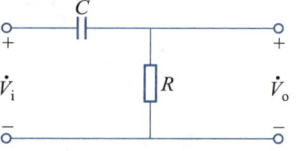

4. 高通滤波电路

RC 高通滤波电路的基本形式如图 4.1.12 所示，应用分压

图 4.1.12　RC 高通滤波电路

公式可得其电压传输函数为

$$\dot{A}_v(\omega) = \frac{\dot{V}_o}{\dot{V}_i} = \frac{R}{R + \dfrac{1}{j\omega C}} = \frac{1}{1 + \dfrac{1}{j\omega RC}} = \frac{1}{1 - \dfrac{j}{\omega RC}} = \frac{1}{1 - j\dfrac{\omega_L}{\omega}} \quad (4.1.15)$$

式中，$\omega_L = 1/(RC)$ 称为拐点频率，由式（4.1.15）可得其幅频特性和相频特性的表达式分别为

$$|\dot{A}_v(\omega)| = \frac{1}{\sqrt{1 + (\omega_L/\omega)^2}} \quad (4.1.16)$$

$$\varphi(\omega) = \arctan\frac{\omega_L}{\omega} \quad (4.1.17)$$

参照 RC 低通滤波电路波特图的绘制方法，可以确定拐点频率和渐近线，进而得到 RC 高通电路的波特图，近似的与精确的幅频特性和相频特性曲线如图 4.1.13 所示。图中 ω_L 是高通电路的下限截止频率。

由波特图可知：

当 $\omega \gg \omega_L$ 时，$|\dot{A}_v| = \dfrac{1}{\sqrt{1 + (\omega_L/\omega)^2}} \approx 1$，

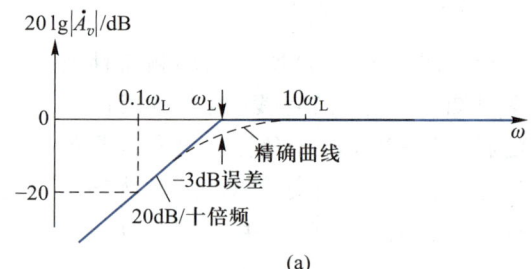

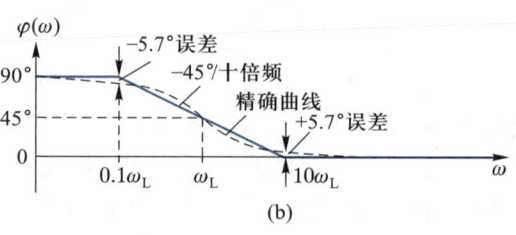

图 4.1.13　RC 高通电路的波特图

（或者 0 dB），这是一条与横轴平行的 0 dB 线，并且 $|\dot{A}_v|$ 不随信号频率的变化而变化。由公

式 $\varphi(\omega) = \arctan\dfrac{\omega_{\mathrm{L}}}{\omega}$ 可知，此时 $\varphi(\omega) \approx 0$，不产生相移。

当 $\omega = \omega_{\mathrm{L}}$ 时，$|\dot{A}_v| = \dfrac{1}{\sqrt{2}}$，下降 3 dB。$\varphi(\omega) = \arctan\dfrac{\omega_{\mathrm{L}}}{\omega} = 1$，产生 +45° 相移。正号表示输出

电压超前于输入电压，具有超前相移。

当 $\omega \ll \omega_{\mathrm{L}}$ 时，随着 ω 的减小，$|\dot{A}_v| \approx \dfrac{\omega}{\omega_{\mathrm{L}}}$，按照 20 dB/十倍频的规律下降。$\varphi(\omega) =$

$\arctan\dfrac{\omega_{\mathrm{L}}}{\omega} \to \infty$，相移增大，最终趋于 +90°。

幅频特性波特图的斜率为 +20 dB/十倍频，相频特性波特图的斜率为 −45°/十倍频。

请注意，波特图这种以折线化表示的渐近线与实际响应曲线相比较，在拐点频率 $\omega = \omega_{\mathrm{L}}$ 时，波特图幅值误差为 3 dB，误差最大；相移 $\varphi = +45°$，没有误差。在 $10\omega_{\mathrm{L}}$ 和 $0.1\omega_{\mathrm{L}}$ 点，幅值误差为 0.043 dB，相位误差为 ±5.7°。在许多情况下，工程上是可以接受这种近似的。

通过上述对 RC 低通和高通电路频率响应特性的分析，可以得出如下结论：

（1）电路的截止频率（ω_{H} 或者 ω_{L}）取决于电容所在回路的时间常数 τ（$\tau = RC$）；

（2）当输入信号频率 $\omega = \omega_{\mathrm{H}}$（或者 $\omega = \omega_{\mathrm{L}}$）时，放大电路的增益比通频带增益下降 3 dB，且产生 −45°（或者 +45°）的相移；

（3）工程分析中，可用折线化的波特图近似表示放大电路实际的频率特性曲线。

例 4.1.2　试绘出下列传输函数的波特图：

$$\dot{H}(f) = \frac{-40}{\left(1 + \mathrm{j}\dfrac{f}{10^6}\right)\left(1 - \mathrm{j}\dfrac{10^2}{f}\right)}$$

解：分析上式，可以写成

$$\dot{H}(f) = \frac{-40}{\left(1 + \mathrm{j}\dfrac{f}{10^6}\right)\left(1 - \mathrm{j}\dfrac{10^2}{f}\right)} = (-40) \cdot \frac{1}{1 + \mathrm{j}\dfrac{f}{10^6}} \cdot \frac{1}{1 - \mathrm{j}\dfrac{10^2}{f}}$$

式中，因式（−40）具有图 4.1.7 所示的波特图特性，其中 20lg 40 = 32 dB；因式 $\dfrac{1}{1 + \mathrm{j}\dfrac{f}{10^6}}$ 具有式

(4.1.12) 所示的低通滤波特性，其高频拐点为 1 MHz；因式 $\dfrac{1}{1 - \mathrm{j}\dfrac{10^2}{f}}$ 具有式 (4.1.15) 所示的高

通滤波特性，其低频拐点为 100 Hz。

分别把上述三个波特图的幅频和相频特性渐近线加起来，就可以得到本题目总的波特图，如图 4.1.14 所示。不难看出，这是一个放大电路在全频段（包括低频、高频）的波特图，中频增益为 32 dB，下限截止频率 $f_{\mathrm{L}} = 100$ Hz，上限截止频率 $f_{\mathrm{H}} = 1$ MHz。

通过上述分析，可以看到求解复杂网络传输函数波特图的方法，往往是把传输函数化简

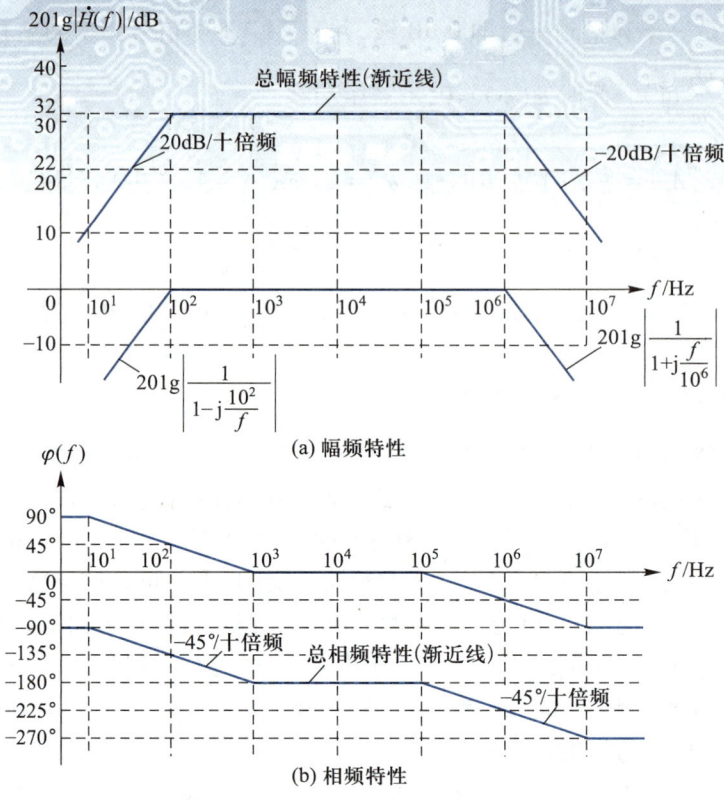

(a) 幅频特性

(b) 相频特性

图 4.1.14　例 4.1.2 的波特图

为不同标准形式的波特图,然后将多条波特图的渐近线相加,进行处理。这种将直线段叠加的办法大大方便了曲线的绘制,因此在工程中通常用渐近线标定频率特性的变化趋势。对于需要精确绘制放大电路频率特性曲线的情况,可以借助 EDA 分析软件在计算机上仿真完成。

4.1.3　多级放大电路的频率特性

在多级放大电路中含有多个单级放大电路,它们通过级联后构成如图 4.1.15 所示的系统。

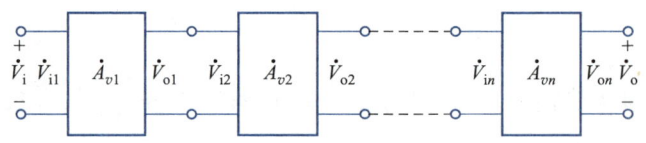

图 4.1.15　多级放大电路

一、多级放大电路频率特性的幅频特性和相频特性

如前所述,在图 4.1.15 中,各级放大电路的电压放大倍数为

$$\dot{A}_{vk} = \dot{V}_{ok} / \dot{V}_{ik}, k = 1, \cdots, n \qquad (4.1.18)$$

计算各级放大电路的放大倍数 $\dot{A}_{vk}$ 时,要注意后一级电路的输入阻抗就是本级电路的负载阻抗。n 级放大电路的总电压增益为

$$\dot{A}_v(\omega) = \dot{A}_{v1}(\omega)\dot{A}_{v2}(\omega)\cdots\dot{A}_{vn}(\omega) = |\dot{A}_v(\omega)|e^{j\varphi(\omega)} \tag{4.1.19}$$

式中

$$|\dot{A}_v(\omega)| = |\dot{A}_{v1}(\omega)| \cdot |\dot{A}_{v2}(\omega)| \cdot \cdots \cdot |\dot{A}_{vn}(\omega)| \tag{4.1.20}$$

$$\varphi(\omega) = \varphi_1(\omega) + \varphi_2(\omega) + \cdots + \varphi_n(\omega) \tag{4.1.21}$$

由以上公式可知,多级放大电路的幅频特性为各单级放大电路的幅频特性之积(分贝数之和);多级放大电路的相频特性为各单级放大电路的相频特性之和。

二、多级放大电路的截止频率和通频带

假设两个频率特性完全相同的单管共射放大电路组成一个两级放大电路,$\dot{A}_{v1}(f) = \dot{A}_{v2}(f)$,即它们的中频增益为 $A_{vm1} = A_{vm2}$,截止频率 $f_{L1} = f_{L2}$,$f_{H1} = f_{H2}$,通频带 $BW_1 = BW_2 = f_{H1} - f_{L1}$。

由前面的分析可知,两级放大电路总的中频增益为

$$20\lg|A_{vm}| = 20\lg|A_{vm1}A_{vm2}| = 40\lg|A_{vm1}|$$

当信号频率 $f = f_{L1} = f_{L2}$ 时,有

$$\dot{A}_{v1}|_{f=f_{L1}} = \dot{A}_{vL1} = \dot{A}_{v2}|_{f=f_{L2}} = \dot{A}_{vL2} = \frac{|A_{vm1}|}{\sqrt{2}}$$

因此,在频率点 $f = f_{L1}$ 处,级联的两级放大电路的放大倍数为

$$20\lg|\dot{A}_v| = 20\lg|\dot{A}_{vL1}\cdot\dot{A}_{vL2}| = 40\lg\frac{|A_{vm1}|}{\sqrt{2}} = 40\lg|A_{vm1}| - 40\lg\sqrt{2} = 40\lg|A_{vm1}| - 6\ \text{dB}$$

可以看到,此时两级放大电路的总增益与中频增益相比下降了 6 dB。

另一方面,在 $f = f_{L1}$ 频率点处,由于两级放大电路 $\dot{A}_{v1}$ 和 $\dot{A}_{v2}$ 各自均产生 +45° 的附加相移,所以总放大倍数 $\dot{A}_v$ 累计产生 +90° 附加相移,如图 4.1.16 所示。

当信号频率 $f = f_{H1}$ 时,根据同样的分析可知,总增益下降 6 dB,且产生 -90° 的附加相移,如图 4.1.16 所示。

根据截止频率的定义,使幅频特性中频增益下降 3 dB 的频率点就是放大电路的下限截止频率 f_L 和上限截止频率 f_H,如图 4.1.16 所示。很显然,$f_L > f_{L1}(f_{L2})$,$f_H < f_{H1}(f_{H2})$,因此通频带 $BW < BW_1(BW_2)$。

根据上述分析可得:多级放大电路的下限截止频率 f_L 会高于各单级放大电路的下限截止频率 f_{Lk},即 $f_L > f_{Lk}$。同理,多级

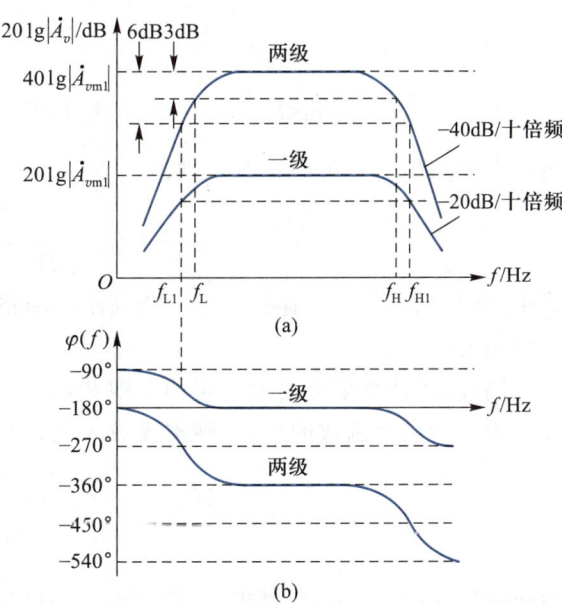

图 4.1.16　两级共射放大电路的波特图

放大电路的上限截止频率 $f_H(f_H = \omega_H/2\pi)$ 会低于各单级放大电路的上限截止频率 f_{Hk}，即 $f_H < f_{Hk}$。也就是说，多级放大电路的通频带 BW 会比任何一级放大电路的通频带 BW_k 都要窄，并且级数越多，则 f_L 越高而 f_H 越低，通频带就越窄。由此可以看出，多级放大电路大大提高电压增益的同时，是以牺牲整个电路的通频带为代价的，会使通频带变窄，这是多级放大电路一个重要的特性。

严格求解多级放大电路的上、下截止频率通常是一个解高阶代数方程的过程。一般情况下，各单级电路的频率响应函数 $A_k(jf)$ 可以分解为多个一阶函数因子的乘积，这样，多级电路的频响函数就可写为多个一阶函数的连乘。例如，当各单级电路的中、高频特性均可分解为一阶低通函数的乘积时，多级电路在中、高频段的频率响应函数 $A(jf)$ 可记为

$$A(jf) = \frac{A_{m1}}{1+j\dfrac{f}{f_{H1}}} \cdot \frac{A_{m2}}{1+j\dfrac{f}{f_{H2}}} \cdot \cdots \cdot \frac{A_{mn}}{1+j\dfrac{f}{f_{Hn}}} \qquad (4.1.22)$$

式中的各 A_{mk} 为各等效一阶低通的中频增益，则多级电路的中频增益为

$$A_m = A_{m1}A_{m2}A_{m3}\cdots A_{mn} \qquad (4.1.23)$$

因此，多级放大电路的幅频特性为

$$|A(jf)| = \frac{|A_m|}{\sqrt{1+\left(\dfrac{f}{f_{H1}}\right)^2}\sqrt{1+\left(\dfrac{f}{f_{H2}}\right)^2}\cdots\sqrt{1+\left(\dfrac{f}{f_{Hn}}\right)^2}} \qquad (4.1.24)$$

根据上限截止频率 f_H 的定义：当频率 $f = f_H$ 时，增益比中频增益下降 3 dB，即 $|A(jf_H)| = \dfrac{|A_m|}{\sqrt{2}}$，可得

$$\left[1+\left(\frac{f_H}{f_{H1}}\right)^2\right]\left[1+\left(\frac{f_H}{f_{H2}}\right)^2\right]\cdots\left[1+\left(\frac{f_H}{f_{Hn}}\right)^2\right] = 2 \qquad (4.1.25)$$

如前所述，由于 $f_H < f_{Hk}$，即 $\dfrac{f_H}{f_{Hk}} < 1$，忽略上式各分式中乘积项的高阶小项，可以计算求得多级放大电路的上限截止频率 f_H 满足

$$\frac{1}{f_H} \approx 1.1\sqrt{\frac{1}{f_{H1}^2}+\frac{1}{f_{H2}^2}+\cdots+\frac{1}{f_{Hn}^2}} \qquad (4.1.26)$$

式中，常数 1.1 是为了补偿由于忽略高阶小项造成的误差而引入的修正系数，以提高公式的近似精度。

同理，在计算多级放大电路的下限截止频率 f_L 时，如果各单级电路的低、中频特性均可分解为一阶高通函数的乘积，则多级放大电路在低、中频段的频率响应函数 $A(jf)$ 可记为

$$A(jf) = \frac{A_{m1}}{1+\dfrac{f_{L1}}{jf}} \cdot \frac{A_{m2}}{1+\dfrac{f_{L2}}{jf}} \cdot \cdots \cdot \frac{A_{mn}}{1+\dfrac{f_{Ln}}{jf}} \qquad (4.1.27)$$

类比推导式(4.1.26)的过程，可得多级电路的下限截止频率 f_L 满足

$$f_L \approx 1.1\sqrt{f_{L1}^2+f_{L2}^2+\cdots+f_{Ln}^2} \qquad (4.1.28)$$

由此不难推导出多级放大电路的通频带 $BW=f_H-f_L$。

根据以上分析,再看前面两个相同频率特性共射放大电路级联的例子,则其上、下限截止频率分别为

$$\frac{1}{f_H} \approx 1.1\sqrt{\frac{1}{f_{H1}^2}+\frac{1}{f_{H2}^2}}=1.1\sqrt{\frac{2}{f_{H1}^2}}$$

$$f_H \approx \frac{f_{H1}}{1.1\sqrt{2}}=0.643f_{H1}$$

$$f_L \approx 1.1\sqrt{2}f_{L1}=1.56f_{L1}$$

需要注意的是,计算多级放大电路上、下限截止频率的式(4.1.26)和式(4.1.28),一般适用于各级截止频率相差不多的情况下近似计算。在多级放大电路中,如果某一级的下限截止频率 f_{Lk} 远远高于(至少相差 4 倍以上)其他各级的下限截止频率,则可以认为整个电路的下限截止频率 $f_L \approx f_{Lk}$;同理,如果某一级的上限截止频率 f_{Hk} 远远低于(至少相差 4 倍以上)其他各级的上限截止频率,则可以认为整个电路的上限截止频率 $f_H \approx f_{Hk}$。

例 4.1.3 已知一个各级均由共射放大电路组成的三级放大电路,其电压增益的幅频特性如图 4.1.17 所示。试求:

(1) 下限截止频率 f_L、上限截止频率 f_H、通频带 BW;

(2) 中频电压放大倍数 A_{vm};

(3) 全频段电压放大倍数的表达式。

解: 由图 4.1.17 可知:

(1) 在波特图的低频段只有一个拐点 $f=10$ Hz,且拐点处的斜率变化为 $+20$ dB/十倍频,因此 $f_L=10$ Hz。

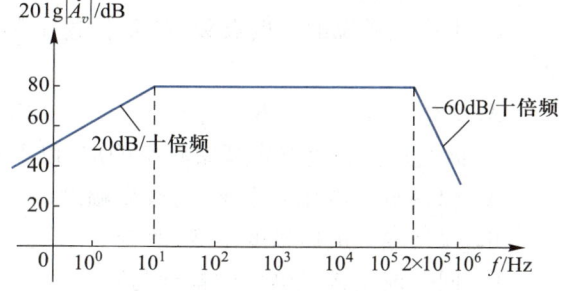

图 4.1.17 例 4.1.3 图

在波特图的高频段只有一个拐点 $f=2\times10^5$ Hz,且拐点处的斜率变化为 -60 dB/十倍频,说明此处有三个同样的极点重合。显然,对于这个三级放大电路,每一级放大电路的上限截止频率均为 $f_{H1}=2\times10^5$ Hz,因此,根据式(4.1.26)可以求出

$$f_H \approx 0.52f_{H1}=104 \text{ kHz}$$

放大电路的通频带
$$BW=f_H-f_L \approx f_H=104 \text{ kHz}$$

(2) 在波特图的中频段,$A_{vm}=80$ dB,或者 $A_{vm}=10^4$。

(3) 由于各级均由共射放大电路组成,且电路为三级放大电路,因此中频段的输出电压与输入电压反相,所以

$$\dot{A}_v(f)=(-10^4)\cdot\frac{1}{\left(1-\text{j}\dfrac{10}{f}\right)}\cdot\frac{1}{\left(1+\text{j}\dfrac{f}{2\times10^5}\right)^3}$$

或者
$$\dot{A}_v(f)=\frac{-10^3\text{j}f}{\left(1+\text{j}\dfrac{f}{10}\right)\left(1+\text{j}\dfrac{f}{2\times10^5}\right)^3}$$

复习思考题

一、选择题

1. 以下哪种失真属于线性失真_____。

A. 相位失真   B. 交越失真   C. 饱和失真   D. 截止失真

2. 设波特图中横轴某点的频率为 ω，若自该点向右移动一个单位长度，则此时的频率应为_____。

A. ω B. 10ω C. $\omega+1$ D. 不变

3. 放大电路的频率响应不为理想特性时，输出信号产生的失真属于_____。

A. 非线性失真   B. 交越失真   C. 线性失真   D. 截止失真

4. 放大电路的幅度失真和相位失真，称为_____。

A. 非线性失真   B. 线性失真   C. 截止失真   D. 干扰失真

5. 多级放大电路与组成它的单级放大电路相比_____。

A. 上限截止频率变高   B. 下限截止频率变低

C. 通频带变窄   D. 通频带变宽

6. 工程上所说的主极点频率，是指这个频率远大于、或远小于其他极点频率_____以上。

A. 2 倍   B. 4 倍   C. 8 倍   D. 10 倍

7. 欲通过实验电路来观察频率响应，以下测试方法中正确的为_____。

A. 保持输入电压频率不变，改变幅度；

B. 保持输入电压幅度不变，改变频率；

C. 同时改变输入电压的幅度与频率；

D. 保持输入电压幅度和频率不变，改变初始相位；

二、填空题

1. 非线性失真与线性失真的根本区别是前者产生了_____。

2. 图 4.1.18 为某放大电路的电压增益的幅频特性的波特图（趋势线），则该电路的中频电压放大倍数 A_{v0} = _____、下限截止频率 f_L = _____、上限截止频率 f_H = _____。

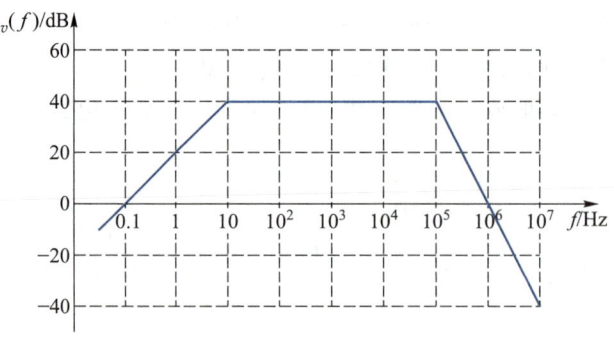

图 4.1.18

三、判断题

1. 当放大电路的输出波形形状与输入波形不同时,必定存在非线性失真。
2. 即使晶体管工作于放大区,放大电路也会或多或少存在非线性失真。
3. 两个特性完全一致的放大电路构成两级放大电路后,上限截止频率将增加。
4. 多级放大电路的通频带宽度,与组成它的单级放大电路相比会变窄。

4.2
晶体管结电容对放大电路高频特性的影响

在第 2、3 章中采用简化小信号模型对双极型晶体管和场效应管构成的放大电路进行分析时,都假设晶体管模型和参数与频率变化无关,即在中、低工作频段,管内电容的容抗相对较大可相当于开路,晶体管的放大能力基本不随频率变化而改变。事实上,由于晶体管内部存在电容效应,使得管内部等效电容的容抗随着工作频率的升高而减小,导致晶体管高频放大能力下降,进而使得放大电路的增益随频率升高而下降。

4.2.1 双极型晶体管的高频小信号模型

一、高频小信号模型

在晶体管发射结正偏、集电结反偏时,管处于放大状态工作下,考虑了管发射结和集电结电容后的晶体管结构和混合 π 模型如图 4.2.1 所示。其中的 $C_{b'e}$ 为发射结电容,由于放大状态下发射结呈正向偏置,$C_{b'e}$ 以扩散电容为主,对于小功率管,在几十至几百皮法范围内。$C_{b'c}$ 为集电结电容,由于集电结呈反向偏置,$C_{b'c}$ 以势垒电容为主,在 $2 \sim 10$ pF 范围内。

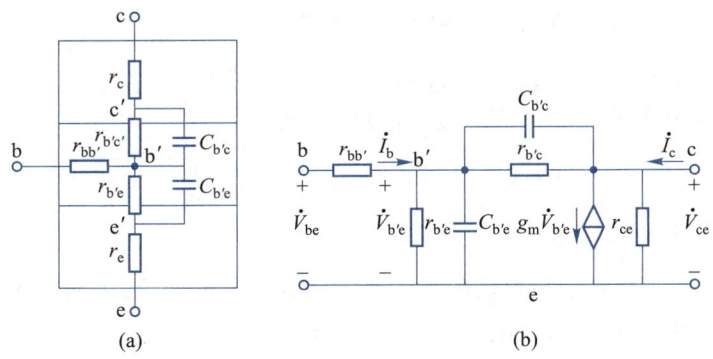

图 4.2.1　晶体管结构示意图及混合 π 模型

图中,由于 $C_{b'e}$ 和 $C_{b'c}$ 的存在,使得电流 $\dot{I}_c$ 和 $\dot{I}_b$ 的幅度及相位都与频率有关,即共射电流放大系数 $\dot{\beta}$ 是频率的函数。并且,管中的受控电流受发射结电压 $\dot{V}_{b'e}$ 的控制,与信号频率无关。模型中的跨导 $g_{\mathrm{m}} = \dfrac{\beta_0}{r_{\mathrm{b'e}}} \approx \dfrac{I_{\mathrm{EQ}}}{V_{\mathrm{T}}}$，当管子的工作点确定后，$g_{\mathrm{m}}$ 在模型中就是一个常数，它表明 $\dot{V}_{\mathrm{b'e}}$ 对受控电流源的控制关系。

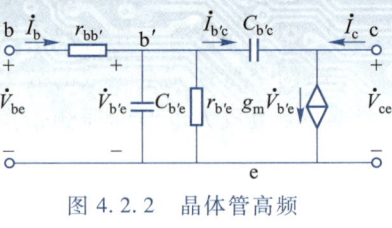

图 4.2.2　晶体管高频
简化的混合 π 模型

通常情况下，r_{ce} 远大于与其并联相接的负载电阻，而 $r_{\mathrm{b'c}}$ 也远大于 $C_{\mathrm{b'c}}$ 的容抗，所以可以把 r_{ce}、$r_{\mathrm{b'c}}$ 看成开路，因此可以把图 4.2.1 所示的晶体管高频模型简化为图 4.2.2。

二、晶体管的频率参数

晶体管共发射极电流放大系数 $\dot{\beta}$ 的定义为

$$\dot{\beta} = \dfrac{\dot{I}_{\mathrm{c}}}{\dot{I}_{\mathrm{b}}} \bigg|_{\substack{\dot{V}_{\mathrm{ce}}=0 \\ v_{\mathrm{ce}}=V_{\mathrm{CEQ}}}}$$

由于电容 $C_{\mathrm{b'e}}$、$C_{\mathrm{b'c}}$ 的容抗较大，在中、低频段可被处理为开路，电流 $\dot{I}_{\mathrm{b}}$、$\dot{I}_{\mathrm{c}}$ 与频率基本无关，$\dot{\beta} = g_{\mathrm{m}} r_{\mathrm{b'e}} = \beta_0$。在高频段，$C_{\mathrm{b'e}}$、$C_{\mathrm{b'c}}$ 的容抗随频率增高而减小，$\dot{\beta}$ 的幅值和相角均随频率而变。由图 4.2.1 可以推得

$$\dot{\beta} = \dfrac{(g_{\mathrm{m}} - \mathrm{j}\omega C_{\mathrm{b'c}}) r_{\mathrm{b'e}}}{1 + \mathrm{j}\omega r_{\mathrm{b'e}}(C_{\mathrm{b'e}} + C_{\mathrm{b'c}})}$$

由于 $C_{\mathrm{b'c}}$ 数值通常较小，在混合 π 模型的适用频率范围内，一般有 $\omega C_{\mathrm{b'c}} \ll g_{\mathrm{m}}$，忽略 $\omega C_{\mathrm{b'c}}$ 后

$$\dot{\beta} \approx \dfrac{g_{\mathrm{m}} r_{\mathrm{b'e}}}{1 + \mathrm{j}\omega r_{\mathrm{b'e}}(C_{\mathrm{b'e}} + C_{\mathrm{b'c}})} = \dfrac{\beta_0}{1 + \mathrm{j}\dfrac{\omega}{\omega_\beta}} = \dfrac{\beta_0}{1 + \mathrm{j}\dfrac{f}{f_\beta}} \tag{4.2.1}$$

式中

$$f_\beta = \dfrac{1}{2\pi r_{\mathrm{b'e}}(C_{\mathrm{b'e}} + C_{\mathrm{b'c}})} \tag{4.2.2}$$

图 4.2.3 所示为 $\dot{\beta}$ 的幅频特性曲线，可见，在中、低频段，$|\dot{\beta}|$ 基本为 β_0。随着工作频率 f 的增高，$|\dot{\beta}|$ 下降，在 f_β 频率点，$|\dot{\beta}| = \beta_0/\sqrt{2}$（即 $|\dot{\beta}|$ 比中频 β_0 下降 3 dB）。因而称 f_β 为晶体管共发射极电流放大系数 $\dot{\beta}$ 的截止频率。由式（4.2.1）可知，在工作频率 $f \gg f_\beta$ 后，$|\dot{\beta}| \approx \beta_0 f_\beta / f$。当 $f \geqslant \beta_0 f_\beta = f_{\mathrm{T}}$ 后，$|\dot{\beta}| < 1$，

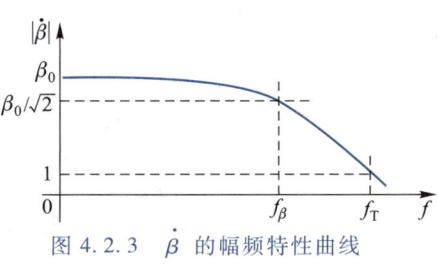

图 4.2.3　$\dot{\beta}$ 的幅频特性曲线

即 $|\dot{I}_{\mathrm{c}}| < |\dot{I}_{\mathrm{b}}|$，此时晶体管输出电流的变化小于输入电流的变化，表明晶体管不再有放大能力。因此，称 f_{T} 为晶体管的特征频率，通常将 f_{T} 作为表征晶体管高频放大能力的参数。由式（4.2.2）知

$$f_{\mathrm{T}} = \beta_0 f_\beta = \dfrac{g_{\mathrm{m}}}{2\pi(C_{\mathrm{b'e}} + C_{\mathrm{b'c}})} \tag{4.2.3}$$

f_{T} 与晶体管的制造工艺有关，一般在 $300 \sim 1\,000$ MHz，目前已经可以做到几吉赫。f_{T} 越高，表明晶体管的高频特性越好，由它构成的放大电路的上限截止频率越高。

用同样的方法可以分析晶体管的共基极电流放大系数 $\dot{\alpha}$ 的频率特性。在忽略基区调宽效应的情况下，根据 $\dot{\alpha}=\dot{\beta}/(1+\dot{\beta})$，可得

$$\dot{\alpha}=\frac{\dot{I}_{c}}{\dot{I}_{e}}\bigg|_{\substack{\dot{v}_{cb}=0\\ v_{cb}=V_{CBQ}}}=\frac{\beta_{0}/(1+\beta_{0})}{1+\mathrm{j}f/(1+\beta_{0})f_{\beta}}=\frac{\alpha_{0}}{1+\mathrm{j}f/f_{\alpha}}$$

式中

$$f_{\alpha}=(1+\beta_{0})f_{\beta}=\frac{1}{2\pi r_{e}(C_{b'e}+C_{b'c})} \tag{4.2.4}$$

f_{α} 是 $|\dot{\alpha}|$ 随工作频率 f 的增高而减小到中频值 α_{0} 的 $1/\sqrt{2}$ 时所对应的频率点，称 f_{α} 为晶体管的共基极电流放大系数 $\dot{\alpha}$ 的截止频率。由式（4.2.3）、式（4.2.4）可知，一般有，$f_{\alpha}>f_{T}\gg f_{\beta}$。可见，共基电路的截止频率远远高于共射电路的截止频率，因此共基放大电路可作为宽频带放大电路使用。

由式（4.2.2）~式（4.2.4）可知，f_{β}、f_{T}、f_{α} 与晶体管的直流工作点有一定关系。通常，晶体管制造厂家会给出一定测试条件下的 f_{T} 和 $C_{b'c}$ 及 β_{0} 的参考数值。

需要注意的是，晶体管的混合 π 模型作为一种简化等效电路，其频率适用范围一般在 $f<f_{T}/3$ 以内，如果频率在更高的频段需要改用更为精确的模型。

4.2.2　MOS 场效应管的高频小信号模型

由于 MOS 场效应管各级之间存在极间电容，因而其高频响应特性与双极型晶体管类似。根据 MOS 场效应管的结构，在衬极、源极短接的情况下，可以得出其高频小信号模型如图 4.2.4 所示。

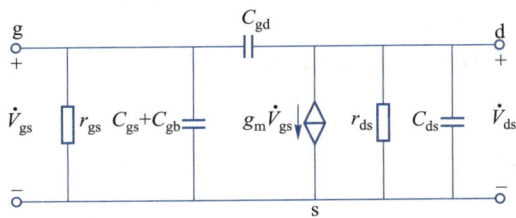

图 4.2.4　MOS 场效应管的高频小信号模型

一般情况下，r_{gs} 和 r_{ds} 比外接电阻大得多，因此，近似计算时可以将它们开路。

为表征管的高频放大能力，与双极型晶体管类似，定义 MOS 管的特征频率 f_{T}，有

$$\left|\frac{\dot{I}_{d}}{\dot{I}_{g}}(f_{T})\right|_{\dot{v}_{ds}=0}=1 \tag{4.2.5}$$

由图 4.2.4，可计算得

$$\left|\frac{\dot{I}_{d}}{\dot{I}_{g}}\right|_{\dot{v}_{ds}=0}=\frac{g_{m}-\mathrm{j}\omega C_{gd}}{\mathrm{j}\omega(C_{gb}+C_{gs}+C_{gd})}\approx\frac{g_{m}}{\mathrm{j}\omega(C_{gb}+C_{gs}+C_{gd})}$$

式中的近似是由于通常 C_{gd} 较小，满足 $\omega C_{gd}\ll g_{m}$，因而忽略了 $\mathrm{j}\omega C_{gd}$ 项。由此式又根据式

（4.2.5），可得

$$f_T \approx \frac{g_m}{2\pi(C_{gs}+C_{gb}+C_{gd})} \tag{4.2.6}$$

应该注意的是，双极型晶体管的混合 π 模型、场效应管的微变模型以及放大电路的微变等效电路都是对"较小的变化量"信号等效的。这里所说的"变化量"是指电压、电流相对直流工作点的变化量，是由输入信号源作用而产生的。当这种变化量"较小"时，管参数近似表现为线性特性，可用线性模型来等效。而"较小"的标准是依输出信号中所允许的非线性失真的程度而定的。"较小的变化量"也常被表述为"小信号""微变信号"。

变化量信号可以有各种时间波形，正弦波形是其中之一。由于频率特性是根据电路对正弦输入信号的稳态响应测量出的，因而常用表示正弦信号的相量符号 $\dot{V}$ 或 $\dot{I}$ 代表电路中信号的变化量，分析中也常以正弦波形为例去介绍电路中信号间的时域关系，但不应因此就认为混合 π 模型、场效应管的微变模型以及放大电路的微变等效电路仅对正弦信号成立。

复习思考题

4.2.1 双极型晶体管的 f_α、f_β 及 f_T 三个频率之间的关系为_____。

4.2.2 晶体管共发射极电流放大系数 $|\dot{\beta}|$ 将随着工作频率的增高而不断降低，当 $|\dot{\beta}| = 1$ 时所对应的频率被称为_____。

4.2.3 晶体管共发射极电流放大系数 $|\dot{\beta}|$ 将随着工作频率的增高而不断降低，当 $|\dot{\beta}| = \dfrac{\beta_0}{\sqrt{2}}$ 时所对应的频率被称为_____。

4.3
双极型晶体管放大电路的频率特性

如前所述，受到晶体管高频参数的影响，放大电路的放大能力会随信号工作频率的增高而减弱；此外，除去管参数的影响，晶体管的工作组态、电路中的负载电阻、信号源内阻也会影响电路的高频放大特性。在较低工作频段，如果电路中存在耦合电容或旁路电容，电路的放大能力也会随工作频率的降低而减弱。如同第 2 章那样，本节还是讨论双极型晶体管放大电路的放大增益，不同的是现在增加了频率关系。

4.3.1 单管共射放大电路的高频特性

单管共射放大电路如图 4.3.1(a) 所示，在第 2 章中，由于工作频率在中、低频段，管的

结电容 $C_{b'e}$、$C_{b'c}$ 的容抗相对较大,对放大性能的影响较小,因此可分别将它们进行开路处理,晶体管基本为一单向化器件。在高频段范围内,$C_{b'e}$、$C_{b'c}$ 的容抗已相对较小而不能再处理为开路,$C_{b'c}$ 起到管内部反馈(输出信号作用回输入回路)的作用,这一内反馈使得管不再是一单向器件。随着工作频率的升高,$C_{b'c}$ 的内反馈连同 $C_{b'e}$ 的作用使得共射电路的高频增益随频率升高而下降。在高频段,电路中耦合电容、旁路电容的容抗很小,可视为短路。于是可以画出图 4.3.1(a)所示电路的高频微变等效电路,如图 4.3.1(b)所示。

分析单管共射放大电路的高频特性时,可根据图 4.3.1(b)用节点电压法求出传输函数 $\dot{A}_{vs} = \dot{V}_o / \dot{V}_s$。根据 $\dot{A}_{vs}$ 用 4.1 节介绍的方法可求出电路的幅频、相频响应及上限截止频率,这种方法计算量较大,比较烦琐。在工程分析中,一般采用密勒等效的近似分析方法,可以简化计算。

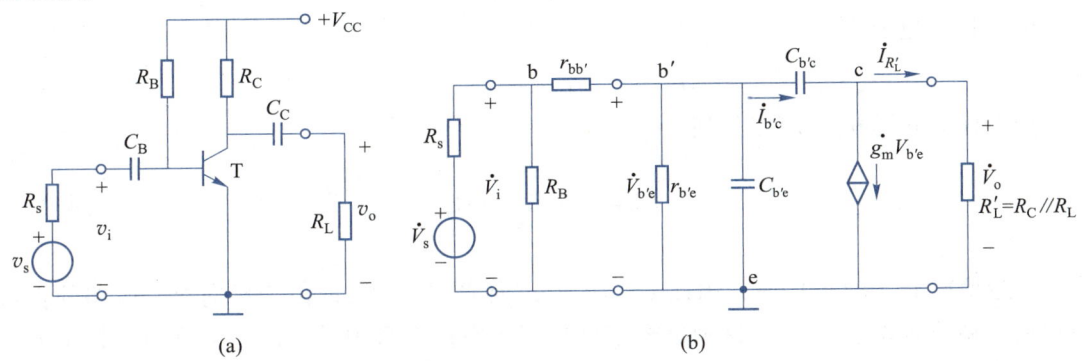

图 4.3.1 共射放大电路及其高频微变等效电路

一、晶体管单向化密勒等效电路模型

在晶体管共射组态应用时,如图 4.2.2 所示的晶体管高频简化的混合 π 模型,由于 $C_{b'c}$ 跨接在输入与输出回路之间,非常不利于计算,因此,通常应用密勒定理将 $C_{b'c}$ 的影响等效变换到输入回路和输出回路端,这种方法称为单向化。假设电容 $C_{b'c}$ 折合到输入端的电容为 C_M,折合到输出端的电容为 C'_M,则单向化的混合 π 模型如图 4.3.2(a)所示。

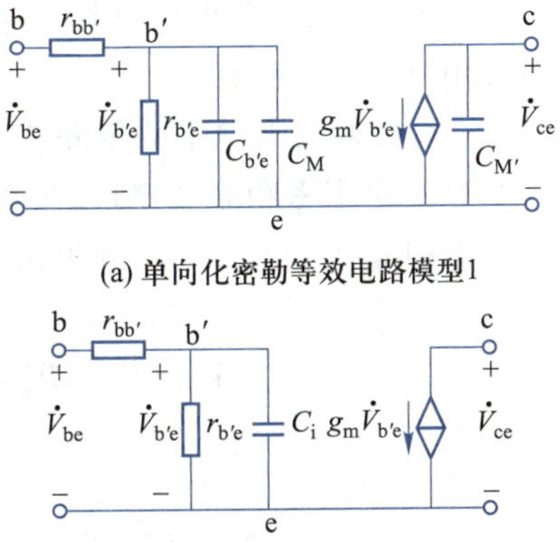

在图 4.3.2 所示电路中,从 b′端看进去 $C_{b'c}$ 中流过的电流为

(a) 单向化密勒等效电路模型1

(b) 单向化密勒等效电路模型2

图 4.3.2 单向化的混合 π 模型

$$\dot{I}_{b'c} = \frac{\dot{V}_{b'e} - \dot{V}_{ce}}{X_{C_{b'c}}} = \frac{\left(1 - \dfrac{\dot{V}_{ce}}{\dot{V}_{b'e}}\right)\dot{V}_{b'e}}{X_{C_{b'c}}} = \frac{(1 - \dot{A})\dot{V}_{b'e}}{X_{C_{b'c}}}$$

式中,$\dot{A} = \dfrac{\dot{V}_{ce}}{\dot{V}_{b'e}}$,为电压放大倍数。

密勒定理等效的条件:等效前后输入、输出端节点的电流,以及输入输出端口的电压保持不变。所以,要求流过 C_M 的电流仍为 $\dot{I}_{b'c}$,而其端电压为 $\dot{V}_{b'e}$。因此,C_M 的电抗为

$$X_{C_M} = \frac{\dot{V}_{b'e}}{\dot{I}_{b'c}} = \frac{\dot{V}_{b'e}}{(1-\dot{A})\dfrac{\dot{V}_{b'e}}{X_{C_{b'c}}}} = \frac{X_{C_{b'c}}}{1-\dot{A}}$$

一般在近似计算时,$\dot{A} = \dfrac{\dot{V}_{ce}}{\dot{V}_{b'e}}$ 取中频时的值,并且共射应用时输出与输入反相,所以 $|\dot{A}| = -\dot{A}$,由此等效到输入端的密勒电容

$$C_M = (1-\dot{A})C_{b'c} = (1+|\dot{A}|)C_{b'c} \tag{4.3.1}$$

b'-e 间总电容为

$$C_i = C_{b'e} + C_M = C_{b'e} + (1+|\dot{A}|)C_{b'c} \tag{4.3.2}$$

用同样的分析方法,可以得到

$$C'_M = \frac{\dot{A}-1}{\dot{A}}C_{b'c} \approx C_{b'c} \tag{4.3.3}$$

一般情况下,由于 $|\dot{A}| \gg 1$,因此 $C_M \gg C_{b'c}$,故而 C_i 也较大,即由于反向放大电路的作用使得输入端的等效电容加大,这种电容倍增作用是在第 5 章中学习的一般反馈分析中的一种特殊情况;而 $C'_M \approx C_{b'c}$ 值较小,它的容抗通常远大于与它并联的 R'_L,可以看成开路,因此单向化模型还可以进一步简化为如图 4.3.2(b)所示,这种处理方法可以将基极节点和集电极节点有效分离,简化电路结构。请注意,晶体管的单向化密勒等效模型,一般只是在共射组态应用时才会被采用。

二、共射放大电路的单向化等效电路

首先应用密勒等效定理,将跨接在输入和输出回路之间的 $C_{b'c}$ 进行变换。

由图 4.3.1(b)可知,输出电压

$$\dot{V}_o = \dot{I}_{R'_L} \cdot R'_L = (\dot{I}_{b'c} - g_m\dot{V}_{b'e})R'_L = \left[\frac{\dot{V}_{b'e} - \dot{V}_o}{\dfrac{1}{j\omega C_{b'c}}} - g_m\dot{V}_{b'e}\right]R'_L$$

$$= [(\dot{V}_{b'e} - \dot{V}_o)j\omega C_{b'c} - g_m\dot{V}_{b'e}]R'_L \tag{4.3.4}$$

由此式可推得端口电压增益为

$$\dot{A} = \frac{\dot{V}_o}{\dot{V}_{b'e}} = \frac{(j\omega C_{b'c} - g_m)R'_L}{1 + j\omega C_{b'c}R'_L} \tag{4.3.5}$$

由于结电容 $C_{b'c}$ 的数值通常较小,在混合 π 模型适用的频段内 $\left(f \leqslant \dfrac{f_T}{3}\right)$,满足 $\omega C_{b'c} \ll g_m$,$\dfrac{1}{\omega C_{b'c}} \gg R'_L$,因此,$\dot{A} \approx -g_m R'_L$,实际上这就是 $\dot{A}$ 的中频增益。

由此,可以得到密勒等效电容

$$C_M = (1 - \dot{A}) C_{b'c} = (1 + g_m R'_L) C_{b'c} \qquad (4.3.6)$$

$$C'_M \approx C_{b'c} \qquad (4.3.7)$$

可以得到共射放大电路的单向化密勒等效电路如图 4.3.3 (a) 所示。

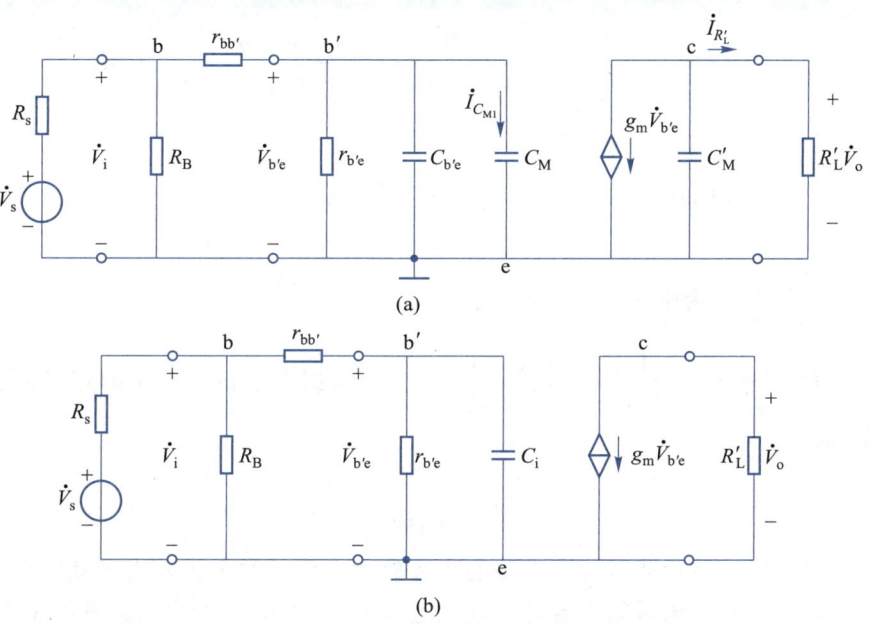

(a)

(b)

图 4.3.3　共射放大电路的单向化密勒等效电路

由于共射放大电路放大能力比较强,$|\dot{A}| \gg 1$,显然有 $C_M \gg C_{b'c}$;而 $C'_M \approx C_{b'c}$ 比较小,一般情况下 C'_M 的容抗远远大于集电极总负载电阻 R'_L,C'_M 中的电流可以忽略不计,所以图 4.3.3(a) 可以简化为图 4.3.3(b) 的形式,其中 $C_i = C_{b'e} + C_M$。

由以上分析过程可见,当电容跨接于一个反相放大电路的输入、输出端之间时,电容的作用相当于在输入回路中并接了一个较大容量的电容,其容量增大到 $1 + g_m R'_L$ 倍。利用密勒效应进行计算的好处是可以将输入回路与输出回路独立进行处理,在集成电路中常利用这一特性实现频率补偿。

三、单管共射放大电路的高频特性

利用戴维宁定理将图 4.3.3(b) 所示的电路进一步变换为图 4.3.4 所示的形式。

由于图中只有输入回路含有电容元件,它与 RC 低通电路相似。其中 R'_s 为等效内阻,$\dot{V}'_s$ 为等效信号源。由于偏置电阻 R_B 的阻值一般远大于信号源内阻 R_s 和管输入电阻 r_{be},故在以下的分析计算中将 R_B 开路处理。由图 4.3.3(b) 可知

$$R'_s = (R_s // R_B + r_{bb'}) // r_{b'e} \approx (R_s + r_{bb'}) // r_{b'e}$$

$$(4.3.8)$$

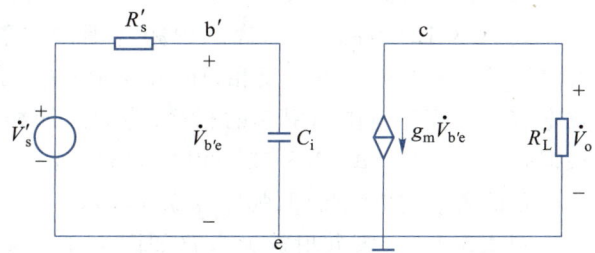

图 4.3.4　图 4.3.3 的等效电路

$$\dot{V}_s' = \frac{r_{b'e}}{r_{bb'}+r_{b'e}}\dot{V}_i = \frac{r_{b'e}}{r_{bb'}+r_{b'e}} \cdot \frac{R_B//r_{be}}{R_s+R_B//r_{be}}\dot{V}_s \approx \frac{r_{b'e}}{R_s+r_{be}}\dot{V}_s \qquad (4.3.9)$$

因为 b'-e 间电压 $\dot{V}_{b'e}$ 与输出电压 $\dot{V}_o$ 的关系没变化,所以图 4.3.3 所示电路的高频源电压增益的表达式为

$$\dot{A}_{vs} = \frac{\dot{V}_o}{\dot{V}_s} = \frac{\dot{V}_s'}{\dot{V}_s} \cdot \frac{\dot{V}_{b'e}}{\dot{V}_s'} \cdot \frac{\dot{V}_o}{\dot{V}_{b'e}} = \frac{r_{b'e}}{R_s+r_{be}} \cdot \frac{1/(j\omega C_i)}{R_s'+1/(j\omega C_i)} \cdot (-g_m R_L')$$

$$= \frac{\dot{A}_{vsm}}{1+j\omega R_s' C_i} = \frac{\dot{A}_{vsm}}{1+j\omega\tau} = \frac{\dot{A}_{vsm}}{1+\dfrac{jf}{f_H}} \qquad (4.3.10)$$

式中,$\dot{A}_{vsm} = -\dfrac{r_{b'e}g_m R_L'}{R_s+r_{be}}$,为中频源电压放大倍数。

可见,当 $f = \dfrac{1}{2\pi R_s' C_i} = \dfrac{1}{2\pi\tau}$ 时,$|\dot{A}_{vs}| = \dfrac{1}{\sqrt{2}}|\dot{A}_{vsm}|$。根据上限截止频率的定义,电路的上限截止频率即为

$$f_H = \frac{1}{2\pi R_s' C_i}$$

由以上分析可见,单管共射放大电路的高频放大特性通常主要取决于其输入回路,拐点频率为时间常数的倒数,该时间常数是由输入电容 C_i 与从 C_i 端看出去的戴维南电阻相乘而成;同时也要注意,C_M 导致高频电压增益大大下降。欲使放大电路上限截止频率 f_H 较高,应首先减小输入回路的时间常数。为此可有三个方面的措施:(1) 选择 $r_{bb'}$ 小、$C_{b'c}$ 小、f_T 高的晶体管;(2) 减小信号源内阻 R_s,使信号源呈电压源的形式;(3) 减小负载电阻及管的直流工作点电流,以使 $C_{b'c}$ 的密勒电容随之减小,但这样做也会导致电路的中频增益减小。

高频源电压增益 $\dot{A}_{vs}$ 的对数幅频特性和相频特性的表达式为

$$20\lg\ |\dot{A}_{vs}| = 20\lg\ |\dot{A}_{vsm}| - 20\lg\sqrt{1+(f/f_H)^2} \qquad (4.3.11)$$

$$\varphi(f) = -180° - \arctan(f/f_H) \qquad (4.3.12)$$

式(4.3.12)中的 $-180°$ 表示中频范围内共射放大电路的输入与输出电压反相,而 $-\arctan(f/f_H)$ 是等效电容 C_i 在高频范围内引起的相移,称为附加相移。根据式(4.3.11)、式(4.3.12)可以画出图 4.3.1 所示电路的高频响应波特图,如图 4.3.5 所示。

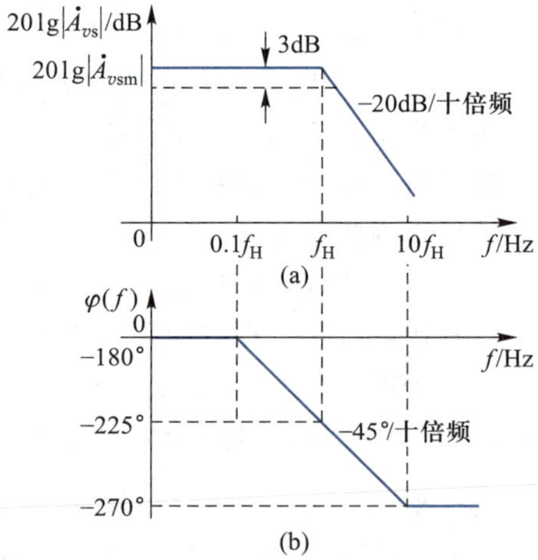

图 4.3.5　图 4.3.1 所示电路的高频响应波特图

例 4.3.1　单管共射放大电路如图 4.3.1(a)所示,其中,$V_{CC} = 5$ V,$R_B = 344$ kΩ,$R_C = 2$ kΩ,$R_L = 2.5$ kΩ,$R_s = 1$ kΩ。晶体管 T(硅管)参数为 $r_{bb'} = 100\ \Omega$,$\beta_0 = 80$,$f_T = 300$ MHz,$C_{b'c} = 4$ pF,C_B、C_C 为耦合电容。试分析电路的高频段电压

增益函数 $\dot{A}_{vs}$ 及其上限截止频率 f_H。

解:（1）首先估算直流工作电流。根据图 4.3.1(a)有

$$I_{CQ} = \beta_0 \frac{V_{CC} - V_{BEQ}}{R_B} = 80 \times \frac{5 - 0.7}{344} \text{ A} = 1 \text{ mA}$$

（2）估算管的混合 π 参数。图 4.3.2 所示等效电路中的有关参数可通过如下计算得到

$$r_{b'e} = \beta_0 \frac{V_T}{I_{CQ}} = 80 \times \frac{26}{1} \text{ } \Omega = 2.08 \text{ k}\Omega, \qquad g_m = \frac{I_{CQ}}{V_T} = \frac{1}{26} \text{ S} \approx 38.46 \text{ mS}$$

$$R'_L = R_C // R_L \approx 1.1 \text{ k}\Omega$$

$$C_{b'e} = \frac{g_m}{2\pi f_T} - C_{b'c} \approx 16.4 \text{ pF}$$

$$C_M = (1 + g_m R'_L) C_{b'c} = 43.3 \times C_{b'c} = 173.2 \text{ pF}$$

由上，$C_{b'c}$ 产生的密勒电容 C_M 较 $C_{b'c}$ 增大了约 43 倍，可见 $C_{b'c}$ 的内反馈影响之严重。

（3）估算 $\dot{A}_{vs} = \dot{V}_o / \dot{V}_s$ 及其上限截止频率。

在中频段，管内 PN 结电容的容抗相对较大，可将它们开路处理。根据图 4.3.1(b)可计算电路的中频电压增益 $\dot{A}_{vsm}$ 为

$$\dot{A}_{vsm} = \frac{\dot{V}_o}{\dot{V}_s} = -\frac{r_{b'e} g_m R'_L}{R_s + r_{bb'} + r_{b'e}} \approx -27.67$$

单向化等效电路的输入回路总电容 $C_i = C_{b'e} + C_M = 189.6 \text{ pF}$

$$R'_s = (R_s + r_{bb'}) // r_{b'e} = 719.5 \text{ } \Omega$$

$$\dot{V}'_s = \frac{r_{b'e}}{R_s + r_{bb'} + r_{b'e}} \dot{V}_s = 0.654 \text{ } \dot{V}_s$$

$$\dot{A}_{vs} = \frac{\dot{V}_o}{\dot{V}_s} = \frac{\dot{A}_{vsm}}{1 + j\omega \tau_i} = \frac{\dot{A}_{vsm}}{1 + j\dfrac{f}{f_H}} \approx \frac{-27.67}{1 + j\dfrac{f}{f_H}}$$

上式中，输入回路的时间常数 $\tau_i = R'_s \cdot C_i = 0.136 \text{ 4 } \mu s$，$f_H = 1.167 \text{ MHz}$。

因此，$\dot{A}_{vs}$ 的上限截止频率 $f_H = 1.167 \text{ MHz}$。

四、增益-带宽积

由上述分析可以看出，为提高电路的 f_H，需要选择 $r_{bb'}$、$C_{b'c}$ 小，而 f_T 高（$C_{b'e}$ 小）的高频管；同时还应选用内阻 R_s 小的信号源。此外，为了使 C_i 减小，应该尽量减小 $g_m R'_L$ 的值，以减小 $C_{b'c}$ 引起的密勒效应的影响；然而，这会造成中频增益 $\dot{A}_{vsm}$ 的下降。对于大多数放大电路来说，一般都有通频带 $BW = f_H - f_L \approx f_H$。由于 f_H 的提高与 $\dot{A}_{vsm}$ 的增大是相互矛盾的，因此放大电路的带宽与增益这两个指标是相互制约的。为了综合衡量放大电路这两方面的性能，引出增益-带宽积这一参数，定义为放大电路的中频电压增益与带宽的乘积，记为 GBW。

对于图 4.3.1(a)所示电路，其增益-带宽积为

$$GBW = |\dot{A}_{vsm}| f_{\mathrm{H}} \approx \frac{g_{\mathrm{m}} R_{\mathrm{L}}'}{2\pi (R_{\mathrm{s}} + r_{\mathrm{bb'}}) \left[C_{\mathrm{b'e}} + (1 + g_{\mathrm{m}} R_{\mathrm{L}}') C_{\mathrm{b'c}} \right]} \quad (4.3.13)$$

假设 $(1 + g_{\mathrm{m}} R_{\mathrm{L}}') C_{\mathrm{b'c}} \gg C_{\mathrm{b'e}}$，且 $g_{\mathrm{m}} R_{\mathrm{L}}' \gg 1$ 条件成立时，式(4.3.13)可以写成

$$GBW = |\dot{A}_{vsm}| f_{\mathrm{H}} \approx \frac{1}{2\pi (R_{\mathrm{s}} + r_{\mathrm{bb'}}) C_{\mathrm{b'c}}} \quad (4.3.14)$$

由上式可见，当管参数（$r_{\mathrm{bb'}}$、$C_{\mathrm{b'c}}$、f_{T}）和信号源内阻（R_{s}）决定后，放大电路的增益-带宽积就随之确定，它受 g_{m}、R_{L}' 改变的影响较小。也就是说当电路的晶体管和电路参数都选定后，增益-带宽积基本上可以看成是一个常数，因而当增益增大时，带宽就会变窄，这个结论具有普遍性。实际工程实践中在选择电路参数时（如负载 R_{L}），必须兼顾增益 $\dot{A}_{vsm}$ 和带宽 f_{H} 各自的要求。

4.3.2 单管共基和共集放大电路的高频特性

如前所述，共射放大电路的带宽由于受到密勒效应的影响比较窄，因此，若要提高带宽，就必须设法减小或者消除密勒效应。共基极和共集电极电路在电路结构上满足上述要求，故而具有非常高的带宽，在高频放大电路中经常会使用。

一、单管共基放大电路的高频特性

第 2 章中介绍了共基放大电路的形式和基本特性，它的交流通路可由图 4.3.6(a)表示，图 4.3.6(b)为其微变等效电路图。

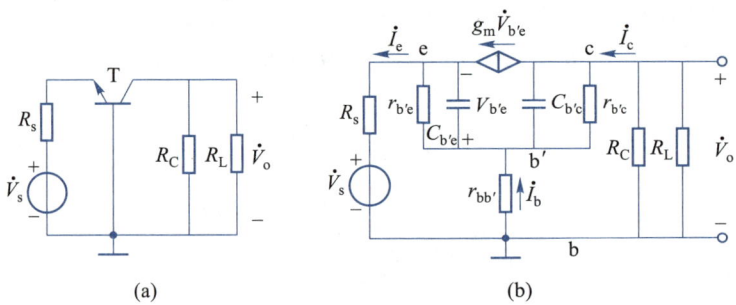

图 4.3.6　单管共基放大电路

由于 $r_{\mathrm{bb'}}$ 的数值很小，并且在很宽的频率范围内，$\dot{I}_{\mathrm{b}}$ 比 $\dot{I}_{\mathrm{e}}$ 和 $\dot{I}_{\mathrm{c}}$ 小得多，所以 $r_{\mathrm{bb'}}$ 上的交流压降可以忽略，这样就可以把 $r_{\mathrm{bb'}}$ 看成短接，进而电流源 $g_{\mathrm{m}} \dot{V}_{\mathrm{b'e}}$ 可分别等效到输入、输出回路中，如图4.3.7(a)所示。在输入回路中的受控电流 $g_{\mathrm{m}} \dot{V}_{\mathrm{b'e}}$，由于控制电压就是其端电压 $\dot{V}_{\mathrm{b'e}}$，因此该支路自然就是电阻 $1/g_{\mathrm{m}}$；而

$$(1/g_{\mathrm{m}}) // r_{\mathrm{b'e}} = \frac{r_{\mathrm{b'e}}}{1 + g_{\mathrm{m}} r_{\mathrm{b'e}}} = \frac{r_{\mathrm{b'e}}}{1 + \beta_0} = r_{\mathrm{e}} \approx \frac{26}{I_{\mathrm{EQ}}}$$

即电阻 $1/g_{\mathrm{m}}$ 与 $r_{\mathrm{b'e}}$ 并联的结果为电阻 r_{e}，如图4.3.7(b)所示。

可以看出，图 4.3.7(b)为两个一阶低通的级联，可将其进一步等效为图 4.3.7(c)。

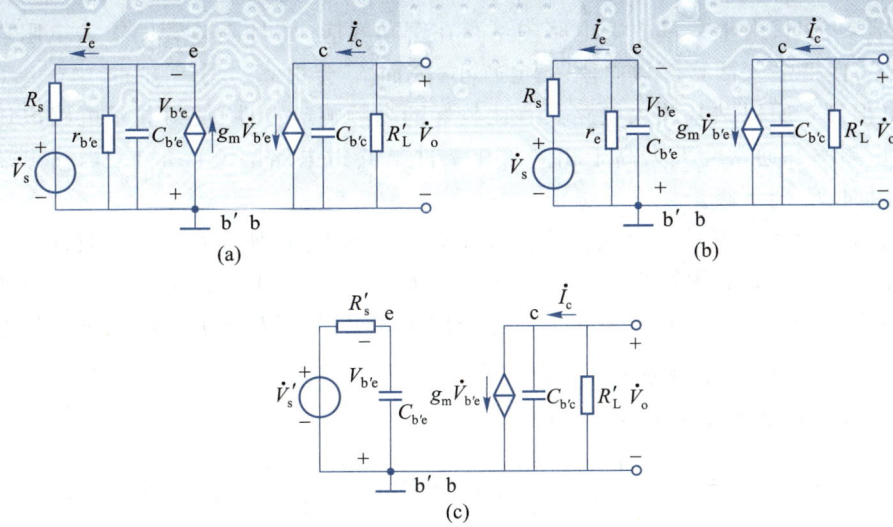

图 4.3.7　单管共基放大电路的等效电路

图中

$$R_s' = R_s // r_e$$

$$\dot{V}_s' = \frac{r_e}{R_s + r_e} \dot{V}_s$$

$$R_L' = r_{b'c} // R_C // R_L \approx R_C // R_L$$

比较图 4.3.7(c) 和图 4.3.3(b) 可见,共基和共射两电路的微变等效电路的形式相同。但共基电路输入回路中并不存在 $C_{b'c}$ 的密勒电容,也即结电容 $C_{b'c}$ 在共基电路中不存在密勒效应,所以共基电路的输入电容($C_{b'e}$)比共发射极的($C_{b'e} + C_M$)小。

由图 4.3.7(c) 可得共基放大电路的高频电压增益为

$$
\begin{aligned}
\dot{A}_{vs} &= \frac{\dot{V}_o}{\dot{V}_s} = \frac{\dot{V}_s'}{\dot{V}_s} \cdot \frac{\dot{V}_{b'e}}{\dot{V}_s'} \cdot \frac{\dot{V}_o}{\dot{V}_{b'e}} = \frac{r_e}{R_s + r_e} \cdot \frac{-1/(j\omega C_{b'e})}{R_s' + 1/(j\omega C_{b'e})} \cdot \frac{-g_m \cdot R_L'/(j\omega C_{b'c})}{R_L' + 1/(j\omega C_{b'c})} \\
&= \frac{\dot{A}_{vsm}}{(1 + j\omega R_s' C_{b'e})(1 + j\omega R_L' C_{b'c})} = \frac{\dot{A}_{vsm}}{(1 + j\omega \tau_i)(1 + j\omega \tau_o)} \\
&= \frac{\dot{A}_{vsm}}{\left(1 + \dfrac{jf}{f_{Hi}}\right)\left(1 + \dfrac{jf}{f_{Ho}}\right)}
\end{aligned}
\tag{4.3.15}
$$

式中

$$\dot{A}_{vsm} = g_m \cdot R_L' \frac{r_e}{R_s + r_e} \tag{4.3.16}$$

$$f_{Hi} = \frac{1}{2\pi \tau_i} = \frac{1}{2\pi R_s' C_{b'e}} \tag{4.3.17}$$

$$f_{Ho} = \frac{1}{2\pi \tau_o} = \frac{1}{2\pi R_L' C_{b'c}} \tag{4.3.18}$$

上述结果表明,由于共基放大电路中不存在密勒效应,而且晶体管的输入电阻(r_e)的阻值相对较小,使得输入回路等效电阻R'_s也较小,因而f_{Hi}会很高。另一方面,由于结电容$C_{b'c}$很小,f_{Ho}也很高。所以共基放大电路具有比较好的高频响应特性,使得共基电路电压增益系数的上截止频率f_H通常会大大高于相同工作条件下共射电路的f_H。但是,当输出端接有大的负载电阻时,f_{Ho}会下降。

例 4.3.2 单管共基放大电路的交流通路如图 4.3.6(a)所示($R_C = 2$ kΩ,$R_L = 2.5$ kΩ,$R_s = 1$ kΩ)。设其中的晶体管 T 的参数与例 4.3.1 相同($r_{bb'} = 100$ Ω,$\beta_0 = 80$,$V_A = 100$ V,$f_T = 300$ MHz,$C_{b'c} = 4$ pF),T 的直流工作电流也与例 4.3.1 相同($I_{CQ} = 1$ mA)。试分析电路的电压增益函数$\dot{A}_{vs}$和上限截止频率f_H。

解:本例中,根据图 4.3.7(c)求得

$$r_e = \frac{26}{I_{EQ}} \approx 26\,\Omega, \quad R'_s = R_s // r_e = \frac{1\,000 \times 26}{1\,000 + 26}\,\Omega \approx 26\,\Omega, \quad C_{b'e} = \frac{g_m}{2\pi f_T} - C_{b'c} \approx 16.4\ \text{pF}。\text{将已知的相}$$

关参数代入式(4.3.17)和式(4.3.18),分别求得$f_{Hi} = 373.25$ MHz,$f_{Ho} = 36.17$ MHz。可见,由于输入回路的电阻、电容的量值均较小,使得f_{Hi}远高于f_{Ho},f_{Hi}甚至高于了f_T。因而共基放大电路的$\dot{A}_{vs}$的上限截止频率f_H主要会受到输出回路的制约,本例中,f_{Ho}是$\dot{A}_{vs}$的主极点频率,因而$f_H \approx f_{Ho} = 36.17$ MHz。

二、单管共集放大电路的高频特性

第 2 章介绍了共集放大电路(射极输出器)的中低频特性,其基本特点是:输入阻抗高、输出阻抗低,电压增益接近于 1。图 4.3.8(a)为共集放大电路的形式之一,图 4.3.8(b)为其交流通路,图 4.3.8(c)为其微变等效电路。C_B、C_E为耦合电容,在中、高频段可以将它们视为短路。$R'_L = r_{ce} // R_E // R_L$。考虑到偏置电阻$R_B$通常会远大于信号源内阻$R_s$的情况,为简化分析,在计算时可将$R_B$忽略,视为开路。

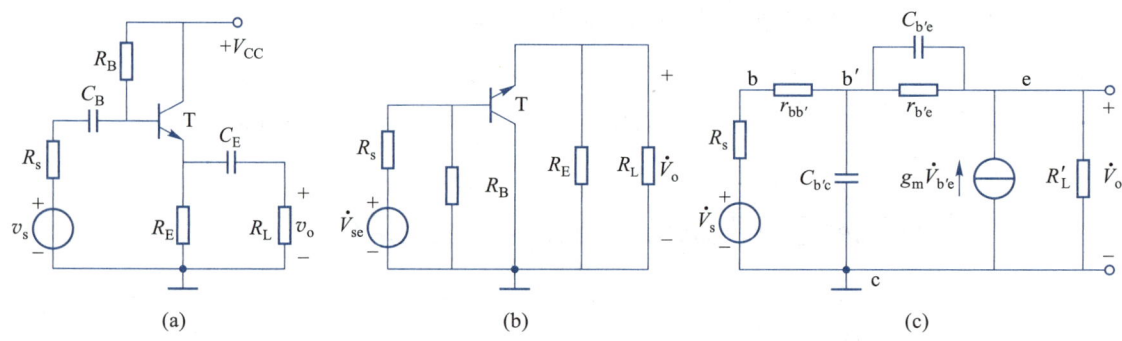

(a)　　　　　　　　　　(b)　　　　　　　　　　(c)

图 4.3.8 单管共集电极放大电路

由图 4.3.8(c)可见,结电容$C_{b'e}$和电阻$r_{b'e}$跨接于输入、输出端之间,因而电路中会产生密勒效应。参照 4.3.1 节的分析,可以分别将$C_{b'e}$和电阻$r_{b'e}$进行单向化处理。但是,由于共集放大电路的射级跟随作用,$\dot{A}_v \approx 1$,所以密勒效应的影响很小,电路的上限截止频率相应会较高,高频响应特性较好。对于这方面的详细讨论请参考有关文献。

在以上对晶体管放大电路频率特性的分析中,基本方法是根据微变等效电路列电压或

电流方程求解增益传输函数和电路的上限截止频率。利用密勒等效定理可简化分析过程。参考文献中介绍了另一种工程分析方法——开路时间常数分析法,读者可参阅。

4.3.3　放大电路的低频特性

根据前面章节的介绍,耦合电容的作用是隔断直流,使前后放大级的直流工作点不致相互影响,同时耦合交流信号;旁路电容的作用是短路交流,使偏置电阻不致降低电路的中、高频增益。在图 4.3.9(a) 给出的电路中,C_B、C_C 为耦合电容,C_E 为旁路电容;图 4.3.9(b) 为其低频交流通路图。

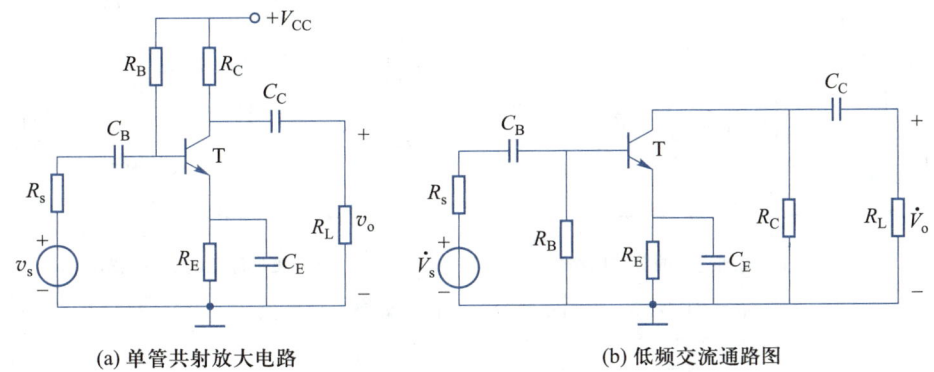

(a) 单管共射放大电路　　　　　　　　(b) 低频交流通路图

图 4.3.9　放大电路的低频特性

当电路工作在中、高频段时,耦合电容、旁路电容的容抗相对较小,C_B、C_C 的容抗远小于与它们相串联的电阻,C_E 的容抗远小于与之并联的电阻,因而 C_B、C_C、C_E 可视为交流短路。

在低频范围内,晶体管的极间电容 $C_{b'e}$ 和 $C_{b'c}$ 的容抗相对较大,可以看成开路;而电路中的耦合电容、旁路电容的容抗随着工作频率的降低而增加,不能再被作为短路处理。当信号源的频率较低时,耦合电容 C_B、C_C 的容抗对传输信号的衰减相对较大,使得电压增益 $\dot{A}_{vs} = \dot{V}_o / \dot{V}_s$ 随着信号频率的降低而模值减小、相移增大;另一方面,旁路电容 C_E 的容抗较大,使 C_E 不能再被视为交流短路,于是,偏置电阻 R_E 减小电压增益(负反馈)的作用表现出来,也使得 $\dot{A}_{vs}$ 随着信号频率的降低而模值减小、相移增大。

图 4.3.9 所示电路的低频小信号等效电路模型如图 4.3.10(a) 所示。电路中的受控电流源可以进行如下变换

$$g_m \dot{V}_{b'e} = g_m r_{b'e} \dot{I}_b = \beta \dot{I}_b$$

在低频段,通常将旁路电容 C_E 的容抗设计为远小于射极电阻 R_E,即

$$\frac{1}{\omega C_E} \ll R_E \tag{4.3.19}$$

则 R_E 的影响可近似忽略,视为开路。此外,电路中一般有 $R_B \gg \left[r_{bb'} + r_{b'e} + (1+\beta_0)\left(R_E // \frac{1}{\omega C_E}\right) \right]$,因此 R_B 的影响也可以忽略,视为开路。于是可以得到图 4.3.10(b) 所示的简化等效电路。一般情况下,对于低频信号而言电路均满足上述假设条件。

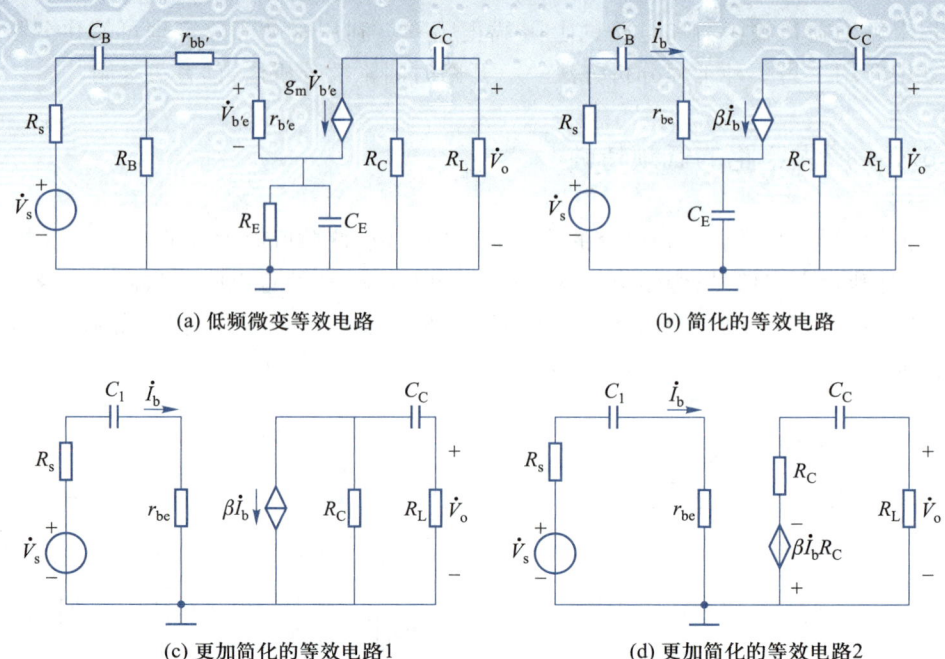

(a) 低频微变等效电路　　　　　　　　　(b) 简化的等效电路

(c) 更加简化的等效电路1　　　　　　　(d) 更加简化的等效电路2

图 4.3.10　图 4.3.9 的低频微变等效电路

由于基极回路中 $\dot{I}_b = \dfrac{\dot{I}_e}{\beta+1}$，因此将射极支路中的旁路电容 C_E 折合到基极回路时，用 C_E' 表示，其容抗将增大 $(1+\beta)$ 倍，为

$$\frac{1}{\omega C_E'} = (1+\beta)\frac{1}{\omega C_E}$$

则折合后在基极回路中的容抗为 $C_E' = \dfrac{C_E}{1+\beta}$，它与回路中的耦合电容 C_B 串联后的总电容为

$$C_1 = \frac{C_B C_E}{(1+\beta) C_B + C_E} \tag{4.3.20}$$

另一方面，将射极支路中的 C_E 等效到集电极支路中。由于 $\dot{I}_e \approx \dot{I}_c$，并且 C_E 折合后在集电极支路中与电流源串联，因此旁路电容 C_E 对输出回路的影响可以忽略，视为短路，这样就可以得到图 4.3.10(c) 所示的简化电路。

将受控电流源 $\beta \dot{I}_b$ 与电阻 R_C 的并联支路转换为等效的电压源形式，如图 4.3.10(d) 所示。

由图 4.3.10(d) 可得

$$\dot{V}_o = -\frac{R_L}{R_C+R_L+\dfrac{1}{\mathrm{j}\omega C_C}}\beta \dot{I}_b R_C = -\frac{\beta R_L' \dot{I}_b}{1+1/[\mathrm{j}\omega C_C(R_C+R_L)]}$$

$$\dot{V}_s = \left(R_s+r_{be}+\frac{1}{\mathrm{j}\omega C_1}\right)\dot{I}_b = (R_s+r_{be})\{1+1/[\mathrm{j}\omega C_1(R_s+r_{be})]\}\dot{I}_b$$

则低频源电压增益为

$$\dot{A}_{vs} = \frac{\dot{V}_o}{\dot{V}_s} = -\frac{\beta R'_L}{R_s + r_{be}} \cdot \frac{1}{1 + 1/[j\omega C_1(R_s + r_{be})]} \cdot \frac{1}{1 + 1/[j\omega C_C(R_C + R_L)]}$$

$$= \dot{A}_{vsm} \frac{1}{\left(1 + \dfrac{f_{L1}}{jf}\right)\left(1 + \dfrac{f_{L2}}{jf}\right)} = \dot{A}_{vsm} \frac{1}{\left(1 - j\dfrac{f_{L1}}{f}\right)\left(1 - j\dfrac{f_{L2}}{f}\right)} \tag{4.3.21}$$

式中，$\dot{A}_{vsm} = -\dfrac{\beta R'_L}{R_s + r_{be}}$ 为中频源电压增益。

$$f_{L1} = \frac{1}{2\pi C_1(R_s + r_{be})} \tag{4.3.22}$$

$$f_{L2} = \frac{1}{2\pi C_C(R_C + R_L)} \tag{4.3.23}$$

式中，设 $\tau_1 = C_1(R_s + r_{be})$，$\tau_2 = C_C(R_C + R_L)$ 分别为输入和输出回路的时间常数。则电路的下限截止频率为

$$f_L \approx 1.1\sqrt{f_{L1}^2 + f_{L2}^2} \tag{4.3.24}$$

上述分析说明，图 4.3.9 所示的 RC 耦合单级共射电路在满足式（4.3.19）的情况下，其低频响应具有 f_{L1}、f_{L2} 两个转折频率。如果两个转折频率间的比值在 4 倍以上，则取值大的那个作为放大电路的下限截止频率。

需要指出的是，由于旁路电容在射极支路中，流过它的电流 $\dot{I}_e = (\beta + 1)\dot{I}_b$，一般而言它的大小对电压增益的影响比较大，因此 C_E 是影响 RC 耦合共射放大电路低频响应的主要因素。如果电路不满足 $\dfrac{1}{\omega C_E} \ll R_E$ 这个假设条件的话，则使用上述方法分析的结果将与实际情况存在较大误差。更精确的分析，可以应用仿真软件进行计算，可参见有关参考书。

当 C_E 很大时，可以忽略 C_C，只考虑 C_B、C_E 对低频特性的影响，此时式（4.3.21）可以简化为

$$\dot{A}_{vs} = \dot{A}_{vsm} \frac{1}{1 - j\dfrac{f_{L1}}{f}} \tag{4.3.25}$$

因此，低频源电压增益 $\dot{A}_{vs}$ 的对数幅频特性和相频特性的表达式为

$$20\lg|\dot{A}_{vs}| = 20\lg|\dot{A}_{vsm}| - 20\lg\sqrt{1 + (f_{L1}/f)^2} \tag{4.3.26}$$

$$\varphi(f) = -180° + \arctan(f_{L1}/f) \tag{4.3.27}$$

式（4.3.27）中的 $-180°$ 表示中频范围内共射放大电路的输入与输出电压反相；因电抗元件在低频范围内引起的相移，称为附加相移，式（4.3.27）表明低频段最大附加相移为 $+90°$。根据式（4.3.26）、式（4.3.27）可以画出图 4.3.9 所示电路的低频响应波特图，如图 4.3.11 所示。

由以上分析可见，欲展宽放大电路的通频带，降低下限截止频率，需要加大耦合电容及其相应回路的等效电阻，以增大回路的时间常数。然而这种改善的效果是有限的，因此在信号频率很低的条件下，可以考虑用直接耦合的方式。在直接耦合电路中，没有耦合、旁路电容，电路增益的中频特性可一直延伸到零频（直流），也就是说，电路可放大直流信号源的信

号,电路的交流通路、微变等效电路也均适用于直流信号源信号。

例 4.3.3 共射放大电路如图 4.3.9(a)所示,其中,$V_{CC} = 15$ V,$R_B = 34$ kΩ,$R_E = 1.8$ kΩ,$R_C = 4$ kΩ,$R_L = 2.7$ kΩ,$R_s = 50$ Ω,$C_B = 30$ μF,$C_C = 1$ μF,$C_E = 50$ μF,晶体管参数为 $r_{be} = 1.5$ kΩ,$\beta = 80$。试估算该电路的下限截止频率 f_L。

解: 根据式(4.3.20)可以求得

$$C_1 = \frac{C_B C_E}{(1+\beta) C_B + C_E} \approx 0.6 \ \mu F$$

进而分别可以求出

$$f_{L1} = \frac{1}{2\pi C_1 (R_s + r_{be})} \approx 171.2 \ Hz$$

$$f_{L2} = \frac{1}{2\pi C_C (R_C + R_L)} \approx 23.8 \ Hz$$

由于 f_{L1} 与 f_{L2} 的比值大于 4,因此下限截止频率 $f_L \approx f_{L1} = 171.2$ Hz。

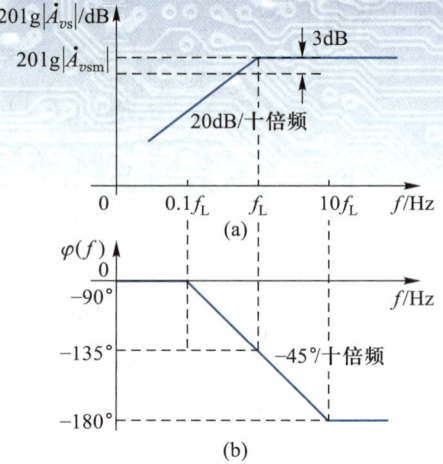

图 4.3.11 忽略 C_C 的影响时,图 4.3.9 所示电路的低频响应特性

复习思考题

一、选择题

1. 为了提高单管共射放大电路电压源增益的上限截止频率,下面所采取的措施哪个是错误的_____。

A. 选择 f_T 高的晶体管
B. 选择 $r_{bb'}$ 小的管子
C. 减小信号源内阻 R_s
D. 提高负载电阻及管的直流工作点电流

2. 为提高单管共射放大电路的上限截止频率,以下措施可行的是_____。

A. 降低耦合电容容量
B. 选择结电容大的晶体管
C. 减小负载电阻
D. 选择特征频率低的晶体管

3. 在分析由双极型晶体管组成的共发射极放大电路的高频特性时,如下说法中正确的是_____。

A. 负载电阻越小,上截止频率越低;

B. 负载电阻越大,上截止频率越高;

C. 在高频分析时,电路中的耦合电容和管内等效电容均应短路;

D. 采用密勒效应进行计算的好处是可以将输入回路与输出回路独立处理。

4. 电路如图 4.3.12 所示。已知:晶体管的 β,$r_{bb'}$,$C_{b'e}$,f_β 均相等。所有耦合和旁路电容的容量均相等;静态时所有电路中晶体管的发射极电流 I_{EQ} 均相等。定性分析各电路,可得出以下结论:

(1) 低频特性最差即下限频率最高的电路是_____;

(2) 低频特性最好即下限频率最低的电路是_____;

(3) 高频特性最差即上限频率最低的电路是_____。

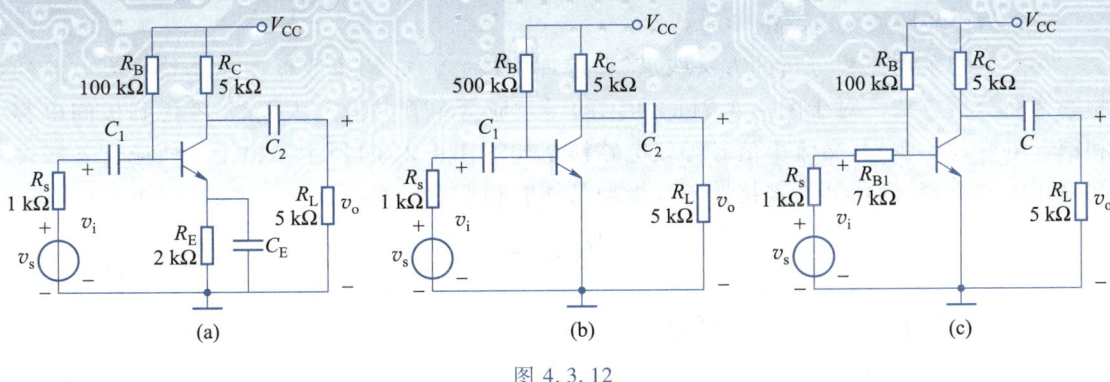

图 4.3.12

二、填空题

一般来说,在负载电阻比较大的情况下,单管共射放大电路的上限截止频率取决于_____回路的时间常数,跟共集、共基电路相比这种组态的电路带宽较小,其原因是_____效应。

三、判断题

1. 对任何放大电路来说,增益带宽乘积基本为一常数。

2. 影响放大电路低频特性的主要因素是耦合电容和旁路电容。

4.4
场效应管共源放大电路的频率特性

一、MOS 场效应管单向化密勒等效电路模型

当 MOS 场效应管工作于电压反相放大的共源组态时,如图 4.2.4 所示。对于跨接在 g-d 之间的电容 C_{gd},可将其进行密勒等效变换,即将其折合到输入回路和输出回路,使电路单向化。这样,g-s 间的等效电容为

$$C'_{gs} = C_{gb} + C_{gs} + (1 - \dot{A}) C_{gd} \tag{4.4.1}$$

式中,$\dot{A} = -g_m R'_L$,为共源组态中频电压放大倍数。

d-s 间的等效电容为

$$C'_{ds} = C_{ds} + \frac{\dot{A} - 1}{\dot{A}} C_{gd} \tag{4.4.2}$$

一般输入回路的时间常数比输出回路的时间常数大得多,因此 C'_{ds} 所在回路对频率特性的影响经常可以忽略,这样就得到 MOS 场效应管简化的单向化高频模型,如图 4.4.1 所示。请注意,MOS 场效应管的单向化模型,也是在放大电路共源应用时才被采用。

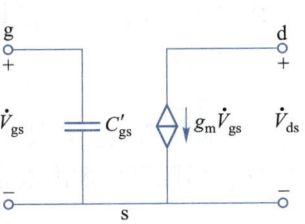

图 4.4.1 MOS 场效应管的单向化密勒等效电路模型

二、单管共源放大电路的频率特性

在上节中采用工程分析的方法(以密勒定理为核心),介绍了双极型晶体管放大电路的频率特性分析方法。对于图 4.4.2(a)所示的场效应管单管共源放大电路,考虑到极间电容和耦合电容的影响,其交流小信号等效电路模型如图 4.4.2(b)所示。由于场效应管各级之间存在极间电容,因此其高频特性与双极型晶体管相似。

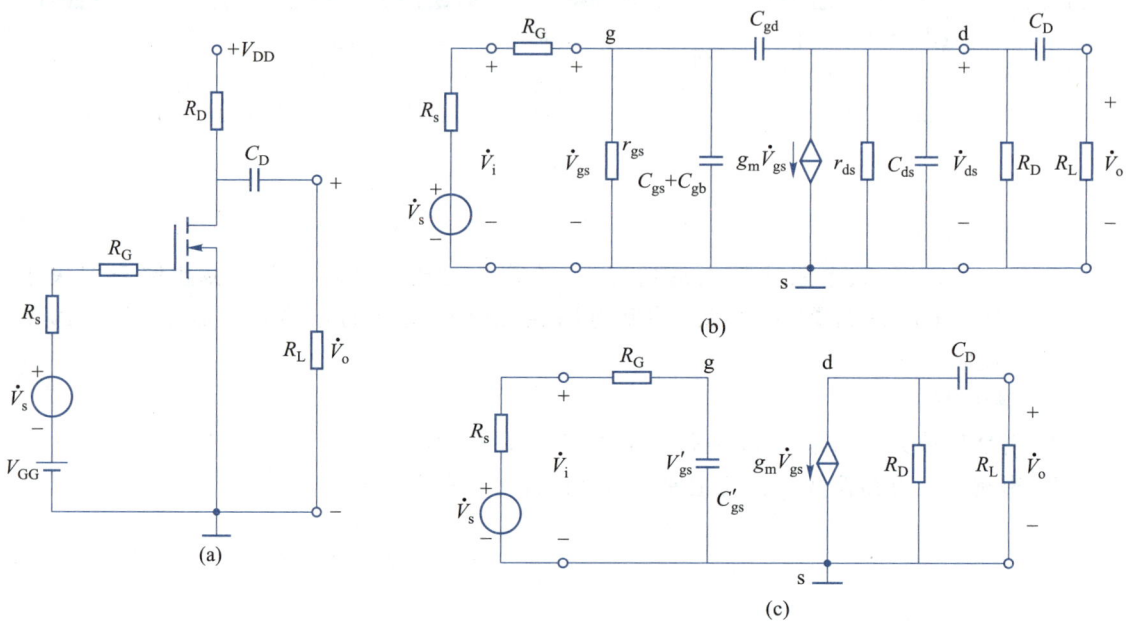

图 4.4.2　单管共源放大电路及其等效电路

一般情况下,工程近似计算时可以忽略 r_{gs}、r_{ds} 的影响,将其视为开路。另一方面,将跨接在 g-d 之间的电容 C_{gd} 进行密勒等效变换,折合到输入回路和输出回路,使电路单向化。忽略输出回路中 C'_{ds} 的影响后,得到简化后的等效电路如图 4.4.2(c)所示。其中

$$C'_{gs} = C_{gs} + C_{gb} + (1 - \dot{A}) C_{gd}$$

其中,$\dot{A} = -g_m R'_L$ 为共源组态中频电压放大倍数。

在高频段,将 C_D 视为短路,考虑电容 C'_{gs} 对放大电路高频特性的影响,它所在回路的时间常数 $\tau_i = (R_s + R_G) C'_{gs}$,因此可以求出电路的上限截止频率为

$$f_H = \frac{1}{2\pi (R_s + R_G) C'_{gs}} \tag{4.4.3}$$

在低频段,将 C'_{gs} 视为开路,考虑耦合电容 C_D 的影响,它所在回路的时间常数 $\tau_o = (R_D + R_L) C_D$,因此可以求出电路的上限截止频率为

$$f_L = \frac{1}{2\pi (R_D + R_L) C_D} \tag{4.4.4}$$

因此,可以写出图 4.4.2 所示电路的源电压增益表达式为

$$\dot{A}_{vs} = \frac{\dot{V}_o}{\dot{V}_s} = \dot{A}_{vsm} \frac{1}{\left(1-\mathrm{j}\dfrac{f_L}{f}\right)\left(1+\mathrm{j}\dfrac{f}{f_H}\right)} \qquad (4.4.5)$$

根据上式画出相应的波特图,如图 4.4.3 所示。

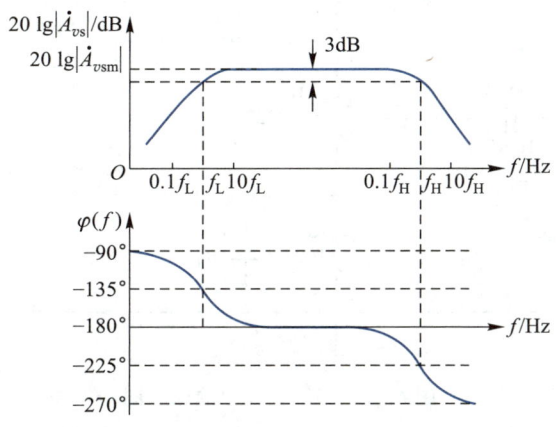

图 4.4.3　单管共源放大电路的全频段波特图

4.5
计算机仿真例题

设有晶体管共射放大电路如图 4.5.1 所示,试做如下分析:

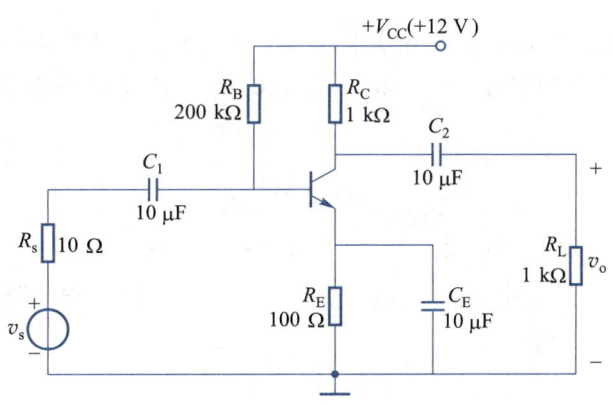

图 4.5.1　共射放大电路

(1) 求该电路的增益和带宽;

(2) 试分析负载电阻 R_L 变化对增益和带宽的影响;

(3) 试分析信号源内阻 R_s 变化对增益和带宽的影响。

解:使用仿真的方法来求解该题。在仿真软件 Multisim 中将该图绘出,如图 4.5.2 所示。

在绘制该图时,需要注意如下几点:

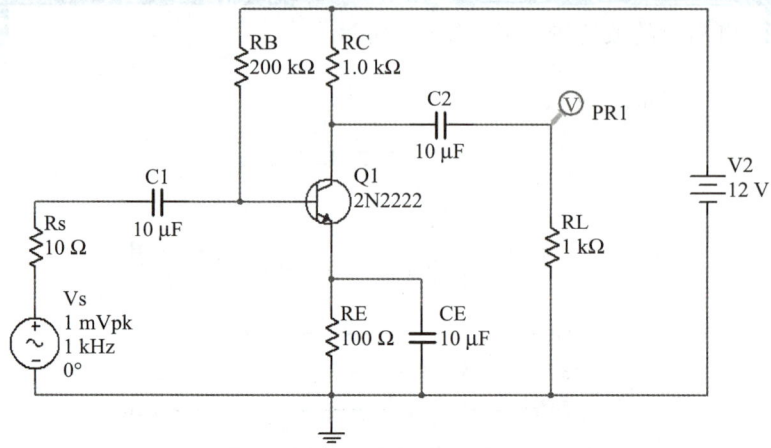

图 4.5.2　Mutisim 中的原理图

（1）由于题目中未指明晶体管的具体参数,为进行题目求解,可任取一种 NPN 型晶体管放入,本例中使用的为 Q2N2222。

（2）由于需要分析不同参数变化对频率特性的影响,故在图中放入可变参数器件,并根据题目需要将不同电阻的取值设置为该可变参数。

（3）为观察电路的频率特性,在负载端处放置一个电压探针。

（4）由于需要观察不同情况下的频率特性,故信号源使用了 VAC（即交流信号源）形式。应注意此时仿真输出电压幅值可能大于电源电压,但该值仅用于计算增益,而非代表输出电压的实时幅值。

完成原理图的绘制后,即可进行相应的仿真工作。为能看清频率特性的全貌,本次仿真中,设置起始频率和终止频率分别为 100 Hz 和 100 MHz,且每 10 倍频程取 100 个点,仿真结果如图 4.5.3 所示。

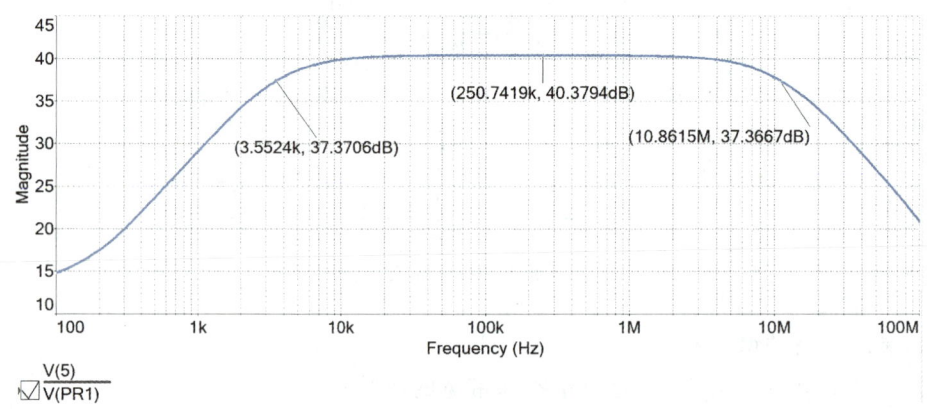

图 4.5.3　基准频率特性曲线

使用软件的 Cursor 工具对该曲线进行测量,可得其 3 dB 带宽约为 10.86 MHz,中频增益为 40.38 dB(约 104.5)。

为分析负载电阻 R_L 变化对于增益和带宽的影响,可将 R_L 的值设置为变量并使用参数仿真。仿真时,设置 R_L 的取值为 0.5 kΩ、1 kΩ、3 kΩ 三个不同的值,仿真结果如图 4.5.4 所示。

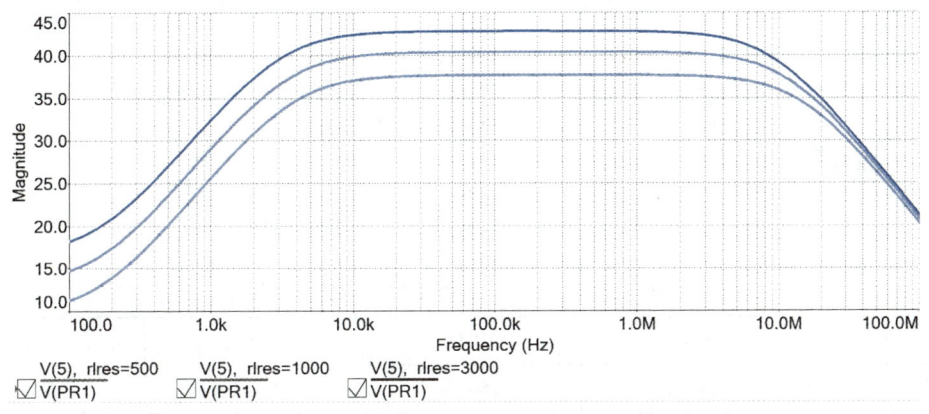

图 4.5.4　负载 R_L 变化时的频率特性

图中,自上至下分别对应于 R_L 取值 3 kΩ、1 kΩ、0.5 kΩ 的情况。可以看出,随着负载的减小,增益不断降低,但同时带宽不断增加,这与我们此前在 4.3.1 节中关于增益带宽积所进行的理论分析结论一致。使用软件的 Cursor 工具对该曲线进行测量,可得各曲线的 3 dB 带宽及中频增益(由于曲线较多,为简洁起见,图 4.5.4 中未显示出测量结果),见表 4.5.1。

表 4.5.1　不同 R_L 值对中频增益和带宽的影响

R_L 取值	0.5 kΩ	1 kΩ	3 kΩ
中频增益	76.7	104.5	138.0
3 dB 带宽/MHz	13.86	10.86	8.56
增益带宽积	1 063.1	1 134.9	1 181.3

为分析信号源内阻 R_S 变化对于增益和带宽的影响,可将 R_S 设置为变量并使用参数仿真。仿真时,设置 R_S 的取值为 0 Ω、100 Ω、200 Ω 三个不同的值,仿真结果如图 4.5.5 所示。图中,自上至下分别对应于 R_S 取值 0 Ω、100 Ω、200 Ω 的情况。可以看出,随着源内阻的减小,增益和带宽均不断增加,这与我们此前在 4.3.1 节中关于增益带宽积所进行的理论分析结论一致。使用软件自带的测量工具对该曲线分析,可得其 3 dB带宽及中频增益,见表 4.5.2(为进一步比对,表中还加入了基准仿真中 $R_S = 10$ Ω 的情况)。

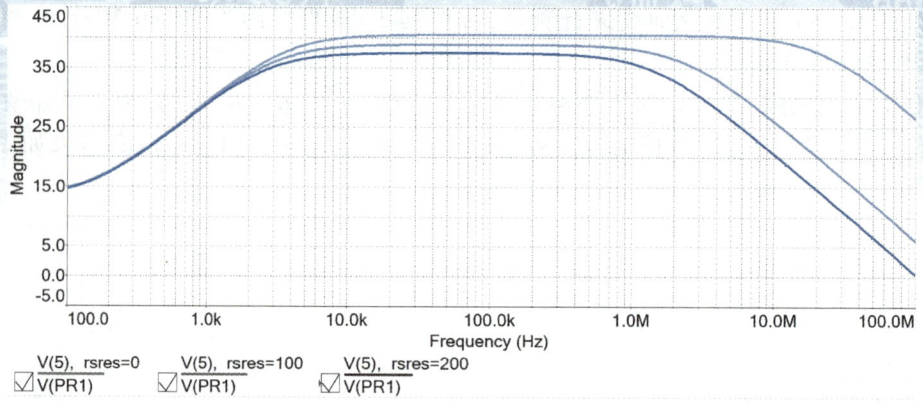

图 4.5.5　源内阻 R_s 变化时的频率特性

表 4.5.2　图 4.5.5 所示曲线数值分析

R_s 取值	0 Ω	10 Ω	100 Ω	200 Ω
中频增益	107.2	104.5	88.1	74.9
3 dB 带宽/MHz	20.9	10.86	2.37	1.45

4.6　实际案例:频率响应的测量

本 章 小 结

　　放大电路的频率特性是指放大电路对不同频率信号的适应能力,即在输入信号幅值不变的条件下,改变输入信号频率,研究输出信号幅值与相位的变化关系。频率特性与带宽是放大电路的重要指标之一。

　　(1)简单 RC 电路频率特性是分析放大电路频率特性的基础;波特图是描述电路频率特性的一种坐标系,它有覆盖频率范围宽、方便曲线绘制的特点。对于简单的 RC 低通和高通电路,可以根据电路的时间常数求出电路的上限和下限截止频率,进而画出电路的波特图,然后进行分析。

　　(2)放大电路的上限和下限截止频率,取决于电容所在回路的时间常数。电路的通频带等于上、下截止频率之差,即 $BW=f_H-f_L$。

　　分析多级放大电路幅频特性和相频特性时,可以采用各级放大电路波特图的代数和求解。如果各级的上限(或下限)截止频率相近,可以根据公式求解总电路的上限(或下限)截止频率;如果各级的上限(或下限)截止频率相差较大(4 倍以上),则可以近似认为各上限截止频率中最低的那个为整个电路的上限截止频率,各下限截止频率中最高的那个为整个电路的下限截止频率。

　　(3)研究放大电路的频率特性时,应采用放大管的高频等效模型。分析放大电路频率特性的基本方法是根据微变等效电路求解电压增益传输函数。密勒等效方法在处理电路输入、输出端之间跨接的阻抗元件时可使分析过程简化,得出较清晰的物理结论。精确的定量计算可借助 EDA 分析工具完成。

放大电路中的耦合电容和旁路电容所在回路为高通电路,在低频段使放大增益的幅值下降,且产生超前相移放大电路中晶体管极间电容所在回路为低通电路,在高频段使放大增益的幅值下降,且产生滞后相移。

对于单管共射放大电路,其增益带宽积约为常数。管结电容 $C_{b'c}$ 在输入回路中的密勒等效电容较大。为提高上限截止频率,应选择 $r_{bb'}$ 小、$C_{b'c}$ 小、f_T 高的晶体管;且信号源的内阻 R_S 应较小,使 C_i 所在回路的等效电阻尽可能小。为降低下限截止频率,可以采用直接耦合方式。

共基放大电路中的结电容不存在密勒效应,因而上限截止频率比共射电路高很多。

共集放大电路由于存在电压负反馈,上限截止频率比共射放大电路高。

(4)在给定场效应管内部的各电容分量后,场效应管放大电路频率特性的工程分析方法可类比双极型晶体管放大电路。

<h1 style="text-align:center">习　题</h1>

4.1.1　系统传输函数 $A(jf) = \dot{V}_o / \dot{V}_i$ 的幅频、相频特性曲线分别如图题 4.1.1(a)、(b)所示。输入系统的两信号分别为:$V_{i1} = 3 \sin(2\pi \times 10^3 t)$ mV,$V_{i2} = 2 \sin\left(2\pi \times 10^4 t + \dfrac{\pi}{6}\right)$ mV。试写出两输入信号的幅度比、相位差和两输出信号的幅度比、相位差。

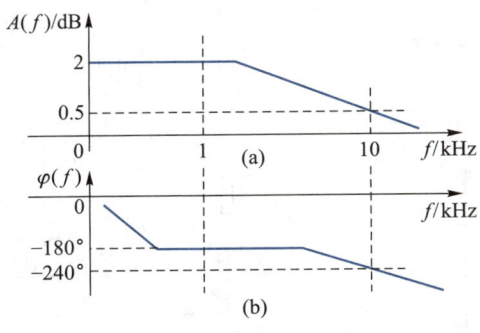

图题 4.1.1

4.1.2　系统的频率响应函数 $A(j\omega) = \dfrac{1.6 \times 10^7 \times (j\omega + 5\,000)}{(j\omega + 500)^2 (j\omega + 9\,000)}$。试画出其幅频特性 $A(\omega)$,相频特性 $\varphi(\omega)$ 的波特图(渐近线),求出上限截止角频率 ω_H。

4.1.3　某系统的电压传输函数 $A(jf)$ 的幅频特性 $A(f) = |\dot{V}_o / \dot{V}_i|$ 的波特图(渐近线)如图题 4.1.3 所示。试写出 $A(jf)$ 的表示式,作出 $A(jf)$ 的等效电路。

4.1.4　某放大电路的对数幅频特性曲线如图题 4.1.4 所示。

(1)试对应画出该电路的相频特性曲线波特图;

(2)求该电路的中频电压放大倍数 $|\dot{A}_{vm}|$;

（3）求该电路的下限截止频率f_L、上限截止频率f_H，并确定其通频带宽度BW。

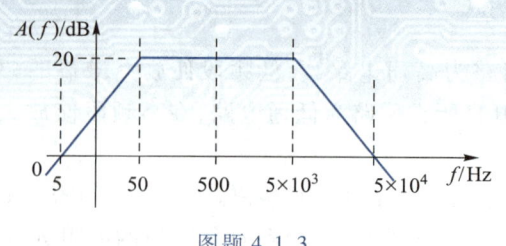

图题 4.1.3

图题 4.1.4

4.2.1　某双极型晶体管的基区体电阻为 300 Ω，共射电流放大系数的中、低频值为 100。在 $I_{CQ} = 1.5$ mA，$V_{CEQ} = 5$ V 时测得 $C_{b'e} = 50$ pF，$C_{b'c} = 5$ pF。求在此工作点（室温）的管共射电流放大系数的截止频率 f_β 和共基电流放大系数的截止频率 f_α、特征频率 f_T。

4.2.2　某双极型晶体管 f_β 为 4 MHz。在 40 MHz 频率时测得 $|\dot{\beta}|$ 值约为 8。此晶体管的 β_0 和 f_T 为多少？

4.3.1　在图题 4.3.1 中的晶体管 T 的有关参数为：$\beta_0 = 100$，$r_{bb'} \approx 0$ Ω，$C_{b'c} = 3$ pF，$f_T = 400$ MHz，设偏置电源 V_{BB} 使管基极偏置电流 $I_{BQ} = 30$ μA。求电路的微变输入电容 C_i。

4.3.2　放大电路如图题 4.3.2 所示。电路中硅晶体管 T 的主要参数为：$\beta_0 = 100$，$r_{bb'} = 100$ Ω，$C_{b'c} = 3$ pF，$f_T = 300$ MHz，$V_A = 100$ V。电路中 C_B、C_C、C_E 为耦合电容和旁路电容，在中、高工作频段可处理为短路。试求当电阻负载 R_L 为 16 kΩ 和 1.6 kΩ 两种情况下的微变源电压增益 $A_{vs}(jf) = \dot{V}_o / \dot{V}_s$ 的中频值 A_{vs0}、上限截止频率 f_H、带宽增益乘积 GBW。

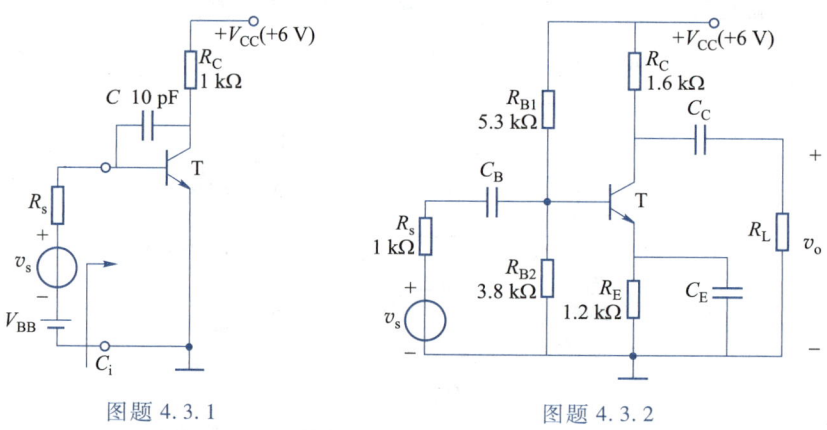

图题 4.3.1

图题 4.3.2

4.3.3　单管共射放大电路如图题 4.3.3 所示。T 为硅管，主要参数为：$\beta_0 = 80$，$r_{bb'} = 50$ Ω，$C_{b'c} = 2$ pF，$f_T = 400$ MHz，$V_A = 100$ V。电路中 $R_C = 1$ kΩ，$R_E = 1$ kΩ，$V_{BB} = 1.72$ V，$V_{CC} = 5$ V。旁路电容 C_E 的容量值足够大，使之对中、高工作频段信号呈短路。当信号源内阻 R_s 为 500 Ω 和 0 Ω 时，试计算电路的微变源电压增益 $A_{vs}(jf) = \dot{V}_o / \dot{V}_s$ 的上限截止频率 f_H。

4.3.4　放大电路如图题 4.3.4 所示。其中晶体管的参数同题 4.3.2 中的管 T。电路中 C_E、C_C、C_B 为耦合电容和旁路电容，在中、高工作频段可处理为短路。试求当电阻负载 R_L 为 16 kΩ 和 1.6 kΩ 两种情况下的微变源电压增益 $A_{vs}(jf) = \dot{V}_o / \dot{V}_s$ 的中频值 A_{vs0}、上限截止频率

f_H、带宽增益乘积 GBW。

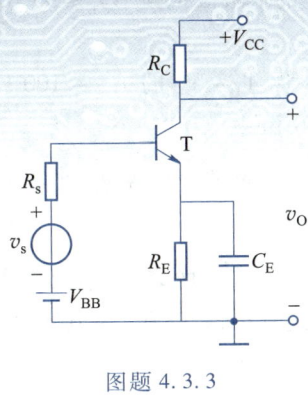

图题 4.3.3

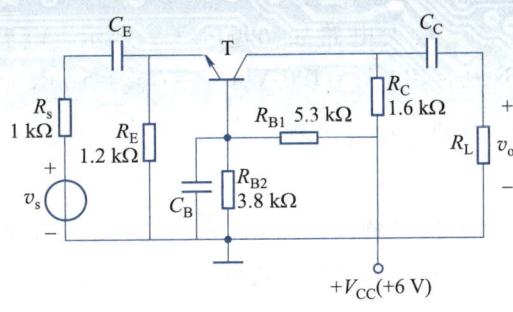

图题 4.3.4

4.3.5 电路如图题 4.3.5 所示。硅管 T 的主要参数为 $r_{bb'} = 50\ \Omega$, $C_{b'e} = 4\ \text{pF}$, $f_T = 400\ \text{MHz}$, $\beta_0 = 80$, $V_A = 100\ \text{V}$。试求 R_C 为 1 kΩ 和 200 Ω 两种情况下的微变电流增益 $\dot{I}_o / \dot{I}_s$ 的上限截止频率 f_H。

4.3.6 共集放大电路如图题 4.3.6 所示。硅管 T 的主要参数为 $r_{bb'} = 30\ \Omega$, $C_{b'e} = 5\ \text{pF}$, $f_T = 400\ \text{MHz}$, $\beta_0 = 100$, $V_A = 100\ \text{V}$。试求 $R_s = 0$ 情况下的微变源电压增益 $A_{vs}(jf) = \dot{V}_o / \dot{V}_s$ 的中频值 A_{vs0} 和上限截止频率 f_H。

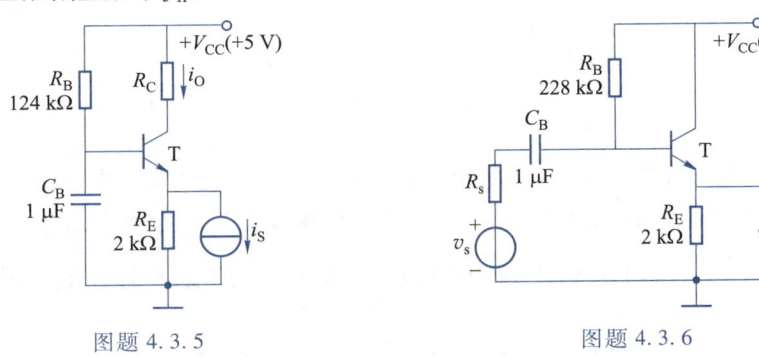

图题 4.3.5　　　　　　　　　　图题 4.3.6

4.3.7 求图题 4.3.7 所示电路的微变源电压增益 $A_{vs}(jf) = \dot{V}_o / \dot{V}_s$ 的中频值 A_{vs0} 和下限截止频率 f_L。电路中晶体管的参数与题 4.3.2 中的晶体管的相同。

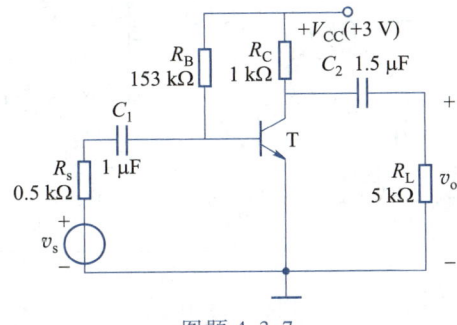

图题 4.3.7

4.3.8 放大电路如图题 4.3.3 所示。信号源内阻 R_s 为 500 Ω。电路中其他元件参数及晶体管参数与题 4.3.2 相同。欲使微变源电压增益 $A_{vs}(\mathrm{j}f)=\dot{V}_{o}/\dot{V}_{s}$ 的下限截止频率 $f_{L} \leqslant 50\ \mathrm{Hz}$，旁路电容 C_{E} 的电容值应为多少？

4.3.9　放大电路如图题 4.3.9 所示。电路中硅晶体管 $T_{1} \sim T_{4}$ 的 $r_{bb'}=100\ \Omega$，$f_{T}=300\ \mathrm{MHz}$，$\beta_{0}=100$，$V_{A}=100\ \mathrm{V}$，$C_{b'c1}=C_{b'c2}=5\ \mathrm{pF}$，$C_{b'c3}=C_{b'c4}=10\ \mathrm{pF}$。

（1）计算差模电压增益 $\dot{V}_{o}/(\dot{V}_{s1}-\dot{V}_{s2})$ 的上限截止频率 f_{H}、下限截止频率 f_{L}、增益带宽乘积 GBW；

（2）设 T_{3} 的输出电容 $C_{EE}=10\ \mathrm{pF}$。试写出共模增益 $\dot{A}_{vc}=\dot{V}_{oc}/\dot{V}_{s1c}$ 的表示式，计算其截止频率，画出其幅频特性的渐近线波特图。（提示：计算共模增益时不计 T_{1}、T_{2} 的电容分量。）

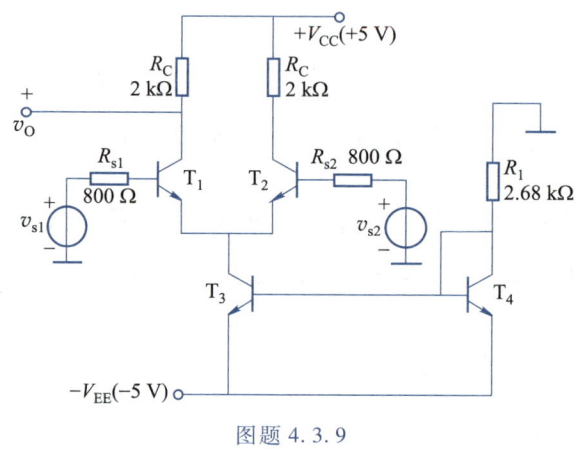

图题 4.3.9

4.3.10　放大电路如图题 4.3.10 所示。晶体管 T_{1}、T_{2} 与题 4.3.1 中管的参数相同。电路中 $C_{1} \sim C_{4}$ 分别为耦合电容、旁路电容，对中、高工作频段信号可处理为短路。试求微变源电压增益 $A_{vs}(\mathrm{j}f)=\dot{V}_{o}/\dot{V}_{s}$ 的中频值 A_{vs0} 和上限截止频率 f_{H}。（提示：在计算 T_{1} 的密勒电容时，忽略 T_{2} 的输入电容。）

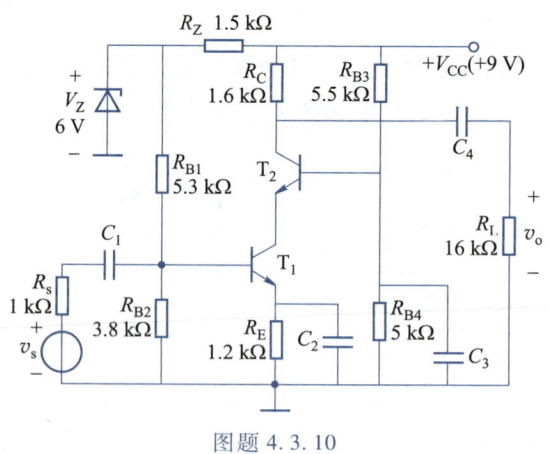

图题 4.3.10

4.4.1 场效应管放大电路如图题 4.4.1 所示。N 沟道结型管 T 的参数为 $k_p = 40\ \mu A/V^2$，$W/L = 10$，$V_{off} = -3\ V$，$\lambda = 0.01\ V^{-1}$，$C_{gs} = 3\ pF$，$C_{gd} = 5\ pF$。试求微变源电压增益 $\dot{A}_{vs}(jf) = \dot{V}_o/\dot{V}_s$ 的中频值 A_{vs0} 和上限截止频率 f_H。（C_G、C_D、C_S 为耦合电容或旁路电容，可处理为高频短路。）

4.4.2 在图题 4.4.2 所示的放大电路中，MOS 管 T 的参数为 $V_{GS(th)} = 1.5\ V$，$k_p = 50\ \mu A/V^2$，$W/L = 12$，$\lambda = 0.001\ V^{-1}$，$C_{gs} = 1.5\ pF$，$C_{gd} = 1\ pF$，$C_{gb} = 0.5\ pF$，$C_{bd} = 3\ pF$，$C_{bs} = 2\ pF$。试计算微变源电压增益 $\dot{A}_{vs} = \dot{V}_o/\dot{V}_s$ 的中频值 A_{vs0} 和上限截止频率 f_H。

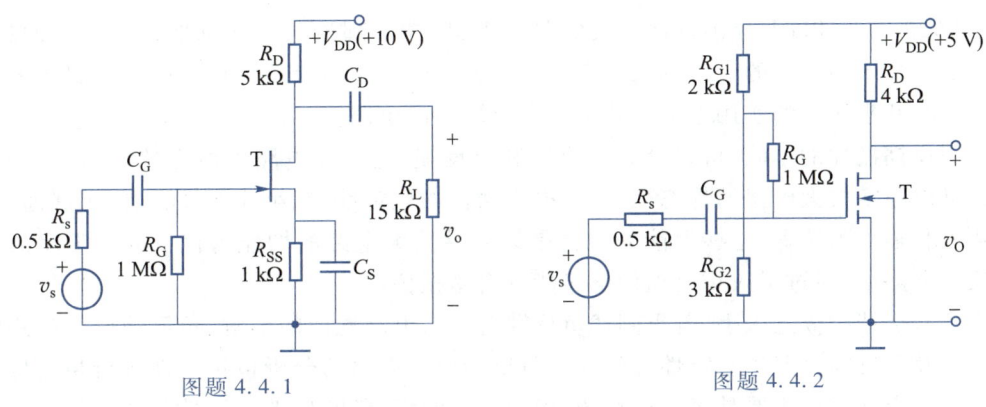

图题 4.4.1   图题 4.4.2

4.4.3 E/D 型共源放大电路如图题 4.4.3 所示。T_1 的参数为 $V_{th1} = 1.5\ V$，$k_{p1} = 40\ \mu A/V^2$，$(W/L)_1 = 10$，$\lambda_1 = 0.01\ V^{-1}$，$\eta_1 = 0.1$。T_2 的参数为 $V_{off2} = -1.5\ V$，$I_{DSS2} = 0.45\ mA$，$\lambda_2 = 0.01\ V^{-1}$，$\eta_2 = 0.1$。T_1、T_2 两管的电容分量均为 $C_{gs} = 2\ pF$，$C_{gd} = 1\ pF$，$C_{gb} = 1\ pF$，$C_{bd} = 5\ pF$，$C_{bs} = 3\ pF$。设两管的工作点电流为 $0.46\ mA$，$V_{DSQ1} = V_{DSQ2} = 2.5\ V$。试完成：

（1）画出电路的高频微变等效电路，标明其中各参数的数值；

（2）计算微变源电压增益 $\dot{A}_{vs} = \dot{V}_o/\dot{V}_s$ 的中频值 A_{vs0}，估算 $\dot{A}_{vs}$ 的上限截止频率（计算密勒电容时，按纯电阻负载情况处理）；

（3）根据高频微变等效电路，用列解电压方程的方法求出 $\dot{A}_{vs} = \dot{V}_o/\dot{V}_s$ 的完整的数值表示式。求出零点频率 f_z 和极点频率 f_p，解出上限截止频率 f_H，与（2）的估算值比较。

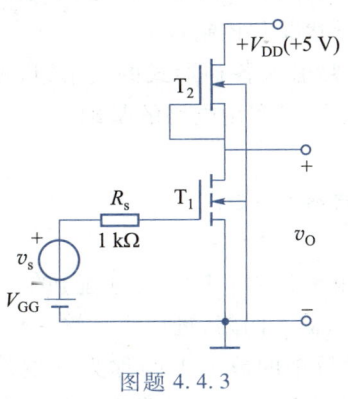

图题 4.4.3

第 5 章
反馈放大电路

自 1928 年 H. Black 提出反馈放大电路以来,反馈的理论与实践都取得了重大的进展,反馈在电子技术领域中的应用越来越广泛。在放大电路中引入反馈可以改善电路多方面的性能,因此,几乎所有的实用放大电路都是带有反馈的电路。

按照反馈极性的不同,可以分为正反馈和负反馈,它们在电路中所起的作用是不同的。负反馈可以稳定放大电路的静态工作点,提高增益的稳定性,减小非线性失真,扩展通频带,改进输入和输出阻抗等,这些性能的改善是以牺牲放大电路的增益为代价的。正反馈通常用在振荡电路中,通过引入正反馈使电路能够自激振荡。

本章从反馈的概念入手,着重阐述负反馈对放大电路性能的影响、负反馈放大电路的分析方法以及负反馈电路的稳定性等问题。负反馈放大电路的分析包括定性分析与定量分析两个方面。定性分析主要是读懂电路图,确定反馈网络,判断反馈的极性与类型等。定量分析就是计算反馈放大电路的性能指标,重点讨论深度负反馈情况下负反馈放大电路闭环增益的近似计算问题。

5.1
反馈的基本概念及判断方法

反馈广泛应用于各个领域。例如,在控制系统中,通过对执行机构偏差的监测来修正控制系统的输入量;在商业活动中,通过对商品销售情况的调查来调整进货渠道和进货数量,在行政管理中,通过对执行部门工作效果的调研来修正政策等。反馈的目的就是通过输出对输入的影响来改善系统的运行状况和控制效果。

在实用放大电路中,几乎都要引入各种形式的反馈,以改善放大电路的性能。因此,掌握反馈的基本概念和判别方法是研究实用电路的基础。

5.1.1 反馈的基本概念和分类

反馈的基本
概念和分类

将放大电路输出信号(电压或电流)的一部分或全部,经过一定的电路(反馈网络)送回到输入回路,进而影响输入信号(电压或电流)的过程称为反馈(feedback)。无反馈的放大电路称为基本放大电路或开环放大电路,引入反馈的放大电路称为反馈放大电路或闭环放大电路。

反馈放大电路由基本放大电路和反馈网络两大部分组成,如图 5.1.1 所示,基本放大电路的功能是放大输入信号,反馈网络的功能是传输反馈信号,二者构成一个闭合环路。基本放大电路的输入信号称为净输入信号,它是输入信号与反馈信号的和,净输入信号从基本放大电路的输入端传送到输出端,这种传输是单向的,称为正向传输,反馈信号的传输则称为反向传输。

在实际电路中,基本放大电路和反馈网络总是连在一起的,正确地判断一个电路是否存在反馈是研究反馈放大电路的基础。在放大电路中,若存在将输入回路和输出回路连接起来的通路,即存在反馈通路,并由此影响了放大电路的净输入,则电路引入了反馈,否则没有引入反馈。例如,图 5.1.2 所示是前面介绍过的单管共射放大电路,发射极电阻 R_E 将输入回路和输出回路连接起来,构成电路中的反馈网络,因而存在反馈,R_E 即为反馈元件。

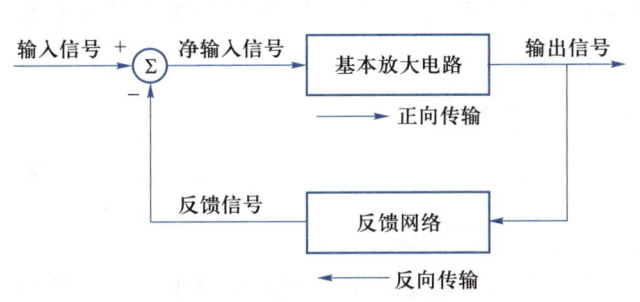

图 5.1.1 反馈放大电路示意图

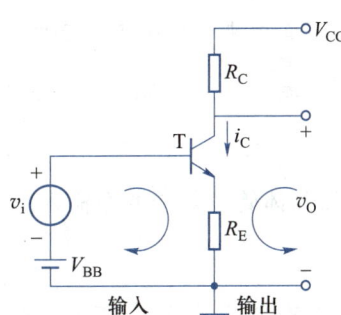

图 5.1.2 具有反馈网络的
单管共射放大电路

一、直流反馈和交流反馈

在反馈放大电路中,根据反馈信号本身的交流和直流性质,可以分为直流反馈和交流反馈。如果引入的反馈只对直流量起作用,则称为直流反馈;如果引入的反馈只对交流量起作用,则称为交流反馈。换句话说,在直流通路中存在的反馈是直流反馈,在交流通路中存在的反馈是交流反馈。在很多放大电路中,常常是交流和直流反馈共存,其中直流反馈用来稳定放大电路的静态工作点,交流反馈用来改善放大电路的性能指标。交流反馈是本章讨论的重点。

下面先来分析电路中的直流反馈,考察图 5.1.2 所示的单管共射放大电路,图 5.1.3(a)所示为其直流通路,反馈网络由反馈电阻 R_E 组成,集电极电流 I_C 流过反馈电阻 R_E 产生反馈电压

$$V_F = R_E I_E \approx R_E I_C$$

在输入回路中,该电压和偏置电压 V_{BB} 共同作用,调节晶体管 T 的发射结电压

$$V_{BE} = V_{BB} - V_F \approx V_{BB} - R_E I_C$$

这种直流反馈是如何稳定电路的静态工作点的呢?假设由于温度变化等原因引起晶体管 T 集电极电流 I_C 发生变化,电阻 R_E 上的反馈电压 V_F 也随之变化,从而改变 V_{BE},使 I_B 发生变化,进而调整 I_C,使之维持不变。这种自动调节过程如下:

$$T(温度) \uparrow \rightarrow I_C \uparrow \rightarrow V_F \uparrow \rightarrow V_{BE} \downarrow \rightarrow I_B \downarrow \rightarrow I_C \downarrow$$

这种反馈只对直流起作用,故称为直流反馈,它的作用是稳定电路的静态工作点。

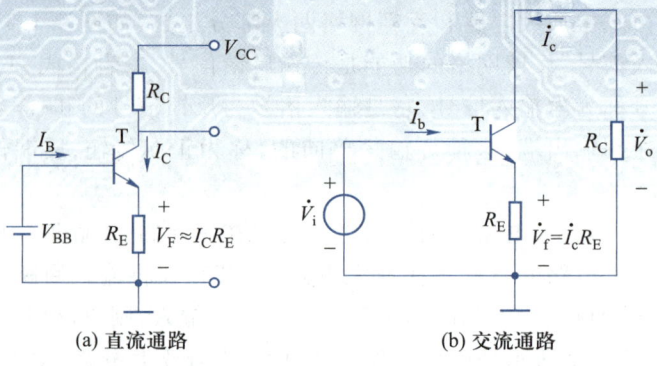

(a) 直流通路　　　　　　(b) 交流通路

图 5.1.3　具有反馈网络的单管共射放大电路

下面再来分析图 5.1.2 所示电路中存在的交流反馈,图 5.1.3(b)所示为其交流通路,交流电流 $\dot{I}_c$ 流过电阻 R_E 产生反馈电压 $\dot{V}_f$,即

$$\dot{V}_f \approx R_E \dot{I}_c$$

此时,晶体管发射结的净输入电压 $\dot{V}_{be}$ 为

$$\dot{V}_{be} = \dot{V}_i - \dot{V}_f \approx \dot{V}_i - R_E \dot{I}_c$$

当输入信号 $|\dot{V}_i|$ 一定时,假设由于温度、负载变化等原因使输出信号电流 $|\dot{I}_c|$ 增加,反馈电压 $|\dot{V}_f|$ 随之增加,从而使 $|\dot{V}_{be}|$ 减小,$|\dot{I}_b|$ 也随之减小,进而调整 $|\dot{I}_c|$,使之维持不变。这种自动调节过程如下:

$$T(温度)、负载变化 \rightarrow |\dot{I}_c|\uparrow \rightarrow |\dot{V}_f|\uparrow \rightarrow |\dot{V}_{be}|\downarrow \rightarrow |\dot{I}_b|\downarrow \rightarrow |\dot{I}_c|\downarrow$$

这种反馈仅对交流信号起作用,故称为交流反馈,它的作用是稳定电路的输出电流 $\dot{I}_c$。当输入信号不变时,由于交流负反馈的作用,反馈放大电路能抵消因环境温度、负载变化等因素引起的输出信号的变化,稳定输出信号,使电路的性能得到改善。

通过上面的分析可知,图 5.1.2 所示的电路既存在直流反馈,也存在交流反馈。若在反馈电阻 R_E 两端并联一个旁路电容 C_E,由于 C_E 对直流相当于开路,对交流相当于短路,则 R_E 在交流通路中被 C_E 短路,电路中只存在直流反馈。

二、正反馈和负反馈

在反馈放大电路中,按照反馈极性的不同,可以分为正反馈和负反馈两种。如果反馈到输入回路的信号和原来的输入信号作用相同,二者叠加的结果使放大电路的净输入增加,这样的反馈称为正反馈;反之,若反馈信号和原来的输入信号作用相反,使放大电路的净输入减小,这样的反馈称为负反馈。

三、电压反馈和电流反馈

在反馈放大电路中,如果反馈信号取自输出电压,则称为电压反馈(电压取样);如果反馈信号取自输出电流,则称为电流反馈(电流取样)。在负反馈条件下,电压取样具有稳定输出电压的作用,其效果相当于降低了电路的输出电阻;电流取样具有稳定输出电流的作用,其效果相当于提高了电路的输出电阻。

四、串联反馈和并联反馈

根据反馈信号和输入信号在输入端求和方式的不同，可以分为串联反馈和并联反馈。若反馈信号与输入信号在输入回路中以电压形式串联求和，则称为串联反馈（串联相加）；若二者在输入回路中以电流形式并联求和，则称为并联反馈（并联相加）。如果信号源内阻 R_s 较大，则适合引入并联反馈；反之，若 R_s 较小，则适合引入串联反馈。

五、寄生反馈

放大电路中除了为改善电路性能而引入的反馈外，有时因为某种杂散参数（杂散电容和杂散电感）的存在，也会将输出信号反馈到输入端，这种反馈称为寄生反馈。寄生反馈是有害的，严重时可使放大电路不能正常工作，在实际中应该尽量避免。

在多级放大电路中，还可以分为级内反馈和级间反馈。级内反馈出现在放大电路的某一级电路中，属于局部反馈。级间反馈的取样电路和求和电路不在同一级中，电路的性能主要由级间反馈决定。

5.1.2 反馈放大电路的组成

一个实际的反馈放大电路除包括基本放大电路和反馈网络之外，还应该包括输出端取样电路和输入端求和电路，反馈放大电路的组成框图如图 5.1.4 所示，它由输入求和电路、基本放大电路、反馈网络、输出取样电路 4 部分组成。

在放大电路的输出端，输出取样电路取出输出信号 $\dot{X}_o$，送入反馈网络的输入端，反馈网络输出反馈信号 $\dot{X}_f$，它与信号源的输出信号 $\dot{X}_i$ 在输入求和电路中实现求和运算，产生净输入信号 $\dot{X}_{id}$ 加至基本放大电路的输入端，经基本放大电路放大产生输出信号 $\dot{X}_o$ 送给负载。

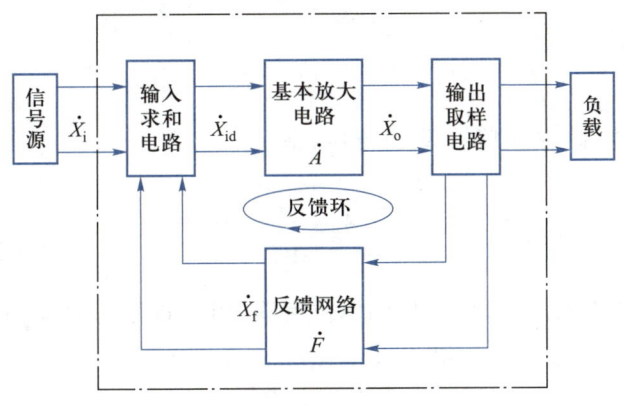

图 5.1.4　反馈放大电路的组成

如前所述，通常假设反馈放大电路中信号的传输是单向的，如图 5.1.4 中的箭头所示，信号源的信号只经过基本放大电路传送到输出端，不经过反馈网络；而从输出端取出的反馈信号只经过反馈网络传回输入求和电路，不经过基本放大电路。基本放大电路的增益 $\dot{A}$ 是输出信号 $\dot{X}_o$ 和净输入信号 $\dot{X}_{id} = \dot{X}_i - \dot{X}_f$ 的比值 $\dot{X}_o / \dot{X}_{id}$，称为开环增益；而由点画线圈起来的反

馈放大电路的增益 $\dot{A}_f$ 是输出信号 $\dot{X}_o$ 与信号源的输入 $\dot{X}_i$ 的比值 $\dot{X}_o / \dot{X}_i$，称为反馈放大电路的闭环增益。$\dot{X}_i$、$\dot{X}_o$、$\dot{X}_f$、$\dot{X}_{id}$ 既可以是电压，也可以是电流。

一、基本放大电路

基本放大电路通常由多级放大电路组成，根据前面的定义，基本放大电路的增益表达式为

$$\dot{A} = \frac{\dot{X}_o}{\dot{X}_{id}} \tag{5.1.1}$$

由于 $\dot{X}_o$ 和 $\dot{X}_{id}$ 既可以是电压，也可以是电流，因此基本放大电路的增益有如下 4 种形式。

1. 电压增益

输入信号 $\dot{X}_{id}$ 和输出信号 $\dot{X}_o$ 都是电压信号，则

$$\dot{A}_v = \frac{\dot{V}_o}{\dot{V}_{id}}$$

2. 电流增益

输入信号 $\dot{X}_{id}$ 和输出信号 $\dot{X}_o$ 都是电流信号，则

$$\dot{A}_i = \frac{\dot{I}_o}{\dot{I}_{id}}$$

3. 互阻增益

输出信号 $\dot{X}_o$ 是电压，输入信号 $\dot{X}_{id}$ 是电流，则

$$\dot{A}_r = \frac{\dot{V}_o}{\dot{I}_{id}}$$

4. 互导增益

输出信号 $\dot{X}_o$ 是电流，输入信号 $\dot{X}_{id}$ 是电压，则

$$\dot{A}_g = \frac{\dot{I}_o}{\dot{V}_{id}}$$

其中，$\dot{A}_v$ 和 $\dot{A}_i$ 均为无量纲的量；$\dot{A}_r$ 的单位为欧[姆]，符号为 Ω；$\dot{A}_g$ 的单位是西[门子]，符号为 S。

二、反馈网络

反馈网络是由反馈元件构成的双端口网络，为避免引入附加相移，反馈元件一般都是纯阻性元件。反馈网络的输出信号 $\dot{X}_f$ 与输入信号 $\dot{X}_o$ 的比值称为反馈系数，用 $\dot{F}$ 表示

$$\dot{F} = \frac{\dot{X}_f}{\dot{X}_o} \tag{5.1.2}$$

同基本放大电路类似，反馈系数 $\dot{F}$ 也有 4 种形式。

1. 电压反馈系数

反馈信号 $\dot{X}_f$ 和输出信号 $\dot{X}_o$ 都是电压信号，则

$$\dot{F}_v = \frac{\dot{V}_f}{\dot{V}_o}$$

2. 电流反馈系数

反馈信号 $\dot{X}_f$ 和输出信号 $\dot{X}_o$ 都是电流信号，则

$$\dot{F}_i = \frac{\dot{I}_f}{\dot{I}_o}$$

3. 互阻反馈系数

反馈信号 $\dot{X}_f$ 是电压，输出信号 $\dot{X}_o$ 是电流，则

$$\dot{F}_r = \frac{\dot{V}_f}{\dot{I}_o}$$

4. 互导反馈系数

反馈信号 $\dot{X}_f$ 是电流，输入信号 $\dot{X}_o$ 是电压，则

$$\dot{F}_g = \frac{\dot{I}_f}{\dot{V}_o}$$

三、输出取样电路

反馈网络的输入信号来自输出取样电路，根据在放大电路输出端取样方式的不同，取样方式可以分为电压取样和电流取样。

1. 电压取样

如果反馈信号 $\dot{X}_f$ 与输出电压 $\dot{V}_o$ 成正比，则称为输出端电压取样（电压反馈），如图 5.1.5 (a)所示，对于电压取样，反馈网络与基本放大电路的输出端并联，$\dot{X}_f$ 与 $\dot{V}_o$ 成正比。大多数情况下在电压取样电路中，反馈网络输入端的信号就是输出电压 $\dot{V}_o$。

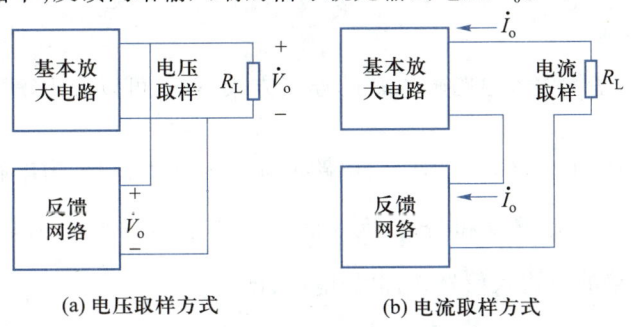

(a) 电压取样方式　　　　　　(b) 电流取样方式

图 5.1.5　输出端取样电路

2. 电流取样

如果反馈信号 $\dot{X}_f$ 与输出电流 $\dot{I}_o$ 成正比,则称为电流取样(电流反馈),如图 5.1.5(b)所示,对于电流取样,反馈网络串联在基本放大电路的输出回路中,反馈信号取自负载中的电流 $\dot{I}_o$,$\dot{X}_f$ 与 $\dot{I}_o$ 成正比。前面讨论过的图 5.1.2 所示的单管共射放大电路,反馈网络由发射极电阻 R_E 组成,反馈电压 $\dot{V}_f = R_E \dot{I}_o$ 与输出电流 $\dot{I}_o$ 成正比,属于电流取样。

对于共集组态作输出级的反馈放大电路,如图 5.1.6(a)所示,若取样信号取自晶体管的发射极 E,则为电压取样;若取自集电极 C,则为电流取样。对于共射组态作输出级的反馈放大电路,如图 5.1.6(b)所示,若取样信号取自发射极 E,则为电流取样;若取自于集电极 C,则为电压取样。

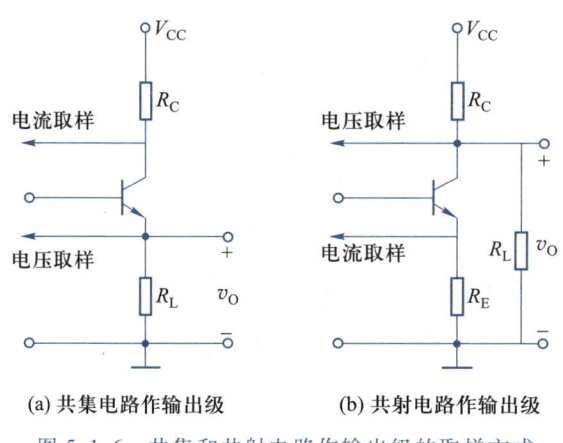

(a) 共集电路作输出级　　　(b) 共射电路作输出级

图 5.1.6　共集和共射电路作输出级的取样方式

判断放大电路的取样方式,也常采用"短路法"。该方法将输出端交流短路,即令输出电压 $\dot{V}_o$ 等于零,判断反馈信号 $\dot{X}_f$ 是否存在,如果反馈信号也随之为零,则说明取样方式为电压取样;如果反馈信号依然存在,则为电流取样。例如,对于图 5.1.6(a)所示的电路,令输出端负载 R_L 交流短路,若取样信号取自发射极 E,则反馈信号 $\dot{X}_f$ 随之消失,取样方式为电压取样;若取样信号取自集电极 C,则反馈信号 $\dot{X}_f$ 依然存在,属于电流取样。

四、输入求和电路

根据反馈网络与基本放大电路输入端的连接方式不同,可以分为串联求和与并联求和。

1. 串联求和

如果反馈网络的输出串联在基本放大电路的输入回路中,则称为串联求和(串联反馈)。如图 5.1.7(a)所示,对于串联求和电路,反馈信号 $\dot{X}_f$ 与输入信号 $\dot{X}_i$ 在输入回路中以电压形式出现,基本放大电路的净输入信号 $\dot{X}_{id}$ 也是电压,即

$$\dot{V}_{id} = \dot{V}_i - \dot{V}_f \tag{5.1.3}$$

2. 并联求和

如果反馈网络的输出直接并联在基本放大电路的输入端,则称为并联求和(并联反馈)。如图5.1.7(b)所示,对于并联求和,输入信号、反馈网络的输出端与基本放大电路输入端并接于同一节点,反馈信号$\dot{X}_f$与输入信号$\dot{X}_i$在输入回路中以电流形式出现,基本放大电路的净输入$\dot{X}_{id}$也是电流信号,即

$$\dot{I}_{id} = \dot{I}_i - \dot{I}_f \tag{5.1.4}$$

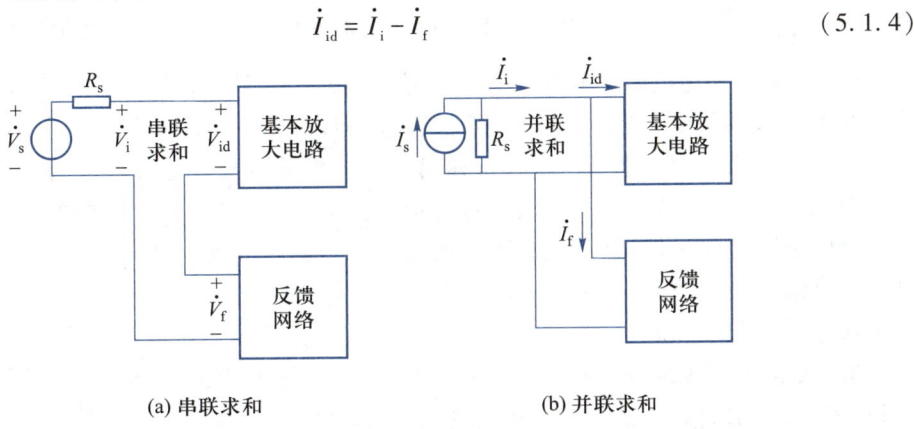

(a) 串联求和　　　　　　　　　　(b) 并联求和

图 5.1.7　反馈放大电路的输入求和方式

图 5.1.8 所示为反馈放大电路常用的输入级求和方式。图(a)为共射电路作输入级,如

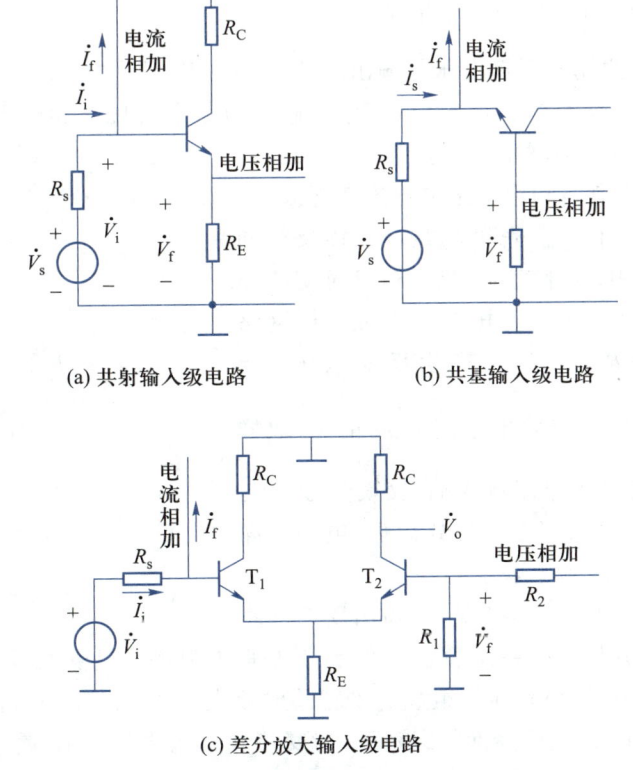

(a) 共射输入级电路　　　　　　　(b) 共基输入级电路

(c) 差分放大输入级电路

图 5.1.8　常用电路输入级的求和方式

果反馈网络接至发射极 E，反馈信号 $\dot{V}_f$ 与输入信号 $\dot{V}_i$ 在输入回路中以电压形式出现，净输入信号 $\dot{V}_{id} = \dot{V}_i - \dot{V}_f$，所以为串联求和；如果反馈网络接至基极 B，反馈信号 $\dot{I}_f$ 与输入信号 $\dot{I}_i$ 在输入回路中以电流形式出现，净输入信号 $\dot{I}_{id} = \dot{I}_i - \dot{I}_f$，此时为并联求和。图（b）为共基电路作输入级，如果反馈网络接至基极 B，反馈信号 $\dot{V}_f$ 与输入信号 $\dot{V}_i$ 在输入回路中以电压形式出现，净输入信号 $\dot{V}_{id} = \dot{V}_i - \dot{V}_f$，则为串联求和；如果反馈网络接至发射极 E，反馈信号 $\dot{I}_f$ 与输入信号 $\dot{I}_i$ 在输入回路中以电流形式出现，净输入信号 $\dot{I}_{id} = \dot{I}_i - \dot{I}_f$，为并联求和。图（c）为差分放大电路作输入级，如果反馈网络接至 T_2 的基极，则为串联求和；如果接至 T_1 的基极，则为并联求和。

下面通过几个例子来进一步理解如何定性分析反馈放大电路。

例 5.1.1 分析图 5.1.9 所示电路，指出反馈网络由哪些元件构成，是直流反馈还是交流反馈。若为交流反馈，试说明反馈电路的取样方式和求和方式。

解：该电路为两级放大电路，第一级由 T_1 和 T_2 组成差放，信号源由 T_1 的基极输入，由 T_2 的集电极输出，第二级由 T_3 组成单管共射电路。在第二级电路中，R_4 为 T_3 发射极反馈电阻，该反馈属于局部反馈（级内反馈），对交、直流都起作用，属于交、直流反

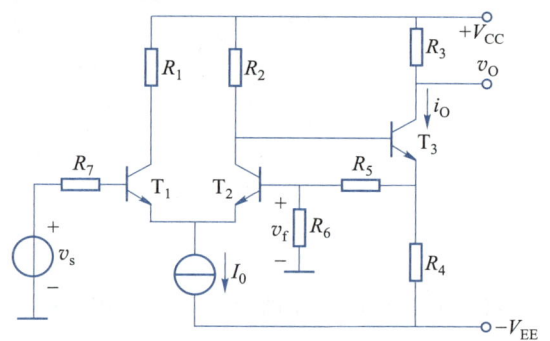

图 5.1.9　例 5.1.1 电路图

馈。对交流而言，R_4 两端的反馈电压与输出电流 $\dot{I}_o$ 成正比，取样方式为电流取样；T_2 集电极输出的电压信号与 R_4 两端的反馈电压在 T_3 的输入回路中实现求和运算，求和方式为串联求和，本级引入的是电流串联负反馈。

电阻 R_5 把第一级电路和第二级电路连接起来，构成级间反馈，反馈网络由 R_4、R_5 和 R_6 构成。该反馈同样对交、直流都起作用，属于交、直流反馈。对交流而言，在放大电路的输出端，负载电流 i_o 流过反馈网络中的支路 R_4 和 $R_5 + R_6$，在 R_6 上产生反馈电压 $v_f = \dfrac{R_4 R_6}{R_4 + R_5 + R_6} i_o$，反馈信号 v_f 与输出电流 i_o 成正比，取样方式为电流取样。在放大电路输入端，反馈信号 v_f 与输入信号 v_i 在输入回路中以电压形式出现，电路的净输入 $v_{id} = v_i - v_f$，求和方式为串联求和。

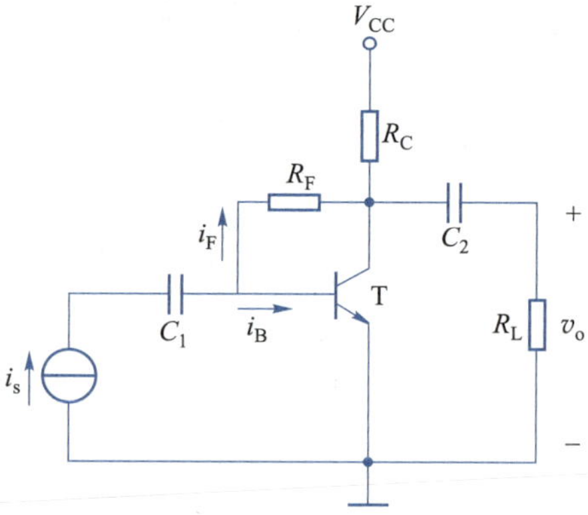

例 5.1.2 电路如图 5.1.10 所示，指出反馈网络

图 5.1.10　例 5.1.2 电路图

由哪些元件构成，试分析它能稳定静态工作点的原理，并判断它的交流反馈组态。

解：该电路是由 NPN 型晶体管组成的单管共射放大电路，电阻 R_F 并联在晶体管 T 的集电极 C 和基极 B 之间，构成反馈网络，该反馈对交流和直流均起作用，属于交、直流反馈。对

交流而言,反馈电流 $i_f = \dfrac{v_{be} - v_o}{R_F} \approx -\dfrac{v_o}{R_F}$,反馈信号 i_f 与输出电压 v_o 成正比,取样方式为电压取样。在放大电路输入端,反馈信号 i_f 与输入信号 i_i 在输入回路中以电流形式出现,电路的净输入 $i_b = i_{id} = i_i - i_f$,求和方式为并联求和,反馈组态属于电压并联。下面分析该反馈稳定静态工作点的原理。

在静态情况下,信号源开路 $i_s = 0$,此时

$$I_B = -I_F = \frac{V_{CE} - V_{BE}}{R_F} \approx \frac{V_{CE}}{R_F} \tag{5.1.5}$$

反馈电阻 R_F 确定以后,I_B 和 V_{CE} 成正比。当环境温度升高时,将引起 I_C 增加,V_{CE} 随之减小,根据式(5.1.5),I_B 也减小,从而牵制了 I_C 的增加,使电路静态工作点得到稳定。可见,该电路稳定静态工作点的实质是利用反馈电阻 R_F 把 V_{CE} 的变化反馈到输入回路,控制 I_B 以牵制 I_C 的变化。反馈电阻 R_F 越小,负载电阻 R_C 越大,静态工作点的稳定性越好。

5.1.3　反馈极性的判别

根据输入信号与反馈信号叠加的不同结果,反馈可以分为正反馈与负反馈两种。假设输入信号 $\dot{X_i}$ 不变,引入反馈后,若反馈信号 $\dot{X_f}$ 和输入信号 $\dot{X_i}$ 作用相同,增强了输入信号的作用,使放大电路的净输入 $|\dot{X}_{id}|$ 增加,这样的反馈称为正反馈。相反,引入反馈后,若反馈信号 $\dot{X_f}$ 削弱了输入信号 $\dot{X_i}$ 的作用,使放大电路的净输入 $|\dot{X}_{id}|$ 减小,则称该反馈为负反馈。

负反馈放大电路极性和类型的判别

在前面讨论的图 5.1.2 所示的电路中,R_E 为反馈电阻,对交流信号而言,反馈电压 $\dot{V_f}$ 削弱了原输入电压 $\dot{V_i}$ 的作用,使净输入 $|\dot{V}_{be}|$ 减小,因而是负反馈。

判断电路的反馈极性,通常采用瞬时极性法,该方法假设在放大电路的输入端接入一变化信号,由它引起电路中各节点电位极性的变化,进而分析反馈的极性,步骤如下:

(1) 假定输入信号的瞬时极性:对于串联求和电路,假定输入电压的瞬时极性;对于并联求和电路,假定输入电流的瞬时极性。

(2) 确定输出信号的瞬时极性:按照输入信号的传输方向,在基本放大电路中,根据放大电路输入与输出的相位关系(如图 5.1.11 所示),逐级判断电路中相关节点的瞬时极性,进而确定输出信号的瞬时极性。

(3) 确定反馈信号的极性:按照反馈信号的传输方向,根据输出信号的瞬时极性,通过反馈网络确定反馈信号的瞬时极性。

(4) 判断反馈信号与输入信号对净输入的作用:若反馈信号使基本放大电路的净输入减小,则称电路引入负反馈;若二者作用相同,使净输入增加,则称电路引入正反馈。

一、基本单元电路中增量电压的瞬时极性

反馈放大电路中,4 种基本单元电路的输入信号和输出信号瞬时极性关系如图 5.1.11 所示。图(a)为单管共射放大电路,假设基极 B 输入电压的瞬时极性为正,即输入电压 v_i 增

加,则集电极 C 的瞬时极性为负,输出电压 v_o 降低,输入电压和输出电压的瞬时极性相反。图(b)为共集放大电路,假设输入电压 v_i 的瞬时极性为正,则从发射极 E 输出电压 v_o 的瞬时极性也为正,输入电压和输出电压的瞬时极性相同。图(c)为共基放大电路,假设输入电压 v_i 的瞬时极性为正,则从集电极 C 输出电压 v_o 的瞬时极性也为正,输入电压和输出电压的瞬时极性相同。对于图(d)所示差分放大电路,假设输入电压加至 T_1 的基极 B,瞬时极性为正,如果从 T_1 的集电极 C 输出,则输出电压的瞬时极性为负,若从 T_2 的集电极 C 输出,则瞬时极性为正。

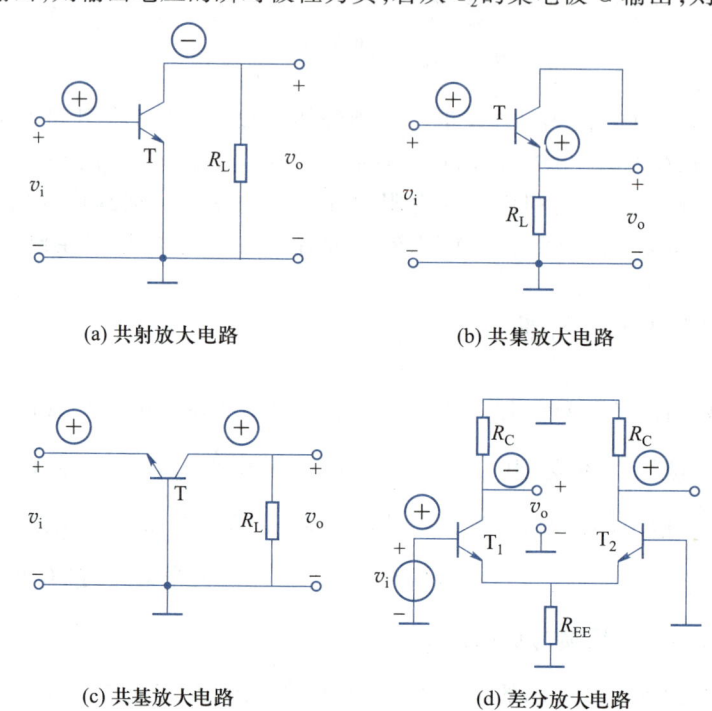

(a) 共射放大电路　　　　　　　(b) 共集放大电路

(c) 共基放大电路　　　　　　　(d) 差分放大电路

图 5.1.11　基本单元电路输入电压和输出电压的瞬时极性关系

二、晶体管中增量电流的瞬时极性

由前面章节可知,放大电路中的晶体管必须设置合适的静态工作点,即设置合适的静态工作电流 I_BQ 和 I_CQ,交流小信号(i_b、i_e)是叠加在静态工作点之上的,如图 5.1.12(a) 所示,交流电流极性的正负只会改变全值电流的大小,不会改变其方向,全值电流按照晶体管发射极箭头方向流动。图 5.1.11(b)所示为 NPN 型晶体管基极输入电流 i_b 与集电极电流 i_c 和发射极电流 i_e 的瞬时极性关系。

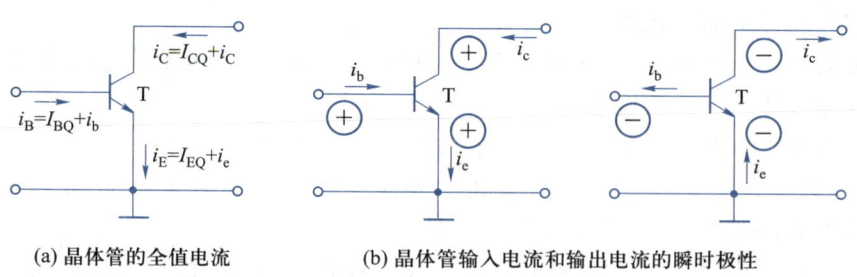

(a) 晶体管的全值电流　　　　　　(b) 晶体管输入电流和输出电流的瞬时极性

图 5.1.12　晶体管输入电流和输出电流的瞬时极性关系

下面通过几个例题说明瞬时极性法在判别电路反馈极性方面的应用。

例 5.1.3 电路如图 5.1.13 所示，试指出反馈网络由哪些元件构成，判断电路的交流反馈极性、交流反馈组态。

解:该电路由两级共射放大电路组成，电阻 R_5 将第一级和第二级连接起来，构成级间反馈，反馈网络由 R_7、R_5、R_4 组成，输出端的取样方式为电流取样，输入求和方式为串联求和。对交流而言，设输入电压 v_i 的瞬时极性为正（电压增加，用 ⊕ 号表示），T_1 基极输入电压的瞬时极性也为正，经 T_1 倒相放大，其集电极输出电压的瞬时极性为负（用 ⊖ 号表示），即 T_2 的基极电压的瞬时极性为负，发射极电流 $i_{e2} \approx i_o$ 减小，$v_{e2} = i_e [R_7 // (R_5 + R_4)]$ 降低，T_2 发射极电压的瞬时极性为负，经反馈电阻 R_5 反馈回 T_1 发射极，电阻 R_4 上反馈电压的瞬时极性为负。净输入电压 $v_{be1} = v_i - v_f$，显然，反馈电压 v_f 使净输入增加，故反馈类型为正反馈，该电路引入的是电流串联正反馈。

如果改变一下输出端的取样方式，电阻 R_5 由 T_2 的发射极改接在 T_2 的集电极，此时反馈网络由 R_5 和 R_4 组成，反馈组态是电压串联负反馈，读者可自行分析。

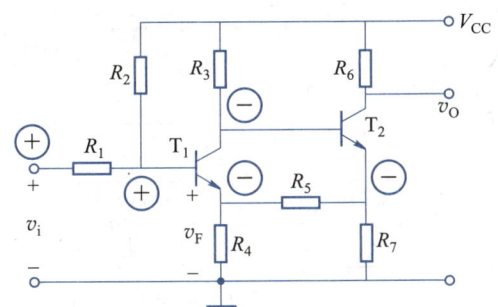

图 5.1.13　两级反馈放大电路

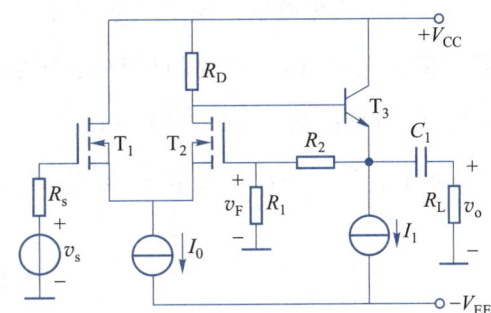

图 5.1.14　两级反馈放大电路

例 5.1.4 电路如图 5.1.14 所示，试指出反馈网络由哪些元件构成，判断电路的交流反馈极性、交流反馈组态。

解:该电路由两级放大电路组成，第一级采用 N 沟道增强型 MOS 场效应管差放作输入级，第二级为晶体管共集电路，电阻 R_2 将第一级和第二级连接起来，构成级间反馈，反馈网络由 R_2 和 R_1 组成，输出端的取样方式为电压取样，输入端求和方式为串联求和。对交流而言，设输入电压 v_i 的瞬时极性为正，则场效应管 T_2 漏极输出电压的瞬时极性也为正，经第二级 T_3 射极跟随输出，输出电压 v_o 的瞬时极性也为正，输出电压 v_o 经反馈电阻 R_2、R_1 反馈回 T_2 的栅极，反馈电压 v_f 的瞬时极性为正，净输入电压 $v_{id} = v_i - v_f$，显然，反馈电压 v_f 使净输入减少，故为负反馈，该电路引入的是电压串联负反馈。

例 5.1.5 电路如图 5.1.15 所示，试指出反馈网络由哪些元件构成，判断电路的交流反馈极性、交流反馈组态。

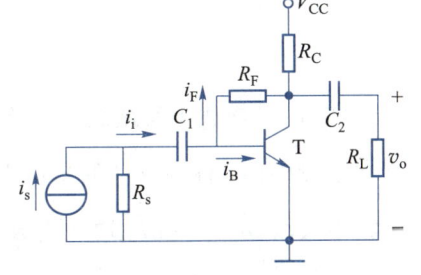

图 5.1.15　反馈放大电路

解:该电路为前面讨论过的单管共射放大电路，电阻 R_F 为反馈元件，输出端的取样方式为电压取样,输入求和方式为并联求和。对交流而言,设输入电流 i_i 的瞬时极性为正(电流增加),晶体管 T 的基极电流 i_b 将增加,集电极电流 i_c 也随之增加,瞬时极性也为正,输出电压 v_o 降低,瞬时极性为负,反馈电流 $i_f = \dfrac{v_{be} - v_o}{R_F}$ 增加,瞬时极性为正,它使净输入电流 $i_b = i_i - i_f$ 减小,反馈信号 i_f 与输入信号 i_i 的作用相反,故为负反馈,该电路引入的是电压并联负反馈。

5.1.4 反馈放大电路的基本方程式

反馈放大电路主要由基本放大电路和反馈网络两部分组成,基本放大电路的功能是放大输入信号,反馈网络的功能是传输反馈信号。为简化分析,反馈放大电路可表示为图 5.1.16 所示的简化框图,其中,变换网络是由信号源内阻 R_s 和反馈放大电路输入电阻 R_{if} 构成的衰减电路,信号源的信号 $\dot{X}_s$ 经过变换网络后变为输入信号 $\dot{X}_i$,$\dot{X}_i$ 与反馈信号 $\dot{X}_f$ 实现求和运算。符号 $\oplus$ 表示求和运算,+、−符号表示 $\dot{X}_i$ 与 $\dot{X}_f$ 是相加、减关系,即

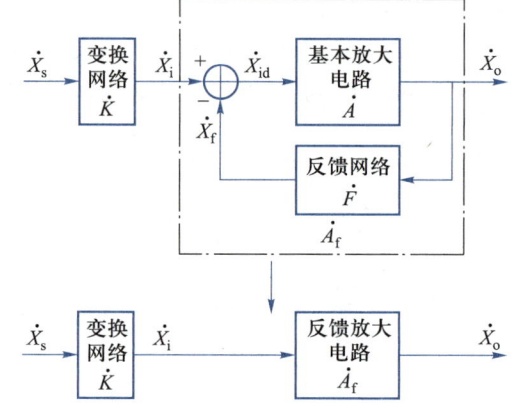

$$\dot{X}_i = \dot{K}\dot{X}_s \qquad (5.1.6)$$

$$\dot{X}_{id} = \dot{X}_i - \dot{X}_f \qquad (5.1.7)$$

图 5.1.16 反馈放大电路的简化框图

一、反馈放大电路的基本方程式

由图 5.1.16 可知,反馈放大电路的闭环增益为

$$\dot{A}_f = \frac{\dot{X}_o}{\dot{X}_i} = \frac{\dot{X}_o}{\dot{X}_{id} + \dot{X}_f} = \frac{\dot{X}_o}{\dot{X}_{id} + \dot{F}\dot{X}_o} = \frac{\dot{A}\dot{X}_{id}}{\dot{X}_{id} + \dot{A}\dot{F}\dot{X}_{id}}$$

即

$$\dot{A}_f = \frac{\dot{A}}{1 + \dot{A}\dot{F}} \qquad (5.1.8)$$

式(5.1.8)描述了反馈放大电路的闭环增益 $\dot{A}_f$ 与基本放大电路的开环增益 $\dot{A}$、反馈系数 $\dot{F}$ 之间的关系,称为反馈的基本方程式。

在中频段,$\dot{A}_f$、$\dot{A}$ 和 $\dot{F}$ 均为实数,因此式(5.1.8)可以写成

$$A_f = \frac{A}{1 + AF} \qquad (5.1.9)$$

考虑信号源内阻的影响,反馈放大电路的源增益为

$$\dot{A}_{sf} = \frac{\dot{X}_o}{\dot{X}_s} = \dot{K}\frac{\dot{X}_o}{\dot{X}_i} = \dot{K}\frac{\dot{A}}{1+\dot{A}\dot{F}} \qquad (5.1.10)$$

注意,在计算基本放大电路的增益时,应该考虑反馈网络的负载效应。

二、环路增益

观察图 5.1.16,如果把净输入信号 $\dot{X}_{id}$ 看作输入,$\dot{X}_f$ 看作输出,此时增益表达式为

$$\frac{\dot{X}_f}{\dot{X}_{id}} = \frac{\dot{X}_f}{\dot{X}_o}\frac{\dot{X}_o}{\dot{X}_{id}} = \dot{A}\dot{F} \qquad (5.1.11)$$

即

$$\dot{X}_f = \dot{A}\dot{F}\dot{X}_{id} \qquad (5.1.12)$$

其中,$\dot{A}\dot{F}$ 称为环路增益,表示输入信号 $\dot{X}_{id}$ 绕反馈环一周的增益。反馈信号 $\dot{X}_f$ 可看成净输入信号 $\dot{X}_{id}$ 经过基本放大电路和反馈网络后得到的信号。

三、反馈深度

分析式(5.1.8)可知,负反馈放大电路的 $|1+\dot{A}\dot{F}|$ 越大,闭环增益 $|\dot{A}_f|$ 下降得越多,所以 $1+\dot{A}\dot{F}$ 是衡量电路反馈程度的重要指标,令

$$\dot{D} = 1+\dot{A}\dot{F} \qquad (5.1.13)$$

则 $|\dot{D}| = |1+\dot{A}\dot{F}|$ 称为反馈深度。

由式(5.1.7)和式(5.1.12),可得

$$\dot{X}_i = \dot{X}_{id}+\dot{X}_f = \dot{X}_{id}+\dot{A}\dot{F}\dot{X}_{id} = (1+\dot{A}\dot{F})\dot{X}_{id} = \dot{D}\dot{X}_{id} \qquad (5.1.14)$$

式(5.1.14)表明,反馈越深($|\dot{D}|$ 越大),净输入越小,闭环增益也越低。从下一节的讨论可知,负反馈放大电路性能的改善与反馈深度有关,反馈深度和环路增益都是描述反馈放大电路性能的重要指标。通常将 $|\dot{D}| \gg 1$ 的情况称为深度负反馈,此时

$$\dot{A}_f = \frac{\dot{A}}{1+\dot{A}\dot{F}} \approx \frac{\dot{A}}{\dot{A}\dot{F}} = \frac{1}{\dot{F}} \qquad (5.1.15)$$

该式说明,在深度负反馈情况下,闭环增益几乎只取决于反馈系数,与基本放大电路的开环增益无关,如果反馈网络是由电阻组成的纯阻性网络,反馈系数 $\dot{F}$ 是一个稳定的常数,电路的闭环增益 $\dot{A}_f$ 将十分稳定,几乎不受电源电压波动、环境温度变化等因素的影响。

对于式(5.1.8)反馈基本方程式,不同的反馈类型,$\dot{A}$、$\dot{F}$、$\dot{A}_f$ 有不同的意义和量纲,分别描述如下:

电压串联负反馈 $\quad \dot{A}_{vf} = \dfrac{\dot{V}_o}{\dot{V}_i} = \dfrac{\dot{A}_v}{1+\dot{A}_v\dot{F}_v}$

电流并联负反馈　$\dot{A}_{if} = \dfrac{\dot{I}_o}{\dot{I}_i} = \dfrac{\dot{A}_i}{1 + \dot{A}_i \dot{F}_i}$

电压并联负反馈　$\dot{A}_{rf} = \dfrac{\dot{V}_o}{\dot{I}_i} = \dfrac{\dot{A}_r}{1 + \dot{A}_r \dot{F}_g}$

电流串联负反馈　$\dot{A}_{gf} = \dfrac{\dot{I}_o}{\dot{V}_i} = \dfrac{\dot{A}_g}{1 + \dot{A}_g \dot{F}_r}$

不管何种反馈类型，$\dot{A}\dot{F}$ 总是无量纲的。

由式（5.1.8）可见，放大电路引入反馈后的闭环增益 $\dot{A}_f$ 与反馈深度 $|\dot{D}| = |1 + \dot{A}\dot{F}|$ 有关。通常，$\dot{A}$ 和 $\dot{F}$ 都是频率的函数，其幅值和相位随信号频率的变化而变化，下面讨论放大电路引入反馈后，反馈深度 $|\dot{D}|$ 对电路性能的影响。

（1）若 $|\dot{D}| = |1 + \dot{A}\dot{F}| > 1$，则 $|\dot{A}_f| < |\dot{A}|$，说明引入反馈后电路的增益下降了，这种反馈称为负反馈。反馈越深（即 $|\dot{D}|$ 越大），闭环增益下降得越多。

（2）若 $|\dot{D}| = |1 + \dot{A}\dot{F}| < 1$，则 $|\dot{A}_f| > |\dot{A}|$，说明引入反馈后电路的增益增大了，这种反馈称为正反馈。正反馈虽然可以提高增益，但会使放大电路的性能不稳定。

（3）若 $|\dot{D}| = |1 + \dot{A}\dot{F}| = 0$，则 $|\dot{A}_f| \to \infty$，这意味着放大电路没有输入信号时也会产生输出，这种状态称为"自激"，电路产生自激振荡将失去放大功能，关于这个问题将在 5.4 节专门讨论。

5.1.5　负反馈放大电路的四种基本组态

实用放大电路的反馈形式是多种多样的，对于负反馈来说，根据反馈信号在放大电路输出端取样方式和输入端求和方式的不同，共有四种类型或组态：电压串联负反馈、电压并联负反馈、电流串联负反馈、电流并联负反馈。下面结合具体电路来分析这四种组态。

一、电压串联负反馈

电压串联负反馈放大电路的组成框图如图 5.1.17（a）所示，图 5.1.17（b）是它的一个实用电路。该电路由三级放大电路组成，晶体管 T_1、T_2 构成两级共射放大电路，提供足够高的电压增益，电路的输出级由晶体管 T_3 组成，采用射极跟随器输出，提高电路的驱动能力。

在图 5.1.17（b）中，电阻 R_7 跨接于第一级和第三级之间，构成级间反馈，反馈网络由电阻 R_7 和 R_4 组成。在中频情况下，R_4 上的反馈电压 v_f 由输出电压 v_o 通过 R_7 和 R_4 分压获得，$v_f = \dfrac{R_4}{R_4 + R_7} v_o$，$v_f$ 与 v_o 成正比，所以是电压取样。在输入端，反馈网络的输出串联在 T_1 的输入回路中,反馈信号v_f与输入信号v_i在输入回路中以电压形式参与运算,晶体管T_1的净输入电压$v_{id}=v_{be1}=v_i-v_f$,所以是串联求和。根据瞬时极性法不难判断出该电路引入的是负反馈,因此,该电路是电压串联负反馈放大电路,电压反馈系数为

$$F_v = \frac{v_f}{v_o} = \frac{R_4}{R_4+R_7}$$

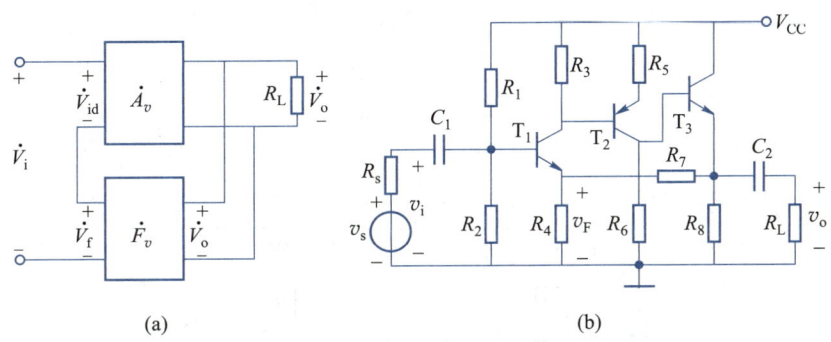

(a)　　　　　　　　　　　　　　(b)

图 5.1.17　电压串联负反馈放大电路组成框图及电路实例

电压取样负反馈放大电路的重要特点是具有稳定输出电压的作用,因为无论反馈信号以何种形式引回到输入端,实际上都是利用输出电压v_o的反馈对放大电路进行自动调整。例如,当v_i一定时,假设由于负载、温度等变化引起输出电压v_o增加,则反馈信号$v_f=F_v v_o$随之增加,电路输入级T_1的净输入信号$v_{id}=v_i-v_f$减小,使v_o降低。可见,反馈的结果牵制了v_o的变化,使v_o维持不变。因此,当输入一定时,只要v_o发生变化,电压负反馈就有抵御这种变化的能力,使v_o基本不变。电压串联负反馈放大电路是一个良好的压控电压源。

应当指出,对于串联负反馈,信号源内阻R_s处于输入回路内,R_s越小,反馈效果越好,因此对于串联负反馈放大电路,要求信号源内阻尽可能小一些,适宜采用恒压源激励。

二、电流并联负反馈

电流并联负反馈放大电路的组成框图如图 5.1.18(a)所示,图 5.1.18(b)是单片宽频放大器的内部电路,为简单起见,仍然假设电路工作在中频情况下。该放大器内部采用两级共射电路,反馈网络由R_5和R_2组成。R_5为电流取样电阻,它把输出电流$i_o=i_{c2}\approx i_{e2}$转换成电压v_A,再通过R_2反馈回输入端,反馈电流i_f与输出电流i_o成正比,属于电流取样。在输入端,输入信号、反馈网络和基本放大电路输入端并接于同一节点上,反馈信号i_f与输入信号i_i在输入回路中以电流形式出现,属于并联求和,基本放大电路的净输入i_{id}也是电流信号。用瞬时极性法不难判断出该电路引入的是负反馈,因此,图 5.1.18(b)是电流并联负反馈放大电路。

由后面的讨论可知,并联反馈进一步降低了反馈放大电路的输入电阻,一般$v_A\gg v_{be1}$,晶体管T_1的基极近似等于零电位,R_2和R_5近似于并联,反馈电流

$$i_f = \frac{v_{be1}-v_A}{R_2} \approx -\frac{v_A}{R_2}$$

电流反馈系数为

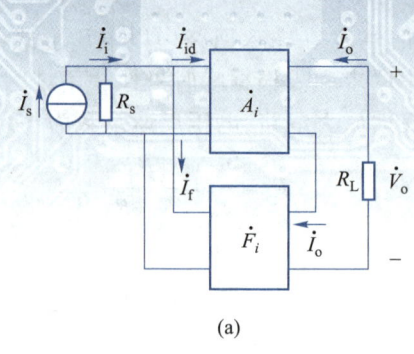

(a)

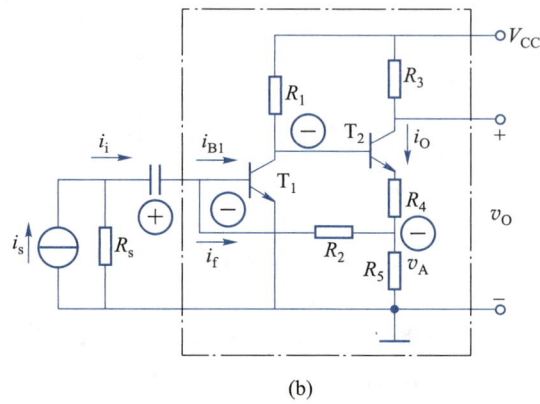

(b)

图 5.1.18　电流并联负反馈放大电路组成框图及电路实例

$$F_i = \frac{i_f}{i_o} = -\frac{R_5}{R_2 + R_5}$$

电流取样负反馈放大电路的重要特点是具有稳定输出电流的作用,因为无论反馈信号以何种形式引回到输入端,实际上都是利用输出电流 i_o 的反馈对放大电路进行自动调整。例如,当信号源的输入电流 i_i 一定时,无论何种原因使 i_o 增加,则反馈电流 i_f 也随之增加,T_1 的净输入电流 $i_{id} = i_i - i_f$ 减小,使 i_o 降低。可见,反馈的结果牵制了 i_o 的变化,使输出电流 i_o 基本维持不变。电流并联负反馈放大电路是一个良好的流控电流源。

应当注意,对于并联负反馈,信号源内阻 R_s 和信号源并联,R_s 越大,反馈效果越好,因此对于并联负反馈放大电路,要求信号源内阻尽可能大一些,适宜采用恒流源激励。

三、电流串联负反馈

电流串联负反馈放大电路的组成框图如图 5.1.19(a)所示,图 5.1.19(b)是它的一个实例电路,该电路就是前面多次提到的单管共射放大电路,反馈网络由电阻 R_E 组成。在中频情况下,输出电流 $i_o = i_c \approx i_e$ 流过电阻 R_E 产生反馈电压 $v_f = i_E R_E \approx i_o R_E$,$v_f$ 与输入电压 v_i 在输入回路中以电压形式求和,该电路属于电流串联负反馈放大电路。

互阻反馈系数为

$$F_r = \frac{v_f}{i_o} \approx R_E$$

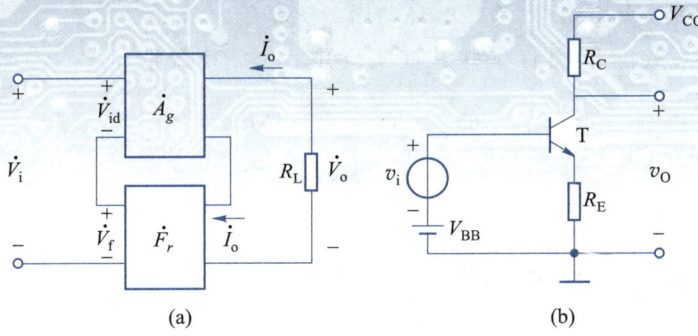

图 5.1.19　电流串联负反馈放大电路组成框图及电路实例

四、电压并联负反馈

电压并联负反馈放大电路的组成框图如图 5.1.20(a)所示,图 5.1.20(b)是它的一个实例电路,反馈网络由电阻 R_F 组成,构成电压取样、并联求和的负反馈形式,流过 R_F 的电流 i_F 即为反馈电流。在中频情况下,该电路的互导反馈系数为

$$F_g = \frac{i_f}{v_o} \approx -\frac{1}{R_F}$$

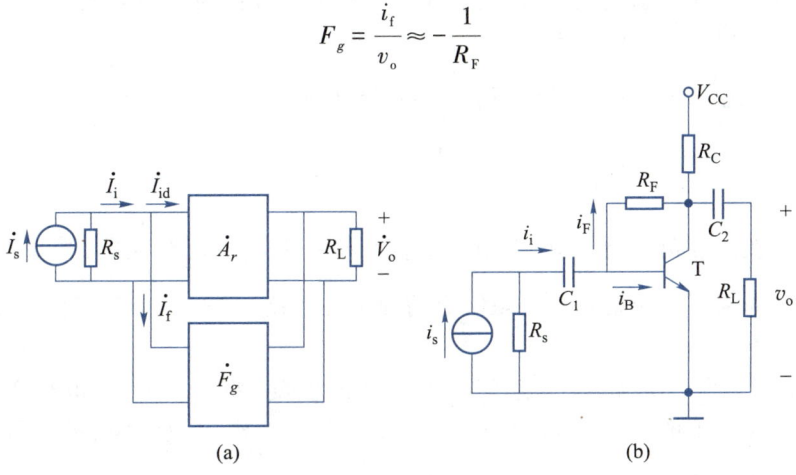

图 5.1.20　电压并联负反馈放大电路组成框图及电路实例

　　反馈在电子技术中得到了广泛的应用,直流反馈用于稳定电路的静态工作点,交流反馈用于改善电路的性能。要熟练掌握根据输出端取样方式和输入端的求和方式确定反馈的类型,利用瞬时极性法判断反馈的极性,会计算反馈系数。

复习思考题

5.1.1　有同学说"反馈就是找差距并修正差距的过程",你认为他说得有道理吗? 请结合生活中的实例进行说明。

5.1.2　"由产生反馈量 $\dot{X}_f$ 的所有必要元件构成了反馈网络",这种说法对吗?

5.1.3　在判别反馈极性时,要先假定输入量的瞬时极性,如何判断输入量的类型?

5.1.4　在反馈放大电路中,为什么环路增益无量纲?

5.1.5　反馈系数的量纲有哪些?在实际电路中,其数值是小于 1 的数还是大于 1 的数?

5.2
负反馈对放大电路性能的影响

在放大电路中引入负反馈后,虽然增益有所下降,但其性能会得到多方面的改善,改善的程度都和反馈深度 $|1+\dot{A}\dot{F}|$ 有关,下面分别进行讨论。

5.2.1　负反馈提高增益的稳定性

由于电源电压、环境温度、负载以及晶体管参数变化等原因会引起放大电路增益的不稳定,引入负反馈可提高增益的稳定性。

由前述可知,在深度负反馈条件下, $|1+\dot{A}\dot{F}|\gg1$,此时

$$\dot{A}_{\mathrm{f}} = \frac{\dot{A}}{1+\dot{A}\dot{F}} \approx \frac{\dot{A}}{\dot{A}\dot{F}} = \frac{1}{\dot{F}} \tag{5.2.1}$$

该式表明,在深度负反馈情况下,闭环增益几乎只取决于反馈系数,与基本放大电路的开环增益无关,如果反馈网络是由电阻组成的纯阻性网络, $\dot{F}$ 是一个稳定的常数, $\dot{A}_{\mathrm{f}}$ 将十分稳定。

为了衡量引入负反馈后对增益稳定性的改善程度,将开环增益相对变化量与闭环增益相对变化量的比值定义为增益稳定性,假设电路工作在中频段,反馈网络是纯阻性的, $\dot{A}_{\mathrm{f}}$ 、 $\dot{A}$ 和 $\dot{F}$ 都是实数, $\dot{A}_{\mathrm{f}}$ 的表达式可以写成

$$A_{\mathrm{f}} = \frac{A}{1+AF} \tag{5.2.2}$$

对上式求微分得

$$\mathrm{d}A_{\mathrm{f}} \approx \frac{(1+AF)\,\mathrm{d}A - AF\mathrm{d}A}{(1+AF)^2} = \frac{\mathrm{d}A}{(1+AF)^2} \tag{5.2.3}$$

由式(5.2.2)和式(5.2.3),可得

$$\frac{\mathrm{d}A_{\mathrm{f}}}{A_{\mathrm{f}}} = \frac{1}{1+AF} \cdot \frac{\mathrm{d}A}{A} \tag{5.2.4}$$

该式表明,闭环增益的相对变化量是开环增益相对变化量的 $1/(1+AF)$,也就是说, A_{f} 的稳定性是 A 的 $1+AF$ 倍,反馈越深,闭环增益稳定性越高。例如,由于某种因素使 A 变化了 20%,若 $1+AF=100$,则 A_{f} 仅变化 0.2%,引入反馈后闭环增益稳定性大大提高。

反馈放大电路引入交流负反馈后,因电源电压的波动、环境温度或负载的变化、元件的

老化、器件的更换等原因引起增益的变化都将减小。在产品制造过程中,因半导体器件参数的分散性所造成的电路增益的差别也将明显减小,从而使产品的放大能力具有很好的一致性,但 A_f 稳定性是以损失电路放大倍数为代价的。

应当指出,负反馈环路的自动调节功能是改善性能的根本原因,但每种类型的反馈环只稳定相应的闭环增益。例如,电压串联负反馈能稳定电路的闭环电压增益 $\dot{A}_{vf}$,而电流并联负反馈只稳定闭环电流增益 $\dot{A}_{if}$,如图 5.1.18(b)所示,为使该电路能够稳定闭环源电压增益 $\dot{A}_{vf}$,即

$$\dot{A}_{vf} = \frac{\dot{V}_o}{\dot{V}_i} = \frac{-\dot{I}_o R'_L}{\dot{I}_i R_s} = -\dot{A}_{if} \frac{R'_L}{R_s}$$

则不仅要求 $\dot{A}_{if}$ 稳定,还要求 R_i 和 R_s 也必须稳定。

5.2.2 负反馈对输入电阻的影响

在放大电路中引入不同组态的负反馈,对电路的输入阻抗和输出阻抗将产生不同的影响,因此,可以根据工程实际需要,利用各种形式的负反馈来改变放大电路的输入阻抗和输出阻抗。在下面对输入阻抗的讨论中,假设电路工作在中频情况下,此时可以用输入电阻 R_i 来代替输入阻抗 Z_i。

输入电阻是从放大电路输入端看进去的等效电阻,负反馈对输入电阻的影响,取决于反馈网络和基本放大电路在输入端的求和方式,不受输出端采样方式的影响。串联负反馈将增大输入电阻,并联负反馈将减小输入电阻。

一、串联负反馈提高输入电阻

图 5.2.1(a)所示是求串联负反馈放大电路输入电阻的简化框图,R_i 是基本放大电路的输入电阻(开环输入电阻),R_{if} 是反馈放大电路的输入电阻(闭环输入电阻)。反馈网络串联在基本放大电路的输入回路中,反馈信号与外加输入信号以电压方式求和,即 $\dot{V}_{id} = \dot{V}_i - \dot{V}_f$,反馈电压 $\dot{V}_f$ 削弱了输入电压 $\dot{V}_i$ 的作用,使电路的净输入 $|\dot{V}_{id}|$ 减小。在输入电压 $\dot{V}_i$ 不变时,引入反馈后输入电流 $|\dot{I}_i|$ 减小,故闭环输入电阻 R_{if} 比开环输入电阻 R_i 高。

根据输入电阻的定义,基本放大电路的输入电阻

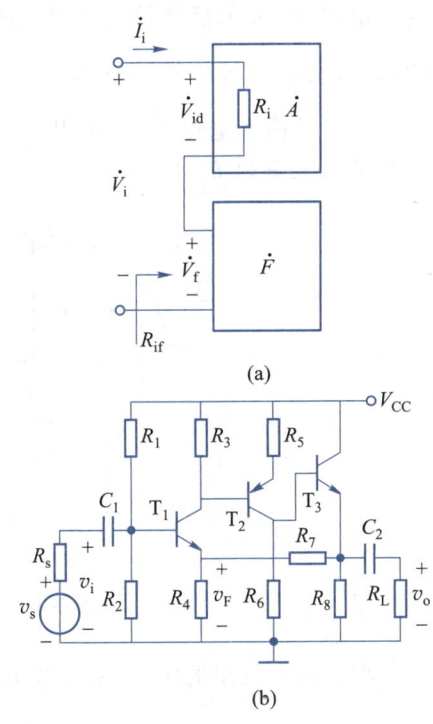

(a)

(b)

图 5.2.1 串联负反馈对输入电阻的影响

$$R_i = \frac{\dot{V}_{id}}{\dot{I}_i}$$

而整个电路的输入电阻

$$R_{if} = \frac{\dot{V}_i}{\dot{I}_i} = \frac{\dot{V}_{id} + \dot{V}_f}{\dot{I}_i} = \frac{(1 + \dot{A}\dot{F})\dot{V}_{id}}{\dot{I}_i} = (1 + \dot{A}\dot{F})R_i \qquad (5.2.5)$$

由式(5.2.5)可知,串联负反馈放大电路的输入电阻 R_{if} 是开环输入电阻 R_i 的 $|1 + \dot{A}\dot{F}|$ 倍。负反馈电路的输入电阻 R_{if} 仅决定于输入端的求和方式,与输出端的取样方式无关,对于电压串联负反馈、电流串联负反馈结论是相同的。

应当指出,在某些负反馈放大电路中,有些电阻并不在反馈环。例如,对于图 5.2.1(b)所示的电路,由于偏置电阻 R_1 和 R_2 不包括在反馈回路内,因此该电路的输入电阻 $R'_{if} = R_{if} // (R_1 // R_2)$,其中只有 R_{if} 增大到无反馈时的 $|1 + \dot{A}\dot{F}|$ 倍。更准确地说,引入串联负反馈,是使反馈回路内的输入电阻增大到基本放大电路输入电阻的 $|1 + \dot{A}\dot{F}|$ 倍。若电路满足深度负反馈的条件,即 $|1 + \dot{A}\dot{F}| \gg 1$,则 $R_{if} \to \infty$。

二、并联负反馈降低输入电阻

图 5.2.2 所示是求并联负反馈放大电路输入电阻的简化框图,R_i 是基本放大电路的输入电阻,R_{if} 表示反馈放大电路的输入电阻。反馈网络直接并联在基本放大电路的输入端,此时反馈信号与外加输入信号以电流方式求和,净输入电流 $\dot{I}_{id} = \dot{I}_i - \dot{I}_f$,即 $\dot{I}_i = \dot{I}_{id} + \dot{I}_f$。在同样输入电压 $\dot{V}_i$ 的作用下,引入负反馈使输入电流 $|\dot{I}_i|$ 变大,故闭环输入电阻 R_{if} 比开环输入电阻 R_i 小。

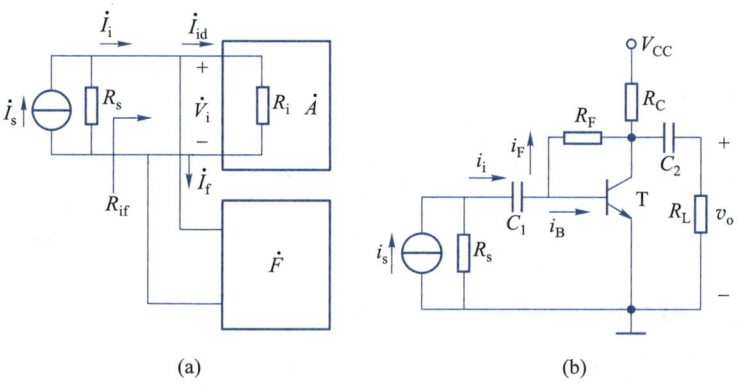

(a)   (b)

图 5.2.2　并联负反馈对输入电阻的影响

根据输入电阻的定义,基本放大电路的输入电阻

$$R_i = \frac{\dot{V}_{id}}{\dot{I}_{id}}$$

而整个电路的输入电阻

$$R_{\mathrm{if}} = \frac{\dot{V}_{\mathrm{i}}}{\dot{I}_{\mathrm{i}}} = \frac{\dot{V}_{\mathrm{i}}}{\dot{I}_{\mathrm{id}} + \dot{I}_{\mathrm{f}}} = \frac{\dot{V}_{\mathrm{i}}}{(1+\dot{A}\dot{F})\,I_{\mathrm{id}}} = \frac{1}{(1+\dot{A}\dot{F})}R_{\mathrm{i}} \qquad (5.2.6)$$

由式(5.2.6)可知,并联负反馈放大电路的闭环输入电阻 R_{if} 是开环输入电阻 R_{i} 的 $1/|1+\dot{A}\dot{F}|$。若电路满足深度负反馈,即 $|1+\dot{A}\dot{F}|\gg 1$,则闭环输入电阻 $R_{\mathrm{if}}\to 0$。负反馈电路的输入电阻 R_{if} 仅决定于输入端的求和方式,对于电压并联负反馈、电流并联负反馈结论是相同的。

分析图5.2.2(a)可知,并联负反馈宜采用恒流源激励,当采用恒压源激励时,基本放大电路的净输入电流 $\dot{I}_{\mathrm{id}}$ 将为常量,即反馈网络参数的变化仅改变信号源所提供的电流 $\dot{I}_{\mathrm{i}}$,而不改变基本放大电路的净输入,此时反馈不再起作用。

5.2.3　负反馈对输出电阻的影响

同样,在下面对输出阻抗的讨论中,仍假设电路工作在中频情况下,此时可以用输出电阻 R_{o} 来代替输出阻抗 Z_{o}。

输出电阻是从放大电路输出端看进去的等效内阻,负反馈对输出电阻的影响,取决于反馈网络和基本放大电路在输出端的连接方式,不受输入端求和方式的影响。电压取样负反馈电路能稳定输出电压,使输出电阻减小;电流取样负反馈电路能稳定输出电流,使输出电阻增大。

一、电压负反馈降低输出电阻

电压取样负反馈电路具有稳定输出电压的能力,故必然使其输出电阻减小。图5.2.3所示是求电压负反馈放大电路输出电阻的简化框图,其中 R_{o} 是基本放大电路的输出电阻(开环输出电阻),它已经包含了反馈网络对输出端的负载效应,所以在下面的分析中可以不必重复考虑反馈网络的影响。根据求输出电阻的定义,令输入量 $\dot{X}_{\mathrm{i}}=0$,在输出端加交流电压 $\dot{V}_{\mathrm{o}}$,产生电流 $\dot{I}_{\mathrm{o}}$,则电路的输出电阻为

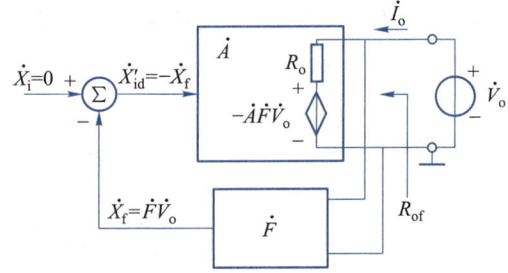

图 5.2.3　电压负反馈对输出电阻的影响

$$R_{\mathrm{of}} = \frac{\dot{V}_{\mathrm{o}}}{\dot{I}_{\mathrm{o}}} \qquad (5.2.7)$$

外加交流电压 $\dot{V}_{\mathrm{o}}$ 同时作用于反馈网络,产生反馈量 $\dot{X}_{\mathrm{f}}=\dot{F}\dot{V}_{\mathrm{o}}$,此时净输入信号 $\dot{X}_{\mathrm{id}}=\dot{X}_{\mathrm{i}}-\dot{X}_{\mathrm{f}}=-\dot{F}\dot{V}_{\mathrm{o}}$ 作用于基本放大电路,产生输出电压 $-\dot{A}\dot{F}\dot{V}_{\mathrm{o}}$,该电压相当于受控电压源。由于反馈网络的负载效应已经计入 R_{o} 之内,所以图中的反馈网络输入端不取电流,因此,R_{o} 中的电流 $\dot{I}_{\mathrm{o}}$ 的表达式为

$$\dot{I}_{\mathrm{o}} = \frac{\dot{V}_{\mathrm{o}} - (-\dot{A}\dot{F}\dot{V}_{\mathrm{o}})}{R_{\mathrm{o}}} = \frac{(1+\dot{A}\dot{F})\dot{V}_{\mathrm{o}}}{R_{\mathrm{o}}} \qquad (5.2.8)$$

由式(5.2.8)和式(5.2.7)整理后可得

$$R_{\text{of}} = \frac{R_{\text{o}}}{1+\dot{A}\dot{F}}$$

该式表明，引入电压取样负反馈能降低输出电阻，闭环输出电阻 R_{of} 是开环输出电阻 R_{o} 的 $1/\left|1+\dot{A}\dot{F}\right|$。反馈越深，$R_{\text{of}}$ 下降得越多。若电路满足深度负反馈的条件，即 $\left|1+\dot{A}\dot{F}\right| \gg 1$，则 $R_{\text{of}} \rightarrow 0$，因此电压负反馈电路可近似认为是恒压源。

二、电流负反馈提高输出电阻

电流取样负反馈电路具有稳定输出电流的能力，故必然使其输出电阻增大。图 5.2.4 所示是求电流负反馈放大电路输出电阻的框图，令输入量 $\dot{X}_{\text{i}} = 0$，在输出端加交流电压 $\dot{V}_{\text{o}}$，产生电流 $\dot{I}_{\text{o}}$，则电路的输出电阻为

$$R_{\text{of}} = \frac{\dot{V}_{\text{o}}}{\dot{I}_{\text{o}}} \qquad (5.2.9)$$

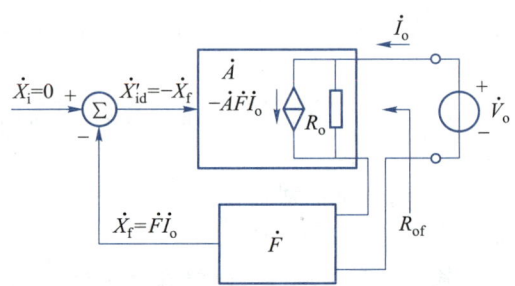

图 5.2.4　电流负反馈对输出电阻的影响

外加交流电流 $\dot{I}_{\text{o}}$ 同时作用于反馈网络，产生反馈量 $\dot{X}_{\text{f}} = \dot{F}\dot{I}_{\text{o}}$，此时净输入信号 $\dot{X}_{\text{id}} = \dot{X}_{\text{i}} - \dot{X}_{\text{f}} = -\dot{F}\dot{I}_{\text{o}}$ 作用于基本放大电路，产生输出电流 $-\dot{A}\dot{F}\dot{I}_{\text{o}}$，该电流相当于受控电流源。由于反馈网络的负载效应已经计入 R_{o} 之内，所以可以认为此时作用于反馈网络的输入电压为零，即 R_{o} 上的电压为 $\dot{V}_{\text{o}}$，因此，流入基本放大电路的电流 $\dot{I}_{\text{o}}$ 为

$$\dot{I}_{\text{o}} = \frac{\dot{V}_{\text{o}}}{R_{\text{o}}} + (-\dot{A}\dot{F}\dot{I}_{\text{o}})$$

即

$$\dot{I}_{\text{o}} = \frac{\dot{V}_{\text{o}}}{R_{\text{o}}} \cdot \frac{1}{1+\dot{A}\dot{F}} \qquad (5.2.10)$$

由式(5.2.9)和式(5.2.10)整理后可得

$$R_{\text{of}} = (1+\dot{A}\dot{F})R_{\text{o}} \qquad (5.2.11)$$

该式表明，引入电流负反馈能提高输出电阻，闭环输出电阻 R_{of} 是开环输出电阻 R_{o} 的 $\left|1+\dot{A}\dot{F}\right|$ 倍。反馈越深，R_{of} 提高得越多。若电路满足深度负反馈的条件，即 $\left|1+\dot{A}\dot{F}\right| \gg 1$，则 $R_{\text{of}} \rightarrow \infty$，因此电流负反馈电路可近似认为是恒流源。

在讨论输出电阻时，需要注意以下两点：

（1）引入负反馈后，输出电阻的变化只与输出端取样方式有关，与输入端求和方式无关；

（2）负反馈只影响处于反馈环内的输出电阻，反馈环之外的电阻不受影响。

在图 5.2.2(b)所示的电路中，电流负反馈是对集电极电流取样，它稳定的是集电极电流。此时，从集电极看进去的输出电阻 R_{of} 不包括集电极负载电阻 R_{C}。反馈放大电路的实际输出电

阻 $R'_{of} = R_{of}//R_C$,一般 $R_{of} \gg R_C$ 故 $R'_{of} \approx R_C$ 因此对这类电路,电流负反馈仅仅稳定了引入反馈的支路的电流,并使该支路的等效电阻和基本放大电路的电阻存在 $|1+\dot{A}\dot{F}|$ 倍的关系。

5.2.4　负反馈减小非线性失真

对于理想的放大电路,其输入和输出信号应该呈线性关系。但由于晶体管和场效应管等有源器件本身的非线性,当输入信号为幅值较大的正弦波时,输出信号的波形可能不再是正弦波,输出信号中除了含有与输入信号频率相同的基波外,还含有其他谐波,即产生了非线性失真。

如图 5.2.5(a)所示,由于晶体管输入伏安特性曲线 $i_B = f(v_{BE})$ 的非线性,当输入正弦信号 $v_{be} = a\sin\omega t$ 时,电流 i_b 将出现失真,其正半周幅值大,负半周幅值小,这样必然造成晶体管输出电流和电压的失真,这种失真属于非线性失真。试想,如果通过某种方法能使输入电压 v_{be} 的正半周幅值小一些,负半周幅值大一些,那么 i_b 将近似为正弦波,如图 5.2.5(b)所示,从而使非线性失真减小。

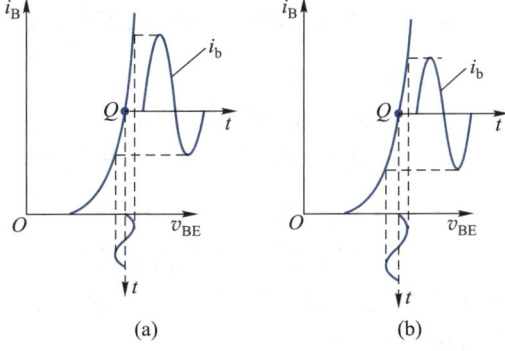

图 5.2.5　晶体管输入特性的非线性

引入负反馈可以减小放大电路的非线性失真,图 5.2.6 所示为减小非线性失真的定性分析。假设输入信号 x_i 为正弦波,经过某开环放大电路后,输出信号 x_o 的波形出现失真,如图 5.2.6(a)所示,表现为正半周大,负半周小。当电路闭环后,若反馈系数 F 为常数,反馈信号 x_f 也是正半周大、负半周小,如图 5.2.6(b)所示,它和原输入信号 x_i 相减,得到的净输入信号 $x_{id} = x_i - x_f$ 波形却变成正半周小,负半周大。这样就把输入信号的正半周压缩,负半周扩大,使输出波形的正负半周趋于一致,从而减小了放大电路的非线性失真,改善了电路的输出波形。

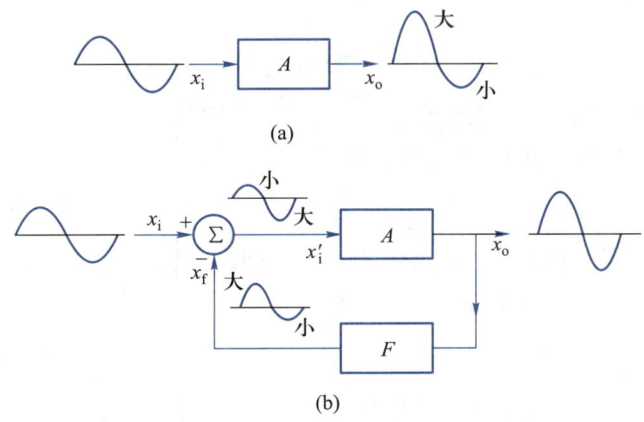

图 5.2.6　利用负反馈减小非线性失真

设基本放大电路的非线性失真系数为 $|\dot{N}|$，反馈放大电路的非线性失真系数为 $|\dot{N}_\mathrm{f}|$，可以证明，在弱非线性失真的条件下，二者之间的关系为

$$|\dot{N}_\mathrm{f}| = \frac{|\dot{N}|}{|1 + \dot{A}\dot{F}|}$$

引入负反馈后，若输入信号保持不变，闭环增益下降至开环增益的 $1/|1 + \dot{A}\dot{F}|$，器件的工作范围变小了，失真也相应减小。为使非线性失真在电路闭环前后具有可比性，电路闭环后输入信号的幅度应加至无反馈的 $|1 + \dot{A}\dot{F}|$ 倍，以保证输出信号的基波成分与开环时相同。也就是说，在输出基波幅值不变的情况下，引入负反馈后，输出的谐波部分被减小到基本放大电路的 $1/|1 + \dot{A}\dot{F}|$。

综上所述，可以得到如下结论：

（1）只有保证电路闭环后基本放大电路的净输入信号与开环时相等，输出信号闭环前后基波成分不变，非线性失真才能减小到基本放大电路的 $1/|1 + \dot{A}\dot{F}|$。

（2）负反馈只能减小放大电路内部产生的非线性失真，如果放大电路输入信号波形本身就已经失真，引入负反馈也将无济于事，必须采用信号处理方法（如有源滤波、屏蔽等）才能解决。

5.2.5　负反馈展宽频带

频率响应是放大电路的重要特性之一，通频带是它的重要指标。负反馈具有稳定闭环增益的作用，对因信号频率的变化所引起的开环增益的变化同样也具有稳定作用，它能减小频率变化对闭环增益的影响，其效果等效于展宽了闭环增益的通频带。

为使问题简化，假设基本放大电路是在高频段仅有一个极点的直接耦合电路，其下限截止频率 $f_\mathrm{L} = 0$ Hz，增益表达式为

$$\dot{A} = \frac{\dot{A}_\mathrm{m}}{1 + \mathrm{j}f/f_\mathrm{H}} \tag{5.2.12}$$

式中，$\dot{A}_\mathrm{m}$ 为基本放大电路的中频增益，f_H 为其上限截止频率，它的幅频特性如图 5.2.7 中①所示。

设反馈网络为纯阻性网络，反馈系数 $\dot{F}$ 与频率无关，引入负反馈后，闭环增益为

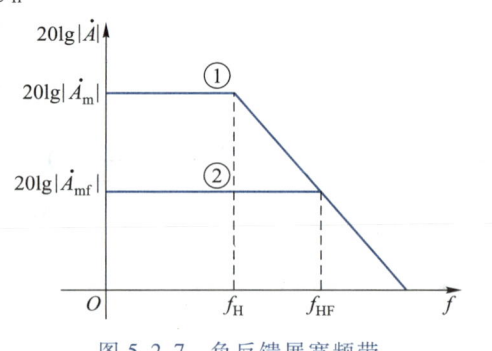

图 5.2.7　负反馈展宽频带

$$\dot{A}_\mathrm{f} = \frac{\dot{A}}{1 + \dot{A}\dot{F}} = \frac{\dot{A}_\mathrm{m}/(1 + \mathrm{j}f/f_\mathrm{H})}{1 + \dot{A}_\mathrm{m}\dot{F}/(1 + \mathrm{j}f/f_\mathrm{H})} = \frac{\dot{A}_\mathrm{mf}}{1 + \mathrm{j}f/f_\mathrm{HF}} \tag{5.2.13}$$

其中,中频增益

$$\dot{A}_{\mathrm{mf}} = \frac{\dot{A}_{\mathrm{m}}}{1+\dot{A}_{\mathrm{m}}\dot{F}} \tag{5.2.14}$$

闭环上限截止频率

$$f_{\mathrm{HF}} = (1+\dot{A}_{\mathrm{m}}\dot{F})f_{\mathrm{H}} \tag{5.2.15}$$

由此可见,引入负反馈后,其中频增益 $|\dot{A}_{\mathrm{mf}}|$ 下降为原来的 $\dfrac{1}{|1+\dot{A}_{\mathrm{m}}\dot{F}|}$,上限截止频率 f_{HF}

扩展为原来的 $|1+\dot{A}_{\mathrm{m}}\dot{F}|$ 倍,增益与带宽的乘积没有改变,即

$$|\dot{A}_{\mathrm{m}}|f_{\mathrm{H}} = |\dot{A}_{\mathrm{mf}}|f_{\mathrm{HF}}$$

将其幅频特性亦绘于图 5.2.7 中,曲线如②所示。由图 5.2.7 可以看出,两条水平线之差即为中频反馈深度。

需注意的是,对于不同组态负反馈放大电路,其增益的物理意义不同,因而式(5.2.15)所具有的含义也不同。对于电压串联负反馈电路,是电压增益的上限截止频率扩展到原来的 $|1+\dot{A}_{\mathrm{m}}\dot{F}|$ 倍;而对于电流并联负反馈电路,是电流增益的上限截止频率扩展到原来的 $|1+\dot{A}_{\mathrm{m}}\dot{F}|$ 倍。可见,对于不同的组态,是将不同的增益的上限截止频率扩展到基本放大电路的 $|1+\dot{A}_{\mathrm{m}}\dot{F}|$ 倍。

用同样的方法可以推导,对于只有单个下限截止频率的基本放大电路,引入负反馈后,放大电路的下限截止频率减小为原来的 $1/|1+\dot{A}_{\mathrm{m}}\dot{F}|$。

例 5.2.1 设某直接耦合放大电路的开环增益 $\dot{A} = \dfrac{200}{1+\mathrm{j}\omega/(2\pi\times10^{3})}$,引入电压串联负反馈,反馈系数 $F=0.6$。试问:引入负反馈后中频增益是多少?负反馈放大电路的通频带是多少?

解:由开环增益的表达式可得

$$A_{\mathrm{m}} = 200, \quad f_{\mathrm{H}} = 1 \text{ kHz}, \quad f_{\mathrm{L}} = 0$$

负反馈放大电路的闭环中频增益

$$A_{\mathrm{mF}} = \frac{A_{\mathrm{m}}}{1+A_{\mathrm{m}}F} = \frac{200}{1+200\times0.6} \approx 1.65$$

由式(5.2.15),可得

$$f_{\mathrm{HF}} = (1+A_{\mathrm{m}}F)f_{\mathrm{H}} = (1+200\times0.6)\times10^{3} \text{ Hz} = 121 \text{ kHz}$$

负反馈放大电路的通频带

$$BW = f_{\mathrm{HF}} - f_{\mathrm{L}} = (121-0)\text{kHz} - 121 \text{ kHz}$$

为了方便比较和应用,现将负反馈对放大电路性能的影响总结于表 5.2.1 中。

表 5.2.1 负反馈对放大电路性能的影响

电路组态 电路参数	电压串联	电压并联	电流串联	电流并联
输入电阻 R_{if}	增加(∞)	减小(0)	增加(∞)	减小(0)
输出电阻 R_{of}	减小(0)	减小(0)	增加(∞)	增加(∞)
稳定何种增益 $\dot{A}$	$\dot{A}_{vf}$	$\dot{A}_{rf}$	$\dot{A}_{gf}$	$\dot{A}_{if}$
非线性失真	减小	减小	减小	减小
通频带	展宽	展宽	展宽	展宽

负反馈能够改善放大电路的性能,反馈越深,改善的效果越显著,以下为正确引入负反馈时应该遵循的原则。

(1)要稳定放大电路的静态工作点,应该引入直流反馈。

(2)要改善放大电路的交流性能,应该引入交流反馈。

(3)要减少对信号源的影响,提高输入电阻,应引入串联求和负反馈;要减小输入电阻,应引入并联求和负反馈。

(4)要稳定输出电压,减小输出电阻,应引入电压取样负反馈;要稳定输出电流,提高输出电阻,应引入电流取样负反馈。

(5)对多级放大电路,级间反馈起主导作用。

复习思考题

5.2.1 LM35DZ 是一种在实验中常用的温度传感器,输出模拟电压值与环境温度成正比,若利用反馈放大电路对其进行电压放大,应该采用何种反馈类型?

5.2.2 若要降低输入电阻、提高输出电阻,在放大电路中应该引入何种类型的负反馈?

5.2.3 某同学在设计音频放大电路,因为环境比较嘈杂,他准备在音频放大电路中引入负反馈,以降低环境噪声对输出的影响,他这种想法对吗? 为什么?

5.2.4 集成运放 uA741 的符号有 2 个输入端(差分输入级)和 1 个输出端,其开环电压增益约为 106 dB,但其带宽只有 7 Hz,在实际应用中应该如何引入负反馈? 请画图说明;引入反馈后,其增益和带宽会如何变化?

5.2.5 如何让电流串联负反馈放大电路能稳定闭环电压增益? 请举例说明。

5.3
负反馈放大电路的分析方法

负反馈放大电路的分析包括定性分析和定量分析两个方面。定性分析主要是确定反馈网络、判断反馈的极性和类型等。定量分析就是计算反馈放大电路的性能指标,如闭环增益、输入和输出电阻等。

负反馈放大电路的分析方法很多,各有特点。下面主要从工程实际出发,重点讨论在深度负反馈条件下如何估算电路的闭环增益、输入和输出电阻等性能。

5.3.1　等效电路法

在第 2 章中曾经讨论过发射极接有反馈电阻 R_E 的单管共射放大电路,如图 2.4.1 所示,该电路实际上是电压串联负反馈电路。在计算电路参数时,并没有考虑反馈的类型和极性,而是直接画出电路的交流等效电路,列出电压和电流方程,再用常规电路计算方法求解该电路的性能指标。这种方法从原则上讲,可以精确计算任何复杂的反馈放大电路,但是由于反馈支路把放大电路的输入部分和输出部分联系起来,电路复杂时计算工作量很大,手工计算非常困难,需借助计算机辅助分析工具,如 OrCAD、Multisim、MATLAB 等进行分析。

5.3.2　方框图法

方框图法的基本思想是:将负反馈放大电路分解成基本放大电路和反馈网络两部分,先计算基本放大电路的动态指标(如开环增益 $\dot{A}$、输入电阻 R_i、输出电阻 R_o)和反馈网络的反馈系数 $\dot{F}$,然后再利用前面的有关公式计算反馈放大电路的闭环指标($\dot{A}_f$、R_{if}、R_{of}等)。

在实际反馈放大电路中,基本放大电路和反馈网络是连接在一起的,反馈网络对基本放大电路的输入端和输出端都有影响,这种影响即是反馈网络的负载效应。因此,解题的关键是如何将反馈放大电路正确地分解成基本放大电路和反馈网络两部分。既要从电路中去掉反馈网络,又要考虑反馈网络的负载效应,很多情况下这种分解十分困难。

方框图法忽略了信号在基本放大电路中的反向传输和在反馈网络中的正向传输,是一种工程近似的方法。

5.3.3　深度负反馈条件下的近似计算

深度负反馈条件下的近似计算,是一种工程估算的方法。实际的放大电路,只要引入负反馈,通常都是深度负反馈,这种方法既降低了计算复杂度,又符合工程精度要求,是一种常用的电路分析方法。

一、闭环增益的近似表达式

前面已经讨论过,在深度负反馈的条件下,即 $|1+\dot{A}\dot{F}|\gg1$,放大电路的闭环增益可近似表示为

$$\dot{A}_f = \frac{\dot{X}_o}{\dot{X}_i} = \frac{\dot{A}}{1+\dot{A}\dot{F}} \approx \frac{\dot{A}}{\dot{A}\dot{F}} = \frac{1}{\dot{F}} \qquad (5.3.1)$$

因此，只要求出 $\dot{F}$ ，就可估算出 $\dot{A}_{\mathrm{f}}$ 。

二、虚短概念的应用

在深度负反馈的条件下，由式(5.3.1)可得 $\dot{X}_{\mathrm{i}} \approx \dot{F} \dot{X}_{\mathrm{o}}$ ，根据式(5.1.2)反馈系数的定义得 $\dot{X}_{\mathrm{f}} = \dot{F} \dot{X}_{\mathrm{o}}$ ，因此

$$
\begin{cases}
\dot{X}_{\mathrm{i}} \approx \dot{X}_{\mathrm{f}} \\
\dot{X}_{\mathrm{id}} = \dot{X}_{\mathrm{i}} - \dot{X}_{\mathrm{f}} \approx 0
\end{cases}
\tag{5.3.2}
$$

上式表明，在深度负反馈条件下，反馈信号 $\dot{X}_{\mathrm{f}}$ 和输入信号 $\dot{X}_{\mathrm{i}}$ 近似相等，基本放大电路的净输入信号几乎为零，即 $\dot{X}_{\mathrm{id}} \approx 0$ 。对于串联求和电路，如图 5.1.2 所示的单管共射放大电路，反馈信号 $\dot{V}_{\mathrm{f}}$ 和输入信号 $\dot{V}_{\mathrm{i}}$ 都是电压信号，此时 $\dot{V}_{\mathrm{id}} \approx 0$ ，晶体管的基极 B 和发射极 E 相当于虚拟短路，称为虚短。由于 $\dot{V}_{\mathrm{id}} \approx 0$ ，输入电流 $\dot{I}_{\mathrm{id}}$ 也近似为零，晶体管输入端虚拟断路，称为虚断。也就是说，在深度负反馈条件下，基本放大电路的输入端呈现"短路"或"开路"特性。虚短和虚断的概念，在集成运算放大器一节还要进一步讨论。

深度负反馈放大电路的分析方法

三、深度负反馈条件下的近似计算

在深度负反馈的条件下，放大电路的闭环电压增益 $\dot{A}_{\mathrm{vf}}$ 可以采用下面两种方法估算。

1. 利用 $\dot{A}_{\mathrm{f}} \approx 1/\dot{F}$ 估算

由于电路满足深度负反馈，$|1 + \dot{A}\dot{F}| \gg 1$ ，闭环增益 $\dot{A}_{\mathrm{f}} \approx 1/\dot{F}$ 。因此，只要求出反馈系数 $\dot{F}$ ，就可估算出相应的闭环增益 $\dot{A}_{\mathrm{f}}$ ，进而求得反馈放大电路的闭环电压增益 $\dot{A}_{\mathrm{vf}}$ ，具体步骤如下：

（1）根据反馈类型确定反馈系数 $\dot{F}$ 的含义，计算相应的反馈系数 $\dot{F} = \dot{X}_{\mathrm{f}}/\dot{X}_{\mathrm{o}}$ ；

（2）根据反馈类型确定闭环增益 $\dot{A}_{\mathrm{f}}$ 的含义，计算 $\dot{A}_{\mathrm{f}} \approx 1/\dot{F}$ ；

（3）分析电路，写出闭环电压增益的表达式 $\dot{A}_{\mathrm{vf}} = \dot{V}_{\mathrm{o}}/\dot{V}_{\mathrm{i}}$ ，经适当变换即可找出 $\dot{A}_{\mathrm{vf}}$ 与 $\dot{A}_{\mathrm{f}}$ 的关系，进而求得 $\dot{A}_{\mathrm{vf}}$ 。

这种方法从反馈的基本概念出发，先求反馈系数 $\dot{F}$ ，再利用公式 $\dot{A}_{\mathrm{f}} \approx 1/\dot{F}$ 求电路的闭环增益，进而求得电路的闭环电压增益 $\dot{A}_{\mathrm{vf}}$ 。

2. 利用 $\dot{X}_{\mathrm{i}} \approx \dot{X}_{\mathrm{f}}$ 估算

在深度负反馈的条件下，根据电路输入端的求和方式，先分别求 $\dot{X}_{\mathrm{i}}$ 和 $\dot{X}_{\mathrm{f}}$ 的表达式，再利用 $\dot{X}_{\mathrm{i}} \approx \dot{X}_{\mathrm{f}}$ ，即可估算出电路的闭环电压增益 $\dot{A}_{\mathrm{vf}}$ 。

对于串联求和电路，先计算反馈电压 $\dot{V}_{\mathrm{f}}$ ，再根据 $\dot{V}_{\mathrm{i}} \approx \dot{V}_{\mathrm{f}}$ ，即可求得电路的闭环电压增益 $\dot{A}_{\mathrm{vf}}$ 。对于并联求和电路，通常都是求电路的闭环源电压增益 $\dot{A}_{\mathrm{vsf}}$ ，先计算电流源电流 $\dot{I}_{\mathrm{s}}$ 和反

馈电流 $\dot{I}_f$，再根据 $\dot{I}_s \approx \dot{I}_f$，经整理变换，即可求得 $\dot{A}_{vsf}$。

两种方法都能正确估算出放大电路的主要性能指标—闭环电压增益，但第一种方法比较适合估算电压串联负反馈电路的 $\dot{A}_{vf}$，只要求出 $\dot{F}_v$，就可估算出 $\dot{A}_{vf} \approx 1/\dot{F}_v$；第二种方法比较适合估算电压并联、电流并联和电流串联负反馈电路的 $\dot{A}_{vf}$ 或 $\dot{A}_{vsf}$，下面看几个例子。

例 5.3.1 反馈放大电路如图 5.3.1 所示，设电路满足深度负反馈条件，试估算该电路的闭环电压增益 $\dot{A}_{vf}$、输入电阻 R_{if} 和输出电阻 R_{of}。

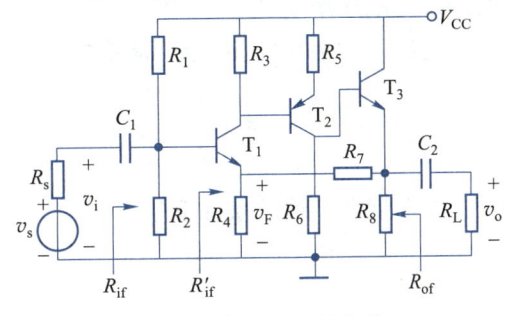

图 5.3.1 例 5.3.1 的电路

解：该电路由三级放大电路组成，其中 T_1 和 T_2 为两级共射放大电路，T_3 为共集电路作输出级。输出电压 $\dot{V}_o$ 通过反馈电阻 R_7、R_4 反馈回输入回路，反馈网络由电阻 R_7 和 R_4 组成，输出电压 $\dot{V}_o$ 在 R_4 上分得的电压即为反馈电压 $\dot{V}_f$，该反馈对交流和直流都起作用，为交、直流反馈。对于交流反馈，不难判断该电路引入的是电压串联负反馈，能够稳定输出电压和电压增益，增大输入电阻，减小输出电阻等。

电压反馈系数

$$\dot{F}_v = \frac{\dot{V}_f}{\dot{V}_o} = \frac{R_4}{R_4 + R_7}$$

在深度负反馈条件下

$$\dot{A}_{vf} \approx \frac{1}{\dot{F}_v}$$

即

$$\dot{A}_{vf} = \frac{\dot{V}_o}{\dot{V}_i} \approx \frac{1}{\dot{F}_v} = 1 + \frac{R_7}{R_4}$$

由 5.2 节的讨论可知，偏置电阻 R_1 和 R_2 不包括在反馈回路内，因此该电路的输入电阻 $R_{if} = R_1 // R_2 // R'_{if}$，由于是串联求和，$R'_{if} = (1 + \dot{A}_v \dot{F}_v) R_i$，即串联负反馈放大电路的输入电阻 R'_{if} 是开环输入电阻 R_i 的 $|1 + \dot{A}_v \dot{F}_v|$ 倍。在深度负反馈条件下，$|1 + \dot{A}_v \dot{F}_v| \gg 1$，$R'_{if} \rightarrow \infty$，故 $R_{if} \approx R_1 // R_2$。该电路输出端的取样方式是电压取样，$R_{of} = R_o / (1 + \dot{A}_v \dot{F}_v)$，所以电路的 R_{of} 很小，趋近于零。

例 5.3.2 反馈放大电路如图 5.3.2 所示，设电路满足深度负反馈条件，试估算该反馈电路的闭环源电压增益 $\dot{A}_{vsf}$。

解：该电路由两级放大电路组成，T_1、T_2 为差分输入级，T_3 为共射放大级，T_3 通过发射极

电阻 R_3 引入反馈,该反馈属于级内反馈。电路的级间反馈网络由电阻 R_F 组成,它将输出电压 v_o 引回到输入端,为交、直流反馈。不难判断该电路引入的是电压并联负反馈。下面先利用 $\dot{A}_f \approx 1/\dot{F}$ 估算该电路的闭环源电压增益 $\dot{A}_{rsf}$。

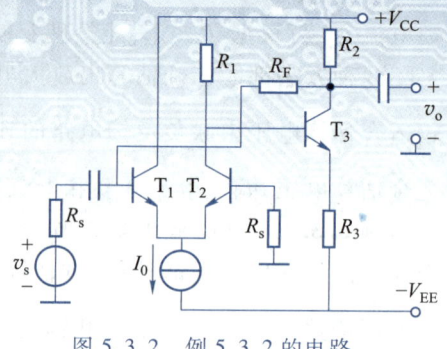

图 5.3.2 例 5.3.2 的电路

电压并联负反馈,互导反馈系数为

$$\dot{F}_g = \frac{\dot{I}_f}{\dot{V}_o} = -\frac{1}{R_F}$$

在深度负反馈的条件下

$$\dot{A}_{rf} = \frac{\dot{V}_o}{\dot{I}_i} \approx \frac{1}{\dot{F}_g}$$

闭环源电压增益

$$\dot{A}_{vsf} = \frac{\dot{V}_o}{\dot{V}_i} = \frac{\dot{V}_o}{\dot{I}_i R_s} = \dot{A}_{rf}\frac{1}{R_s} \approx -\frac{R_F}{R_s}$$

再利用 $\dot{X}_i \approx \dot{X}_f$ 估算该电路的闭环源电压增益 $\dot{A}_{vsf}$,对于电压并联负反馈,在深度负反馈条件下

$$\begin{cases} \dot{I}_s = \dfrac{\dot{V}_s}{R_s} \\[3mm] \dot{I}_f = -\dfrac{\dot{V}_o}{R_F} \end{cases}$$

因为

$$\dot{I}_s \approx \dot{I}_f$$

所以,闭环源电压增益

$$\dot{A}_{vsf} = \frac{\dot{V}_o}{\dot{V}_s} \approx -\frac{R_F}{R_s}$$

可见,在深度负反馈条件下,无论哪种估算电压增益的方法,计算结果都是一样的。

例 5.3.3 反馈放大电路如图 5.3.3 所示,设电路满足深度负反馈条件,试估算该电路的闭环电压增益 $\dot{A}_{vf}$。

解: 该电路由四级放大电路组成,场效应管 T_1、T_2 组成差分输入级,晶体管 T_4 和 T_5 为两级共射放大电路,为电路提供足够高的增益,T_6 为射极跟随器作输出级。电阻 R_6 将 T_5 的集电极电流引回到 T_2 的栅极,构成级间反馈,反馈网络由 R_8、R_6 和 R_4 组成,为电流串联负反馈。晶体管 T_6 组成的输出级并未包含在反馈网络中,计算时需把电路分成两部分,分别估

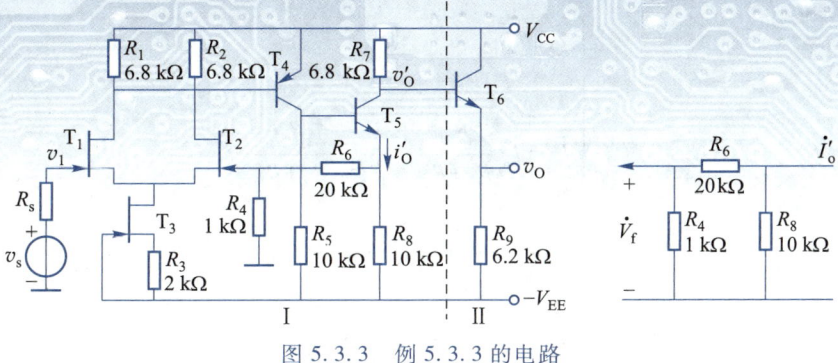

图 5.3.3　例 5.3.3 的电路

算其增益。第 I 部分电路由 $T_1 \sim T_5$ 组成，引入了深度负反馈，估算其增益 $\dot{A}'_{vf}$ 时需考虑第 II 部分电路的负载效应。第 II 部分电路由 T_2 组成，是共集电极电路，输入电阻很高，所以在实际计算时可忽略其负载效应。

对于电流串联负反馈，在深度负反馈条件下

$$\begin{cases} \dot{V}_f = \dfrac{R_4 R_8 \dot{I}'_o}{R_4 + R_6 + R_8} \\ \dot{V}'_o = -\dot{I}'_o R_7 \end{cases}$$

因为

$$\dot{V}_i \approx \dot{V}_f$$

所以

$$\begin{aligned} \dot{A}'_{vf} &= \frac{\dot{V}'_o}{\dot{V}_i} \approx \frac{\dot{V}'_o}{\dot{V}_f} \\ &= -\frac{(R_4 + R_6 + R_8) R_7}{R_4 R_8} \\ &= -\frac{(1 + 20 + 10) \times 6.8}{1 \times 10} = -21.08 \end{aligned}$$

第 II 部分电路的电压增益可近似为 1，故整个电路的电压增益近似等于第 I 部分的增益，即 $\dot{A}_{vf} \approx \dot{A}'_{vf} = 21.08$。

例 5.3.4　反馈放大电路如图 5.3.4 所示，设电路满足深度负反馈条件，试估算该电路的闭环源电压增益 $\dot{A}_{vsf}$。

解：该电路由两级共射放大电路组成，反馈电阻 R_F 通过取样电阻 R_3 引回到输入端，反馈网络出 R_3 和 R_F 组成，为电流并联负反馈。

对于电流并联负反馈，在深度负反馈条件下

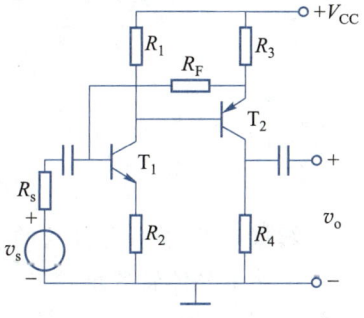

图 5.3.4　例 5.3.4 的电路

$$\begin{cases} \dot{I}_s = \dfrac{\dot{V}_s}{R_s} \\[3mm] \dot{I}_f = \dot{I}_o \dfrac{R_3}{R_3+R_F} = \dfrac{\dot{V}_o}{R_4} \cdot \dfrac{R_3}{R_3+R_F} \end{cases}$$

因为

$$\dot{I}_s \approx \dot{I}_f$$

所以

$$\dot{A}_{vsf} = \frac{\dot{V}_o}{\dot{V}_s} = \frac{R_4 \dot{I}_o}{\dot{V}_s}$$

$$\approx \frac{R_4(R_3+R_F)}{R_3 R_s}$$

例 5.3.5 单片宽带放大电路 μA733 的内部电路如图 5.3.5 所示,设各晶体管参数相同,$\beta=100$,$V_{BE}\approx0.7$ V。试计算各晶体管的直流工作点(I_{CQ}、V_{CEQ}),指出电路中引入了哪些反馈,说明它们的反馈类型,假设电路满足深度负反馈条件,计算下列增益

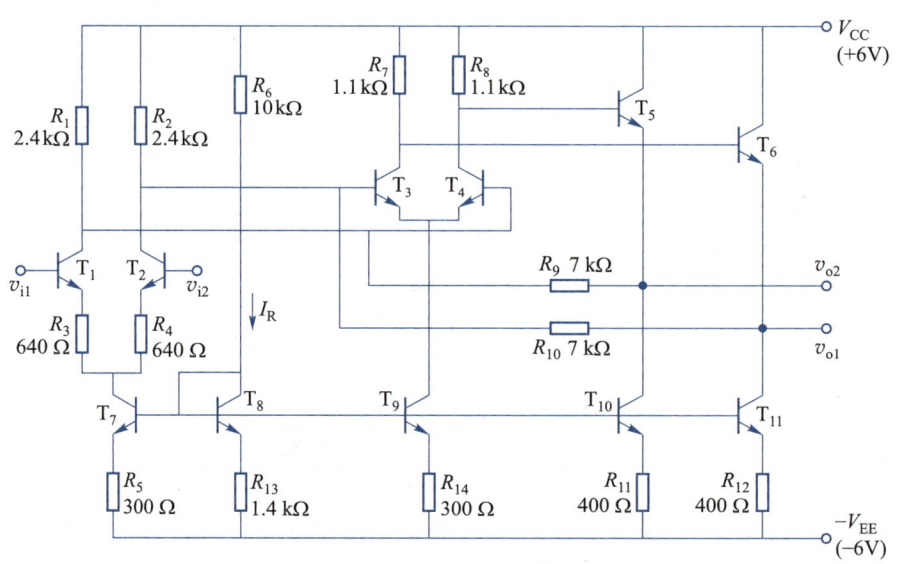

图 5.3.5 例 5.3.5 的电路

$$\dot{A}_{vf1} = \frac{v_{o1}}{v_{i1}-v_{i2}}, \quad \dot{A}_{vf2} = \frac{v_{o2}}{v_{i1}-v_{i2}}, \quad \dot{A}_{vf} = \frac{v_{o1}-v_{o2}}{v_{i1}-v_{i2}}$$

解:(1)计算各晶体管的直流工作点

电路中晶体管数量较多,计算直流工作点从电流源入手,晶体管 $T_7 \sim T_{11}$ 组成多支路比例电流源。

$$I_R = I_{C8} = \frac{V_{CC} - V_{BE8} - V_{EE}}{R_6 + R_{13}} = \frac{6 - 0.7 + 6}{10 + 1.4} \text{ mA} \approx 1 \text{ mA}$$

$$I_{C7} = \frac{R_{13}}{R_5} I_{C8} = \frac{1.4 \times 1}{0.3} \text{ mA} \approx 4.67 \text{ mA}$$

$$I_{C1} = I_{C2} = \frac{1}{2} I_{C7} \approx 2.33 \text{ mA}$$

$$I_{C9} = \frac{R_{13}}{R_{14}} I_{C8} = \frac{1.4 \times 1}{0.3} \text{ mA} \approx 4.67 \text{ mA}$$

$$I_{C3} = I_{C4} = \frac{1}{2} I_{C9} \approx 2.33 \text{ mA}$$

$$I_{C10} = I_{C11} = \frac{R_{13}}{R_{11}} I_{C8} = \frac{1.4 \times 1}{0.4} \text{ mA} = 3.5 \text{ mA}$$

T_1 和 T_2 集电极开路的直流电压为 $V_{C1} = V_{C2} = V_{CC} - I_{C1} R_1 = (6 - 2.33 \times 2.4) \text{ V} \approx 0.4 \text{ V}$，内阻为 $R_1 = 2.4 \text{ k}\Omega$。而 T_5 和 T_6 的发射极电位 $V_{E5} = V_{E6} = V_{CC} - I_{C3} R_7 - V_{BE3} = (6 - 2.33 \times 1.1 - 0.7) \text{ V} \approx 2.74 \text{ V}$。因此，流过电阻 R_9 和 R_{10} 的电流为

$$I_{R9} = I_{R10} = \frac{V_{E5} - V_{C1}}{R_9 + R_1} = \frac{2.74 - 0.4}{7 + 2.4} \text{ mA} \approx 0.25 \text{ mA}$$

故

$$I_{C5} = I_{C6} = I_{C10} + I_{R9} = (3.5 + 0.25) \text{ mA} = 3.75 \text{ mA}$$

流过 R_1、R_2 的电流为 $I_{C1} - I_{R9} = (2.33 - 0.25) \text{ mA} = 2.08 \text{ mA}$。

由 $V_{E1} = V_{E2} \approx -0.7 \text{ V}$，$V_{C1} = V_{C2} = (6 - 2.08 \times 2.4) \text{ V} \approx 1 \text{ V}$，得

$$V_{CE1} = V_{CE2} = V_{C1} - V_{E1} = (1 + 0.7) \text{ V} = 1.7 \text{ V}$$

由 $V_{E3} = V_{E4} = V_{C1} - V_{BE3} = (1 - 0.7) \text{ V} = 0.3 \text{ V}$，得

$$V_{CE3} = V_{CE4} = V_{CC} - I_{C3} R_7 - V_{E3} = (6 - 2.33 \times 1.1 - 0.3) \text{ V} = 3.14 \text{ V}$$

$$V_{CE5} = V_{CE6} = V_{CC} - V_{E5} = (6 - 2.74) \text{ V} = 3.26 \text{ V}$$

$$V_{C7} = 0 - V_{BE1} - I_{C1} R_3 = (-0.7 - 2.33 \times 0.64) \text{ V} \approx -2.19 \text{ V}$$

$$V_{CE7} = V_{C7} - (-V_{EE} + I_{C7} R_5) = (-2.19 + 6 - 4.67 \times 0.3) \text{ V} = 2.41 \text{ V}$$

$$V_{CE8} = V_{BE8} \approx 0.7 \text{ V}$$

$$V_{CE9} = (V_{C2} - V_{BE3}) + V_{EE} - R_{14} I_{C9} = (1 - 0.7 + 6 - 0.3 \times 4.67) \text{ V} = 4.9 \text{ V}$$

$$V_{CE10} = V_{CE11} = V_{E5} - (-V_{EE} + I_{C10} R_{11}) = (2.74 + 6 - 0.4 \times 3.5) \text{ V} = 7.34 \text{ V}$$

（2）确定反馈网络，判断反馈类型

电阻 R_3、R_4 分别接于 T_1、T_2 的发射极，构成电流串联负反馈，属于局部反馈。R_9 和 R_{10} 分别将第二级和第三级连接起来，构成电压并联负反馈，属于级间反馈。

（3）估算增益

第一级单端输出开路电压增益约为 $\frac{1}{2}\left(-\frac{R_1}{R_3}\right)$，第二、三级源电压增益约为 $\frac{R_9}{R_1}$。

$$A_{vf1} = \frac{v_{o1}}{v_{i1} - v_{i2}} = \frac{1}{2}\left(-\frac{R_1}{R_3}\right) \times \frac{R_9}{R_1} = -\frac{R_9}{2R_3} \approx -5.47$$

$$A_{vf2} = \frac{v_{o2}}{v_{i1} - v_{i2}} = \frac{R_9}{2R_3} \approx 5.47$$

$$A_{vf} = \frac{v_{o1} - v_{o2}}{v_{i1} - v_{i2}} = \frac{v_{o1}}{v_{i1} - v_{i2}} - \frac{v_{o2}}{v_{i1} - v_{i2}} = A_{vf1} - A_{vf2} = -10.94$$

上面讨论的深度负反馈条件下的近似计算,都是假定在中频条件下。随着信号频率的升高或降低,电路中会出现附加相移,当附加相移过大时,有可能会引起电路工作的不稳定。

复习思考题

5.3.1　某放大电路引入电流串联负反馈,且满足深度负反馈的条件,在近似估算时,该电路的闭环输入电阻不一定趋于无穷,闭环输出电阻也不一定趋于无穷,请举例说明这种情况。

5.3.2　对于输入端采用并联求和深度负反馈放大电路,为什么要计算电路的源电压增益?

5.3.3　利用 $\dot{A}_f \approx \dfrac{1}{\dot{F}}$ 和 $\dot{X}_i \approx \dot{X}_f$ 均可以估算出深度负反馈放大电路的增益,请分别总结其计算方法。

5.3.4　对于第 2 章讨论的稳定 Q 点单管共射放大电路,假设电路满足深度负反馈的条件,试比较采用等效电路法和深度负反馈近似计算法的计算结果。

5.4
负反馈放大电路的稳定性分析

分析负反馈放大电路时,都假定放大电路是稳定工作的。从前面的讨论可知,负反馈对放大电路性能的改善取决于反馈深度 $|1 + \dot{A}\dot{F}|$ 或环路增益 $\dot{A}\dot{F}$,反馈越深,性能改善越明显。但反馈过深,不但增益下降得过多,而且有可能出现在输入端不加任何信号的情况下,也会输出一定频率和幅值的信号,电路产生了自激。这种现象破坏了放大电路的正常工作,在放大电路中是不允许的,应当设法消除。

下面首先分析反馈放大电路产生自激的原因,研究反馈放大电路的稳定工作条件,最后讨论保证放大电路稳定工作的相位补偿方法。

5.4.1 负反馈放大电路的稳定性判别

一、自激振荡产生的原因

前面指出,负反馈放大电路的基本方程式为

$$\dot{A}_f = \frac{\dot{A}}{1+\dot{A}\dot{F}}$$

在中频区,引入负反馈使净输入 $|\dot{X}_{id}|$ 减小,电路闭环增益 $\dot{A}_f$ 下降,即 $\dot{X}_i$ 和 $\dot{X}_f$ 同相,$\dot{A}\dot{F} > 0$,此时,$\dot{A}$ 和 $\dot{F}$ 的相位满足

$$\varphi_A + \varphi_F = 2n \times 180°\ (n = 0,1,2,\cdots)$$

电路的输入信号 $\dot{X}_i$、反馈信号 $\dot{X}_f$ 和净输入 $\dot{X}_{id}$ 之间的关系为

$$|\dot{X}_{id}| = |\dot{X}_i| - |\dot{X}_f|$$

由于电抗元件的影响,$\dot{A}\dot{F}$ 是频率的函数。随着信号频率的变化,$\dot{A}\dot{F}$ 将产生附加相移 $\Delta\varphi_A + \Delta\varphi_F$,使 $\dot{X}_i$ 和 $\dot{X}_f$ 不再同相。在低频区,由于耦合电容、旁路电容的影响,$\dot{A}\dot{F}$ 产生超前相移;在高频区,由于晶体管内部结电容的影响,$\dot{A}\dot{F}$ 产生滞后相移。如果在某一频率下该附加相移达到 $180°$,即 $\Delta\varphi_A + \Delta\varphi_F = \pm(2n+1) \times 180°\ (n = 0, 1, 2, \cdots)$,则 $\dot{X}_i$ 和 $\dot{X}_f$ 必然会由中频时的同相变为反相,负反馈变成了正反馈。此时 $\dot{X}_i$、$\dot{X}_f$ 和 $\dot{X}_{id}$ 之间的关系为

$$|\dot{X}_{id}| = |\dot{X}_i| + |\dot{X}_f|$$

$|\dot{X}_{id}| > |\dot{X}_i|$,导致 $|\dot{X}_o|$ 增大,电路出现自激。

下面通过图 5.4.1 来进一步分析这种情况下电路是如何自激振荡的,假设电路没有输入信号,即 $\dot{X}_i = 0$,电路在上电时,由于电扰动产生了频率为 f_0 的信号,使 $\dot{A}\dot{F}$ 的附加相移 $\Delta\varphi_A + \Delta\varphi_F = \pm(2n+1)\times180°(n = 0, 1, 2, \cdots)$。若此时的环路增益 $|\dot{A}\dot{F}| > 1$,反馈信号 $\dot{X}_f$ 的幅值将大于此前净输入 $\dot{X}_{id}$ 的幅值,使电路的净输入 $\dot{X}_{id} = \dot{X}_f$ 的幅值进一步增加,输出量 $\dot{X}_o$ 的幅值也随之增大,电路出现增幅振荡。

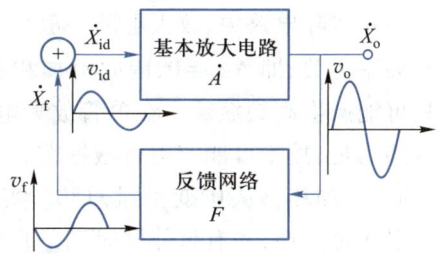

图 5.4.1 负反馈放大电路的自激振荡

受半导体器件非线性的限制,该电路最终将达到动态平衡,即反馈信号 $\dot{X}_f$(此时就是净输入信号)维持输出信号 $\dot{X}_o$,输出信号 $\dot{X}_o$ 维持反馈信号 $\dot{X}_f$,它们互相依存,电路产生了自激振荡。

电路产生自激振荡时,输出信号有其特定的频率 f_0 和幅值。电路一旦产生自激振荡将失去放大作用,称电路处于不稳定状态。

由此可知,负反馈放大电路产生自激振荡的根本原因是反馈环产生的附加相移,使中频区的负反馈到低频区或高频区变成正反馈。

二、自激振荡的平衡条件

根据反馈的基本方程可知,当 $1+\dot{A}\dot{F}=0$ 时,闭环增益 $\dot{A}_f$ 为无穷大,此时即使没有输入信号,放大电路也有输出,电路产生了自激,因此产生自激振荡的条件为

$$\dot{A}\dot{F}=-1 \tag{5.4.1}$$

它包括幅值和相位两个方面,可写成模和相位的形式

$$|\dot{A}\dot{F}|=1 \tag{5.4.2}$$

$$\varphi_A+\varphi_F=\pm(2n+1)\times180°(n=0,1,2,\cdots) \tag{5.4.3}$$

该式称为自激振荡的平衡条件,式(5.4.2)称为幅度平衡条件,式(5.4.3)称为相位平衡条件,只有同时满足上述两个条件,电路才会自激振荡。

为了突出附加相移的作用,上述自激振荡的平衡条件也常写成

$$\begin{cases} |\dot{A}\dot{F}|=1 \\ \Delta\varphi_A+\Delta\varphi_F=\pm180° \end{cases} \tag{5.4.4}$$

电路从开始振荡到进入稳定状态有一个短暂的建立过程,在此期间,电路是增幅振荡,信号每经过一次反馈、放大循环,幅度就增加一些,直至受器件非线性的限制而稳定在等幅状态,所以电路的起振条件为

$$|\dot{A}\dot{F}|>1 \tag{5.4.5}$$

$$\Delta\varphi_A+\Delta\varphi_F=\pm180° \tag{5.4.6}$$

如果 $\Delta\varphi_A+\Delta\varphi_F=\pm180°$,但环路增益 $|\dot{A}\dot{F}|<1$,此时虽然构成正反馈,但反馈量不足,也不会产生自激振荡。

在实际电路中,放大电路一般采用直接耦合方式,反馈网络为纯电阻网络,反馈系数 $\dot{F}$ 与频率无关,即 $\Delta\varphi_F=0$,因此附加相移仅出现在基本放大电路中,由于采用直接耦合,电路只可能产生高频振荡。在单管放大电路中引入负反馈,最大附加相移为 $-90°$,相位条件无法得到满足,故不可能产生自激振荡;在两级放大电路中引入负反馈,当频率从零变化到无穷大时,附加相移从 $0°$ 变化到 $-180°$,实际上也不可能自激;只有在三级或三级以上的放大电路中引入负反馈,才有可能同时满足自激振荡的相位和幅度条件。放大电路的级数越多,引入反馈以后越容易产生自激振荡。

应当指出,电路的自激振荡是由其电路参数决定的,不会因输入信号的改变而消除。要避免电路产生自激振荡,就必须破坏产生自激的条件,只有消除了自激,放大电路才能可靠地工作。

三、稳定性判别

利用反馈放大电路环路增益 $\dot{A}\dot{F}$ 的波特图,可以判断电路是否产生自激振荡,即电路是否稳定。如果反馈放大电路在任何频率下都不满足自激条件,则电路不会产生自激振荡,即

$$\begin{cases} |\dot{A}\dot{F}| = 1 \\ |\Delta\varphi_A + \Delta\varphi_F| < 180° \end{cases} \tag{5.4.7}$$

或

$$\begin{cases} |\dot{A}\dot{F}| < 1 \\ |\Delta\varphi_A + \Delta\varphi_F| = 180° \end{cases} \tag{5.4.8}$$

以上二式是判断反馈放大电路是否自激的准则。

下面讨论如何利用环路增益 $\dot{A}\dot{F}$ 的波特图进行稳定性判别,假设两个直接耦合反馈放大电路的 $\dot{A}\dot{F}$ 频率特性如图 5.4.2 所示,其中,满足自激振荡相位条件的频率为 f_0,满足幅值条件的频率为 f_c。

在图 5.4.2(a)所示的曲线中,当 $f=f_0$ 时,$\Delta\varphi_A + \Delta\varphi_F = -180°$,满足式(5.4.6)的相位条件,并且在幅频特性曲线上与之对应的点在横轴上方,即 $|\dot{A}\dot{F}| > 1$,满足式(5.4.5)的幅度条件,电路将自激振荡,振荡频率为 f_0。

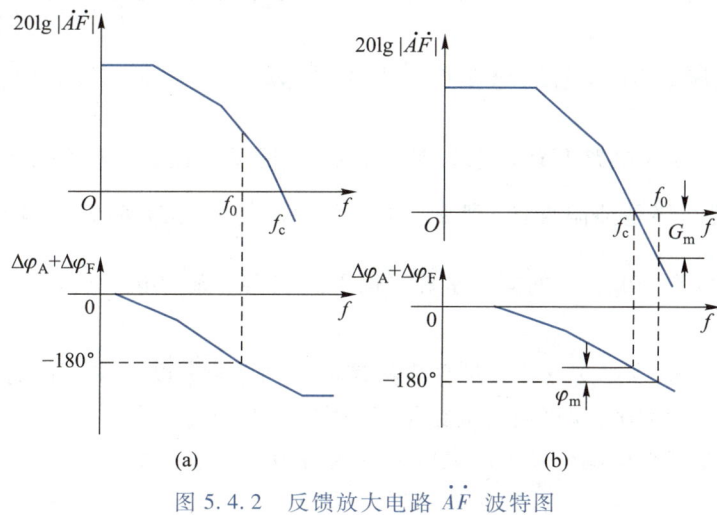

图 5.4.2 反馈放大电路 $\dot{A}\dot{F}$ 波特图

在图 5.4.2(b)所示的曲线中,当 $f=f_0$ 时,$\Delta\varphi_A + \Delta\varphi_F = -180°$,幅频特性曲线上与之对应的点在横轴下方,即 $|\dot{A}\dot{F}| < 1$,无法满足自激振荡的幅度条件,所以电路不会自激。

综上所述,在已知环路增益波特图的条件下,判断负反馈放大电路是否稳定的方法如下:

(1)若 f_0 不存在,则电路稳定。

(2)若 f_0 存在,且 $f_0 > f_c$,则电路稳定;若 $f_0 < f_c$,则电路自激。

四、增益裕度、相位裕度

为使电路稳定工作,不仅要避免电路进入自激状态,还要使其远离自激,即要有一个稳定的裕量,这样,当环境温度、电源电压、电路参数在一定范围内变化时,电路都能稳定地工作。稳定裕量可以用增益裕度 G_m 和相位裕度 φ_m 来衡量。

1. 增益裕度

如图 5.4.2(b)所示,当 $f=f_0$ 时,$\dot{A}\dot{F}$ 的附加相移达到 $\pm 180°$,所对应的环路增益称为增益裕度,记为

$$G_m = 20\lg\left|\dot{A}\dot{F}\right|\Big|_{f=f_0} \tag{5.4.9}$$

对于稳定的负反馈放大电路,其 $G_m < 0$,而且 $|G_m|$ 越大,电路越稳定,一般要求 $G_m \leqslant -10\ \text{dB}$。

2. 相位裕度

如图 5.4.2(b)所示,当 $f=f_c$ 时,$20\lg\left|\dot{A}\dot{F}\right| = 0\ \text{dB}$,此时 $|\varphi_A + \varphi_F|$ 与 $180°$ 的差称为相位裕度 φ_m,记为

$$\varphi_m = 180° - |\varphi(f_c)| \tag{5.4.10}$$

对于稳定的负反馈放大电路,$\varphi_m > 0$,而且 φ_m 越大,电路就越稳定,一般要求 $\varphi_m \geqslant 45°$。

在工程实践中,通常要求 $G_m \leqslant -10\ \text{dB}$ 且 $\varphi_m \geqslant 45°$ 时才认为负反馈放大电路具有可靠的稳定性,按此要求设计的反馈放大电路,不仅可以在预定的情况下满足稳定条件,而且当环境温度、电源电压等因素在一定范围内发生变化时,也能满足稳定条件。

5.4.2 负反馈放大电路稳定性的分析方法

可以利用基本放大电路开环增益的波特图来分析反馈放大电路的稳定性。为简单起见,仍然假设反馈网络是纯阻性的,即 $\varphi_F = 0$。自激振荡的幅值条件为 $\left|\dot{A}\dot{F}\right| = 1$,即 $|\dot{A}| = \left|\dfrac{1}{\dot{F}}\right|$,这样,就可以在 $20\lg|\dot{A}|$ 的同一坐标平面上绘制出一条 $20\lg\left|\dfrac{1}{\dot{F}}\right|$ 的水平线,称为反馈线,

它与 $\dot{A}$ 的幅频特性曲线在交点处满足自激振荡的幅值条件 $\left|\dot{A}\dot{F}\right| = 1$。此时,通过观察该点所对应的附加相移的大小,即可判断电路是否稳定。

假设一个三极点直接耦合基本放大电路的增益为

$$\dot{A} = \frac{10\,000}{(1+\mathrm{j}f/1)(1+\mathrm{j}f/10)(1+\mathrm{j}f/100)} \tag{5.4.11}$$

其中,频率单位为 MHz,中频增益为 $10\,000(80\ \text{dB})$,3 个极点对应的频率分别为 $f_{p1} = 1\ \text{MHz}$,$f_{p2} = 10\ \text{MHz}$,$f_{p3} = 100\ \text{MHz}$,其中 f_{p1} 为主极点,该式对应的波特图如图 5.4.3 所示。

在 $\dot{A}$ 的幅频特性坐标中做高度为 $20\lg\left|\dfrac{1}{\dot{F}}\right|$ 的反馈线,两曲线相交于 P 点。在 P 点处

满足自激振荡的幅值条件 $\left|\dot{A}\dot{F}\right| = 1$(即 $20\lg\left|\dot{A}\dot{F}\right| = 0\ \text{dB}$),观察该点所对应的附加相移 $\Delta\varphi_A$ 的大小,此时 $|\Delta\varphi_A| \leqslant 135°$,则相位裕度 $\varphi_m \geqslant 45°$,电路是稳定的。

随着反馈加深,反馈系数 $\dot{F}$ 加大,反馈线下移,两曲线的交点 P 下移,相位裕度 φ_m 减小。当反馈线与 $\dot{A}$ 的幅频特性交于 M 点时,相应的 $\Delta\varphi_A = -135°$,$\varphi_m = 45°$,此时的反馈系数是满足相位裕度要求的最大反馈系数。

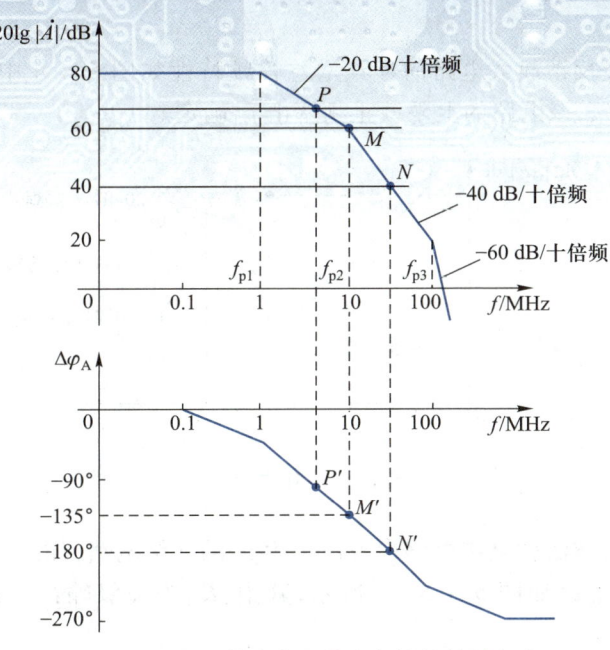

图 5.4.3 负反馈放大电路稳定性的判别方法

若进一步加大反馈系数,当反馈线与 $\dot{A}$ 的幅频特性交于 N 点时,相应的 $\Delta\varphi_A = -180°$, $\varphi_m = 0°$,同时满足自激振荡的幅度条件和相位条件,电路将产生自激振荡,此时对应的频率 f_0 即为振荡频率。

综上分析表明,反馈深度越大,相位裕度就越小,电路越容易产生自激。因此,在实际应用中对反馈深度和反馈系数应加以限制,使电路远离自激状态。

5.4.3 负反馈放大电路的相位补偿

通过对负反馈放大电路稳定性分析可知,当电路产生自激振荡时,如果在反馈环内增加一些含有电抗元件的电路,改变 $\dot{A}F$ 的频率特性,使 f_0 不存在,或者即使存在 f_0 但 $f_0 > f_c$,则自激振荡必然消除,这种补偿方法称为相位补偿或频率补偿,相应的补偿电路称为补偿网络。

相位补偿的目的就是要保证电路稳定,而且要有足够的稳定裕度。相位补偿的指导思想是通过补偿网络将电路各极点的间距拉开,尤其是拉大主极点和其临近极点的间距,从而使电路稳定。下面介绍几种常用的相位补偿方法。为了简单起见,仍然假设反馈网络为纯电阻网络。

一、滞后补偿

滞后补偿的方法是在基本放大电路中插入一个 RC 电路,使增益 $\dot{A}$ 的相位滞后,改变反馈环 $\dot{A}F$ 的相移,从而达到稳定负反馈放大电路的目的。

1. 电容滞后补偿

设某直接耦合负反馈放大电路的环路增益幅频特性如图 5.4.4 中虚线所示,电路中存在 3 个极点:f_{p1}、f_{p2}、f_{p3},该电路的上限截止频率由 f_{p1} 确定。

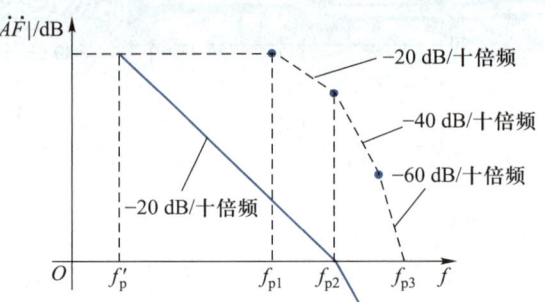

图 5.4.4　电容滞后补偿前后的幅频特性

电容滞后补偿的方法就是在电路中找出产生 f_{p1} 的那级电路,加入图 5.4.5(a)所示的补偿电路,其高频等效电路如图 5.4.5(b)所示,其中,R_{o1} 为前级输出电阻,R_{i2} 为后级输入电阻,C_{i2} 为后级输入电容。

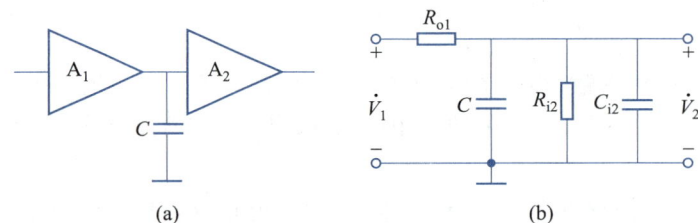

图 5.4.5　电容滞后补偿电路

加入补偿电容前,上限截止频率为

$$f_{p1} = \frac{1}{2\pi(R_{o1} /\!/ R_{i2})C_{i2}}$$

加入补偿电容后,上限截止频率变为

$$f'_p = \frac{1}{2\pi(R_{o1} /\!/ R_{i2})(C_{i2}+C)}$$

显然,补偿前后极点个数没有改变,但 f'_p 的频率更低,选择合适的电容 C,使得补偿后环路增益的幅频特性以 -20 dB/十倍频斜率下降段加长,如果补偿后使 $f = f_{p2}$,$20\lg|\dot A\dot F| = 0$ dB,且 $f_{p2} \geqslant 10f'_p$,补偿后的环路增益幅频特性如图5.4.4中实线所示,那么,在幅频特性的横轴上只有一个转折点,表明当 $f = f_c$ 时,$\varphi_A + \varphi_F$ 趋于 $135°$,即 $f_0 > f_c$,并具有 $45°$ 的相位裕度,电路消除了自激。

这种补偿方法是以更低的 f'_p 代替原来的 f_{p1},成为电路的主极点,所以也称为主极点补偿。

2. RC 滞后补偿

电容滞后补偿虽然可以消除自激,但这种方法是以降低电路的上限截止频率,频带变窄为代价的。采用 RC 滞后补偿不仅可以消除电路的自激振荡,而且可以使带宽损失有所改善,具体方法是在两级放大电路之间接入一个 RC 网络,如图 5.4.6(a)所示,实现滞后补偿。图 5.4.6(b)所示是其高频等效电路。

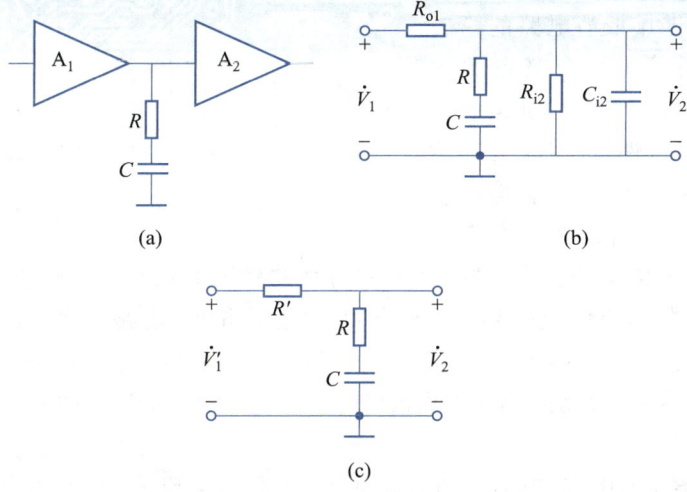

图 5.4.6　负反馈放大电路中的 RC 滞后补偿

通常,选择 $R \ll (R_{o1} /\!/ R_{i2})$,$C \gg C_{i2}$,此时可以把图 5.4.6(b)所示的电路进一步简化成图 5.4.6(c)所示的形式,其中

$$\dot V_1' = \frac{R_{i2}}{R_{o1}+R_{i2}} \dot V_1 , R' = R_{o1} /\!/ R_{i2}$$

其电压传输函数

$$\dot A' = \frac{\dot V_2}{\dot V_1'} = \frac{R+\dfrac{1}{\mathrm{j}\omega C}}{R+R'+\dfrac{1}{\mathrm{j}\omega C}} = \frac{1+\mathrm{j}\omega RC}{1+\mathrm{j}\omega(R+R')C} = \frac{1+\mathrm{j}f/f_z}{1+\mathrm{j}f/f_p''}$$

其中

$$f_z = \frac{1}{2\pi RC}$$

$$f_p'' = \frac{1}{2\pi(R+R')C}$$

补偿电路产生一个极点和一个零点,且 $f_z > f_p''$。选择合适的 RC,可以使 $f_z = f_{p2}$,即新产生的零点与原来的第二个极点抵消,同时用 f_p'' 代替原来的 f_{p1}。

若补偿前放大电路的环路增益表达式为

$$\dot A\dot F = \frac{\dot A_m \dot F}{(1+\mathrm{j}f/f_{p1})(1+\mathrm{j}f/f_{p2})(1+\mathrm{j}f/f_{p3})}$$

并且 RC 的取值使 $f_z = f_{p2}$,则补偿后放大电路环路增益的表达式为

$$\dot A\dot F = \frac{\dot A_m \dot F}{(1+\mathrm{j}f/f_p'')(1+\mathrm{j}f/f_{p3})}$$

RC 滞后补偿的思想是设法在增益 $\dot{A}$ 的表达式中产生一个零点,与分母中的一个极点对消,从而展宽频带。本例中,采用新产生的零点抵消电路的第二个极点,同时降低了第一个极点的频率。图 5.4.7 所示为 RC 滞后补偿前后的放大电路的幅频特性,虚线①为补偿前的幅频特性曲线,实线②为补偿后的幅频特性曲线,可见,曲线在整个横轴

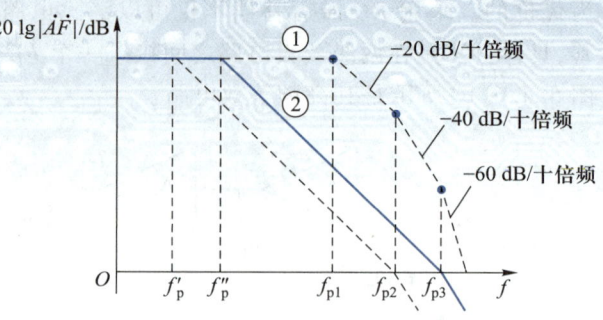

图 5.4.7　RC 滞后补偿前后的幅频特性

之上均以 -20 dB/十倍频的斜率下降,在幅频特性的横轴上只有一个转折点,曲线与横轴交于 f_{p3} 处,在该点的附加相移为 $-135°$,并具有 $45°$ 的相位裕度,电路消除了自激。

RC 滞后补偿与电容滞后补偿相比,带宽有所改善,图 5.4.7 中,f''_p 为 RC 滞后补偿幅频特性主极点的频率,f'_p 为电容补偿幅频特性主极点的频率,可见,RC 滞后补偿可以获得较宽的频带。

3. 密勒效应补偿

上述两种补偿需要电容、电阻的值都比较大,不利于集成,实际工作中常常利用密勒效应,将补偿电路跨接在放大电路的输入端和输出端之间,如图 5.4.8 所示,这种补偿称为密勒效应补偿。利用密勒效应,小电容(几皮法至几十皮法)即可获得满意的补偿效果,便于集成电路的制造。

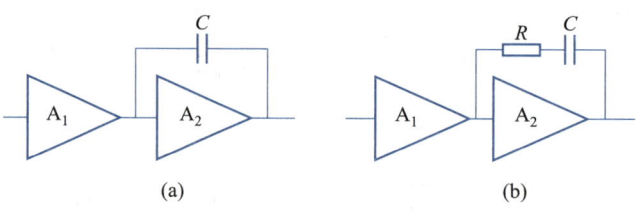

图 5.4.8　密勒效应补偿电路

在集成运放 F007 中就采用了这种相位补偿方式。假设在图 5.4.8(a)中,跨接在 A_2 之间的电容 C 为 30 pF。若 A_2 的增益为 1 000,则相当于在中间级的输入端对地之间并联了一个 30 000 pF 的电容,补偿效果很好。

二、超前补偿

设法改变负反馈放大电路环路增益 $|\dot{A}\dot{F}| = 1$ 点的相位,使之超前,破坏其自激振荡条件,这种补偿方法称为超前补偿。同滞后补偿相比,超前补偿不仅可使电路稳定工作,还能扩展频带。在实际应用中,通常将补偿电容加在反馈网络中,如图 5.4.9 所示。

在图 5.4.9 中,基本放大电路采用差分输入,其增益为 $\dot{A}$,反馈网络由 R_1、R_2 和 C 构成,反馈类型是电压串联负反馈。未加补偿电容时,电路的反馈系数

$$\dot{F}' = \frac{R_1}{R_1 + R_2}$$

加入补偿电容 C,使 C 和 R_2 并联,电路的反馈系数

$$\dot{F} = \cfrac{R_1}{R_1 + R_2 /\!/ \cfrac{1}{j\omega C}} = \cfrac{R_1}{R_1 + R_2} \cdot \cfrac{1 + j\omega R_2 C}{1 + j\omega (R_1 /\!/ R_2) C} = \dot{F}' \cdot \cfrac{1 + jf/f_z}{1 + jf/f_p}$$

其中

$$f_z = \frac{1}{2\pi R_2 C}$$

$$f_p = \frac{1}{2\pi (R_1 /\!/ R_2) C}$$

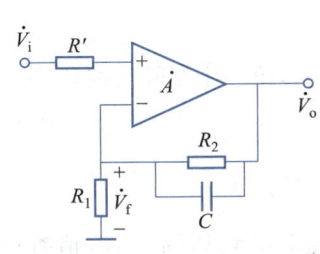

图 5.4.9　超前补偿电路

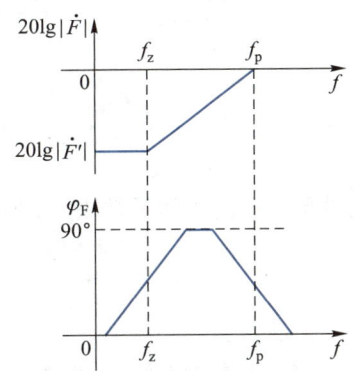

图 5.4.10　加入补偿电容后反馈系数的频率特性

显然 $f_z < f_p$，$\dot{F}$ 的波特图如图 5.4.10 所示，由图可以看出，补偿电路输出电压 $\dot{V}_f$ 的相位超前于 $\dot{V}_o$，即补偿电路在 f_z 和 f_p 之间提供正的相角，相位超前，最大超前相移为 90°。如果补偿前 $f_z < f_c < f_p$，且 $f_0 < f_c$，则补偿后 f_0 将因 φ_F 的超前相移而增大，适当调整参数，使 $f_0 > f_c$，从而使电路消除自激振荡。

综上所述，无论是滞后补偿，还是超前补偿，都可以用很简单的电路来实现。

下面通过一个实用电路来进一步理解负反馈放大电路的相位补偿方法，图 5.4.11 所示为集成宽带放大器 MC1553 的内部电路，该电路的电压增益约为 50，上限截止频率可达 45 MHz。整个电路由 8 只 NPN 型管、9 个电阻和 4 个电容（C_1、C_2、C_3、C_4）组成。$T_1 \sim T_3$ 为三级共射放大器级联，以获得足够高的开环增益；T_4 为射极跟随器作缓冲输出级；$T_5 \sim T_8$ 组成多路电流源，为电路提供偏置电流；C_1、C_2 是制作在硅片上的相位补偿电容，容量为几皮法。其中 C_1 是密勒补偿电容，其作用是实现极点分离，由于 T_2 基极输入电阻较小，该补偿电路产生的极点对应频率比较高；C_2 与 R_5、R_2 一起构成超前补偿电路，实现超前补偿。

在图 5.4.11 所示电路中，电阻 R_2 接于 T_1 的发射极，对于第一级构成电流串联负反馈，属于局部反馈。电阻 R_7 接于 T_3 的发射极，对于第三级构成电流串联负反馈，属于局部反馈。电流源 T_8、电阻 R_8 并联在 T_4 的发射极，对于第四级构成电压串联负反馈，同样属于局部反馈。

输出 v_o 通过 R_8、C_4、R_4 连接到 T_1 的基极，这是包围整个电路的负反馈，由于反馈网络中含有旁路电容 C_4，T_6 的集电极交流接地，因而该反馈是直流负反馈，其作用是稳定整个电路的直流工作点，特别是稳定输出端的直流电压，保证输出电压有足够大的动态范围。T_3 的发射极通过 R_7、R_5、C_2、R_2 连到 T_1 的发射极，构成级间反馈，属于交、直流负反馈，且为电流串联负反馈。

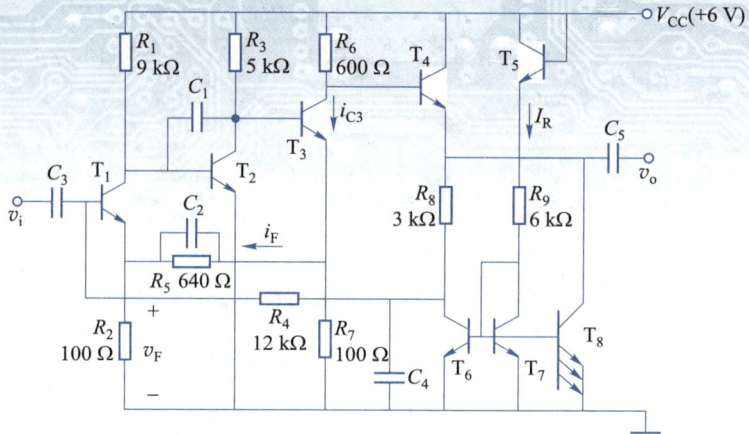

图 5.4.11　集成宽带放大器 MC1553 的内部电路

放大电路的性能主要由级间反馈决定,在该电路中,起主要作用的是第二个级间反馈环路。

复习思考题

5.4.1　在使用麦克风时,如果放大电路旋钮调节不当,会发出刺耳的声音,请查阅资料,解释为何会出现这种情况。

5.4.2　如何利用环路增益的波特图判断负反馈放大电路是否稳定?

5.4.3　为保证反馈放大电路稳定工作,在工程中如何设置电路的增益裕度和相位裕度?

5.4.4　假设输入信号为单一频率的正弦波,反馈网络为纯阻性网络,调整放大电路的参数,该电路能否出现自激?

5.5
计算机仿真例题

通过前面的分析可知,负反馈能够稳定放大电路的静态工作点,也能够稳定放大电路的增益,下面通过 Multisim 的仿真来说明这一点。仿真原理图如图 5.5.1 所示,该电路是由晶体管 2N5551 组成的分压式单管共发射极放大电路,反馈电阻为 R_E,反馈类型为电流串联负反馈。

为了观察引入负反馈电阻 R_E 后对放大电路工作点的稳定作用,使用嵌套参数仿真研究静态工作点电压 V_{CEQ},图 5.5.2 所示为参数扫描的基本设置,图 5.5.3 所示为嵌套扫描的参数设置。

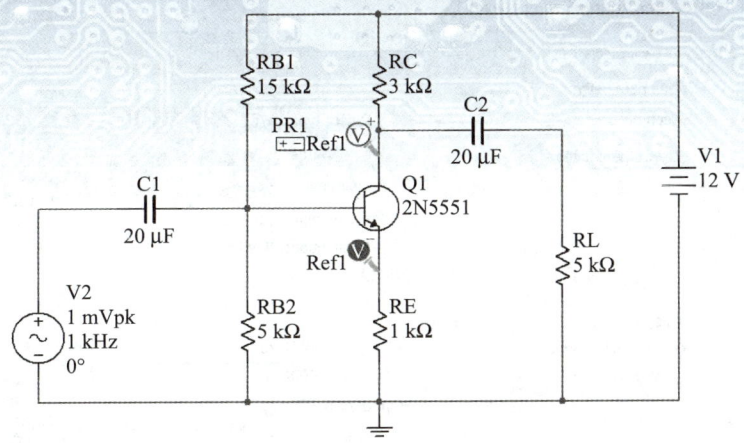

图 5.5.1　分压式工作点稳定电路的原理图

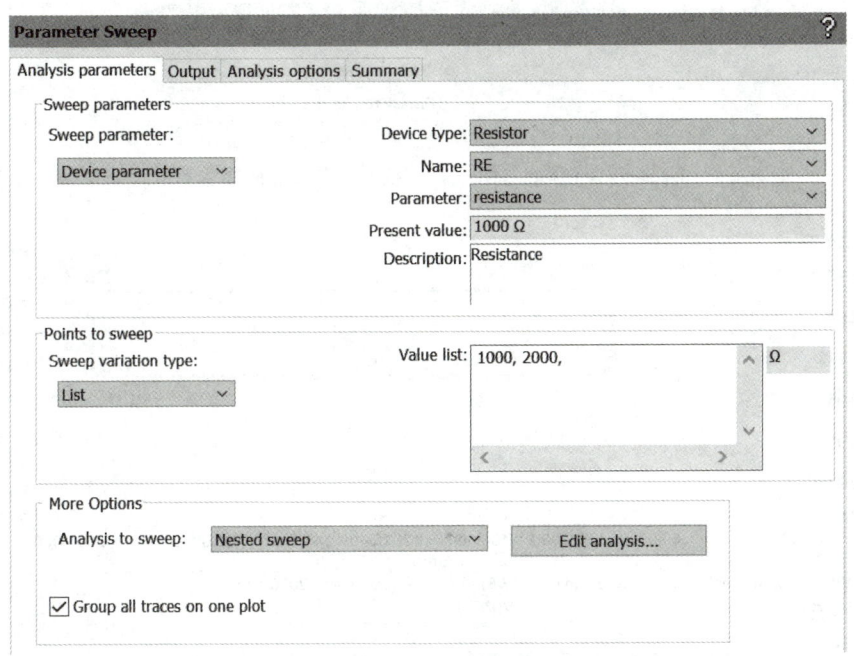

图 5.5.2　静态工作点电压仿真–基本参数

　　对应于以上参数设置的仿真结果如图 5.5.4 所示。

　　为提高显示效果,图 5.5.4 中两条曲线使用了不同的纵坐标轴(横坐标轴相同),R_E = 1 000 Ω 所对应的曲线使用左纵轴,R_E = 2 000 Ω 所对应的曲线使用右纵轴。从图 5.5.4 中可以看出,加入负反馈电阻后,当晶体管的 β 在较大范围内变化时,其静态工作点电压的变化范围非常小,从而保持了工作点的稳定。此外还可以看出,反馈深度随着负反馈电阻阻值的增大而逐渐加大,对工作点电压 V_{CEQ} 的稳定作用也随之增强,这与此前的推理是保持一致的(读者可以自行计算两种负反馈电阻取值下工作点电压 V_{CEQ} 的相对变化大小)。

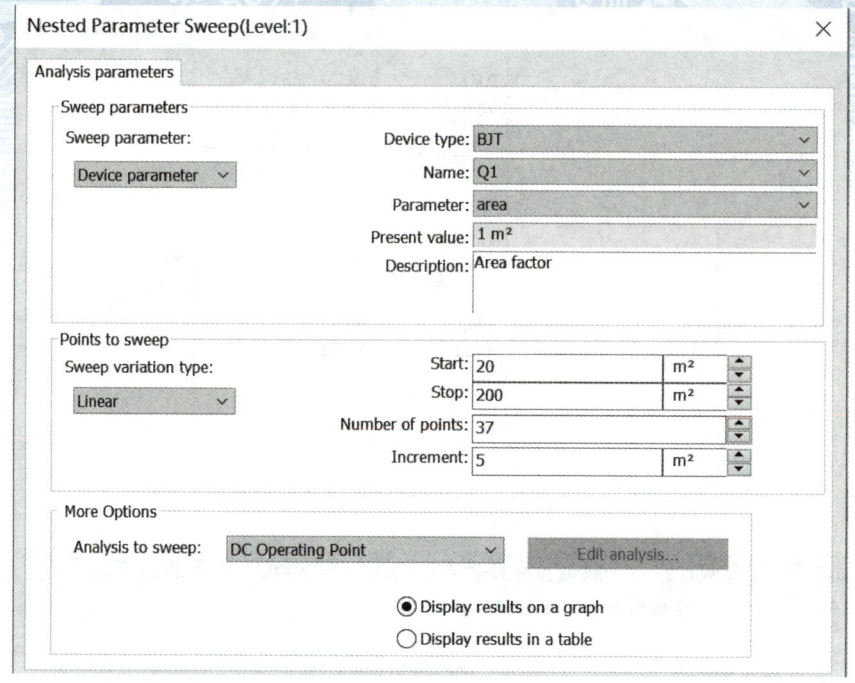

图 5.5.3　静态工作点电压仿真–第一层嵌套参数

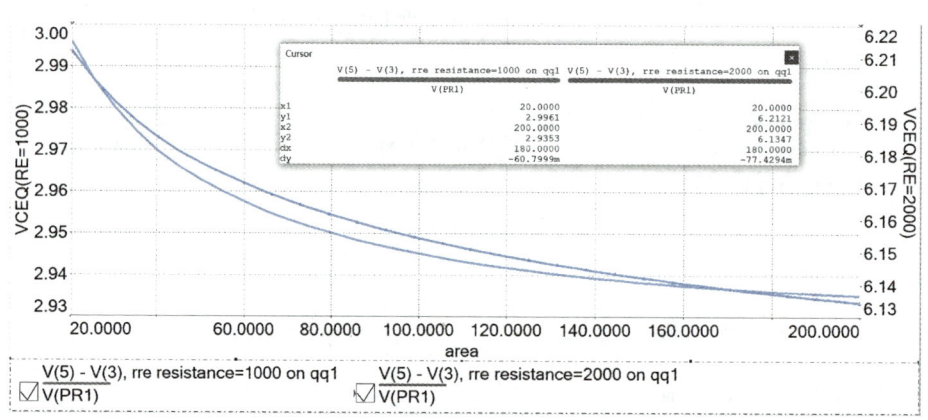

图 5.5.4　负反馈电阻取不同值时对工作点电压的稳定

现在观察对放大电路闭环电压增益的影响,将图 5.5.1 中的差分电压探针改为单端电压探针,放置在电阻 R_L 的上端。继续使用嵌套仿真,基本参数和第一层嵌套参数与图 5.5.2 和图 5.5.3 相同,但将图 5.5.3 中的"DC Operating Point"改为"Single Frequency AC",相应的第二层嵌套参数设置如图 5.5.5 所示。

图 5.5.6 所示为相应的仿真结果。

为提高显示效果,图 5.5.6 中仅保留幅度结果,并同样使用了左右两个坐标轴。从图中可以看出,闭环电压增益基本不变,且当负反馈电阻的阻值增大时增益有所降低。

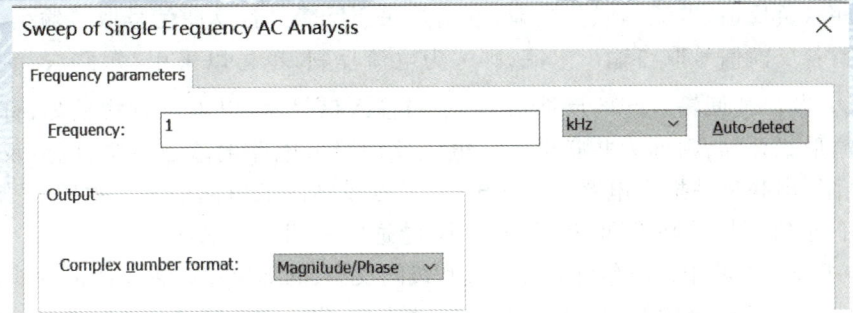

图 5.5.5　单频 AC 参数设置

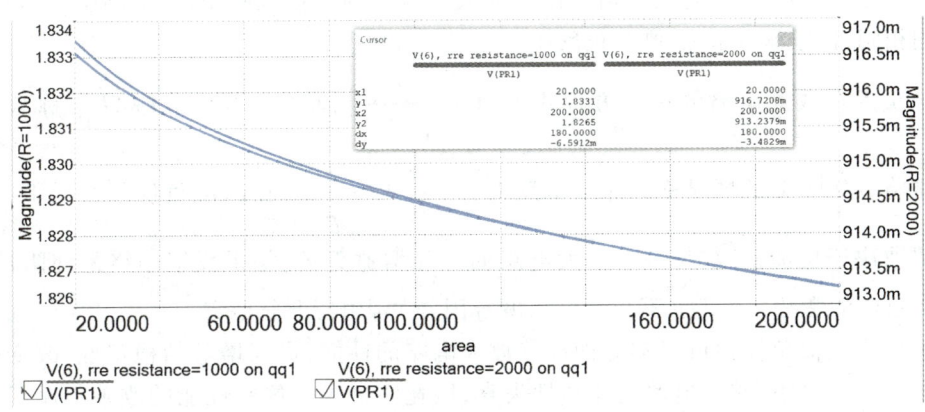

图 5.5.6　负反馈电阻取不同值时对电压增益的稳定

5.6　实际案例：实用晶体管音频放大电路

本 章 小 结

　　反馈在电子技术中得到广泛应用，各种电子设备经常采用反馈的方法来改善电路的性能，以达到预期的指标，凡是在精度、稳定性等方面要求较高的放大电路，大都包含着某种形式的反馈。本章从反馈的概念入手，讨论了负反馈对放大电路性能的影响、反馈放大电路的分析方法，以及反馈电路的稳定性等问题。

　　（1）在电子电路中，将放大电路输出信号的一部分或全部，经过一定的电路（反馈网络）送回到输入回路，进而影响输入信号的过程称为反馈。按照反馈极性的不同，可以分为正反馈和负反馈，它们在电路中所起的作用是不同的。直流负反馈稳定放大电路的静态工作点，交流负反馈改善电路的性能，如提高增益的稳定性、减小非线性失真、扩展频带等。正反馈通常用在某些振荡电路中，通过引入正反馈使电路能够自激振荡。

　　（2）反馈放大电路由基本放大电路、反馈网络、输出取样电路、输入求和电路等 4 部分组成。根据输出端取样方式和输入端求和方式的不同，交流负反馈有四种组态：电压串联负反馈、电压并联负反馈、电流串联负反馈、电流并联负反馈。若反馈信号取自输出电压,则称为电压反馈;若反馈信号取自输出电流,则称为电流反馈,也可以采用"短路法"判别输出端的取样方式。若反馈回输入端的反馈信号 $\dot{X}_\mathrm{f}$ 和输入信号 $\dot{X}_\mathrm{i}$ 以电压方式叠加,称为串联求和;若以电流形式叠加,则称为并联求和。电压反馈降低电路的输出电阻,电流反馈提高电路的输出电阻;串联反馈提高电路的输入电阻,并联反馈降低电路的输入电阻。当信号源内阻 R_s 较大时,适宜采用并联求和;相反 R_s 越小,越适宜采用串联求和。

(3) 多级放大电路中一般包含局部反馈和级间反馈,局部反馈改善本级的性能,级间反馈改善电路的性能。反馈极性的判断采用"瞬时极性"法,假定输入信号的瞬时极性,确定输出信号和反馈信号的瞬时极性,若反馈信号使基本放大电路的净输入减小,则电路引入负反馈;若二者作用相同,使净输入增加,则为正反馈。

(4) 负反馈放大电路的基本方程式为 $\dot{A}_\mathrm{f} = \dfrac{\dot{A}}{1+\dot{A}\,\dot{F}}$,其中 $|\dot{D}| = |1+\dot{A}\dot{F}|$ 称为反馈深度。通常将 $|\dot{D}| \gg 1$ 的情况称为深度负反馈,此时 $\dot{A}_\mathrm{f} = \dfrac{1}{\dot{F}}$ 。在深度负反馈情况下,闭环增益几乎只取决于反馈系数,与基本放大电路的开环增益无关,如果反馈网络是纯阻性网络,$\dot{F}$ 是一个稳定的常数,$\dot{A}_\mathrm{f}$ 几乎不受环境温度等因素的影响,十分稳定。

(5) 引入交流负反馈可以多方面改善放大电路的性能,提高增益的稳定性,改变电路的输入电阻和输出电阻,减小电路的非线性失真,展宽频带等。这些性能的改善与反馈深度有关,反馈越深,改善效果越显著,但反馈过深不仅使增益下降过多,还容易引起放大电路的自激振荡。在实用电路中,应根据需求引入合适的反馈。

(6) 反馈放大电路的分析包括定性分析与定量分析两个方面。定性分析,主要是读懂电路图,确定反馈网络,判断反馈的极性与类型。定量分析就是近似计算深度反馈条件下反馈放大电路的性能指标。对于电压串联负反馈,只要求出 $\dot{F}_v$,就可估算出 $\dot{A}_{vf} \approx \dfrac{1}{\dot{F}_v}$;对于电压并联负反馈、电流串联负反馈、电流并联负反馈,可根据输入端的求和方式,先计算 $\dot{X}_\mathrm{i}$ 和 $\dot{X}_\mathrm{f}$,再利用 $\dot{X}_\mathrm{i} \approx \dot{X}_\mathrm{f}$,即可估算出 $\dot{A}_{vf}$ 或 $\dot{A}_{vsf}$ 。

(7) 负反馈放大电路产生自激振荡的根本原因是反馈环产生的附加相移,使中频区的负反馈到低频区或高频区变成正反馈。因此产生自激振荡的条件是 $\dot{A}\dot{F} = -1$,只要使此条件不成立,电路就是稳定的。利用反馈放大电路环路增益 $\dot{A}\dot{F}$ 的波特图可以判断电路的稳定性;为使电路稳定工作,要有一定的增益裕度和相位裕度。采用相位补偿技术可以消除自激,相位补偿的指导思想是通过补偿网络将电路各极点的间距拉开,尤其是拉大主极点和其临近极点的间距,从而使电路稳定。

习　题

5.1.1　在图题 5.1.1 所示的各电路中,试指明反馈网络是由哪些元件组成的,并判断所引入的反馈是正反馈还是负反馈,是直流反馈还是交流反馈。

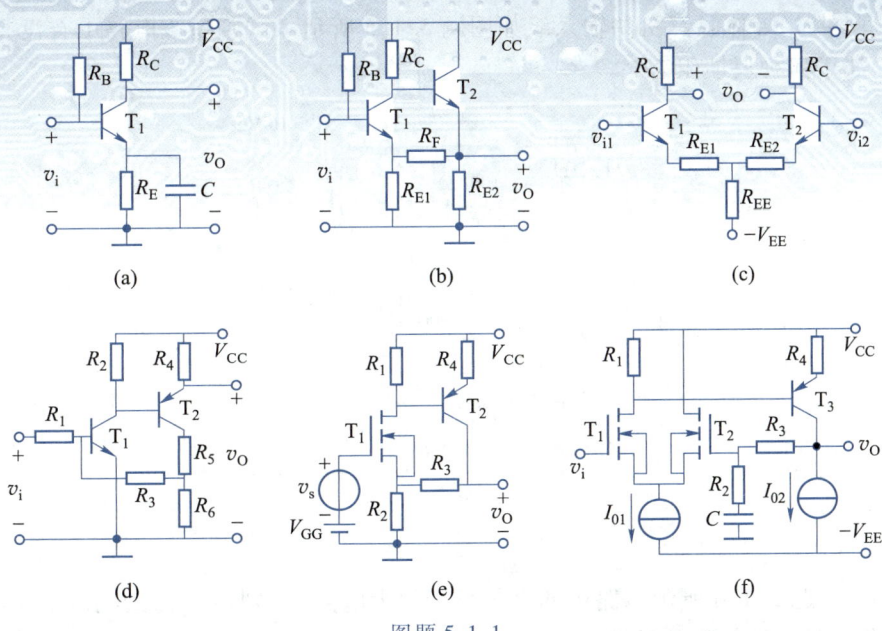

(a)　　　　　　　　　　(b)　　　　　　　　　　(c)

(d)　　　　　　　　　　(e)　　　　　　　　　　(f)

图题 5.1.1

5.1.2　在图题 5.1.1 所示的各电路中,哪些能够稳定输出电压? 哪些能够稳定输出电流?

5.1.3　试判断图题 5.1.1 所示各电路的交流负反馈类型,并写出反馈系数的表达式。

5.1.4　电路如图题 5.1.4 所示,试判断各电路的交流反馈组态,哪些能够稳定输出电压? 哪些能够稳定输出电流? 并写出反馈系数的表达式。

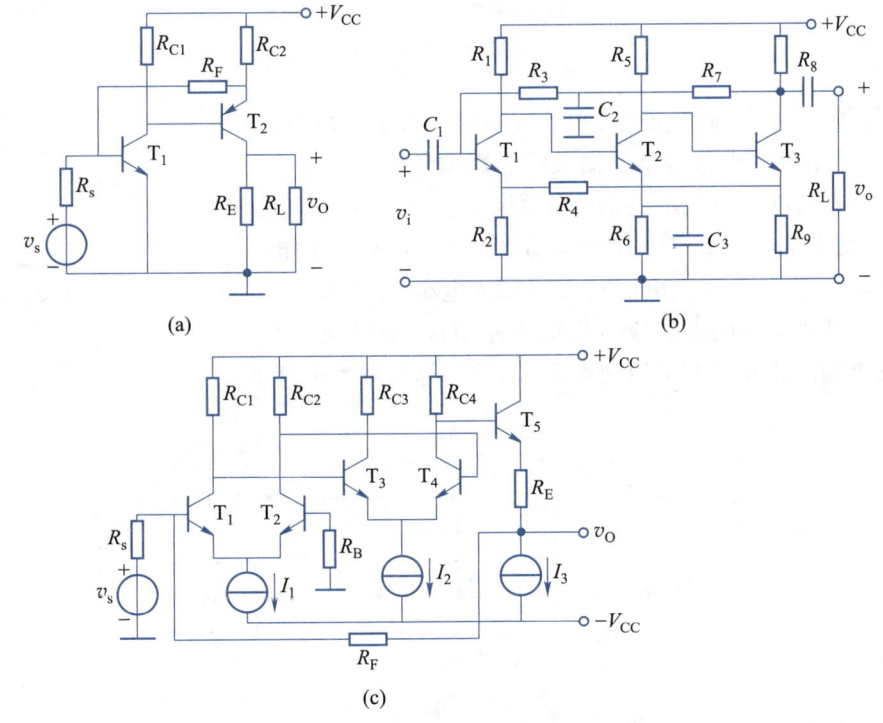

(a)　　　　　　　　　　　　　　　(b)

(c)

图题 5.1.4

5.1.5 某半导体收音机的输入级如图题 5.1.5 所示。试判断该电路中有没有反馈,如果有反馈,属于何种反馈组态?

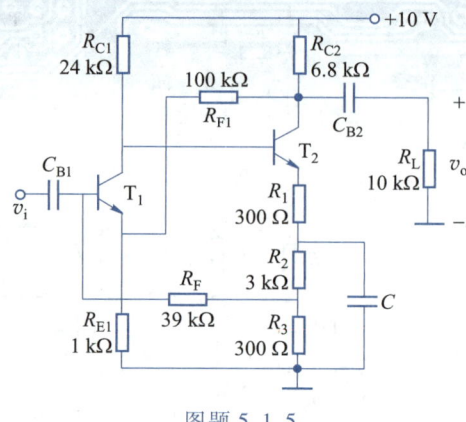

图题 5.1.5

5.1.6 图题 5.1.6 所示电路由两个负反馈放大电路(分别用①、②表示)串联而成。
(1) 若①是电压并联负反馈,则②应采用什么负反馈为宜?

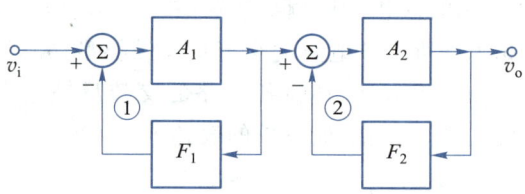

图题 5.1.6

(2) 若②是电压并联负反馈,则①应采用什么负反馈为宜?
(提示:从信号源内阻对负反馈效果的影响考虑。)

5.1.7 某负反馈放大电路的框图如图题 5.1.7 所示,已知其开环电压增益为 $A_v = 2\,000$,反馈系数 $F_v = 0.05$,若输出电压 $v_O = 2$ V,求输入电压 v_i、反馈电压 v_F 及净输入电压 v_{ID} 的值。

5.1.8 某放大电路由三级负反馈回路组成,如图题 5.1.8 所示,假设级间的相互影响可以忽略不计,试计算该放大电路的增益。

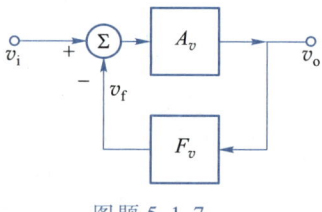

图题 5.1.7

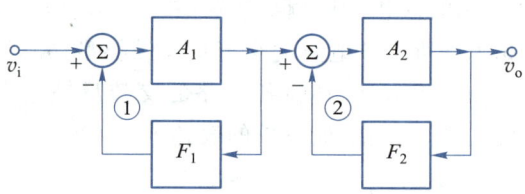

图题 5.1.8

5.1.9 某负反馈放大电路的框图如图题 5.1.9 所示,试证明:

$$\dot{A}_{f} = \frac{\dot{X}_{o}}{\dot{X}_{i}} = \frac{\dot{A}_{1}\dot{A}_{2}}{1+\dot{A}_{2}\dot{F}_{2}+\dot{A}_{1}\dot{A}_{2}\dot{F}_{1}}$$

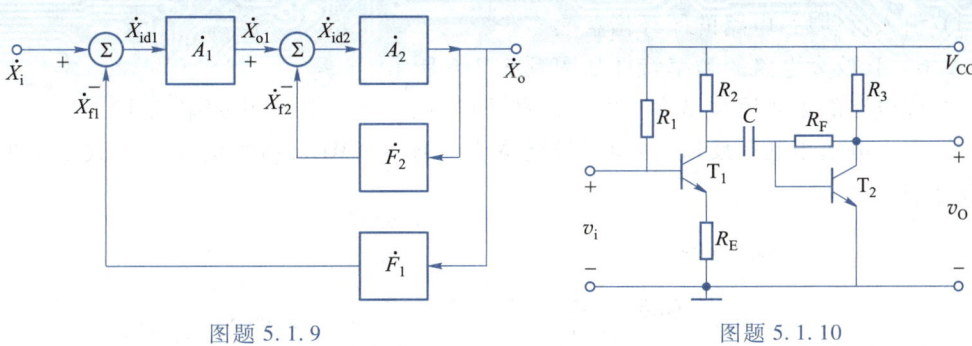

图题 5.1.9　　　　　　　　　　　　　　　图题 5.1.10

5.1.10　在图题 5.1.10 所示电路中采用了哪些反馈类型？证明该电路的闭环电压增益

为 $\dot{A}_{vf} = \dfrac{R_{F}}{R_{E}}$ 。

5.2.1　某电压串联负反馈放大电路，开环增益 $A_v = 10\,000$，反馈系数 $F_v = 0.002$。

（1）求闭环电压增益 A_{vf}；

（2）因温度降低，静态工作点 Q 下降，使 $|A_v|$ 下降 10%，求此时的闭环增益 A'_{vf}。

5.2.2　已知某反馈放大器的闭环增益 $A_{rf} = 50\ \text{k}\Omega$，如果开环增益 A_r 增加 4 倍，则闭环增益变为 $A_{rf} = 51\ \text{k}\Omega$，试计算该电路的开环增益 A_r 和反馈系数 F_g 的值。

5.2.3　某种型号晶体管由于参数变化使放大电路的电压增益改变了 20%，现希望引入负反馈后增益为 -100，而其变化只有 1%，试计算基本放大电路所需的开环增益和反馈系数。

5.2.4　一个多级放大电路如图题 5.2.4 所示。试说明为了实现以下要求，应该分别引入什么反馈组态。分别画出加入反馈后的电路图。

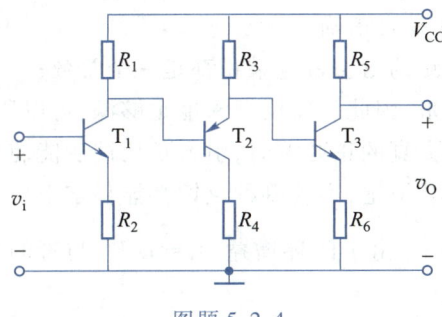

图题 5.2.4

（1）进一步稳定各直流工作点；

（2）负载电阻 R_L 变动时，输出电压 v_o 基本不变，而且输入级向信号源索取电流较小；

（3）要求负载电阻 R_L 变动时，输出电流 i_o 基本不变。

5.2.5　对某开环放大电路引入负反馈，如果希望其非线性失真系数由 10% 降至 0.5%，同时要求该电路从信号源索取的电流尽可能小，负载 R_L 变化时输出电压尽可能稳定。

（1）应当引入什么样的反馈？

（2）若引入反馈前电路的增益 $A = 10^4$，问反馈系数应为多大？

（3）为保持输出电压幅度不变，输入电压幅度应如何调整？

（4）引入反馈后，电路的闭环增益是多少？

5.2.6 某放大电路的频率特性如图题 5.2.6 所示。

（1）该电路的中频增益是多少？下限截止频率 $f_L = ?$ 上限截止频率 $f_H = ?$

（2）引入电压串联负反馈，使通频带展宽为 1 Hz~5 MHz，所需的反馈系数是多少？闭环增益是多少？

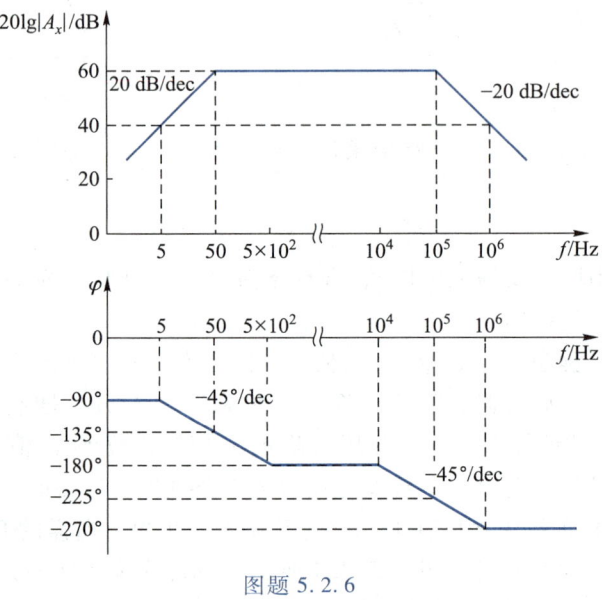

图题 5.2.6

5.2.7 判断下面的说法是否正确。

（1）任何负反馈放大电路的增益带宽乘积都是一个常数；

（2）负反馈可以展宽频带，因此只要反馈深度足够深，可以用低频管代替高频管；

（3）当输入信号是一个失真的正弦波时，引入负反馈后能使失真得到改善；

（4）只要放大电路的负载恒定，不管哪种反馈都能稳定电压增益；

（5）在深度负反馈条件下，由于闭环增益 $\dot{A}_f \approx 1/\dot{F}$，与管的参数几乎无关，因此可以任意选择晶体管来组成放大级；

（6）负反馈只能改善反馈环路内的电路性能，对反馈环路之外无效。

5.2.8 某放大电路的电压增益为 80 dB，引入负反馈后增益变为 40 dB，求反馈系数。若引入反馈前电路的非线性失真系数为 6%，求引入反馈后的非线性失真系数。

5.2.9 负反馈放大电路可以展宽通频带，图题 5.2.9 画出了三种负反馈放大电路的频率特性，你认为哪一种是正确的？

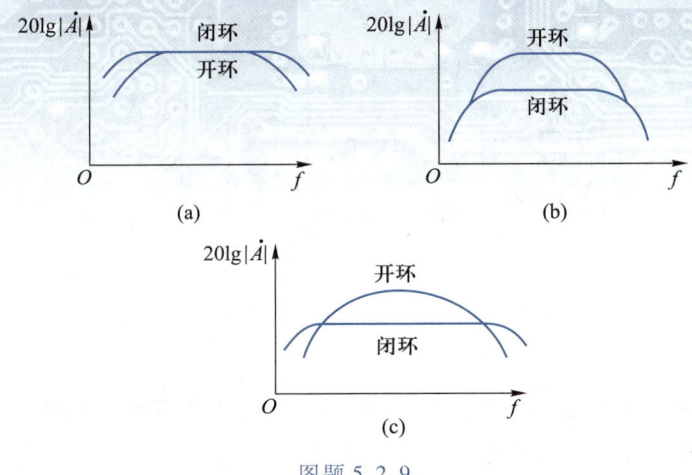

图题 5.2.9

5.2.10 图题 5.2.10 是某晶体管毫伏表电路中的一部分。

（1）判断级间交流反馈的组态；

（2）求反馈系数 $\dot{F}$；

（3）已知该毫伏表的频率范围为 20 Hz ~ 1 MHz，若在 R_3 两端并联一个 300 pF 的小电容，对电路频带有何影响？

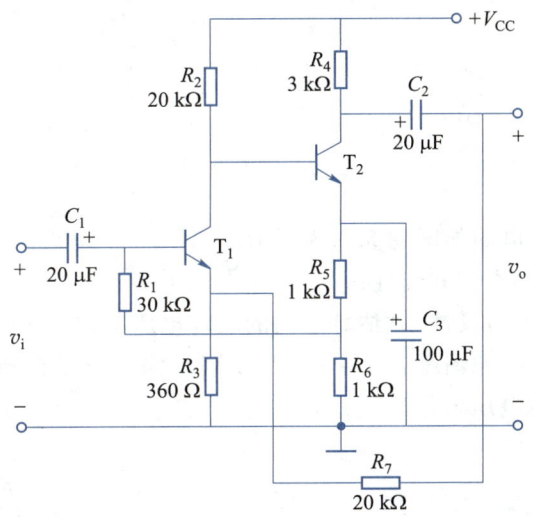

图题 5.2.10

5.3.1 反馈放大电路如图题 5.3.1 所示。

（1）判断电路级间反馈的类型和极性；

（2）说明该反馈对电路增益、输入和输出电阻的影响；

（3）设满足深度负反馈条件，且电路的共模抑止比较大，试估算电压增益。

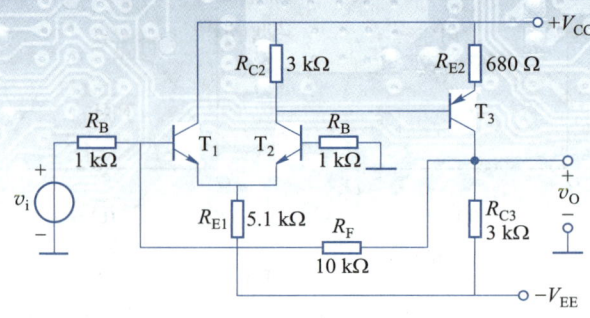

图题 5.3.1

5.3.2 反馈放大电路如图题 5.3.2 所示，每一级都引入深度负反馈。

（1）计算图题 5.3.2(a)所示电路的源电压增益；

（2）计算图题 5.3.2(b)所示电路的电压增益。

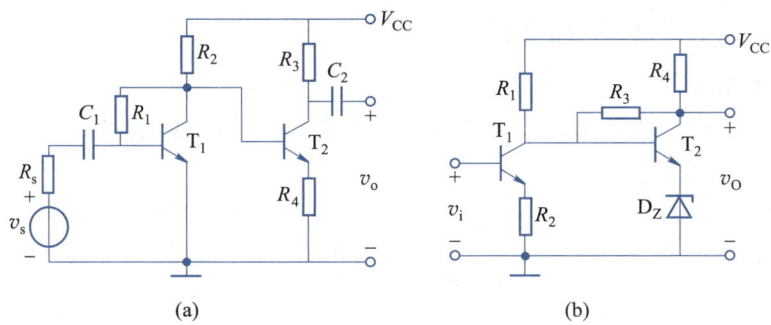

图题 5.3.2

5.3.3 某反馈放大电路如图题 5.3.3 所示。

（1）判断电路的反馈类型和极性；

（2）设电路满足深度负反馈，试估算电路的闭环电压增益 A_{uf} 和输入电阻 R_i。

5.3.4 反馈放大电路如图题 5.3.4 所示，设满足深度负反馈条件，电容 C_1、C_2 对交流短路，试估算该电路的源电压增益。

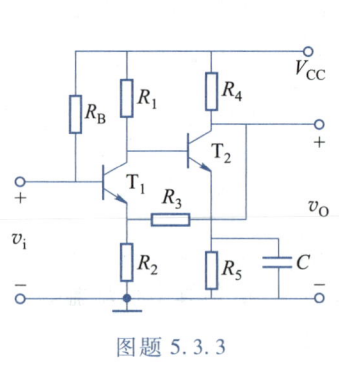

图题 5.3.3

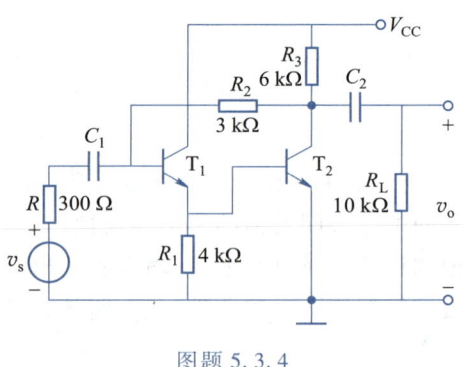

图题 5.3.4

5.3.5 反馈放大电路如图题 5.3.5 所示，设满足深度负反馈条件，电容 C_1、C_2 对交流短路，试估算其电流增益和源电压增益。

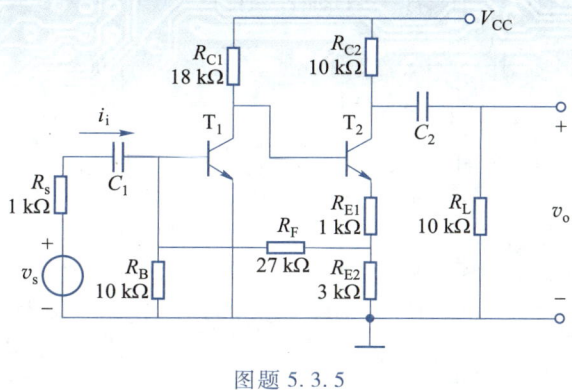

图题 5.3.5

5.3.6 反馈放大电路如图题 5.3.6 所示，试判断电路的反馈类型和极性，求反馈系数，假设电路满足深度负反馈条件，估算其电压增益。

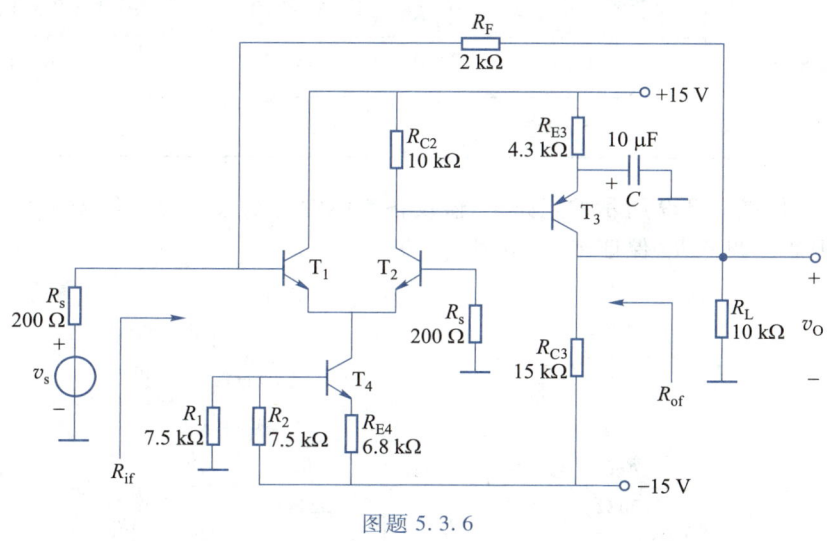

图题 5.3.6

5.3.7 集成宽带放大器 MC1553 的内部电路如图题 5.3.7 所示，其中 C_1、C_2 是制作在硅片上的相位补偿电容，容量为几皮法，T_8 为多发射极晶体管。试说明该电路都存在哪些反馈。假设电路满足深度负反馈条件，估算其电压增益 $A_{vf} = \dfrac{v_o}{v_i}$。

5.3.8 某电压串联负反馈放大电路，在中频输入且输出电压波形不失真的情况下测得表题 5.3.8 所示的一组数据。忽略反馈网络的负载效应，试估算该电路的反馈系数、反馈深度及闭环输出电阻。

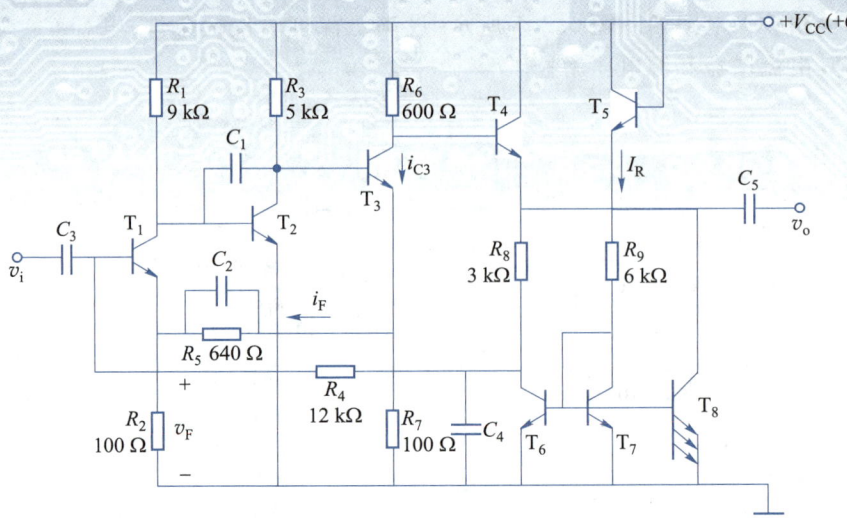

图题 5.3.7

表题 **5.3.8**

	V_i	$V_o(R_L=\infty)$	$V'_o(R_L=4.7\ \mathrm{k}\Omega)$
无负反馈	5 mV	1.35 V	0.95 V
加入负反馈	15 mV	1.35 V	

5.3.9 在图题 5.3.9 所示的电路中,假设各晶体管的 β 值均为 100,发射结的导通压降为 0.6 V。现通过调整 R_{C1} 保证当 $v_i = 0$ 时 $v_O = 0$。

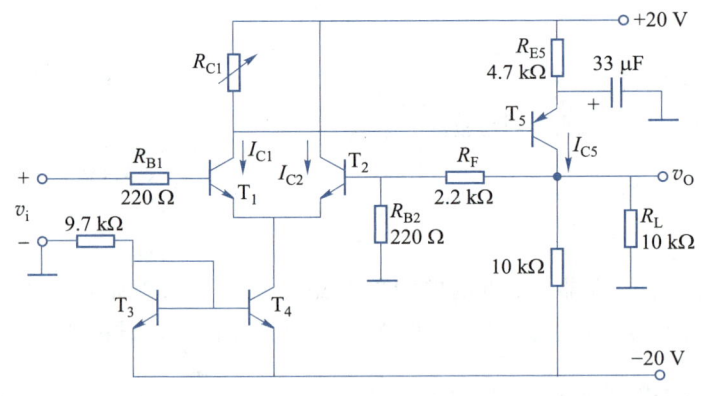

图题 5.3.9

(1)估算静态电流 I_{C1} 和 I_{C2};

(2)估算静态电流 I_{C5},确定电阻 R_{C1} 的数值(设流过 R_F 的静态电流可以忽略不计);

(3)说明由 R_F 引入的反馈类型;

(4)估算电路的电压增益。

5.4.1 某负反馈放大电路高频区波特图如图题 5.4.1 所示。已知 $20\lg|A| = 100$ dB，$20\lg|1/F| = 40$ dB。试判断该电路是否会产生自激振荡；如果自激，反馈系数 F 应如何改变才会消除自激？

5.4.2 已知一个负反馈放大电路的基本放大电路的对数幅频特性如图题 5.4.2 所示，反馈网络由纯电阻组成。试问：若要求电路稳定工作，即不产生自激振荡，则反馈系数的上限值为多少？简述理由。

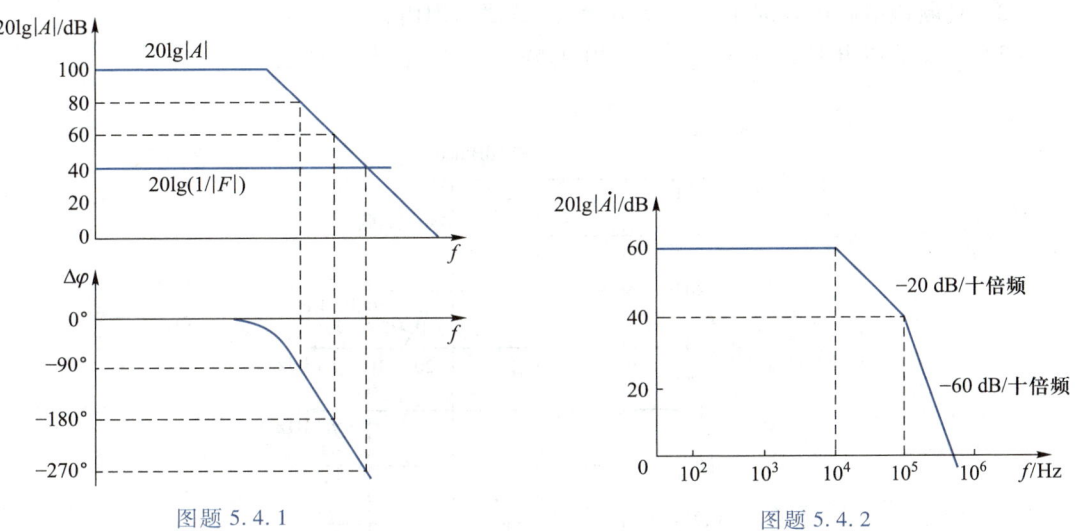

图题 5.4.1   图题 5.4.2

5.4.3 一负反馈放大电路的反馈系数 $F = 0.1$，开环电压增益为

$$A_v(j\omega) = \frac{10^4}{\left(1 + j\dfrac{6}{10^6}\right)\left(1 + j\dfrac{f}{10^7}\right)\left(1 + j\dfrac{f}{10^8}\right)}$$

试判断该放大电路是否稳定。

5.4.4 已知某电压串联负反馈放大电路的开环频率特性如图题 5.4.4 所示。

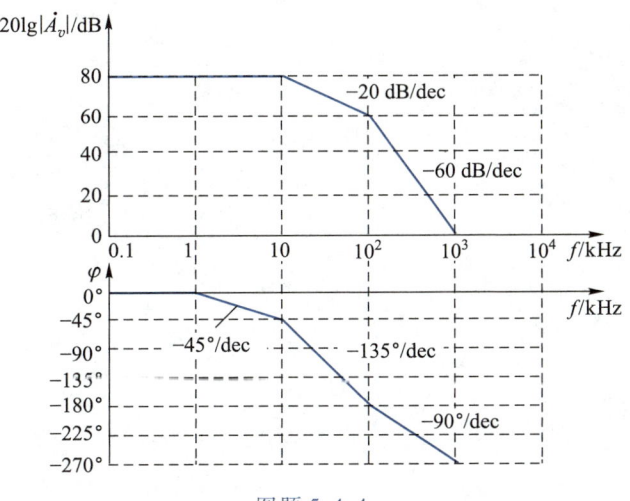

图题 5.4.4

（1）写出基本放大电路的电压增益表达式；

（2）若反馈系数 $\dot{F}=0.01$，判断引入反馈后电路能否稳定。如能稳定，求出相位裕度；如产生自激，试计算 45° 相位裕度下的反馈系数。

5.4.5　已知某反馈放大电路的 $\dot{A}\dot{F}$ 波特图如图题 5.4.5 所示，反馈系数 $\dot{F}=-0.1$。

（1）写出 $\dot{A}$ 的频率特性表示式；

（2）判断该电路闭环时能否产生自激，并简述其理由；

（3）若要求该电路具有 $|G_{\mathrm{m}}|=10$ dB 的幅度裕度，求 $|\dot{F}|$ 的值。

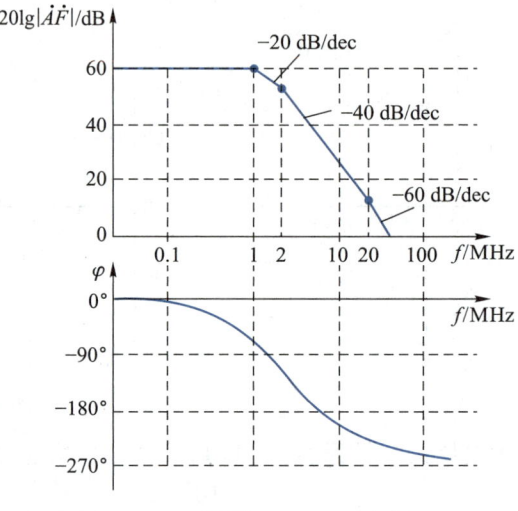

图题 5.4.5

第 6 章
模拟集成电路及其应用

　　模拟集成电路种类很多,应用非常广泛,常用的主要有集成运算放大器、集成功率放大器、集成模拟乘法器、集成稳压器、集成音响电路、集成滤波器、集成电压比较器以及集成多种功能的可编程模拟器件等。

　　以集成运算放大器为例,按照集成工艺分类,可以分成双极型、CMOS 型和 Bi_FET 型。双极型运算放大器一般输入偏置电流及器件功耗稍大,但由于采用多种改进技术,具有良好的性能,所以种类多、功能强。CMOS 型运算放大器输入阻抗高、功耗小,可在低电源电压下工作,初期产品精度低、增益小、速度稍慢,但目前已有低失调电压、低噪声、高速度、强驱动能力的产品。Bi_FET 型运算放大器采用双极型晶体管和单极型晶体管混合搭配的生产工艺,可兼顾双极型运算放大器的高增益、高速度以及 CMOS 型运算放大器的高输入阻抗等特点。例如,以场效应管作输入级,输入电阻高达 10^{12} Ω 以上。

　　集成运算放大器按照工作原理分类,可以分成电压放大型、电流放大型、跨导型、互阻型等;按照电源分类,可以分为单电源供电型和双电源供电型;按照在单一芯片上的运算放大器个数分类,有单运放、双运放和四运放。

　　利用通用的集成运算放大器、模拟乘法器和集成比较器等器件又可以构成各种功能电路,如加减乘除运算电路、积分电路、微分电路、各种滤波电路、调制解调电路、波形发生电路等。

　　本章主要介绍集成运算放大器、模拟乘法器、电压比较器等模拟集成电路常用芯片的电路组成、工作原理、特性、参数、电路分析方法及其应用。

6.1
集成运算放大器的组成及基本特性

　　集成运算放大器是一种高电压增益、高输入电阻、低输出电阻的多级直接耦合的放大器,早期主要用于模拟计算电路,实现加、减、乘、除等数学运算,故运算放大器的名字沿用至今,通常简称为运放。

　　集成运放是用半导体集成工艺,将运算所需要的放大电路以及电阻、电容、晶体管或场效应管等元器件制作在同一块硅片上。与分立元件构成相同功能的放大电路相比,不但体积小,重量轻,而且性能好,故障率低,便于设计,工作更可靠,使用更加方便。

6.1.1 集成运算放大器的组成

集成运放的一般内部组成如图 6.1.1 框图所示，主要由输入级、中间级、输出级三大部分组成。另外，还有为各级提供偏置电流的公共偏置电路以及一些辅助电路，如过载保护电路、电位偏移电路及高频相位补偿电路等。

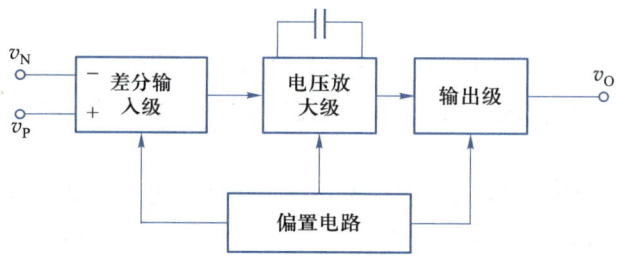

图 6.1.1 集成运放的一般组成框图

常用的运算放大器有双极型晶体管（BJT）运放、绝缘栅场效应管（MOS）运放以及双极型晶体管与场效应管混合（Bi_FET）运放。在多数 MOS 运放内部只有两级放大电路。

一、典型的集成运算放大器

图 6.1.2 所示的是双极型通用集成运放 μA741 的内部电路。集成运放 μA741 是 1966 年美国仙童公司首先推出的，后有多家公司仿效，但型号都是 741，如：LM741（美国国家半导体公司）、MC741（摩托罗拉公司）、AD741（美国模拟器件公司）、CA741（美国无线电公司）等。由于 741 电路设计经典，性能良好，虽然推出已经有近 60 年的历史，但至今仍广泛使用。

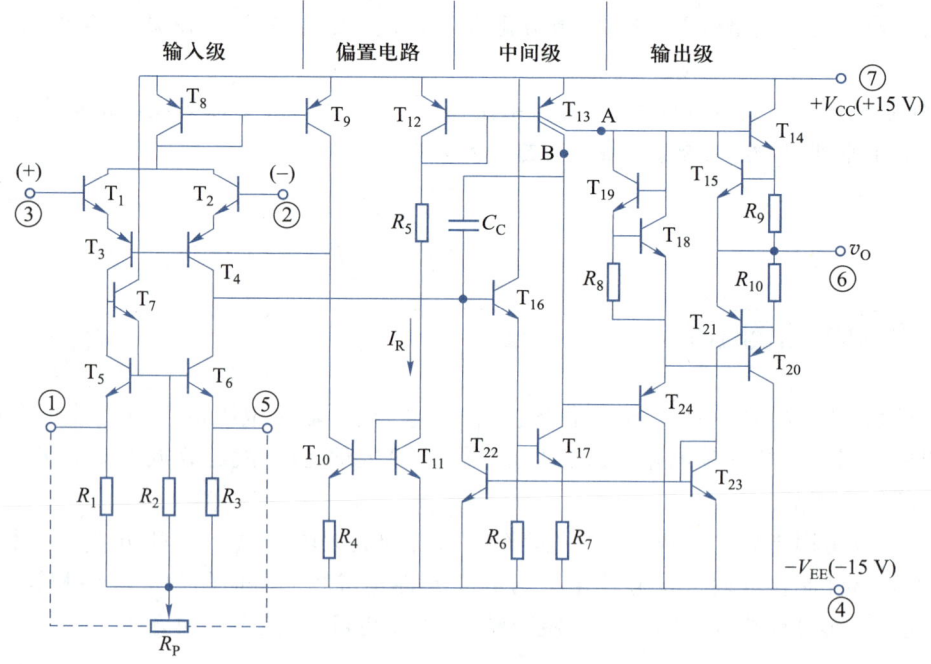

图 6.1.2 μA741 的内部电路

μA741 的内部电路由 24 只双极型晶体管、10 个电阻和 1 个电容组成。

1. 输入级

输入级由晶体管 T_1、T_3 及 T_2、T_4 构成共集-共基组态的差放。T_5、T_6 作为其有源负载,实现放大电路的高增益以及双端/单端变换。同时共集-共基组态有利于改善电路的频率响应。电路结构对称,具有很高的共模抑制比。从 T_1、T_2 基极输入的差模信号经放大后由 T_4 的集电极输出给中间级。

2. 中间级

中间级由 T_{16}、T_{17} 组成的复合管共射放大电路组成(也可认为是共集-共射两级放大)。放大电路的负载为 T_{12}、T_{13B} 构成的基本镜像恒流源电路,恒流源具有很高的输出阻抗,因此,该级有很高的电压增益。同时该级也有较高的输入阻抗,对输入级的影响较小。被放大的信号从 T_{17} 的集电极输出。

3. 输出级

输出级由 T_{24}、T_{14}、T_{20} 组成互补对称输出电路。其中 T_{24} 为一射极跟随器,起输出级和中间级的隔离作用。射极跟随器的负载为 T_{12}、T_{13A} 构成的基本镜像恒流源电路,被放大的信号自 T_{24} 的发射极提供给 T_{14} 和 T_{20} 的基极。

输出级中 T_{18} 和 T_{19} 为偏置电路,即 T_{14}、T_{20} 两晶体管的基极间的偏置电压为 T_{18}、T_{19} 的 V_{BE} 之和,为输出级提供适当的静态工作点,以避免交越失真。

T_{15}、T_{21}、T_{22}、T_{23} 和电阻 R_9、R_{10} 构成保护电路,为了防止输入级信号过大或输出短路而造成器件损坏。在正常工作时,T_{15}、T_{21}、T_{22}、T_{23} 均不导通。当正向输出电流过大(由正电源通过 T_{14} 到负载的电流),流过 T_{14} 和 R_9 的电流增大,将使 R_9 两端的电压降增大到足以使 T_{15} 管由截止状态进入导通状态,原流向 T_{14} 基极的电流被 T_{15} 分流,从而限制了 T_{14} 的输出电流。在负向输出电流过大时,流过 T_{20} 和 R_{10} 的电流增加,将使 R_{10} 两端电压增大到使 T_{21} 由截止状态进入导通状态,从而使 T_{23} 和 T_{22} 均导通,降低了中间级的基极信号电压,减小了中间级输出电压幅度,因而限制了输出的电流,达到对输出级保护的目的。

4. 偏置电路

从图 6.1.2 中可以看到,由 $+V_{CC} \rightarrow T_{12} \rightarrow R_5 \rightarrow T_{11} \rightarrow -V_{EE}$ 通路构成整个运放的参考电流 I_R。同时 T_{11}、T_{10} 构成微电流恒流源,T_{10} 输出的电流又作为参考源提供给 T_8、T_9 组成的镜像恒流源,T_8 的输出作为输入级的偏置电流。T_{12}、T_{13} 组成的多输出镜像恒流源作为中间级和输出级的有源负载。

输入级的偏置电路具有直流反馈,可以稳定静态工作点。例如,当温度升高,使 T_1、T_2 的集电极电流上升,导致 T_8 的集电极电流上升,从而使镜像电流源 T_9 的集电极电流上升,由于 T_{10} 的集电极电流不变,所以会使 T_3、T_4 的基极电流下降,从而使 T_1、T_2 的集电极电流下降(即:$T \uparrow \rightarrow I_{C1}$、$I_{C2} \uparrow \rightarrow I_{C8} \uparrow \rightarrow I_{C9} \uparrow \rightarrow I_{B3}$、$I_{B4} \downarrow \rightarrow I_{C1}$、$I_{C2} \downarrow$)。

5. 调零电路

整个电路要求当输入信号为零时输出也应为零,但由于器件的偏差等原因,在输入信号为零时,输出不为零。因此在电路的输入级中,T_5、T_6 发射极两端还可外接一电位器 R_P,R_P 的中间滑动触点接 $-V_{EE}$,从而改变 T_5、T_6 的发射极电阻,通过调整 R_P 可以保证静态时输出为零。

6. 频率补偿

在中间级接有一小电容 C_c，以保证在外部电路有较深的负反馈时不产生自激。

二、运算放大器内部电路的特点

从以上对很有代表性的 μA741 内部电路分析可以看到，一般的运放有这样的特点。

（1）由于输入级位于电路的最前端，要求有很高的输入阻抗和稳定性，电路的任何漂移、噪声，都会被后级电路依次放大，对整个电路造成严重影响。所以，输入级放大电路既要能够提供一定的电压增益、很高的输入阻抗，又要能适应不同的输入方式，同时电路的稳定性要好、温漂和噪声要小。因此，运放都选用差放作输入级，因为差放稳定性好，而且有两个输入端，可以适应各种输入方式，能够灵活地组成多种反馈组态。

（2）中间级主要作用是提供足够的电压放大倍数，整个运放的电压增益主要由中间级提供。中间级多由 1~2 级高增益放大器组成，为了获得高增益，多采用共射或共源电路。

（3）输出级位于电路的最末端，要求带负载能力强，动态范围大，效率高。所以，为提高带负载能力，输出级电路多由互补输出的电路形式组成，以提供较低的输出电阻、较大的动态范围、较强的功率输出和较高的效率。

（4）偏置电路的作用是向上述三部分电路提供偏置电压或偏置电流，一般由各种电流源组成。用电流源进行直流偏置，以及用电流源作为有源负载代替无源元件（电阻 R），一可以保证工作的稳定性，二可以提高电路增益，三可以减小芯片面积、提高集成度。

（5）集成运放的级间耦合均采用直接耦合方式。因为大容量的电容器制作非常困难。

（6）电路中的二极管主要是用于温度补偿、电平偏移、提供偏置电压等，多使用双极型晶体管的发射结代替。

三、集成运算放大器的符号

虽然集成运放内部电路非常复杂，但对于外部连接来说，一般是非常简洁的。进行功能设计时可以用简单的电路符号表示。图 6.1.3(a)所示的是运放的国标符号，图 6.1.3(b)为过去常用符号，本书中仍使用常用符号。从符号中可以看到，运放主要有两个输入端，分别为同相输入端（+）和反相输入端（−）；有一个输出端。除此以外还有电源端、调零端、补偿端等，这些端子在实际电路设计时需要连接外接元件，而在示意型功能设计时可不标出。图 6.1.3(c)所示为 μA741 的常用符号及外接调零电路，由对应内部电路可知各引脚的功能，例如：⑦脚为正电源输入端，④脚为负电源输入端，①和⑤脚为调零电位器的接入端。

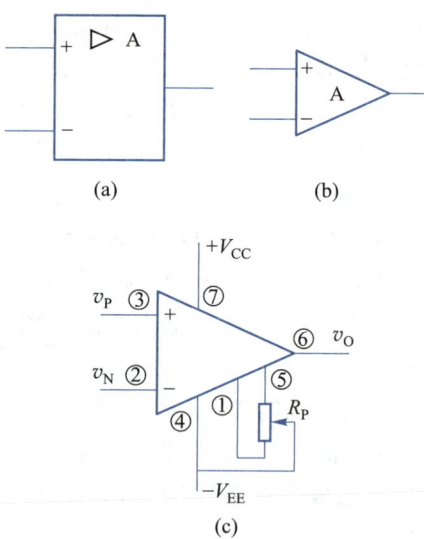

图 6.1.3　集成运放符号和 μA741 外接电路举例

6.1.2　集成运算放大器的传输特性

从集成运放的电路符号和内部电路分析可知,它有两个输入端,一个输出端。标有"+"号的为同相输入端,表示输出电压 v_O 与该输入端所加信号 v_P 相位相同;标有"−"号的是反相输入端,表示输出电压 v_O 与该输入端所加信号 v_N 相位相反。运放两个输入端所加信号电压之差 $v_P - v_N$,为差模输入电压。假定运放的共模抑制比非常高,其共模输出可以忽略,集成运放的开环差模电压增益用 A_{vd} 表示,则运放在线性区的输出与输入的函数关系可用下式表示

$$v_O = A_{vd}(v_P - v_N) \tag{6.1.1}$$

假设集成运放不考虑输入失调电压的影响,同时不考虑共模信号的影响,此时集成运放的近似直流传输特性如图 6.1.4(a)所示,线性化近似直流传输特性如图 6.1.4(b)所示。

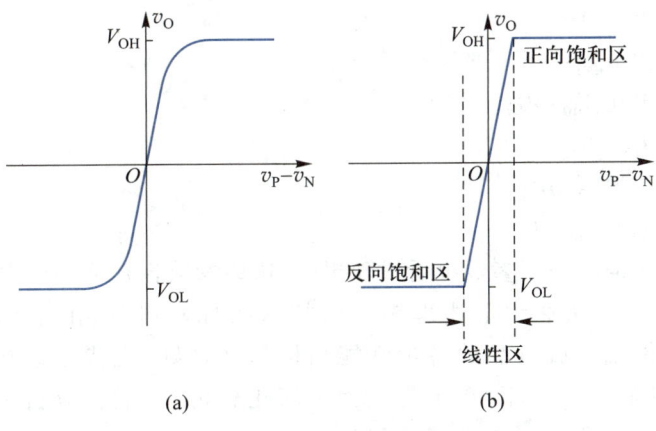

(a)　　　　　　　　　　(b)

图 6.1.4　直流传输特性

静态时,若差模输入电压 $v_{id} = v_P - v_N = 0$,根据输入与输出的表达式可知,集成运放工作在传输特性的原点。差模输入电压 $v_{id} > 0$ 之后,输出电压 v_O 随输入信号的增加而线性增加,其斜率即为运放的开环差模电压增益 A_{vd},也就是输出的电压值与输入差模电压值之比。

当输入电压 v_{id} 增加到一定程度,由于受到电源电压等原因的限制,输出电压 v_O 不能再增加了,传输特性出现了限幅特性,输出电压达到正向的最大值 V_{OH} 或负的最大值 V_{OL},即运放工作进入正向或负向饱和区。V_{OH} 和 V_{OL} 的值取决于正、负电源电压及运放的内部电路。

由于 A_{vd} 很大,所以运放的输入电压的线性区很窄。例如,V_{OH} 和 V_{OL} 的值为 ±10 V,$A_{vd} = 1\ 000\ 000$,则输入电压的线性区范围为 ±10 μV。

以上分析表明,运放的传输特性分为两个区域:线性区和饱和区。集成运放作线性放大器件使用时必须保证其工作在线性区。集成运放在线性区工作时,差模输入电压($v_{id} = v_P - v_N$)很小,一般只有几微伏。

6.1.3 理想集成运算放大器模型

在工程上,为了简化分析过程,一般在分析集成运放应用电路时,尤其是分析其基本功能时,通常将实际运放视为理想运放进行估算。

一、理想集成运算放大器的技术参数

理想运放是指分析集成运放时将各种参数理想化。例如,输入电阻、输出电阻、放大倍数等,还有集成运放的输入级一般都是差放,对应差放的参数有共模抑制比、输入失调电流和输入失调电压等,这些技术参数(不局限于这些参数)理想化的集成运放称为理想运放。

理想集成运算放 大器基 本特性

理想集成运放的技术参数包括:

(1)开环差模电压放大倍数 $A_{vd} \to \infty$;

(2)差模输入电阻 $R_{id} \to \infty$;

(3)输出电阻 $R_o \to 0$;

(4)共模抑制比 $K_{CMR} \to \infty$;

(5)输入失调电压 $V_{IO} \to 0$;

(6)失调电流 $I_{IO} \to 0$;

(7)输入失调的温漂 $\to 0$;

(8)输入偏置电流 $I_{IB} \to 0$。

除此以外还有其他的一些参数也看成理想的,这些参数将在下一节中介绍。

实际的集成运放无法达到上述理想化的技术指标。但是,由于集成运放制造工艺水平的不断改进,集成运放产品的各项性能指标越来越好,现代运放在低频工作时的性能已十分接近理想条件。因此,在工程上为了简化分析,一般在分析集成运放应用电路时,可将实际运放视为理想运放进行近似估算。

理想集成运放的电路符号如图 6.1.5 所示。

二、理想集成运算放大器工作在线性区时的特点

在集成运放应用电路中,集成运放的工作状态可分为两种情况:工作在线性区和工作在非线性区。

当集成运放工作在线性区时,其输出电压与运放两个输入端的电压之间存在着线性关系。一般情况下,运放在线性区工作时都加有较深的负反馈。或者说,通过深度负反馈使运放工作在线性区。

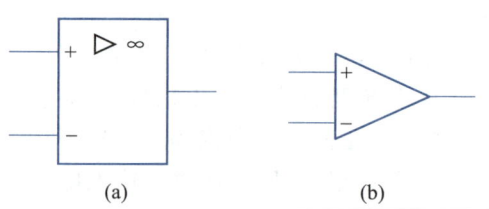

理想集成运放工作在线性区时有一些重要特点。

(a)   (b)

图 6.1.5 理想集成运放的符号

1. 理想集成运放的差模输入电压等于零

运放工作在线性区时,$v_O = A_{vd}(v_P - v_N)$。而理想集成运放的 $A_{vd} = \infty$,当 v_O 为有限值时,可以得到 $v_P - v_N = 0$,即:集成运放同相输入端与反相输入端两点间的电压差等于零。

2. 理想集成运放的差模输入电流等于零

由于差模输入电压等于零,差模输入电阻为无穷大,所以差模输入电流为零。

这种同相输入端与反相输入端两点间的电压差等于零、电流为零的现象称为虚短和虚断,即好像短路一样电压为零,但实际上这两点并未真正被短路,这时工作电流也为零。

因为实际集成运放的 A_{vd} 不为无穷大,线性应用时 v_P、v_N 不可能完全相等。然而,只要 A_{vd} 足够大,运放在线性区工作时差模输入电压($v_P - v_N$)的值就很小(微伏级),一般可以忽略不计。

线性应用时,由于深度负反馈的加入,运放的输出电阻将非常小,可近似看为零。

理想集成运放的直流传输特性曲线如图6.1.6所示。

除非特别说明,在本书后续章节的有关电路分析中,均将集成运放视为理想运放。

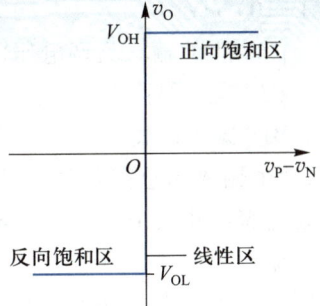

图 6.1.6　理想集成运放的
直流传输特性曲线

复习思考题

6.1.1　为什么集成运放的电压传输特性会有线性区和饱和区两个部分,饱和区的输出电压与哪些因素有关?

6.1.2　试结合图6.1.2所示 μA741 的内部电路图说明为什么输出信号与同相输入端信号相位相同,与反相输入端信号相位相反。

6.1.3　在什么条件下可以将运放看作理想运放?

6.2
集成运算放大器的主要参数

集成运放的应用场合不同,对集成运放的参数要求不同,比如:在测试仪表中,需要较高的输入阻抗、较低的失调和功耗;在某些高频率的场合,对带宽和动态参数要求较高。为了正确地挑选和使用集成运放,需要准确地了解各个参数的含义。

6.2.1　输入失调参数

一、输入失调电压 V_{IO}

一个理想的集成运放,当输入电压为零时,输出电压也应为零(不加调零装置)。但实际上它的差分输入级很难做到完全对称,通常在输入电压为零时,输出端存在一定的输出电压。在室温(25 ℃)及标准电源电压下,输入电压为零时,为了使集成运放的输出电压为零,需要在输入端加补偿电压,这个电压叫做输入失调电压 $V_{\rm IO}$。实际上就是指输入电压 $v_{\rm id}=0$ 时,输出电压 v_0 折合到输入端的电压值,即 $V_{\rm IO}=v_0/A_{vd}$。$V_{\rm IO}$ 的大小反映了运放制造中电路的对称程度和电位配合情况。$V_{\rm IO}$ 值越大,说明电路的对称程度越差,一般情况下 $V_{\rm IO}$ 为 $\pm(1\sim10)$ mV。

μA741 的输入失调电压的典型值为 $V_{\rm IO}=1$ mV。

二、输入偏置电流 $I_{\rm IB}$

BJT 集成运放的两个输入端是差分对管的基极,因此,两个输入端总需要一定的输入电流 $I_{\rm BN}$ 和 $I_{\rm BP}$。输入偏置电流是指集成运放输出电压为零时,两个输入端静态电流的平均值,如图 6.2.1 所示。

当 $v_0=0$ 时,输入偏置电流为

$$I_{\rm IB}=(I_{\rm BN}+I_{\rm BP})/2 \qquad (6.2.1)$$

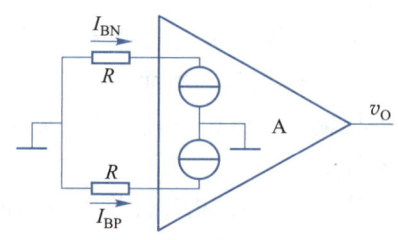

图 6.2.1　输入偏置电流

在电路外接电阻确定之后,输入偏置电流的大小主要取决于运放差分输入级 BJT 的性能,当 β 值较小时,偏置电流较大。从使用角度来看,偏置电流越小,对信号源和外部电路的影响就越小,且输入阻抗就越高,所以多数运放的输入级使用复合晶体管,用于提高输入阻抗和其他性能。$I_{\rm IB}$ 是运放重要的技术指标,一般为 10 nA~1 μA。

μA741 输入偏置电流的典型值为 $I_{\rm IB}=80$ nA。

三、输入失调电流 $I_{\rm IO}$

输入失调电流 $I_{\rm IO}$ 定义为:在集成运放中,输出电压为零时流入运放两输入端的静态基极电流之差,即

$$I_{\rm IO}=\left|I_{\rm BP}-I_{\rm BN}\right|$$

由于输入端外接电阻的存在,或使用不同信号源时信号源内阻的存在,$I_{\rm IO}$ 会引起在输入端有一输入电压(例如,当两个输入端接同一信号源时,在两输入端处的电阻 R 上产生的电压降不同,如图 6.2.2 所示),破坏放大器的平衡,使放大器输出电压不为零。

所以,希望 $I_{\rm IO}$ 越小越好。$I_{\rm IO}$ 反映了输入级差分对管的不对称程度,一般为 1 nA~0.1 μA。

μA741 输入失调电流 $I_{\rm IO}$ 的典型值为 $I_{\rm IO}=20$ nA。

四、温度漂移

放大器的一些参数会随着时间、温度的变化而变化,产生参数的漂移。由于半导体器件对温

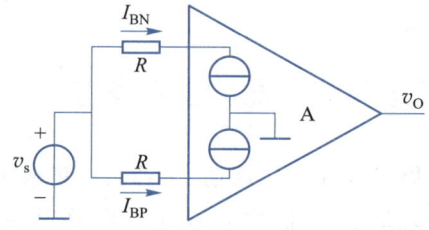

图 6.2.2　输入失调电流 $I_{\rm IO}$ 的影响

度比较敏感,所以温度漂移(简称温漂)是漂移的主要来源。集成运放的应用中,输入失调电压和输入失调电流随温度的漂移是非常重要的两个参数。

1. 输入失调电压温漂 $\Delta V_{\rm IO}/\Delta T$

$\Delta V_{\rm IO}/\Delta T$ 是在规定温度范围内 $V_{\rm IO}$ 的温度系数,温度以℃为单位。$\Delta V_{\rm IO}/\Delta T$ 是衡量电路温漂的重要指标。$\Delta V_{\rm IO}/\Delta T$ 不能用外接调零装置的办法来补偿,因为不同的温度下,失调值是不同的。高质量的放大器常选用低漂移的器件来组成,一般值为 $\pm(10\sim20)$ μV/℃。

μA741 输入失调电压温漂的典型值为 $\Delta V_{\rm IO}/\Delta T=5$ μV/℃。

2. 输入失调电流温漂 $\Delta I_{\mathrm{IO}} / \Delta T$

$\Delta I_{\mathrm{IO}} / \Delta T$ 是在规定温度范围内 I_{IO} 的温度系数，是衡量放大电路电流漂移量度的重要指标。$\Delta I_{\mathrm{IO}} / \Delta T$ 同样不能用外接调零装置来补偿。高质量集成运放的 $\Delta I_{\mathrm{IO}} / \Delta T$ 为 1 ~ 10 pA/℃。

μA741 输入失调电流温漂的典型值为 $\Delta I_{\mathrm{IO}} / \Delta T = 1$ nA/℃。

6.2.2 差模特性参数

一、最大差模输入电压 V_{IDmax}

V_{IDmax} 是集成运放的反相输入和同相输入端之间所能承受的最大电压值。超过这个电压值，运放输入级某一侧的晶体管将出现发射结的反向击穿，从而使运放的性能显著恶化，甚至可能造成永久性损坏。利用平面工艺制成的 NPN 型晶体管的最大差模输入电压约为 ±5 V 左右，而横向 BJT 可达±30 V。

二、最大输出电流 I_{Omax}

I_{Omax} 是运放所能输出的正向或负向的峰值电流。通常给出输出端短路的电流。

三、开环差模电压增益 A_{vd}

A_{vd} 是集成运放工作在线性区、接入规定的负载、无负反馈情况下的直流差模电压增益。A_{vd} 与输出电压 v_O 的大小有一定的关系，在一般的应用和分析中，通常认为是常数。A_{vd} 大多是在规定的输出电压幅度（如 $v_O = \pm 10$ V）测得的值。A_{vd} 也是频率的函数，频率高于某一数值后，A_{vd} 的数值开始下降。μA741 运放的 $A_{vd} = 106$ dB，图 6.2.3 给出了 μA741 运放 A_{vd} 的频率响应。

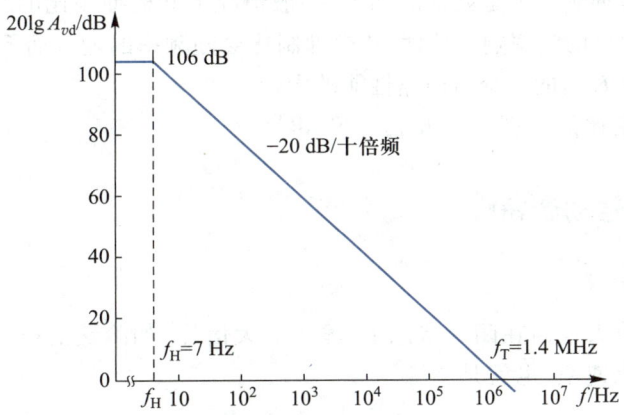

图 6.2.3　μA741 运放 A_{vd} 的近似频率响应

四、开环带宽 $BW(f_{\mathrm{H}})$

开环带宽 BW 一般指 3 dB 带宽，它是开环差模电压增益 A_{vd} 从直流开始至下降 3 dB 时对应的频率 f_{H} 之间的带宽。μA741 集成运放的频率响应如图 6.2.3 所示，由于电路增益很高,且电路中补偿电容 C 的作用,它的 f_H 约为 7 Hz。

五、单位增益带宽 $BW_G(f_T)$

f_T 定义为当开环电压增益 A_{vd} 随频率上升其增益下降到 $A_{vd}=1$ 时的频率,即 A_{vd} 为 0 dB 时的信号频率。BW_G 是 $f=0$ 到 f_T 之间的带宽,也是集成运放的重要参数。μA741 运放 $f_T \approx$ 1.4 MHz。

6.2.3 共模特性参数

一、最大共模输入电压 V_{ICmax}

V_{ICmax} 是运放输入端所能承受的最大共模输入电压。当输入超过 V_{ICmax} 时,它的共模抑制比将显著下降。该参数一般定义为:运放在作电压跟随器使用时,使输出电压产生 1% 跟随误差的共模输入电压幅值,高质量的运放可达 ±13 V。

μA741 最大共模输入电压的典型值为 $V_{ICmax}=\pm 13$ V。

二、共模电压增益 A_{vc}

共模电压增益 A_{vc} 是运放输入端加共模输入电压时的增益。

三、共模抑制比 K_{CMR}

共模抑制比为集成运放差模电压增益 A_{vd} 与共模电压增益 A_{vc} 比值的绝对值,即

$$K_{CMR} = \left| \frac{A_{vd}}{A_{vc}} \right| \tag{6.2.2}$$

用分贝表示为

$$K_{CMR}(\text{分贝}) = 20\lg \left| \frac{A_{vd}}{A_{vc}} \right| \quad (\text{dB}) \tag{6.2.3}$$

集成运放的共模抑制比也是频率的函数,一般情况下共模抑制比的频率响应特性主要取决于输入级共模抑制比的频率响应特性,共模抑制比会随频率的增加而下降。所以,在信号频率稍高时就需要考虑 K_{CMR} 的下降对电路性能的影响。

μA741 共模抑制比的典型值为 $K_{CMR}=90$ dB。

6.2.4 大信号动态特性

一、转换速率 S_R

转换速率是指放大电路在闭环状态下,输入为大信号(如阶跃信号)时,放大电路输出电压对时间的最大变化速率,也就是

$$S_R = \frac{dv_O(t)}{dt} \bigg|_{\max} \tag{6.2.4}$$

集成运放的频率响应和瞬态响应在大信号时与小信号时不同。大信号输入时,特别是阶跃信号加入时,运放可能会进入非线性区域,输入级会产生瞬时饱和或截止现象。所以大信号频带宽度总要比小信号时窄。从瞬态响应来看,带宽的限制将使放大电路的输出电压不能及时地跟随阶跃输入电压变化。测试电路及输出电压变化如图 6.2.4(a)所示,对应的

输入、输出波形如图 6.2.4(b)所示。

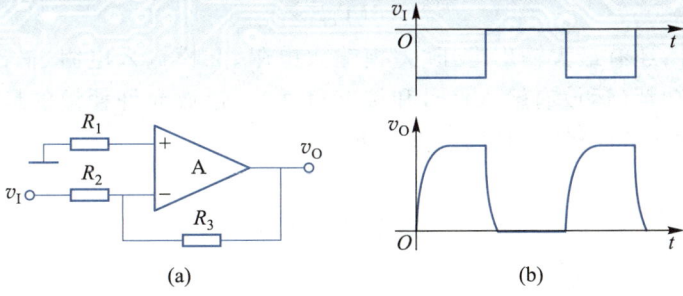

图 6.2.4　集成运放 S_R 对输出电压波形的影响

由于转换速率与闭环电压增益有关,因此一般规定用集成运放在单位电压增益、单位时间内输出电压的变化值,来标定转换速率。最大转换速率出现在信号跳变的时刻。

转换速率的大小与许多因素有关,其中主要是与运放所加的补偿电容有关。选择运放时,通常要求运放的 S_R 大于输入信号变化斜率的绝对值。

μA741 转换速率的典型值为 $S_R = 0.5$ V/μs。

二、全功率带宽 BW_P

全功率带宽 BW_P 用来表示运放在频域中的大信号特性,是转换速率的另一种表示形式。

如在运放的输入端加一正弦电压 $v_i = V_{im} \sin \omega t$,输出电压 $v_o = -V_{om} \sin \omega t$。此时输出电压的最大变化速率为

$$\frac{\mathrm{d}v_o(t)}{\mathrm{d}t}\bigg|_{t=0} = V_{om}\omega \cos \omega t \bigg|_{t=0} = 2\pi f V_{om} \tag{6.2.5}$$

为了使输出信号电压波形不因 S_R 的限制而产生失真,要求 $2\pi f V_{om} \leqslant S_R$,即必须使运放的 S_R 大于 $2\pi f V_{om}$。所以全功率带宽 BW_P 定义为

$$BW_P = \frac{S_R}{2\pi V_{om}} \tag{6.2.6}$$

μA741 运放的 S_R 为 0.5 V/μs,当输出电压幅值 $V_{om} = 10$ V 时,它的最大不失真频率应为 8 kHz。如果信号频率大于 8 kHz,输出波形将产生失真,如图 6.2.5 所示。

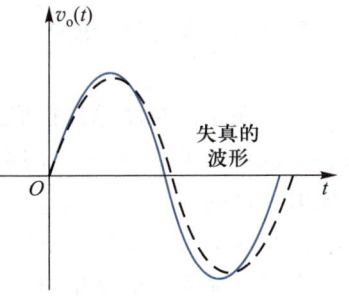

图 6.2.5　因 BW_P 的限制而产生的信号失真

6.2.5　电源特性参数

一、静态功耗 P_D

静态功耗 P_D 定义为信号为零时,运放消耗的总功率,即

$$P_D = V_{CC}I_{CC} + V_{EE}I_{EE} \tag{6.2.7}$$

二、电源电压抑制比 K_{SVR}

K_{SVR} 描述了电源电压波动对输出电压影响的程度,通常定义为折合到输入端的失调电

压变化与电源电压变化的比值,即

$$K_{SVR} = \frac{dV_{IO}}{d(V_{CC} + V_{EE})} \tag{6.2.8}$$

除上述参数外,还有最大输出电压、差模输入电阻、共模输入电阻、输出电阻、电源电压范围、电源电流和功耗(运放有输入信号和接有负载时,运放允许耗散的最大功率)等,这些参数的含义在前面各节已经介绍过,这里不再赘述。

复习思考题

请自行查找一个运放的数据手册,观察除课本所述之外还有哪些参数。

*6.3
其他集成运算放大器简介

从 20 世纪 60 年代第一种模拟集成电路问世起,模拟集成电路发展非常迅速,新的品种层出不穷,如超高精度单片集成运放 OP177、超低噪声精密高速运放 LT1028、超高速运放 AD9610、宽频带运放 AD5539、超低偏置电流超高输入阻抗运放 AD549、超低功耗精密运放 OP22 等。随着 MOS 集成工艺的改进,MOS 运放结合了双极型和 MOS 优点的 Bi_FET 集成运放的应用不断增加。

本小节简单介绍几种不同类型的集成运放。

6.3.1 超高精度单片集成运算放大器 OP177

由于在超高精度单片集成运放 OP177 运算放大电路中采用了 CE-CB 组合差分输入级、偏置电流补偿电路、在片失调微调技术、低漂移调零网路等技术,使集成运放 OP177 的运算精度大大提高。

图 6.3.1 所示为超高精度单片集成运放 OP177 运算放大器简化的内部电路。

在输入级放大电路中,T_1、T_3 和 T_2、T_4 构成共射-共基差放,T_5、T_7 和 T_6、T_8 为 T_1、T_3 和 T_2、T_4 提供一个比较精确的输入管所需的偏置电流,可以减小整体失调电流。输入端 $T_{21} \sim T_{24}$ 为限制输入端差模电压而设,使加到 T_1、T_2 基极之间的电压不超过 T_{21}、T_{22}(或 T_{23}、T_{24})的两个发射结电压之和。

在中间级放大电路中,T_9、T_{11} 和 T_{10}、T_{12} 构成共集-共射差放。T_{13}、T_{14} 为第二级放大电路的有源负载。信号由 T_{12} 的集电极输出到功率输出级。

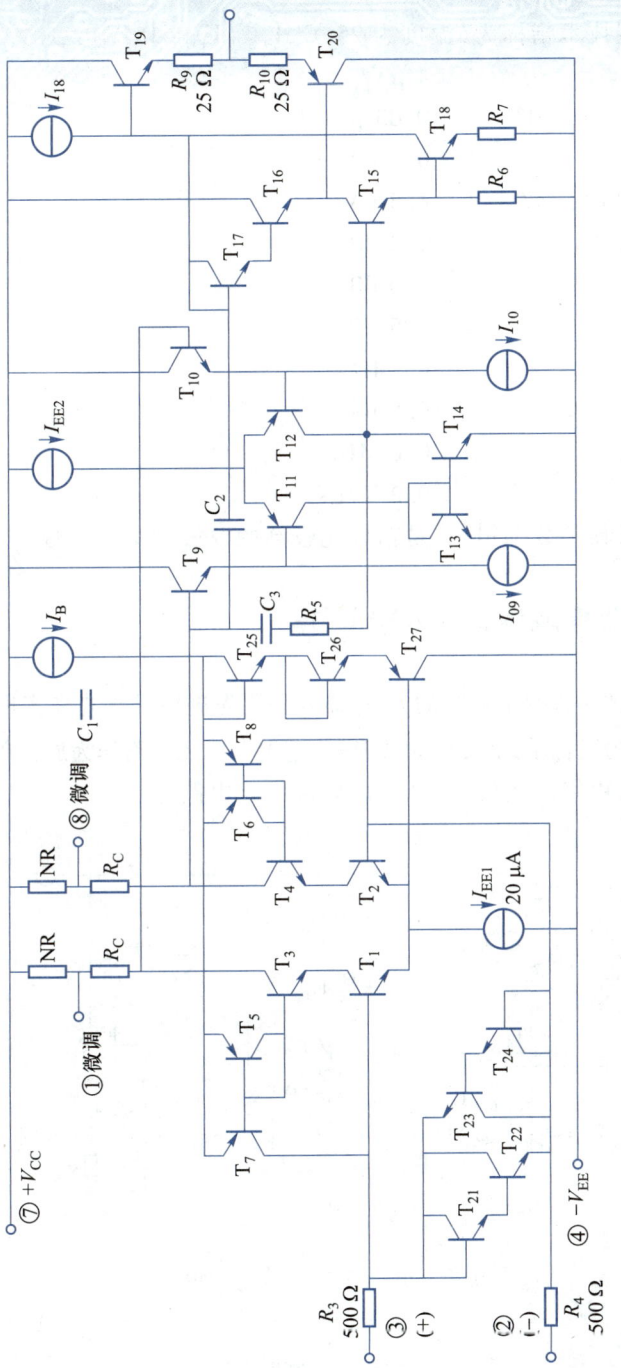

图 6.3.1　简化的 OP177 运算放大器的内部电路

功率输出级中,推动晶体管为 T_{15},T_{19}、T_{20} 为互补输出晶体管。T_{16}、T_{17} 为输出级提供两互补输出晶体管基极间所需要的电压,即使 T_{19}、T_{20} 的两基极之间的电压为 T_{16}、T_{17} 的两个发射结电压之和,以获得合适的静态工作点。

OP177 的主要典型技术指标为(温度为 25 ℃,$V_{CC} = V_{EE} = 15$ V):

输入失调电压 V_{IO}	4 μV
输入失调电压温漂 dV_{IO}/dT	0.03 μV/℃
输入失调电流 I_{IO}	0.3 nA
输入失调电流温漂 dI_{IO}/dT	1.5 pA/℃
开环差模电压增益 A_{vd}	142 dB
共模抑制比 K_{CMR}	140 dB
电源电压抑制比 K_{SVR}	125 dB
差模输入电阻 R_{id}	45 MΩ
输入偏置电流 I_{IB}	0.5 nA
单位增益带宽 BW_G	0.6 MHz
转换速率 S_R	0.3 V/μs

OP177 的直流和低频参数都很好,是精度比较高的双极型集成运放。

6.3.2　高速宽带集成运算放大器 LT1226

展宽频带的主要方法是提高晶体管的 f_T,这需要采用先进集成工艺来实现。还有,在设计电路时要选用频率特性好的组合单元电路,如共射-共基组合单元电路作为放大单元等。

图 6.3.2 所示为单片集成运放 LT1226 的内部简化电路。

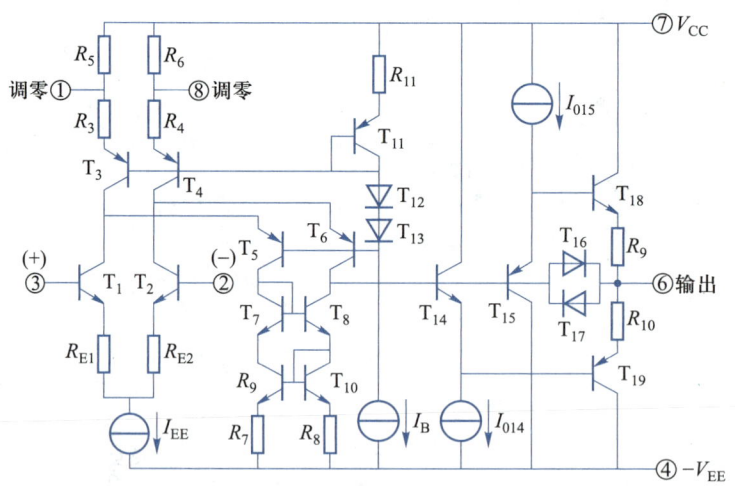

图 6.3.2　集成运放 LT1226 的内部简化电路

LT1226 高速宽带集成运放由两级组成:$T_1 \sim T_{13}$ 构成差分输入级;$T_{14} \sim T_{19}$ 为工作于甲乙类的互补输出级。

在输入级中，T_1、T_5 和 T_2、T_6 构成共射-共基差放，具有很好的高频特性。T_3、T_4 组成电流源作为 T_1、T_2 的集电极有源负载。$T_7 \sim T_{10}$ 组成威尔逊电流源，作为 T_5、T_6 的集电极有源负载。

信号由 T_6 的集电极(单端)输出，加至输出级 T_{14}、T_{15} 的基极。在输出级中，T_{14}、T_{15} 为射极跟随器，它们发射结的直流电压降为互补输出管 T_{18}、T_{19} 提供偏置。T_{16}、T_{17} 是输出级的过流保护晶体管。

在 T_1、T_2 的射极串入负反馈电阻 R_{E1}、R_{E2} 的目的是减小差放输入级的互导增益，可提高转换速率 S_R。

LT1226 的主要典型技术指标为：

输入失调电压 V_{IO}	0.3 mV
输入失调电压温漂 dV_{IO}/dT	6 μV/℃
输入失调电流 I_{IO}	100 nA
开环差模电压增益 A_{vd}	104 dB
共模抑制比 K_{CMR}	103 dB
电源电压抑制比 K_{SVR}	110 dB
单位增益带宽 BW_G	1 000 MHz
转换速率 S_R	400 V/μs

6.3.3　MC14573CMOS 集成运算放大器

在许多测量设备中，需要高输入电阻的集成运放，以提高测量精度。使用双极型集成运放时不易实现，可采用场效应管构成集成运放。由于同时制作 N 沟道和 P 沟道互补对称管工艺较易实现，没有衬底调制效应，所以 CMOS 技术制造的集成运放得到广泛应用。CMOS 集成运放的输入电阻高达 10^{10} Ω 以上，并在很宽的电源电压范围内工作。芯片面积只是双极型运放的 $1/5 \sim 1/3$，因此 CMOS 电路的集成度更高。

MC14573 是将 4 个独立的运放封装在一个芯片上的器件。电路原理图如图 6.3.3 所示，电路结构与晶体管集成运放电路结构类似。

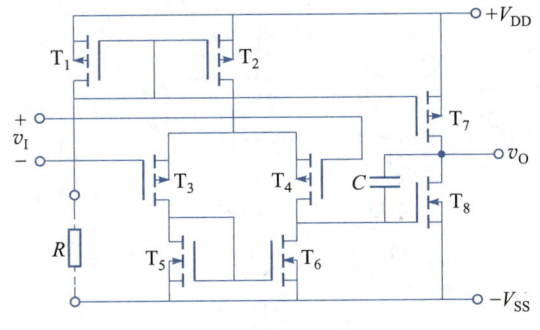

图 6.3.3　MC14573 电路结构

MC14573 是两级放大电路：

第一级是以 P 沟道管 T_3 和 T_4 作为差分放大管，N 沟道管 T_5 和 T_6 构成电流源作为有源负载，形成双端输入、单端输出的差放。

T_1、T_2和T_7构成多路电流源，T_2为输入级提供偏置电流，T_7作为T_8的有源负载。利用外接电阻 R 可以选择基准电流 I_R 的值。

第二级由T_8构成共源放大电路，从漏极输出。

MC14573 输入级利用有较高输出阻抗的有源负载获得较大的增益。第二级是共源放大电路，以 N 沟道管T_8为放大管，漏极带有源负载，因此也具有很强的电压放大能力，但它的输出电阻较大，因而带负载能力较差，电路是为带高阻抗负载而设计的。

MC14573 的主要典型技术指标为（$V_{DD} = V_{SS} = 7.5$ V）：

输入失调电压 V_{IO}	20 mV
开环差模电压增益 A_{vd}	66 dB
共模电压输入范围 V_{IC}	10 V（峰-峰值）
共模抑制比 K_{CMR}	60 dB
单位增益带宽 BW_G	3.2 MHz
转换速率 S_R	8 V/μs

6.3.4　Bi_FET 单片集成运算放大器

以 MOS 管作差放输入级的运放可以获得极高的输入电阻和极小的输入偏置电流，而以双极型晶体管作电压放大级，可以获得较高的电压增益。如果将上述两类器件结合起来，可得到高性能的集成运放。

CF3130 运放的内部电路如图 6.3.4 所示。CF3130 集成运放由三级放大电路组成。

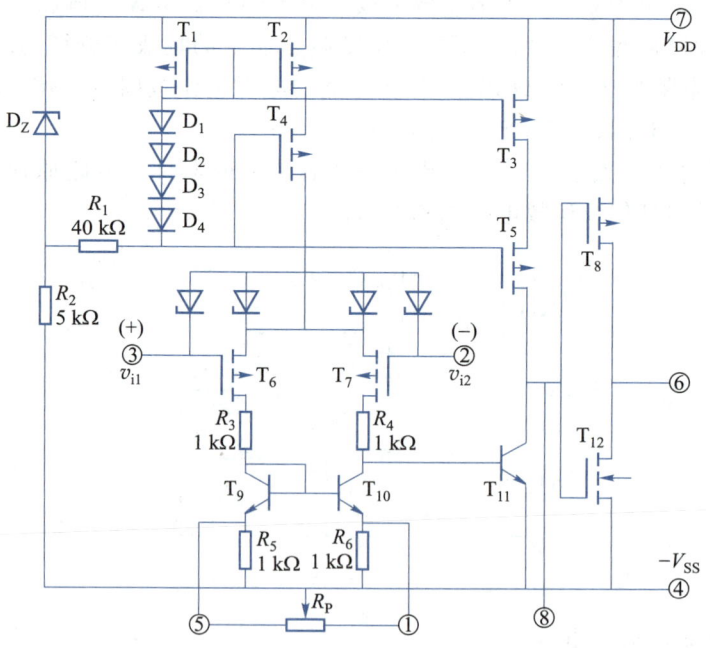

图 6.3.4　CF3130 运放的内部电路

T_6、T_7为 PMOS 差分放大管构成的差动输入级。T_9、T_{10}为镜像电流源，并作为 T_6、T_7的有源负载，完成双端输出到单端输出的转换。T_2、T_4 及参考电流支路 T_1、$D_1 \sim D_4$ 和 R_1 组成电流源，为输入级提供偏置电流。输入级的电压增益约为 5 倍。图中的 4 个稳压管是为了保护 T_6、T_7 栅极不被击穿而设置的保护电路。

中间级由 T_{11}、T_3 和 T_5 组成。由于 T_{11} 是晶体管共射放大组态，电流源 T_3、T_5 作为有源负载，有很高的输出电阻，且下一级(T_8、T_{12})的输入电阻极大，因而该级的电压增益很高，可达 75 dB 左右。

输出级由 T_8、T_{12} 组成，为共源互补放大电路，电压增益为 30 倍左右。

CF3130 的主要典型值技术指标为：

输入失调电压 V_{IO}	8 mV
输入失调电流 I_{IO}	0.5 pA
开环差模电压增益 A_{vd}	110 dB
共模抑制比 K_{CMR}	90 dB
差模输入电阻 R_{id}	1.5×10^{12} Ω
输入偏置电流 I_{IB}	5 pA
单位增益带宽 BW_G	15 MHz
转换速率 S_R	30 V/μs

6.4
集成运算放大器的同相和反相放大电路

6.4.1　集成运算放大器的线性应用与非线性应用

从图 6.1.4 可以看出，运放的工作区域可分为 3 段，反向饱和区、线性工作区和正向饱和区。按照运放的工作区域(或称工作状态)不同，其应用可分为两大类：线性应用与非线性应用。

集成运放的反相和同相比例运算电路

一、运放的线性应用

线性应用时，运放工作于传输特性的线性工作区，输出电压值为正向饱和电压 V_{OH} 和反向饱和电压 V_{OL} 之间，而运放的电压增益 A_{vd} 非常大，此时运放的差模输入电压 v_{id} 极小。一般情况下，为了保证运放工作在传输特性的线性区，需要以集成运放作为基本放大电路配合外部反馈网络，构成深度负反馈电路。由于运放的开环增益非常高，所以引入负反馈时满足深度负反馈条件。深度负反馈可使运放的净输入(差模输入电压 v_{id})接近于零。由集成运放组成的运算电路和有源滤波电路等都属于运放的线性应用。

通过以上分析，可以得到集成运放线性应用的三个重要结论。

(1) 为了保证运放工作在传输特性的线性区，需要以集成运放作为基本放大电路配合外部反馈网络，构成深度负反馈电路。

(2) 运放在线性区工作时，运放两输入端的差模输入电压近似为零，即

$$v_P \approx v_N \tag{6.4.1}$$

这种情况,通常称为运放的同向输入端和反相输入端之间为虚短,因为此时运放两输入端可近似看成等电位,但又不是真正的短路(因为流过的电流近似为零)。

(3) 由于运放的输入阻抗非常高,运放线性应用时运放两输入端的输入电压近似为零,所以输入电流也近似为零,即

$$i_P \approx i_N \approx 0 \tag{6.4.2}$$

这种情况,通常称为虚断,因为此时运放两输入端可视为不取电流,但不是真正的断开(因为在运放线性应用时,两输入端的电压近似为零)。

以上三个结论在分析电路时经常用到,即只有在电路构成深度负反馈的情况下,才能利用虚短、虚断的概念求解实际电路的函数关系。一般进行功能分析时,运放可看成理想运放,所产生的误差一般可以忽略不计。

二、运放的非线性应用

运放非线性应用时,运放的差模输入电压较大,工作在传输特性的限幅区,输出电压为 V_{OH} 或 V_{OL},输入、输出之间成非线性关系。此时集成运放一般处于无反馈(开环)或正反馈的工作状态。

6.4.2 集成运算放大器的基本输入方式

一、反相输入

1. 基本反相输入放大电路。

图 6.4.1 所示是最简单的反相输入放大电路。信号 v_I 通过电阻 R_1 输入到运放的反相输入端,电阻 R_F 为电路的反馈电阻,对输出 v_O 取样,反馈到运放的反相输入端,形成电压并联负反馈。一般使用运放构成放大电路时,均满足深度负反馈的条件,可以根据前面介绍的运放输入端虚短、虚断的概念对电路进行分析。

由于没有电流流过 R',所以 P 点的电位为零,根据虚短的概念,在线性应用时,N 点的电位也为零。可以求出

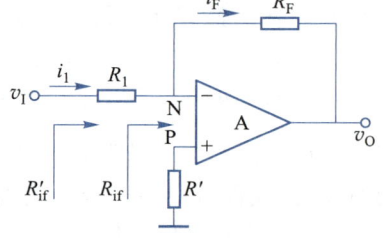

图 6.4.1 反相输入放大电路

$$i_1 = v_I/R_1 \tag{6.4.3}$$
$$i_F = (0 - v_O)/R_F \tag{6.4.4}$$

且

$$i_1 = i_F \tag{6.4.5}$$

于是有

$$A_{vf} = \frac{v_O}{v_I} = -\frac{R_F}{R_1} \tag{6.4.6}$$

或

$$v_0 = -\frac{R_F}{R_1}v_I \qquad (6.4.7)$$

利用深度负反馈也可以得到上式。电路为电压并联负反馈,满足深度负反馈的条件,有

$$F_g = \frac{i_F}{v_0} = -\frac{1}{R_F} \qquad (6.4.8)$$

$$v_I = i_1 R_1 = i_F R_1 \qquad (6.4.9)$$

$$A_{rf} = \frac{1}{F_g} = \frac{v_0}{i_1} = -R_F \qquad (6.4.10)$$

$$A_{vf} = \frac{v_0}{v_1} = \frac{v_0}{i_1 R_1} = \frac{A_{rf}}{R_1} = -\frac{R_F}{R_1} \qquad (6.4.11)$$

从以上分析可以看出反相输入基本放大电路有以下特点。

(1)输出信号和输入信号的相位相反。

(2)由于电路是深度负反馈,从运放反相输入端看入的输入电阻 $R_{if} \approx 0$(见图6.4.1),且由于N点为零电位,整个反相放大电路的输入阻抗 R'_{if} 为 R_1。

(3)由于电路是深度负反馈,且为电压取样,电路的输出阻抗 $R_{of} \approx 0$。

(4)由于运放输入端为虚短,N点为零电位,所以在如图6.4.1所示的反相放大电路当中,N点称为"虚地"。

(5)运放两输入端电位均近似为零,只有差模信号输入到运放的输入端,无共模信号输入,因此对运放的共模抑制比参数没有特殊要求。

(6)运放同相输入端接的电阻 R',称为直流平衡电阻,其作用是减小或消除静态时可能在运放输入端产生的附加差模输入电压。接入电阻 R' 后,使运放两输入端往外看的直流电阻相等,保持两输入端电路的对称,如图6.4.2所示。

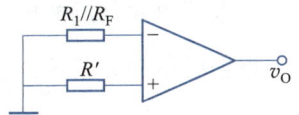

图 6.4.2 直流平衡电阻的作用

静态时,$v_0 = 0$,运放两个输入端的静态偏置电流 $I_{BP} = I_{BN}$。当 $R' = R_1 // R_F$ 时,在两个等效电阻上的电压降相等,输入偏置电流不会在运放输入端产生附加的差模输入电压。因此在对运放电路进行设计时,应保持使从运放两输入端看出去的电阻相等。

2. T形反馈网络构成的反相放大器

基本反相输入放大电路中,放大器的输入电阻等于 R_1,要提高输入电阻,可以加大 R_1。但为了在提高输入电阻的同时,保持放大倍数不变,必须成比例加大 R_F。当要求的输入电阻较高,而且放大倍数也较大时,R_F 的取值可能很大。由于工艺上及环境温度变化等原因,高阻值的电阻稳定性差。可以用一个T形网络代替 R_F,如图6.4.3所示。这样可以在保持相同的放大倍数的情况下,提高输入电阻,并使反馈网络的电阻阻值不会太大。

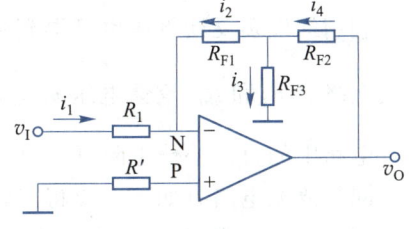

图 6.4.3 T形反馈网络反相放大器

利用运放线性应用时输入端虚短、虚断的概念,可以求出图6.4.3所示电路的输出与输入的关系。

由于 N 点为"虚地",所以

$$i_1 = -i_2 \qquad (6.4.12)$$

且

$$i_2 = i_4 - i_3 \qquad (6.4.13)$$

$$i_1 = \frac{v_I}{R_1} \qquad (6.4.14)$$

$$i_2 = \frac{v_O}{R_{F2} + \dfrac{R_{F1}R_{F3}}{R_{F1} + R_{F3}}} \cdot \frac{R_{F3}}{R_{F1} + R_{F3}} = \frac{R_{F3}}{R_{F2}(R_{F1} + R_{F3}) + R_{F1}R_{F3}}v_O \qquad (6.4.15)$$

有

$$v_O = -\frac{R_{F2}(R_{F1} + R_{F3}) + R_{F1}R_{F3}}{R_{F3}R_1}v_I \qquad (6.4.16)$$

直流补偿电阻为

$$R' = R_1 \; /\!/ \; (R_{F1} + R_{F2} \; /\!/ \; R_{F3}) \qquad (6.4.17)$$

二、同相输入

1. 基本同相输入放大电路

图 6.4.4 所示为基本同相输入放大电路。

输入信号电压通过直流补偿电阻 R' 输入到运放的同相输入端。反馈网络为 R_F 和 R_1,构成深度电压串联负反馈放大电路。

根据虚短和虚断的概念,有 $v_P = v_N = v_I$,且 $i_1 = i_F$,而

$$\begin{cases} i_F = \dfrac{v_O - v_I}{R_F} \\[2mm] i_1 = \dfrac{v_I}{R_1} \end{cases} \qquad (6.4.18)$$

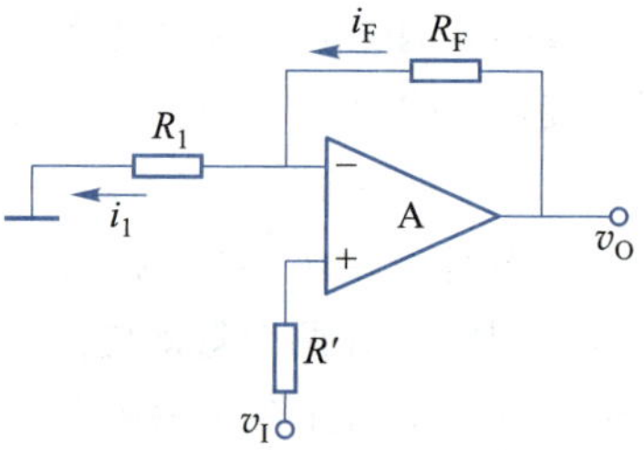

图 6.4.4 同相输入放大电路

所以

$$v_O = \left(1 + \frac{R_F}{R_1}\right)v_I \qquad (6.4.19)$$

利用深度负反馈算法也可得到如上结论。由于电路是深度电压串联负反馈放大电路,反馈网络为 R_F 和 R_1,反馈电压 v_F 是 v_O 在 R_1 上的分压,$F_v = \dfrac{R_1}{R_1 + R_F}$,有 $A_{vf} = \dfrac{1}{F_v} = 1 + \dfrac{R_F}{R_1}$。

电路中的直流补偿电阻 $\qquad\qquad R' = R_1 \; /\!/ \; R_F$

同相放大电路有如下主要特点。

(1)输入电阻很高 $R_{if} \to \infty$,输出电阻 $R_{of} \to 0$。

(2)电路不存在"虚地"点。由于 $v_P = v_N = v_I$,集成运放有共模输入信号,且共模输入电压等于输入电压 v_I,因而对运放的共模抑制比参数有较高的要求,这是该电路的缺点。

2. 几种常用的同相放大电路

（1）输入端接有分压电阻的同相放大电路

图 6.4.5 所示电路是运放电路分析中常见的一种电路形式。输入信号通过电阻 R_2 和 R_3 分压后送入运放的同相输入端，由于从同相输入端看入的阻抗接近无穷大，可不考虑运放输入电阻的负载作用，直接在同相放大电路的输入输出表达式中加一个分压比即可。即

$$v_O = \frac{R_3}{R_2 + R_3}\left(1 + \frac{R_F}{R_1}\right) v_I \qquad (6.4.20)$$

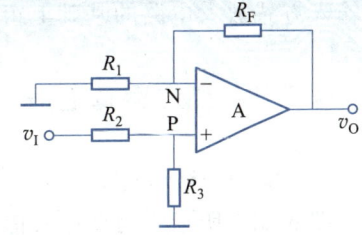

图 6.4.5　输入端接有分压
电阻的同相放大电路

为保证运放两输入端的直流电阻平衡，应有：$R_2 /\!/ R_3 = R_1 /\!/ R_F$。

（2）电压跟随器

在基本同相输入放大电路中，若令 $R_1 = \infty$，或同时 $R_F = 0$，则有 $A_{vf} = 1$，此时电路便成为电压跟随器，如图 6.4.6(a)所示。由于电路中 R_F 和 R' 上都不会有电流流过，电阻上的电压为零，所以也可以将两电阻短路，形成的电路如图 6.4.6(b)所示。与射极跟随器相比，集成运放构成的电压跟随器特性更好，输入电阻更高，输出电阻更低。

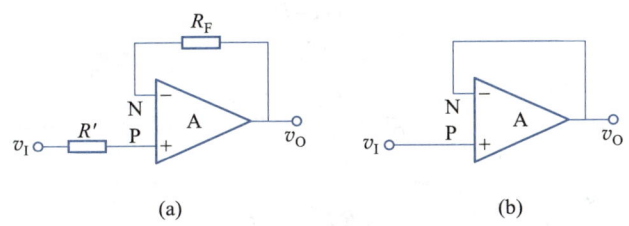

(a) (b)

图 6.4.6　电压跟随器的两种形式

复习思考题

判断以下说法是否正确：

（1）反相基本放大电路属于电压串联负反馈。

（2）同相基本放大电路属于电压并联负反馈。

（3）不论外部信号输入到运放的哪个输入端，从运放输出端通过电阻将信号反馈到运放反相输入端的通路都会引入负反馈。

6.5
由集成运算放大器构成的模拟运算电路

利用集成运放作基本放大电路，引入各种不同的反馈，使用不同的外围器件，可构成具

有不同功能的运算电路。在模拟运算电路中,当输入电压变化时,输出电压将按一定的数学规律变化。为了实现模拟运算,集成运放必须工作于线性区,在深度负反馈条件下,利用不同的反馈网络可以实现不同的运算关系。而这些运算功能电路都是在上一节提及的两种基本输入方式放大电路的基础上组合和演变而来的。

6.5.1 加法运算电路

一、反相加法电路

图 6.5.1 所示为两个输入信号的反相加法电路。

图 6.5.1 所示电路中,由于 N 点为"虚地",很容易得到

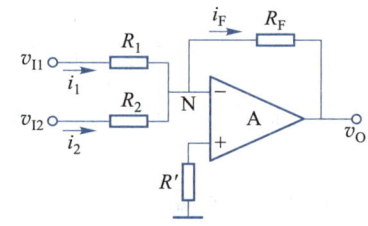

图 6.5.1 两个输入信号的反相加法电路

$$i_1 = \frac{v_{I1}}{R_1} \qquad (6.5.1)$$

$$i_2 = \frac{v_{I2}}{R_2} \qquad (6.5.2)$$

$$i_F = \frac{-v_O}{R_F} \qquad (6.5.3)$$

且有

$$i_1 + i_2 = i_F$$

可以得到

$$\frac{v_{I1}}{R_1} + \frac{v_{I2}}{R_2} = \frac{-v_O}{R_F} \qquad (6.5.4)$$

即

$$v_O = -\left(\frac{R_F}{R_1} v_{I1} + \frac{R_F}{R_2} v_{I2} \right) \qquad (6.5.5)$$

从而实现了两输入信号的反相比例相加。若取 $R_1 = R_2$,则有

$$v_O = -\frac{R_F}{R_1}(v_{I1} + v_{I2}) \qquad (6.5.6)$$

根据运放两输入端直流电阻平衡的要求,应使

$$R' = R_1 /\!/ R_2 /\!/ R_F \qquad (6.5.7)$$

反相相加运算电路可以推广到对多个信号求和。读者可以根据需求和上面介绍的分析方法进行设计。

二、同相加法电路

图 6.5.2 所示电路是实现两个输入信号同相相加的加法电路。很明显只要求出 P 点电压与输入电压的关系,代入同相放大电路的公式即可。

根据图 6.5.2 电路,有 $i_1 + i_2 = i_3$,即

$$\frac{v_{I1} - v_P}{R_2} + \frac{v_{I2} - v_P}{R_3} = \frac{v_P}{R_4} \qquad (6.5.8)$$

式中,v_P 为 P 点对地电位,可以得到

$$v_P = R_P \left(\frac{v_{I1}}{R_2} + \frac{v_{I2}}{R_3} \right) \qquad (6.5.9)$$

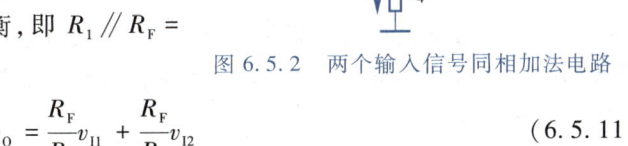

式中，$R_P = R_2 /\!/ R_3 /\!/ R_4$。所以电路总的输出和输入的关系为

$$v_O = \left(1 + \frac{R_F}{R_1} \right) R_P \left(\frac{v_{I1}}{R_2} + \frac{v_{I2}}{R_3} \right) \qquad (6.5.10)$$

在满足运放输入端直流电阻平衡，即 $R_1 /\!/ R_F = R_2 /\!/ R_3 /\!/ R_4$ 时，输出的表达式变为

图 6.5.2　两个输入信号同相加法电路

$$v_O = \frac{R_F}{R_2} v_{I1} + \frac{R_F}{R_3} v_{I2} \qquad (6.5.11)$$

6.5.2　减法运算电路

一、差分输入减法电路

图 6.5.3 所示为差分输入减法电路的原理图。两路输入信号 v_{I1} 和 v_{I2} 分别通过电阻 R_2 和 R_1 接至运放的同相输入端与反相输入端，为一个同相放大电路和一个反相放大电路的组合。

输出电压 v_O 通过反馈电阻 R_F 反馈回反相输入端，形成深度负反馈，对输入信号 v_{I1} 而言，为电压串联负反馈，对输入信号 v_{I2} 而言，为电压并联负反馈。

应用叠加定理以及前面对同相输入、反相输入放大电路的分析结果，当 $v_{I2} = 0$ 时不难求出

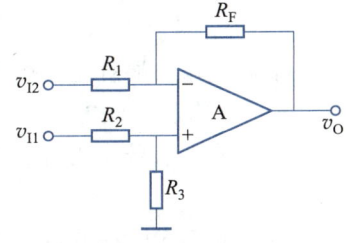

图 6.5.3　差分输入减法电路

$$v_{O1} = \frac{R_3}{R_2 + R_3} \left(1 + \frac{R_F}{R_1} \right) v_{I1} \qquad (6.5.12)$$

当 $v_{I1} = 0$ 时

$$v_{O2} = - \frac{R_F}{R_1} v_{I2} \qquad (6.5.13)$$

叠加后有

$$v_O = v_{O1} + v_{O2} = \frac{R_3}{R_2 + R_3} \left(1 + \frac{R_F}{R_1} \right) v_{I1} - \frac{R_F}{R_1} v_{I2} \qquad (6.5.14)$$

在满足运放输入端直流电阻平衡，即 $R_1 /\!/ R_F = R_2 /\!/ R_3$ 时，同时令 $R_1 = R_2$、$R_3 = R_F$，输出的表达式变为

$$v_O = \frac{R_F}{R_1} (v_{I1} - v_{I2}) \qquad (6.5.15)$$

该电路实现输出电压 v_O 与两个输入信号之差 $(v_{I1} - v_{I2})$ 成正比，完成模拟减法运算。

上面介绍的差分减法运算电路有如下缺点：一是电阻的选取和调整不够方便；二是对每个信号源输入电阻均较小。因此，必要时可用两个运放来设计减法运算电路，如图 6.5.4 所示。

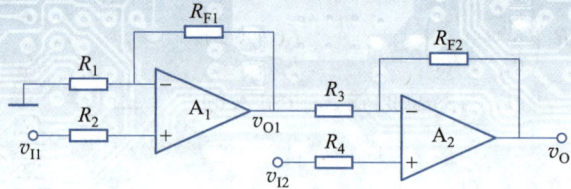

图 6.5.4　两级运放构成的高输入阻抗减法电路

由于第一级的输出电阻近似为零,因而后级对它的负载作用可以忽略,故两级的输出与输入的关系可以直接分开计算,即不考虑后级输入电阻对本级负载作用,也不考虑本级输出电阻对后级的影响。

$$v_{O1} = \left(1 + \frac{R_{F1}}{R_1} \right) v_{I1} \tag{6.5.16}$$

$$v_O = \left(1 + \frac{R_{F2}}{R_3} \right) v_{I2} - \frac{R_{F2}}{R_3} v_{O1} = \left(1 + \frac{R_{F2}}{R_3} \right) v_{I2} - \frac{R_{F2}}{R_3} \left(1 + \frac{R_{F1}}{R_1} \right) v_{I1} \tag{6.5.17}$$

若取 $R_1 = R_{F2}$, $R_{F1} = R_3$ 时,表达式变为

$$v_O = \left(1 + \frac{R_{F2}}{R_3} \right) (v_{I2} - v_{I1}) \tag{6.5.18}$$

关于运放输入端直流平衡电阻 R_2、R_4 的取值,可按前面的方法确定。

二、反相求和减法电路

将某一输入信号反相后加到前面介绍的加法电路中,也可以构成减法电路,如图 6.5.5 所示。

根据图 6.5.5 所示电路可以得到

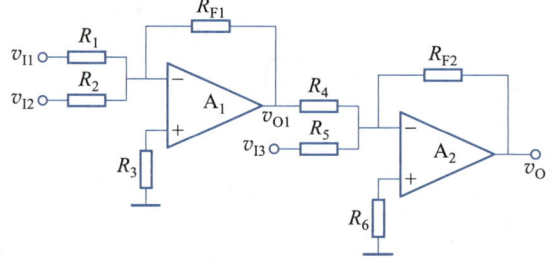

图 6.5.5　反相求和减法电路

$$v_{O1} = -\left(\frac{R_{F1}}{R_1} v_{I1} + \frac{R_{F1}}{R_2} v_{I2} \right) \tag{6.5.19}$$

$$v_O = -\left(\frac{R_{F2}}{R_4} v_{O1} + \frac{R_{F2}}{R_5} v_{I3} \right) \tag{6.5.20}$$

当取 $R_{F1} = R_4$,且 $R_1 = R_2 = R_5$ 时,有

$$v_O = \frac{R_{F2}}{R_1} (v_{I1} + v_{I2} - v_{I3}) \tag{6.5.21}$$

运放输入端直流平衡电阻 R_3、R_6 的取值,请读者自己确定。

6.5.3　积分运算电路

一、基本积分电路

图 6.5.6 所示为基本积分电路,与反相放大电路相似,但反馈元件为电容,该电路的输出电压与输入电压为积分运算关系。

图 6.5.6 电路中 N 点电位 $v_N = 0$,为"虚地"。电阻 R 中的电流

$$i_R = \frac{v_I}{R} \tag{6.5.22}$$

流过电容 C 的电流为

$$i_C = C\frac{\mathrm{d}v_C}{\mathrm{d}t} = -C\frac{\mathrm{d}v_O}{\mathrm{d}t} \tag{6.5.23}$$

两电流相等,即

$$\frac{v_I}{R} = -C\frac{\mathrm{d}v_O}{\mathrm{d}t} \tag{6.5.24}$$

通过上式,可解出

$$v_O = -\frac{1}{RC}\int_{t_0}^{t} v_I(t)\,\mathrm{d}t + v_O(t_0) \tag{6.5.25}$$

式(6.5.25)中 $v_O(t_0)$ 为积分的初始条件,也就是 t_0 时刻的输出电压值。

假设输入信号 v_I 是一个如图 6.5.7 所示的阶跃信号,且在 $t=0$ 时刻,电容上的电压为零,也就是 $v_O(t_0)=0$。

当 $t \geqslant 0$ 时,有

$$v_O = -\frac{1}{RC}\int_{0}^{t} V_m\mathrm{d}t = -\frac{V_m}{RC}t \quad (当 \mid v_O \mid < \mid V_{OL} \mid 时) \tag{6.5.26}$$

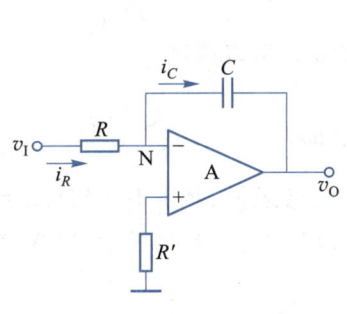

图 6.5.6　基本积分电路

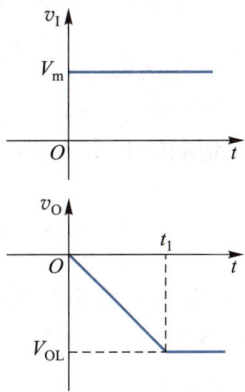

图 6.5.7　v_I 为阶跃信号时输出波形

这是由于电容 C 以恒定电流 $i_R = v_I/R$ 充电,所以输出电压 v_O 负向线性增加。当 v_O 达到

运放的反向限幅区时,运放进入非线性工作状态,输出保持不变,积分作用停止。可见,要保持正常的积分关系,对积分时间应有所限制。积分时间限制的值为 t_1(如图6.5.7所示),即

$$t_1 = - \frac{V_{OL}}{V_m} RC \tag{6.5.27}$$

式中,V_{OL} 为一负值。

以上是对积分电路在时域进行分析,也可在频域对其进行分析,得到其传输函数。

由于电容 C 的正弦稳态容抗可表示为 $\frac{1}{j\omega C}$,根据反相放大电路的传输函数公式,可以写出

$$\dot{V}_o(j\omega) = - \frac{\frac{1}{j\omega C}}{R} \dot{V}_i(j\omega) = - \frac{1}{j\omega RC} \dot{V}_i(j\omega) \tag{6.5.28}$$

式(6.5.28)也表明,在时域中输出电压正比于输入电压的积分。

利用积分电路,可以把方波电压信号变换为三角波电压信号,这部分内容将会在讲解波形发生器时介绍。

二、同相输入积分电路

同相输入积分电路如图6.5.8所示。对其进行正弦稳态分析可得

$$\dot{I}_1(j\omega) = \frac{\dot{V}_i(j\omega) - \dot{V}_P(j\omega)}{R} \tag{6.5.29}$$

$$\dot{I}_2(j\omega) = \frac{\dot{V}_o(j\omega) - \dot{V}_P(j\omega)}{R} \tag{6.5.30}$$

$$\dot{I}_3(j\omega) = \frac{\dot{V}_P(j\omega)}{\frac{1}{j\omega C}} = j\omega C \dot{V}_P(j\omega) \tag{6.5.31}$$

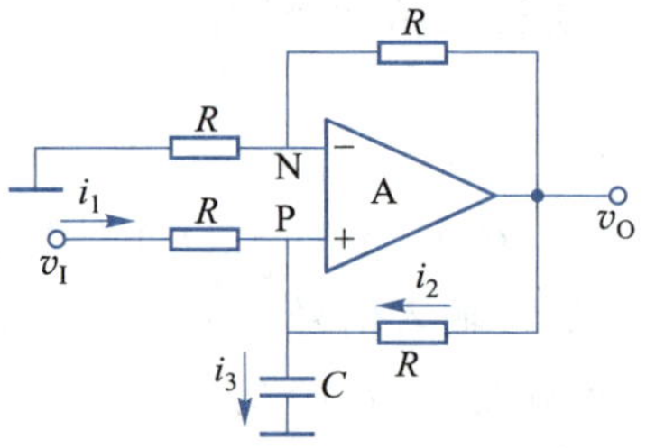

图 6.5.8 同相输入积分电路

由于 $\dot{I}_3(j\omega) = \dot{I}_2(j\omega) + \dot{I}_1(j\omega)$,有

$$j\omega C \dot{V}_P(j\omega) = \frac{\dot{V}_i(j\omega) - \dot{V}_P(j\omega)}{R} + \frac{\dot{V}_o(j\omega) - \dot{V}_P(j\omega)}{R} \tag{6.5.32}$$

根据运放线性应用时,$\dot{V}_P(j\omega) = \dot{V}_N(j\omega) = \frac{1}{2}\dot{V}_o(j\omega)$,可以得到

$$\dot{V}_o(j\omega) = \frac{2}{j\omega RC} \dot{V}_i(j\omega) \tag{6.5.33}$$

例6.5.1 电路如图6.5.9所示,设各运放为理想运放,$R_1 = 100\ \text{k}\Omega$,$R = 10\ \text{k}\Omega$,$C = 1\ \mu\text{F}$;$v_{I1} = v_{I2} = -2.5\ \text{V}$,$v_{I3} = 5.1\ \text{V}$,运放的供电电源为 $\pm 15\ \text{V}$,运放的 $V_{OH} = 13\ \text{V}$,$V_{OL} = -13\ \text{V}$;当 $t = 0$ 时,$v_C = 0\ \text{V}$。

(1)请问运放 $A_1 \sim A_4$ 各组成什么电路?

(2)如果在 $t = 0$ 时刻接入输入信号和电源,求 $t = 4.9\ \text{s}$ 时各运放的输出电压。

(3)在 $t = 15.5\ \text{s}$ 时,各运放的输出电压为多少?

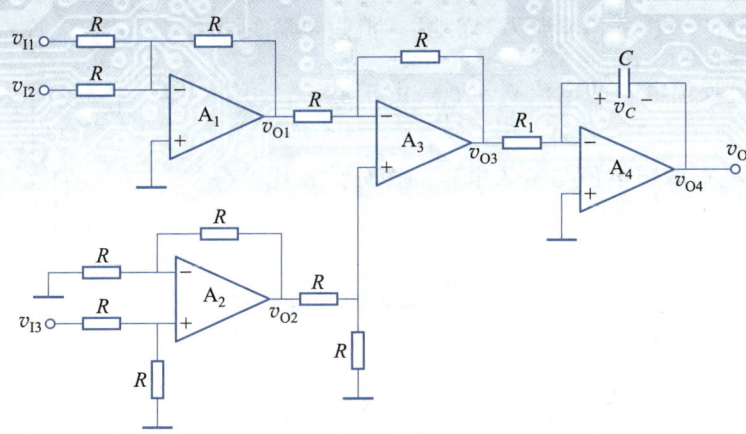

图 6.5.9 例 6.5.1 电路

解:(1) A_1 构成反相输入加法电路;A_2 构成同相放大电路(输入端有电阻分压);A_3 构成差分输入的减法电路;A_4 构成反相积分电路。

(2) 当 $t = 4.9$ s 时,有

$$v_{O1} = -(v_{I1} + v_{I2}) = -(-2.5 - 2.5) \text{ V} = 5 \text{ V}$$

$$v_{O2} = \frac{R}{R + R}\left(1 + \frac{R}{R}\right) v_{I3} = v_{I3} = 5.1 \text{ V}$$

$$v_{O3} = \frac{R}{R + R}\left(1 + \frac{R}{R}\right) v_{O2} - \frac{R}{R} v_{O1} = (5.1 - 5) \text{ V} = 0.1 \text{ V}$$

$$v_{O4} = -\frac{1}{R_1 C}\int_0^t v_{O3} \mathrm{d}t = -\frac{v_{O3}}{R_1 C} t = -4.9 \text{ V}$$

(3) 当 $t = 15.5$ s 时,有

$$v_{O1} = -(v_{I1} + v_{I2}) = -(-2.5 - 2.5) \text{ V} = 5 \text{ V}$$

$$v_{O2} = \frac{R}{R + R}\left(1 + \frac{R}{R}\right) v_{I3} = v_{I3} = 5.1 \text{ V}$$

$$v_{O3} = \frac{R}{R + R}\left(1 + \frac{R}{R}\right) v_{O2} - \frac{R}{R} v_{O1} = (5.1 - 5) \text{ V} = 0.1 \text{ V}$$

假设 $t = 15.5$ s 时,积分电路仍在线性区,有

$$v_{O4} = -\frac{1}{R_1 C}\int_0^t v_{O3} \mathrm{d}t = -\frac{v_{O3}}{R_1 C} t = -15.5 \text{ V}$$

显然积分电路超过积分时间限制,所以输出为 V_{OL},则

$$v_{O4} = -13 \text{ V}$$

6.5.4 微分运算电路

微分运算是积分运算的逆运算。将基本积分运算电路中的电阻 R 与电容 C 的位置互换,就可以构成基本微分运算电路,如图 6.5.10 所示。

由于运放工作于线性区,N 点为"虚地"。流过电容的电

流 $i_C = C\dfrac{dv_I}{dt}$;流过反馈电阻的电流 $i_F = -\dfrac{v_O}{R}$;由于 $i_C = i_F$,可以

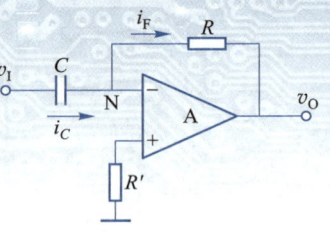

得到 $v_O = -RC\dfrac{dv_I}{dt}$,即输出电压与输入电压的微分成正比。

进行正弦稳态分析时有

$$\dot{V}_o(j\omega) = -\frac{R}{\dfrac{1}{j\omega C}}\dot{V}_i(j\omega) = -j\omega RC\dot{V}_i(j\omega) \qquad (6.5.34)$$

图 6.5.10　基本微分运算电路

上述基本微分电路存在以下问题。

(1) 电路中的 RC 环节对反馈信号有滞后作用,使环路增益的附加相移加大,相位裕度减小,可能不满足电路稳定性的要求,甚至引起自激振荡。

(2) 当输入信号突变时,输出立刻进入限幅区。为保证电路正常工作,实现微分功能,需要对输入信号的频率(或变化速率)进行限制。

6.5.5　对数与反对数运算电路

一、对数运算电路
1. 基本对数运算电路

图 6.5.11 所示为采用二极管和运放构成的对数运算电路。由前述可知,流过二极管的正向电流与加在二极管上的电压之间近似为指数关系,或者说二极管上的正向电压与流过的电流为近似对数关系。

根据图 6.5.11 所示电路,为使二极管导通,输入电压 v_I 应大于零。因为 N 点为"虚地",可以得到

$$i_R = \frac{v_I}{R} \qquad (6.5.35)$$

$$i_D \approx I_S e^{\frac{v_D}{V_T}} = i_R \qquad (6.5.36)$$

因此有

$$v_O = -v_D \approx -V_T \ln\frac{v_I}{I_S R} \qquad (6.5.37)$$

式(6.5.37)表明输出电压与输入电压之间为对数关系。但在公式中 V_T 和 I_S 的存在说明运算精度受温度的影响,并且二极管在电流较小时内部载流子的复合运动不可忽略,在电流较大时内阻不可忽略,所以,仅在一定的电流范围内才能满足指数特性。为了相对扩大输入电压的动态范围,实用电路中常用晶体管取代二极管。

利用晶体管的对数运算电路如图 6.5.12 所示。使用时经常把晶体管的集电极与基极短路,接成二极管形式,则发射结电压 v_{BE} 与集电极电流 i_C 之间在相当宽的范围内(如 $10^{-9} \sim 10^{-3}$ A),具有较精确的对数关系。

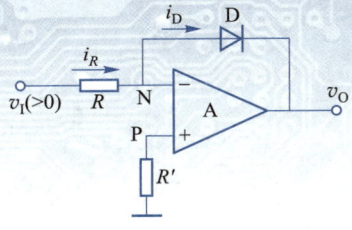

图 6.5.11 基本对数运算电路

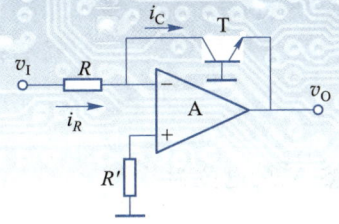

图 6.5.12 利用晶体管构成的对数运算电路

因为运放反相输入端为"虚地",晶体管基极接地,所以基极与集电极同电位。可以得到

$$i_R = \frac{v_I}{R} \tag{6.5.38}$$

$$i_C \approx I_{ES} e^{\frac{v_{BE}}{V_T}} = i_R \tag{6.5.39}$$

因此有

$$v_O = -v_{BE} \approx -V_T \ln \frac{v_I}{I_{ES} R} \tag{6.5.40}$$

虽然用晶体管替代二极管后性能有所提高,但运算精度仍受温度的影响。

2. 集成对数运算电路

在集成对数运算电路中,根据差分电路的基本原理,利用特性相同的两只晶体管(设两只晶体管的特性一致)进行补偿,消去 I_{ES} 对运算关系的影响。型号为 ICL8048 的对数运算电路如图 6.5.13 所示,框内为集成电路,框外为外接元件。

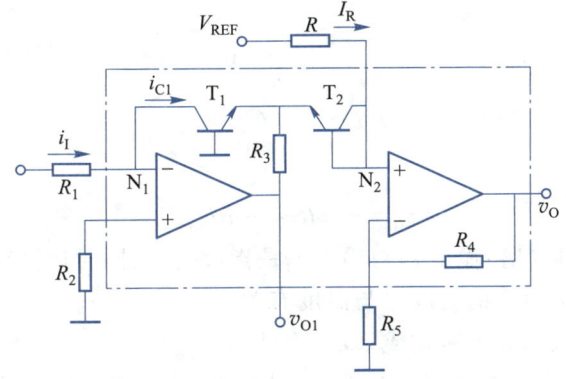

图 6.5.13 ICL8048 集成对数运算电路

由于图 6.5.13 电路中 N_1 点为"虚地",可以得到

$$i_{C1} = i_I = \frac{v_I}{R_1} \approx I_{ES} e^{\frac{v_{BE1}}{V_T}} \tag{6.5.41}$$

因而

$$v_{BE1} \approx V_T \ln \frac{v_I}{I_{ES} R_1} \tag{6.5.42}$$

在节点 N_2,由于运放两输入端流过的电流为零,有

$$i_{C2} \approx I_R \approx I_{ES} e^{\frac{v_{BE2}}{V_T}} \tag{6.5.43}$$

因而

$$v_{BE2} \approx V_T \ln \frac{I_R}{I_{ES}} \tag{6.5.44}$$

节点 N_2 的电位为

$$v_{N_2} = v_{BE2} - v_{BE1} \approx - V_T \ln \frac{v_I}{I_R R_1} \tag{6.5.45}$$

因此输出为

$$v_O \approx - \left(1 + \frac{R_4}{R_5} \right) V_T \ln \frac{v_I}{I_R R_1} \tag{6.5.46}$$

式(6.5.46)中仍有 V_T 存在,与温度有关,可将外接电阻 R_5 选为具有正温度系数的热敏电阻,以补偿 V_T 的温度特性。当环境温度升高时,R_5 阻值增大,使得放大倍数减小,以补偿 V_T 随温度升高的增加,使 v_O 在 v_I 不变时基本稳定。

二、指数运算电路

将图 6.5.12 所示对数运算电路中的电阻和晶体管互换,便可得到指数运算电路,如图 6.5.14 所示。

因为集成运放反相输入端为"虚地",为使晶体管导通,V_{BE} 必须正偏,所以 v_I 应大于零,且只能在发射结导通电压范围内,故输入信号的变化范围也较小。

根据图 6.5.14 所示电路,反相输入端为"虚地",可以得到

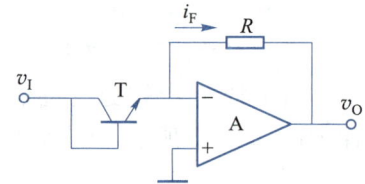

图 6.5.14　指数运算电路

$$v_I = v_{BE} \tag{6.5.47}$$

$$i_F = i_E \approx I_{ES} e^{\frac{v_I}{V_T}} \tag{6.5.48}$$

输出电压为

$$v_O = - i_F R \approx - R I_{ES} e^{\frac{v_I}{V_T}} \tag{6.5.49}$$

从式(6.5.49)可以看出,输出 v_O 与输入 v_I 是指数关系,同时运算结果与受温度影响较大的 V_T、I_{ES} 有关,因而指数运算的精度也与温度有关。

三、利用指数、对数运算电路构成乘法、除法器

利用指数、对数运算电路构成乘法器的框图如图 6.5.15 所示,具体电路如图 6.5.16 所示。

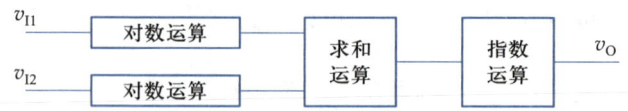

图 6.5.15　指数、对数运算电路构成乘法器框图

图 6.5.16 中

$$v_{O1} \approx - V_T \ln \frac{v_{I1}}{I_{ES} R} \tag{6.5.50}$$

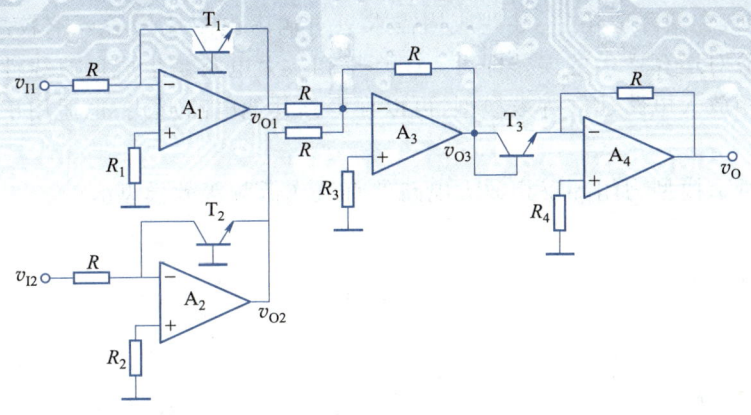

图 6.5.16　指数、对数运算电路构成的乘法器电路

$$v_{O2} \approx -V_T \ln \frac{v_{I2}}{I_{ES} R} \tag{6.5.51}$$

$$v_{O3} = -(v_{O1} + v_{O2}) \approx +V_T \ln \frac{v_{I1} v_{I2}}{(I_{ES} R)^2} \tag{6.5.52}$$

$$v_O \approx -I_{ES} R e^{\frac{v_{O3}}{V_r}} \approx -\frac{v_{I1} v_{I2}}{I_{ES} R} = k(v_{I1} \cdot v_{I2}) \tag{6.5.53}$$

可见,输出 v_O 与输入 v_{I1}、v_{I2} 之间为乘法关系。只要将图 6.5.16 中的加法电路改为减法器,就可以得到除法运算电路。

复习思考题

6.5.1　图 6.5.3 中信号源 v_{I1}、v_{I2} 的输入电阻分别为多少?

6.5.2　为什么两个运算电路级联后可以分别计算其输入输出关系而不考虑前后级之间的相互影响?

6.5.3　若图 6.5.6 所示电路的输入信号是一个幅值为 $\pm V_{max}$、占空比为 50% 的方波,试定性画出输出波形,并分析该波形的关键参数(如峰值、均值)等受到哪些因素的影响。

6.5.4　图 6.5.7 中的限幅现象可能在其他运算电路(如同/反相放大电路、加减法运算电路等)中出现吗?

6.6
集成运算放大器参数对运算误差的影响

6.6.1　实际集成运算放大器的等效模型

任何实际集成运放都是非理想的。要建立一个考虑到所有非理想参数的模型很难,也没有必要。例如,在实际应用中,某些应用需求只对输入电阻或增益要求较高,可以只考虑输入电阻或增益对运算产生的误差即可。闭环反相放大电路是集成运放线性应用的基本形式。对闭环反相放大电路建立等效模型,可以推广到其他电路形式,也适用于多数对误差分析的场合。

图 6.6.1 所示模型为闭环反相放大电路的直流或低频等效模型。

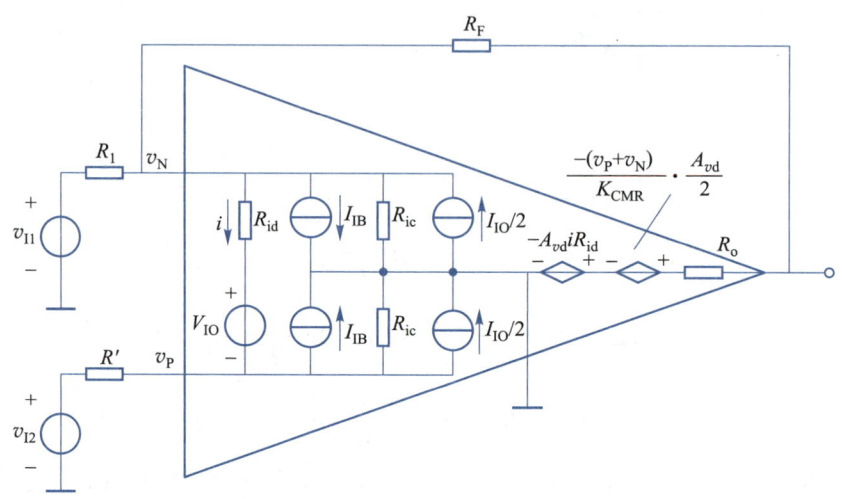

图 6.6.1 闭环反相放大电路的直流或低频等效模型

考虑到差模和共模输入,反相端和同相端分别加信号 v_{I1}、v_{I2}。v_{I1}、v_{I2} 是直流信号或低频信号(运放参数均为实数)。

模型中因 R_o 一般在几十至几百欧,而共模输入阻抗 R_{ic} 的典型值在 100 MΩ 以上,通常比 R_{id} 大两个数量级以上,故等效模型中可以忽略 R_o 及 R_{ic}。这样,等效模型中主要考虑实际集成运放的有限增益 A_{vd}、K_{CMR}、R_{id}、V_{IO}、I_{IB}、I_{IO} 等 6 个误差因素。

模型中

$$\begin{cases} I_{IB} = \dfrac{1}{2}(I_{B1} + I_{B2}) \\ I_{IO} = I_{B1} - I_{B2} \end{cases} \tag{6.6.1}$$

或

$$\begin{cases} I_{B1} = I_{IB} + \dfrac{1}{2}I_{IO} \\ I_{B2} = I_{IB} - \dfrac{1}{2}I_{IO} \end{cases} \tag{6.6.2}$$

$$v_O = - A_{vd}iR_{id} - \dfrac{A_{vd}}{K_{CMR}} \cdot \dfrac{v_P + v_N}{2} \tag{6.6.3}$$

其中

$$i = \dfrac{v_N - v_P - V_{IO}}{R_{id}} \tag{6.6.4}$$

6.6.2 A_{vd}、R_{id} 为有限值引起闭环增益的误差

如果只考虑 A_{vd}、R_{id} 为有限值所引起的闭环增益误差,其模型可简化为如图 6.6.2 所示的电路。

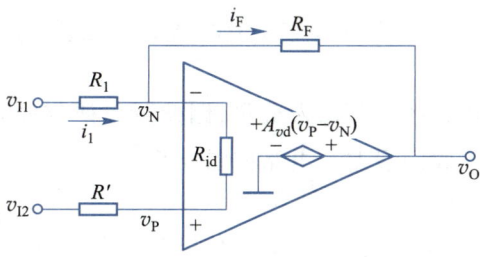

图 6.6.2 A_{vd}、R_{id} 为有限值时的简化模型

由图 6.6.2 可列出如下方程组

$$\begin{cases} v_P = v_{I2} + (i_1 - i_F)R' \\ v_N = v_{I1} - R_1 i_1 \\ v_O = A_{vd}(v_P - v_N) \\ v_N - v_P = (i_1 - i_F)R_{id} \\ v_N - v_O = i_F R_F \end{cases} \quad (6.6.5)$$

解以上方程组可以得到

$$v_O = \frac{R_F}{1 + \dfrac{R_F(R_1' + R' + R_{id})}{A_{vd} R_{id} R_1'}} \left(\frac{v_{I2}}{R_1'} - \frac{v_{I1}}{R_1} \right) \quad (6.6.6)$$

式中,$R_1' = R_1 /\!/ R_F$。

（1）令 $v_{I2} = 0$ 就可以得到反相放大电路的输出表达式

$$v_O = -\frac{R_F}{R_1} \cdot \frac{1}{1 + \dfrac{R_F(R_1' + R' + R_{id})}{A_{vd} R_{id} R_1'}} v_{I1} \quad (6.6.7)$$

由于 $A_{vd} R_{id} R_1' \gg R_F(R_1' + R' + R_{id})$,利用近似公式 $1/(1+x) \approx 1-x$,得

$$A_{vf} \approx -\frac{R_F}{R_1} \left[1 - \frac{R_F(R_1' + R' + R_{id})}{A_{vd} R_{id} R_1'} \right] \quad (6.6.8)$$

闭环增益的相对误差为

$$\delta = \frac{A_{vf} - A_{vf}'}{A_{vf}'} = -\frac{R_F(R_1' + R' + R_{id})}{A_{vd} R_{id} R_1'} \quad (6.6.9)$$

式中,A_{vf}' 为运放为理想运放时的反馈增益。

通过表达式可以看出,A_{vd}、R_{id} 越大,反馈深度越深,误差越小。

（2）令 $v_{I1} = 0$ 就可以得到同相放大电路的输出表达式

$$v_O = \frac{R_F}{R_1'}\left[\frac{1}{1 + \dfrac{R_F(R_1' + R' + R_{id})}{A_{vd}R_{id}R_1'}}\right]v_{I2} \qquad (6.6.10)$$

与反相放大电路的误差相同。

6.6.3　共模抑制比 K_{CMR} 为有限值引起闭环增益的误差

同相放大电路中存在较大的共模输入分量,因此可以研究同相放大电路在 K_{CMR} 为有限值时对输出的影响以及所造成的误差。电路如图6.6.3所示。

$$v_O = A_{vd}v_{ID} + A_{vc}v_{IC} \qquad (6.6.11)$$

由于差模增益不是无穷大,运放的两个输入端不能使用虚短概念。列出电路的方程

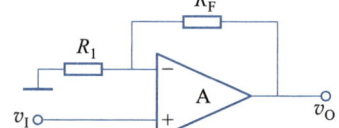

图 6.6.3　K_{CMR} 为有限值时的分析电路

$$\begin{cases} v_{ID} = v_P - v_N = v_I - \dfrac{R_1}{R_1 + R_F}v_O \\[3mm] v_{IC} = \dfrac{1}{2}(v_P + v_N) = \dfrac{1}{2}v_I + \dfrac{R_1}{2(R_1 + R_F)}v_O \end{cases} \qquad (6.6.12)$$

输出电压为

$$v_O = A_{vd}\left(v_I - \frac{R_1}{R_1 + R_F}v_O\right) + A_{vc}\left[\frac{1}{2}v_I + \frac{R_1}{2(R_1 + R_F)}v_O\right] \qquad (6.6.13)$$

将式(6.6.13)整理后,得

$$A_{vf} = \frac{v_O}{v_I} = \left(1 + \frac{R_F}{R_1}\right) \cdot \frac{1 + 1/(2K_{CMR})}{1 + [(R_1 + R_F)/R_1] \cdot 1/A_{vd} - 1/(2K_{CMR})} \qquad (6.6.14)$$

利用理想情况下 $A_{vf} = \dfrac{v_O}{v_I} = \left(1 + \dfrac{R_F}{R_1}\right)$,可以算出相对误差。从式中可以看出,$K_{CMR}(A_{vd})$ 越大,误差越小。

6.6.4　输入失调参数 I_{IB}、V_{IO}、I_{IO} 引起输出电压的误差

输入失调参数 I_{IB}、V_{IO}、I_{IO} 引起输出电压误差的等效电路如图6.6.4所示。

考虑到通常运放两个输入端的直流平衡电阻相等,即 $R' = R_1 /\!/ R_F$,所以,I_{IB} 不会对输出产生影响。对电路分析可以得到

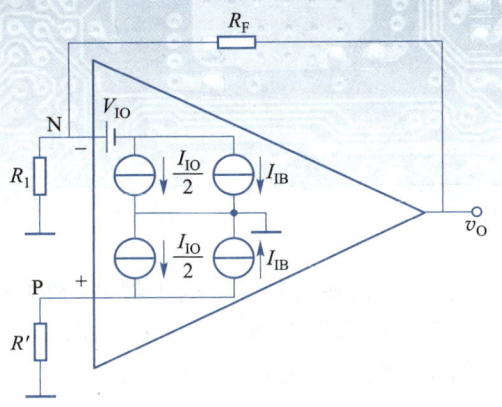

图 6.6.4 I_{IB}、V_{IO}、I_{IO} 引起输出电压误差的等效电路

$$\begin{cases} v_P = \dfrac{I_{IO}}{2}R' \\[3mm] v_N = \dfrac{R_1}{R_1 + R_F}v_O - V_{IO} - \dfrac{I_{IO}}{2}R' \end{cases} \qquad (6.6.15)$$

可以解出

$$v_O = \left(1 + \frac{R_F}{R_1}\right)(V_{IO} + I_{IO}R') \qquad (6.6.16)$$

由上式可以看出，V_{IO}、I_{IO} 越大，引起的误差电压就越大。电路的闭环增益越大，误差电压也越大。为了减小误差电压，除了选用失调小的集成运放外，直流平衡电阻 R' 应尽可能小些。

V_{IO}、I_{IO} 对 v_O 的影响可由调零电路予以补偿。但要注意，对它们的温漂是不能用调零或补偿方法来抵消的。也就是说利用调零电路补偿以后，当温度再发生变化时会产生误差输出电压。

6.6.5 运算放大器的开环带宽对闭环增益的影响

集成运放的开环带宽一般较低，比如 μA741 的 3 dB 开环带宽只有 7 Hz。假设集成运放的开环增益函数只有一个主极点，它的开环增益函数可表示为

$$\dot{A}_{vd} \approx \frac{A_{vd}}{1 + \mathrm{j}f/f_H} \qquad (6.6.17)$$

该式表明其幅频特性为每增加十倍频程下降 20 dB。因此，在对频率较高的信号进行运算时，除了低频时开环增益带来的运算误差外，还需要考虑随频率的升高增益下降带来的误差。

复习思考题

用某运放构成电压跟随器，若其开环差模电压增益为 100 dB，共模抑制比为 80 dB，将分

别带来多大的相对误差?

*6.7
模拟乘法器及其应用

模拟乘法器是实现两个模拟量相乘的非线性电子器件,利用模拟乘法器以及运放可以方便地实现乘法、除法、乘方、开方运算等电路。模拟乘法器广泛地应用于广播电视、通信、仪表和自动控制系统之中,如模拟信号的处理、调制、解调等。所以模拟乘法器是模拟集成电路中的一个重要部分。

6.7.1 模拟乘法器简介

模拟乘法器有两个输入端,一个输出端。图 6.7.1(a)所示是模拟乘法器的国标符号,图(b)为传统符号。

模拟乘法器的输入信号为两个互不相关的模拟物理量,输出电压是它们的乘积,即

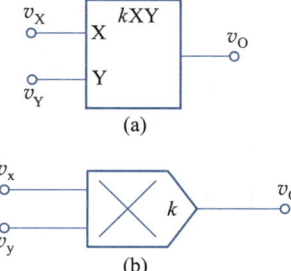

图 6.7.1 模拟乘法器的符号

$$v_O = kv_x v_y \qquad (6.7.1)$$

式中,k 是乘积系数,也称乘积增益或标尺因子。

理想模拟乘法器至少应具备如下条件:

(1)输入阻抗 R_{ix} 和 R_{iy} 为无穷大;

(2)输出阻抗 R_o 为零;

(3)乘积系数 k 为常数,不随信号幅值、信号频率而变化;

(4)当 v_x 或 v_y 为零时 v_O 为零,电路没有失调电压、失调电流。

图 6.7.2 所示为模拟乘法器的等效电路。在等效电路中考虑了输入电阻和输出电阻。

在本小节中,除特殊说明,一般在分析电路功能时,模拟乘法器均看成理想器件。

由于输入信号的极性可正可负,因此输入信号 v_x 和 v_y 的极性有 4 种组合,对应 4 个象限,如图 6.7.3 所示。按照允许输入信号的极性,模拟乘法器有单象限、二象限和四象限之分。

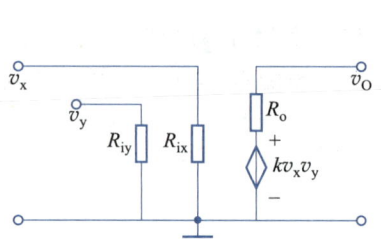

图 6.7.2 模拟乘法器的等效电路

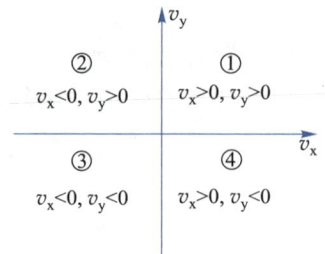

图 6.7.3 v_x 和 v_y 的极性所确定的 4 个象限

6.7.2 变跨导型模拟乘法器的工作原理

变跨导型模拟乘法器利用输入电压控制差放差分管的发射极电路,使之跨导作相应的变化,从而达到与输入差模信号相乘的目的。

一、变跨导二象限乘法器

差分放大电路的差模传输特性在第 2 章介绍差放时已经介绍过,电路如图 6.7.4 所示。

在差模信号作用下,输出电流与输入电压的函数关系为

$$i_0 = i_{C1} - i_{C2} = I_{EE} \text{th} \frac{v_x}{2V_T} \qquad (6.7.2)$$

输出电压与输入电压的函数关系为

$$v_0 = R_C I_{EE} \text{th} \frac{v_x}{2V_T} \qquad (6.7.3)$$

对于双曲函数 th x,当 x 很小时 th $x \approx x$。也就是当式 (6.7.3) 中 $v_x \ll 2V_T$ 时,表达式可写成

$$v_0 = R_C I_{EE} \frac{v_x}{2V_T} \qquad (6.7.4)$$

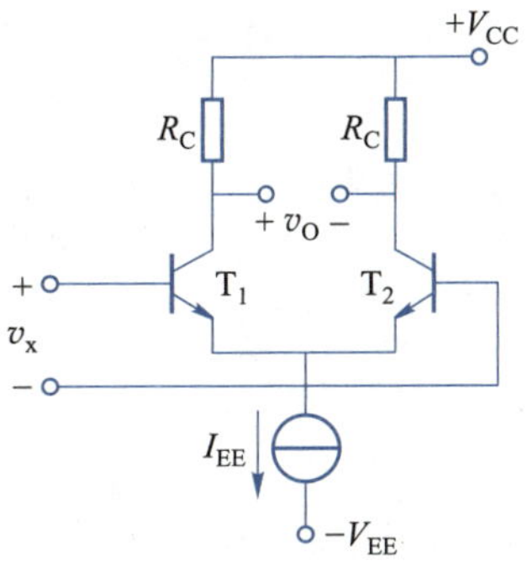

图 6.7.4　差分放大电路

将图 6.7.4 中的恒流源用一晶体管替代,得到图 6.7.5,根据图示电路可以得到

$$i_{C3} = I_{EE} = \frac{v_y - v_{BE3}}{R_E} \qquad (6.7.5)$$

当 $v_y \gg v_{BE3}$ 时,有

$$i_{C3} = I_{EE} \approx \frac{v_y}{R_E} \qquad (6.7.6)$$

将该式代入 $v_0 = R_C I_{EE} \dfrac{v_x}{2V_T}$,有

$$v_0 \approx R_C \frac{v_y}{R_E} \frac{v_x}{2V_T} = \frac{R_C}{2V_T R_E} v_x v_y = k v_x v_y \qquad (6.7.7)$$

式中,v_x 可正可负,但 v_y 必须大于零,所以图 6.7.5 所示电路为二象限模拟乘法器。该电路有如下缺点:

（1）v_x 的值必须小于 $2V_T$;

（2）v_y 的值越小,运算误差越大;

（3）v_0 与 V_T 有关,即受温度变化的影响;

（4）电路只能工作在二象限。

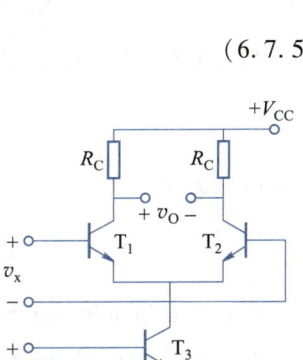

图 6.7.5　变跨导二象限乘法器

二、双平衡四象限变跨导乘法器

双平衡四象限变跨导乘法器如图 6.7.6 所示。

根据差分放大电路及变跨导二象限乘法器推导得到的结论,可以得到

$$i_1 - i_2 = i_5 \text{th} \frac{v_x}{2V_T} \qquad (6.7.8)$$

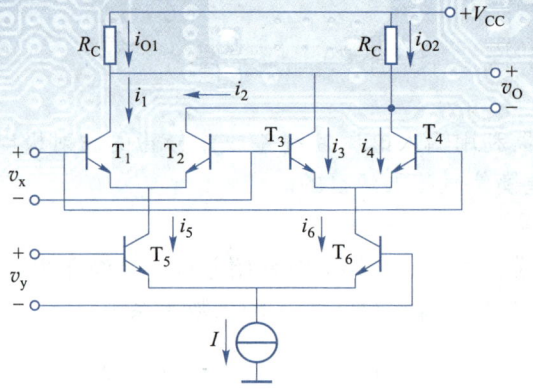

图 6.7.6　双平衡四象限变跨导乘法器

$$i_4 - i_3 = i_6 \text{th} \frac{v_x}{2V_T} \tag{6.7.9}$$

$$i_5 - i_6 = I \text{th} \frac{v_y}{2V_T} \tag{6.7.10}$$

$$i_{01} - i_{02} = (i_1 + i_3) - (i_4 + i_2) = (i_1 - i_2) - (i_4 - i_3) \tag{6.7.11}$$

所以有

$$i_{01} - i_{02} = (i_5 - i_6) \text{th} \frac{v_x}{2V_T} = I \cdot \text{th} \frac{v_y}{2V_T} \cdot \text{th} \frac{v_x}{2V_T} \tag{6.7.12}$$

当 $v_x \ll 2V_T$ 且 $v_y \ll 2V_T$ 时,有

$$i_{01} - i_{02} \approx \frac{I}{4V_T^2} v_x v_y \tag{6.7.13}$$

输出电压为

$$v_0 = -(i_{01} - i_{02}) R_C \approx -\frac{IR_C}{4V_T^2} v_x v_y = k v_x v_y \tag{6.7.14}$$

　　图 6.7.6 所示电路的输出信号为双端输出,可使用图 6.7.7 所示电路将图 6.7.6 的双端输出变换为单端输出,乘法器的乘积系数 k 值可通过 R_F 进行调节。

　　图 6.7.6 所示双平衡四象限变跨导乘法器电路的输入信号的最大值受到限制($v_x \ll 2V_T$, $v_y \ll 2V_T$),可以通过在发射极串入电阻增大输入电压的范围,虽然乘积系数会变小,但可以通过调整双端到单端变换电路的增益来解决。

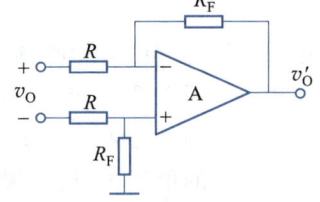

图 6.7.7　双端输出到单端
输出的变换电路

6.7.3　模拟乘法器的应用

一、乘方运算电路

　　利用四象限模拟乘法器能够非常方便地实现平方、3 次方、4 次方运算电路,分别如图 6.7.8(a)、(b)、(c)所示。

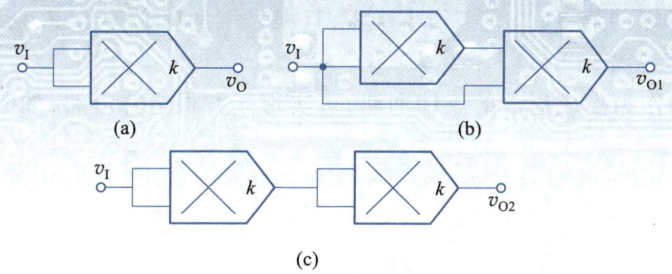

(c)

图 6.7.8　乘方运算电路

图 6.7.8(a)中

$$v_O = kv_I^2$$

图 6.7.8(b)中

$$v_{O1} = k'v_I^3$$

图 6.7.8(c)中

$$v_{O2} = k''v_I^4$$

二、除法运算电路

将模拟乘法器连接在集成运放的反馈通路中,可构成除法运算电路,如图 6.7.9 所示。

在运算电路中,必须保证电路引入的是负反馈,才能正常工作,即 v_O 与 v_O' 必须是同相的。因而要求,当模拟乘法器的 k 为正值时,v_{I2} 必须为正值。这样电路引入的才是负反馈。电路分析如下:

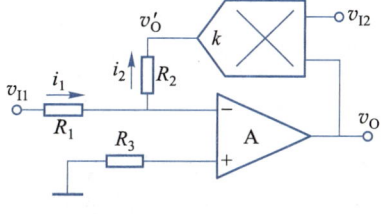

图 6.7.9　除法运算电路

设集成运放和模拟乘法器均为理想器件,运放反相输入端为"虚地",有

$$\frac{v_{I1}}{R_1} = -\frac{v_O'}{R_2} = -\frac{kv_{I2}v_O}{R_2} \qquad (6.7.15)$$

整理上式,得到输出电压

$$v_O = -\frac{R_2}{kR_1} \cdot \frac{v_{I1}}{v_{I2}} \qquad (6.7.16)$$

由于 v_{I2} 的极性受限制,所以图 6.7.9 所示电路为二象限除法运算电路。

三、开方运算电路

1. 平方根运算电路

利用乘方运算电路作为集成运放的反馈通路,就可构成开方运算电路。平方根运算电路如图 6.7.10 所示。

先设电路引入的是负反馈,运放工作于线性区,则运放反相输入端为"虚地",有

$$\frac{v_O'}{R_2} = -\frac{v_I}{R_1} \qquad (6.7.17)$$

$$v_O' = -\frac{R_2}{R_1}v_I = kv_O^2 \qquad (6.7.18)$$

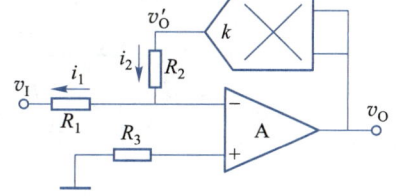

图 6.7.10　平方根运算电路

所以

$$v_O = \sqrt{-\frac{R_2}{kR_1}v_I} \qquad (k \text{ 为正值}, v_I < 0) \qquad (6.7.19)$$

由于 v_0 为大于零的值,所以 v_1 必须小于零,且根号下的值必须为正,所以要求 k 值为正。

2. 立方根运算电路

将 3 次方电路作为集成运放的反馈通路,可实现立方根运算电路,如图 6.7.11 所示。

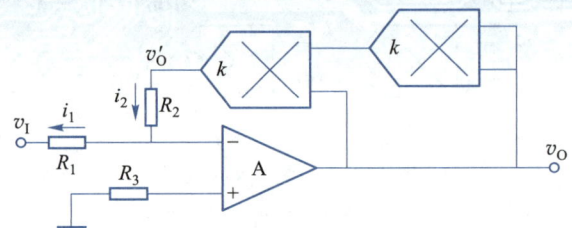

图 6.7.11 立方根运算电路

图中使用两级模拟乘法器,所以 k^2 大于零,且 v_0 与 v_0' 同相,所以反馈电路对于运放来说引入的是负反馈。运放工作于线性区,则运放反相输入端为"虚地",有

$$\frac{v_0'}{R_2} = -\frac{v_1}{R_1} \tag{6.7.20}$$

$$v_0' = -\frac{R_2}{R_1}v_1 = k^2 v_0^3 \tag{6.7.21}$$

所以

$$v_0 = \sqrt[3]{-\frac{R_2}{k^2 R_1}v_1} \tag{6.7.22}$$

例 6.7.1 某运算电路如图 6.7.12 所示,运放及乘法器均可看成理想器件,乘法器的乘积系数为 0.1。求输出与输入间的运算关系。

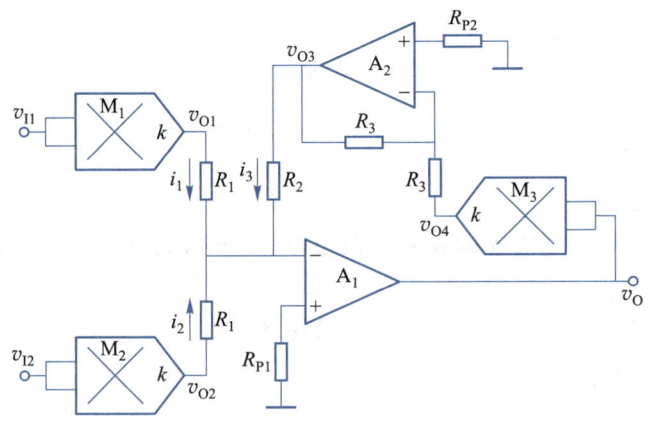

图 6.7.12 例 6.7.1 电路图

解: 运放 A_1 的反相输入端为"虚地",所以有

$$\frac{v_{O1}}{R_1} + \frac{v_{O2}}{R_1} = -\frac{v_{O3}}{R_2} \tag{6.7.23}$$

$$v_{O1} = k v_{I1}^2 \tag{6.7.24}$$

$$v_{O2} = k v_{I2}^2 \tag{6.7.25}$$

$$v_{O3} = -\frac{R_2}{R_1}(v_{O1} + v_{O2}) = -kv_O^2 \qquad (6.7.26)$$

根据式(6.7.24)、式(6.7.25)、式(6.7.26)可得

$$v_O = -\sqrt{\frac{R_2}{kR_1}(v_{O1} + v_{O2})} = -\sqrt{\frac{R_2}{kR_1}(kv_{I1}^2 + kv_{I2}^2)} = -\sqrt{\frac{R_2}{R_1}(v_{I1}^2 + v_{I2}^2)} \qquad (6.7.27)$$

电路的两个输入信号 v_{I1} 和 v_{I2} 可以是任意极性。图中 A_2 接成反相放大是为了保证电路为负反馈。

复习思考题

6.7.1　为何图 6.7.9 所示除法运算电路对输入信号的极性会有要求？

6.7.2　图 6.7.10 所示平方根运算电路只能处理负极性信号，能否将其改造为只能处理正极性信号？

*6.8
有源滤波器

滤波器是一种能让有用频率信号通过而同时抑制(或衰减)无用频率信号的电子装置。工程上常用它来实现信号处理、数据传送和抑制干扰等功能。滤波器广泛用于通信、广播、电视、计算机等几乎全部电子设备中。

20 世纪初直至 20 世纪 60 年代,滤波器主要由无源元件 R、L、C 构成,称为无源滤波器。为了提高无源滤波器的质量,要求所用的电感元件具有较高的品质因数 Q,但同时又要求有一定的电感量,这就必然增加电感元件的体积、重量与成本,这种矛盾在低频时尤为突出。为了解决这一矛盾,20 世纪 50 年代有人提出使用由电阻、电容与晶体管组成的有源网络替代电感元件,由此产生了用有源元件和无源元件(一般是 R 和 C)共同组成的电滤波器,称为有源滤波器。20 世纪 60 年代末由分立元件组成的有源滤波器得到应用。20 世纪 70 年代以来,由薄膜电容、薄膜电阻和集成运放构成的薄膜混合集成电路提供了大量质优价廉的小型和微型有源 RC 滤波器。集成电路技术的出现和迅速发展给有源滤波器赋予了巨大的生命力。由集成电路构成的有源滤波器不但从根本上克服了 R、L、C 无源滤波器在低频时存在的体积和重量上的问题,而且成本低、质量可靠、便于集成。与无源滤波器相比,它的设计和调整过程较简便,还能提供增益。当然,有源滤波器也有缺点:

(1) 有源元件固有的带宽限制使绝大多数有源滤波器仅限于在低频范围内使用,而无源滤波器可用于频率较高的场合;

(2) 生产工艺和环境变化所造成的元件偏差对有源滤波器的影响较大;

(3) 有源元件要消耗功率。

6.8.1 滤波器简介

一、滤波器的基本概念

滤波器的一般结构如图 6.8.1 所示。图中的 $v_i(t)$ 为滤波器的输入信号,$v_o(t)$ 为滤波器的输出信号。

假设滤波电路是一个线性时不变网络,则在复频域内滤波器的电压传输函数为

图 6.8.1　滤波器一般结构

$$\dot{A}(s) = \frac{\dot{V}_o(s)}{\dot{V}_i(s)} \tag{6.8.1}$$

对于实际频率来说,式(6.8.1)可以写为

$$\dot{A}(j\omega) = |\dot{A}(j\omega)| e^{j\varphi(\omega)} \tag{6.8.2}$$

$|\dot{A}(j\omega)|$ 为传输函数的模,$e^{j\varphi(\omega)}$ 为传输函数的相位角。

在滤波电路中还有一个参数是时延 $\tau(\omega)$,其定义为

$$\tau(\omega) = -\frac{d\varphi(\omega)}{d\omega} \tag{6.8.3}$$

分析滤波器时多用幅频响应来表征一个滤波电路的特性,如果要求信号通过滤波器后的失真很小,则相位和时延响应必须考虑。只有当相位响应 $\varphi(\omega)$ 做线性变化,即时延响应 $\tau(\omega)$ 为常数时,输出信号才可能不产生失真。

二、滤波器的种类

对于幅频响应,通常把能够通过的信号频率范围定义为通带,而把受阻或衰减的信号频率范围称为阻带,通带和阻带的界限频率称为截止频率。

理想滤波器在通带内应具有零衰减的幅频响应和线性的相位响应,而在阻带内信号将不能通过滤波器,即具有无限大的幅度衰减。按照通带和阻带的相互位置不同,滤波器通常可分为以下几类。

(1)低通滤波器　设截止角频率为 ω_H,则角频率低于 ω_H 的信号可以通过(通带),高于 ω_H 的信号被衰减(阻带)。其幅频响应如图 6.8.2 所示,图中 A_{v0} 表示低频增益的幅值。带宽 $BW = \omega_H$。

(2)高通滤波器　设截止角频率为 ω_L,则角频率高于 ω_L 的信号可以通过,低于 ω_L 的信号被衰减,其幅频响应如图 6.8.3 所示。从理论上来说,高通滤波器的带宽 $BW = \infty$。但实际上,由于受到器件(尤其是有源器件)带宽的限制,高通滤波电路的带宽也是有限的。

(3)带通滤波器　带通滤波器幅频响应如图 6.8.4 所示。设低频段的截止角频率为 ω_L,高频段的截止角频率为 ω_H,频率为 $\omega_L \sim \omega_H$ 之间的信号可以通过,低于 ω_L 或高于 ω_H 的信号被衰减。带通滤波器有两个阻带:$0 < \omega < \omega_L$ 和 $\omega > \omega_H$,通带为 $\omega_L < \omega < \omega_H$。因此带宽 $BW = \omega_H - \omega_L$。ω_0 为带通中心角频率。

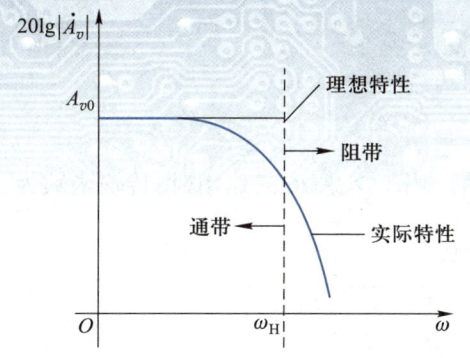

图 6.8.2　低通滤波器幅频特性

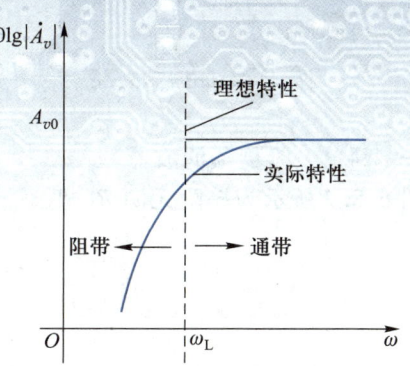

图 6.8.3　高通滤波器幅频特性

（4）带阻滤波器　带阻滤波器幅频响应如图 6.8.5 所示。设高频段低频截止角频率为 ω_L，低频段高频截止角频率为 ω_H，频率为 $\omega_H \sim \omega_L$ 之间的信号被衰减，高于 ω_L 或低于 ω_H 的信号被允许通过。带阻滤波器有两个通带：$0 < \omega < \omega_H$ 和 $\omega > \omega_L$，高频段的通带由于受有源器件的带宽影响，通带的宽度是有限的。带阻滤波器抑制频带中点所在角频率 ω_0 称为带阻中心角频率。

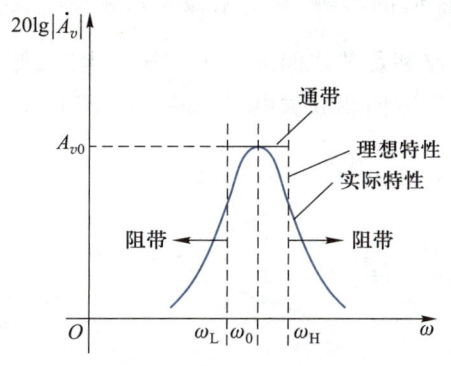

图 6.8.4　带通滤波器幅频特性

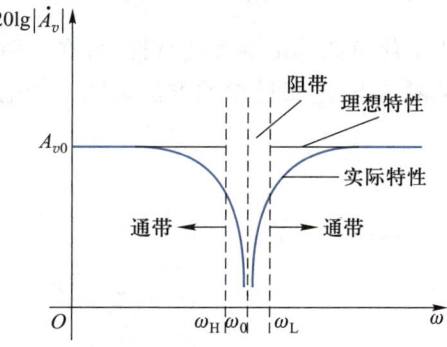

图 6.8.5　带阻滤波器幅频特性

（5）全通滤波器全通滤波器没有阻带，它的通带是从零到无穷大，但相移的大小随频率改变，如图 6.8.6 所示。

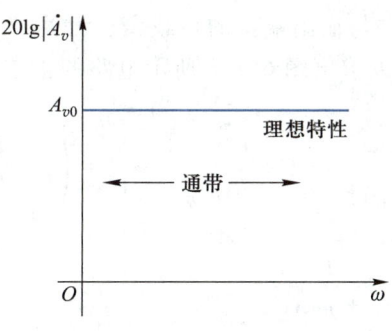

图 6.8.6　全通滤波器幅频特性

前面介绍的是滤波电路的理想情况，实际上，各种滤波电路的实际频率响应特性与理想情况是有差别的，设计的任务就是力求向理想特性靠近。

6.8.2　有源低通滤波器

一、简单一阶低通滤波器

图 6.8.7 所示为一阶无源 RC 低通滤波电路。当不考虑 R_L 的作用时,传输函数为

$$\dot{A}_v(s) = \frac{\dot{V}_o(s)}{\dot{V}_i(s)} = \frac{\dfrac{1}{sC}}{R + \dfrac{1}{sC}} = \frac{1}{1 + sRC} \tag{6.8.4}$$

正弦稳态时的电压传输函数可写成

$$\dot{A}_v(j\omega) = \frac{\dot{V}_o(j\omega)}{\dot{V}_i(j\omega)} = \frac{\dfrac{1}{j\omega C}}{R + \dfrac{1}{j\omega C}} = \frac{1}{1 + j\omega RC} \tag{6.8.5}$$

对应的上限截止角频率为 $\omega_H = \dfrac{1}{RC}$。如果考虑 R_L 的影响,则上限截止角频率将发生变化。为了使负载不影响滤波特性,可在无源滤波电路和负载之间加一个高输入电阻、低输出电阻的隔离电路,最简单的方法是加一个电压跟随器或同相放大电路,如图 6.8.8 所示。

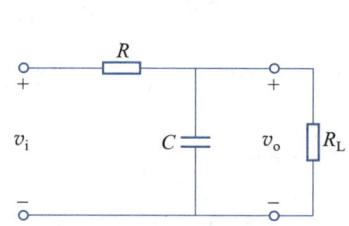

图 6.8.7　一阶无源 RC 低通滤波电路

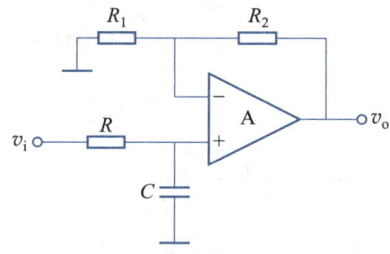

图 6.8.8　一阶有源 RC 低通滤波电路

在理想运放的条件下,由于电压跟随器的输入电阻为无穷大,输出电阻为零,因此上限截止频率仅取决于 RC 的取值,与输出端接的负载大小无关。

根据前面学过的知识,可以求出图 6.8.8 所示电路的正弦稳态电压传输函数

$$\dot{A}_v(j\omega) = \frac{\dot{V}_o(j\omega)}{\dot{V}_i(j\omega)} = \left(1 + \frac{R_2}{R_1}\right)\frac{\dfrac{1}{j\omega C}}{R + \dfrac{1}{j\omega C}} = \left(1 + \frac{R_2}{R_1}\right)\frac{1}{1 + j\omega RC}$$

$$= A_{v0}\frac{1}{1 + j\omega RC} \tag{6.8.6}$$

低频电压增益为

$$A_{v0} = \left(1 + \frac{R_2}{R_1}\right) \tag{6.8.7}$$

上限截止角频率为

$$\omega_{\mathrm{H}} = \frac{1}{RC} \tag{6.8.8}$$

上限截止频率为

$$f_{\mathrm{H}} = \frac{1}{2\pi RC} \tag{6.8.9}$$

二、压控电压源二阶低通滤波电路

一阶电路的过渡带较宽,幅频特性的最大衰减斜率仅为 $-20\ \mathrm{dB}/$ 十倍频。如果增加 RC 环节,可加大衰减斜率。

图 6.8.9 所示电路为压控电压源二阶低通滤波器。电路中既引入了负反馈,又引入了正反馈。当信号频率趋于零时,由于 C_1 的电抗趋于无穷大,因而正反馈很弱。当信号频率趋于无穷大时,由于 C_2 的电抗趋于零,因而 P 点电位趋于零。只要正反馈引入得当,可使电压放大倍数数值增大,且不会因正反馈过强而产生自激振荡。

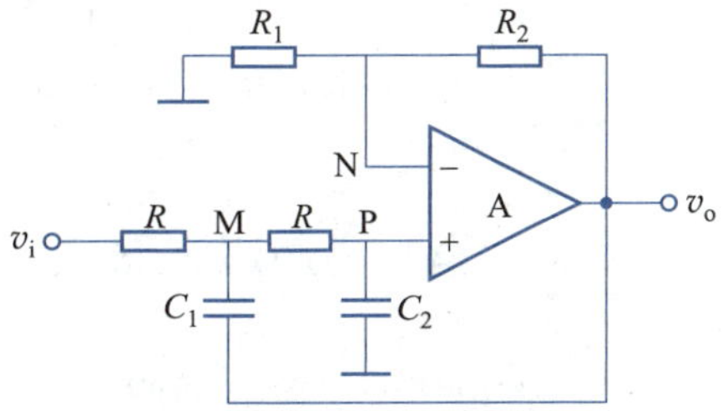

设电路中 $C_1 = C_2 = C$,则在 M 点的电流方程为

$$\frac{\dot V_{\mathrm{i}}(s) - \dot V_{\mathrm{M}}(s)}{R} = \frac{\dot V_{\mathrm{M}}(s) - \dot V_{\mathrm{O}}(s)}{\frac{1}{sC}} + \frac{\dot V_{\mathrm{M}}(s) - \dot V_{\mathrm{P}}(s)}{R} \tag{6.8.10}$$

P 点的电流方程为

图 6.8.9 压控电压源二阶低通滤波器

$$\frac{\dot V_{\mathrm{M}}(s) - \dot V_{\mathrm{P}}(s)}{R} = \frac{\dot V_{\mathrm{P}}(s)}{\frac{1}{sC}} \tag{6.8.11}$$

通过式(6.8.10)和式(6.8.11)可解出传输函数

$$\dot A_v(s) = \frac{A_{v0}}{1 + (3 - A_{v0})sRC + (sRC)^2} \tag{6.8.12}$$

式(6.8.12)中 A_{v0} 为通带的增益,即 $A_{v0} = \left(1 + \frac{R_2}{R_1}\right)$。当 $A_{v0} < 3$ 时,分母中 s 的一次项系数大于零,电路才能稳定工作。

对于正弦稳态电路,令 $s = \mathrm{j}\omega$,$\omega_{\mathrm{H}} = \frac{1}{RC}$,则电压增益为

$$\dot A_v(\mathrm{j}\omega) = \frac{A_{v0}}{1 - \left(\frac{\omega}{\omega_{\mathrm{H}}}\right)^2 + \mathrm{j}(3 - A_{v0})\frac{\omega}{\omega_{\mathrm{H}}}} \tag{6.8.13}$$

若令 $Q = \frac{1}{3 - A_{v0}}$,则在 $\omega = \omega_{\mathrm{H}}$ 时

$$|\dot A_v(\mathrm{j}\omega)| = \left|\frac{A_{v0}}{3 - A_{v0}}\right| = |QA_{v0}| \tag{6.8.14}$$

Q 为品质因数,在低通滤波器中,Q 的物理意义为:在 $\omega = \omega_{\mathrm{H}}$ 时电压增益与通带增益之比。

当 $2<|A_{v0}|<3$ 时，$|\dot{A}_v(\mathrm{j}\omega)|_{\omega=\omega_H}>|A_{v0}|$。图 6.8.10 所示为 Q 值不同时的幅频特性示意图。压控电压源二阶低通滤波器当 $\omega\gg\omega_H$ 时以 -40 dB/十倍频下降。

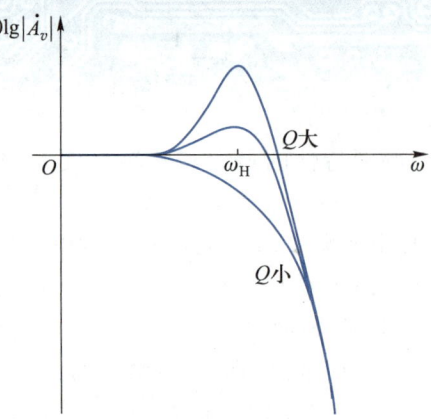

图 6.8.10　Q 值不同时压控电压源二阶低通滤波器的幅频特性

6.8.3　有源高通滤波器

一、压控电压源二阶高通滤波器

电路如图 6.8.11 所示，压控电压源二阶高通滤波器传输函数为

$$\dot{A}_v(s) = \cfrac{A_{v0}s^2}{s^2 + \left(\cfrac{1}{R_2C_1} + \cfrac{1}{R_2C_2} + (1-A_{v0})\cfrac{1}{R_1C_1}\right)s + \cfrac{1}{C_1C_2R_1R_2}}$$

$$= \cfrac{A_{v0}s^2}{s^2 + \cfrac{\omega_L}{Q}s + \omega_L^2} \tag{6.8.15}$$

式中，截止角频率

$$\omega_L = \frac{1}{\sqrt{R_1R_2C_1C_2}} = 2\pi f_L \tag{6.8.16}$$

品质因数

$$Q = \cfrac{\omega_L}{\cfrac{1}{R_2C_1} + \cfrac{1}{R_2C_2} + (1-A_{v0})\cfrac{1}{R_1C_1}} \tag{6.8.17}$$

通带增益

$$A_{v0} = 1 + \frac{R_4}{R_3} \tag{6.8.18}$$

图 6.8.12 所示为 Q 值不同时压控电压源二阶高通滤波器的幅频特性。

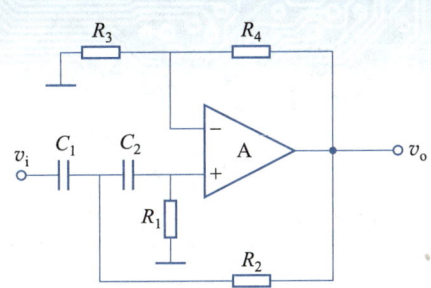

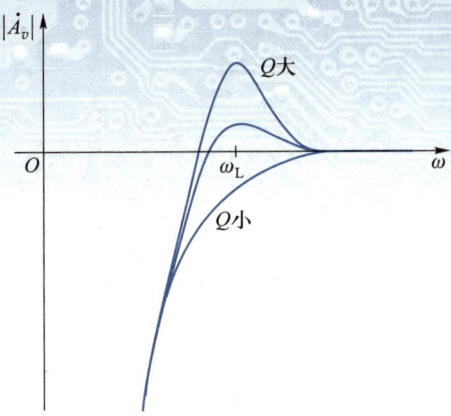

图 6.8.11　压控电压源二阶高通滤波器

图 6.8.12　Q 值不同时压控电压源二
阶高通滤波器的幅频特性

二、无限增益多路负反馈二阶高通滤波器

无限增益多路负反馈二阶滤波电路的特点是运放为反相接法,由于放大器的开环增益无限大,反相输入端可视为"虚地",输出端通过电容和电阻形成两条反馈支路。其优点是:输出电压与输入电压的相位相反,元件较少,但增益调节不方便。

无限增益多路负反馈二阶高通滤波器如图 6.8.13 所示,该电路的传输函数为

$$\dot{A}_v(s) = \dfrac{-\dfrac{C_1}{C_3}s^2}{s^2 + \dfrac{1}{R_2}\left(\dfrac{C_1}{C_2 C_3} + \dfrac{1}{C_3} + \dfrac{1}{C_2}\right)s + \dfrac{1}{C_2 C_3 R_1 R_2}} = \dfrac{A_{v0}s^2}{s^2 + \dfrac{\omega_L}{Q}s + \omega_L^2} \qquad (6.8.19)$$

式中,通带增益

$$A_{v0} = -\dfrac{C_1}{C_3} \qquad (6.8.20)$$

截止角频率

$$\omega_L = \dfrac{1}{\sqrt{R_1 R_2 C_3 C_2}} = 2\pi f_L \qquad (6.8.21)$$

品质因数 Q

$$Q = \dfrac{\omega_L}{\dfrac{1}{R_2}\left(\dfrac{C_1}{C_2 C_3} + \dfrac{1}{C_2} + \dfrac{1}{C_3}\right)} \qquad (6.8.22)$$

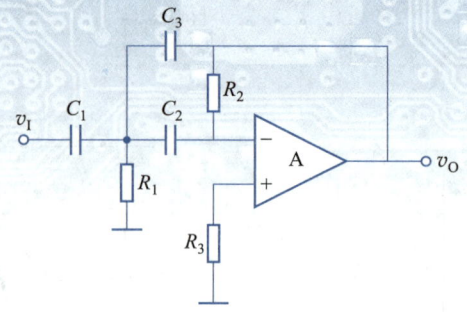

图 6.8.13　无限增益多路负反馈二阶高通滤波器

6.8.4　有源带通滤波器

一、压控电压源二阶带通滤波器

压控电压源二阶带通滤波器电路如图 6.8.14 所示。

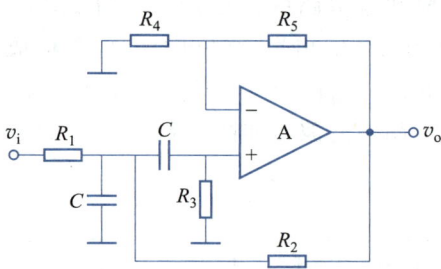

图 6.8.14　压控电压源二阶带通滤波器

图 6.8.14 所示电路的传输函数为

$$\dot{A}_v(s) = \cfrac{\cfrac{A_f}{R_1 C} s}{s^2 + \cfrac{1}{C}\left[\cfrac{2}{R_3} + \cfrac{1}{R_1} + \cfrac{1}{R_2}(1 - A_f)\right]s + \cfrac{1}{R_3 C^2}\left(\cfrac{1}{R_1} + \cfrac{1}{R_2}\right)}$$

$$= \cfrac{A_{v0}\cfrac{\omega_0}{Q}s}{s^2 + \cfrac{\omega_0}{Q}s + \omega_0^2} \tag{6.8.23}$$

式(6.8.23)中,带通滤波器的中心角频率为

$$\omega_0 = \sqrt{\omega_H \omega_L} = \sqrt{\cfrac{1}{R_3 C^2}\left(\cfrac{1}{R_1} + \cfrac{1}{R_2}\right)} \tag{6.8.24}$$

式(6.8.24)中,ω_H、ω_L 分别为带通滤波器的上限、下限截止角频率。
A_f 为

$$A_f = 1 + \cfrac{R_5}{R_4} \tag{6.8.25}$$

品质因数为

$$Q = \cfrac{\omega_0}{\cfrac{1}{C}\left[\cfrac{2}{R_3} + \cfrac{1}{R_1} + \cfrac{1}{R_2}(1 - A_f)\right]} \tag{6.8.26}$$

式中,中心角频率 ω_0 处的电压放大倍数为

$$A_{v0} = \cfrac{A_f}{R_1\left[\cfrac{1}{R_1} + \cfrac{1}{R_2}(1 - A_f) + \cfrac{1}{R_3}\right]} \tag{6.8.27}$$

通带带宽可由下面推导得到

根据传输函数 $\dot{A}_v(s) = \cfrac{A_{v0}\cfrac{\omega_0}{Q}s}{s^2 + \cfrac{\omega_0}{Q}s + \omega_0^2}$,其正弦稳态传输方程为

$$\dot{A}_v(j\omega) = \cfrac{A_{v0}j\cfrac{\omega_0}{Q}\omega}{(j\omega)^2 + j\cfrac{\omega_0}{Q}\omega + \omega_0^2} = \cfrac{A_{v0}}{1 + jQ\left(\cfrac{\omega}{\omega_0} - \cfrac{\omega_0}{\omega}\right)} \tag{6.8.28}$$

令分母虚部为 1,可以得到 $BW = f_H - f_L$,即

$$BW = \cfrac{\omega_0}{2\pi Q} = \cfrac{1}{2\pi C}\left[\cfrac{2}{R_3} + \cfrac{1}{R_1} + \cfrac{1}{R_2}(1 - A_f)\right] \tag{6.8.29}$$

图 6.8.15 所示为 Q 值不同时压控电压源二阶带通滤波器的幅频特性示意图。

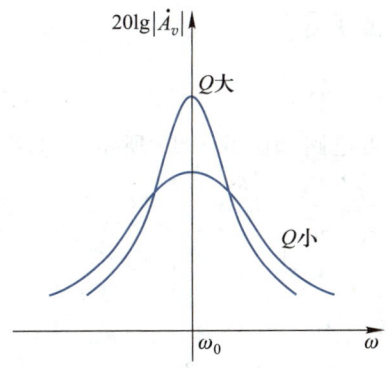

图 6.8.15 Q 值不同时压控电压源二阶带通滤波器的幅频特性

二、无限增益多路负反馈二阶带通滤波器

无限增益多路负反馈二阶带通滤波器电路如图 6.8.16 所示。

图 6.8.16 所示电路的传输函数为

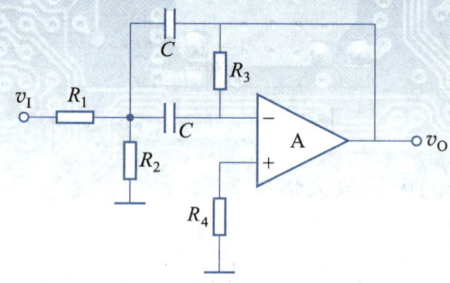

图 6.8.16　无限增益多路负反馈二阶带通滤波器

$$\dot{A}_v(s) = \frac{-\dfrac{1}{R_1 C}s}{s^2 + \dfrac{2}{R_3 C}s + \dfrac{1}{C^2 R_3}\left(\dfrac{1}{R_1} + \dfrac{1}{R_2}\right)} = \frac{A_{v0}\dfrac{\omega_0}{Q}s}{s^2 + \dfrac{\omega_0}{Q}s + \omega_0^2} \tag{6.8.30}$$

式中,带通滤波器的中心角频率为

$$\omega_0 = \sqrt{\frac{1}{R_3 C^2}\left(\frac{1}{R_1} + \frac{1}{R_2}\right)} \tag{6.8.31}$$

通带中心角频率 ω_0 处的电压放大倍数为

$$A_{v0} = -\frac{R_3}{2R_1} \tag{6.8.32}$$

品质因数为

$$Q = \frac{\omega_0 C R_3}{2} \tag{6.8.33}$$

6.8.5　有源二阶带阻滤波器

一、压控电压源二阶带阻滤波器

压控电压源二阶带阻滤波器电路如图 6.8.17 所示。电路的传输函数为

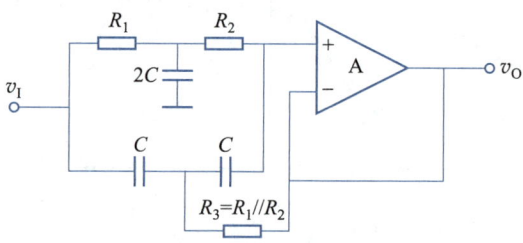

图 6.8.17　压控电压源二阶带阻滤波器

$$\dot{A}_v(s) = \frac{A_f\left(s^2 + \dfrac{1}{C^2 R_1 R_2}\right)}{s^2 + \dfrac{2}{R_2 C}s + \dfrac{1}{R_1 R_2 C^2}} = \frac{A_{v0}(\omega_0^2 + s^2)}{s^2 + \dfrac{\omega_0}{Q}s + \omega_0^2} \tag{6.8.34}$$

式中,通带电压放大倍数为

$$A_{v0} = A_{\mathrm{f}} = 1 \tag{6.8.35}$$

电阻 R_3 的阻值与 R_1 和 R_2 的关系为

$$\frac{1}{R_3} = \frac{1}{R_1} + \frac{1}{R_2} \tag{6.8.36}$$

阻带中心处的角频率为

$$\omega_0 = \sqrt{\frac{1}{R_1 R_2 C^2}} = 2\pi f_0 \tag{6.8.37}$$

阻带带宽为

$$BW = \frac{\omega_0}{2\pi Q} = \frac{1}{\pi R_2 C} \tag{6.8.38}$$

品质因数为

$$Q = \frac{1}{2}\sqrt{\frac{R_2}{R_1}} \tag{6.8.39}$$

品质因数决定了阻带的带宽,图 6.8.18 所示为 Q 值不同时压控电压源二阶带阻滤波器的幅频特性示意图。

二、无限增益多路负反馈二阶带阻滤波器

该电路由二阶带通滤波器和一个加法器组成,如图 6.8.19 所示。电路的传输函数为

$$\dot{A}_v(s) = \frac{-\dfrac{R_6}{R_4}\left[s^2 + \dfrac{1}{C^2 R_3}\left(\dfrac{1}{R_1} + \dfrac{1}{R_2}\right)\right]}{s^2 + \dfrac{2}{R_3 C}s + \dfrac{1}{R_3 C^2}\left(\dfrac{1}{R_1} + \dfrac{1}{R_2}\right)} = \frac{A_{v0}(\omega_0^2 + s^2)}{s^2 + \dfrac{\omega_0}{Q}s + \omega_0^2} \tag{6.8.40}$$

式中 $\qquad\qquad R_3 R_4 = 2R_1 R_5$

通带电压放大倍数为

$$A_{v0} = -\frac{R_6}{R_4} = -\frac{R_3 R_6}{2R_1 R_5} \tag{6.8.41}$$

阻带中心角频率为

$$\omega_0 = \sqrt{\frac{1}{R_3 C^2}\left(\frac{1}{R_1} + \frac{1}{R_2}\right)} \tag{6.8.42}$$

品质因数为

$$Q = \frac{\omega_0 R_3 C}{2} \tag{6.8.43}$$

阻带带宽为

$$BW = \frac{\omega_0}{2\pi Q} = \frac{1}{\pi R_3 C} \tag{6.8.44}$$

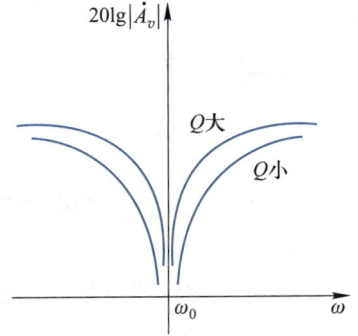

图 6.8.18 Q 值不同时压控电压源二阶带阻滤波器的幅频特性示意图

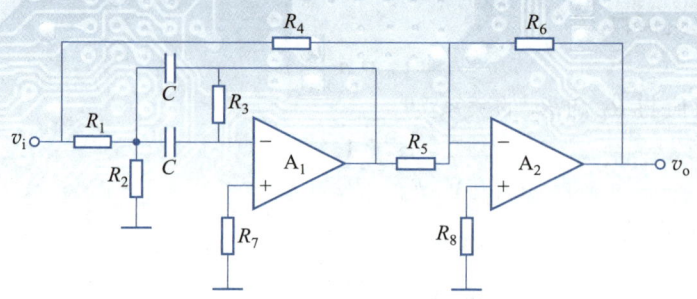

图 6.8.19 无限增益多路负反馈二阶带阻滤波器

复习思考题

6.8.1 心电信号的频率范围一般为 0.05～100 Hz,且常常会有 50 Hz 的工频干扰混入至信号中。为了有效滤除噪声,应使用什么类型的滤波器?

6.8.2 为什么图 6.8.13 所示无限增益多路负反馈二阶高通滤波器的增益调节不方便?

6.9
电压比较器

6.9.1 电压比较器的基本特性

集成电压比较器与集成运放相似,是一种模拟输入、数字输出的接口电路,它一般用来比较两个模拟信号电压的大小。因此可以称它是高增益、快速、开环工作、无相位补偿的一类特殊运放。在要求不高的情况下,一般集成运放可以作为电压比较器使用。

集成电压比较器与集成运放基本相同,但集成电压比较器的传输特性的输出电平可根据需要通过不同的外接元件的连接方式进行选择。集成电压比较器的符号与运放的符号相同,如图 6.9.1 所示,理想集成电压比较器的传输特性如图 6.9.2 所示。图 6.9.2 中 V_{OH} 和 V_{OL} 的值可根据电路的需要设计成 TTL 电平、ECL 电平或其他任意电平。

集成电压比较器的技术参数大多与集成运放相同,如 V_{IO}、I_{IB}、I_{IO}、A_{vd}、A_{vc}、K_{CMR} 等。为适应数字接口和应用要求,有些集成电压比较器还设置了一些定时、控制接口,因此还有一些定时和接口参数。由于在比较器实际应用中,比较关注信号的转换和转换速度,所以比较关注的两个重要参数是灵敏度和响应速度。

图 6.9.3 所示为实际电压比较器的传输特性曲线,输出电压 v_o 从一个电平变到另一个电平并不是理想阶跃,而是要经过线性区渐变。

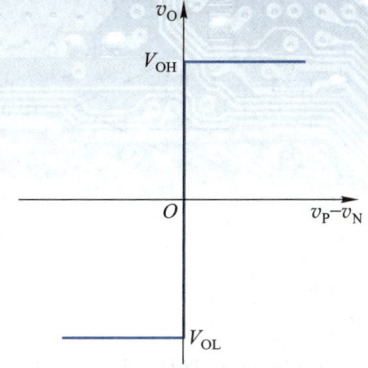

图 6.9.1 集成电压比较器的符号

图 6.9.2 理想集成电压
比较器的传输特性

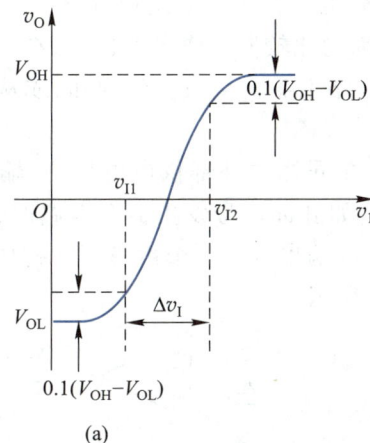

(a)

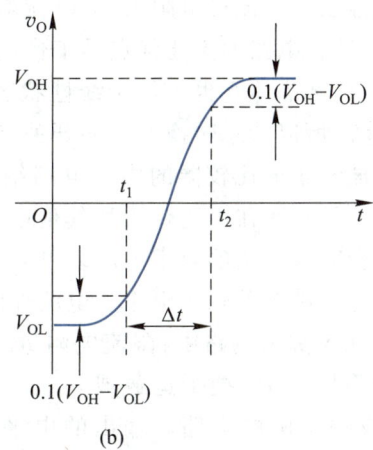

(b)

图 6.9.3 实际电压比较器的传输特性曲线

图 6.9.3(a) 中线性区边缘所对应的两个输入电压值 v_{I1}、v_{I2} 的差值 Δv_I 称为比较器的灵敏度。Δv_I 越小, 灵敏度越高。因为 Δv_I 越小, 线性区越窄, 很小的输入电压变化就能改变比较器的输出状态。因此, 灵敏度 Δv_I 标志着比较器对输入信号电压的分辨能力。

为了提高灵敏度, 应选择开环电压增益大、失调与温漂小的集成运放或集成比较器组成电压比较器电路。

若在比较器的输入端加理想阶跃信号, 其输出电压 v_O 从一个电平变到另一个电平不是理想跳变, 需要一定的时间, 如图 6.9.3(b) 所示。图中 Δt 称为比较器的响应时间。Δt 越小, 响应速度越快。为了提高响应速度, 应选择高速、宽带集成运放或高速、超高速集成电压比较器来组成电压比较器电路。

在实际应用中, 为了保护集成电压比较器的安全、提高工作速度或得到所需要的准确的输出电平, 在比较器电路中常常施加限幅措施, 常用的限幅电路如图 6.9.4 所示。

在图 6.9.4(a) 所示电路中, 电阻 R_1、R_2 及并联于比较器的两输入端之间的二极管 D_1、D_2, 构成输入限幅电路, 将输入级的差模输入电压限制在 $\pm V_D$ 之内, 使得集成比较器或运放的输入电压不会过大, 内部晶体管处于深度饱和或截止状态, 提高速度; 或防止因差模输入

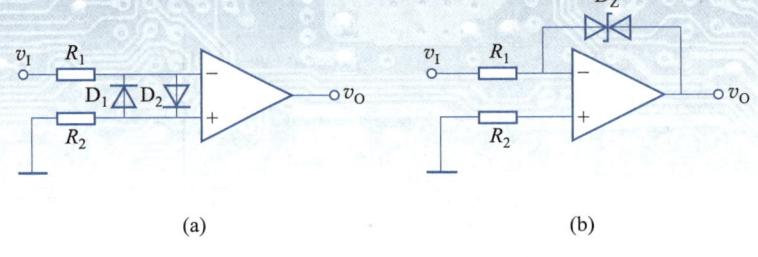

(a)   (b)

图 6.9.4   常用的限幅电路

电压过高使器件损坏。

在图 6.9.4(b)所示电路中,稳压二极管(简称稳压管)D_Z 作为反馈元件接于比较器的输出端与反相输入端之间。选择 V_Z 的值小于集成比较器或运放的饱和输出电压 $V_{OH}(V_{OL})$,在输出电压到达 $\pm V_Z$ 时 D_Z 导通,使 D_Z 工作于稳压状态,构成了深度负反馈,比较器工作于线性状态。流过电阻 R_1 的电流就是稳压管的工作电流。所以,$v_P \approx v_N \approx 0$,输出电压 $v_O = \pm V_Z$。这种电路的主要优点是工作速度快。因为比较器工作于线性区,在比较器输出状态变化时,内部晶体管也工作于线性状态,内部电路不需要从截止到饱和,或从饱和到截止的转换过程,所以状态转换所需的开关时间较短。

由于运放和集成比较器的内部电路结构不同,在同样的外部供电电压下,输出的 V_{OL}、V_{OH} 也会有些区别,而在用比较器和其他电路构成诸如脉冲信号发生器等电路时,对比较器的输出电平会有较严格的要求。所以可以在比较器的输出端加一个由稳压管构成的限幅电路,形成较稳定、精确的输出电平。电路如图 6.9.5 所示。

在图 6.9.5 所示电路中,限流电阻 R_1 和两只反向串联的稳压管 D_Z 接于运放或集成比较器的输出端,构成输出限幅电路。输出的电平为 $v_O = \pm V_Z$。合理地选择 V_Z 可得到所需的高、低电平值,而且高、低电平值稳定性好,受电源电压变化的影响很小。如果要求比较器输出高、低电平的绝对

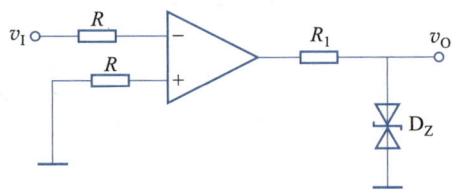

图 6.9.5   比较器的输出限幅电路

值不相等,则可选用两只特性不相同的稳压管反向串联使用。

6.9.2   单片集成电压比较器

集成电压比较器有精密电压比较器、高速电压比较器、超高速电压比较器之分。精密电压比较器具有较低的输入失调、较高的增益和较高的共模抑制比;高速电压比较器和超高速电压比较器具有较低的传输延时和较快的响应速度。

下面以 LT685(AM685)比较器为例,介绍其原理与特性。

图 6.9.6(a)所示为超高速 LT685 电压比较器原理电路,图 6.9.6(b)所示为图6.9.6(a)电路的框图。

LT685 差分增益级由三级差放组成。差分输入电压放大级中 $T_1 \sim T_4$ 构成共射-共基串联差放,T_{11} 为偏置电流源($I_{EE1} = 1.5$ mA),R_1 和 R_2 为负载,D_1、D_2 齐纳管起限幅和加速转换

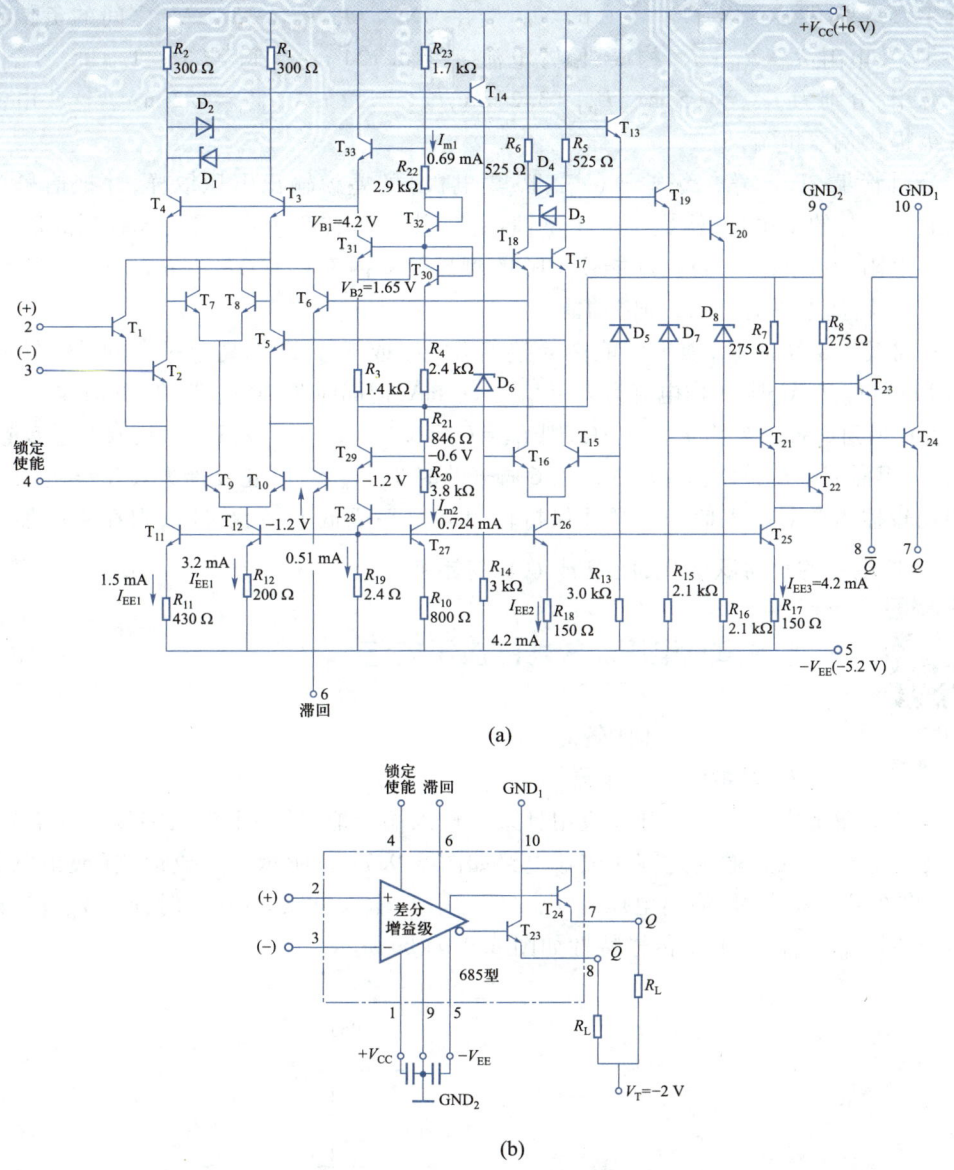

图 6.9.6 LT685 电压比较器原理电路和框图

作用。T_{13} 和 T_{14} 以及齐纳管 D_5、D_6、R_{13}、R_{14} 构成射极跟随隔离级并完成电平移动。$T_{15} \sim T_{18}$ 以及 D_3、D_4、R_5、R_6、T_{26} 构成第二差分电压放大级,也称为共射-共基宽带放大电路,T_{26} 提供偏置电流 $I_{EE2} = 4.2$ mA。T_{19}、T_{20} 及 D_7、D_8、R_{15}、R_{16} 构成差分射极跟随器,起缓冲与电平移动作用。T_{21} 和 T_{22} 的射极偏置电流源由 T_{25} 提供,即 $I_{EE3} = 4.2$ mA,T_{21} 和 T_{22} 构成第三差分电压放大级,它的差模输出信号经 T_{23} 和 T_{24} 的射极开路输出端 $\overline{Q}$ 和 Q 输出。但实际应用时(输出电平为 ECL 电平),在引脚 7 和 8 必须外接负载 R_L 到 $V_T = -2$ V,以使其输出与 ECL 电平兼容($V_{OH} = -0.81$ V,$V_{OL} = -1.85$ V),LT685 比较器能驱动50 Ω负载。

接在 $+V_{CC}$ ($+6$ V) 到 GND_2 端之间的正偏置电路由 $T_{30} \sim T_{33}$ 及电阻 R_3、R_4、R_{22}、R_{23} 组成,偏置电流 $I_{m1} = 0.69$ mA,分别为第一差放共基管 T_3、T_4 提供偏置电压 $V_{B1} = 4.2$ V,为第二差放

共基管 T_{17}、T_{18} 提供偏置电压 $V_{B2}=1.65$ V。接在 GND_2 到 $-V_{EE}(-5.2$ V$)$ 之间的负偏置电路由 $T_{27}\sim T_{29}$ 及电阻 R_{10}、$R_{19}\sim R_{21}$ 构成，偏置电流 $I_{m2}=0.724$ mA。T_{27} 与 T_{11}、T_{12}、T_{25}、T_{26} 构成比例电流源组，分别为 $I_{EE1}=1.5$ mA，$I'_{EE1}=3.2$ mA，$I_{EE2}=4.2$ mA，$I_{EE3}=4.2$ mA。这些电流源分别为各级提供偏置电流。

差分对管 T_5、T_6 对第二级差放（T_{15}、T_{16} 集电极）的差模输出电压取样，并把信号反馈到第一差放 T_1、T_2 的集电极，构成一个正反馈回路，其作用有两个：只需在 6 脚到 5 脚（$-V_{EE}$）间外接一电阻（100 Ω ~ 2 kΩ），就能使 LT685 型比较器内部具有 3~70 mV 的滞回特性；当 4 脚接 ECL 逻辑低电平时，完成锁定功能。

当不需要锁定功能时，锁定使能端 4 接 GND_2 端或 ECL 逻辑高电平，此时 T_9 导通，$I_{C9}=I'_{EE1}=3.2$ mA，T_7、T_8 导通，工作电流为 $I_{C7}=I_{C8}=1.6$ mA，但同时 T_{10} 截止，T_5、T_6 此时仅由 T_3 和 T_4 偏置。若 6 脚到 5 脚电阻为 $R_H=1$ kΩ，则 $I_{C3}=I_{C4}=3.4$ mA。T_5、T_6、T_7、T_8 均参与正反馈，$R_H=1$ kΩ 时，可得滞回电压范围为 10 mV。当 6 脚开路时 T_5、T_6 截止，正反馈失效，滞回电压为零。

当比较器需要对输入信号取样并保持输出高电平或低电平状态时，则在 4 脚加入电平值为 ECL 低电平的负阶跃电压，使 Q 或 $\overline{Q}$ 保持不变。

电压比较器的应用电路

6.9.3　电压比较器的应用电路

一、单限电压比较器
1. 过零电压比较器

当运放或集成电压比较器开环应用且某一输入端接地、另一个输入端接输入信号时，就构成过零比较器。反相输入过零比较器电路如图 6.9.7(a) 所示。集成运放（或集成电压比较器）工作在开环状态时，输出电压为 V_{OH} 或 V_{OL}。当输入电压 $v_I<0$ V 时，$v_o=V_{OH}$；当输入电压 $v_I>0$ V 时，$v_o=V_{OL}$，其电压传输特性如图 6.9.7(b) 所示。

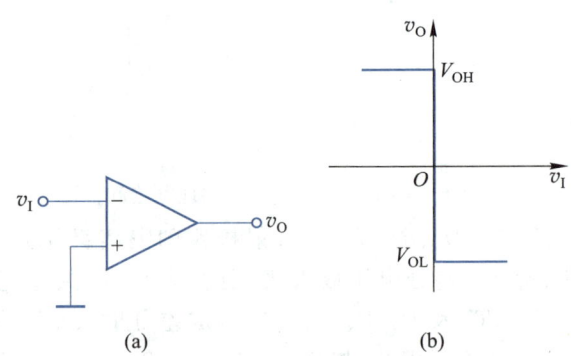

图 6.9.7　反相输入过零比较器及其传输特性

图 6.9.7(a) 所示的反相输入过零比较器电路中，若将运放反相输入端接地，信号从同相输入端输入，可获得与图 6.9.7(b) 所示跃变方向相反的 v_o 电压传输特性。

加有限制比较器输入级差模输入电压、输出端稳压管限幅电路的反相输入过零比较器如图 6.9.8 所示。

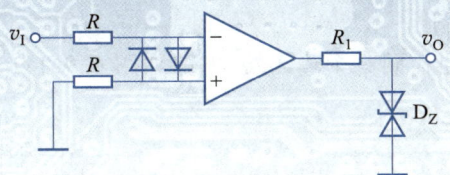

图 6.9.8 输入、输出限幅的反相输入过零比较器

2. 一般单限电压比较器

如果将图 6.9.8 中的同相输入端接一固定参考电压 V_{REF}，可得到输出跳变点不在零点的一般单限电压比较器（反相输入），如图 6.9.9(a)所示。

根据 $v_{\mathrm{P}} > v_{\mathrm{N}}$ 时，$v_{\mathrm{O}} = V_{\mathrm{OH}}$；$v_{\mathrm{P}} < v_{\mathrm{N}}$ 时，$v_{\mathrm{O}} = V_{\mathrm{OL}}$，得到传输特性如图 6.9.9(b)所示。

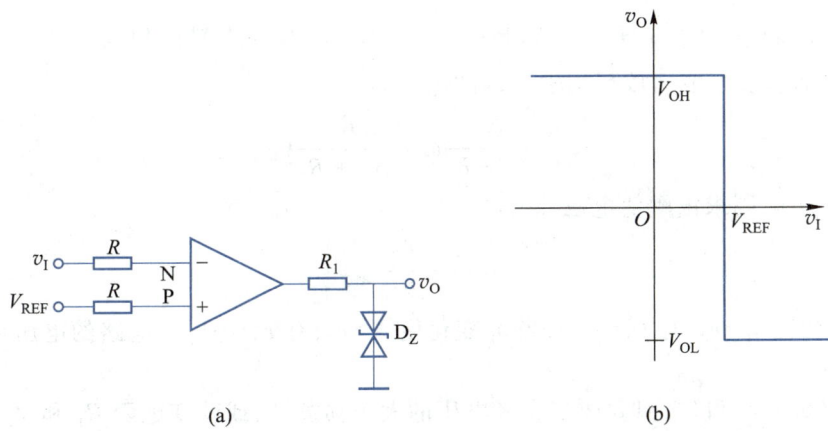

(a)　　　　　　　　　　　　(b)

图 6.9.9　一般反相输入单限电压比较器及其传输特性

如果将 V_{REF} 和 v_{I} 交换可得如图 6.9.10 所示的电路及其传输特性。

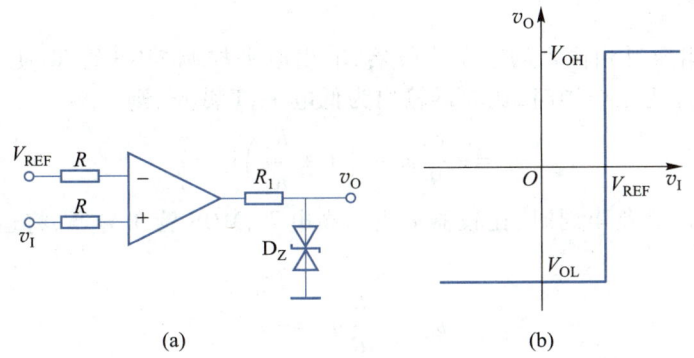

(a)　　　　　　　　　　　　(b)

图 6.9.10　一般同相输入单限电压比较器及其传输特性

通常称输出跳变时所对应的输入电压值为阈值电压 V_{th}，显然，过零比较器的阈值电压 $V_{\mathrm{th}} = 0$，一般单限电压比较器的阈值电压 $V_{\mathrm{th}} = V_{\mathrm{REF}}$。当 V_{REF} 变化时，V_{OH} 到 V_{OL} 的跳变点（阈值

电压 V_{th})将在横轴上左右变化。

参考电压也可以与 v_I 加在同一个输入端,电路如图 6.9.11(a)所示。

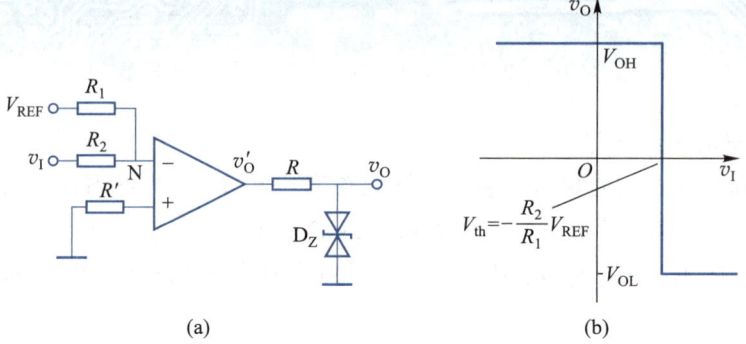

(a)　　　　　　　　　(b)

图 6.9.11 　V_{REF} 与 v_I 加在同一个输入端的单限电压比较器及其传输特性

根据叠加定理,集成运放反相输入端的电位为

$$v_N = \frac{R_1}{R_1 + R_2}v_I + \frac{R_2}{R_1 + R_2}V_{REF} \tag{6.9.1}$$

令 $v_N = v_P = 0$,则求出阈值电压

$$V_{th} = -\frac{R_2}{R_1}V_{REF} \tag{6.9.2}$$

当 v_I 变化使 $v_N < v_P$,有 $v_O = +V_Z$,当 v_I 变化使 $v_N > v_P$,有 $v_O = -V_Z$。电路的电压传输特性如图 6.9.11(b)所示。

根据式(6.9.2)可知,只要改变参考电压的大小和极性,或改变电阻 R_1 和 R_2 的阻值,就可以改变阈值电压的大小和极性。若要改变 v_I 过 V_{th} 时 v_O 的跃变方向,则应将集成运放的同相输入端和反相输入端所接外电路互换即可。

例 6.9.1 分析图 6.9.12 所示电路的功能,当输入信号为正弦波时,画出输出波形。已知,AD711 为工作于线性工作区的运算放大器,AD790 为电压比较器。场效应管工作于开关状态。

解: AD790 组成反相输入的过零比较器,输出电平控制 MOS 管 T,使 MOS 管起开关作用。在输入电压 v_i 为正半周时,比较器输出为低电平,T 截止,则

$$v_O = -\frac{R_F}{R_1}v_i + \left(1 + \frac{R_F}{R_1}\right)v_i = v_i \tag{6.9.3}$$

在输入电压 v_i 为负半周时,比较器输出为高电平,MOS 管 T 导通,将运放的同相输入端接地,则

$$v_O = -\frac{R_F}{R_1}v_i = -v_i \tag{6.9.4}$$

所以,电路的输出、输入关系为 $v_O = |v_i|$ 实现了精密全波整流功能。该电路能对低至几毫伏大至 10 V 的信号实现整流,输出波形如图 6.9.13 所示。

二、滞回电压比较器

滞回电压比较器(也称施密特触发器)是通过引入正反馈形成具有迟滞特性的比较器。

从集成运放(或集成比较器)反相输入端输入的滞回比较器电路如图 6.9.14(a)所示。

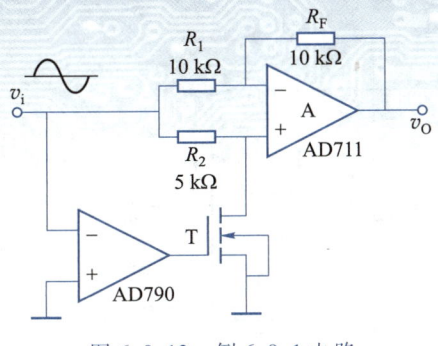

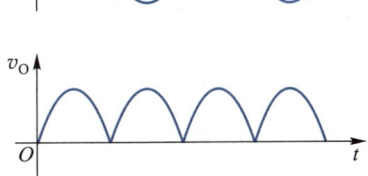

图 6.9.12　例 6.9.1 电路　　　　　　　图 6.9.13　例 6.9.1 电路的输出波形

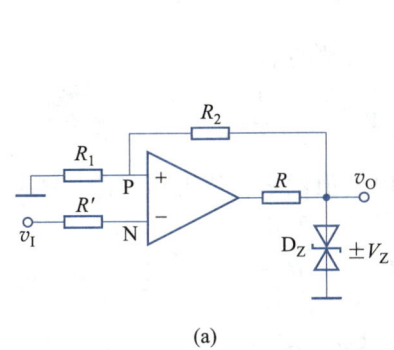

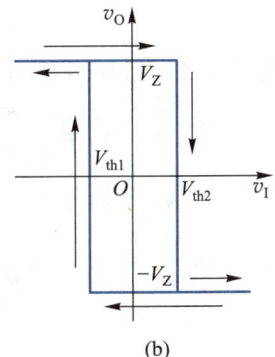

(a)　　　　　　　　　　　　(b)

图 6.9.14　反相输入端输入的滞回比较器电路及其传输特性

由于集成运放(或集成比较器)输出端加有限幅电路,所以输出电压 $v_O = \pm V_Z$。集成运放反相输入端电位 $v_N = v_I$,同相输入端电位为

$$v_P = \pm \frac{R_1}{R_1 + R_2} V_Z$$

由于运放在 $v_N = v_P$ 时发生输出跳变,所以 $v_I = v_P$ 时的输入电压值就是阈值电压,因此得出

下限阈值电压　　　　　　　　$$V_{th1} = -\frac{R_1}{R_1 + R_2} V_Z$$

上限阈值电压　　　　　　　　$$V_{th2} = +\frac{R_1}{R_1 + R_2} V_Z$$

当 $v_I < V_{th1}$ 时,$v_O = +V_Z$,此时 $v_P = V_{th2}$,所以 v_I 增加到 V_{th1} 时,输出仍保持为高电平 $v_O = +V_Z$。直到 v_I 增加到 V_{th2} 时,输出跳变为低电平 $v_O = -V_Z$。

同样,当 $v_I > V_{th2}$ 时,$v_O = -V_Z$,此时 $v_P - V_{th1}$,所以 v_I 减小到 V_{th2} 时,输出仍保持为低电平 $v_O = -V_Z$。直到 v_I 减小到 V_{th1} 时,输出跳变为高电平 $v_O = +V_Z$。传输特性曲线如图 6.9.14(b)所示。

若将电阻 R_1 的接地端接参考电压 V_{REF},则上、下限阈值电压值将发生变化,如图 6.9.15

（a）、（b）所示。

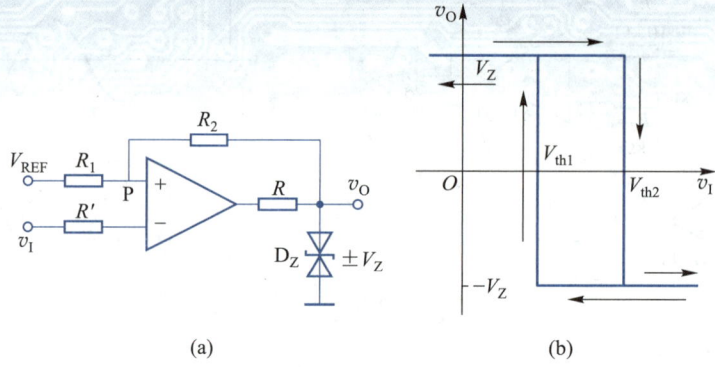

图 6.9.15　有 V_{REF} 的反相输入滞回比较器电路及其传输特性

根据叠加定理可以求出集成运放同相输入端的电位

$$v_P = \frac{R_2}{R_1 + R_2} V_{REF} \pm \frac{R_1}{R_1 + R_2} V_Z$$

运放在 $v_N = v_P$ 时发生输出跳变，$v_I = v_P$ 时的值就是阈值电压，有

下限阈值电压　　　　　　$$V_{th1} = \frac{R_2}{R_1 + R_2} V_{REF} - \frac{R_1}{R_1 + R_2} V_Z$$

上限阈值电压　　　　　　$$V_{th2} = \frac{R_2}{R_1 + R_2} V_{REF} + \frac{R_1}{R_1 + R_2} V_Z$$

显然，在加了参考电压后，传输特性曲线在横轴上产生了一个偏移，偏移量为 $\frac{R_2}{R_1 + R_2} \cdot V_{REF}$。改变 V_{REF} 的大小和极性可以改变偏移量的大小和方向。

通过以上分析可以得出以下结论。

（1）滞回比较器的传输特性具有两个分支，形状类似于磁滞回线。它有两个不同的阈值电压 V_{th1}、V_{th2}，因而形成滞回特性。

（2）两个阈值之差 $\Delta V_{th} = V_{th2} - V_{th1}$，称为"回差"电压。引起滞回特性的原因是引入了正反馈，反馈越深，回差电压 ΔV_{th} 越大。

（3）V_{th2}、V_{th1} 的值与 V_{REF} 有关，而回差电压大小与 V_{REF} 大小无关。说明 V_{REF} 的作用是改变 V_{th2}、V_{th1} 的值，使传输特性在横轴上左右移动。

（4）由于运放或集成比较器的增益有限，输出电压从一个电平变到另一个电平要经过线性区，需要一定的时间。滞回比较器引入正反馈，可以加速输出状态的转换过程。这种正反馈过程使输出电压跳变边沿变陡，缩短了比较器的响应时间。

（5）滞回比较器与单限电压比较器相比还有一个明显的优点，即抗干扰能力较强，不易产生误动作。这是因为，当输出电压一旦跳变后，只要在跳变点附近输入电压上叠加的干扰电压大小不超过 ΔV_{th}，输出电压的值就可保持稳定不变，ΔV_{th} 值越大，抗干扰能力越强。

滞回比较器也可以接成同相输入方式，即将图 6.9.15（a）中 V_{REF} 和 v_I 的位置互换即可，其电路和传输特性如图 6.9.16 所示。读者可自己分析它的工作原理。

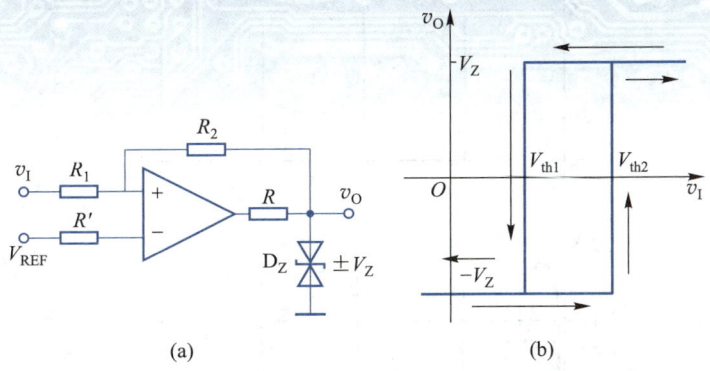

图 6.9.16　同相输入的滞回比较器电路及其传输特性

在单限比较器中,输入电压在阈值电压附近的任何微小变化,都将引起输出电压的跃变,不管这种微小变化是来源于输入信号还是外部干扰。因此,虽然单限比较器很灵敏,但是抗干扰能力差。滞回比较器具有滞回特性,因而也就具有一定的抗干扰能力。

看一个简单的例子,比较单限电压比较器与滞回比较器的抗干扰能力。单限电压比较器如图 6.9.10(a) 所示,滞回比较器如图 6.9.16(a) 所示。假设远处传输过来的信号为一脉冲波形,幅度为 0~5 V,如图 6.9.17(a) 所示。经过传输后,由于干扰,第一个脉冲波形已经严重变差,如图 6.9.17(b) 所示。

图 6.9.17(c) 所示为使用单限电压比较器对信号进行整形(再生)后得到的结果。阈值电压 $V_{th} = 2.5$ V。可以看到,由于干扰过大,无论阈值电压选取何值,都无法恢复原有的波形。

图 6.9.17(d) 所示为使用滞回电压比较器对信号进行整形(再生)后得到的结果。阈值电压 $V_{th1} = 1.7$ V,$V_{th2} = 3.4$ V。可以看到,虽然输入信号已经变得很差,但输出基本可以得到原有的波形,去除了干扰。

三、窗口比较器

窗口比较器是用于判断输入电压是否处于两个已知电平之间或在某一段已知电平之外的电压比较器。单限比较器和滞回比较器在输入电压单一方向变化时(如从低电平到高电平变化时),输出电压只跃变一次,因而不能检测出输入电压是否在两个给定电压之间,而窗口比较器具有这一功能,所以也称双限比较器。窗口比较器可用于自动测试、故障检测等系统。

图 6.9.18(a) 所示是由两个运放(或集成比较器)组成的窗口比较器的原理电路,图 6.9.18(b) 为其电压传输特性。

图 6.9.18 中,假设外加参考电压 $V_{REF1} > V_{REF2}$,电阻 R_1、R_2 和稳压管 D_Z 构成限幅电路。

当输入电压 v_I 大于 V_{REF1} 时,必然大于 V_{REF2},所以集成运放 A_1 的输出电压 $v_{O1} = V_{OH}$,A_2 的输出电压 $v_{O2} = V_{OL}$。使得二极管 D_1 导通,D_2 截止,输出为高电平,稳压管 D_Z 工作于稳压状态,输出电压 $v_O = +V_Z$(V_Z 小于运放输出电压 V_{OH})。

当输入电压 v_I 小于 V_{REF2} 时,必然小于 V_{REF1},集成运放 A_1 的输出电压 $v_{O1} = V_{OL}$,A_2 的输

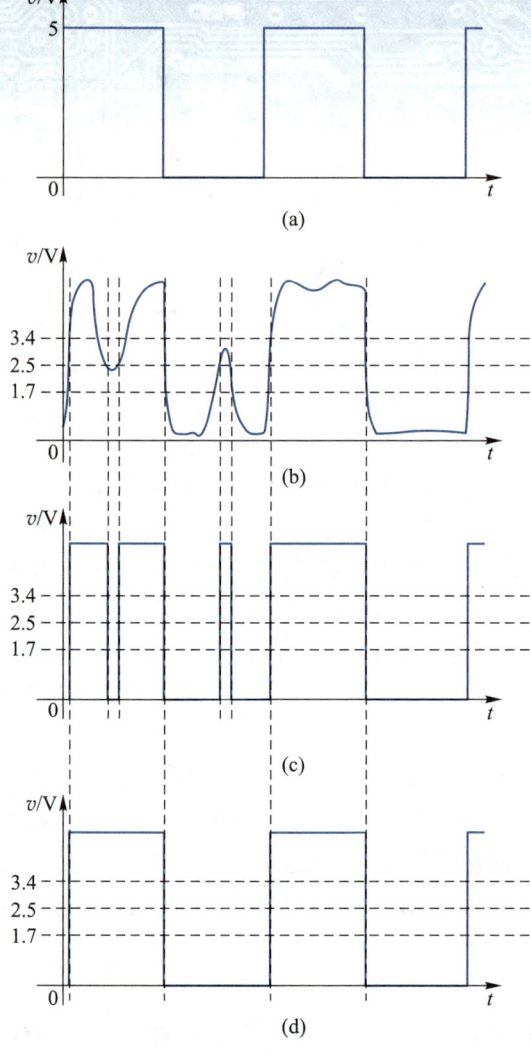

图 6.9.17　单限电压比较器与滞回比较器的抗干扰能力比较

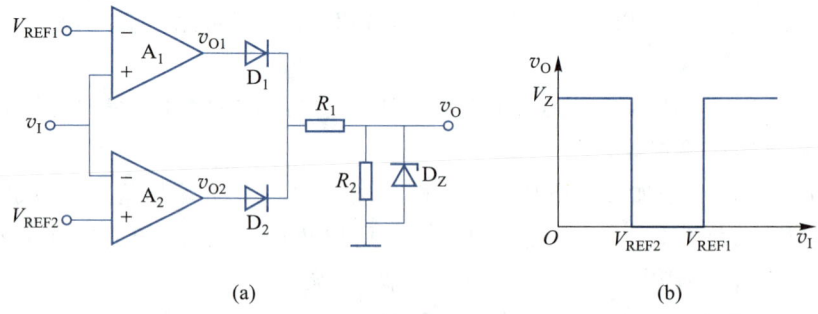

图 6.9.18　窗口比较器的原理电路及其电压传输特性

出电压 $v_{O2} = V_{OH}$。使得二极管 D_2 导通，D_1 截止，稳压管 D_Z 仍工作于稳压状态，输出电压仍为高电平电压 $v_O = +V_Z$。

当输入电压 v_I 大于 V_{REF2} 且小于 V_{REF1} 时，集成运放 A_1 的输出为低电平电压 $v_{O1} = V_{OL}$，A_2 的输出也是低电平电压 $v_{O2} = V_{OL}$，使得二极管 D_1、D_2 都截止，运放的输出为低电平电压 $V_{OL} = 0$ V。

通过以上三种电压比较器的分析，可得出如下结论。

（1）在电压比较器中，集成运放主要工作在非线性区，输出电压只有高电平和低电平两种可能的情况。

（2）电压比较器一般用电压传输特性来描述输出电压与输入电压的函数关系。

（3）电压传输特性的三个基本要素是输出电压的高低电平值、阈值电压值和输出电压的跃变方向。输出电压的高、低电平决定于限幅电路；阈值电压为 $v_N = v_P$ 时对应的输入电压；输出电压的跃变方向取决于输入电压加在运放的同相输入端还是反相输入端。

复习思考题

6.9.1　运算电路和电压比较器中的运放在通常工作状态上有什么区别？

6.9.2　电压比较器传输特性的三个基本要素是什么，如何求解它们？

6.10
计算机仿真例题

6.10.1　乘法器电路仿真

使用 Multisim 对图 6.7.6 所示的双平衡四象限变跨导乘法器进行仿真分析，当在两个输入端加入信号时，输出应为两输入信号乘积的函数。

使用 Multisim 重新绘制的电路图如图 6.10.1 所示。

在仿真电路中需要说明以下几点：

（1）本例中使用 2N5551，读者也可以自行尝试其他类型的晶体管，但由于模型与晶体管参数的原因会导致仿真结果产生一些变化。

（2）$R_3 \sim R_{10}$ 用来分别为各晶体管提供直流偏置。

（3）v_1、v_2 对应图 6.7.6 中的 v_x、v_y。v_1 是直流分量（offset）为 2 mV、交流信号幅度为 1 mV、频率为 1 kHz 的正弦信号，v_2 是直流分量为 0、交流信号幅度为 1 mV、频率为 10 kHz 的正弦信号。

（4）输出信号为 Q1 与 Q2 的集电极电压之差，使用差分电压探针 PR1 对其进行观察。

图 6.10.1 中两个输入信号的数学表达式分别为：

$$\begin{cases} v_1 = 2 + \sin(2\pi \times 10^3 \times t)\,(\text{mV}) \\ v_2 = \sin(2\pi \times 10 \times 10^3 \times t)\,(\text{mV}) \end{cases} \tag{6.10.1}$$

根据式(6.7.14),即:

$$v_0 = -(i_{O1} - i_{O2})R_C \approx -\frac{IR_C}{4V_T^2}v_x v_y = kv_x v_y \qquad (6.10.2)$$

可知相乘后的结果为:

$$v_0 = -\frac{0.2 \times 10^{-3} \times 3 \times 10^3}{4 \times (26 \times 10^{-3})^2} \cdot [2 + \sin(2\pi \times 10^3 \times t)] \times 10^{-3} \times$$

$$\sin(2\pi \times 10 \times 10^3 \times t) \times 10^{-3}\,\mathrm{V}$$

$$\approx 222 \cdot [2 + \sin(2\pi \times 10^3 \times t)] \times \sin(2\pi \times 10 \times 10^3 \times t + 180°)\,\mu\mathrm{V}$$

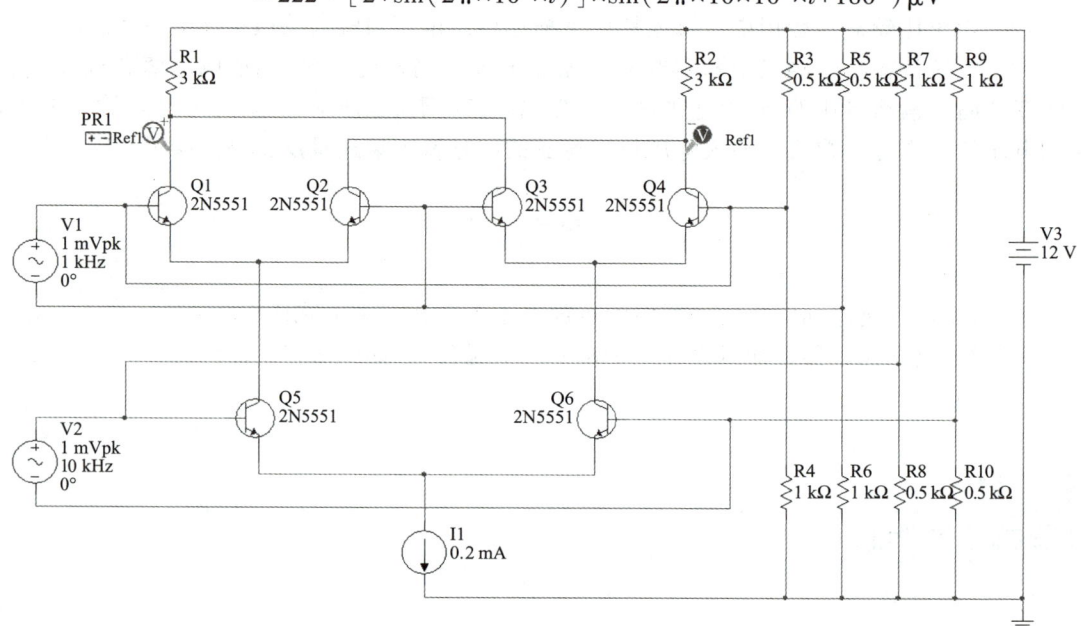

图 6.10.1　使用 Multisim 绘制的乘法器电路图

对该图进行瞬态仿真,并设置仿真时长为 0~2 ms,可得输出结果如图 6.10.2 所示的波形:

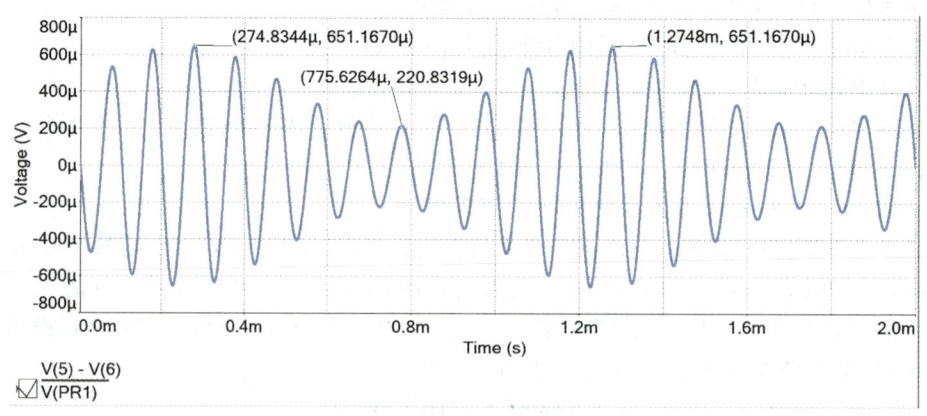

图 6.10.2　乘法器的仿真输出结果

从分析仿真结果可以看到如下特点：

（1）输出信号仍然为具有一定周期的信号；

（2）输出信号达到最大值的时间间隔为 1 ms（事实上此即为 v_1 的周期）；

（3）输出信号每个波峰之间的时间间隔为 0.1 ms（事实上此即为 v_2 的周期）；

（4）输出信号最大振幅约为 650 μV，考虑到仿真误差后，可认为与理论推导所得的 222×(2+1) 一致，最小振幅为 220V（即 222×(2-1)）；

（5）若将输出信号的每个波峰（幅值为正或为负）连起来（包络），所得的波形为 v_1 的波形。

在通信中把这种信号处理方式称为信号的幅度调制（调幅），其含义即为用低频调制信号（本例中为 v_1）来改变高频载波（本例中为 v_2）的振幅。通常情况下，若设调制信号为 $v_\Omega = V_\Omega \cos\Omega t$，载波信号为 $v_c = V_c \cos\omega_c t$，则调幅后的信号可用下式来表示：

$$v_0 = (V_c + kV_\Omega \cos\Omega t)\cos\omega_c t \tag{6.10.3}$$

可以看出，此时输出信号各点的振幅由 $V_c + kv_\Omega\cos\Omega t$ 决定，即由调制信号控制。振幅的最大值变为 $V_c + kv_\Omega$，最小值变为 $V_c - kv_\Omega$。读者可参照以上分析和图 6.10.2 的曲线自行分析得出调幅信号的其余特点。

6.10.2 使用运放宏模型分析负反馈电路的通频带

电路分析软件的器件库中会有一些常用电路的宏模型供调用，也可以根据需要建立某些器件的宏模型用于简化电路分析。以下使用 Multisim 中 ANALOG_VIRTUAL 库里的虚拟 3 端运放宏模型来验证负反馈对通频带的展宽作用。

首先对不加负反馈时的电路进行交流扫描，获得开环频率特性。电路如图 6.10.3 所示。

交流分析结果如图 6.10.4 所示。

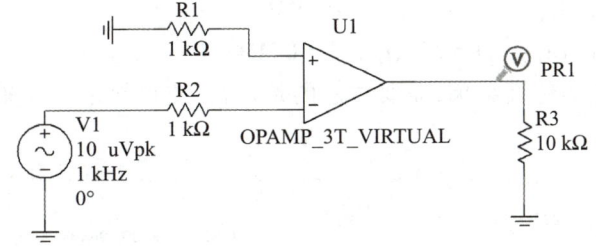

图 6.10.3 对运放进行开环交流分析的电路

从分析结果中可以看出，所使用运放的开环增益近似为 106 dB（$2×10^5$），此时的 3 dB 带宽约为 500 Hz。

下一步对加有深度负反馈的电路进行仿真，此时电路如图 6.10.5 所示。

图 6.10.5 中的电阻 R_4 即为负反馈电阻。需要注意的是，为了查看不同反馈深度下的频带状况，将该电阻的值设置为电路参数 {res} 以便进行参数扫描仿真。在参数扫描仿真时，设置该电阻的值为 10 kΩ 和 100 kΩ 来观察频带的展宽程度。

根据前面所学过的负反馈展宽频带的公式，设运放的开环增益为 A，开环 3 dB 带宽为 f，

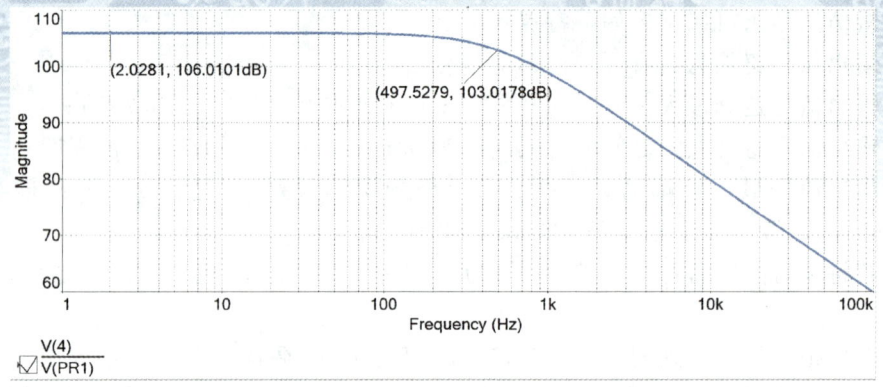

图 6.10.4　开环交流分析结果

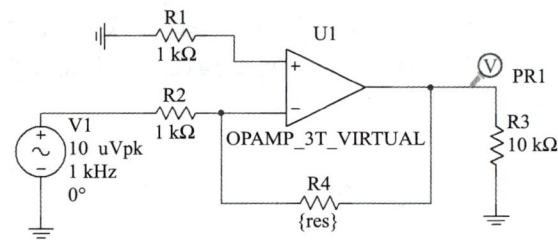

图 6.10.5　反相放大电路

反馈深度为 D,闭环增益为 A_f。则可得:

$$D \approx A/A_\mathrm{f}$$

$$f_\mathrm{f} \approx D \times f$$

根据已经获得开环增益及带宽(按 500 Hz 计),可以计算出:

当 $R_4 = 10$ kΩ 时,$|A_\mathrm{f10\ k\Omega}| = 10$,$f_\mathrm{f10\ k\Omega} = 10$ MHz

当 $R_4 = 100$ kΩ 时,$|A_\mathrm{f100\ k\Omega}| = 100$,$f_\mathrm{f100\ k\Omega} = 1$ MHz

图 6.10.6 为相应的仿真结果,需要注意的是,为了使得结果看起来更清晰,纵轴使用了对数坐标。

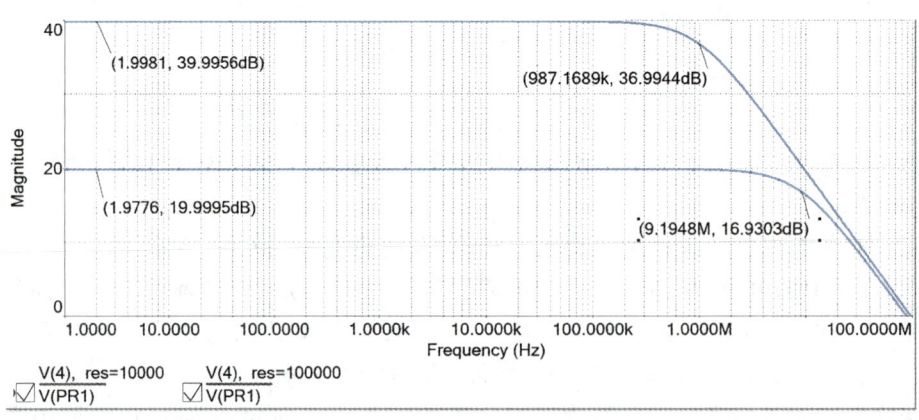

图 6.10.6　反相放大电路频率特性仿真结果

从图中可以看出，对应于 $R_4 = 10$ kΩ 时，$f_{f10\,k\Omega} \approx 9.2$ MHz；对应于 $R_4 = 100$ kΩ 时，$f_{f100\,k\Omega} \approx 987$ kHz。可见仿真结果与理论分析结果非常接近。

6.11　实际案例：使用仪用放大器实现微弱信号的放大

本 章 小 结

本章首先从模拟集成电路的功能、工艺、工作原理、性能指标、封装形式等方面介绍了模拟集成电路的种类。

通过对典型集成运放 μA741 的内部电路介绍，给出了集成运放的结构、工作原理及基本性能和参数。

根据集成运放的工作区间，运放可分为线性应用和非线性应用。在线性应用时，一般通过深度负反馈（电压串联或电压并联）保证运放工作在线性放大状态。通过对集成运放的基本输入方式分析，介绍了运放在深度负反馈线性应用情况下输入端的虚短和虚断概念。应用理想运放模型和虚短、虚断概念可对一般运放电路的功能进行分析。

本章重点介绍了由运放构成的加法、减法、微分、积分、指数、对数、乘法等运算电路的构成以及分析、设计方法，给出了某些参数非理想时的实际集成运放等效模型和集成运放参数对运算误差的影响。

模拟乘法器也是模拟集成电路中常用的器件之一。本章详细分析了变跨导型模拟乘法器的工作原理，介绍了由模拟乘法器和运放构成的乘方运算电路、除法运算电路、开方运算电路和其他综合运算电路的分析、设计方法。

本章还介绍了有源滤波器的分析方法，重点介绍了二阶低通、高通、带通、带阻滤波器的基本构成、传输特性和分析方法。当需要确定给出的电路为何种滤波器时，可以通过在频率趋于零时（电容看成开路）以及频率趋于无穷大时（电容看成短路）电路传输特性的分析和对比可判断所给电路是低通、高通、带通还是带阻滤波器。

集成运放（或集成比较器）非线性应用时可构成电压比较器电路，此时运放主要工作在正向饱和区或反向饱和区，线性工作区只是输出电平变化时的过渡区。一般集成运放用于构成比较器电路时，通常为开环应用或加正反馈。比较器电路中的运放输入端不再具有虚短特性，但在两个输入端电压相等的时刻电路发生状态变化。本章通过对单限电压比较器、滞回电压比较器和窗口电压比较器的介绍，给出了比较器电路的基本特性、分析和设计方法。

本章最后给出了两个使用计算机进行辅助分析的实例。通过分析实例，可以看到使用计算机辅助分析软件可以比较直观和精确地获得电路的特性和功能。

习　题

6.5.1　判断下列说法是否正确（在括号中画 √ 或 ×）：

（1）处于线性工作状态下的集成运放,反相输入端可按"虚地"来处理。（　　　）

（2）处于线性工作状态的实际集成运放,在实现信号运算时,两个输入端对地的直流电阻必须相等,才能防止输入偏置电流 I_{IB} 带来运算误差。（　　　）

（3）在反相求和电路中,集成运放的反相输入端为"虚地"点,流过反馈电阻的电流基本上等于各输入电流之代数和。（　　　）

（4）同相求和电路跟同相基本放大电路一样,各输入信号的电流几乎等于零。（　　　）

6.5.2　在图题 6.5.2 中,各集成运放均是理想的,试写出各输出电压 v_O 的值。

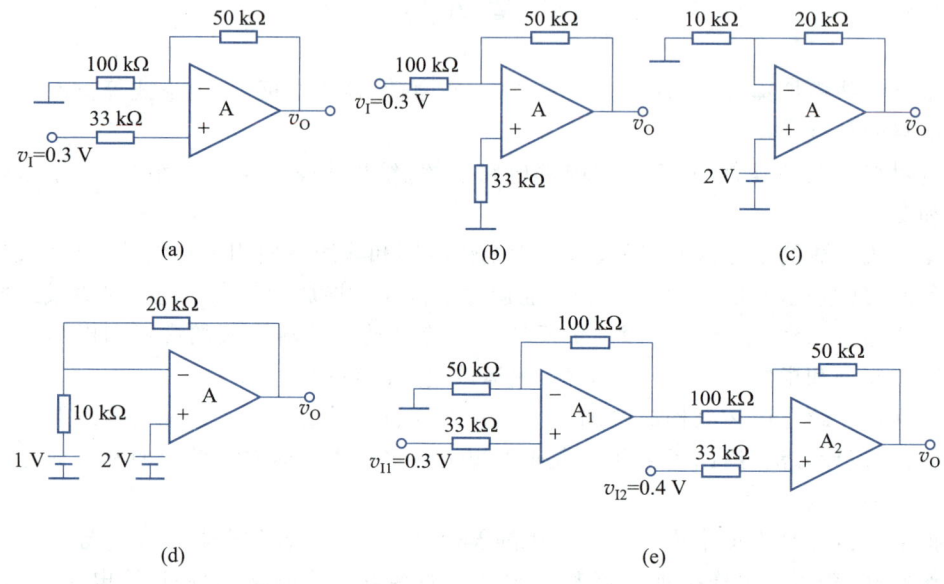

图题 6.5.2

6.5.3　在图题 6.5.3 所示的电路中,A 为理想运放,D 为理想二极管,试分析 v_O 与 v_I 的函数关系。

6.5.4　在图题 6.5.4 所示的电路中,A 为理想运放。

（1）写出 v_O 与 v_I 的关系式;

（2）流过电阻 R_2 的电流 I_2 为多少?

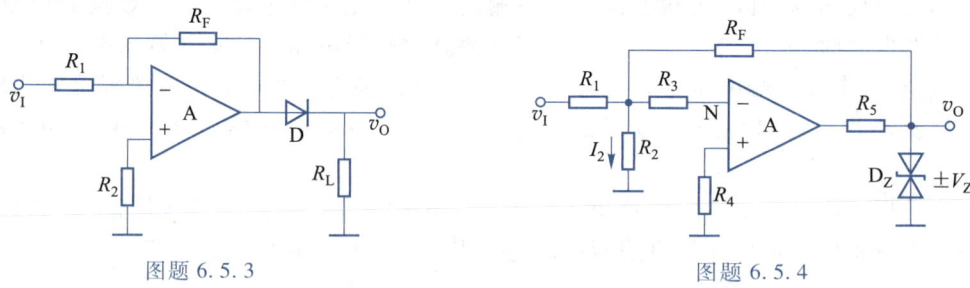

图题 6.5.3　　　　　　　　　　　　图题 6.5.4

6.5.5　集成运放电路如图题 6.5.5 所示。设 A 为理想运放,$v_1 = 0.5$ V,试求负载电阻 R_L 上的电压 v_0、电流 I_L 以及集成运放的输出电流 i_0。

6.5.6　请画出如图题 6.5.6 所示电路的电压传输特性曲线,标出有关的电压数值,假设所用集成运放为理想器件。

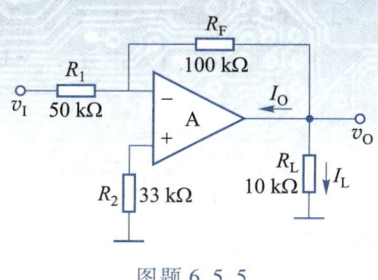

图题 6.5.5

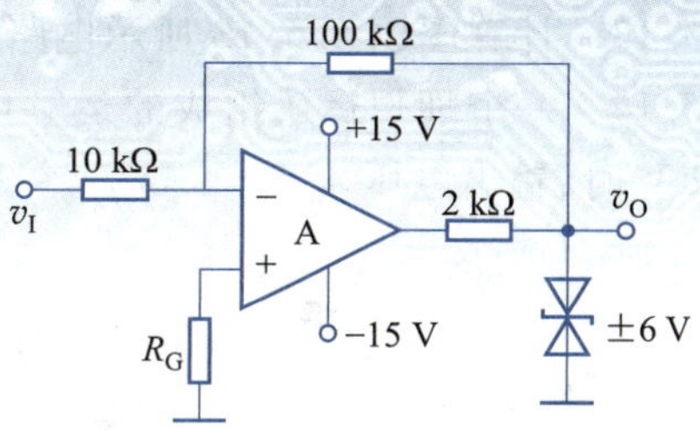

图题 6.5.6

6.5.7 分析图题 6.5.7 所示的电路,选择正确的答案序号填空。

（1）输出电压 v_O 约为 _____。（a.-5.5 V,b.-7.5 V,c.-10 V,d.-12.5 V）

（2）电阻 R_G 的值应约为 _____。（a.1 kΩ,b.1.7 kΩ,c.10 kΩ,d.2.3 kΩ）

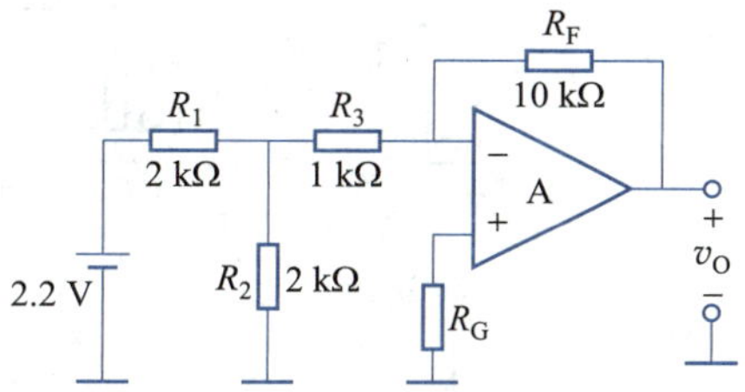

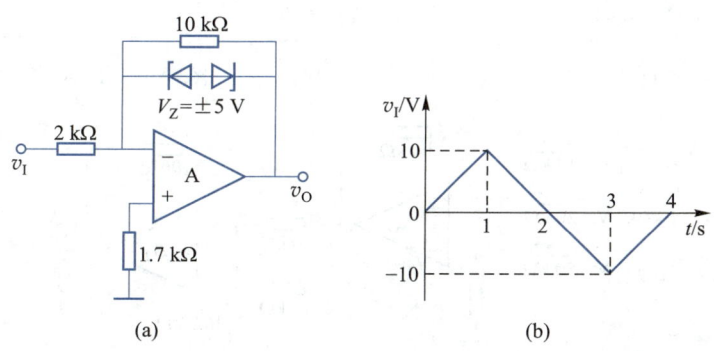

图题 6.5.7

6.5.8 电路如图题 6.5.8(a)所示。

（1）写出电路的名称；

（2）若输入信号波形如图题(b)所示,试画出输出电压的波形,并标明有关的电压和所对应的时间数值。设 A 为理想运放,两个正、反串联稳压管的稳压值为±5 V。

图题 6.5.8

6.5.9 在图题 6.5.9 中,A 为理想运放,求 $\dfrac{v_O}{v_I}$。

6.5.10 在图题 6.5.10 所示的电路中,A_1、A_2 为理想运放,求 v_O 的表达式。

6.5.11 图题 6.5.11 是某放大电路的电压传输特性。这个电路的输出与输入电压之间是何种运算关系? 电路的电压放大倍数是多大? 输入正弦信号时最大不失真输出电压有效值有多大?

6.5.12 设图题 6.5.12 中的 A_1、A_2 均为理想运放。

（1）写出 v_O 与 v_I 的关系式；

（2）若 $R_1 = 10\ \text{k}\Omega$，$R_2 = 100\ \text{k}\Omega$，$R = 10\ \text{k}\Omega$，$v_I = 0.25\ \text{V}$，求 v_O。

6.5.13 计算图题 6.5.13 所示电路的输出电压 v_{O1} 和 v_O 的值。设 A_1、A_2 为理想运放。

6.5.14 一个理想运放组成的运算电路如图题 6.5.14 所示。当输入电压 $v_{I1} = 0.1\ \text{V}$，$v_{I2} = 0.2\ \text{V}$ 时，输出电压 $v_O = ?$

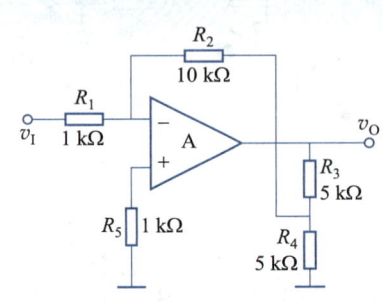

图题 6.5.9

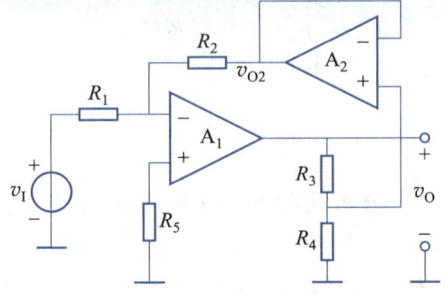

图题 6.5.10

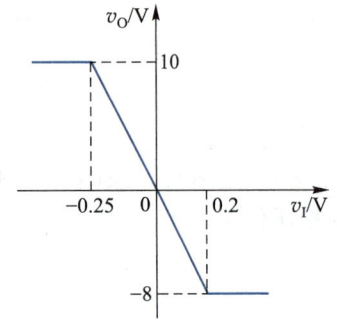

图题 6.5.11

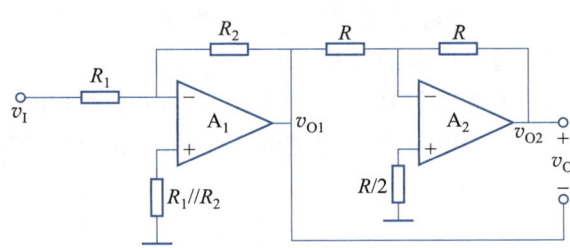

图题 6.5.12

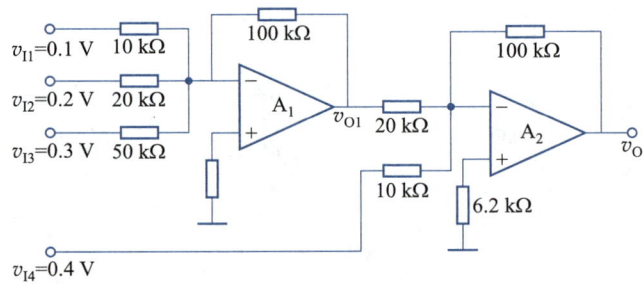

图题 6.5.13

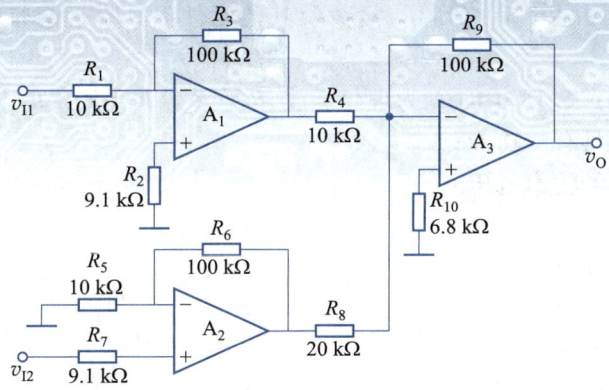

图题 6.5.14

6.5.15 电路如图题 6.5.15 所示,设 A_1、A_2、A_3 为理想运放,试说明各运放分别组成何种电路,并写出输出电压 v_O 的表达式。

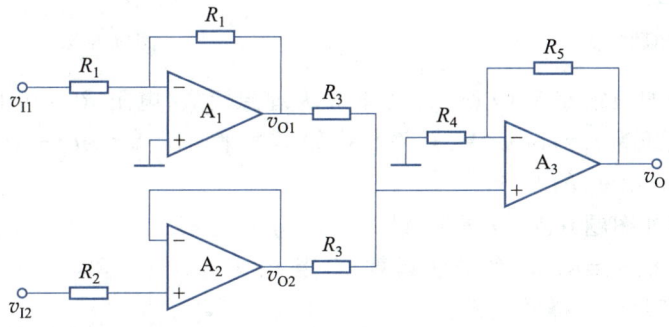

图题 6.5.15

6.5.16 图题 6.5.16 所示的电路中,A_1、A_2 均为理想运放。试求:

(1) v_{O1} 与 v_{I1}、v_{I2} 之间的关系式;

(2) v_O 与 v_{I1}、v_{I2}、v_{I3} 之间的关系式。

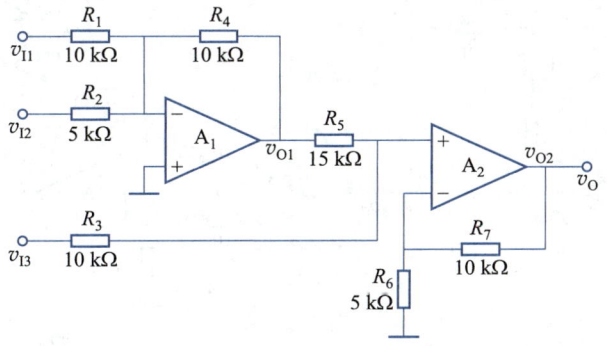

图题 6.5.16

6.5.17 电路如图题 6.5.17 所示,运放及其他元件都具有理想特性,请画出电路的传输特性。

6.5.18 设图题 6.5.18 中的 A 为理想运放,$R_1 /\!/ R_2 /\!/ R_5 = R_3 /\!/ R_4 /\!/ R_6$。

(1) 指出该电路具有的功能;

(2) 计算该电路的输出电压 v_O。

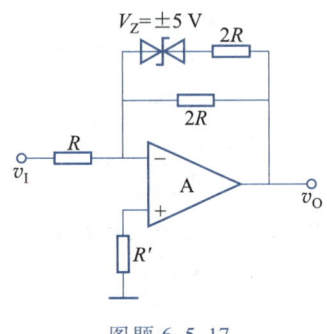

图题 6.5.17

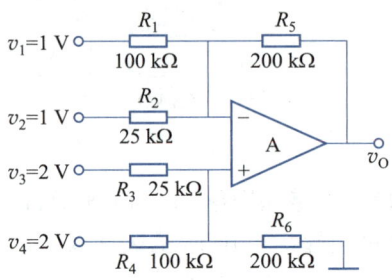

图题 6.5.18

6.5.19 电路如图题 6.5.19 所示,已知 A 为理想运放,电阻 $R_1 = 10 \ \text{k}\Omega$,$R_2 = 12.5 \ \text{k}\Omega$,$R_F = 50 \ \text{k}\Omega$,输入电压为 $v_I = \sin \omega t \ \text{V}$,开关 S 按如下规律动作:$0 \leqslant \omega t < \pi$ 时,S 闭合;$\pi \leqslant \omega t \leqslant 2\pi$ 时,S 断开。请画出 v_O 的波形。

6.5.20 电路如图题 6.5.20 所示,设 A_1、A_2 均为理想运放。为了实现 $v_O = v_{I1} - v_{I2}$ 的减法运算,电阻 R_1、R_2、R_3、R_4 之间应满足什么样的关系?

6.5.21 求图题 6.5.21 所示电路的电压放大倍数 $\dfrac{v_O}{v_{I1} - v_{I2}}$,设 A_1、A_2 都是理想运放。

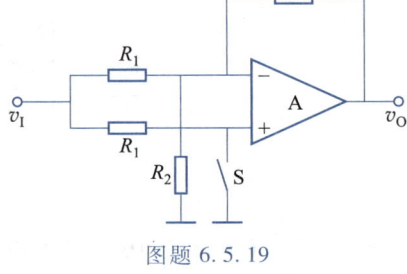

图题 6.5.19

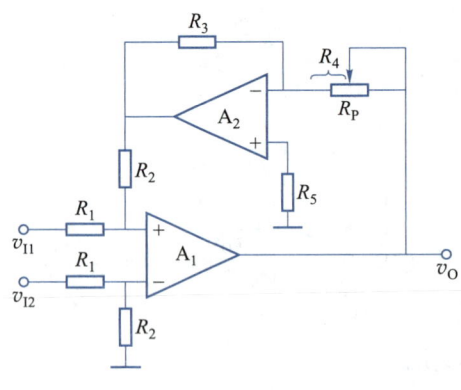

图题 6.5.20

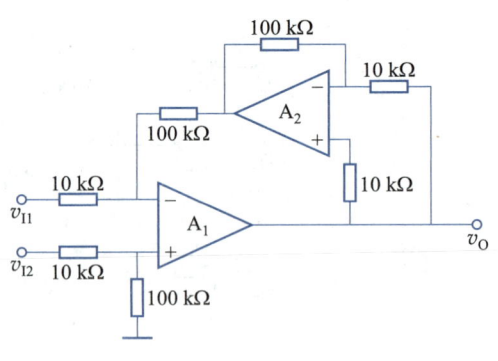

图题 6.5.21

6.5.22 电路如图题 6.5.22 所示。请问:

（1）欲实现 $v_0 = K(v_{I2} - v_{I1})$ 的运算关系（K 为常数），电阻 R_1、R_2、R_3、R_4 之间应有什么关系（设 A_1、A_2 均为理想运放）？

（2）在实际电路中，输入电压 v_{I1}、v_{I2} 的大小应受什么限制？

6.5.23　试写出图题 6.5.23 所示电路输出电压 v_0 的表达式。设 A_1、A_2、A_3 均为理想运放，$R_1 /\!/ R_2 = R_3 /\!/ R_4$。

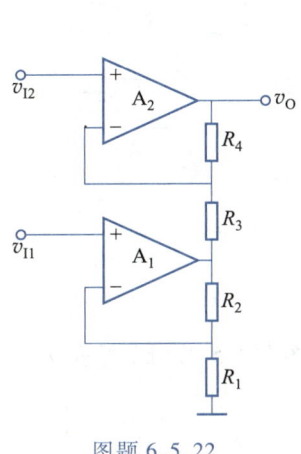

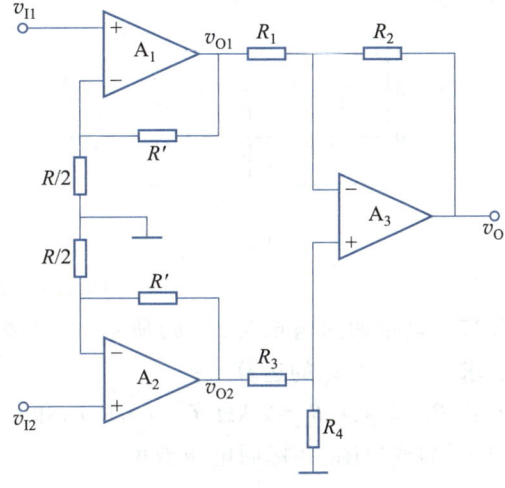

图题 6.5.22　　　　　　　　　　图题 6.5.23

6.5.24　积分运算电路如图题 6.5.24 所示。已知初始状态 $v_I = 0$，$v_0 = 0$。若 v_I 突加 1 V 直流电压，求 1 s 后的输出电压值。设 A 为理想运放，$R_1 = 100$ kΩ，$C = 2$ μF。

6.5.25　设图题 6.5.25 中的 A 为理想运放，$R_1 = 20$ kΩ，$C = 1$ μF，v_0 的起始值为 0 V。现接入 $v_I = 1$ V 的直流电压，问 v_0 变到 -10 V 需用多少时间？请画出 v_0 波形图。

6.5.26　积分运算电路如图题 6.5.26（a）所示，设集成运放 A 的最大输出电压为 ± 12 V，其他方面的特性均是理想的。电阻 $R_1 = 10$ kΩ，电容 $C = 0.1$ μF，在初始时刻 $t = 0$ 时，电容两端的电压 $v_C = 0$。若输入信号分别如图题 6.5.26（b）、（c）所示，试画出对应的 v_0 波形，标明有关数值。

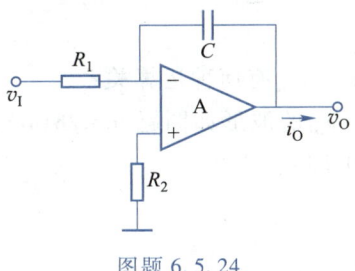

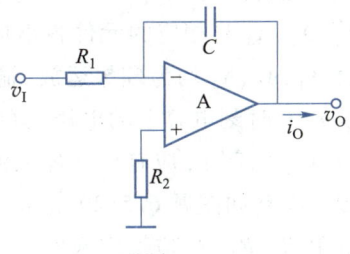

图题 6.5.24　　　　　　　　　　图题 6.5.25

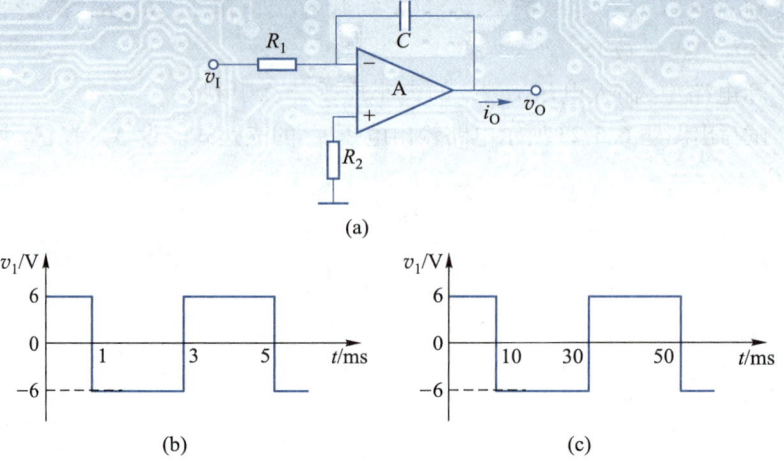

(a)

(b)　　　　　　　　(c)

图题 6.5.26

6.5.27　电路如图题 6.5.27(a)所示,A 为理想运放。

(1) 求 v_O 对 v_{I1}、v_{I2} 的运算式;

(2) 若 $R_1 = 1\ \text{k}\Omega$, $R_2 = 2\ \text{k}\Omega$, $C = 1\ \mu\text{F}$, v_{I1} 和 v_{I2} 的波形如图题 6.5.27(b)所示, $t = 0$ 时 $v_C = 0$, 试画出 v_O 的波形图,并标明电压数值。

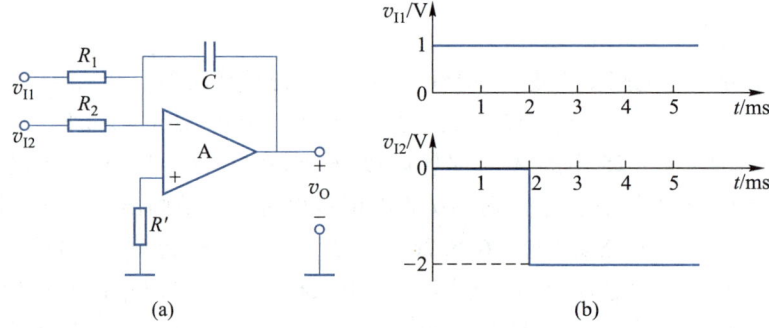

(a)　　　　　　　　　　　　　　　(b)

图题 6.5.27

6.5.28　分析图题 6.5.28(a)所示的电路,回答下列问题:

(1) A_1、A_2、A_3 与相应的元件各组成何种电路?

(2) 设 A_1、A_2、A_3 均为理想运放,输出电压 v_O 与 v_{I1}、v_{I2} 有何种运算关系?

(3) 设 $t = 0$ 时刻电容上的电压 $v_C(0) = 0$,并已知 v_{O1} 的波形如图题 6.5.28(b)所示, $R_2 = 100\ \text{k}\Omega$, $C = 10\ \mu\text{F}$, 问 v_O 应有什么样的波形(画出波形图)?

6.5.29　电路如图题 6.5.29 所示。

(1) 电阻 R_1、R_2、R_3 应选多大?

(2) 输出电压 v_{O1}、v_{O2}、v_{O3} 分别为多少?

(3) 设电容器初始电压为 2 V, 极性如图题 6.5.29 中所示,求使 $v_{O4} = -6\ \text{V}$ 所需的时间 t? 设所有的运放均可视为理想器件。

6.5.30　积分运算电路如图题 6.5.30 所示。设 A 为理想运放,电容 C 上的初始电压为零,且 $R_1 = R_2 = R$, $C_1 = C_2 = C$。

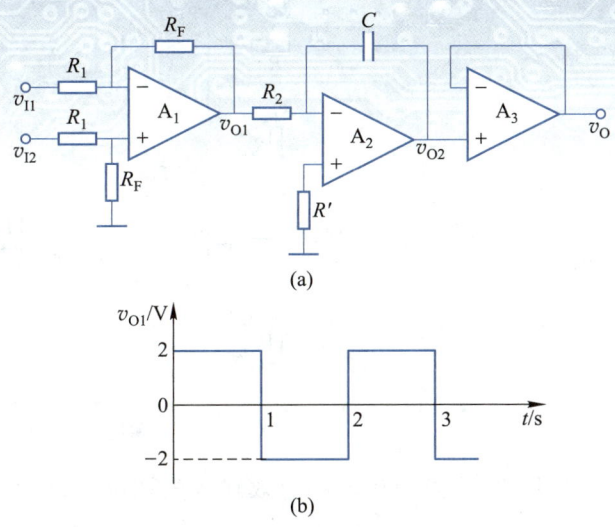

图题 6.5.28

（1）当 $v_{I1} = 0$ 时，推导 v_O 与 v_{I2} 的关系式；

（2）当 $v_{I2} = 0$ 时，推导 v_O 与 v_{I1} 的关系式；

（3）当 v_{I1}、v_{I2} 同时作用时，写出 v_O 与 v_{I1}、v_{I2} 的关系式。

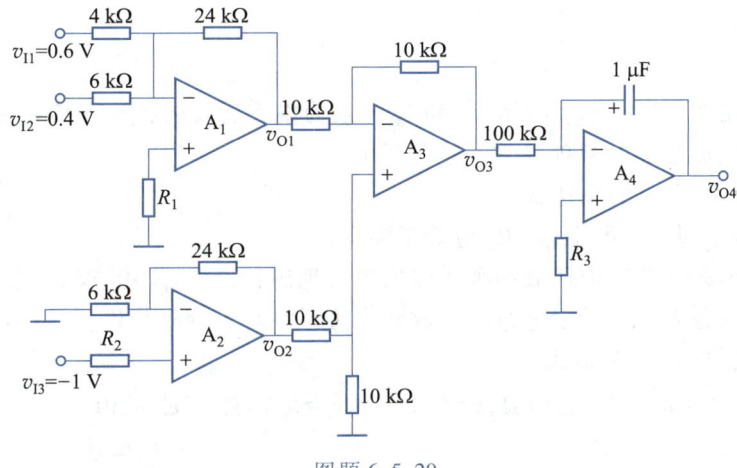

图题 6.5.29

6.5.31 在图题 6.5.31 所示电路中，已知 A 为理想运放，晶体管 T_1、T_2 的参数不完全相同，但集电极电流都可表示为 $i_C \approx I_S e^{\frac{v_{BE}}{V_T}}$，设 $v_{I1} > 0$，$v_{I2} > 0$，求 $v_O = f(v_{I1}, v_{I2})$ 的表达式。

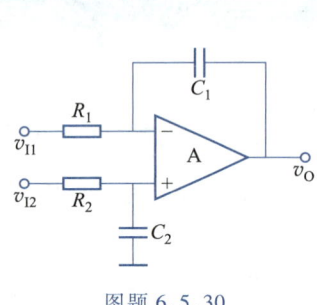

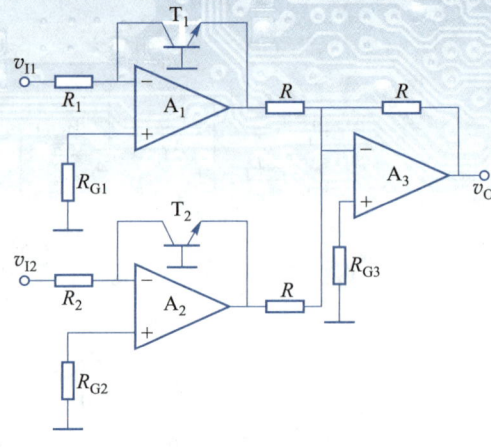

图题 6.5.30   图题 6.5.31

6.6.1   在图题 6.6.1 中，V_{IO} 为集成运放的等效输入失调电压，A 为理想运放，求输出电压 v_O。

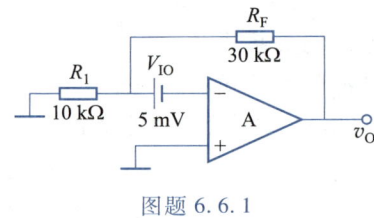

图题 6.6.1

6.6.2   电路如图题 6.6.2 所示，I_{B1} 和 I_{B2} 分别为集成运放同相输入端和反相输入端的静态偏置电流，设集成运放的其他参数都是理想的。

（1）求输出电压 v_O 的表达式。

（2）为使静态时 $|v_O|$ 最小，则 R_2 应等于多少？

6.7.1   设图题 6.7.1 中运放和乘法器均具有理想特性，$V_{REF} > 0$，求 v_O 的表达式。

6.7.2   在图题 6.7.2 所示电路中运放和乘法器均具有理想特性。

（1）写出 v_O 与 v_I 的关系式；

（2）若 $R_1 = R_2 = R_3 = R_F = 10 \ k\Omega$，$k = 0.1 \ V^{-1}$，$v_I = 5 \ V$，计算 v_O 的值。

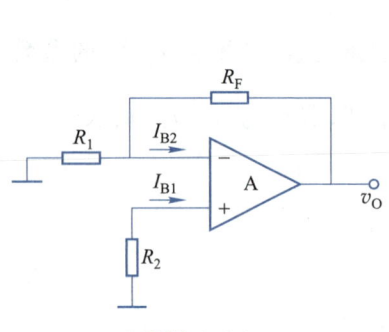

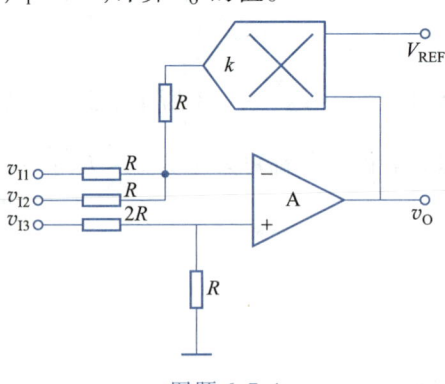

图题 6.6.2   图题 6.7.1

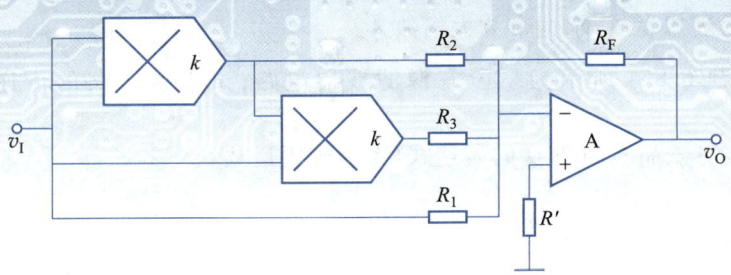

图题 6.7.2

6.7.3 在图题 6.7.3 中,所有器件都是理想的,试写出 v_{O1}、v_{O2}、v_{O3}、v_{O4} 和 v_O 的表达式。

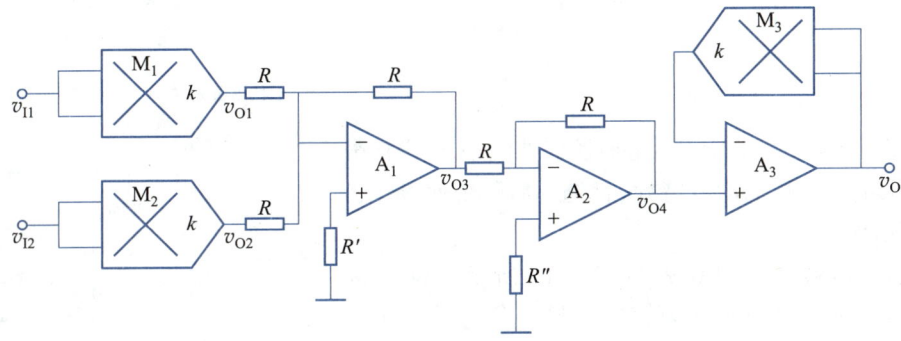

图题 6.7.3

6.8.1 电路如图题 6.8.1 所示,设 A 为理想运放。

(1) 写出 v_o 与 v_i 的关系式;

(2) 写出输入阻抗 $Z_i = v_i / i_i$ 的表达式;

(3) 写出等效输入电容 C_i 的表达式;

(4) 说明该电路的功能。

6.8.2 图题 6.8.2 所示为一模拟电感电路。设 A_1、A_2 为理想运放,图中所有电阻均相等且其值 $R = 10\ \text{k}\Omega$,$C = 0.1\ \mu\text{F}$,试求所模拟的电感 L 是多大。

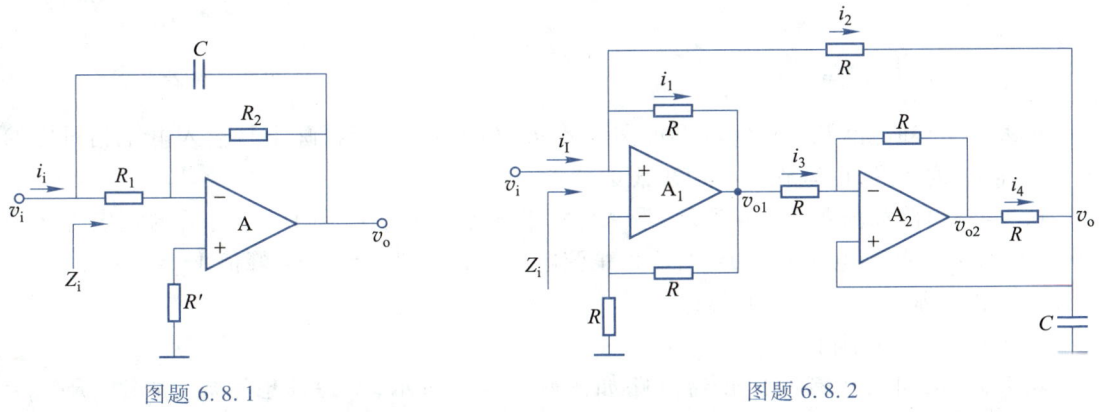

图题 6.8.1

图题 6.8.2

6.8.3 图题 6.8.3 所示电路为有源滤波电路。

(1) 说出该电路的名称;

（2）设 A 为理想运放，求通带放大倍数 A_{v0}。

6.8.4 图题 6.8.4 所示为二阶有源滤波器电路，试求该电路的传递函数 $\dot{A}_v(s) = \dfrac{\dot{V}_o(s)}{\dot{V}_i(s)}$、通带增益 A_{v0}、品质因数 Q 的表达式（A 为理想运放）。

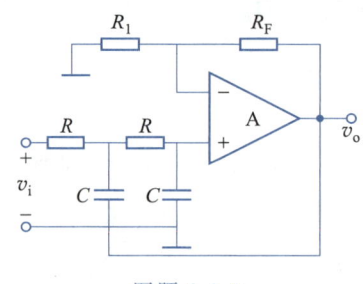

图题 6.8.3

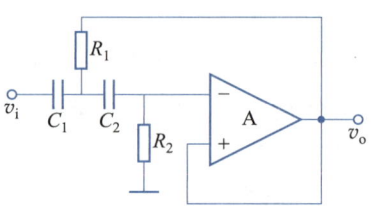

图题 6.8.4

6.8.5 图题 6.8.5 所示为一有源滤波电路，试定性分析该电路具有什么样的滤波特性（低通、高通、带通、带阻）（A 为理想运放）。

6.9.1 电路如图题 6.9.1(a)、(b)所示。设 A 为理想运放，其最大输出幅度为 ±12 V，输入信号为一正弦电压 $v_i = \sin\omega t$ V，试画出相应的输出波形。

6.9.2 画出图题 6.9.2 所示电路的电压传输特性（v_I-v_O 关系）曲线。如将电路中 V_{REF} 和 v_I 的位置互换，传输特性曲线有无变化？如何变？设运放 A 具有理想的特性，稳压管 D_Z 的稳压值为 6 V，正向电压降为 0.7 V，参考电压 $V_{REF} = 2$ V。

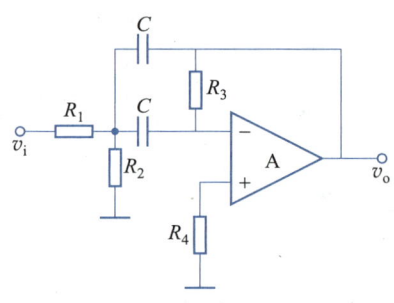

图题 6.8.5

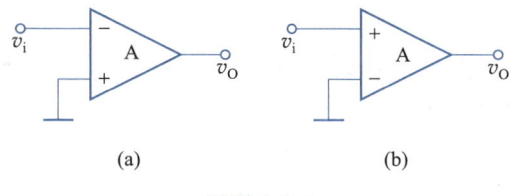

(a)　　　　　　　　(b)

图题 6.9.1

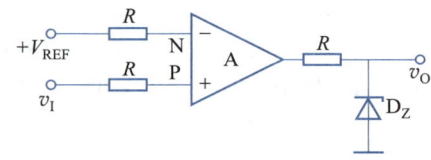

图题 6.9.2

6.9.3 已知电路及其输入波形如图题 6.9.3(a)、(b)所示，画出与输入电压相对应的输出电压 v_0 的波形，设运放 A 具有理想的特性。

6.9.4 电路如图题 6.9.4 所示，设 A_1、A_2 为理想运放，D_{Z1} 和 D_{Z2} 组合后的稳定电压为 ±6 V，电容 C 的初始电压 $v_C(0) = 0$，输入正弦电压 v_i 的周期 $T = 2$ ms，峰值 $V_{im} = 1$ V。

（1）由 v_i 画出 v_{01}、v_0 的波形；

（2）计算 v_0 的幅值。

6.9.5 已知反相滞回比较器电路如图题 6.9.5 所示，A 为理想运放，输出电压 $v_0 = \pm V_Z = \pm 5$ V，D 为理想二极管，输入电压为幅度为 10 V 的正弦波。试画出输出波形。

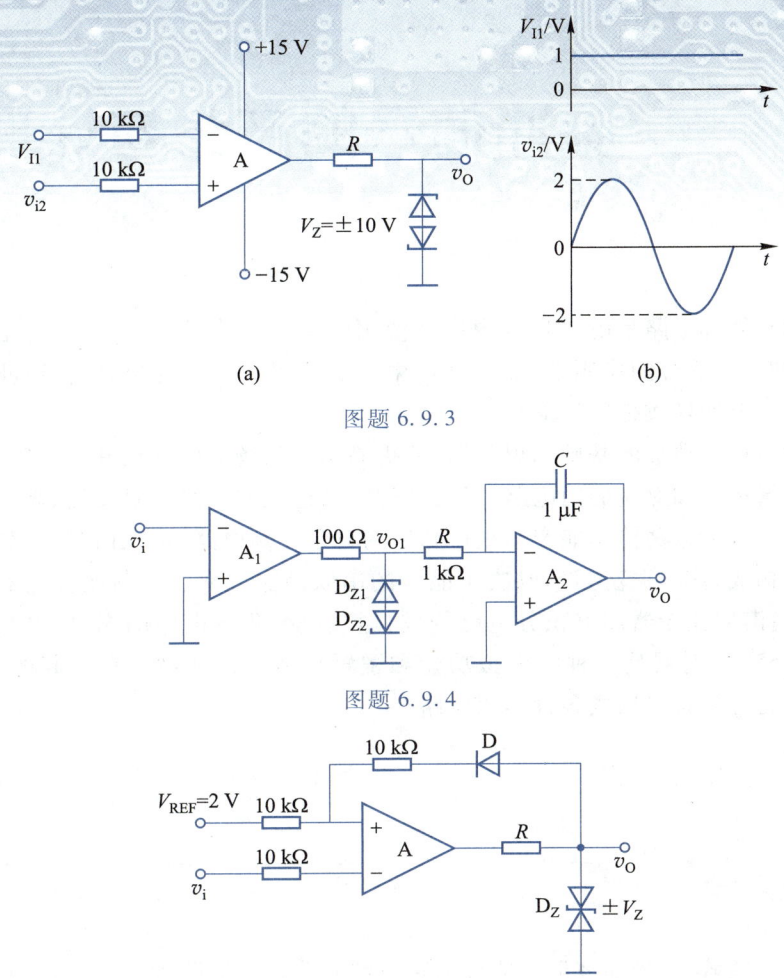

(a)   (b)

图题 6.9.3

图题 6.9.4

图题 6.9.5

6.9.6　画出图题 6.9.6 所示电路的电压传输特性,标出相关电压值。设 A 为理想运放,电源电压为 ±15 V。

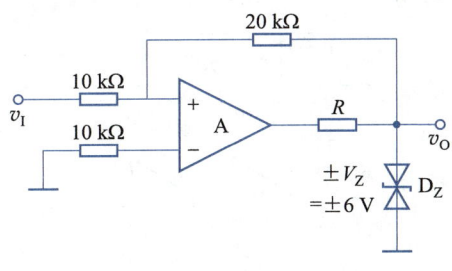

图题 6.9.6

第7章

脉冲信号的产生与处理电路

波形产生与处理电路是电子技术中广泛使用的两类电路,波形产生电路是通过电路的自激,在无外加输入信号的作用下,能自动产生一定频率和幅度的交流信号;波形处理电路能把输入信号波形变换成指定波形。

本章从学习信号波形的基础知识开始,分析晶体管和场效应管在开关状态下的特点,讨论三种基本逻辑运算和对应的门电路,以及由门电路组成的双稳态触发器、单稳态触发器和施密特触发器。多谐振荡器是能产生矩形脉冲的自激振荡电路,可以由门电路构成,也可以采用石英晶体构成,使其振荡频率取决于晶体的串联谐振频率。三角波发生器是能产生三角波的电路,由滞回比较器加上积分电路构成,通过改变积分电路的充、放电时间常数也可产生锯齿波。555定时器是一种将模拟功能和逻辑功能巧妙地结合在一起的集成电路,只需外接少量的元件就可以构成各种实用电路。

7.1
波形的基础知识

在电子技术领域,信号的波形一般分为正弦波和非正弦波两大类,凡是按正弦规律变化的波形都称为正弦波,凡是按非正弦规律变化的波形都称为非正弦波或脉冲波。图 7.1.1 所示为一些常见的波形,其中图(a)是按正弦规律变化的波形,属于正弦波,图(b)~图(f)是按非正弦规律变化的波形,属于脉冲波,分别称为方波、矩形波、尖顶波、锯齿波和钟形波。这些波形都是时间的函数,正弦波幅值的变化是连续的,脉冲波幅值的变化有突变点,有缓慢变化的部分和快速变化的部分。

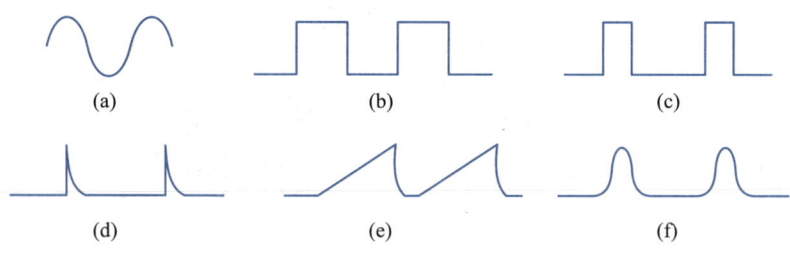

图 7.1.1　常用信号波形

在数字电路中,最常见的脉冲波是矩形脉冲波(如矩形波、方波),理想矩形脉冲波的突变部分是瞬时的,即瞬间完成高、低电平的跳变。但是,实际的矩形脉冲波无论从低电平跳变到高电平还是从高电平跳变到低电平,都不是理想跳变,都需要一定的时间。图 7.1.2 给出了矩形脉冲波的实际波形,其参数描述如下。

脉冲幅度 V_m:指脉冲高、低电平之差,表示脉冲信号的最大变化幅度。

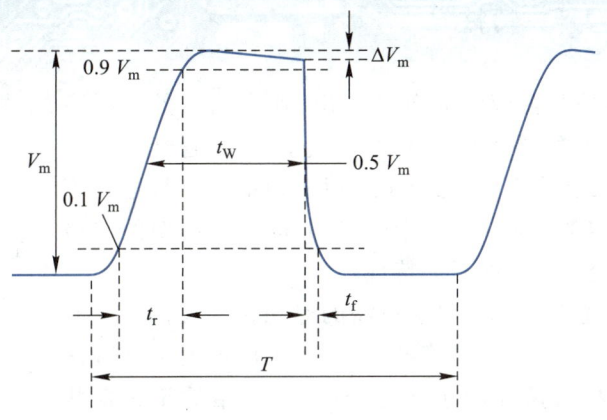

图 7.1.2　实际的矩形脉冲波形

上升时间 t_r:脉冲上升沿从 $0.1V_m$ 上升至 $0.9V_m$ 所需的时间。

下降时间 t_f:脉冲下降沿从 $0.9V_m$ 下降至 $0.1V_m$ 所需的时间。

脉冲周期 T:脉冲波形上相邻两个对应点之间的时间间隔,它的倒数称为信号的频率。

平均脉宽 t_W:脉冲前沿上升至 $0.5V_m$ 处和后沿下降至 $0.5V_m$ 处的时间间隔。t_W 是脉冲信号的持续时间,$T-t_W$ 则称为脉冲休止期。

占空比 D:平均脉宽 t_W 和脉冲周期 T 的比值,方波的占空比为 50%。

顶部倾斜:图 7.1.2 中的 ΔV_m 之值。

频谱分析表明,矩形脉冲的前后沿变化速度快,集中了信号的高频成分;顶部和底部变化速度慢,集中了信号的低频成分。将脉冲信号加至放大电路的输入端,如果输出信号波形的边沿很陡,说明放大电路能够放大快速变化的信号,有很高的上限截止频率;如果输出信号的顶部和底部很平,说明放大电路能放大缓慢变化的信号,有很低的下限截止频率。

<h2 style="text-align:center">复习思考题</h2>

7.1.1　什么是正弦波?请设计一个能产生正弦波的电路。

7.1.2　矩形波的占空比是如何定义的?

7.1.3　什么是脉冲宽度调制(PWM)技术?如何用其控制电机的转速?

7.2
半导体器件的开关特性

在放大电路中,晶体管工作在放大状态,实现信号的线性放大。在脉冲和数字电路中,由于输入和输出信号均为脉冲信号,电路中的半导体二极管、晶体管和场效应管通常都工作在开关状态,下面讨论半导体器件的开关特性。

7.2.1　二极管开关特性

前面讨论二极管的开关模型时曾经指出,在大信号的情况下,二极管相当于理想的开关,外加正向电压时导通,外加反向电压时截止,二极管开关过程是瞬时的。实际上,二极管由导通到截止,以及由截止到导通都不能瞬间完成,需要一定的过渡时间。图 7.2.1 是一个典型的二极管开关电路,下面讨论二极管的开关特性。

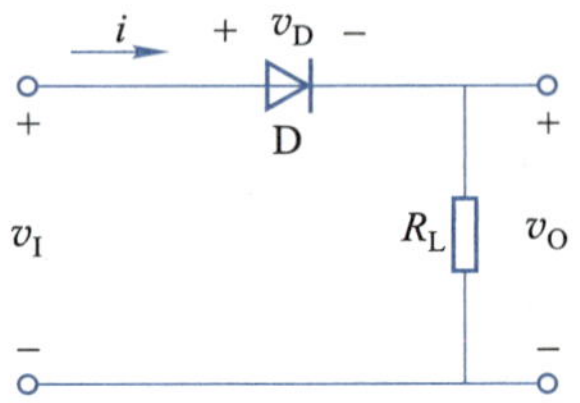

二极管由导通状态变为截止状态所需的时间称为反向恢复时间 t_R。当输入电压 $v_I = V_F$ 时,二极管导通,产生正向电流 $I_F = (V_F - v_D)/R_L$,其中 v_D 为二极管两端的正向电压降。PN 结处于正偏状态,空间电荷区变窄,多数载流子的扩散运动得到加强,P 区中的空穴和 N 区中的电子不断向对方区域扩散,并在对方区域内建立起一定的非平衡载流子浓度梯度分布,如图 7.2.2 所示。正向电流越大,浓度梯度越陡,PN 结两侧中性区域内存储的非平衡载流子数目越多,这种非平衡载流子的积累现象称为电荷存储效应。

图 7.2.1　二极管开关电路

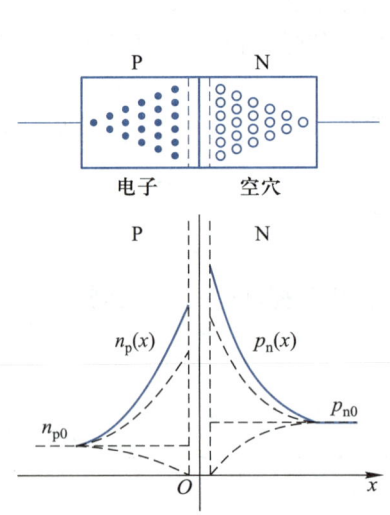

图 7.2.2　存储电荷分布变化图

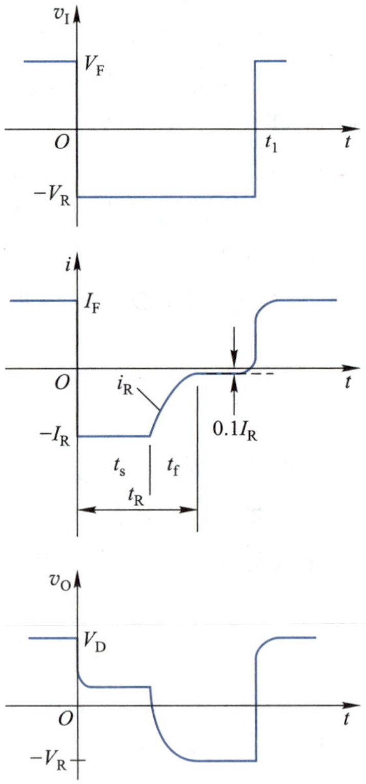

图 7.2.3　二极管的开关特性

在 $t=0$ 时刻,外加电压从 V_F 跳变为 $-V_R$,如图 7.2.3 所示。此时,PN 结两侧存储的电荷不能瞬间消失,由于这些存储电荷的存在,PN 结继续维持正偏,仍呈低阻状态。在反向电压 $-V_R$ 的作用下,这些存储电荷形成反向漂移电流,即反向电流 I_R,其值约为 $\dfrac{-V_R}{R_L}$。反向漂移电流使 PN 结两侧存储电荷减少,非平衡载流子浓度梯度分布曲线逐渐下降。在这些存储电荷消散之前,PN 结仍处于正偏状态,空间电荷区依然很窄,反向电流 I_R 基本恒定,这段时间称为维持时间(或存储时间)t_s。经过 t_s 时间之后,P 区与 N 区存储的多余电荷已显著减少,反向电流不仅使存储电荷继续消散,而且使空间电荷区逐渐变宽,PN 结由正偏转为反偏,反向电流也基本上趋于恒定值(反向饱和电流 I_S),这段时间称为下降时间 t_f。二极管的反向恢复时间是存储时间 t_s 与下降时间 t_f 之和,即 $t_R = t_s + t_f$。

二极管的反向恢复过程主要是由电荷的存储效应引起的,反向恢复时间实际上就是存储电荷消散所需的时间。

二极管由截止转为正向导通所需的时间称为开通时间。它是在正向电压作用下,PN 结空间电荷区由宽变窄,载流子扩散到对方区域,并在对方区域内建立起相应的浓度梯度所需的时间。PN 结在导通过程中和导通之后,正向电压降都很小,电路中的电流几乎与二极管无关,所以二极管的开通时间很短,可以忽略不计。

7.2.2 晶体管开关特性

在脉冲和数字电路中,晶体管工作在开关状态,图 7.2.4 所示为由双极型晶体管构成的共射电路,在脉冲信号 v_I 的作用下,晶体管交替工作在饱和区和截止区,输出也是脉冲信号,而且输出信号和输入信号的相位相反,因此该电路也称为晶体管反相器。

同二极管一样,晶体管作为开关元件时,截止与饱和两种工作状态的转换也不可能瞬间完成,在开关过程中晶体管内部依然存在着电荷的建立和消失过程,如图 7.2.5 所示,开关过程依然需要一定的时间。

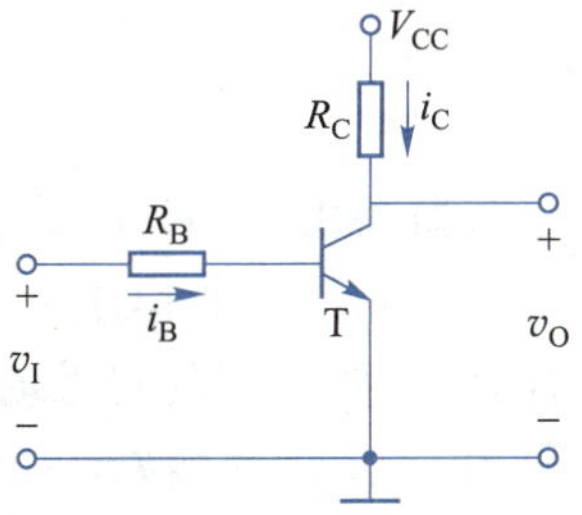

图 7.2.4 晶体管反相器

当 $v_I = -V_2$ 时,晶体管 T 截止,此时 $i_B = 0$,$i_C = 0$,C、E 之间相当于断开的开关,输出 $v_O = v_{CE} = V_{CC}$。一般近似认为当 $v_I < V_{th}$ 时,晶体管已处于截止状态。

当 $v_I = V_1$ 时,晶体管进入饱和区,此时 $i_B = (V_1 - V_{BE})/R_B$,C、E 之间的电压降很小,晶体管相当于闭合的开关,输出 $v_O = V_{CE(sat)}$(硅管 $V_{CE(sat)} \approx 0.3\ V$,深度饱和时通常认为 $V_{CE(sat)} \approx 0.1\ V$)。在饱和状态,集电极电流 $i_C = (V_{CC} - V_{CE(sat)})/R_C$,此时基极电流 i_B 和集电极电流 i_C 之间可能不存在 β 倍的关系,通常 $i_C < \beta i_B$,即晶体管有一定饱和深度。

将晶体管进入临界饱和状态时的集电极和基极电流分别记为 I_{CS}、I_{BS},则

$$I_{CS} = \frac{V_{CC} - V_{CE(sat)}}{R_C} \approx \frac{V_{CC}}{R_C} \tag{7.2.1}$$

$$I_{BS} = \frac{I_{CS}}{\beta} \tag{7.2.2}$$

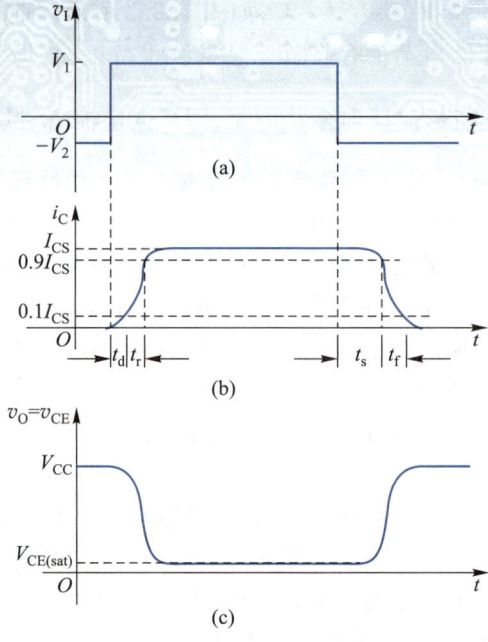

图 7.2.5 晶体管的开关特性

在临界饱和状态,晶体管处在饱和区和放大区的边缘,输出低电平。如果外部负载稍微灌入电流,晶体管便脱离饱和状态进入放大状态,输出电压开始升高。因此,为了使晶体管可靠地工作在饱和状态,提高电路的带负载能力,要求晶体管的基极电流

$$i_B > I_{BS} = \frac{I_{CS}}{\beta} \tag{7.2.3}$$

习惯上用 $N = i_B / I_{BS}$ 来表示晶体管的饱和深度,N 越大,饱和越深。

在脉冲信号的作用下,晶体管的开关过程与二极管类似,也包含电荷的建立与消散过程,因而需要一定的过渡时间,下面讨论晶体管的开关特性。电路如图 7.2.4 所示,假设输入信号为矩形脉冲,波形如图 7.2.5(a) 所示,则集电极电流 i_C 和输出电压 v_O 的波形如图 7.2.5(b)、(c) 所示。当 v_I 从 $-V_2$ 跳至 $+V_1$ 时,晶体管不能立即导通,而是要经过延迟时间 t_d 和上升时间 t_r,i_C 才接近最大值 I_{CS},通常把这段时间称为晶体管的开通时间 $t_{on} = t_d + t_r$。同样,当 v_I 从 $+V_1$ 跳至 $-V_2$ 时,晶体管不能立即截止,而是要经过存储时间 t_s 和下降时间 t_f,i_C 才能下降至零,这段时间称为关断时间 $t_{off} = t_s + t_f$。下面分段加以讨论。

(1)延迟时间 t_d:当输入 $v_I = -V_2$ 时,发射结反偏,空间电荷区比较宽,晶体管处于截止状态。当 v_I 从 $-V_2$ 跳至 $+V_1$ 时,空间电荷区由宽变窄,存储的电荷量由多变少,等效于结电容放电,发射结逐渐由反偏变为正偏,发射区开始向基区注入载流子,载流子在基区内因浓度差扩散到集电结,并被集电区所收集,形成集电极电流,该过程所需的时间即为延迟时间 t_d。延迟时间的长短取决于晶体管内部的结构和电路工作条件,发射结面积越小,势垒电容越小,充放电时间越快,延迟时间越短;正向驱动电流越大,延迟时间越短。晶体管在截止状态时,反偏越大,空间电荷区越宽,延迟时间越长。

(2)上升时间 t_r:在正向电压作用下,晶体管由截止状态到导通状态,发射区不断向基

区注入载流子,并向集电区扩散,集电极电流开始上升,通常把集电极电流从 $0.1I_{Cmax}$ 上升到 $0.9I_{Cmax}$ 所需的时间称为上升时间 t_r。上升时间的长短也取决于晶体管的结构和电路工作条件,晶体管基区宽度越小,正向驱动能力越大,上升时间越短。

（3）存储时间 t_s:为使晶体管可靠地工作在饱和区,基极电流 i_B 应该大于 I_{BS},而此时集电极电流 i_C 已达到饱和值 I_{CS},集电区不能收集从发射区注入基区的全部载流子,多余的载流子就在基区内不断积累,直至单位时间内注入基区的多余载流子与复合掉的载流子数目相等,电路达到动态平衡状态。当晶体管由饱和状态转为截止状态时,多余的电荷不能立即消散,而是需要一定的时间,其消散时间就称为存储时间。存储时间的长短也与晶体管的结构和工作情况有关,晶体管基区宽度越小,基区存储电荷越少,存储时间越短;晶体管饱和程度越深,多余的电荷越多,存储时间越长。

（4）下降时间 t_f:集电结两侧的多余存储电荷消散后,集电结由正偏开始转为反偏,基极反向电流使基区内电荷浓度越来越低。此过程和上升过程相反,下降时间指的是集电极电流从 $0.9I_{Cmax}$ 下降到 $0.1I_{Cmax}$ 所需的时间 t_f。下降时间的长短也取决于晶体管的结构和电路工作条件,晶体管基区宽度越小,反向驱动能力越大,下降时间就越短。

由上述讨论可以看出,以上的四个参数都是以集电极电流的变化情况测定的。通常 t_d 较小,t_s 随饱和深度而变化。当饱和深度较深时,t_s 较大,成为影响工作速度的主要因素。

复习思考题

7.2.1　在矩形脉冲作用下,二极管相当于单向导电开关,二极管的反向恢复时间受哪些因素影响?

7.2.2　双极型晶体管在"临界饱和、饱和、深饱和"三种状态下,v_{CE} 的典型值分别是多少?

7.2.3　什么是晶体管的饱和深度?在数字电路中,是不是晶体管的饱和深度越大越好?

7.2.4　请查阅资料,说明为什么肖特基三极管的开关速度比较快。

7.3
门电路

数字系统采用二进制,在数字电路中,输入和输出都是脉冲信号,分别用高、低电平来表示。高、低电平代表两种不同的状态,一般将高电平称为逻辑 **1**,低电平称为逻辑 **0**。

在数字系统中,基本的逻辑运算有**与**、**或**、**非**三种,任何复杂的逻辑运算均可由这三种基本逻辑运算复合而成。在逻辑表达式中,逻辑非的优先级最高,其次是逻辑与运算,逻辑或运算的优先级最低,可以通过加括号改变运算次序。实现**与**、**或**、**非**三种基本运算的电路分别称为逻辑**与**门、逻辑**或**门和逻辑**非**门。

7.3.1 基本逻辑运算和逻辑门

一、与运算和与门

逻辑**与**运算可以用图 7.3.1 所示电路来表示,只有当开关 A 和 B 都闭合的情况下,灯 F 才能亮。这种灯亮与开关 A、B 闭合的关系就是逻辑**与**关系。逻辑**与**的数学意义是,仅当决定事件 F 发生的所有条件都具备时,该事件才发生。逻辑**与**的数学表达式为

$$F = A \cdot B = AB$$

式中,用符号"·"表示逻辑**与**运算,"·"也可省略,习惯上称为逻辑乘。逻辑**与**运算也常用表 7.3.1 所示的表格来表示,该表格列举了所有输入组合对应的输出,完整地表达了输入和输出的逻辑关系,这种表格称为真值表。在数字电路中,实现逻辑**与**运算的电路称为逻辑**与**门,符号如图 7.3.2 所示。

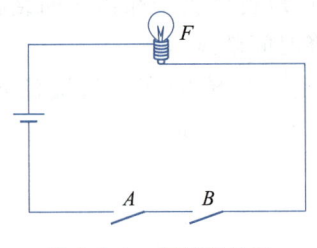

图 7.3.1 与逻辑关系

表 7.3.1 与逻辑的真值表

A	B	F
0	0	0
0	1	0
1	0	0
1	1	1

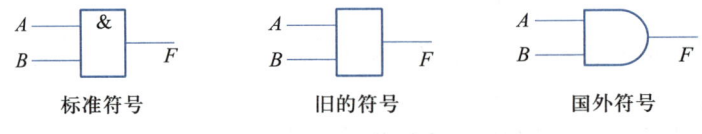

| 标准符号 | 旧的符号 | 国外符号 |

图 7.3.2 逻辑与门符号

表 7.3.1 完全确定了逻辑**与**运算的规律,这种规律是从逻辑推理而来的,故称之为公理。

二、或运算和或门

逻辑**或**运算可以用图 7.3.3 所示电路来表示,只要开关 A 和 B 有一个闭合,灯 F 就亮。这种灯亮与开关 A、B 闭合的关系就是逻辑**或**关系。逻辑**或**的数学意义是,当决定事件 F 发生的各种条件中,只要有一个或一个以上的条件具备,这个事件就发生。逻辑**或**的数学表达式为

$$F = A + B$$

式中,用符号"+"表示逻辑**或**运算,习惯上称为逻辑加。逻辑**或**运算也可以用表 7.3.2 所示的真值表来表示。实现这种功能的电路称为逻辑**或**门,符号如图 7.3.4 所示。

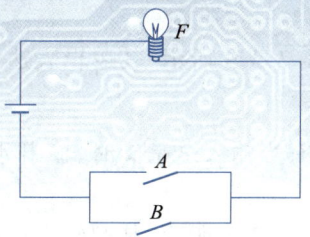

图 7.3.3　或逻辑关系

表 7.3.2　或逻辑的真值表

A	B	F
0	0	0
0	1	1
1	0	1
1	1	1

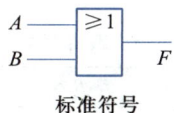 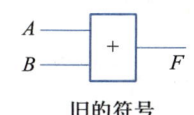 

标准符号　　　　　　旧的符号　　　　　　国外符号

图 7.3.4　逻辑或门符号

三、非运算和非门

逻辑非运算可以用图 7.3.5 所示电路来表示,由图 7.3.5 可知,只有开关 A 断开,灯 F 才会亮;开关 A 闭合,灯反而熄灭。这种灯亮与开关 A 闭合的关系就是逻辑非关系。逻辑非的数学意义是,结果总是同条件相反。逻辑非的数学表达式可以写成

$$F = \overline{A}$$

式中,用符号"‾"表示逻辑非运算,$\overline{A}$ 读作"A 非"或"A 补"。逻辑非运算也可以用表 7.3.3 所示的真值表来表示。实现这种功能的电路称为逻辑非门或反相器,符号如图 7.3.6 所示。

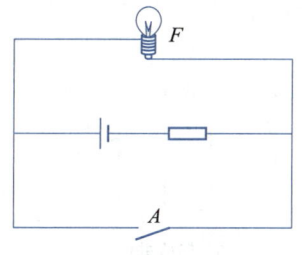

图 7.3.5　逻辑非关系

表 7.3.3　非逻辑的真值表

A	F
0	1
1	0

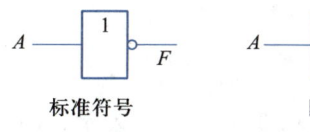 

标准符号　　　　　　旧的符号　　　　　　国外符号

图 7.3.6　逻辑非门符号

除了与、或、非三种最基本的逻辑运算之外,人们还推导出与非、或非、与或非、异或、同或等许多复合逻辑,并生产出与之相对应的集成逻辑门电路。任何复合逻辑均可由与、或、非三种基本逻辑运算导出。

四、与非逻辑

与非逻辑是与逻辑和非逻辑的组合,它的真值表如表7.3.4所示,其逻辑表达式为

$$F = \overline{A \cdot B}$$

由真值表可见,只要有一个输入为 **0**,输出就为 **1**;只有当输入全是 **1** 时,输出才是 **0**。

五、或非逻辑

或非逻辑是或逻辑和非逻辑的组合,它的真值表如表7.3.5所示,其逻辑表达式为

$$F = \overline{A + B}$$

由真值表可见,只要有一个输入为 **1**,输出就为 **0**;只有当输入全是 **0** 时,输出才是 **1**。

表 7.3.4　与非逻辑的真值表

A	B	F
0	0	1
0	1	1
1	0	1
1	1	0

表 7.3.5　或非逻辑的真值表

A	B	F
0	0	1
0	1	0
1	0	0
1	1	0

六、与或非逻辑

与或非逻辑是将与、或、非三种逻辑组合在一起构成的,它的逻辑表达式为

$$F = \overline{AB + CD}$$

读者可自己作出其真值表。

上述三种复合逻辑门的逻辑符号如图7.3.7所示。

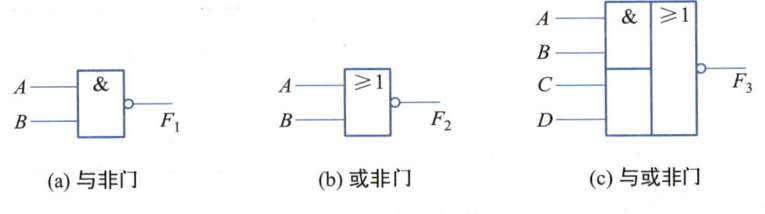

(a) 与非门　　　　　　　(b) 或非门　　　　　　　(c) 与或非门

图 7.3.7　复合逻辑符号

7.3.2　由门电路组成的双稳态触发器

双稳态触发器有两个稳定的状态,分别用逻辑 **0** 和逻辑 **1** 表示,在适当输入信号作用下,它可以从一个稳态转换到另一个稳态;输入信号撤销以后,它能维持在新的稳态不变,因此双稳态触发器具有记忆功能,一个双稳态触发器可以记忆 1 位二进制数。

最基本的双稳态触发器是 RS 触发器,又称置位–复位(Set-Reset)触发器,它由两个**或非**门或两个**与非**门首尾连接而成,图7.3.8所示是由两个**或非**门组成的基本 RS 触发器,其中 R、S 为输入端,Q^{n+1} 和 $\overline{Q}^{n+1}$ 为互补输出端。触发器的现态和次态是两个重要的概念,输入信

号发生变化之前触发器所处的状态称为触发器的现态,用 Q^n 和 $\overline{Q}^n$ 来表示,输入信号发生变化之后触发器所进入的状态,称为下一状态或次态,用 Q^{n+1} 和 $\overline{Q}^{n+1}$ 表示。触发器的次态是现态和输入的函数,即

$$Q^{n+1} = f(Q^n, R, S) \tag{7.3.1}$$

式(7.3.1)称为触发器的特征方程或状态方程。通过分析图 7.3.8 所示电路,可推导出 RS 触发器的特征方程如下

$$\begin{cases} Q^{n+1} = S + \overline{R}Q^n \\ RS = 0 \end{cases} \tag{7.3.2}$$

式中,$RS = 0$ 称为基本 RS 触发器的约束条件,即 R 和 S 不能同时为 1。

分析 RS 触发器的特征方程(7.3.2),可以得出 RS 触发器的特性。

(1) 当输入 $RS = 00$ 时,$Q^{n+1} = Q^n$,表明当 $RS = 00$ 时,触发器维持原状态不变。

(2) 当输入 $RS = 01$ 时,$Q^{n+1} = 1$,即无论触发器原来是什么状态;当输入 $RS = 01$ 时,触发器一定进入 $Q^{n+1} = 1$ 和 $\overline{Q}^{n+1} = 0$ 状态,触发器置位。

(3) 当输入 $RS = 10$ 时,$Q^{n+1} = 0$,即无论触发器原来是什么状态;当输入 $RS = 10$ 时,触发器一定进入 $Q^{n+1} = 0$ 和 $\overline{Q}^{n+1} = 1$ 状态,触发器复位。

(4) 当输入 $RS = 11$ 时,不符合约束条件,这时触发器的两个输出端不再满足互补关系,这种输入组合在正常工作时是不允许的。

由以上分析可得出由**或非门**构成的 RS 触发器的功能表,如表 7.3.6 所示。功能表在形式上与前面的真值表类似,不同之处在于此时输出取值除了 **0** 和 **1** 之外,还有反映电路历史输入结果的 Q^n。

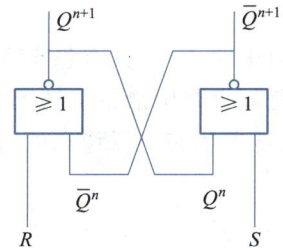

图 7.3.8　由**或**非门组成的 RS 触发器

表 7.3.6　RS 触发器的功能表

R	S	Q^{n+1}	功能说明
0	**0**	Q^n	保持
0	**1**	**1**	置 1
1	**0**	**0**	置 0
1	**1**	×	不允许

RS 触发器也可以用**与非门**首尾相连而成,如图 7.3.9 所示,其功能表见表 7.3.7。**与非门**是低电平控制器件,此时输入信号写成了 $\overline{R}$、$\overline{S}$ 的形式。输入信号这种带非的表示方法代表输入信号低电平有效,采用这种表示法,能够保证由**与非门**构成的基本 RS 触发器和由**或非门**构成的 RS 触发器特征方程的一致性。

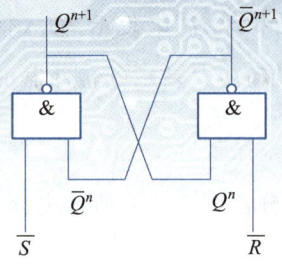

图 7.3.9 由与非门组成的 RS 触发器

表 7.3.7 RS 触发器的功能表

$\overline{R}$	$\overline{S}$	Q^{n+1}
0	0	不允许
0	1	0
1	0	1
1	1	Q^n

复习思考题

7.3.1　数字电路由逻辑门电路构成,逻辑门电路为什么采用二值逻辑？即用 **1** 表示高电平,**0** 表示低电平。

7.3.2　**异或门**和**同或门**是两种常用的逻辑门电路,请查阅资料,给出这两种逻辑门电路的真值表。

7.3.3　对于 TTL 门电路,若供电电压为 5 V,当输入为高电平时代表输入逻辑 **1**,这个高电平的典型值是多少？

7.4
单稳态触发器

单稳态触发器广泛应用于脉冲波形的变换、延时和定时电路中,它具有稳态和暂稳态两个不同的工作状态,在外界触发脉冲的作用下,单稳态触发器能够从稳态翻转到暂稳态,暂稳态是不能长久保持的状态,持续一段时间之后,又自动翻转到稳态。暂稳态的持续时间取决于 RC 元件的数值。

7.4.1　由门电路组成的单稳态触发器

微分型单稳态触发器可由**或非门**或**与非门**构成,图 7.4.1 所示是由 TTL **与非门**组成的单稳态触发器电路,其中,R_i、C_i 为输入微分环节,RC 为单稳态触发器的定时电路,两个**与非门** G_1 和 G_2 的输出端引出作为触发器的输出,工作波形如图 7.4.2 所示。

稳态时,触发输入端无触发信号,v_I 为高电平。电阻 R_i 的阻值一般大于 2 kΩ,电阻 R 的阻值一般小于 700 Ω,以保证稳态时 G_1 输出低电平 V_{OL}(约 0.3 V),G_2 输出高电平 V_{OH}(约 3.6 V)。

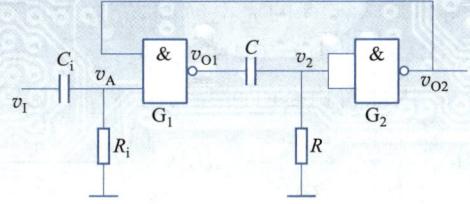

图 7.4.1　由与非门组成的单稳态触发器的典型电路

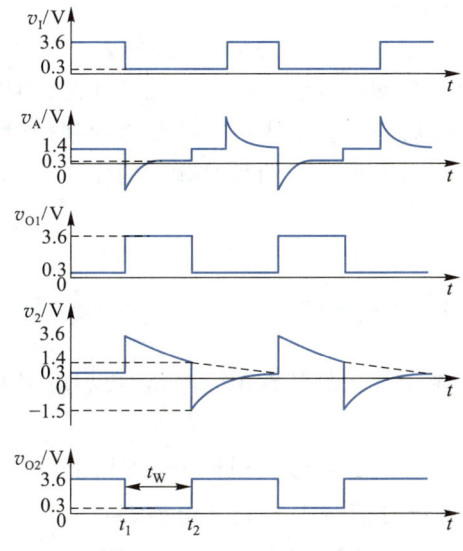

图 7.4.2　单稳态触发器的工作波形

在 $t=t_1$ 时刻，触发脉冲的下降沿到来，经 R_iC_i 产生一个负尖峰脉冲，使与非门 G_1 关闭，v_{O1} 上跳至高电平 V_{OH}，由于电容 C 上的电压不能突变，v_2 跳变为高电平，与非门 G_2 打开，输出低电平，$v_{O2}=V_{OL}$，触发器进入暂稳态。

在暂稳态期间，$v_{O1}=V_{OH}$，通过 R 给电容 C 充电，充电等效电路如图 7.4.3 所示，R_o 为与非门 G_1 的输出电阻，约为 $100\ \Omega$，v_2 按指数规律下降。当 v_2 下降到 G_2 的阈值电压 V_{th} 时，与非门 G_2 关闭，输出 v_{O2} 上跳至高电平，由于电阻 $R_i>2\ k\Omega$，使与非门 G_1 打开，输出低电平，暂稳态结束，电路回到稳态。

暂稳态结束后，v_{O1} 输出低电平 V_{OL}，v_{O2} 输出高电平 V_{OH}，恢复过程开始，电容 C 放电，放电的等效电路如图 7.4.4 所示。

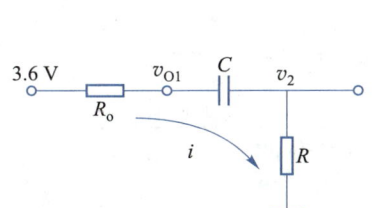

图 7.4.3　电容充电等效电路　　　　图 7.4.4　电容放电等效电路

很明显,暂稳态持续时间即是电容 C 的充电时间,充电时间常数近似等于 RC。v_2 的初始值 $v_2(t_1) \approx (V_{OH} - V_{OL}) + v_2(0)$,$v_2(0)$ 为 $t=0$ 时 v_2 的值,v_2 的终值 $v_2(\infty) = 0$,C 充电到 t_2 时刻使 $v_2(t_2) = V_{th}$ 时暂稳态结束,因此暂稳态时间或输出脉冲的宽度为

$$t_W \approx RC\ln\frac{v_2(t_1) - v_2(\infty)}{v_2(t_2) - v_2(\infty)} = RC\ln\frac{(V_{OH} - V_{OL}) + v_2(0)}{V_{th}}$$

作为近似估算,t_W 一般在 $(0.7 \sim 1.3)RC$ 范围内。在定时电路中,为了调整 t_W,通常以改变 C 作为粗调,改变 R 作为细调。

集成单稳态触发器根据其电路工作状态的不同,分为可重触发和不可重触发两类。可重触发的单稳态触发器在暂稳态期间可以接收新的触发脉冲,如果有新的触发脉冲到来,电路重新开始暂稳态过程,输出脉冲宽度 t_W 从新的触发脉冲到来时开始计算。不可重复触发的单稳态触发器在暂稳态期间将不接受新的触发脉冲的作用,只有当电路暂稳态结束后,输入触发脉冲才会影响电路的状态。

7.4.2 单稳态触发器的主要应用

单稳态触发器是数字系统中常用的基本单元电路,典型应用如下。

一、定时

由前面的分析可知,单稳态触发器在触发脉冲的作用下,能产生一定宽度 t_W 的矩形脉冲,如果利用该矩形脉冲作为定时信号去控制某电路,可使其在 t_W 内动作。例如,用单稳态触发器输出的正脉冲控制与门 G,如图 7.4.5 所示,则只有在这个 t_W 时间内,高频信号 v_2 才能通过与门 G 传输到输出端,在其余时间里,信号 v_2 被单稳态触发器输出的低电平禁止。

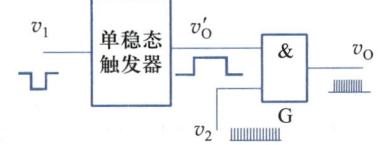

图 7.4.5 单稳态触发器的定时作用

二、延时

从图 7.4.2 所示的微分型单稳态触发器的工作波形不难看出,输出电压 v_{o1} 的上升沿相对输入信号 v_1 的上升沿延迟了一段时间,单稳态触发器具有延时作用。单稳态触发器的这种延时作用常用于时序控制。

三、整形

利用单稳态触发器的触发、定时功能,还可以实现波形的整形。例如,将图 7.4.6(a)所示的不规则脉冲作为单稳态触发器的触发脉冲,则它的输出就成为具有确定宽度 t_W 和幅度、边沿陡峭的同频率矩形波,如图 7.4.6(b)所示,这种作用便是波形的整形。

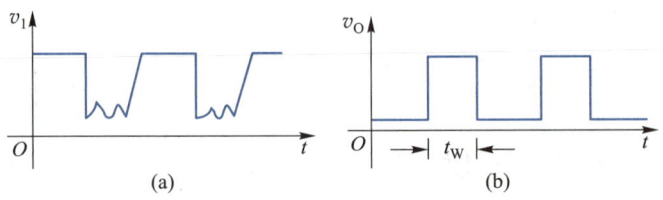

图 7.4.6 单稳态触发器的整形作用

7.4.1 在由**与非**门构成的单稳态触发器中,输出脉冲宽度如何计算?

7.4.2 请举例说明单稳态触发器的用途。

7.5

施密特触发器

前面曾讨论过由集成运放构成的滞回比较器,这里将介绍数字电子技术中常用的施密特触发器。施密特触发器属于电平触发,同滞回比较器一样,电路有两个不同的阈值电压,当输入信号变化到某一阈值时,输出会发生跳变,即施密特触发器发生状态翻转。

7.5.1 门电路组成施密特触发器

由两级 CMOS 反相器组成的施密特触发器如图 7.5.1(a)所示,图 7.5.1(b)为其逻辑符号。电路中两个 CMOS 反相器串联在一起,输出电压通过分压电阻 R_1、R_2 反馈到输入端,其中 $R_1 < R_2$。

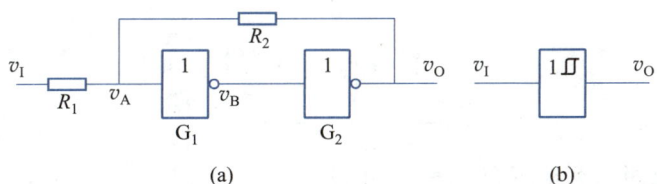

图 7.5.1 门电路组成施密特触发器

由图 7.5.1 可知,门 G_1 的输入电平 v_A 决定着电路的状态,根据叠加定理,有

$$v_A = \frac{R_2}{R_1 + R_2}v_I + \frac{R_1}{R_1 + R_2}v_O \qquad (7.5.1)$$

当输入 $v_I = 0$ 时,门 G_1 关闭,$v_B = 1$,门 G_2 打开,$v_O = 0$,这是施密特触发器的第一种稳定状态,此时 $v_A \approx 0$ V。

假定电路中 CMOS 反相器的阈值电压 $V_{th} \approx V_{DD}/2$,输入信号 v_I 为三角波。如图 7.5.2 所示,当输入电压从 0 V 开始增加时,只要 $v_A < V_{th}$,电路 $v_O = 0$ 保持不变。

当 v_I 上升到 $v_A = V_{th}$ 时,电路开始发生状态转换,此时 v_I 的值即为输入信号正向增加时的阈值电压,称为正向阈值电压或上限触发电平,记为 V_{T+},即

$$v_A = V_{th} = \frac{R_2}{R_1 + R_2}v_I + \frac{R_1}{R_1 + R_2}v_O$$

$$\approx \frac{R_2}{R_1 + R_2} V_{T+} + \frac{R_1}{R_1 + R_2} 0$$

$$= \frac{R_2}{R_1 + R_2} V_{T+}$$

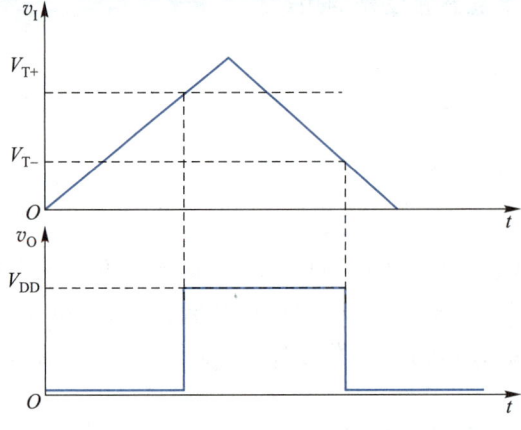

图 7.5.2　施密特触发器的工作波形

因此

$$V_{T+} \approx \left(1 + \frac{R_1}{R_2}\right) V_{th} \tag{7.5.2}$$

此时,随着 v_A 的上升,v_B 开始下降,v_O 开始上升,电路的状态很快转换为 $v_O \approx V_{DD}$,正反馈过程如下:

$$v_A \uparrow \rightarrow v_B \downarrow \rightarrow v_O \uparrow$$

当 $v_A > V_{th}$ 时,电路状态稳定在 $v_O \approx V_{DD}$ 不变。

输入电压 v_I 继续上升至最大值后开始下降,当 $v_A = V_{th}$ 时电路再次发生状态转换,此时 v_I 的值即为输入信号减小时的阈值电压,称为负向阈值电压或下限触发电平,记为 V_{T-},即

$$v_A = V_{th} = \frac{R_2}{R_1 + R_2} v_I + \frac{R_1}{R_1 + R_2} v_O$$

$$\approx \frac{R_2}{R_1 + R_2} V_{T-} + \frac{R_1}{R_1 + R_2} V_{DD}$$

$$= \frac{R_2}{R_1 + R_2} V_{T-} + \frac{R_1}{R_1 + R_2} 2V_{th}$$

因此

$$V_{T-} \approx \left(1 - \frac{R_1}{R_2}\right) V_{th} \tag{7.5.3}$$

随着 v_A 的下降,v_B 开始上升,v_O 开始下降,电路的状态很快转换为 $v_O \approx 0$ V,正反馈过程如下:

$$v_A \downarrow \;\longrightarrow\; v_B \uparrow \;\longrightarrow\; v_O \downarrow$$

当 $v_I < V_{T-}$ 时，电路状态稳定在 $v_O \approx 0$ V 不变。

施密特触发器的正向阈值电压 V_{T+} 和负向阈值电压 V_{T-} 的差值称为回差电压 ΔV_T，即

$$\Delta V_T = V_{T+} - V_{T-} = 2\frac{R_1}{R_2}V_{th} \qquad (7.5.4)$$

可见，当电源电压一定时，回差电压 ΔV_T 与 $\dfrac{R_1}{R_2}$ 成正比，改变 R_1 和 R_2 的大小可以调整施密特电路回差电压值的大小。电路的传输特性曲线如图 7.5.3 所示。

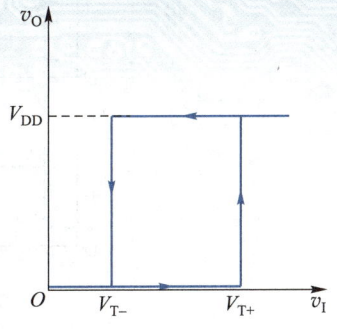

图 7.5.3 施密特触发器的传输特性曲线

7.5.2 施密特触发器的应用

施密特触发器的用途很广，下面举几个典型的应用。

一、波形变换

施密特触发器有两个阈值，利用施密特触发器的滞回特性可以实现波形变换，图 7.5.2 中输入为三角波，输出为矩形波。同样，利用图 7.5.1 所示的施密特触发器，也可以将输入的正弦波、锯齿波等变换成矩形波，读者可自行分析。

二、波形整形

在数字系统中，矩形脉冲经过传输后可能会发生波形畸变，使波形的上升沿和下降沿明显变坏，高、低电平期间窜入干扰信号；从传感器来的信号，经过放大后可能也是不规则的波形，这些波形都需要经过施密特触发器的整形。图 7.5.4 所示的输入信号 v_I 不仅波形上升沿和下降沿变坏，且波形顶部干扰严重，选择具有合适回差电压 ΔV_T 的施密特触发器对其整形，输出信号波形电压 v_O 又变为矩形脉冲。需要注意的是，如果回差电压选择不合适，由于干扰噪声的影响，输出波形 v_O 可能会不正常，在图 7.5.4 中，若回差电压选择过小，顶部干扰将造成不良影响。

三、幅度鉴别

利用施密特触发器的输出信号 v_O 取决于输入信号 v_I 幅度的特点，可以通过调整触发器的上限触发电平 V_{1+} 到规定的幅度 V_{th}，使某些

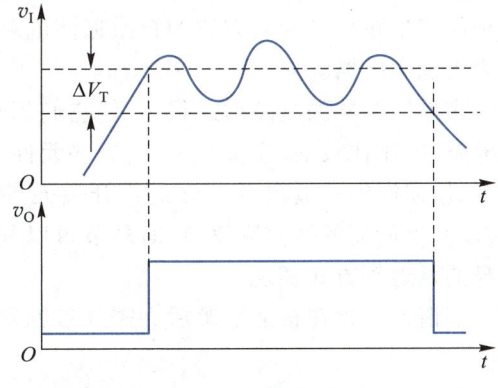

图 7.5.4 施密特触发器用于波形整形

信号被鉴别出来。例如，将一系列幅度各异的脉冲信号加到施密特触发器的输入端 v_I，只有那些幅度大于上限触发电平 V_{T+} 的脉冲才产生输出信号，因此可以选出幅度大于 V_{th} 的信号，消除了幅度较小的脉冲信号，如图 7.5.5 所示，故施密特触发器具有幅度鉴别能力。

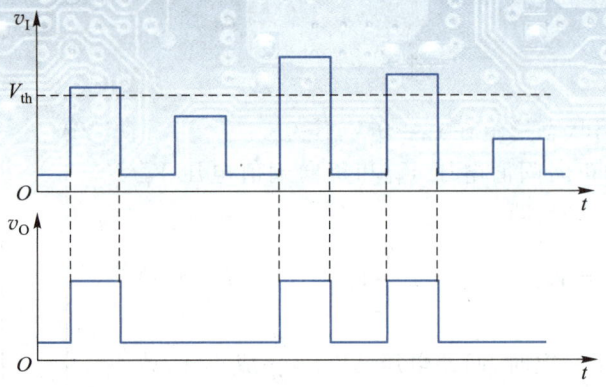

图 7.5.5 施密特触发器用于脉冲幅度鉴别

复习思考题

7.5.1 什么是触发器？滞回比较器和施密特触发器有何关系？

7.5.2 请查阅资料,举例说明逻辑门电路的输出端是否可以连接施密特触发器。

7.5.3 计算机硬盘中,磁头在读取信息时输出的电信号并不是理想的矩形波,往往混有噪声,如何利用施密特触发器消除这种噪声干扰？

7.6
多谐振荡器

在实用电路中,除了常见的正弦波发生器外,多谐振荡器也是一类常用电路。多谐振荡器是能产生矩形脉冲或方波的自激振荡电路。多谐振荡器没有稳态,只有两个暂稳态,故又称为无稳态电路。

多谐振荡器的电路形式很多,但它们都有一些共同特点:第一,电路中含有开关元件,如门电路、电压比较器、模拟开关等,这些元件主要用于产生高、低电平;第二,电路中含有反馈网络,反馈网络将输出电压反馈给开关元件,使之改变输出状态;第三,电路中含有定时环节,以获得所需的振荡频率,定时环节可以利用 RC 电路的充放电特性实现,也可以利用器件本身的延迟等方式实现。

多谐振荡器在接通电源后无需外接触发信号就能产生一定频率和幅值的信号。

7.6.1 由门电路组成的多谐振荡器

门电路附加一些元件,就可以构成多种形式的多谐振荡器,图 7.6.1(a)所示为电容正反馈多谐振荡器,它的工作波形如图 7.6.1(b)所示。

这种多谐振荡器主要依靠电容 C 的充、放电引起电压 v_A 的变化来实现振荡,当 v_A 达到

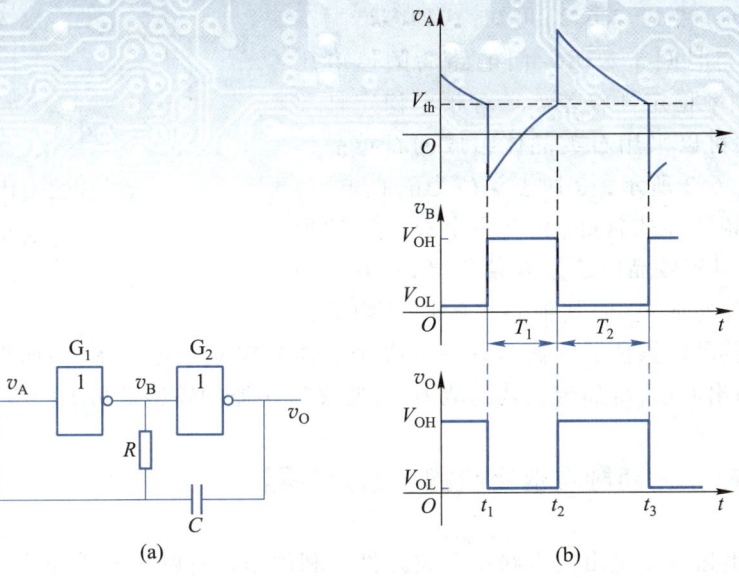

图 7.6.1　由门电路组成的多谐振荡器及其工作波形

TTL 门的阈值电压 V_{th} 时,引起反相器状态的翻转。现在从 t_1 时刻开始分析,假设此时 v_A 正好降至反相器的阈值电压 V_{th},v_B 由低电平 V_{OL} 跳变至高电平 V_{OH},v_O 由高电平 V_{OH} 跳变至低电平 V_{OL},跳变值均为 $V_{OH}-V_{OL}$,经电容 C 耦合,使 v_A 从 V_{th} 下跳了 $V_{OH}-V_{OL}$。此时门 G_1 输出高电平,门 G_2 输出低电平。

当 $t>t_1$ 时,门 G_1 通过电阻 R 给电容 C 充电,使 v_A 逐渐上升,当 v_A 上升至门 G_1 的 V_{th} 时,电路发生正反馈翻转,门 G_1 输出低电平 V_{OL},门 G_2 输出高电平 V_{OH}。由于电容 C 两端的电压不能突变,所以通过电容 C 耦合,使 v_A 从 V_{th} 上跳 $V_{OH}-V_{OL}$。

当 $t>t_2$ 时,电容 C 开始放电,使 v_A 按指数规律下降,当 v_A 下降至门 G_1 的阈值电平 V_{th} 时,电路又发生正反馈翻转,门 G_1 输出高电平 V_{OH},门 G_2 输出低电平 V_{OL}。通过电容 C 耦合,使 v_A 从 V_{th} 下跳 $V_{OH}-V_{OL}$,电路又回到 t_1 时刻的状态。如此循环,形成自激振荡,输出矩形脉冲。

由 v_A 的波形可知,在 T_1 期间电容 C 充电,时间常数为 RC,初值为 $V_{th}-(V_{OH}-V_{OL})$,终值为 V_{OH},转换值 $v_A(t_2)=V_{th}$,由此得

$$T_1 = RC\ln \frac{V_{th} - (V_{OH} - V_{OL}) - V_{OH}}{V_{th} - V_{OH}} \qquad (7.6.1)$$

在 T_2 期间电容 C 反向充电,v_A 从 $V_{th}+(V_{OH}-V_{OL})$ 开始按指数规律下降,到 $t=t_3$ 时,v_A 下降至 V_{th},由此得

$$T_2 = RC\ln \frac{[V_{th} + (V_{OH} - V_{OL})] - V_{OL}}{V_{th} - V_{OL}} \qquad (7.6.2)$$

振荡周期

$$T = T_1 + T_2$$

为了使电路容易起振,电阻 R 取值不宜过大,典型值为 500 Ω~1 kΩ,电容 C 可根据振荡频率的要求选择,典型值为 100 pF~100 μF。

由式(7.6.1)和式(7.6.2)可知,这种多谐振荡器的振荡周期与时间常数 RC、门电路的阈值电压 V_{th} 均有关系,频率稳定性较差。在对频率稳定性要求较高的场合,可以采用石英晶体组成的石英晶体振荡器,如图 7.6.2 所示,其中电容 C' 为隔直电容。石英晶体的选频特性非常好,它有一个极稳定的串联谐振频率 f_s,且等效品质因数 Q 值很高,只有频率为 f_s 的信号最容易通过,而其他频率的信号均会被晶体衰减。石英晶体振荡器的振荡频率取决于晶体的串联谐振频率,因而振荡频率非常稳定,为了改善输出波形,增加带负载的能力,通常在振荡器的输出端再加一级反相器。

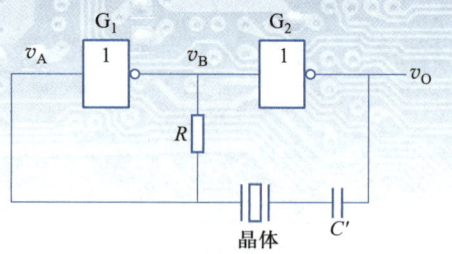

图 7.6.2   石英晶体振荡器

7.6.2   由施密特触发器组成的多谐振荡器

前面的多谐振荡器是由门电路作开关元件。利用施密特触发器作开关,配以 RC 定时元件也可以构成多谐振荡器,其原理电路如图 7.6.3 所示。

假设初始状态电容 C 上的电压为 V_{T-},施密特触发器输出 v_O 为高电平,此时 v_O 通过电阻 R 对电容 C 充电,v_I 开始上升,当 v_I 达到 V_{T+} 时,施密特触发器发生翻转,输出 v_O 变为低电平,此后电容 C 又开始通过电阻 R 放电,v_I 开始下降,当 v_I 达到 V_{T-} 时,施密特触发器再次发生翻转,输出高电平,如此周而复始形成振荡,其输入、输出波形如图 7.6.4 所示。

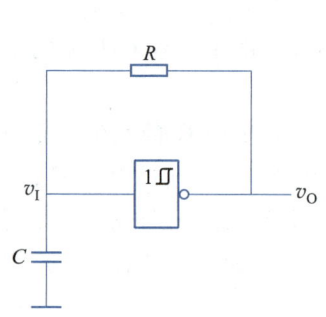

图 7.6.3   用施密特触发器构成多谐
振荡器的原理电路

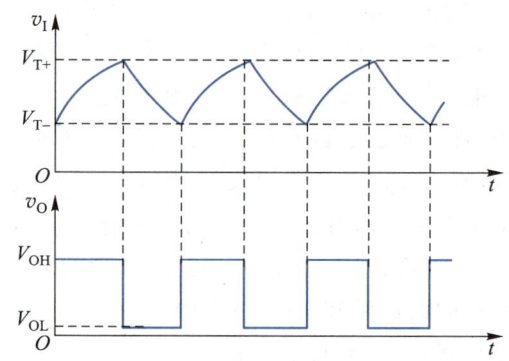

图 7.6.4   多谐振荡器的波形

图 7.6.5(a)所示是采用模拟集成运放构成的施密特触发器,配以 RC 网络构成多谐振荡器,RC 网络起反馈和延迟作用,输入电压 v_I 等于电容上的电压 v_C。

施密特触发器的两个阈值电压分别为

$$V_{T+} = \frac{R_1}{R_1 + R_2} V_Z$$

$$V_{T-} = -\frac{R_1}{R_1 + R_2} V_Z$$

电源刚接通时,电容 C 上的电压 $v_C = 0$,即 v_I 电位较低,输出 v_O 为高电平,$v_O = V_Z$,集成运

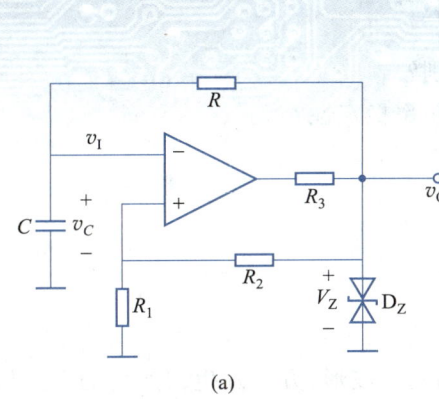

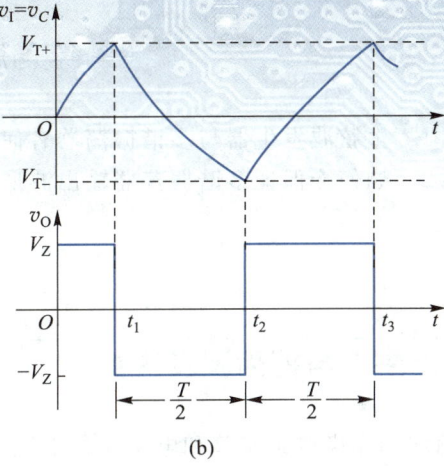

图 7.6.5　由施密特触发器组成的多谐振荡器及其工作波形

放同相输入端的电位 $v_P = V_{T+}$。此时 v_O 通过电阻 R 给电容 C 充电,时间常数为 RC,使 v_C 按指数规律上升,当 v_C 上升至 V_{T+} 时,施密特触发器的状态发生翻转,输出 v_O 由高电平 V_Z 跳变为低电平 $-V_Z$,同时运放同相输入端的电位变为 $v_P = V_{T-}$。

　　由于此时 $v_O = -V_Z$,电容 C 通过电阻 R 放电,放电时间常数也是 RC,使 v_C 按指数规律下降,当 v_C 下降至 V_{T-} 时,施密特触发器的状态再次发生翻转,输出 v_O 由 $-V_Z$ 跳变为 V_Z,电路回到初始状态。之后电容 C 又充电,如图 7.6.5(b) 所示,如此循环产生自激振荡,输出方波。

　　由图 7.6.5(b) 可知,电容的充、放电时间常数是一样的,电容的放电时间是振荡周期的一半,放电时 v_C 初始值 $v_C(t_1^+) = V_{T+} = R_1/(R_1 + R_2) \times V_Z$,$v_C$ 的终值 $v_C(\infty) = -V_Z$,在 $t = t_2$ 时电路发生状态转换,转换值 $v_C(t_2) = V_{T-} = -R_1/(R_1 + R_2) \times V_Z$,放电时间常数为 RC,据此可得振荡周期

$$T = 2RC\ln\left(1 + \frac{2R_1}{R_2}\right)$$

可以通过调节 RC 或 R_1/R_2 的值来调节振荡频率,输出方波的脉冲幅度取决于稳压二极管的稳压值。

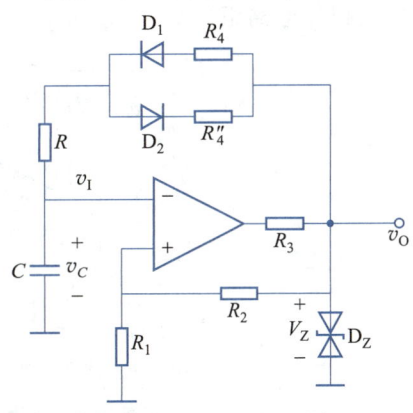

图 7.6.6　占空比可调的矩形波发生电路

　　显然,为了改变输出方波的占空比,应改变电容 C 的充电和放电时间常数。占空比可调的矩形波电路如图 7.6.6 所示。

　　电容 C 充电时,充电电流流经电阻 R_4'、二极管 D_1 和电阻 R,充电时间常数为 $\tau_1 = (R + r_{d1} + R_4')C$,其中 r_{d1} 是二极管 D_1 导通电阻;电容 C 放电时,放电电流流经电阻 R、二极管 D_2 和电阻 R_4'',放电时间常数为 $\tau_2 = (R + r_{d2} + R_4'')C$,其中 r_{d2} 是二极管 D_2 导通电阻,矩形脉冲的占空比为

$$\frac{T_1}{T} = \frac{\tau_1}{\tau_1 + \tau_2}$$

改变 R_4' 和 R_4'' 的阻值即可调整占空比。

7.6.1 正弦波发生器与多谐振荡器有何区别？

7.6.2 如何能保证多谐振荡器输出波形的频率稳定性？

7.7
三角波发生器与锯齿波发生器

三角波和锯齿波是实验和电子设备中经常用到的波形,方波发生器产生的方波信号,经过适当的波形变换,即可得到三角波和锯齿波信号。

7.7.1 三角波发生器

图 7.7.1 所示是通过波形变换方法产生三角波信号的电路,该电路左半部分是由施密特触发器组的成多谐振荡器,产生方波信号,右半部分是积分电路。将方波电压作为积分电路的输入,在积分电路的输出端就可以得到三角波电压,因此三角波发生器可以由方波发生器加上积分电路组成。

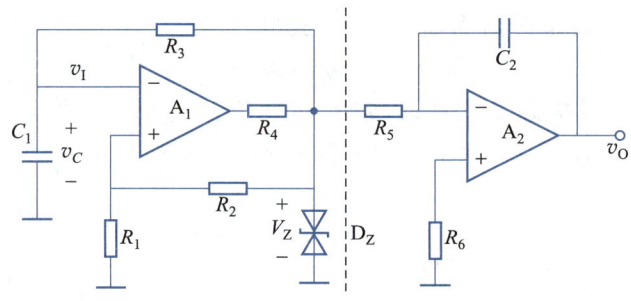

图 7.7.1 采用波形变换方法产生三角波

在实用电路中,一般不采用上述波形变换的方法获得三角波,三角波发生器的电路如图 7.7.2所示。它是由滞回比较器和积分电路闭环组合而成的,积分电路的输出反馈给滞回比较器,作为滞回比较器的输入 v_I。

根据叠加定理,由图 7.7.2(a)可知,滞回比较器的同相输入端电位为

$$v_{P1} = \frac{R_2}{R_1 + R_2}v_I + \frac{R_1}{R_1 + R_2}v_{O1} \qquad (7.7.1)$$

滞回比较器的反相输入端接地,即 $v_{N1} = 0$,令 $v_{P1} = v_{N1} = 0$,并将 A_1 的输出电压 $v_{O1} = \pm V_Z$ 代入式(7.7.1),求出 v_I,即得阈值电压

$$V_{th1} = + \frac{R_1}{R_2}V_Z$$

$$V_{th2} = -\frac{R_1}{R_2}V_z$$

下面分析该电路的工作原理,假设 $t=0$ 时,$v_{O1}=+V_z$,积分电容 C 两端的电压为零,即 $v_O=0$。当 $t>0$ 时,电容 C 恒流充电,v_O 线性下降。到 t_1 时刻,v_O 下降至 V_{th2},A_1 发生状态翻转,v_{O1} 从 $+V_z$ 跳变至 $-V_z$,积分电路开始对 $v_{O1}=-V_z$ 积分,输出电压 v_O 从 V_{th2} 开始线性上升。到 $t=t_2$ 时刻,v_O 上升至 V_{th1},A_1 再次发生状态翻转,v_{O1} 从 $-V_z$ 跳变至 $+V_z$,积分电路开始对 $v_{O1}=+V_z$ 积分,输出电压 v_O 从 V_{th1} 又开始线性下降,如此循环,电路便产生自激振荡。

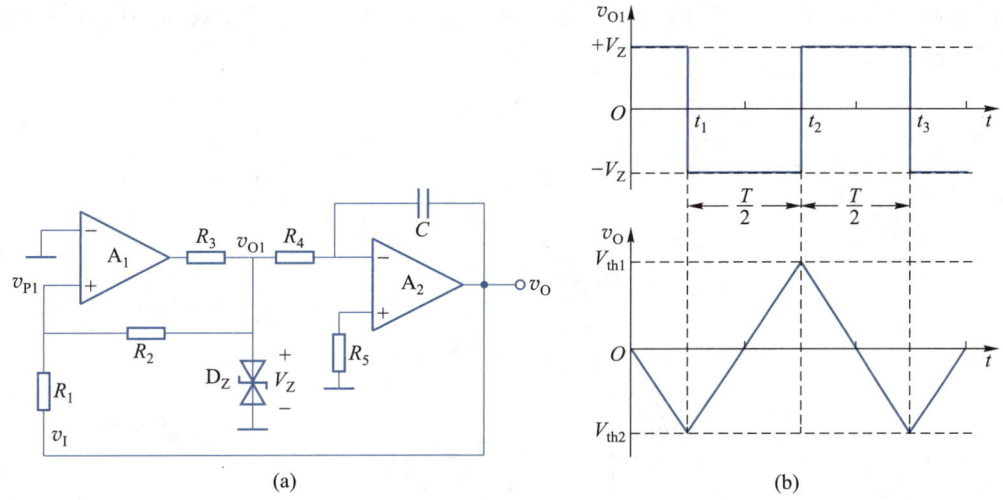

图 7.7.2 三角波发生器及其工作波形

由于电容 C 的充、放电回路相同,充、放电时间常数相等,积分电路输出电压 v_O 的上升、下降时间相等,充、放电电流恒定,斜率绝对值也相等,故输出 v_O 为三角波。

下面求该电路的振荡周期,如图 7.7.2(b)所示,在 $t_1 \sim t_2$ 期间,电容 C 恒流放电,放电电流为 $i_C = -\dfrac{V_z}{R_4}$,电压变化量为 $\Delta v_C = -\dfrac{2R_1}{R_2}V_z$,因此可求得放电时间常数

$$T_1 = C\frac{\Delta v_C}{i_C} = 2R_4C\frac{R_1}{R_2}$$

即放电时间常数与 RC 成正比。

在 $t_2 \sim t_3$ 期间,电容 C 恒流充电,充电电流为 $i_C = \dfrac{V_z}{R_4}$,电压变化量为 $\Delta v_C = \dfrac{2R_1}{R_2}V_z$,因此可求得充电时间常数

$$T_2 = C\frac{\Delta v_C}{i_C} = 2R_4C\frac{R_1}{R_2}$$

即充电时间常数也与 RC 成正比。

因此,该电路的振荡周期为

$$T = T_1 + T_2 = \frac{4R_1R_4C}{R_2}$$

7.7.2 锯齿波发生器

三角波信号的上升时间和下降时间是相同的,而锯齿波信号的上升时间和下降时间不同,锯齿波电路广泛用于电视、雷达、数控及测量仪表等设备中。锯齿波发生器的电路如图 7.7.3(a)所示,显然为了获得锯齿波,应改变积分电路的充、放电时间常数,利用二极管 D_1、D_2 的单向导电性(设二极管导通时的等效电阻忽略不计),使充电时间常数为 $R''_4 C$,而放电时间常数为 $R'_4 C$。图 7.7.3(b)为锯齿波电路的输出波形,该电路振荡周期的计算方法与三角波电路类似。

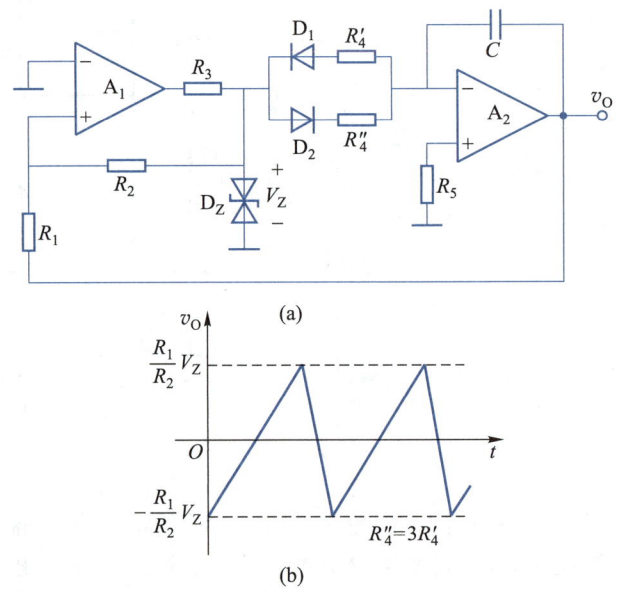

图 7.7.3 锯齿波发生器及其工作波形

根据三角波发生电路振荡周期的计算方法,可得出上升时间

$$T_1 \approx 2R'_4 C \frac{R_1}{R_2}$$

下降时间

$$T_2 \approx 2R''_4 C \frac{R_1}{R_2}$$

因此,该电路的振荡周期为

$$T = T_1 + T_2 = \frac{2R_1(R'_4 + R''_4)C}{R_2}$$

调整 R_1 和 R_2 的阻值,可以改变锯齿波的幅值,调整 R_1、R_2、R'_4、R''_4 和电容 C 可以改变振荡周期,以及锯齿波上升和下降的斜率。

复习思考题

7.7.1　在图 7.7.2 所示的三角波发生器中,如何调整三角波的振荡频率?

7.7.2　在图 7.7.3 所示的锯齿波发生器中,若考虑二极管的阈值电压,对输出波形会有什么影响?

7.8
555 定时器及其主要应用

555 定时器是一种多用途单片集成电路,该电路将模拟电路和逻辑电路巧妙地结合在一起,只需外接少量的电容和电阻等元件就可以构成单稳态触发器、多谐振荡器、施密特触发器等电路,广泛应用于信号的产生、变换、检测与控制等领域。

7.8.1　555 定时器的结构及工作原理

目前生产的 555 定时器有双极型和 CMOS 型两种,如 5G555 和 C7555 等型号,它们的结构及工作原理基本相同。图 7.8.1 所示为 555 定时器的内部组成框图,它由分压器、两个电压比较器 C_1 和 C_2、基本 RS 触发器、放电(泄放)管 T_{28} 和输出缓冲器 G 组成,其中,分压器由三个阻值为 5 kΩ 的电阻组成,晶体管 T_{28} 为集电极开路输出的泄放晶体管。

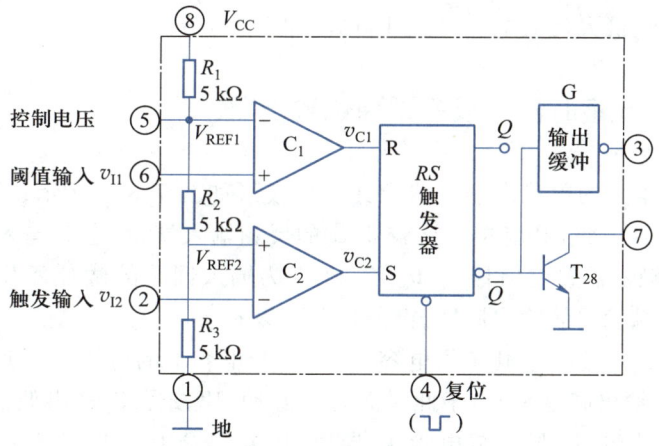

图 7.8.1　555 定时器内部组成框图

比较器 C_1、C_2 的基准偏置电压由电阻 $R_1 \sim R_3$ 分压提供,C_1 的基准电压为 $V_{REF1} \approx 2\,V_{CC}/3$,$C_2$ 的基准电压为 $V_{REF2} \approx V_{CC}/3$。外部控制电压通过 5 脚输入,其功能是调整 C_1 和 C_2 的基准电压,如果 5 脚外接固定直流电压,则上述两个比较器的基准电压也将发生变化。外部输入 v_{I1} 通过 6 脚接于比较器 C_1 的同相输入端,称为阈值输入;外部输入 v_{I2} 通过 2 脚接于比较器

C_2 的反相输入端,称为触发输入。

定时器的工作状态由 RS 触发器的状态所决定。比较器 C_1、C_2 的输出控制 RS 触发器的状态,并通过触发器的 $\overline{Q}$ 端控制放电管 T_{28} 的工作状态。4 脚为触发器的异步复位端,低电平有效,当 4 脚负脉冲到来时,RS 触发器被立即复位,$\overline{Q}$ 输出高电平,放电管 T_{28} 导通。

当 $v_{I1}<V_{REF1}$、$v_{I2}<V_{REF2}$ 时,比较器 C_1 输出低电平,C_2 输出高电平,$RS=01$,触发器被置位,$\overline{Q}$ 为低电平,3 脚输出高电平,放电管 T_{28} 截止。

当 $v_{I1}>V_{REF1}$、$v_{I2}>V_{REF2}$ 时,比较器 C_1 输出高电平,C_2 输出低电平,$RS=10$,触发器被复位,$\overline{Q}$ 为高电平,3 脚输出低电平,放电管 T_{28} 导通。

当 $v_{I1}<V_{REF1}$、$v_{I2}>V_{REF2}$ 时,比较器 C_1 输出低电平,C_2 输出也为低电平,$RS=00$,触发器维持原状态不变,$\overline{Q}$ 的状态保持以前的状态。综上分析,555 定时器的功能表见表 7.8.1。

表 7.8.1　555 定时器的功能表

输入			输出	
阈值输入 v_{I1}	触发输入 v_{I2}	复位输入(4 脚)	输出 v_0(3 脚)	放电管 T_{28}
×	×	0	0	导通
$<V_{REF1}$	$<V_{REF2}$	1	1	截止
$>V_{REF1}$	$>V_{REF2}$	1	0	导通
$<V_{REF1}$	$>V_{REF2}$	1	不变	不变

555 定时器可以在很宽的电源电压范围内工作,并可承受较大的负载电流,双极型 555 定时器的电源电压范围为 5~16 V,最大负载电流可达 200 mA,CMOS 型 555 定时器的电源电压范围为 3~18 V,最大负载电流可达 4 mA。

7.8.2　由 555 定时器组成的单稳态触发器

由 555 定时器组成的单稳态触发器及其工作波形如图 7.8.2 所示,其中 R、C 为定时元件,v_I 为外部触发脉冲,通过 2 脚接于比较器 C_2 的反相输入端,稳态时输入 v_I 为高电平,比较器 C_2 输出低电平,触发器置位信号 $S=0$。R_d 和 C_d 为输入回路的微分环节,如果输入的负触发脉冲小于单稳态触发器的输出脉宽,微分环节可以省略。

电源刚接通时,V_{CC} 通过电阻 R 给电容 C 充电,当电容上的电压上升到 V_{REF1} 时,555 定时器内部的比较器 C_1 输出高电平,由于此时无触发脉冲,比较器 C_2 输出低电平,即 $RS=10$,触发器被复位,v_0 输出低电平,同时放电管 T_{28} 导通,将电容 C 上的电荷迅速放掉,使比较器 C_1 输出低电平,此时,$RS=00$,触发器处于保持状态,输出不再发生变化,电路进入稳定状态。

若在单稳态触发器输入端 v_I 施加触发脉冲,当触发脉冲的下降沿到来时,由于 2 脚电位低于 V_{REF2},比较器 C_2 输出高电平,此时 $RS=01$,触发器被置位,$\overline{Q}$ 输出低电平,电路开始进入暂稳态,v_0 输出高电平,放电管 T_{28} 截止。V_{CC} 通过电阻 R 开始给电容 C 充电,电容上的电压 v_C 按指数规律上升,当 v_C 上升到 V_{REF1} 时,比较器 C_1 输出高电平,由于此时外部触发脉冲已经

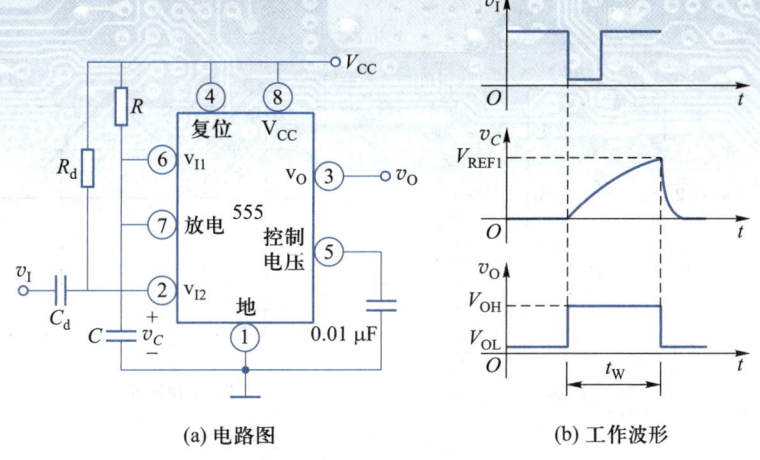

(a) 电路图　　　　　　(b) 工作波形

图 7.8.2　由 555 定时器构成的单稳态触发器

撤销,比较器 C_2 输出低电平,即 $RS=\mathbf{10}$,触发器被复位,暂稳态过程结束,电路又自动返回到初始稳态,v_O 变为低电平,放电管 T_{28} 导通。

如果忽略晶体管 T_{28} 的饱和压降,则暂稳态持续的时间即是电容从零充电至 V_{REF1} 所需的时间,因此

$$t_W = RC\ln\frac{V_{CC}}{V_{CC}-2V_{CC}/3} = RC\ln 3 \approx 1.1RC$$

这种电路产生的脉冲宽度可以从几微秒到数分钟,精度可达 1%。图7.8.2(a)中控制电压输入端(5 脚)通过 0.01 μF 电容接地,以防止脉冲干扰。

7.8.3　由 555 定时器组成的施密特触发器

将 555 定时器的阈值输入端(6 脚)和触发输入端(2 脚)连接在一起,便构成了施密特触发器,如图 7.8.3(a)所示,其中放电管 T_{28} 的集电极经上拉电阻 R_C 接至 V_{CC2},此时输出电压 v_{O2} 的高电平可通过电阻 R_C 和 V_{CC2} 调整,实现电平转换。

由图 7.8.1 可知,比较器 C_1、C_2 阈值电压分别为 $V_{REF1}=2V_{CC1}/3$ 和 $V_{REF2}=V_{CC1}/3$。输入信号 v_I 的波形如图 7.8.3(b)所示,在 $t=0$ 时刻,$v_I<V_{REF2}$,此时比较器 C_1 输出低电平,C_2 输出高电平,$RS=\mathbf{01}$,初始状态 RS 触发器置位,v_{O1} 输出高电平,如图 7.8.3(b)所示。当输入信号 v_I 增加到 V_{REF2} 时,比较器 C_2 输出变为低电平,$RS=\mathbf{00}$,触发器维持原状态不变,v_{O1} 继续输出高电平;输入信号 v_I 增加到 V_{REF1} 时,比较器 C_1 输出变为高电平,$RS=\mathbf{10}$,触发器翻转,v_{O1} 输出低电平;输入 v_I 继续增加,上述状态保持不变。

当 v_I 从 V_{CC} 开始下降时,只要 $v_I>V_{REF2}$,v_{O1} 输出保持低电平;当 v_I 下降到 V_{REF2} 时,触发器发生翻转,v_{O1} 输出变为高电平;若输入 v_I 继续减小,上述状态保持不变。当输入为三角波形时,从施密特触发器的 v_{O1} 端可输出方波。

触发器的回差电压 $\Delta V_{th}=V_{REF1}-V_{REF2}=V_{CC1}/3$,若 5 脚外加直流控制电压,可以改变阈值电压 V_{REF1} 和 V_{REF2},因而可用来调节回差电压的大小。

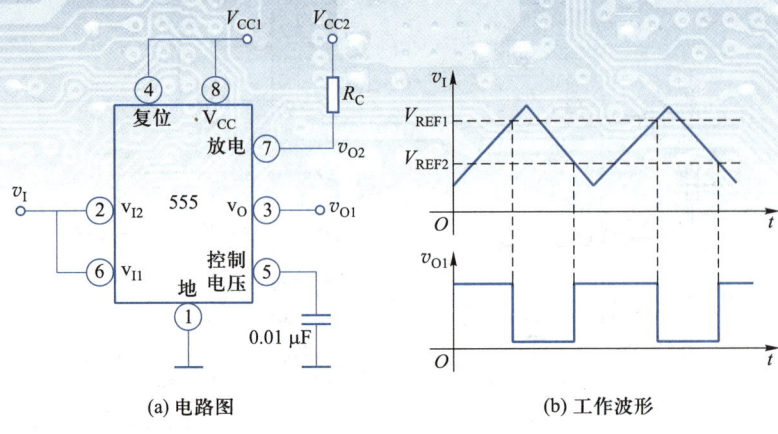

(a) 电路图　　　　　　(b) 工作波形

图 7.8.3　由 555 定时器构成的施密特触发器

7.8.4　由 555 定时器组成的多谐振荡器

由 555 定时器构成的多谐振荡器如图 7.8.4(a)所示,图 7.8.4(b)为其工作波形。

接通电源后,V_{CC} 通过电阻 R_1、R_2 给电容 C 充电,充电时间常数为 $(R_1+R_2)C$,电容上的电压 v_C 按指数规律上升,当 v_C 上升到 $V_{REF1}=2V_{CC}/3$ 时,比较器 C_1 输出高电平,C_2 输出低电平,$RS=10$,触发器被复位,放电管 T_{28} 导通,此时 v_O 输出低电平,电容 C 开始通过 R_2 放电,放电时间常数约为 R_2C,v_C 下降,当 v_C 下降到 $V_{REF2}=V_{CC}/3$ 时,比较器 C_1 输出低电平,C_2 输出高电平,$RS=01$,触发器被置位,放电管 T_{28} 截止,v_O 输出高平,电容 C 又开始充电,当 v_C 上升到 $V_{REF1}=2V_{CC}/3$ 时,触发器又开始发生翻转。如此周而复始,输出矩形脉冲。

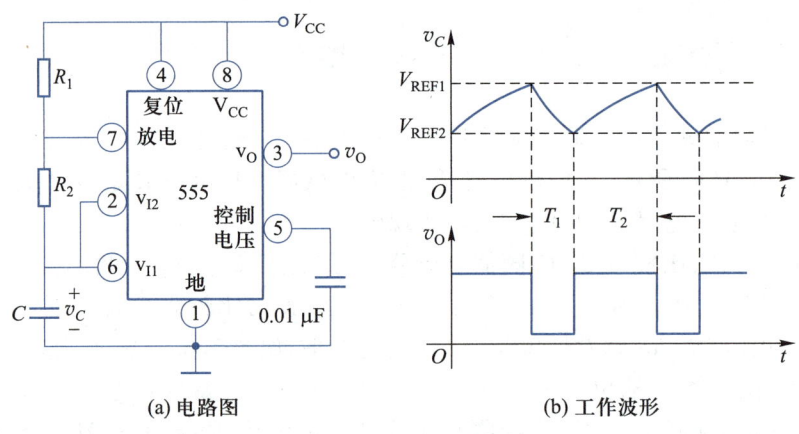

(a) 电路图　　　　　　(b) 工作波形

图 7.8.4　由 555 定时器构成的多谐振荡器

由图 7.8.4(b)可知,电容 C 放电所需的时间是 v_C 从 $V_{REF1}=2V_{CC}/3$ 下降到 $V_{REF2}=V_{CC}/3$ 所需的时间,因此

$$T_1 = R_2 C \ln 2 \approx 0.7 R_2 C$$

电容 C 充电所需的时间是 v_C 从 $V_{REF2}=V_{CC}/3$ 上升到 $V_{REF1}=2V_{CC}/3$ 所需的时间,因此

$$T_2 = (R_1 + R_2) C \ln 2 \approx 0.7 (R_1 + R_2) C$$

因而,振荡周期为

$$T = T_1 + T_2 \approx 0.7(R_1 + 2R_2)C$$

这种振荡器输出波形的占空比为

$$D = \frac{T_2}{T} = \frac{R_1 + R_2}{R_1 + 2R_2}$$

上面仅讨论了 555 定时器的几种简单应用,实际上,由于 555 定时器功能灵活,输出驱动电流大,在电子技术中获得广泛应用,限于篇幅,这里就不再一一枚举了,感兴趣的同学可查阅相关参考书。

复习思考题

7.8.1 如何用 555 定时器制作一个简易电子琴?

7.8.2 如何用 555 定时器实现"叮咚"门铃?

7.9
计算机仿真例题

下面通过 Multisim 仿真来演示使用集成运放 uA741 构成的方波和三角波发生器,图 7.9.1 为使用 Multisim 绘制的电路原理图。

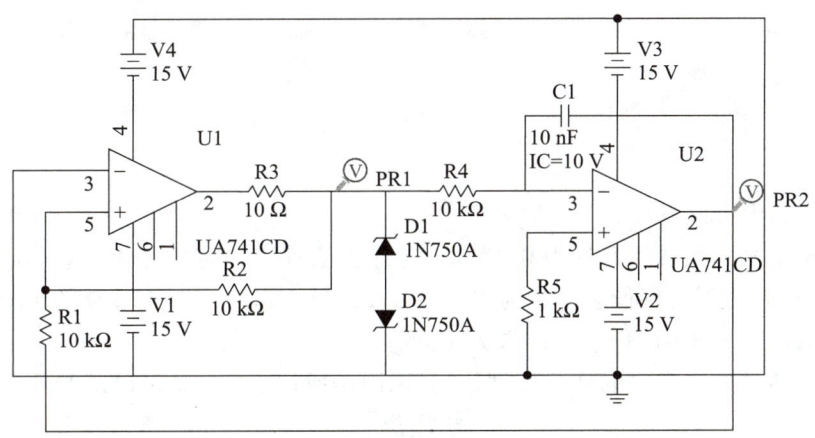

图 7.9.1 方波与三角波发生电路的仿真原理图

在图 7.9.1 中,使用稳压管 1N750A 实现滞回比较器 U1 输出的双向限幅,查阅 Multisim 中的相关模型可知,此时滞回比较器的输出电压为 ±5.5 V 左右。利用公式 $T = \dfrac{4R_1R_4C}{R_2}$ 可知所产生的振荡周期约为 0.4 ms,故在仿真时设置时长至 1 ms 即可。需要注意的是,为加快仿真速度,在电路中设置电容 C_1 的初始电压为 10 V,并在时域仿真参数设置时将初始条件(initial conditions)选择为"用户定义(user-defined)";为使输出波形的变化规律更加明显和细致,仿真时将最大时间步长(maximum time step)设置为 10^{-7} s。这些设置如图7.9.2所示。

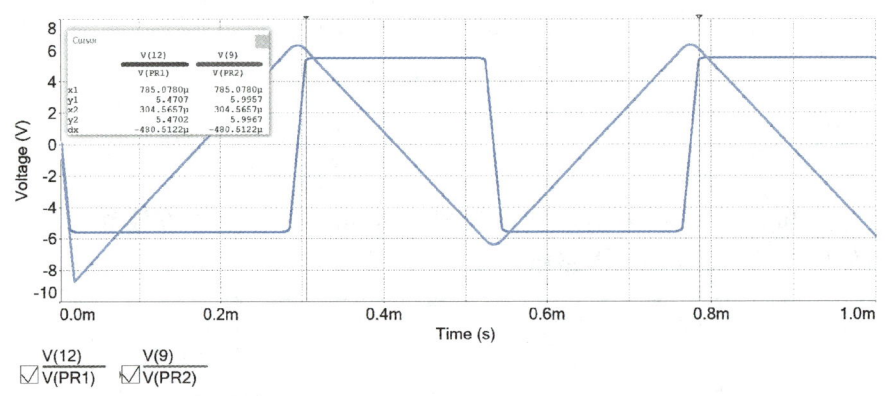

图 7.9.2　时域仿真时的注意事项

在完成以上各项设置后即可启动时域仿真,输出结果如图7.9.3所示。

图 7.9.3　时域仿真的输出结果

从图7.9.3中可以看出:

(1) 输出信号的重复周期约为0.48 ms,与计算值存在一定的差别,这是由于软件自身原因而造成的(读者可自行设置参数为 $R_1 = 20$ kΩ, $R_2 = 12$ kΩ, $R_4 = 15$ kΩ, $C = 10$ nF,此时计算得到的振荡周期为1 ms,但仿真结果为1.08 ms左右)。

(2) 输出信号在突变时的变化速度较慢,原因是所用运放(uA741)的开环带宽过低。

7.10　实际案例:简易电子琴

本 章 小 结

本章介绍了波形的产生与处理电路,在电子技术领域,信号的波形一般分为正弦波和非正弦波两大类。在数字电路中,最常见的脉冲波是矩形脉冲波,实际矩形脉冲波无论从低电平跳变到高电平,还是从高电平跳变到低电平,都不是理想跳变,都需要一定的时间。

在脉冲和数字电路中,晶体管和场效应管工作在开关状态,截止与饱和两种工作状态的转换也需要一定的时间。为了提高带负载的能力,晶体管的饱和工作状态要有一定的深度。

数字系统采用二进制,基本的逻辑运算有**与、或、非**三种,任何复杂的逻辑运算均可由这三种基本逻辑运算复合而成,实现**与、或、非**三种基本运算的电路分别称为逻辑**与**门、逻辑**或**门和逻辑**非**门。双稳态触发器有两个稳定的状态,例如 RS 触发器。单稳态触发器具有稳态和暂稳态两个不同的工作状态,在外界触发脉冲的作用下,单稳态触发器能够从稳态翻转到暂稳态,维持一段时间之后,又自动翻转到稳态。暂稳态的持续时间取决于 RC 元件的数值。利用单稳态触发器可以实现信号的定时、延时和整形。集成单稳态触发器有可重触发和不可重触发两大类,在暂稳态期间出现的触发信号对不可重触发单稳态电路没有影响。

在数字电路中,施密特触发器实质上是具有滞后特性的逻辑门,它有两个阈值电压,电路的状态与输入电压有关,不具备记忆功能。由于施密特触发器的滞回特性和输出电平转换过程中正反馈的作用,输出电压波形的边沿得到明显改善。

多谐振荡器是能产生矩形脉冲的自激振荡电路,多谐振荡器没有稳态,只有两个暂稳态,故又称为无稳态电路。在对频率稳定性要求较高的场合,可以采用石英晶体组成的石英晶体振荡器,其振荡频率取决于晶体的串联谐振频率。

三角波和锯齿波是实验和电子设备中经常用到的波形,三角波发生器可以由方波发生器加上积分电路组成。如果改变积分电路的充、放电时间常数,三角波电路即可产生锯齿波。

555 定时器是一种用途很广的集成电路,该电路将模拟功能和逻辑功能巧妙地结合在一起,只需外接少量的电容和电阻等元件就可以构成单稳态触发器、多谐振荡器、施密特触发器等电路,广泛应用于信号的产生、变换、检测与控制等领域。

习　题

7.1.1　什么是脉冲波?什么是占空比?方波的占空比是多少?

7.2.1　电路如图题 7.2.1 所示,晶体管发射结导通电压降 $v_{BE}=0.7$ V,分别计算当输入端接 0 V、5 V 和悬空时,输出电压 v_O 的数值。

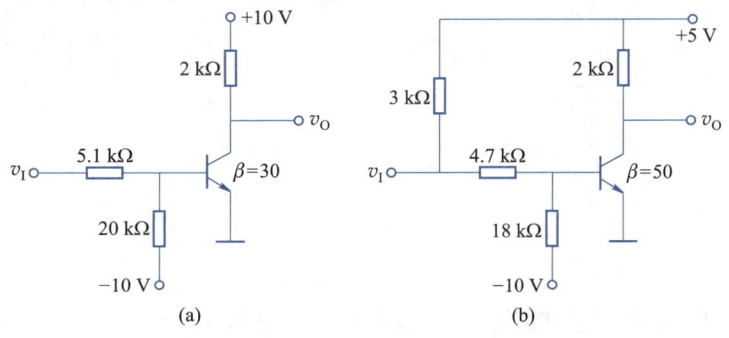

图题 7.2.1

7.2.2 电路如图题 7.2.2 所示，其中晶体管的 $\beta = 100$，发射结导通电压降 $v_{BE} = 0.7$ V，$V_{CC} = 12$ V。

（1）设 $R_C = 2$ kΩ，当输入电压 v_I 由 0 V 跳变到 4 V 时，晶体管能否从截止转为饱和？

（2）若 $R_C = 1$ kΩ，晶体管能否从截止转为饱和？

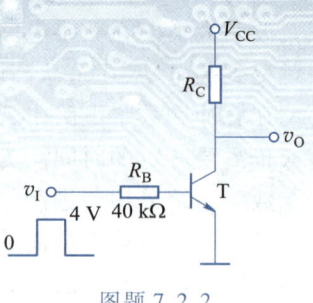

图题 7.2.2

7.2.3 两种晶体管反相器电路如图题 7.2.3 所示，负载电容 $C_L = 100$ pF，v_{I1}、v_{I2} 为反相输入信号，v_0 为反相器的输出端。设各晶体管的参数相同，导通时基极驱动电流相等，试分析这两种电路输出电压的边沿变化情况，比较它们的工作速度。

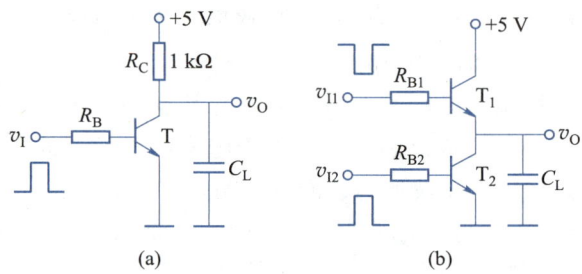

图题 7.2.3

7.3.1 在设计数字电路时，是否可以将**与非门**、**或非门**当作反相器（**非门**）使用？若可以，电路应如何连接？

7.3.2 **异或**逻辑是一种复合逻辑，即 $F = A \oplus B = A\,\overline{B} + \overline{A}B$，试问两输入**异或门**能否作为可控反相器使用？

7.3.3 由**与或非门**组成的双稳态触发器如图题 7.3.3 所示，请写出触发器的状态方程，作出触发器的功能表。当 $G = 1$ 时触发器处于什么状态？$G = 0$ 时呢？

7.3.4 开关在转换时，由于簧片的颤动，会引起输出信号的抖动，因此实际使用时要加上防抖动电路。RS 触发器是常用的电路之一，如图题 7.3.4 所示，试说明其工作原理。

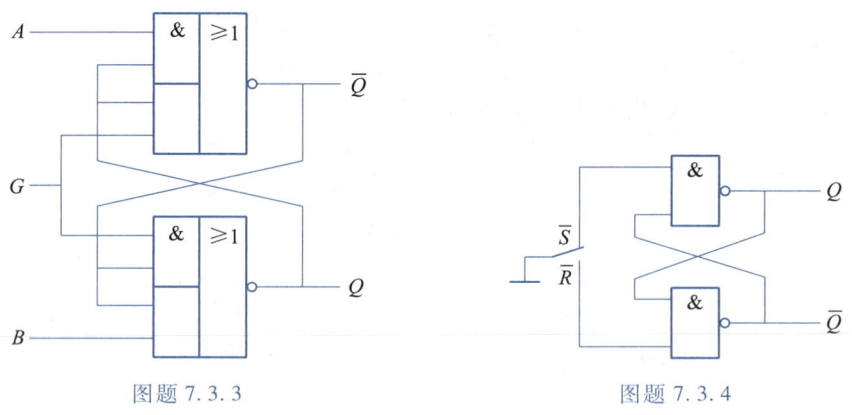

图题 7.3.3 图题 7.3.4

7.4.1 用 TTL **与非门**组成的单稳态触发器如图题 7.4.1 所示。

（1）为保证稳态时 v_{O1} 输出低电平，v_{O2} 输出高电平，R_d 和 R 应如何选取？

（2）画出 v_{O1}、v_{O2} 的波形。

（3）设与非门截止时输出电阻为 R_0，求输出脉宽 t_w。

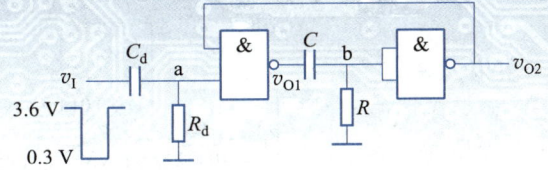

图题 7.4.1

7.4.2　用 CMOS 或非门组成的微分型单稳态触发器电路如图题 7.4.2 所示。

（1）试分析其工作原理。

（2）画出 a、b 点电压及 v_0 的波形。

（3）求输出脉冲宽度 t_w。

7.5.1　用施密特触发器能否存储 1 位二值数据？说明理由。

7.5.2　由 TTL 门电路组成的施密特触发器如图题 7.5.2 所示，试分析电路的工作原理，画出 v_{O1} 和 v_{O2} 的电压传输特性。

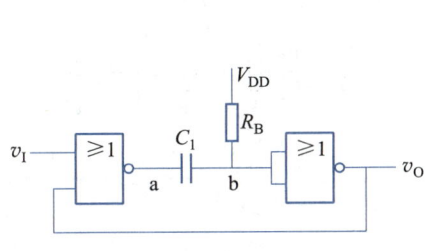

图题 7.4.2

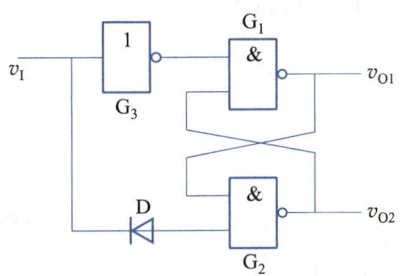

图题 7.5.2

7.5.3　由集成施密特触发器和集成单稳态触发器 74121 构成的电路如图题 7.5.3 所示，已知施密特电路的 $V_{DD} = 10$ V，单稳态触发器 $V_{T+} = 6.3$ V，$V_{T-} = 2.7$ V。

（1）计算 v_{O1} 的周期和 v_{O2} 的脉冲宽度；

（2）画出 v_C、v_{O1}、v_{O2} 的波形。

7.6.1　利用门电路固有的传输延迟，将奇数个非门首尾相接，可组成多谐振荡器，常称为环形振荡器。图题 7.6.1 所示电路是由 3 个 TTL 非门构成的环形振荡器，设各门的传输延迟时间相同。试画出各输出端的波形，并计算振荡周期和频率。

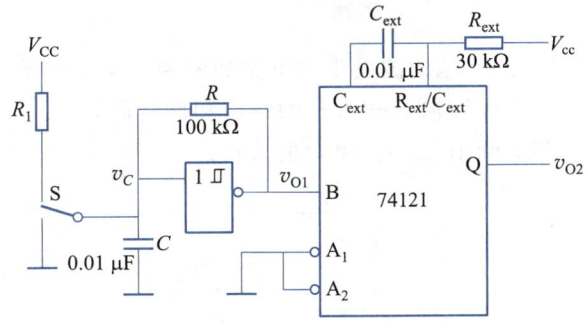

图题 7.5.3

7.6.2　电路如图题 7.6.2 所示，已知 V_I 为大于零的直流电压，A_1、A_2 为理想运放，电容 C 上的初始电压为零，当 v_{O2} 输出高电平时开关 S 闭合，当 v_{O2} 输出低电平时开关 S 断开。

（1）画出 v_{O1} 和 v_{O2} 的波形，标明电压的幅值；

（2）推导振荡频率与 V_I 的关系；

（3）说明电路的功能。

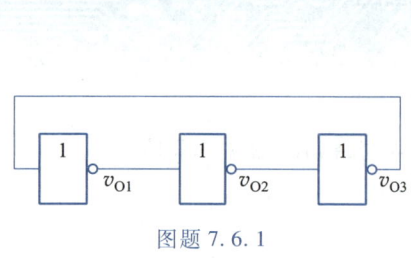

图题 7.6.1

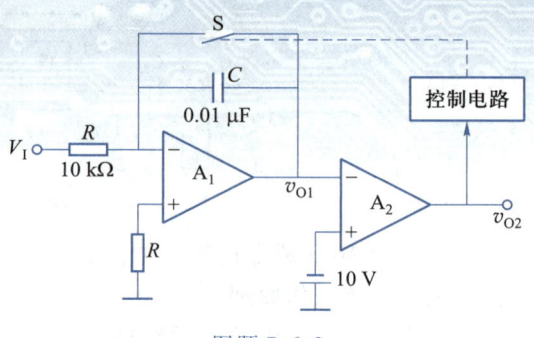

图题 7.6.2

7.7.1 在图题 7.7.1 所示的方波发生器中,设 A 为理想运放,试画出输出电压 v_O 和电容 C 上电压的波形,并计算振荡周期 T。

7.7.2 在图题 7.7.2 中,设 A 为理想运放,D_1、D_2 为理想二极管,试证明调节 R_P 改变占空比时,周期 T 保持不变。

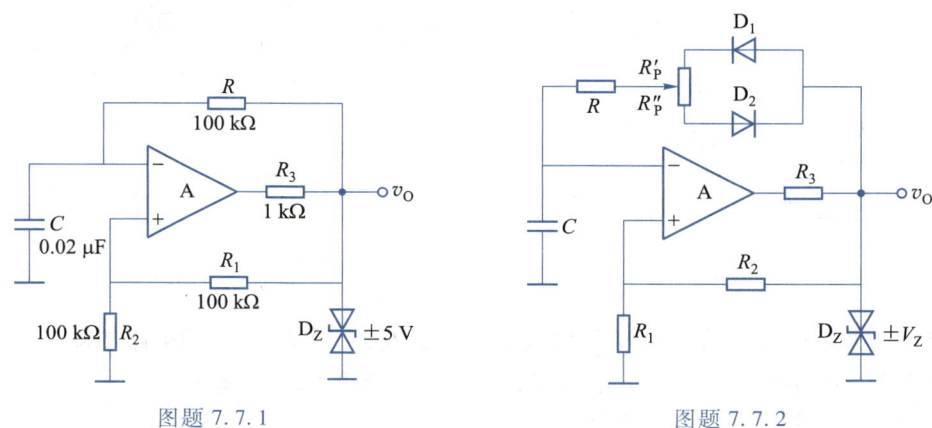

图题 7.7.1

图题 7.7.2

7.7.3 三角波发生器电路如图题 7.7.3 所示,其中 A_1、A_2、A_3 均为理想运放。

（1）计算输出电压 v_O 的幅值和振荡周期 T;

（2）画出 v_{O1}、v_{O2} 和 v_O 的波形。

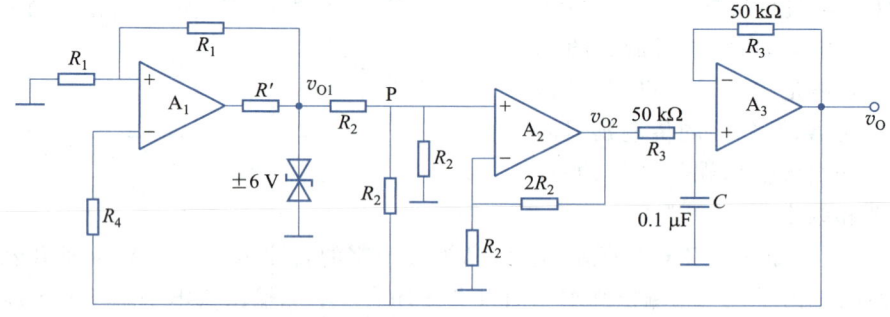

图题 7.7.3

7.7.4 电路如图题 7.7.4 所示,其中 A_1、A_2、A_3 均为理想运放,场效应管 T 为理想开关。

(1) 说明 A_1、A_2 组成电路的功能;

(2) 设 $t = 0$ 时 $v_{O1} = 6$ V,$v_{O2} = 4$ V,画出 v_{O1} 和 v_{O2} 的波形;

(3) 设场效应管的夹断电压 $V_{GS(off)} = -4$ V,画出 v_O 的波形。

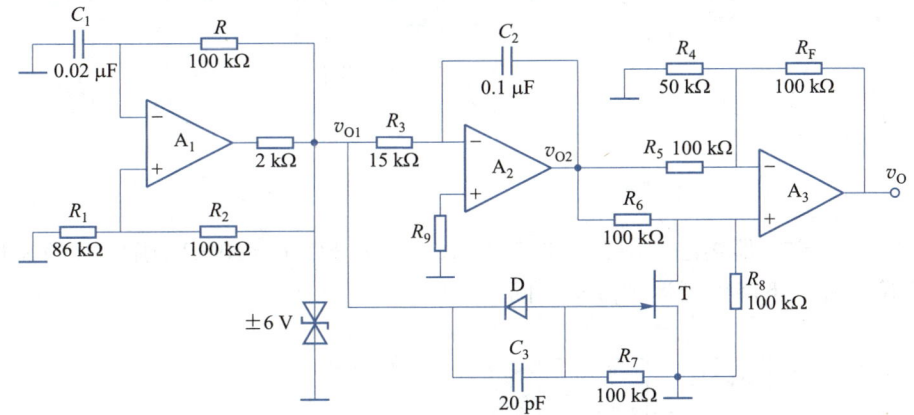

图题 7.7.4

7.7.5 图题 7.7.5 所示电路是一个锯齿波发生电路,其中 $-V$ 为恒定的负电压,电阻 $R' \ll R$。

(1) 分析电路的工作原理,画出 v_O 的波形;

(2) 若要求输出电压范围 $0 \sim V_m$,求 V_{REF} 和 V_m 之值;

(3) 计算扫描正程的时间;

(4) 说明如何调节锯齿波的频率。

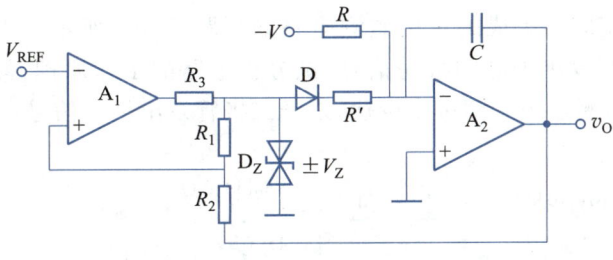

图题 7.7.5

7.8.1 555 定时器接成多谐振荡器如图题 7.8.1 所示,已知 $R_1 = 18$ kΩ,$R_2 = 56$ kΩ,$C = 0.022$ μF,试计算输出波形的周期和频率。

7.8.2 由 555 定时器构成的多谐振荡器如图题 7.8.2 所示,其输出波形的占空比取决于哪些参数?若要求占空比为 50%,应如何选择这些参数?

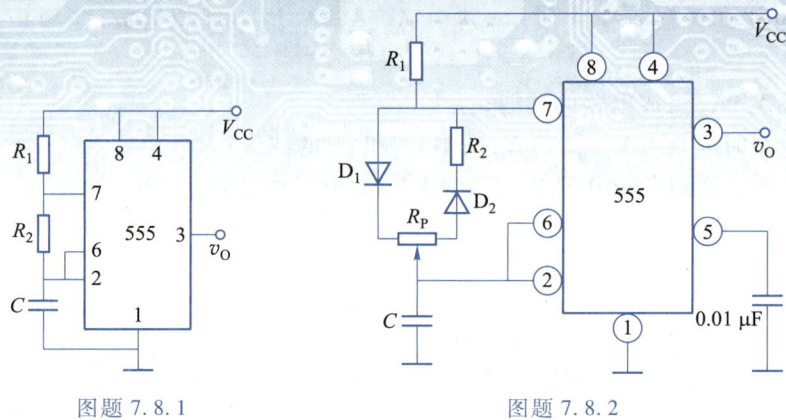

图题 7.8.1   图题 7.8.2

7.8.3　555 定时器接法如图题 7.8.3 所示，$R = 500$ kΩ，$C = 10$ μF，画出 v_O 的波形，并计算 v_O 的下降沿比 v_I 下降沿延迟了多长时间。

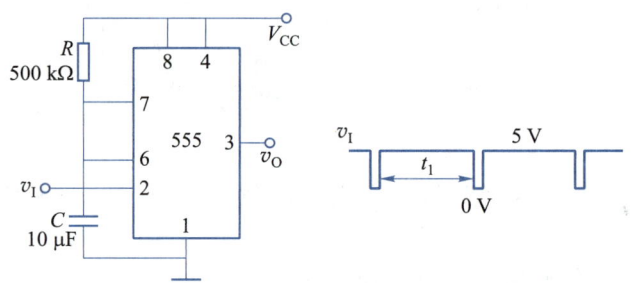

图题 7.8.3

7.8.4　用 555 定时器和适当的阻容元件，设计一个可调矩形波信号发生器，输出频率为 10~20 kHz。

7.8.5　用 555 定时器组成的过压监测电路如图题 7.8.5 所示。当被检测电压 v_x 超过一定值时，发光二极管发出闪烁的报警信号，试分析电路的工作原理；假设晶体管发射结导通电压为 0.7 V，被监测电压 v_x 超过多少伏，发光二极管发出报警信号？

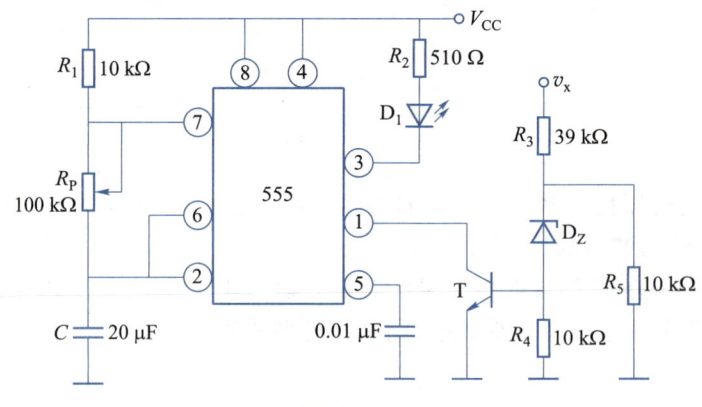

图题 7.8.5

7.8.6　某工程抢修车报警电路能产生"呜–呜"的声音,其主频率为 300 Hz,发声的持续和间断时间分别为 0.5 s 和 0.3 s,试用 555 定时器设计该电路。

7.8.7　分析图题 7.8.7 所示电路的组成和工作原理,当 $V_{CC} = 12$ V 时,555 定时器输出的高、低电平分别为 10.6 V 和 0.1 V,输出电阻小于 100 Ω,可以忽略不计。试计算扬声器发出声音的高、低频率及高、低音持续的时间。

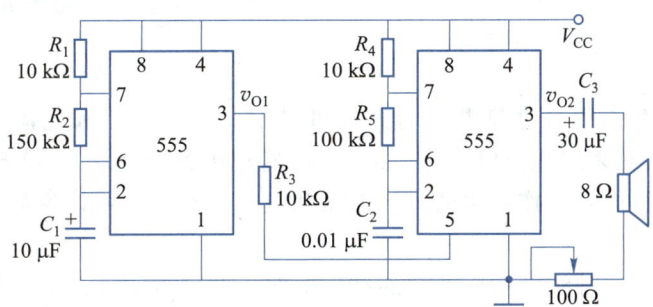

图题 7.8.7

第8章
直流稳压电源

多数电子电路都必须有直流电源为其提供稳定的直流电压和电流才能正常工作。然而,电能的传输通常是采用交流电形式(如我国家庭用电都是 220 V/50 Hz)完成,需要通过特定的电源才能获取电路工作所需的直流电压和电流。本章主要讨论如何将这一交流电压变为合适的直流电压。

图 8.0.1 所示为一种线性稳压电源的结构框图。图中电源变压器将输入的交流市电变为所需的低压(通常使用变压器),整流电路将交流电压变换成脉动的直流电压。但这一直流电压中通常具有较多的交流成分,还需要通过滤波电路将之滤除。最后通过稳压电路消除电网电压波动、温度变化、负载变化所带来的影响,向负载提供稳定的直流电压。为了保证异常情况下(如输出端短路、温度过高等)电路的安全,在稳压电路中还会增加各种保护功能。

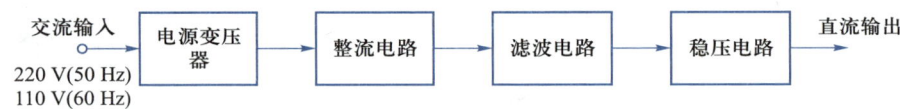

图 8.0.1　小功率线性电源

线性稳压电路具有结构简单、输出电压稳定、纹波小的优势,但其功率较小、效率低,在输入输出压降较大时尤其如此,这也带来了散热、体积、重量、成本等一系列问题。与之相比,开关电源具有很高的效率,可以不需要散热器,图 8.0.2 给出带有变压器的开关稳压电源(又称离线式开关电源)框图。

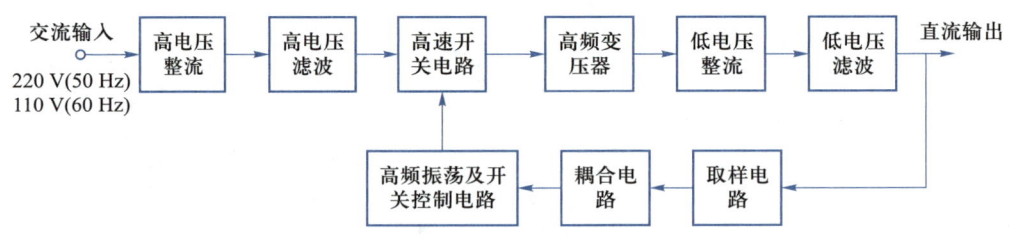

图 8.0.2　带有变压器的开关稳压电源框图

图中,高频变压器的体积远小于图 8.0.1 中的电源变压器(工频变压器),故电源体积可以做得很小,因此开关电源得到了极为广泛的应用(如各种数码设备的充电器)。开关稳压电源的类型较多,可以实现对输入直流电压的升压、降压、反相等功能,根据开关电路与输出之间是否隔离,又可以分为隔离与非隔离两种类型。

8.1

整流电路

第1章已经介绍过两种整流电路,其基本原理是利用二极管的单向导电性来将交流电变为直流电,电路分别如图8.1.1(a)、(b)所示。

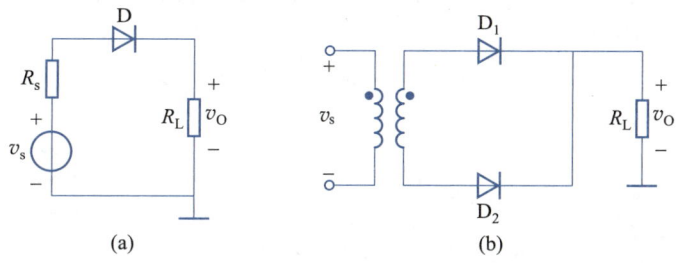

图 8.1.1 半波整流电路与全波整流电路示例

图8.1.1(a)图所示半波整流电路结构简单,但只有半周期会输出正弦波电压,损失了半周期的能量;图8.1.1(b)所示全波整流电路能够在电源正、负半周均输出正弦波,但要求变压器的二次侧具有中心抽头,故常常使用如图8.1.2(a)所示桥式整流电路。

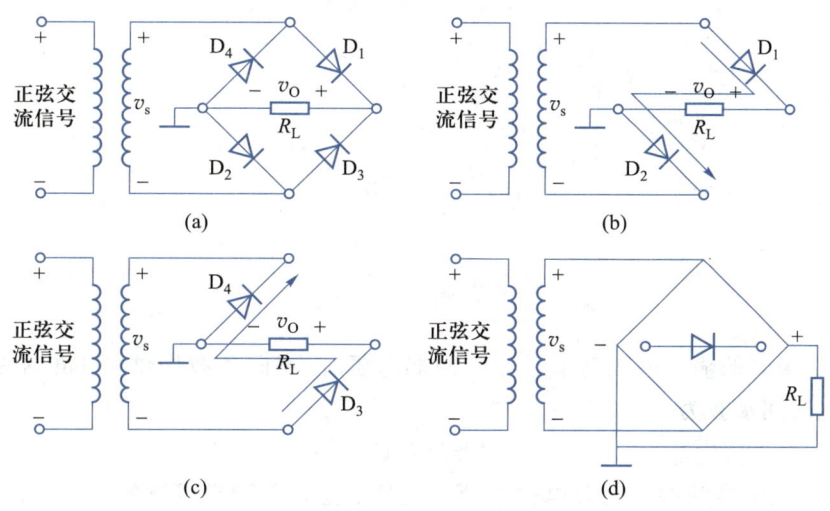

图 8.1.2 桥式整流电路

当输入信号为正半周时,D_1、D_2导通,D_3、D_4截止,回路中的电流方向如图8.1.2(b)所示;当输入信号为负半周时,D_1、D_2截止,D_3、D_4导通,回路中的电流方向如图8.1.2(c)所示。可见,流过负载R_L的电流方向始终不变,实现了全波整流。图8.1.2(d)所示为桥式整流电路的简化画法。

8.1.1 整流电路对整流二极管的导通电阻和截止电阻有什么要求？若不满足这一要求，对整流效果会产生什么影响？

8.1.2 设图 8.1.2 所示桥式整流电路的输入为正弦电压，试画出其输出电压波形。

8.1.3 当图 8.1.2 所示桥式整流电路中分别出现如下故障时，电路会出现什么现象（可以输入为正弦波进行分析）：（1）有一个二极管断路；（2）有一个二极管极性接反；（3）有一个二极管短路。

8.2
滤波电路

整流后的波形为脉动的直流电压，使用傅里叶级数分解，易知其中除了直流分量以外还包括各次谐波分量，这些谐波分量即为纹波。滤波电路可以滤除纹波，一般由电抗元件组成。图 8.2.1 中在桥式整流电路的输出端加上了电容 C，该电容和负载电阻 R_L 组成滤波电路。

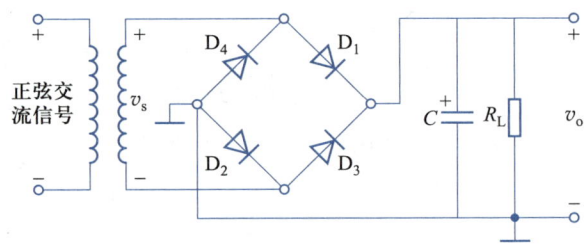

图 8.2.1　桥式整流、电容滤波电路

当整流二极管的输出电压高于电容 C 两端电压时，在向负载提供输出电流的同时给电容充电，充电时间常数为

$$\tau_1 = R'C \tag{8.2.1}$$

其中 R' 为从电容两端看出去电路中所有电阻（包括变压器次级的直流电阻、二极管的正向导通电阻、负载电阻等）的等效电阻。由于二极管的正向导通电阻很小，故充电时间常数极小，电容 C 两端的电压很快跟上输入电压的变化，如图 8.2.2 中 ab 段所示。

输入信号达到正弦波峰值后开始下降，当整流二极管的输出电压低于电容两端电压时，四个二极管均截止，此时电容 C 开始放电，放电时间常数为

$$\tau_2 = R''C \tag{8.2.2}$$

其中的 R'' 仍为电容两端看出去电路中所有电阻。但由于二极管截止时的电阻极大，故 $R'' \approx R_L$，放电常数相对较大，电容两端的电压按指数规律缓慢下降，如图 8.2.2 中 bc 段所示。

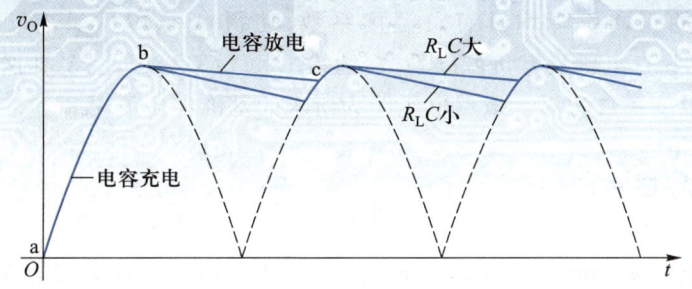

图 8.2.2　滤波后的波形

当输入信号的下一个周期来到时,再次对电容进行充电和放电操作,如此反复,使得输出电压得到了平滑,同时提高了输出电压的平均值。电阻与电容 C 的乘积越大,输出越平滑,输出电压的平均值也越大。因此,通常要求电容 C 的值很大,一般在千微法的量级,需要使用电解电容。

复习思考题

试分析图 8.2.1 所示电路中各整流二极管和滤波电容 C 中的电流波形,并通过仿真进行验证。

8.3
基准电压源

基准电压源可应用于电子电路中的许多场合,如稳压电源中的电压基准、传感器的稳定供电源或激励源、数模/模数转换(DA/AD)中的电压基准等。

8.3.1　稳压电路

第 1 章中介绍了稳压管及稳压电路,其电路如图 8.3.1 所示。

由于输出电流一般不能太大、动态电阻不够小等原因,在实际电路中并不直接将其作为电源输出,而是可以作为其他稳压电路的基准源而使用。此外,由于稳压二极管的温度特性,无法当作高精度基准源。

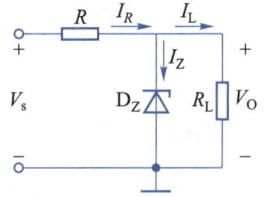

图 8.3.1　稳压管稳压电路

8.3.2　零温度系数基准电压源

图 8.3.2 所示电路由两条支路并联组成。其中 D_Z 为由恒流源激励的普通稳压二极管,其稳压值为 V_Z,V_Z 具有正温度系数,典型值为 +2 mV/℃。而晶体管 T 的发射结正向压降

V_{BE}和二极管 D_1 的正向压降均具有负温度系数,使得 A 点电压具有正温度系数,约为
$+6~mV/℃$。同理,B 点电压具有负温度系数,约为$-2~mV/℃$。因此,A、B 两点的串联电阻中
必有一点电压的温度系数为零。该点电压即为所求的基准电压值 V_{REF}。

8.3.3　带隙基准电压源

与带隙基准电压源(bandgap reference)相比,使用普通齐纳管构成的基准电压源存在两
个主要缺点:一是即使采用了温度补偿电路,其温度系数仍然很大;二是具有较大的噪声电
压。图 8.3.3 所示的带隙基准电压源利用 V_T(温度电压当量)所具有的正温度系数来抵消晶
体管发射结正向压降 V_{BE} 的负温度系数,从而得到高精度的基准电压源。

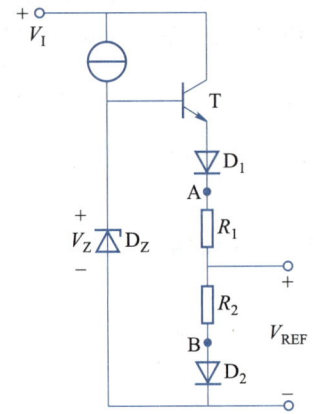
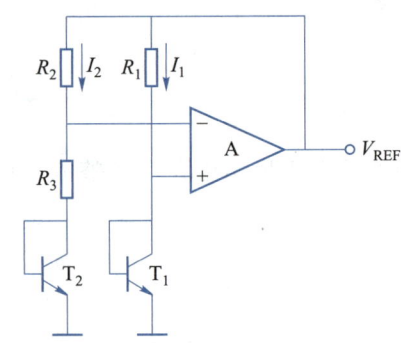

图 8.3.2　零温度系数电压基准电路　　　　图 8.3.3　带隙基准电压电路

图中运放同时加有正、负反馈,可适当选择电路元件使之工作在深度负反馈状态下,从
而可以使用虚短路、虚开路进行分析。易知

$$I_1 R_1 = I_2 R_2 \tag{8.3.1}$$

若晶体管 T_1、T_2 特性相同,则有

$$\Delta V_{BE} = V_{BE1} - V_{BE2} = V_T \ln\left(\frac{I_1}{I_2}\right) = V_T \ln\left(\frac{R_2}{R_1}\right) \tag{8.3.2}$$

又由于 ΔV_{BE} 为电阻 R_3 两端压降,即

$$\Delta V_{BE} = I_2 R_3 = \frac{I_1 R_1}{R_2} R_3 \tag{8.3.3}$$

故输出电压

$$V_{REF} = V_{BE1} + I_1 R_1 = V_{BE1} + V_T \frac{R_2}{R_3} \ln\left(\frac{R_2}{R_1}\right) \tag{8.3.4}$$

将(8.3.4)式对温度求偏导,即可得到满足零温度系数的条件为

$$\frac{\partial V_{REF}}{\partial t} = \frac{\partial V_{BE1}}{\partial t} + \frac{k}{q} \frac{R_2}{R_3} \ln\left(\frac{R_2}{R_1}\right) = 0 \tag{8.3.5}$$

V_{BE}的温度系数约为$-2~mV/℃$,波耳兹曼常数 $k = 1.38 \times 10^{-23}~J/K$,单位电荷 $q = 1.6 \times 10^{-19}$

C,代入至式(8.3.5)可得条件为

$$\frac{R_2}{R_3}\ln\left(\frac{R_2}{R_1}\right) = 23.25 \tag{8.3.6}$$

式中的电阻本身对温度敏感,但由于温度对称性好,故比值几乎与温度无关。在室温下,当满足式(8.3.6)时,输出电压 $V_{REF} \approx 1.26$ V。

8.4
串联线性稳压电路

图 8.0.1 所示的最后一部分为稳压电路,该电路对经过整流、滤波后的信号进行处理,向负载提供具有稳定电压值(和额定功率)的信号。当输入电压、负载电流、温度等发生变化时,稳压电路输出的电压也会发生变化,这也是电路设计时需要考虑并解决的问题。

本小节及下一小节主要介绍线性稳压电源与开关电源,两种方法均能实现稳压功能,但又各有特点,在实际电路中也可能将之级联应用。

8.4.1　稳压电路的技术指标

稳压电路的技术指标主要有如下几个参数:

(1)额定输出电压 V_O:电源输出的直流电压值,可变电源为某个范围值。

(2)最大输出电流 I_M:电源在额定输出电压 V_O 时所能提供的最大输出电流,有时也用最大输出功率 P_M 来表示。

(3)纹波系数:电源输出电压所含有的基波分量的峰值与输出直流电压之比,它反映了输出电压的稳定程度。

(4)电源效率 η:输出总功率与输入总功率之比,该指标越大则稳压电路自身所消耗的功率越小。

(5)稳压系数 S:用于衡量由于输入电压变化而引起输出电压变化的程度,其表达式为

$$S = \frac{\dfrac{\Delta V_O}{V_O}}{\dfrac{\Delta V_I}{V_I}} = \frac{\Delta V_O}{\Delta V_I} \cdot \frac{V_I}{V_O} \tag{8.4.1}$$

(6)输出电阻(等效内阻)r_n:输出电压变化量和负载电流变化量之比,即:

$$r_n = \frac{\Delta V_O}{\Delta I} \tag{8.4.2}$$

输出电阻反映负载变化时输出电压维持恒定的能力,其值越小越好。

(7)电压调整率(line regulation):保持负载不变,输入电压在额定范围内变化时引起的输出电压绝对变化量 ΔV_O 或相对变化量 $\dfrac{\Delta V_O}{V_O} \times 100\% \Big|_{\Delta I_O = 0, \Delta T^{\circ}C = 0}$。

（8）电流调整率（load regulation）：保持输入电压不变，负载电流在指定范围内变化时输出电压的绝对变化量 ΔV_0 或相对变化量 $\dfrac{\Delta V_0}{V_0} \times 100\% \Big|_{\Delta V_1 = 0, \Delta T^{\circ}C = 0}$。

（9）电源纹波抑制比（PSRR，power supply rejection ratio）：其定义为电源电压纹波与输出电压纹波之比，常用 dB 表示，可用于衡量电路对电源噪声抑制能力。通常产品手册中会给出在几个频率处的 PSRR，在高频时这一能力会减弱。

8.4.2　串联型线性稳压电路的工作原理

图 8.4.1(a) 所示为串联型线性稳压电路的结构框图，图(b) 为一原理性样例。

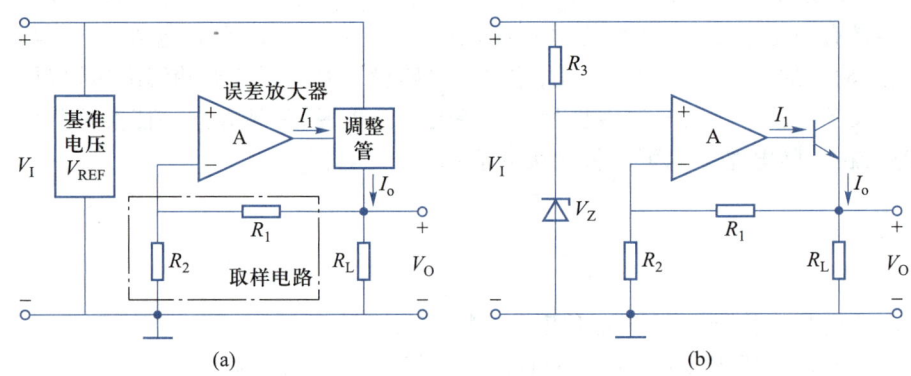

图 8.4.1　串联型线性稳压电路的结构框图和样例

图 8.4.1(a) 中，误差放大器的输出驱动调整管，调整管向负载提供输出电压。R_1 和 R_2 构成取样电路，将 V_0 的变化送至误差放大器的反相输入端，从而引入了电压串联负反馈。

当输出电压 V_0 发生变化时，取样信号也随之变化；由于基准电压基本不变，放大后的误差信号将驱动调整管使得输出电压向相反的方向变化，即基本保持恒定。由电压取样负反馈电路的特性可得，在满足深度负反馈条件时，该电路的输出电阻近似为 0，可以认为是理想电压源，易知其输出电压

$$V_O = \left(1 + \frac{R_1}{R_2}\right) V_{REF} \tag{8.4.3}$$

图 8.4.1(b) 所示电路实际上是通过调节调整管的压降来保证输出电压稳定性的，这也是调整管得名的原因。由于输入电压 V_1、调整管、负载 R_L 三者串联，故命名为串联型电路。此外，调整管应采用大功率管以提供大的输出电流；图 8.4.1(b) 采用一个 NPN 型晶体管作为调整管，在实际电路中也可以使用复合管以提供更大的驱动能力。

为了增强芯片性能、保护芯片在极限情况下不受到损害，在实际芯片中还包含多种辅助电路，如限流电路、短路保护电路、过温保护电路等，感兴趣的同学可以自己查看相关资料。

8.4.3　低压差稳压电路

在传统的串联型线性稳压电路中,调整管工作在线性放大状态,输入与输出之间的电压差由晶体管的集电极与发射极承担。为了保证输出电压稳定且可调,当使用 NPN 管作为调整管时这一压差通常要大于 2 V,从而导致调整管功耗较大,电源效率较低。此外,随着电路技术的发展,有时需要稳压器的输入输出压差低至几十毫伏(在便携式电子设备中尤其如此)。因此,低压差稳压电路(low dropout regulator,LDO)应运而生。

早期的 LDO 芯片主要采用晶体管工艺,目前的主流芯片以 PMOS 作为功率器件并利用 CMOS 器件搭建误差放大器,图 8.4.2(a)、(b)分别为采用 PMOS 和 NMOS 的电路框图。

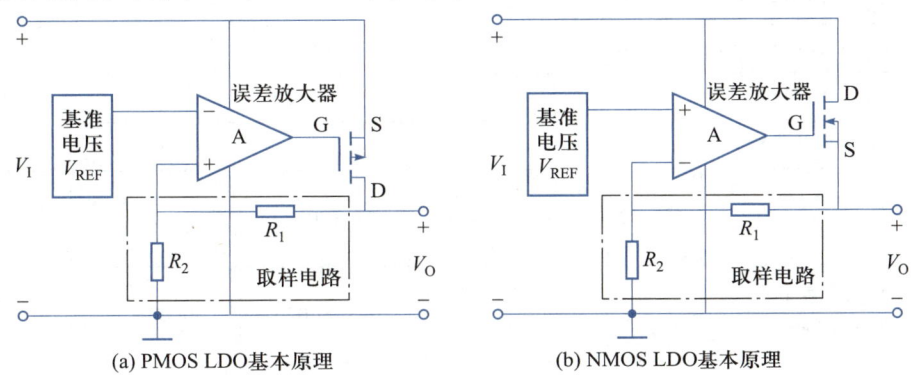

(a) PMOS LDO基本原理　　　　(b) NMOS LDO基本原理

图 8.4.2　MOS LDO 基本电路

图中,MOS 管均工作于饱和区,分析可知电路仍然处于负反馈状态,故仍可用式(8.4.3)计算输出电压。需要注意的是,当采用 PMOS 管作为调整管时,输出级是一个共源放大器结构,能为反馈环路提供增益;同时,LDO 的压差等于 PMOS 的漏源电压 V_{DS},当 PMOS 在饱和区工作时仅需很小的 V_{DS} 就可产生足够的输出电流。反之,若采用 NMOS 管,则输出级是源极跟随器,无法为反馈环路提供增益;且 LDO 的压差等于 NMOS 的栅源电压 V_{GS},则为了保证 NMOS 管工作在饱和区,需要 $V_{GS} \geqslant V_{TH}$,从而难以获得较低的压差。

8.4.4　线性稳压芯片实例

在实际应用时,通常将基准电压、误差放大器、调整管、取样电路及其他辅助电路集成在一个芯片内,仅需在外部再搭配很少量的器件即可得到所需的稳定电压输出。

1. 集成线性稳压芯片简介及示例

线性稳压芯片种类多样,根据应用场景的不同,其参数值也有着不同侧重点。例如侧重提供高功率密度(power density)的 LDO 芯片物理尺寸小、自身功耗低、温度性能好;侧重提供低静态电流(low quiescent current)的 LDO 芯片能够最大化使用电池作为电源的设备的待机时间和运行时间;侧重提供低噪声(low noise)和高精度(high precision)的 LDO 芯片能够满足高性能模数转换器(ADC)的需求或者和下一小节将要讲到的开关电源配合使用。

表 8.4.1 所示为几款集成稳压器及其主要功能指标(未做特别说明时均指典型值),详

情可参阅其数据手册。

表 8.4.1

型号		LM78XX 系列（固定输出，注 1）	TPS7A54（可调输出）	TPS7A02 系列（固定输出，注 2）	TPS7A20 系列（固定输出，注 3）	TPS7A91（可调输出）
输入电压 V_{IN}/V		7.5~30	1.1~6.5	1.5~6	1.6~6	1.4~6.5
输出电压 V_{OUT}/V		5~15	0.8~5.15	0.8~5	0.8~5.5	0.8~5.2
最小输入输出电压差/mV		2 000	85	205	140	130
电压调整率	$\Delta V_o/(mV/V)$	3	0.03	5（最大值）		
	$S_v(\%/V)$				0.03	0.005
负载调整率	$\Delta V_o/(mV/A)$	10	0.07	20	19	
	$S_1(\%/A)$					0.02
最大输出电流 I_0/A		1.5	4	0.2	0.3	1
噪声电压均方根 Noise/μVrms		40	4.4	130	7	4.7
静态工作电流 Iq（典型值）/mA		6	2.8	0.000 025	0.006 5	2.1
电源纹波抑制比（PSRR）@ 100 kHz(dB)		48	21	35	60	48

注 1：LM78XX 系列均为固定输出，根据 XX 的取值不同可分别输出 5 V、12 V、15 V 等电压。与之对应的 LM79XX 系列输出均为负电压。

注 2：TPS7A02 系列可选的输出电压有 1，1.2，1.5，1.75，1.8，1.85，2，2.2，2.3，2.5，2.8，3，3.1，3.3，3.6。

注 3：TPS7A20 系列可选的输出电压有 0.9，1.05，1.1，1.2，1.5，1.8，1.825，1.85，2，2.2，2.4，2.5，2.7，2.8，2.85，2.9，3，3.1，3.2，3.3，3.6，4，4.2，4.5，5，5.5。

在使用集成稳压芯片时，需要注意散热以保证系统能正常工作。根据芯片的封装不同，可以采用加大焊盘或加装散热器的方案；在加装散热器时还应注意选择好的导热材料，如硅胶片、硅凝胶、导热片等。

2. 固定式三端稳压器 78××

三端稳压器诞生于 20 世纪 70 年代末 80 年代初，是指只有输入端、输出端和公共端三个端子的集成稳压器，其问世极大地简化了电源的设计并方便了使用，是集成电源的一大革命。78××系列、79××系列由美国仙童公司发明，得到广泛的应用，成为世界通用芯片，各大半导体公司几乎都生产，我国也制定了 CW7805 等标准。即使到了现代，出现众多性能更优的芯片，该系列仍然是常用芯片之一。以 TI 公司的 μA78XX 系列为例，有 μA7805、μA7808、μA7810、μA7812、μA7815、μA7824 等型号，分别输出 5 V、8 V、10 V、12 V、15 V、24 V。

图 8.4.3 所示为 μA78××典型应用示例。

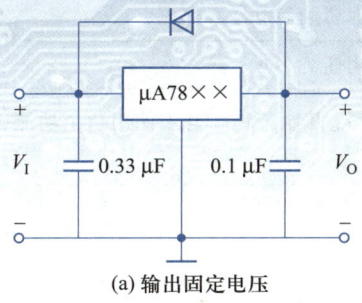

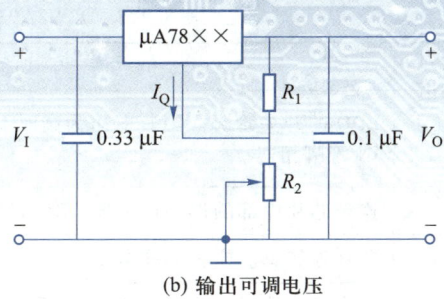

(a) 输出固定电压   (b) 输出可调电压

图 8.4.3   μA78××典型应用示例电路

图 8.4.3(a)中,芯片输出固定电压,输入端电容用于滤除输入信号的噪声,输出端电容用于稳定输出电压。二极管起反偏保护作用,当前级电源突然掉电或短路时,为输出端电容提供放电通道,从而在放电过程中输入端与输出端之间没有高电压存在,以免芯片内部的调整管被反向击穿而损坏。

图 8.4.3(b)中,芯片的输出端与参考端(非地节点)之间输出额定的固定电压 V_{xx},在电阻 R_1 上产生相应电流;同时,芯片自身存在静态工作电流 I_Q(该值一般较小,可通过查阅芯片手册获得具体值)。这两个电流一起流过电阻 R_2,因此输出电压

$$V_O = V_{xx} + \left(\frac{V_{xx}}{R_1} + I_Q \right) R_2 \tag{8.4.4}$$

通过改变可变电阻 R_2 的大小即可调整输出电压。

此外,还可用固定式三端稳压器实现恒流输出,读者可自行查阅相关文献。

3. 输出电压可调整的线性稳压电源

除输出固定电压的型号以外,三端稳压器中也有能输出可调电压的型号,如 LM117、LM137、LM317 等,其基本使用方法与图 8.4.3(b)类似。此外,随着芯片技术的发展、应用场景的拓展,对稳压电源的要求也不断提高。为了满足多种场景、多种性能要求,集成稳压电源芯片的管脚数也有所增加,使用起来略微复杂一些。

以 TPS7A91 为例,这是一款低噪声、高电源电压抑制比、输出电压可调的 LDO,能够为许多对电源噪声敏感的低电压模拟器件(如数模转换器/模数转换器、时钟芯片等)供电,其部分参数参见表 8.4.1。

图 8.4.4 为 TPS7A91 的典型电路,表 8.4.2 为其各管脚功能简介。

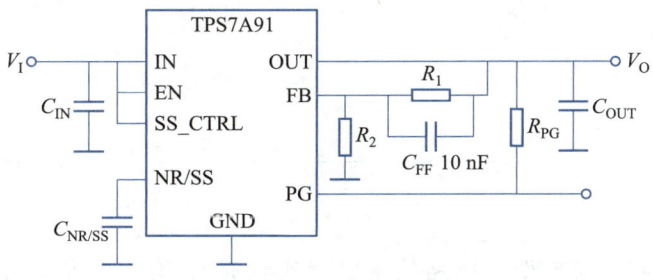

图 8.4.4   TPS7A91 典型电路

表 8.4.2 TPS7A91 各管脚功能简介

管脚名	功能及使用注意事项
EN	LDO 的开关管脚。当其电压为高时 LDO 使能,开始工作。若不使用这个功能,应将其与 IN 管脚相连
FB	连至芯片内部的误差放大器,用于设置芯片的输出电压
GND	芯片地管脚。应将其连接至导热焊盘
IN	输入电压管脚。C_{IN} 应选用不低于 10 μF 的陶瓷电容
NR/SS	减噪管脚。连接外部电容后可以旁路内部带隙基准电压源所产生的噪声,从而将输出电压的噪声减至极低
OUT	稳压后的输出。C_{OUT} 应选用不低于 10 μF 的陶瓷电容
PG	用于指示 LDO 输出电压是否正常,可用来控制相关芯片的工作状态,应通过 −10 ~ 100 kΩ 的外部电阻上拉至电源
SS_CTRL	软启动控制管脚,将其连接至 GND 或 IN 管脚来改变 NR/SS 管脚电容的充电电流。若 NR/SS 管脚没有接电容,应将本管脚接至地以避免过冲
Thermal PAD	导热焊盘,应连至印刷电路板的地平面

在设计电路时,可以使用式(8.4.5)来计算 R_1、R_2 的阻值:

$$R_1 = R_2\left(\frac{V_{OUT}}{V_{REF}} - 1\right), \text{且} \frac{|V_{REF(MAX)}|}{R_2} > 5\mu A \tag{8.4.5}$$

其中 V_{REF} 为内部参考电压,其值等于 0.8 V。

复习思考题

8.4.1 请复述线性稳压电路的结构和工作原理,并说明各部分的作用。

8.4.2 某集成三端稳压器的输入电压为 7.5 V,输出电压为 5 V,则该稳压电路的效率约为多少? 与仿真软件(可以使用 7805)的结果一致吗? 不一致的原因是什么?

8.4.3 请自行查找一个线性稳压器(LDO)的数据手册,观察除课本所述之外还有哪些参数。

8.5
开关稳压电路

传统的线性串联反馈式稳压电路技术已经比较成熟,有大量集成化芯片,其稳定性能好、输入纹波电压小、性能可靠。但为保证其中的调整管工作在放大(对于场效应管来说为饱和)状态,输入输出间要有一定的压差,故负载电流较大时电源效率较低(一般为 40% ~

60%），应采取相应的散热措施（小功率时通过焊盘散热，大功率时通过散热器甚至机壳散热）。而且，这类电源通常需要体积大且笨重的工频电源变压器进行隔离。这将导致整体电路体积较大而笨重，即使是 LDO 在电压输入范围较宽时也将失去其用武之地。

与之相反，开关稳压电路采用功率半导体器件作为开关（晶体管的饱和和截止状态，场效应管的可变电阻和截止状态），因此其电源效率大大提高，对散热的要求降低。此外，开关稳压电路通过控制开关的占空比调整输出电压，开关的工作频率可达几十千甚至上兆赫兹，可以使用体积很小的高频变压器降压，电路中的滤波电容、电感数值也较小。因此，开关电源的体积小、重量轻，目前广泛应用于各类电子设备中。

需要注意的是，开关电源的输出电压中所含纹波一般较大，无法直接应用于某些对电源稳定度要求较高的场合（例如模数转换、数模转换等），此时可以采用在开关电源后级联 LDO 的方案。

图 8.0.2 中已经给出开关稳压电源的组成框图，其中的主要组成部分为完成直流变压任务的高速开关电路，也就是 DC-DC 变换器。本小节首先讲解 Buck、Boost、Buck-Boost 和 Ćuk 等几种主要 DC-DC 变换器的工作原理，然后介绍带有变压器的开关稳压电路，最后介绍若干实际芯片及电路。

8.5.1 Buck 变换器

Buck 变换器又被称为降压变换器、串联开关稳压电源，图 8.5.1 所示为其电路图。图中 V_I 为经过整流、滤波处理后的直流电压；T 为开关管，其工作状态受到基极电压 v_B 的控制；D 为工作在开关状态的续流二极管，其状态与 T 互补；L、C 构成滤波电路，同时也起到储存和释放能量的作用；转换后的输出电压 V_O 送给负载 R_L，其电流为 i_O。

Buck 变换器的工作原理

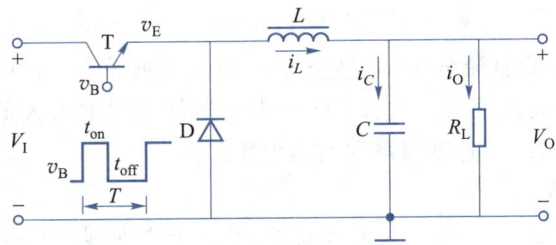

图 8.5.1　Buck 变换器电路图

下面说明其工作过程：

（1）当 v_B 为高电平时 T 饱和导通，忽略管的饱和压降，可得其发射极电位 $v_E \approx V_I$。此时二极管 D 截止，电感 L 两端的电压极性为左正右负。由于电感电流不能突变，故 i_L 逐渐增大，电感储能逐渐增加。

（2）当 v_B 为低电平时 T 截止，由于电感电流不能突变，故在电感两端产生感生电动势，其极性为右正左负，使得 D 导通（$v_E = -V_D$），从而提供了电流 i_L 的通路（这也是 D 被称为续流二极管的原因）。由于电路中此时没有外部源激励，电感放电，i_L 电流逐渐减小。

（3）在以上两个过程中，当 $i_L < i_O$ 时电容放电，输出电压 V_O 下降；当 $i_L > i_O$ 时电容充电，

输出电压 V_O 上升。由于开关在不停地通断,故电源 V_I 所提供的电流也是方波,但负载电流 i_O 及电压 V_O 在电感 L、二极管 D 和电容 C 的作用下是近似平稳和连续的。

（4）若在周期开始开关管由截止转为导通时电感电流非零,这种模式被称为电流连续模式（continuous-conduction mode, CCM）,反之则被称为断续电流模式（discontinuous-conduction mode, DCM）。图 8.5.2 给出了电流连续模式下 v_E、i_L、i_C、i_O 和 V_O 的波形示意图。

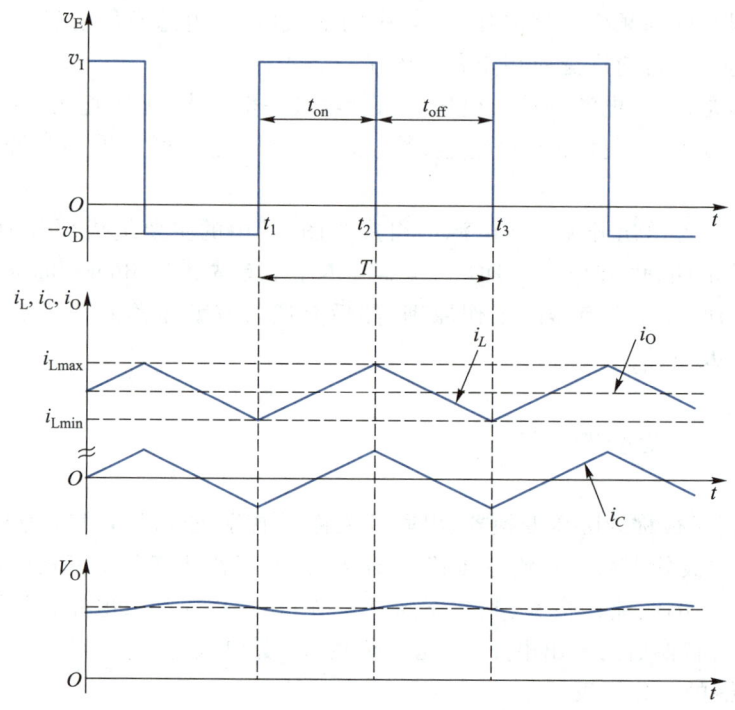

图 8.5.2　Buck 变换器 v_E、i_L、i_C、i_O 和 V_O 的波形图

也可将 v_E 展开后得到直流分量、基波分量和高次谐波分量,而 V_O 为经 LC 电路滤波后得到的直流分量。当开关频率较高时,LC 电路中元器件无需取太大值即可满足截止频率远低于基波信号频率的要求,在输出端得到所需电压。

Buck 变换器的参数

Buck 变换器包含开关管 T 和续流二极管 D,是一个强非线性电路;另外一方面,电路中含有能量传输电感 L 和输出滤波电容 C,是一个二阶动态电路。因此,要想对其工作过程进行完整分析是较为复杂的。为简单起见,本节在假定电路符合如下条件的基础上进行简化分析,该过程也适用于其他几种基本结构:

（1）开关管 D 和续流二极管 D 均为理想开关。

（2）直流输入电压 V_I、输出电压 V_O 均为恒定值。

（3）电感的数值足够大且无内阻,在一个周期内电流连续。

（4）忽略变换器自身的功率损耗。

（5）变换器已达稳态,即电感 L 和电容 C 在一个周期内的能量总变化为 0。

此时可以仅将电感 L 的电流当作状态变量,不再关注电容 C 的电压。

下面对 CCM 模式下输出电压 V_O 的值进行简单分析。当开关导通时,电感电流线性上升,忽略晶体管的导通压降后可知其增量为

$$\Delta i_{L1} = \int_{t_1}^{t_2} \frac{V_I - V_O}{L} dt = \frac{V_I - V_O}{L} \times t_{on} \tag{8.5.1}$$

当开关截止时,电感电流线性下降,忽略二极管 D 的导通压降后可知其增量为

$$\Delta i_{L2} = -\int_{t_2}^{t_3} \frac{V_O}{L} dt = -\frac{V_O}{L} \times t_{off} \tag{8.5.2}$$

由于稳态时这两个电流增量的值相等,即 $|\Delta i_{L1}| = |\Delta i_{L2}|$[①],所以

$$\frac{V_I - V_O}{L} \times t_{on} = -\frac{V_O}{L} \times t_{off} \tag{8.5.3}$$

令占空比 $D = \dfrac{t_{on}}{t_{on} + t_{off}} = \dfrac{t_{on}}{T}$,代入上式并整理,可得

$$V_O = V_I \frac{t_{on}}{t_{on} + t_{off}} = V_I \frac{t_{on}}{T} = V_I \times D \tag{8.5.4}$$

此外,若令电容充放电所产生的输出电压变化为纹波电压 ΔV_O,推导可得

$$\Delta V_O = \frac{V_O t_{off} T}{8LC} = \frac{V_O T^2}{8LC}\left(1 - \frac{V_O}{V_I}\right) \tag{8.5.5}$$

可见增大 L、C 的取值或降低开关的工作周期(即提高其工作频率)均可减少纹波电压的大小,这也是当前开关频率越来越高的原因(已经可达上兆赫兹)。

稳压的实现

由式(8.5.4)可以看出,输出电压的大小受到基极电压 v_B 占空比的控制,可以通过负反馈来调整占空比,并进而调整 V_O,从而实现稳压。在图 8.5.1 基础上增加反馈控制电路和取样电路,构成了图 8.5.3 所示的串联型开关稳压电路。取样电路从输出信号处获得反馈信号 v_F,误差放大器将 v_F 与基准电压 V_{REF} 进行比较并放大后得到控制信号 v_A。比较器将 v_A 与三角波 v_T 比较,得到一矩形波,再去控制开关管 T;由于 v_A 连接至比较器的同相输入端,矩形波的占空比与 v_A 正相关。当输出电压 V_O 增加时,反馈信号随之增大,经误差放大器后使 v_A 减小,并降低了 v_B 的占空比,最终限制了 V_O 的增加,达到稳压的目的。同理,若输出电压减小,则 v_A 增大,v_B 的占空比增加,从而限制 V_O 的减小。

图 8.5.4 给出了误差信号 v_A 大小变化时所产生的 v_B 波形示意。

当电路正常工作时,由于负反馈的作用,v_F 能始终跟踪 V_{REF},由虚短路和虚开路可得 $v_F = \dfrac{R_2}{R_1 + R_2} V_O = V_{REF}$,从而输出电压

$$V_O = \left(1 + \frac{R_1}{R_2}\right) V_{REF} \tag{8.5.6}$$

---

① 此即电感伏秒平衡定律。

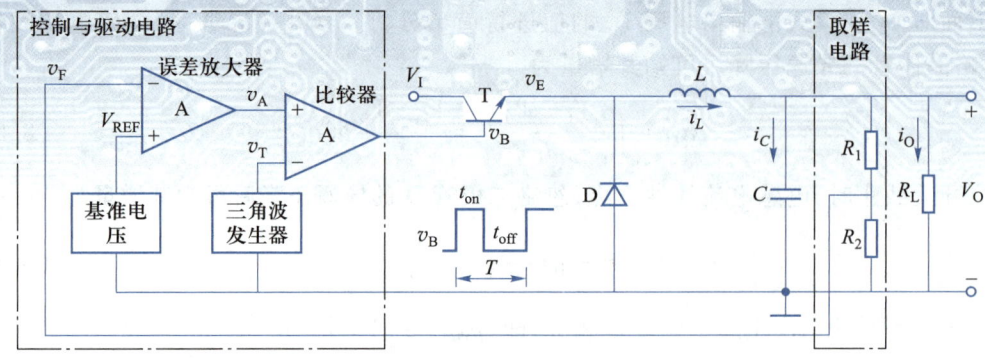

图 8.5.3 Buck 型 DC-DC 稳压电路原理图

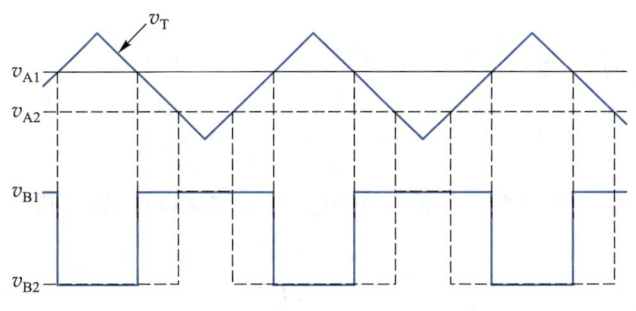

图 8.5.4 不同 v_A 所产生的 v_B

8.5.2 Boost、Buck-Boost、Cuk 变换器的基本拓扑结构

现在介绍三种其他变换器的基本拓扑结构,其稳压原理与串联型基本相同,此处不再赘述。

Boost 变换器的基本拓扑结构

Boost 变换器又称为升压变换器、并联开关电路,图 8.5.5 给出其基本拓扑结构。

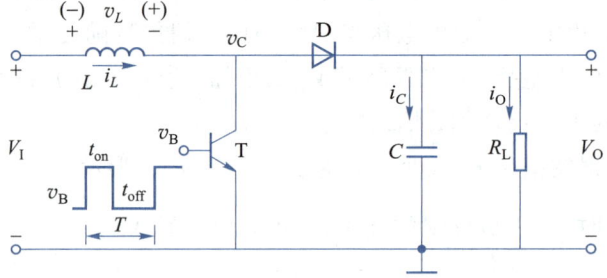

图 8.5.5 Boost 电路结构图

在并联型(Boost)DC/DC 拓扑结构中,当 v_B 为高电平时 T 饱和导通,电感充电,电流线性增加;与此同时,二极管 D 截止,电容 C 向负载提供电流,维持输出电压不变。当 v_B 为低电平时 T 截止,由于电流不能突变,电感上产生左负右正的自感电动势(如图中括号内标注),使得二极管 D 导通,此时输入电压与电感电压一起向负载提供电流,并给电容 C 充电。

若忽略二极管 D 的导通压降,则当开关截止时,输出电压 $V_O = V_1 + v_L > V_1$,因此该电路被称为升压型电路。

推导可得,在电流连续模式下,输出电压 $V_O = \dfrac{1}{1-D}$,其中 D 为占空比。

Buck–Boost 变换器的基本拓扑结构

Buck–Boost 变换器又称为降压–升压变换器、极性反转型变换器,其输出电压与输入电压极性相反,可能大于也可能小于输入电压,图 8.5.6 给出其基本拓扑结构。

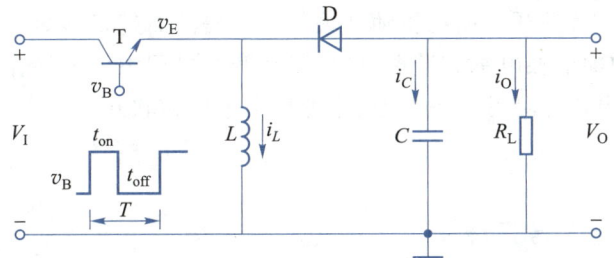

图 8.5.6　Buck–Boost 电路结构图

Buck–Boost 电路与 Boost 电路类似,当 v_B 为高电平时 T 饱和导通,二极管 D 截止,输入电压给电感充电,电容 C 向负载提供电流。当 v_B 为低电平时 T 截止,在电感两端产生下正上负的自感电动势,使得二极管 D 导通,电感向负载提供电流的同时给电容充电。易知,输出电压的极性与输入电压相反,所以被称为极性反转型电路。通过改变开关信号的占空比,输出电压既可以低于也可以高于输入电压。

推导可得,在电流连续模式下,输出电压 $V_O = \dfrac{t_{on}}{t_{off}}$。

Ćuk 变换器的基本拓扑结构

Ćuk 变换器又称为 Boost–Buck 变换器,图 8.5.7 给出其基本拓扑结构。

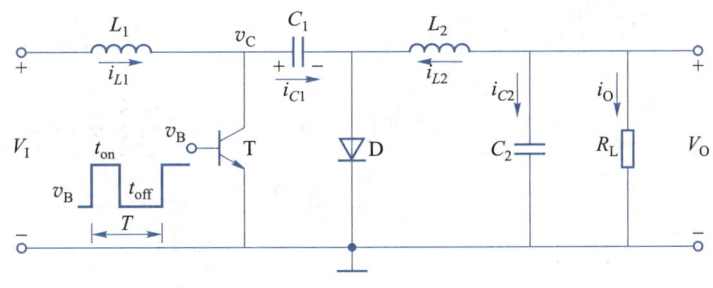

图 8.5.7　Ćuk 电路结构图

当 v_B 为高电平时 T 饱和导通,将输入、输出环路闭合,二极管 D 反偏截止;此时输入电流 i_{L1} 给电感 L_1 充电,电容 C_1 的放电电流给电感 L_2 充电并向负载供电。当 v_B 为低电平时 T 截止,二极管 D 正偏导通,同样将输入、输出环路闭合;此时,电源输入和 L_1 的释能电流向电容 C_1 充电,同时 L_2 的释能电流向负载供电。

可见,本电路在整个周期内都从输入向输出传递功率,只要两个电感(L_1、L_2)及耦合电

容 C_1 足够大，即可在两个电感上获得基本恒定的电流。由于在 t_{on} 期间电流 i_{L1} 向 C_1 充电，在 t_{off} 期间 C_1 向负载供电，因此电容 C_1 是负责能量传递的元件；与之相对应，在 Buck、Boost、Buck-Boost 电路中，电感是传递能量的元件。

推导可得，在电流连续模式下，输出电压 $V_O = \dfrac{t_{on}}{t_{off}}$，与 Buck-Boost 表达式相同。

需要注意的是，在分析这些电路时，均假设开关的导通与截止是瞬时发生的，没有功率损耗，将其称为硬开关。但在实际电路中，由于开关过程电流电压均不为零，故会产生一定的开关损耗和开关噪声，且开关损耗将随开关频率的提高而越发显著。为了解决这一问题，可在硬开关电路中增加谐振电感和谐振电容，以在开关过程中引入谐振来消除电压、电流的重叠，从而消除开关损耗并降低开关噪声，这种技术被称为软开关技术。

8.5.3　带有变压器的开关稳压电路

在工程实际中，一般不会通过 DC-DC 变换器直接将电网交流电压整流滤波后的直流电压（300 多伏）变换成直流电压（几伏），原因有如下几点：

（1）电路高、低压部分没有隔离，存在极大的安全隐患。

（2）由输入输出电压关系可知此时需要控制信号有极小的占空比，对器件性能要求较高。

（3）无法实现单路输入多路输出。

因此，实际上普遍采用带有隔离变压器的开关稳压电路。将隔离变压器插入至基本变换器的不同位置，可以形成不同类型的电路，图 8.0.2 所给的是其中一种。图 8.5.8 给出了比较典型的带有隔离变压器的 DC-DC 变换器电路，其中（a）为正激式电路，（b）为反激式电路（有些文献中也称为回扫式）。

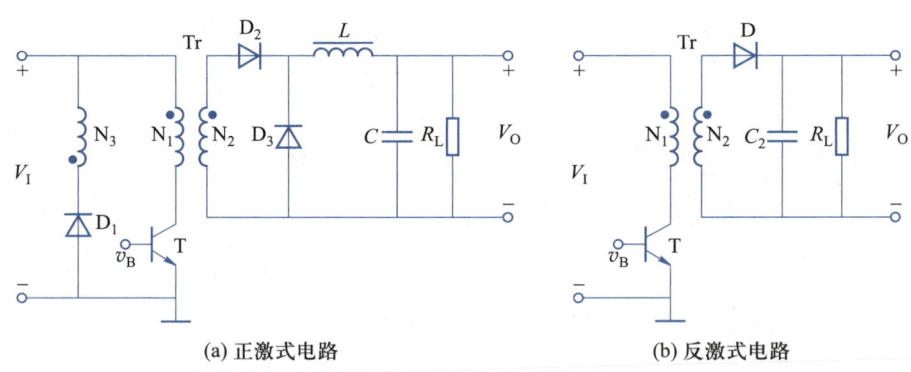

(a) 正激式电路　　　　　　　　　　(b) 反激式电路

图 8.5.8　带有隔离变压器的 DC-DC 变换器

虽然看起来正激式电路与反激式电路的构成类似，但由于变压器 Tr 的同名端不同，故两者的工作原理也不同。

在正激式电路中，当开关管 T 导通时，输入电压加在变压器的一次绕组上，此时二次绕组的电压极性为上正下负,使得二极管 D_2 导通、D_3 截止;输入电压能够通过变压器 Tr 向负载电阻 R_L 供能,电感 L_2 也同时储存能量。当开关管 T 截止时,二次绕组的电压极性为上负下正,使得二极管 D_2 截止、D_3 导通,电感 L_2 的储能通过导通的 D_3 形成回路释放出来,维持此时的负载电压。需要注意的是,当开关管 T 截止时,变压器处于"空载"状态,其中储存的磁场能量将会积累到下一个周期,多次累积后将导致电感饱和并烧坏开关器件,这也是正激式变换器特有的问题。针对变换器磁复位问题已经提出了多种解决方案,图中采用的为添加 N_3 与 D_3 支路。推导可得,在电流连续模式下,输出电压 $V_0 = V_1 \times D \times N$,其中 N 为变压器二次绕组匝数比。

在反激式电路中,当开关管 T 导通时,二次绕组的电压极性为上负下正,此时二极管 D 截止,二次绕组储存能量而不供电,电容 C_2 放电以维持输出电压。当开关管 T 截止时,二次绕组的电压极性为上正下负,使得二极管 D 导通,一方面给负载供电,另一方面给电容 C_2 充电。由于在开关管截止时,二次绕组和整流二极管 D 构成的电流回路释放了线圈中的储能,所以电路中没有正激式电路中的 N_3 与 D_3 支路。推导可得,在电流连续模式下,输出电压 $V_0 = \dfrac{t_{on}}{t_{off}} \times N$,其中 N 为变压器二次绕组匝数比。

由于反激变压器有着变压器和电感的双重功能,故可以不使用输出滤波电感(即图 8.5.8(a)中的 L),从而减小电源电路体积并降低成本,因此在低成本多输出电源中使用较多。

8.5.4　开关稳压芯片及电路实例

开关稳压芯片种类多样,有些芯片已经将开关管集成在内,还有些已经集成了电感。限于篇幅,本小节仅能摘取部分类型进行示例,如表 8.5.1 所示。

表 8.5.1　开关稳压芯片示例

	TPS543C20A	TPS62A01	TPSM82903	LM5143	TPS61094	LM5156	LM2776
输入电压 V_{IN}/V	4~16	2.5~5.5	3~17	3.5~65	0.7~5.5	1.5~60	2.7~5.5
输出电压 V_{OUT}/V	0.6~5.5	0.6~V_{IN}	0.4~5.5	固定值:3.3, 5;或 0.6~55 可调	2.7~5.4	1.5~300	-2.7~-5.5
最大输出电流/A	40	1	3	60	2	1.5	0.2
开关频率/kHz	300~2 000	2 400	2 500 或 1 000	100~2 200	500~1 000	100~2 200	1 700~2 300
拓扑类型	Buck	Buck	Buck	双 Buck	Buck/Boost	Boost, Buck-Boost & 反极性	开关电容反向器(无电感),注1
开关管	内置	内置	内置	外接	内置	外接	外接

	TPS543C20A	TPS62A01	TPSM82903	LM5143	TPS61094	LM5156	LM2776
电感	外接	外接	内置	外接	外接	外接	
$I_q/\mu A$	4 300	20	4	16.5	0.06	490	100
开关导通电阻（Rdson/mΩ）	3.4/0.9	180/120	62/22	—	140/60	—	—
特点	可 2 片堆叠			可堆叠	可被旁路		
大小/mm×mm 及封装	5×7,LQFN	1.2×1.6,SOT	2.8×3,MicroSiP	6×6,VQFN	3×2,WSON	3×2,WSON	1.6×2.9,SOT

注 1：LM2776 为开关电容电路，仅能将输入电压反极性输出，由于电路中没有电感，故其体积更小，效率虽然变差但也优于 LDO 芯片。

TPS62A01 是一款体积小巧的 Buck 型 DC-DC 变换芯片，其输入电压范围为 2.5～5.5 V，输出电压在 0.6 V 至输入电压之间，最大可输出 1 A 电流，内部已经集成了开关管。该芯片具有过电流保护、超温关断保护等功能，可应用于电池供电设备、无线路由器等场景。TPS62A01 有六个管脚，其封装为 SOT-5X3，大小仅有 1.6 mm×1.6 mm。图 8.5.9 为 TPS62A01 的典型应用电路，表 8.5.2 为其各管脚功能简介。

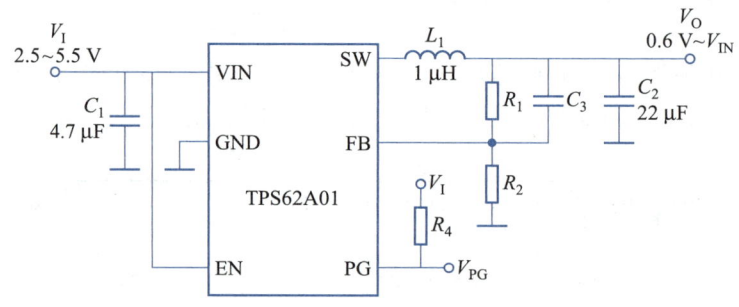

图 8.5.9　TPS62A01 典型应用电路

表 8.5.2　TPS62A01 各管脚功能简介

管脚名	功能及使用注意事项
EN	芯片的开关管脚。当其电压为高时芯片使能，开始工作。该管脚不能悬空
FB	内部控制环路的反馈管脚，应将其连接至外部的反馈分压电路
GND	芯片地管脚
PG	芯片输出电压状态指示（漏极开路输出）。上拉电阻的电压不能高于 5.5 V，若不使用可以悬空或连至地
SW	连接内部 FET 开关管与外部滤波电感的端点
VIN	输入电压管脚

关于该图的说明如下：

（1）在计算电阻 R_1、R_2 的取值时，可以使用如下公式：

$$R_1 = R_2 \times \left(\frac{V_{\text{OUT}}}{V_{\text{FB}}} - 1 \right) = R_2 \times \left(\frac{V_{\text{OUT}}}{0.6\text{V}} - 1 \right) \tag{8.5.7}$$

其中 $V_{\text{FB}} = 0.6$ V 对应于内部参考源的电压，且 R_2 的取值不能高于 100 kΩ 以保证噪声性能。

（2）当输出电压低于 1.2 V 时，建议 C_2 使用 2 个 22 μF 的电容，否则使用 1 个 22 μF 的即可。C_1、C_2 应使用陶瓷电容。

（3）C_3 为可选电容，其值为 120 pF 即可。

（4）在布局布线时：所有的电容和电感应离芯片尽可能近；连接至 FB 管脚的信号线不应有分支并避免引入噪声，要远离 SW 管脚及其连线；电源线应尽可能短而粗；应使用地平面。

复习思考题

8.5.1　请复述 Buck 变换器的工作原理，其中电感和开关管的作用是什么？

8.5.2　若 Buck 变换器中没有续流二极管，电路能否正常工作，为什么？

8.5.3　请总结开关稳压电源和线性稳压电源在工作原理上的异同点以及优缺点。

8.5.4　请自行查找一个开关稳压器的数据手册，观察除课本所述之外还有哪些参数。

8.6
计算机仿真示例

图 8.6.1 所示为 Buck 变换器的仿真电路，由于三极管开关的驱动电路相对更为复杂，且高频开关时性能不如场效应管，故使用 P 沟道场效应管 IRF9640 作为开关管。图中方波发生器 XFG1 产生的方波频率为 200 kHz，占空比为 50%，幅度 VP = 10 V，OFFSET = 0 V。由式 8.5.4 可知，忽略开关管 Q1 的导通压降、续流二极管 D1 的导通压降及电路中其他损耗后，电阻 R1 两端电压为 5 V。

图 8.6.2 所示为进入稳态后的输出电压 V_0、负载电流 I_0 以及电感电流 I_L 和电容电流 I_C，其中电压使用右边的纵坐标轴，电流使用左边的纵坐标轴。可见，各波形的变化规律与此前的理论分析保持一致。

其中，输出电压的均值约为接近于 4.778 V 而非 5 V，这是由于此前估算时忽略的指标所导致的。在直流电压源 V1 和负载电阻 R1 的端点处分别放置一个功率探针，并启动交互式仿真，当电路进入稳态后，探针测得结果如图 8.6.3 所示。

由于输入电流始终在变化，所以以平均功率为准，可见电源提供的平均功率为 4.89 W，而负载功率为 4.56 W，易知该电路的效率 $\eta = \dfrac{4.56}{4.89} \times 100\% \approx 93.3\%$。由于各种损耗（如开关管的导通电阻、续流二极管的压降等)的存在,导致效率无法达到100%,但已经远高于LDO。

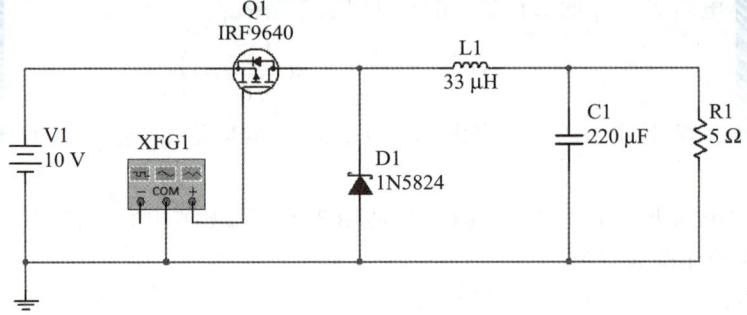

图 8.6.1   Buck 变换器仿真图

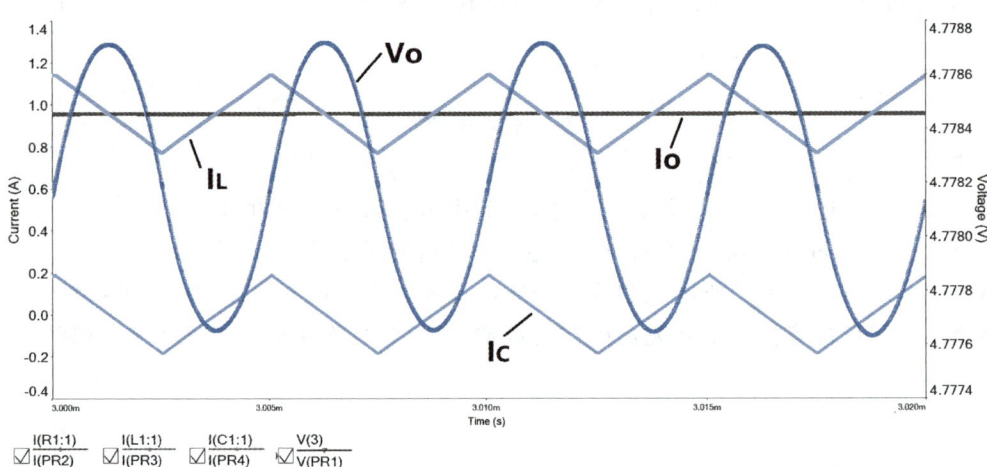

图 8.6.2   输出波形

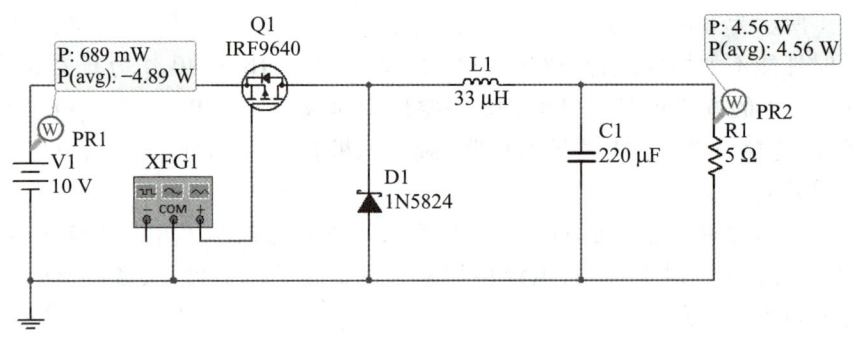

图 8.6.3   功率测量结果

8.7   LDO 的并联应用

本 章 小 结

许多电子电路都需要稳定的直流电源来支持其工作,本章主要讨论将 220 V 交流电网电压转换成稳定的直流电压输出的小功率电路(几百瓦以内)。易知这类电路以处理能量为主,虽然基本元件与部分单元电路结构与此前章节类似,但所关注的主要参数已不再是信号失真相关,而代之以一系列新的电路参数。

整流电路可以将交流电转变为脉动的直流电,主要利用二极管的单向导电性来实现。根据对输入信号功率的利用程度不同,又可分为半波和全波两种。分析这类电路的功能时,可从输入电压正、负半周时二极管的工作状态(导通或截止)入手。

滤波电路可滤除整流电路输出信号中的纹波,从而得到近似于稳定的直流信号,一般由电抗元件组成。本章主要介绍电容滤波电路,该电路结构简单,滤波效果与 RC 乘积正相关,但此时也会导致电流的尖峰加大。若负载电流较大,可以采取其他类型的滤波电路。

为了输出稳定的直流电压,需要有一个高性能的基准电压源,以二极管稳压电路为起点,本章介绍了零温度系数基准电压源和带隙基准电压源,它们都有着良好的性能,在集成电路中得到了广泛的应用。

调整管、基准电压源、取样电路和误差放大器是串联型线性稳压电源的基本组成部分。该电路通过引入深度电压负反馈来稳定输出电压,因此纹波较小。但由于调整管始终工作在线性区而降低了电路的效率并导致较大的发热。虽然 LDO 电路减少输入输出压差,但在电压输入范围较宽以及较大功率应用时,仍然会出现发热问题。

开关稳压电路采用功率半导体器件作为开关,可以大大提高电源效率,同时随着元器件性能的改善和电路结构的改进,可以使用体积很小的高频变压器,从而减小了整机的大小。开关稳压电路中完成直流变压任务的高速开关电路又被称为 DC-DC 变换器,本章主要介绍 Buck、Boost、Buck-Boost 和 Ćuk 变换器的工作原理,通过控制调整管的占空比可以调整和稳定这些变换器的输出电压。在加上负反馈控制电路、取样电路、基准源等模块之后,就形成了一个带有负反馈的闭环有差调节系统。需要注意的是,一般开关稳压电路输出的纹波较大,可以采用在开关电源后级联 LDO 的方案来应对对电源稳定度要求较高的场合。

习　　题

8.1.1　图题 8.1.1 所示为能同时输出正负电压的全波整流电路,试分析其工作原理。

8.2.1　分别判断如图题 8.2.1 所示各电路能否作为滤波电路,并简述理由。

8.3.1　图题 8.3.1 所示为稳压管基准电压电路。设稳压管 D_Z 的稳定电压 V_Z 具有正温度系数,晶体管 T_2 的发射结正向导通压降具有负温度系数,试分析该电路的温度补偿原理。

8.4.1　图题 8.4.1 所示为一种稳压电路的原型,试推导其输出电压 V_0 与输入电压 V_1

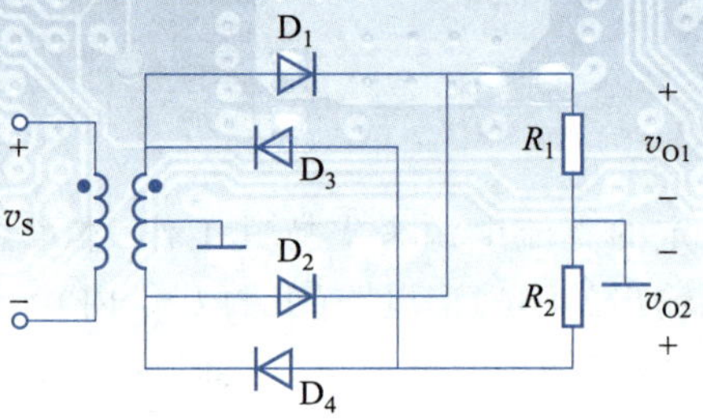

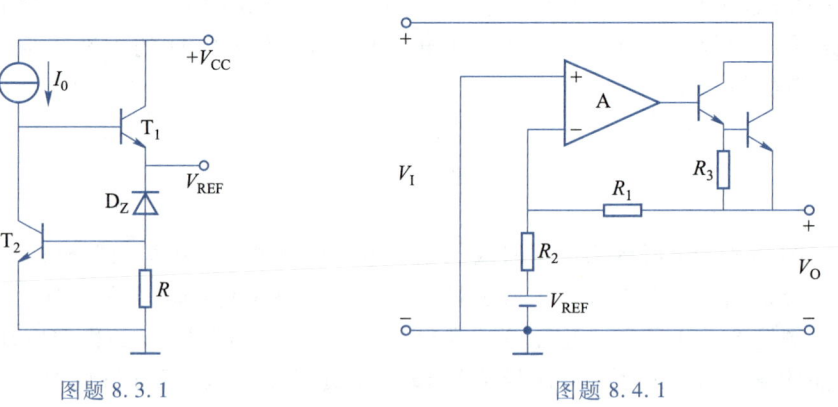

图题 8.1.1

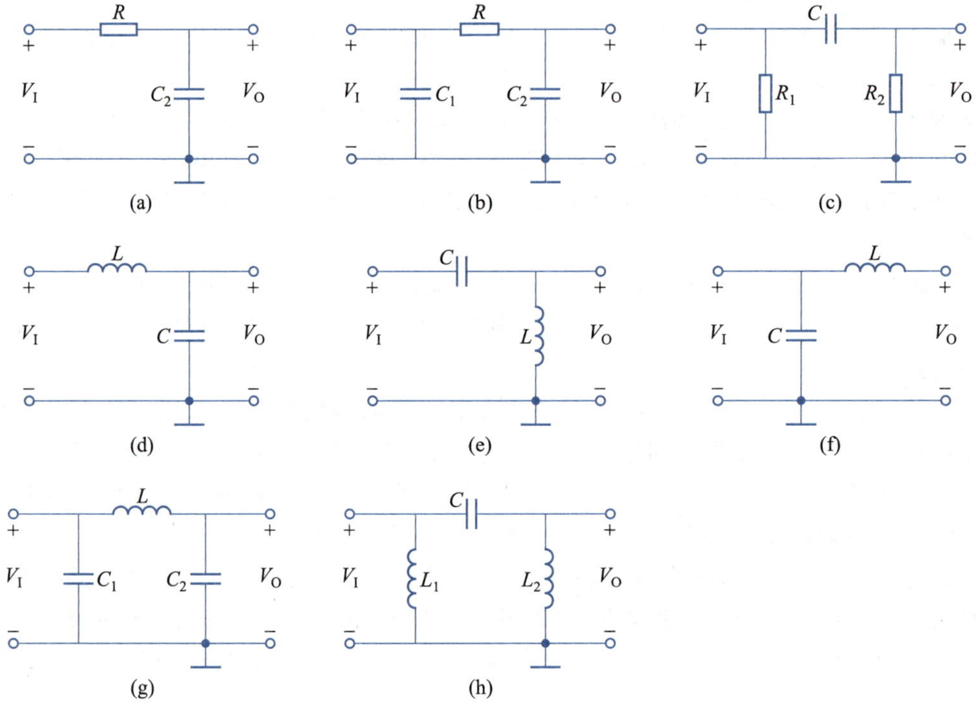

图题 8.2.1

之间的关系式。

图题 8.3.1

图题 8.4.1

8.4.2 若线性稳压电路的输入电压发生跳变,输出电压将如何变化? 为什么会这样变化?

8.5.1　Boost 变换器电路如图 8.5.5 所示,设其工作在 CCM 模式:

(1)试画出 v_C、i_L、i_C、i_0 和 V_0 的波形图。

(2)设 $V_I = 10$ V,$V_0 = 20$ V,则控制信号 v_B 的占空比为多少?

8.5.2　网络上有不少拆解手机充电器的资料,请自行寻找一款你感兴趣的型号拆解说明,看看该充电器主要包括哪些芯片和元器件。进一步,可以寻找并阅读这些芯片和元器件的数据手册,了解其典型使用方式并尝试还原该充电器的原理图。

附录
Multisim 仿真入门

扫码观看 Multisim
仿真入门系列
视频

部分习题参考答案

第 1 章

1.1.1　$p_0 \approx 10^{23}\,\mathrm{m}^{-3}, n_0 \approx 2.25 \times 10^9\,\mathrm{m}^{-3}$

1.1.2　（1）$p_0 \approx 2 \times 10^{20}\,\mathrm{m}^{-3}, n_0 \approx 1.125 \times 10^{12}\,\mathrm{m}^{-3}$

　　　　（2）本征导电特性

1.2.1　（1）$v_D = -0.057\,6\,\mathrm{V}$

　　　　（2）$i_{正}/i_{反} = -7.389$

　　　　（3）$53.6\,\mu\mathrm{A}, 2.98\,\mathrm{mA}, 0.16\,\mathrm{A}$

1.2.2　$V_{Ge} = 0.345\,\mathrm{V}, V_{Si} = 0.535\,\mathrm{V}$

1.2.4　（1）$V_O = 10\,\mathrm{V}, I_O = 5\,\mathrm{mA}, I = 8\,\mathrm{mA}, I_Z = 3\,\mathrm{mA}$

　　　　（2）$R_L < 1.25\,\mathrm{k}\Omega$

1.3.1　（a）图：$V_P = 3\,\mathrm{V}$；（b）图：$V_P = -12\,\mathrm{V}$；（c）图：$V_P = -6\,\mathrm{V}$

1.3.6　（1）$V_{DQ} = 0.7\,\mathrm{V}, I_{DQ} = 2.6\,\mathrm{mA}$

　　　　（2）$r_d = 10\,\Omega, i_d = 1.5\,\sin\omega t\,\mathrm{mA}$

第 2 章

2.1.2　（a）PNP 型锗管③→B②→E①→C；（b）NPN 型硅管②→B①→E③→C；

　　　　（c）PNP 型硅管②→B③→E①→C

2.1.3　③→E②→B①→C　　NPN 型管　$\bar{\beta} = 50$

2.1.4　（1）放大；（2）放大；（3）临界饱和；（4）截止；（5）饱和

2.1.5　a 截止；b 饱和；c 放大

2.1.6　a 放大；b 饱和；c 截止

2.1.7　（a）J_e 击穿短路；（b）放大；（c）放大；（d）截止；（e）J_e 断路损坏；

　　　　（f）临界饱和

2.1.8　$90\,\mathrm{k}\Omega, 900\,\mathrm{k}\Omega$

2.1.9　$66.5, 0.117\,5\,\mathrm{V}, 9.85 \times 10^{-8}\,\mathrm{A}$

2.1.10　选 $\beta = 50, I_{CEO} = 10\,\mu\mathrm{A}$ 的晶体管，稳定性好

2.1.12　$0.98 \sim 0.993$

2.1.13　$0.99, 100, 505\,\mathrm{pA}$

2.1.14　$0.98, 50, 0.2\,\mathrm{mA}, 25\,\mathrm{V}, 50\,\mathrm{mW}$

2.1.15　$15\,\mathrm{mA}, 100\,\mathrm{mA}, 30\,\mathrm{V}$

2.2.1　放大电路 A 的 R_i 大于放大电路 B

2.2.2　放大电路 A 的 R_o 大于放大电路 B

2.3.1　（a）无;（b）有;（c）无;（d）无;（e）无;（f）无

2.3.3　（4）饱和失真

2.3.4　（b）饱和失真,降低 Q 点;（c）截止失真,提高 Q 点;PNP 型管刚好相反

2.3.5　（1）12 V,400 kΩ,2 kΩ;（3）$I_{BQ} = 20$ μA,$R_B = 600$ kΩ

2.3.6　（1）6 V,20 μA,1 mA,3 V;（2）300 kΩ,3 kΩ;（3）1.5 V;（4）20 μA

2.3.7　S→A:饱和区,3 mA;S→B:放大区,1.82 mA;S→C:截止区,0 mA

2.3.8　（a）放大区,4.41 V;（b）截止区,6 V;（c）饱和区,0.3 V

2.3.9　（1）20 μA,1 mA,6 V;（2）19.5 μA,1.95 mA,0.3 V,不能正常放大（饱和）

2.3.10　（1）$I_B = 0.038$ mA,$I_C = 1.9$ mA,$V_{CE} = 4.4$ V;（2）−111,898 Ω,4 kΩ;（3）−71.53

2.3.12　（1）$I_B = 30.8$ μA,$I_C = 3.08$ mA,$V_{CE} = 3.84$ V

　　　　（2）−124,0.91 kΩ,1.95 kΩ,−102

2.3.13　（a）2.9 kΩ;（b）2.9 kΩ;（c）3 kΩ;（d）12.9 kΩ

2.3.14　（1）215 kΩ;（2）−105,950 Ω,2 kΩ

2.4.1　（a）能;（b）不能

2.4.2　（1）$I_B = 15$ μA,$I_C = 0.9$ mA,$V_{CE} = 5.88$ V

　　　　（2）$\beta = 75$,$V_{BE} = 0.6$ V,$I_B = 15.2$ μA,$I_C = 1.14$ mA,$V_{CE} = 4.25$ V

　　　　（3）$I_B = 15$ μA,$I_C = 1.725$ mA,$V_{CE} = 0.27$ V,饱和

2.4.3　（1）$I_B = 32.5$ μA,$I_C = 6.5$ mA,$V_{CE} = 1.2$ V;（2）截止,饱和,饱和

2.4.4　截止,0 mA;放大,1.67 mA;饱和,4.9 mA

2.4.5　（1）（a）二极管反向电流的正温度系数;（b）二极管正向电压降的负温度系数

　　　　（2）（c）热敏电阻 R 的正温度系数;（d）热敏电阻 R 的负温度系数

2.4.6　−6.25,3.53 kΩ,0.5 kΩ

2.4.7　−33.61,3.22 kΩ,4 kΩ,−25.61

2.4.8　−93.5,4.23 kΩ,8.2 kΩ

2.4.9　（1）$I_B = 8.9$ μA,$I_C = 0.89$ mA,$V_{CE} = 11.1$ V;（2）−12.58,33.01 kΩ,6.2 kΩ;

　　　　（3）−121.3 mV

2.5.1　0.98,15.86 kΩ,36 Ω,0.92

2.5.2　67,5.5 Ω,750 Ω

2.5.3　62.5,15.9 Ω,2 kΩ

2.5.4　（1）14.3 kΩ;（2）10 kΩ;（3）−100.22

2.5.5　（1）−0.95 V,0.995 V;（2）0.764 V,0.994 V

2.5.6　（1）$I_B = 16.94$ μA,$I_C = 1.69$ mA;$V_{CE} = 3.24$ V;（2）8.2 kΩ;（3）−0.92,0.93;

　　　　（4）2 kΩ,22 Ω

2.5.8　（1）−0.1 V,−0.8 V,2 V;（2）2.83 kΩ;（3）−28.32;（4）19.3;（5）0.08

2.6.1　$I_{C1} = I_{C2}$ 0.11 mA

2.6.2　$I_0 = 1.033$ mA,1.18 mA,$R_0 = 101.7$ kΩ

2.6.3　0.837 mA,20 kΩ

2.6.4　0.083 s,有变化,0.1 s

2.6.5　11.92 kΩ,51.29 MΩ

2.6.6　$R_{E2}=11.97$ kΩ,$R_{E3}=600$ Ω

2.6.7　0.16 mA,0.32 mA

2.7.1　(1) $I_B=10$ μA,$I_C=1$ mA,$V_{CE}=5$ V;(2) −0.87 V;(3) −0.29 V;
　　　　(4) 25.8 kΩ,11.2 kΩ

2.7.2　(1) $I_B=10.9$ μA,$I_C=0.56$ mA,$V_{CE}=7.2$ V;(2) −28.4,0,∞;
　　　　(3) 35.2 kΩ,518.8 kΩ,20 kΩ

2.7.3　(1) −66;(2) 110,∞

2.7.4　999.5,1,999.5

2.7.5　(1) 1 mA,1 mA,7 V,7 V;(2) −25,10 kΩ,10 kΩ

2.7.6　(1) 0.2 mA,0.2 mA,2.4 V,2.4 V;(2) −65.2

2.7.7　(2) −3.5;(3) 4.22

2.7.8　−7.4 V,9.7 V

2.7.9　182.7,10.5 kΩ,187 kΩ

2.7.10　(2) 乘法

2.8.1　12.5 W,22.5 W,10 W,56%

2.8.2　(1) 0;(3) T_2失去跟随作用,并可能烧坏功率管

2.8.3　(1) 6 V,R_1或R_3;(2) 增大 R_2;(3) $P_T=1$ 156 mW≫P_{CM},烧坏功率管

2.8.4　3.54 W,5.02 W

2.8.5　(a)、(c)、(f)、(h)、(i)、(k)、(l)正确,均为 1→E、2→B、3→C

2.8.6　(1)1.4 V,−0.7 V,−17.3 V;(2) 0.7 mA;(3) 4 W,69.8%;
　　　　(4) 0.5 A,1.026 W

2.8.7　(1) 12 V,R_2;(2) 5.062 5 W,58.9%;(3) 1.5 A,24 V,1.01 W

2.9.1　甲电路,2 mV/℃

2.9.2　313 Ω

2.9.3　$R_{C2}=6$ kΩ,$R_{E2}=2.1$ kΩ,$R_{C1}=18.6$ kΩ,$R_{E1}=400$ Ω,$R_1=22$ kΩ,$R_{B2}=16.4$ kΩ

2.9.4　(1) 3.1 kΩ;(2) 不能

2.9.5　2.91 V,2.67 V,−118.6,−66.2

2.9.8　40,16 Ω

2.9.9　(1) 80 Ω;(2) 20.64,382.59 Ω

2.9.10　(1) 0.5 mA,2.57 V,0.5 mA,2.57 V,1 mA,3 V,1 mA,3 V,3.9 kΩ;(2) 461

第 3 章

3.1.1　(1) 截止区、饱和区、可变电阻区;(2) 饱和区、可变电阻区、截止区

3.1.2　(1) P 沟道增强型 MOS 管;(2) $0.89(v_{GS}+1.5)^2$mA;(3) 2.67 mS

3.1.3　$V_{om}=67.6\sin(2\pi\times10^3 t)$mV;$0.2\sin(2\pi\times10^3 t)$V

3.1.4　截止区、饱和区、可变电阻区

3.1.5　$i_D\approx3(1+0.5\ v_{GS})^2$mA

3.2.1　$r_{DS}=4.44$ kΩ、4.76 kΩ、4.76 kΩ、16.67 kΩ、44.18 kΩ、∞、∞

$r_{ds} = 4.44$ kΩ、4.76 kΩ、4.76 kΩ、16.67 kΩ、7.36 MΩ、∞、∞

3.4.1　3 V,0~2 kΩ

3.4.2　3.93 V

3.4.3　图(e)、(h)中偏置的形式正确,其他图的偏置均有错误

3.4.4　2.38 V,0.234 mA,4.42 V

3.4.5　(1) 0.69 mA,−0.69 V,2.93 V;(2) 2.78~5 V,(3) 0.84 V

3.4.6　(1) 0.94 mA,3.28 V,4.83 V;(2) −5.9,218.8 kΩ,4.78 kΩ

3.4.7　2 V,40

3.4.8　(1) 0.94 mA,3.28 V,4.83 V;(2) 4.1,739 Ω,5 kΩ

3.4.9　0.44,∞,0.52 kΩ

3.4.10　5 V

3.4.11　0.7 mA,0.74 mA

3.4.12　−0.9,576 Ω

3.4.13　(1) 0.87 mA,3.76 V;(2) −10,8.23 kΩ

3.4.14　−6.25,50 kΩ

3.4.15　$-g_{m1}r_{ds1}$

3.4.16　(1) 0.282 5 mA,0.282 5 mA,0.565 mA;(2) −2.8;
　　　　(3) 639.2 kΩ,−2.345×10^{-3},597(55.5dB)

3.4.17　(1) 0.97 mA,0.97 mA;(2) 39

第 4 章

4.1.1　$(\frac{2}{3},\pi/6)$,(0.561 0,−π/6)

4.1.2　$\omega_H = 322$ rad/s

4.2.1　1.669 MHz,168.6 MHz,166.9 MHz

4.2.2　80,320 MHz

4.3.1　1 556 pF = 1.56 nF

4.3.2　−39.4,1.05 MHz,41.37 MHz($R_L = 16$ kΩ);
　　　　−21.7,1.75 MHz,37.98 MHz($R_L = 1.6$ kΩ)

4.3.3　3.97 MHz,29.4 MHz

4.3.4　1.42,33 MHz,46.86 MHz($R_L = 16$ kΩ);
　　　　0.78,59.2 MHz,46.18 MHz($R_L = 1.6$ kΩ)

4.3.5　36.1 MHz,168.8 MHz

4.3.6　0.987,1 096.7 MHz

4.3.7　−35.7,77.52 Hz

4.3.8　≥101.12 μF

4.3.9　(1) 697 kHz,0 Hz,16.8×10^6 Hz;(2) 255 kHz

4.3.10　−39,7.75 MHz

4.4.1　−3.17,5.28 MHz

4.4.2 $-3.6, 8.3$ MHz

4.4.3 （2）$-8.7, 906$ kHz；

  （3）$f_z = 97.085$ MHz，$f_{p1} = 0.963$ MHz，$f_{p2} = 42.95$ MHz，$f_H \approx f_{p1}$。

第5章

5.1.1 （a）R_E 直流负反馈

  （b）R_F 和 R_{E1} 交直流正反馈

  （c）R_{EE}、R_{E1} 和 R_{E2} 直流负反馈；R_{E1}、R_{E2} 交流负反馈

  （d）R_3 和 R_6 交、直流正反馈

  （e）R_3 和 R_2 交、直流负反馈

  （f）R_3、R_2 和 C 交流负反馈；R_3 直流负反馈

5.1.2 （e）、（f）能稳定输出电压；（c）能稳定输出电流

5.1.3 （c）电流串联负反馈，$F_r = R_{E1}$

  （e）电压串联负反馈，$F_v = \dfrac{R_2}{R_2 + R_3}$

  （f）电压串联负反馈，$F_v = \dfrac{R_2}{R_2 + R_3}$

5.1.4 （a）电流并联；（b）电流串联；（c）电压并联

5.1.5 存在反馈

5.1.6 （1）电压串联或电流串联负反馈；（2）电流串联或电流并联负反馈

5.1.7 $v_i = 0.101$ V，$v_F = 0.1$ V，$v_{ID} = 0.001$ V

5.1.8 1 000

5.1.10 第一级电流串联，第二级电压并联

5.2.1 （1）476.2；（2）473.7

5.2.2 $A_r = 2\,040$，$F_g = 0.019\,5$

5.2.3 $A = -2\,000$，$F = -0.009\,5$

5.2.5 （1）电压串联

  （2）$F = 0.001\,9$

  （3）增加 20 倍

  （4）500

5.2.6 （1）60 dB，50 Hz，10^5 Hz

  （2）0.049，20

5.2.8 （1）$F = 0.009\,9$

  （2）$N_f = 0.06\%$

5.2.9 （b）

5.3.1 （1）电压并联负反馈

  （2）闭环增益绝对值减小，输入电阻和输出电阻也减小

  （3）$A_{vf} = -\dfrac{R_F}{R_B} = -10$

5.3.2　(a) $A_{vsf}=\dfrac{R_1R_3}{R_sR_4}$；(b) $A_{vf}=\dfrac{R_3}{R_2}$

5.3.3　(1) 电压串联；(2) $\dfrac{R_2+R_3}{R_2}$；$R_i\approx R_B$

5.3.4　-10

5.3.5　5,50

5.3.6　电压并联负反馈,反馈系数 $F_g=-1/R_F=-0.5$ mS, $A_{vf}=-\dfrac{R_F}{R_s}=-10$

5.3.7　-50.4

5.3.8　反馈深度 $|1+\dot{A}_v\dot{F}_v|=3$,反馈系数 $|\dot{F}_v|\approx0.007\,4$

$$R_{of}=\frac{R_o}{|\,1\,+\,\dot{A}_v\dot{F}_v\,|}\approx660\ \Omega$$

5.3.9　(1) $I_{C1}=I_{C2}=1$ mA

　　　(2) 2 mA,10 kΩ

　　　(3) 电压串联负反馈

　　　(4) 11

5.4.1　会产生自激振荡,减小反馈系数 F

5.4.2　0.01

5.4.3　不稳定

5.4.4　(1) $\dot{A}_v=\dfrac{10^4}{(1+\mathrm{j}f/10)(1+\mathrm{j}f/100)^2}$（频率单位:kHz)

　　　(2) 自激,$F_v\approx0.000\,5$

5.4.5　(1) $\dot{A}=\dfrac{-10^4}{(1+\mathrm{j}f/1)(1+\mathrm{j}f/2)(1+\mathrm{j}f/20)}$（频率单位:MHz)

　　　(2) 会自激

　　　(3) $|\dot{F}|\approx0.000\,3$

第 6 章

6.5.1　(1) ×;(2) √;(3) √;(4) ×

6.5.2　(a) $v_0=0.45$ V;(b) $v_0=-0.15$ V;(c) $v_0=6$ V;
　　　(d) $v_0=4$ V;(e) $v_0=0.15$ V;

6.5.3　$v_0=\begin{cases}0 & (v_1\geqslant0)\\ -\dfrac{R_F}{R_1}v_1 & (v_1<0)\end{cases}$

6.5.4　(1) $v_0=-\dfrac{R_F}{R_1}v_1$;(2) $I_2=0$

6.5.5　$v_0=-1$ V,$I_L=-0.1$ mA,$I_0=0.11$ mA

6.5.7　(1) a;(2) b

6.5.8　(1) 带限幅的反相比例放大电路

　　　(2) 当 $|v_I| \leqslant 1$ V 时, 电路增益 $A_{vf} = -5$; 当 $|v_I| \geqslant 1$ V 时, $|v_0|$ 被限制在 5 V。v_0 波形图略

6.5.9　$\dfrac{v_0}{v_I} = -25$

6.5.10　$v_0 = -\dfrac{R_2(R_3+R_4)}{R_1 R_4} v_I$

6.5.11　反相比例运算关系, 放大倍数为 -40, 最大不失真输出电压有效值为 $8/\sqrt{2}$ V

6.5.12　(1) $v_0 = \dfrac{2R_2}{R_1} v_I$; (2) $v_0 = 5$ V

6.5.13　$v_{01} = -2.6$ V, $v_0 = 9$ V

6.5.14　$v_0 = -1$ V

6.5.15　A_1 为反相比例运算电路, A_2 为电压跟随器, A_3 为同相比例放大器

　　　$v_0 = \dfrac{1}{2}\left(1+\dfrac{R_5}{R_4}\right)(v_{I2}-v_{I1})$

6.5.16　(1) $v_{01} = -(v_{I1}+2v_{I2})$

　　　(2) $v_0 = -\dfrac{6}{5} v_{I1} - \dfrac{12}{5} v_{I2} + \dfrac{9}{5} v_{I3}$

6.5.18　(1) 加减运算电路; (2) $v_0 = 10$ V

6.5.20　$R_1 R_3 = R_2 R_4$

6.5.21　电压放大倍数为 -10

6.5.22　(1) $R_1 R_3 = R_2 R_4$; (2) v_{I1}、v_{I2} 分别受 A_1、A_2 的最大允许输入共模电压以及最大输出电压幅度的限制(与 A_1、A_2 所采用的电源电压有关)

6.5.23　$v_0 = \left(1+\dfrac{2R'}{R}\right)\left(\dfrac{R_2}{R_3} v_{I2} - \dfrac{R_2}{R_1} v_{I1}\right)$

6.5.24　$v_0 = -5$ V

6.5.25　当 $t=0$ 时, $v_0=0$; 当 $t=200$ ms 时, $v_0=-10$ V。波形图略

6.5.27　(1) $v_0(t) = \begin{cases} -\dfrac{1}{R_1 C}\displaystyle\int_0^t v_{I1}(t)\,\mathrm{d}t + v_0(0) & t<2\text{ ms} \\[4mm] -\dfrac{1}{R_1 C}\displaystyle\int_0^t v_{I1}(t)\,\mathrm{d}t - \dfrac{1}{R_2 C}\displaystyle\int_0^t v_{I2}(t)\,\mathrm{d}t + v_0(0) & t>2\text{ ms} \end{cases}$; (2) v_0 的波形图略

6.5.28　(1) A_1 组成减法器, A_2 组成积分器, A_3 组成电压跟随器

　　　(2) $v_0 = -\dfrac{R_F}{R_1 R_2 C}\displaystyle\int_0^t (v_{I2}-v_{I1})\,\mathrm{d}t + v_0(0)$

　　　(3) 波形图略

6.5.29　(1) $R_1 \approx 2.2$ kΩ, $R_2 = 4.8$ kΩ, $R_3 = 100$ kΩ

　　　(2) $v_{01} = -5.2$ V, $v_{02} = -5$ V, $v_{03} = 0.2$ V

　　　(3) $t=2$ s

6.5.30 （1）$v_O = \dfrac{1}{RC}\displaystyle\int_0^t v_{I2}\,\mathrm{d}t$，为同相积分运算关系

（2）$v_O = -\dfrac{1}{RC}\displaystyle\int_0^t v_{I1}\,\mathrm{d}t$，为反相积分运算关系

（3）$v_O = \dfrac{1}{RC}\displaystyle\int_0^t (v_{I2}-v_{I1})\,\mathrm{d}t$，为差分积分运算关系

6.5.31 $v_O = V_T\ln\dfrac{v_{I1}v_{I2}}{R_1R_2I_{S1}I_{S2}}$

6.6.1 $v_O = V_{IO}\left(1+\dfrac{R_F}{R_1}\right) = 20\ \mathrm{mV}$

6.6.2 （1）$v_O = -R_2\left(1+\dfrac{R_F}{R_1}\right)I_{B1}+R_FI_{B2}$；（2）$R_2 = \dfrac{R_1R_F}{R_1+R_F}$

6.7.1 $v_O = -\dfrac{v_{I1}+v_{I2}-v_{I3}}{kV_{REF}}$

6.7.2 （1）$v_O = -R_F\left(\dfrac{v_I}{R_1}+\dfrac{1}{R_2}kv_I^2+\dfrac{1}{R_3}k^2v_I^3\right)$；（2）$v_O = -8.75\ \mathrm{V}$

6.7.3 $v_{O1} = kv_{I1}^2$；$v_{O2} = kv_{I2}^2$；$v_{O3} = -k(v_{I1}^2+v_{I2}^2)$；$v_{O4} = k(v_{I1}^2+v_{I2}^2)$；$v_O = \sqrt{v_{I1}^2+v_{I2}^2}$

6.8.1 （1）$v_o = -\dfrac{R_2}{R_1}v_i$；（2）$Z_i = R_1 // \dfrac{1}{\mathrm{j}\omega C\left(1+\dfrac{R_2}{R_1}\right)}$

（3）由上式可知 $C_I = C\left(1+\dfrac{R_2}{R_1}\right)$；（4）该电路具有电容倍增功能

6.8.2 $Z_i = \mathrm{j}\omega R^2C$　　$L = R^2C = 10\ \mathrm{H}$

6.8.3 （1）二阶压控低通滤波器；（2）$A_{v0} = 1+\dfrac{R_F}{R_1}$

6.8.4 传递函数 $\dot{A}_v(s) = \dfrac{\dot{V}_o(s)}{\dot{V}_i(s)} = \dfrac{s^2C_1C_2R_1R_2}{1+sR_1(C_1+C_2)+s^2C_1C_2R_1R_2}$

通带增益：$A_{v0} = 1$

品质因数：$Q = \dfrac{\sqrt{C_1C_2R_1R_2}}{R_1(C_1+C_2)}$

6.8.5 带通

6.9.1 两个过零比较器，波形图略

6.9.4 （1）波形图略；（2）v_O 的峰峰值 $V_{OP-P} = 6\ \mathrm{V}$

6.9.5 阈值电压：$V_{th1} = 3.5\ \mathrm{V}$，$V_{th2} = 2\ \mathrm{V}$

6.9.6 阈值电压：$V_{th} = \pm 3\ \mathrm{V}$

第 7 章

7.2.1 （a）$+10\ \mathrm{V}$，$+0.3\ \mathrm{V}$，$+10\ \mathrm{V}$

（b）+5 V，+0.3 V，+5 V

7.2.2　（1）能；（2）不能

7.2.3　（b）高低电平都是低阻输出，边沿好，速度快

7.3.1　可以

7.3.2　可以

7.3.3　当 $G=1$ 时，$Q^{n+1}=Q^n$；当 $G=0$ 时，$Q^{n+1}=\bar{B}+AQ^n$

7.4.1　（1）R_d 大于 2 kΩ，R 小于 700 Ω

7.4.2　$t_W \approx 0.7 R_B C_1$

7.5.3　（1）1.53×10^{-3} s，0.21×10^{-3} s

7.6.2　（2）$T \approx T_1 = \dfrac{10RC}{V_1}$，因此 $f = \dfrac{1}{T} \approx \dfrac{V_1}{10RC}$

　　　　（3）电压频率转换电路

7.7.1　$T \approx 4.4$ ms

7.7.2　$T = T_1 + T_2 = (2R + R_P) C \ln\left(1 + \dfrac{2R_1}{R_2}\right)$

7.7.3　（1）3 V，10 ms

7.7.4　（1）A_1 组成方波发生电路；A_2 组成反相积分器

　　　　（2）$T = 2RC_1 \ln\left(1 + \dfrac{2R_1}{R_2}\right) \approx 4$ ms

7.7.5　（2）$V_{REF} = \dfrac{R_2}{R_1 + R_2} V_Z$，$V_m = \dfrac{2R_2}{R_1} V_Z$

　　　　（3）$T_1 = \dfrac{2R_2RC}{R_1} \times \dfrac{V_Z}{V}$

　　　　（4）调节 V、R 及 C

参 考 文 献

[1] 高文焕,李冬梅.电子线路基础[M].2 版.北京:高等教育出版社,2006.

[2] 谢嘉奎.电子线路(线性部分)[M].4 版.北京:高等教育出版社,2000.

[3] 张春茂,宋亚民.电子电路[M].北京:人民邮电出版社,1991.

[4] 童诗白,华成英.模拟电子技术基础[M].3 版.北京:高等教育出版社,2001.

[5] 李国洪.电子 CAD 实用教程——基于 OrCAD9.2[M].北京:机械工业出版社,2005.

[6] 范爱平.电子电路实验与虚拟技术[M].济南:山东科学技术出版社,2001.

[7] 胡宴如,耿苏燕.模拟电子技术基础[M].北京:高等教育出版社,2004.

[8] 陈大钦.电子技术基础(模拟部分):教师手册[M].4 版.北京:高等教育出版社,2002.

[9] 汪慧,王志华.电子电路的计算机辅助分析与设计方法[M].北京:清华大学出版社,1996.

[10] 王成华,王友仁.电子电路基础教程[M].北京:科学出版社,2003.

[11] 龙忠琪.模拟集成电路教程[M].北京:科学出版社,2004.

[12] 张凤言.电子电路基础[M].2 版.北京:高等教育出版社,1995.

[13] 谢沅清,解月珍.电子电路基础[M].北京:人民邮电出版社,1999.

[14] 杨素行.模拟电子技术基础简明教程[M].北京:高等教育出版社,2000.

[15] 马积勋.模拟电子技术重点难点及典型题精解[M].西安:西安交通大学出版社,2001.

[16] 冯民昌.模拟集成电路基础[M].北京:中国铁路出版社,1998.

[17] 童诗白,何金茂.电子技术基础试题汇编模拟部分[M].北京:高等教育出版社,1993.

[18] Donald A.Neaman. Electronic Circuit Analysis and Design[M]. McGraw-Hill Companies,Inc. 2000.

[19] Robert B.Northrop.Analog Electronic Circuits[M].New York:Addison-Wesley Publishing Company,1991.

[20] 刘宝玲等.电子电路基础[M].北京:高等教育出版社,2006.

[21] 康华光等.电子技术基础模拟部分[M].5 版.北京:高等教育出版社,2006.

[22] 华中科技大学电子技术课程组编,康华光、张林.电子技术基础 模拟部分[M].7 版.北京:高等教育出版社,2021.

[23] 张晓林,张凤言.电子线路基础[M].北京:高等教育出版社,2011.

[24] 清华大学电子学教研组编,华成英、叶朝辉.模拟电子技术基础[M].5 版.北京:高等教育出版社,2015

[25] 林家儒,张瑞芹,望育梅.电子电路基础[M].2 版.北京:北京邮电大学出版社,2006

[26] 林康-莫莱(Gabriel Alfonso Rincón-Mora)著,陈晓飞,邹望辉,刘政林等,译.模拟集成电路设计——以 LDO 设计为例[M].2 版.北京:机械工业出版社,2016.

[27] 托马斯 L.弗洛伊德(Thomas L. Floyd)、大卫 M.布奇拉(David M. Buchla)著,朱杰,蒋乐天,译.模拟电子技术基础(系统方法)[M].北京:机械工业出版社,2015.

[28] 王忆,何乐年.CMOS 低压差线性稳压器[M].北京:科学出版社,2012.

[29] 张占松,蔡宣三.开关电源的原理与设计[M].修订版.北京:电子工业出版社,2004.

[30] 马骏杰,耿新,高俊山等.新能源电源变换技术[M].北京:机械工业出版社,2021.

[31] 张卫平,张晓强,毛鹏. 开关电源技术[M]. 北京:机械工业出版社,2021.

[32] 潘永雄. 开关电源技术与设计[M]. 西安:西安电子科技大学出版社,2019.

[33] 何丰.电子电路基础[M].北京:电子工业出版社,2021.

[34] 张汝京等. 纳米集成电路制造工艺[M].2 版.北京:清华大学出版社,2017.

读者意见反馈

为收集对教材的意见建议，进一步完善教材编写并做好服务工作，读者可将对本教材的意见建议通过如下渠道反馈至我社。

咨询电话　400-810-0598

反馈邮箱　gjdzfwb@pub.hep.cn

通信地址　北京市朝阳区惠新东街4号富盛大厦1座

　　　　　高等教育出版社总编辑办公室

邮政编码　100029

防伪查询说明

用户购书后刮开封底防伪涂层，使用手机微信等软件扫描二维码，会跳转至防伪查询网页，获得所购图书详细信息。

防伪客服电话　(010)58582300